21世纪高等学校数字媒体专业规划教材

虚拟现实技术

刘光然　主编

清华大学出版社
北京

内 容 简 介

本书编写时本着侧重于普及与应用的原则，在阐述虚拟现实技术必要理论知识的基础上，着重介绍具有代表性的虚拟现实相关软件的使用方法，以大量的典型实例贯穿其中，使读者能够在较短的时间里由浅入深地了解、认识和掌握虚拟现实技术，并具备运用 VR 开发工具制作三维交互、效果逼真的虚拟现实场景的能力。

本书共 7 章教学内容，具体包括虚拟现实技术概述、虚拟现实系统的硬件设备、虚拟现实的建模技术、虚拟现实的 Web3D 技术、三维建模工具 3ds Max、虚拟现实开发平台 EON 以及虚拟现实系统综合实例。

本书可作为高等院校计算机及电子信息类专业、教育技术学专业学生的教材，也可作为从事虚拟现实技术的行业、企业工程技术人员以及虚拟现实技术爱好者的参考书。

图书在版编目(CIP)数据

虚拟现实技术/刘光然主编．—北京：清华大学出版社，2011.1（2022.8重印）
（21 世纪高等学校数字媒体专业规划教材）
ISBN 978-7-302-23511-8

Ⅰ. ①虚… Ⅱ. ①刘… Ⅲ. ①虚拟技术 Ⅳ. ①TP391.9

中国版本图书馆 CIP 数据核字（2010）第 157353 号

责任编辑： 魏江江　王冰飞
责任校对： 梁　毅
责任印制： 朱雨萌
出版发行： 清华大学出版社
　网　　址：http://www.tup.com.cn, http://www.wqbook.com
　地　　址：北京清华大学学研大厦 A 座　　邮　　编：100084
　社 总 机：010-83470000　　邮　　购：010-62786544
　投稿与读者服务：010-62776969, c-service@tup.tsinghua.edu.cn
　质量反馈：010-62772015, zhiliang@tup.tsinghua.edu.cn
印 装 者： 三河市铭诚印务有限公司
经　　销： 全国新华书店
开　　本： 185mm×260mm　　**印　　张：** 22.5　　**字　　数：** 586 千字
版　　次： 2011 年 1 月第 1 版　　**印　　次：** 2022 年 8 月第 12 次印刷
印　　数： 10801~11300
定　　价： 35.00 元

产品编号：033871-01

出版说明

数字媒体专业作为一个朝阳专业，其当前和未来快速发展的主要原因是数字媒体产业对人才的需求增长。当前数字媒体产业中发展最快的是影视动画、网络动漫、网络游戏、数字视音频、远程教育资源、数字图书馆、数字博物馆等行业，它们的共同点之一是以数字媒体技术为支撑，为社会提供数字内容产品和服务，这些行业发展所遇到的最大瓶颈就是数字媒体专门人才的短缺。随着数字媒体产业的飞速发展，对数字媒体技术人才的需求将成倍增长，而且这一需求是长远的、不断增长的。

正是基于对国家社会、人才的需求分析和对数字媒体人才的能力结构分析，国内高校掀起了建设数字媒体专业的热潮，以承担为数字媒体产业培养合格人才的重任。教育部在2004年将数字媒体技术专业批准设置在目录外新专业中（专业代码：080628S），其培养目标是"培养德智体美全面发展的、面向当今信息化时代的、从事数字媒体开发与数字传播的专业人才。毕业生将兼具信息传播理论、数字媒体技术和设计管理能力，可在党政机关、新闻媒体、出版、商贸、教育、信息咨询及IT相关等领域，从事数字媒体开发、音视频数字化、网页设计与网站维护、多媒体设计制作、信息服务及数字媒体管理等工作"。

数字媒体专业是个跨学科的学术领域，在教学实践方面需要多学科的综合，需要在理论教学和实践教学模式与方法上进行探索。为了使数字媒体专业能够达到专业培养目标，为社会培养所急需的合格人才，我们和全国各高等院校的专家共同研讨数字媒体专业的教学方法和课程体系，并在进行大量研究工作的基础上，精心挖掘和遴选了一批在教学方面具有潜心研究并取得了富有特色、值得推广的教学成果的作者，把他们多年积累的教学经验编写成教材，为数字媒体专业的课程建设及教学起一个抛砖引玉的示范作用。

本系列教材注重学生的艺术素养的培养，以及理论与实践的相结合。为了保证出版质量，本系列教材中的每本书都经过编委会委员的精心筛选和严格评审，坚持宁缺毋滥的原则，力争把每本书都做成精品。同时，为了能够让更多、更好的教学成果应用于社会和各高等院校，我们热切期望在这方面有经验和成果的教师能够加入到本套丛书的编写队伍中，为数字媒体专业的发展和人才培养做出贡献。

21世纪高等学校数字媒体专业规划教材

联系人：魏江江　weijj@tup.tsinghua.edu.cn

前言

如果说 20 世纪 80 年代是个人计算机时代，90 年代是计算机网络和多媒体时代，那么 21 世纪则是虚拟现实技术时代。虚拟现实技术综合利用计算机图形学、仿真技术、多媒体技术、人工智能技术、计算机网络技术、并行处理技术和多传感器技术，模拟人的视觉、听觉、触觉等感觉器官，使人们能够沉浸在计算机生成的虚拟境界。人们通过虚拟现实系统不仅能够逼真地感受到在客观世界中所经历的，而且能够突破各种限制，感受到真实世界无法亲身经历的体验。虚拟现实技术广泛应用于教育、军事、航天、医学、工业、商业、建筑及娱乐业等领域。

高等教育培养应用型人才既是社会经济、科技发展的要求，也是高等教育大众化的要求，可更加合理地调整高等教育的结构。应用型人才的培养，要求学生具有较强的技术思维能力，擅长技术的应用，能够解决生产实际的具体技术问题。而基于案例的教学已经成为高校培养应用型人才的主要法宝。基于此，本书面向实践、重在应用，以丰富的案例贯穿知识讲解，将虚拟现实技术的基本理论与实际应用相结合，并力图反映虚拟现实技术的最新发展。

本书共 7 章教学内容。第 1 章介绍虚拟现实技术的基本概念、分类、发展历史以及主要应用领域。第 2 章介绍虚拟现实技术的视觉感知设备、听觉感知设备、触觉和力反馈设备、位置跟踪设备以及虚拟现实的计算设备。第 3 章介绍对象虚拟、物理建模技术、运动建模技术、行为建模技术以及声音建模技术。第 4 章介绍 Web3D 技术特点、三维全景技术，结合案例介绍 Cult3D 的使用方法以及其他的 Web3D 技术。第 5 章介绍常见的三维建模工具，结合案例详细介绍 3ds Max 的基础知识、操作方法和使用技巧。第 6 章介绍虚拟现实开发平台的基本功能、发展趋势以及常见的虚拟现实开发平台，结合应用实例详细介绍 EON 的操作方法和使用技巧。第 7 章介绍虚拟漫游交互系统和机器虚拟拆装训练系统两个综合实例的开发过程，有助于读者进一步体会应用 EON 开发虚拟现实系统的方法与技巧，提升应用 EON 制作虚拟现实场景的能力。

在阅读本书时，需要读者具备一定的计算机操作技能以及熟练掌握网络资源的检索方法，建议提前学习“计算机导论”、“计算机图形学”、“多媒体技术”以及“网络技术基础”等前导课程。

本书总学时建议为 64 学时，其中理论讲课 36 学时，上机实验 28 学时。具体教学内容可根据专业培养目标的定位适当取舍，建议学时分配如下。

教学内容	讲课学时	实验学时	实验内容
第 1 章　虚拟现实技术概述	2	2	实验一　查阅虚拟现实技术应用实例有关资料
第 2 章　虚拟现实系统的硬件设备	6		

续表

教学内容	讲课学时	实验学时	实验内容
第 3 章　虚拟现实的建模技术	6		
第 4 章　虚拟现实的 Web3D 技术	4	2	实验二　全景作品的制作
		2	实验三　Cult3D 的使用
第 5 章　三维建模工具 3ds Max	6	6	实验四　3ds Max 的使用
第 6 章　虚拟现实开发平台 EON	8	8	实验五　EON 的使用
第 7 章　虚拟现实系统综合实例	4	8	实验六　校园漫游交互系统的制作

本书由刘光然策划并主编，第 1～3 章由张丽霞编写，第 4 章由菅光宾编写，第 5 章由赵培军编写，第 6、7 章由北京易用视点动漫科技有限公司编写，陈建珍负责统稿并参与第 6、7 章部分内容的编写。

在编写过程中，编者参阅了大量的书籍、文献资料和网络资源，在此向所有资源的作者表示衷心的感谢，同时感谢对本书写作和出版提供帮助的所有人。

虚拟现实技术发展速度快，尽管编者尽最大的努力将新的技术介绍给大家，但由于编者能力有限，不妥之处敬请读者批评指正。

编者

2010 年于天津

目 录

第1章 虚拟现实技术概述

【本章导读】

目前虚拟现实技术已经成为计算机相关领域研究、开发与应用的热点。本章将介绍虚拟现实的定义、虚拟现实的本质特征、虚拟现实系统的组成、虚拟现实系统的分类及虚拟现实技术的发展应用等基础知识。学习本章时要多参阅其他书籍中的有关知识。

本章的重点难点：

（1）虚拟现实的定义；

（2）虚拟现实的本质特征；

（3）虚拟现实系统的分类；

（4）虚拟现实技术的应用。

随着计算技术、图形技术和网络技术的迅速发展，计算机的应用正在进入一个崭新的阶段。从表 1.1 所示的计算机应用发展的三个阶段可以看出，虚拟现实技术是未来计算机领域最重要的技术之一。

表 1.1 计算机应用的发展阶段

	第 一 阶 段	第 二 阶 段	第 三 阶 段
用户	技术人员	专业人员	消费者
体系结构	主机	个人计算机	网络
显示	文本	2D 图形	虚拟现实
元素	请求 报告	窗口 菜单 图标	场景 替身
控制	文本 键盘	光标 鼠标	发掘 交谈

虚拟现实（Virtual Reality，VR）技术是由美国 VPL 公司创建人拉尼尔（Jaron Lanier）在 20 世纪 80 年代初提出的，但在 20 世纪末才兴起的综合性信息技术。作为一项尖端科技，虚拟现实融合了数字图像处理、计算机图形学、多媒体技术、计算机仿真技术、传感器技术、显示技术和网络并行处理等多个信息技术分支，是一种由计算机生成的高技术模拟系统，从而大大地推进了计算机技术的发展。虚拟现实生成的视觉环境是立体的、音效是立体的、人机交互是和谐友好的，改变了人与计算机之间枯燥、生硬和被动地通过鼠标、键盘进行交互的现状。因此，目前虚拟现实技术已经成为计算机相关领域中继多媒体技术、网络技术及人工智能之后备受人们关注及研究、开发与应用的热点，也是目前发展最快的一项多学科综合技术。

1.1 虚拟现实的基本概念

1.1.1 虚拟现实的定义

虚拟现实是由英文名 Virtual Reality 翻译而来，它的另一个名称为 Virtual Environment（虚拟环境)。Virtual 是虚假的意思，说明这个世界或环境是虚拟的，不真实的，人造的，是存在于计算机内部的。Reality 是真实的意思，意味着现实的世界或现实的环境。两个词合并起来就是虚拟现实。国内也有人译为“灵境”，灵境是虚幻之所在，也有人译为“幻真”、“临境”。这些译文都说明虚拟现实是人工创作的，由计算机生成的，存在于计算机内部的环境。用户可以通过自然的方式进入此环境，并与环境进行交互，从而产生置身于相应真实环境的虚幻感。

在虚拟现实系统中，环境主要是计算机生成的三维虚拟世界。这种人机交互的环境或者世界通常包括三种情况。

第一种情况是完全对真实世界中的环境进行再现。如虚拟小区对现实小区的虚拟再现、军队中的虚拟战场、虚拟实验室中的各种仪器等，这种真实环境可能已经存在，如图 1.1 所示，也可能是已经设计好但是尚未建成，还可能是原来完好，现在被破坏的。

第二种情况是完全虚拟的，人类主观构造的环境。如影视制作或电子游戏中，三维动画展现的虚拟世界。此环境完全是虚构的，用户可以参与，并与之进行交互的非真实世界。但它的交互性和参与性不是很明显，如图 1.2 所示。

图 1.1　虚拟小区

图 1.2　虚拟人物

第三种情况是对真实世界中人类不可见的现象或环境进行仿真。如分子结构、各种物理现象等。这种环境是真实环境，客观存在的，但是受到人类视觉、听觉的限制不能感应到。一般情况是以特殊的方式（如放大尺度的形式）进行模仿和仿真，使人能够看到，听到或者感受到，体现科学可视化，如图 1.3 所示。

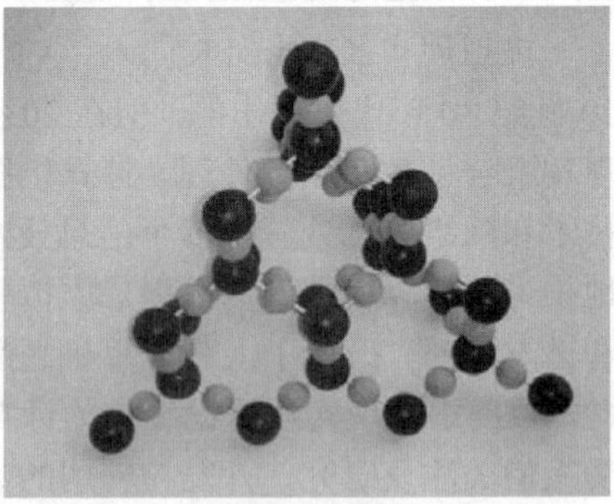

图 1.3　二氧化硅的分子示意图

由此，虚拟现实定义为用计算机技术生成一个逼真的三维视觉、听觉、触觉或嗅觉的感官世界，用户可借助一些专业传感设备，如传感头盔、数据手套等，完全融入虚拟空间，成为虚拟环境的一员，实时感知和操作虚拟世界中的各种对象，从而获得置身于相应的真实环境中的虚幻感，沉浸感，身临其境的感觉。在某种角度上，可以把它看成一个更高层次的计算机用户接口技术，通过视觉、听觉、触觉等信息通道来感受设计者的思想。此概念包含三层含义：

1．环境

虚拟现实强调环境，而不是数据和信息。简言之，虚拟现实不仅重视文本、图形、图像、声音、语言等多种媒体元素，更强调综合各种媒体元素形成的环境效果。它以环境为计算机处理的对象和人机交互的内容，开拓计算机应用的新思路。

2．主动式交互

虚拟现实强调的交互方式是通过专业的传感设备来实现的，改进了传统的人机接口形式，即打破传统的键盘、鼠标、屏幕被动地与计算机交互的方式。用户可以由视觉、听觉、触觉通过头盔显示器、立体眼镜、耳机以及数据手套等来感知和参与。虚拟现实人机接口是完全面向用户来设计的，用户可以通过在真实世界中的行为参与到虚拟环境中。

3．沉浸感

虚拟现实强调的效果是沉浸感，即使人产生身临其境的感觉。传统交互方式，人被动、间接、非直觉、有限地操作当前计算机，容易产生疲倦感。而虚拟现实系统通过相关的设备，采用逼真的感知和自然的动作，使人仿佛置身于真实世界，消除了人的枯燥、生硬和被动的感觉，大大提高了工作效率。

1.1.2　虚拟现实的本质特征

Grigore Burdea 和 Philippe Coiffet 在著作《Virtual Reality Technology》一书中指出，虚拟现实具有三个最突出的特征：沉浸感（Immersion）、交互性（Interactivity）和构想性（Imagination），也是人们熟知的 VR 的 3I 特性，如图 1.4 所示。

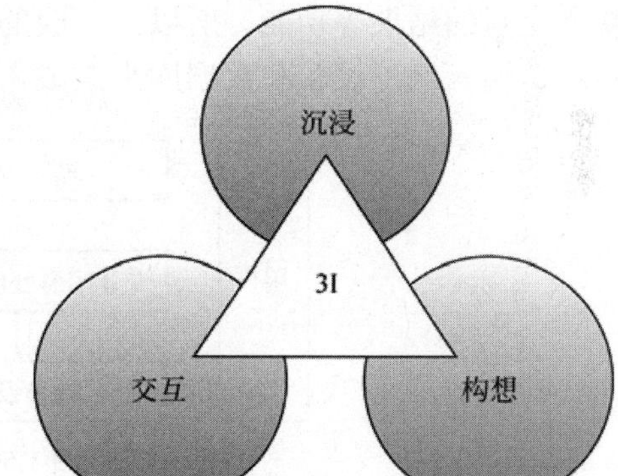

图 1.4　虚拟现实的 3I 特征

1．沉浸感

沉浸感（Immersion）又称临场感，是虚拟现实最重要的技术特征，是指用户借助交互设备和自身感知觉系统，置身于虚拟环境中的真实程度。理想的虚拟环境应该使用户难以分辨真假，使用户全身心地投入到计算机创建的三维虚拟环境中，该环境中的一切看上去是真的，听上去是真的，动起来是真的，甚至闻起来、尝起来等一切感觉都是真的，如同在现实世界。

在现实世界中，人们通过眼睛、耳朵、手指等器官来实现感知。所以，在理想的状态下，虚拟现实技术应该具有一切人所具有的感知功能。即虚拟的沉浸感不仅通过人的视觉和听觉感知，还可以通过嗅觉和触觉等多维地去感受。相应地提出了视觉沉浸、听觉沉浸、触觉沉浸和嗅觉沉浸等，也就对相关设备提出了更高的要求。例如，视觉显示设备需具备分辨力高、画面刷新频率快的特点，并提供具有双目视差，覆盖人眼可视的整个视场的立体图像；听觉设备能够模拟自然声、碰撞声，并能根据人耳的机理提供判别声音方位的立体声；触觉设备能够让用户体验抓、握等操作的感觉，并能够提供力反馈，让用户感受到力的大小、方向等。

2．交互性

交互性（Interaction）是指用户通过使用专门的输入和输出设备，用人类的自然感知对虚拟环境内物体的可操作程度和从环境得到反馈的自然程度。虚拟现实系统强调人与虚拟世界之间以近乎自然的方式进行交互，即用户不仅通过传统设备（键盘和鼠标等）和传感设备（特殊头盔、数据手套等），使用自身的语言、身体的运动等自然技能也能对虚拟环境中的对象进行操作，而且计算机能够根据用户的头、手、眼、语言及身体的运动来调整系统呈现的图像及声音。例如，用户可以用手去直接抓取虚拟环境中虚拟的物体，不仅有握着东西的感觉，并能感觉物体的重量，视场中被抓的物体也能立刻随着手的移动而移动。

3．构想性

构想性（Imagination）又称创造性，是虚拟世界的起点。想象力使设计者构思和设计虚拟世界，并体现出设计者的创造思想。所以，虚拟现实系统是设计者借助虚拟现实技术，发挥其想象力和创造性而设计的。比如建造一座现代化的桥梁之前，设计师要对其结构做细致的构思。传统的方法是极少数内行人花费大量的时间和精力去设计许多量化的图纸。而现在采用虚拟现实技术进行仿真，设计者的思想以完整的桥梁呈现出来，简明生动，一目了然。所以有些学者称虚拟现实为放大或夸大人们心灵的工具，或人工现实（Artificial Reality），即虚拟现实的想象性。

综上所述，虚拟现实的三个特性——沉浸感、交互性、构想性，生动地说明虚拟现实对现实世界不仅是对三维空间和一维时间的仿真，而且是对自然交互方式的虚拟。具有 3I 特性的完整虚拟现实系统不仅让人达到身体上完全的沉浸，而且精神上也是完全地投入其中。

1.1.3 虚拟现实系统的组成

根据虚拟现实的基本概念及相关特征可知，虚拟现实技术是融合计算机图形学、智能接口技术、传感器技术和网络技术等综合性的技术。虚拟现实系统应具备与用户交互、实时反映所交互的结果等功能。所以，一般的虚拟现实系统主要由专业图形处理计算机、应用软件系统、输入输出设备和数据库来组成，如图 1.5 所示。

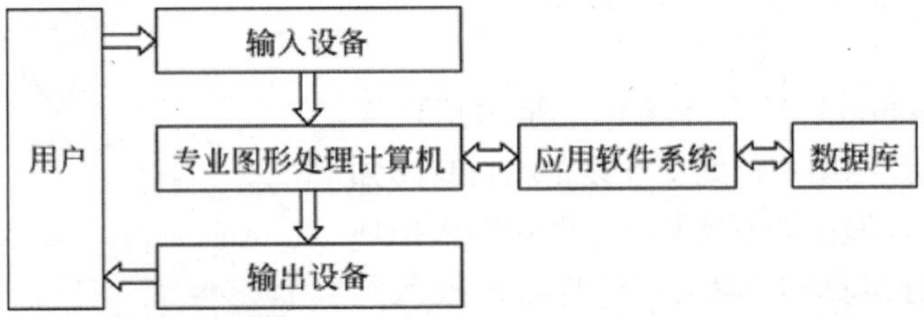

图 1.5　虚拟现实系统的组成

1．专业图形处理计算机

计算机在虚拟现实系统中处于核心的地位，是系统的心脏，是 VR 的引擎，主要负责从输入设备中读取数据、访问与任务相关的数据库，执行任务要求的实时计算，从而实时更新虚拟世界的状态，并把结果反馈给输出显示设备。由于虚拟世界是一个复杂的场景，系统很难预测所有用户的动作，也就很难在内存中存储所有相应状态，因此虚拟世界需要实时绘制和删除，以至于大大地增加了计算量，这对计算机的配置提出了极高的要求。

提示：目前，国内外的计算机或者 SGI、SUN 工作站，主要是面向通用的计算，而不是虚拟现实。通常各制造商通过采用高端的图形加速器卡来改造现有的模型，以满足虚拟现实的实时绘制能力。

2．应用软件系统

虚拟现实的应用软件系统是实现 VR 技术应用的关键，提供了工具包和场景图，主要完成虚拟世界中对象的几何模型、物理模型、行为模型的建立和管理；三维立体声的生成、三维场景的实时绘制；虚拟世界数据库的建立与管理等。目前这方面国外的软件较成熟，如 MultiGen Creator、VEGA、EON Studio 和 Virtool 等。国内的软件也有一些比较好用的软件，例如中视典公司的 VRP 软件等。

3．数据库

数据库用来存放整个虚拟世界中所有对象模型的相关信息。在虚拟世界中，场景需要实时绘制，大量的虚拟对象需要保存、调用和更新，所以需要数据库对对象模型进行分类管理。

4. 输入设备

输入设备是虚拟现实系统的输入接口，其功能是检测用户的输入信号，并通过传感器输入计算机。基于不同的功能和目的，输入设备除了包括传统的鼠标、键盘外，还包括用于手姿输入的数据手套、身体姿态的数据衣、语音交互的麦克风等，以解决多个感觉通道的交互。

5. 输出设备

输出设备是虚拟现实系统的输出接口，是对输入的反馈，其功能是由计算机生成的信息通过传感器传给输出设备，输出设备以不同的感觉通道（视觉、听觉、触觉）反馈给用户。输出设备除了包括屏幕外，还包括声音反馈的立体声耳机、力反馈的数据手套以及大屏幕立体显示系统等。

1.2 虚拟现实系统的分类

根据用户参与和沉浸感的程度，通常把虚拟现实分成 4 大类：桌面虚拟现实系统、沉浸式虚拟现实系统、增强虚拟现实系统和分布式虚拟现实系统。

1.2.1 桌面虚拟现实系统

桌面虚拟现实系统（Desktop VR）基本上是一套基于普通 PC 平台的小型桌面虚拟现实系统。使用个人计算机（PC）或初级图形 PC 工作站去产生仿真，计算机的屏幕作为用户观察虚拟环境的窗口。用户坐在 PC 显示器前，戴着立体眼镜，并利用位置跟踪器、数据手套或者 6 个自由度的三维空间鼠标等设备操作虚拟场景中的各种对象，并可以在 360° 范围内浏览虚拟世界。然而用户是不完全投入的，因为即使戴上立体眼镜，屏幕的可视角也仅仅是 20° ～30° 之间，仍然会受到周围现实环境的干扰。如图 1.6 所示。有时为了增强桌面虚拟现实系统的投入效果，在桌面虚拟现实系统中还会借助于专业的投影机（RGB），达到增大屏幕范围和多数人观看的目的。桌面虚拟现实系统的体系结构如图 1.7 所示。

图 1.6 桌面虚拟现实系统

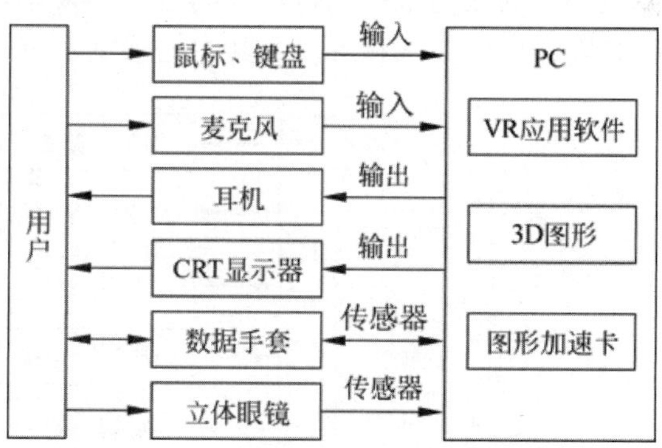

图 1.7 桌面虚拟现实系统的体系结构

桌面虚拟现实系统虽然缺乏头盔显示器的投入效果，但已经具备了虚拟现实技术的技术要求，并且其成本相对低很多，所以目前应用较为广泛。例如，高考结束的学生在家里可以参观未来大学里的基础设施，如学校里的虚拟校园、虚拟教室和虚拟实验室等；虚拟小区、虚拟样板房不仅为买房者带来了便利，也为商家带来了利益。桌面虚拟显示系统主要用于计算机辅助设计、计算机辅助制造、建筑设计、桌面游戏、军事模拟、生物工程、航天航空、医学工程和科学可视化等领域，如图 1.8～图 1.11 所示。

图 1.8 虚拟古建筑

图 1.9 虚拟游戏

图 1.10 生物研究

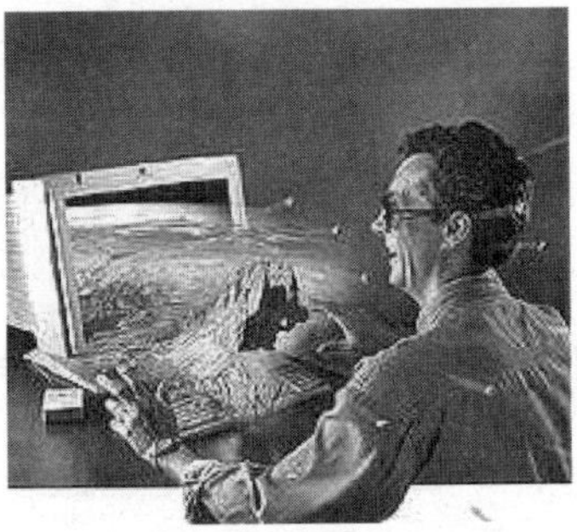

图 1.11 地理研究

1.2.2 沉浸式虚拟现实系统

沉浸式虚拟现实系统（Immersive VR）是一种高级的、较理想、较复杂的虚拟现实系统。它采用封闭的场景和音响系统将用户的视听觉与外界隔离，使用户完全置身于计算机生成的环境之中，用户通过利用空间位置跟踪器、数据手套和三维鼠标等输入设备输入相关数据和命令，计算机根据获取的数据测得用户的运动和姿态，并将其反馈到生成的视景中，使用户产生一种身临其境、完全投入和沉浸于其中的感觉。沉浸式虚拟现实系统的体系结构如图 1.12 所示。

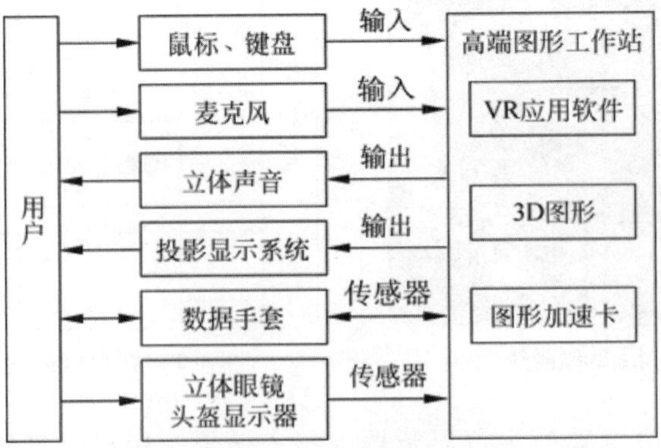

图 1.12 沉浸式虚拟现实系统的体系结构

1. 沉浸式虚拟现实系统的特点

沉浸式虚拟现实系统与桌面虚拟现实系统相比，具有以下特点。

（1）具有高度的实时性。即当用户转动头部改变观察点时，空间位置跟踪设备及时检测并输入计算机，由计算机计算，快速地输出相应的场景。为使场景快速平滑地连续显示，系统必须具有足够小的延迟，包括传感器的延迟，计算机计算延迟等。

（2）具有高度的沉浸感。沉浸式虚拟现实系统必须使用户与真实世界完全隔离，不受外界的干扰，依据相应的输入和输出设备，完全沉浸到环境中。

（3）具有先进的软硬件。为了提供“真实”的体验，尽量减少系统的延迟，必须尽可能利用先进的、相容的硬件和软件。

（4）具有并行处理的功能。这是虚拟现实的基本特性，用户的每一个动作都涉及多个设备综合应用，例如，手指指向一个方向并说：“那里！”，会同时激活三个设备：头部跟踪器，数据手套及语音识别器，产生三个同步事件。

（5）具有良好的系统整合性。在虚拟环境中，硬件设备互相兼容，并与软件系统很好地结合，相互作用，构造一个更加灵巧的虚拟现实系统。

沉浸式虚拟现实系统的优点是用户可完全沉浸到虚拟世界中。例如，在消防仿真演习系统中，消防员会沉浸于极度真实的火灾场景并做出不同反应。但有一个很大的缺点是系统设备尤其是硬件价格相对较高，难以大规模普及推广。

沉浸式虚拟现实主要依赖于各种虚拟现实硬件设备，如头盔显示器、舱型模拟器、投影虚拟现实设备和其他的一些手控交互设备等。参与者戴上头盔显示器后，外部世界就被有效地屏蔽在视线以外，其仿真经历要比桌面虚拟现实更可信，更真实。

2．沉浸式虚拟现实系统的类型

常见的沉浸式虚拟现实系统有头盔式虚拟现实系统、洞穴式虚拟现实系统、座舱式虚拟现实系统、投影式虚拟现实系统和远程存在系统等。

（1）头盔式虚拟现实系统。采用头盔显示器实现单用户的立体视觉、听觉的输出，使人完全沉浸其中，如图 1.13 所示。

（2）洞穴式虚拟现实系统（CAVE）。该系统是一种基于多通道视景同步技术和立体显示技术的房间式投影可视协同环境，可提供一个房间大小的四面（或六面）立方体投影显示空间，供多人参与，所有参与者均完全沉浸在一个被立体投影画面包围的高级虚拟仿真环境中，借助相应虚拟现实交互设备（如数据手套、力反馈装置、位置跟踪器等），从而获得一种身临其境的高分辨率三维立体视听影像和 6 个自由度的交互感受，如图 1.14 所示。

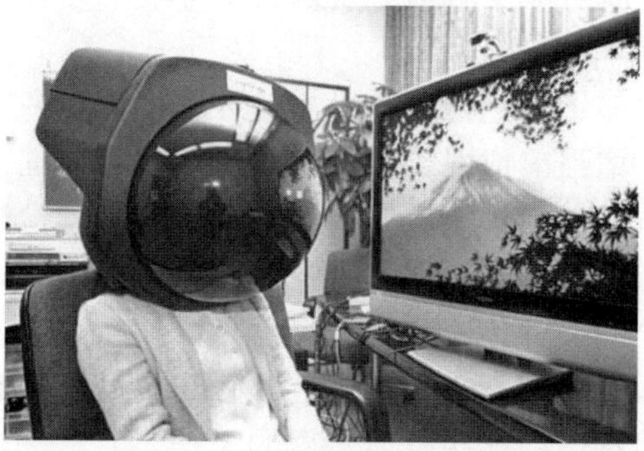

图 1.13　头盔显示器系统

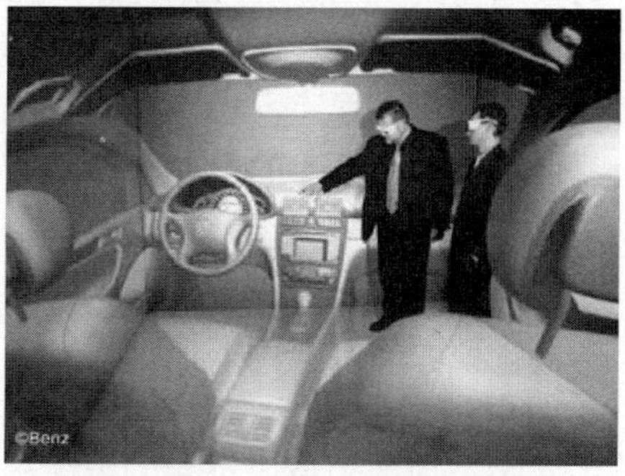

图 1.14　洞穴式虚拟现实系统

（3）座舱式虚拟现实系统。座舱是一种最为古老的虚拟现实模拟器。当用户进入座舱后，不用佩戴任何现实设备，就可以通过座舱的窗口观看一个虚拟境界。该窗口由一个或多个计算机显示器或视频监视器组成，用来显示虚拟场景。

提示：这种座舱给参与者提供的投入程度类似于头盔显示器。

（4）投影式虚拟现实系统。该系统是采用一个或多个大屏幕投影来实现大画面的立体视觉和听觉效果，使多个用户同时具有完全投入的感觉，如图 1.15 和图 1.16 所示。

图 1.15　环幕投影式虚拟现实系统

图 1.16　球面体投影系统

（5）远程存在系统。远程存在是一种远程控制形式，用户虽然与某个真实现场相隔遥远，但可以通过计算机和电子装置获得足够的感觉现实和交互反馈，恰似身临其境，并可以介入对现场进行遥操作。此系统需要一个立体显示器和两台摄像机生成三维图像，这种图像使得操作员有一种深度的感觉，观看的虚拟境界更清晰、真实。

1.2.3　增强虚拟现实系统

增强虚拟现实系统（Aggrandize VR）的产生得益于 20 世纪 60 年代以来计算机图形学技术的迅速发展，是近年来国内外众多知名学府和研究机构的研究热点之一。它是借助计算机图形技术和可视化技术产生现实环境中不存在的虚拟对象，并通过传感技术将虚拟对象准确“放置”在真实环境中，借助显示设备将虚拟对象与真实环境融为一体，并呈现给使用者一个感官效果真实的新环境。因此增强虚拟现实系统具有虚实结合、实时交互和三维注册的新特点。即把真实环境和虚拟环境组合在一起的一种系统，它既允许用户看到真实世界，同时也可以看到叠加在真实世界的虚拟对象，这种系统既可减少对构成复杂真实环境的计算，又可对实际物体进行操作，真正达到亦真亦幻的境界。

在视觉化的增强现实系统中，用户利用头盔显示器，把真实世界与计算机图形多重合成在一起，便可以看到真实的世界围绕着它。其实增强虚拟现实系统不仅仅局限在视觉上对真实场景进行增强，实际上任何不能被人的感官所察觉但却能被机器（各种传感器）检测到的信息，通过转化，以人可以感觉到的方式（图像、声音、触觉和嗅觉等）叠加到人所处的真实场景中，都能起到对现实的增强作用。

常见的增强虚拟现实系统主要包括基于台式图形显示器的系统；基于单眼显示器的系统；基于光学透视式头盔显示器的系统；基于视频透视式头盔显示器的系统。

增强虚拟现实系统的最大特点不是把用户与真实世界隔离，而是将真实世界和虚拟世界融为一体，用户可以与两个世界进行交互，方便工作。例如，工程技术人员在进行机械安装、维修、调试时，通过头盔显示器，可以将原来不能呈现的机器内部结构以及它的相关信息、数据完全呈现出来，并按照计算机（移动计算机）的提示进行工作，解决技术难题，使工作变得非常方便、快捷、准确。摒弃了以前需要带着大量、笨重的资料在身边，边工作，边查阅，一旦出现难题、紧急情况，不知所措的落后的方法和现象。

增强现实是在虚拟环境与真实世界之间的沟壑间架起的一座桥梁。因此，增强现实的应用潜力相当巨大，在尖端武器、飞行器的研制与开发、数据模型的可视化、虚拟训练、娱乐与艺术等领域具有广泛的应用，而且由于其具有能够对真实环境进行增强显示输出的特性，在医疗研究与解剖训练、精密仪器制造和维修、军用飞机导航、工程设计和远程机器人控制等领域具有比其他 VR 技术更加明显的优势。图 1.17 所示为增强现实手机导航，该手机用户通过晃动三下手机调出一个叫做“单眼镜”的视图，通过 GPS 和指南针在屏幕上显示饭馆、酒吧和附近其他商家的标签。通过手机还可以发现用户所在位置附近的公司，并且可以在相应网页上找到这些地方的点评。

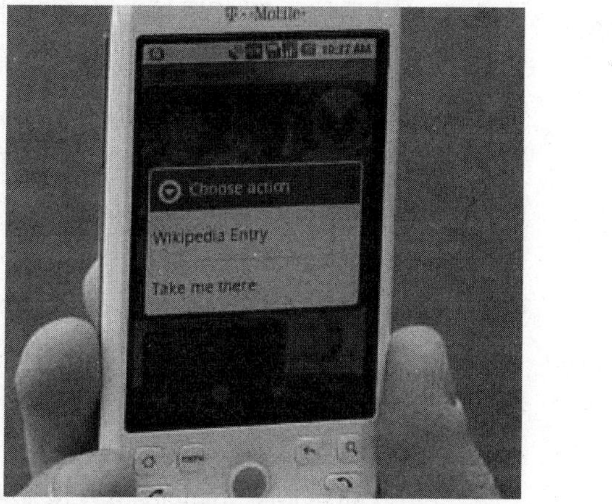

图 1.17　增强现实手机导航

1.2.4　分布式虚拟现实系统

分布式虚拟现实系统（Distributed VR）的研究开发工作可追溯到 20 世纪 80 年代初。1983 年，美国国防部（DOD）制定了 SIMENT 的研究计划；1985 年，SGI 公司开发成功了网络 VR 游戏 DogFlight。到了 20 世纪 90 年代，一些著名大学和研究所的研究人员也开展了对分布式虚拟现实系统的研究工作，并陆续推出了多个实验性分布式虚拟现实系统或开发环境，典型的例子有 1990 年美国 NPS 开发的 NPSNET，1992 年美国斯坦福大学的 PARADISE/Inverse 系统，1993 年瑞典计算机科学研究所的 DIVE 以及加拿大 Albert 大学的 MR 工具库，1994 年新加坡国立大学的 BrickNet 以及英国 Nottingham 大学的 AVIARY。

分布式虚拟现实系统是一个基于网络的可供异地多用户同时参与的分布式虚拟环境。在这个环境中，位于不同物理环境位置的多个用户或多个虚拟环境通过网络相连接，使多个用户同时参加一个虚拟现实环境，通过计算机与其他用户进行交互，共享信息，并对同一虚拟世界进行观察和操作，以达到协同工作的目的。

分布式虚拟现实系统具有以下特征。

（1）共享的虚拟工作空间；

（2）伪实体的行为真实感；

（3）支持实时交互，共享时钟；

（4）多个用户以多种方式相互通信；

（5）资源信息共享以及允许用户自然操作环境中的对象。

分布式虚拟现实系统是基于网络的虚拟环境，在这个环境中，位于不同物理环境位置的多个用户或多个虚拟环境通过网络相联结。根据分布式系统环境下所运行的共享应用系统的个数，可把 DVR 系统分为集中式结构和复制式结构两种。

集中式结构是只在中心服务器上运行一份共享应用系统，该系统可以是会议代理或对话管理进程。中心服务器的作用是对多个参与者的输入输出操作进行管理，允许多个参与者信息共享。它的特点是结构简单，容易实现，但对网络通信带宽有较高的要求，并且高度依赖于中心服务器。

复制式结构是在每个参与者所在的机器上复制中心服务器，这样每个参与者进程都有一份共享应用系统。服务器接收来自于其他工作站的输入信息，并把信息传送到运行在本地机上的应用系统中，由应用系统进行所需要的计算并产生必要的输出。它的优点是所需网络带宽较小。另外，由于每个参与者只与应用系统的局部备份进行交互，因此交互式响应效果好。但它比集中式结构复杂，在维护共享应用系统的多个备份的信息或状态一致性方面比较困难。

分布式虚拟现实系统的设计与实现必须考虑以下因素。

（1）网络带宽的发展。网络带宽是虚拟世界大小和复杂度的一个决定因素。当用户增加时，网络的延迟就会明显，带宽的需求也随之增加。

（2）先进的硬件设备和软件技术。为了减少数据传输的延迟，实现实时操作，增强真实感，必须采用兼容的先进的硬件设备。例如，改进路由器和交换技术、使用快速交换接口和对计算机进行硬件升级。

（3）分布机制。分布机制直接影响系统的可扩充性。常用的消息发布方法为广播、多播和单播。其中，多播机制允许任意大小的组在网上进行通信，它能为远程会议系统和分布式仿真应用系统提供一对多和多对多的消息发布服务。

（4）可靠性。在增加通信带宽和减少通信延迟这两方面进行折中时，应考虑通信的可靠性问题。可靠性是能够顺利通信的保证之一，它由具体的应用需求来决定。有些协议有较高的可靠性，但传输速度慢，反之亦然。

分布式虚拟现实的典型实例是在军事训练中应用的 SIMNET 系统。此系统中军队被布置在与实际车辆和指挥中心相同的位置，它们可以看到一个有山、树、云彩、硝烟、道路以及由其他部队操纵的车辆的模拟现场。这些由实际人员操纵的车辆可以相互射击，系统利用无线电通信和声音效果来加强真实感。系统的每个用户可以通过环境视点来观察别人的举动。炮火的显示极为逼真，用户可以看到被攻击部队炸毁的情况。SIMNET 系统可将多达 1000 个部队用网络连接起来。因此，SIMNET 被称为第一个廉价而又实用的模拟网络系统，它可以用来训练坦克、直升机以及战斗演习，并训练部队之间的协同作战能力。

目前，分布式虚拟现实系统在远程教育、科学计算可视化、工程技术、建筑、电子商务、交互式娱乐和艺术等领域都有着极其广泛的应用前景。利用它可以创建多媒体通信、设计协作系统、实境式电子商务、网络游戏和虚拟社区全新的应用系统。

1.3 虚拟现实的发展和现状

1.3.1 虚拟现实的发展历程

计算机技术的发展促进了多种技术的飞速发展。虚拟现实技术跟其他技术一样，由于技术的要求和市场的需求也随即发展起来。在这个漫长的过程中，主要经历了以下三个阶段：

1. 20 世纪 50 年代—70 年代，虚拟现实技术的探索阶段

1956 年，在全息电影技术的启发下，美国电影摄影师 Morton Heiling 开发了 Sensorama。Sensorama 是一个多通道体验的显示系统。用户可以感知到事先录制好的体验，包括景观、声音和气味等。

1960 年，Morton Heiling 研制的 Sensorama 的立体电影系统获得了美国专利，此设备与 20 世纪 90 年代的 HMD 非常相似，只能供一个人观看，具有多种感官刺激的立体显示设备。

1965 年，计算机图形学的奠基者美国科学家 Ivan Sutherland 博士在国际信息处理联合会大会上提出了 The Ultimate Display（终极的显示）的概念，首次提出了全新的、富有挑战性的图形显示技术，即不通过计算机屏幕这个窗口来观看计算机生成的虚拟世界，而是使观察者直接沉浸在计算机生成的虚拟世界中，就像生活在客观世界中。随着观察者随意转动头部与身体，其所看到的场景就会随之发生变化，也可以用手、脚等部位以自然的方式与虚拟世界进行交互，虚拟世界会产生相应的反应，使观察者有一种身临其境的感觉。

1968 年，Ivan Sutherland 使用两个可以戴在眼睛上的阴极射线管研制出了第一个头盔式显示器。

20 世纪 70 年代，Ivan Sutherland 在原来的基础上把模拟力量和触觉的力反馈装置加入到系统中，研制出了一个功能较齐全的头盔式显示器系统。该显示器使用类似于电视机显像管的微型阴极射线管（CRT）和光学器件，为每只眼镜显示独立的图像，并提供与机械或超声波跟踪器的接口。

1976 年，Myron Kruger 完成了 Videoplace 原型，它使用摄像机和其他输入设备创建了一个由参与者动作控制的虚拟世界。

2. 20 世纪 80 年代初期—中期，虚拟现实技术系统化，从实验室走向实用阶段

20 世纪 80 年代，美国的 VPL 公司创始人 Jaron Lanier 正式提出了 Virtual Reality 一词。当时，研究此项技术的目的是提供一种比传统计算机模拟更好的方法。

1984 年，美国宇航局 NASA 研究中心虚拟行星探测实验室开发了用于火星探测的虚拟世界视觉显示器，将火星探测器发回的数据输入计算机，为地面研究人员构造火星表面的三维虚拟世界。

3. 20 世纪 80 年代末期至今，虚拟现实技术高速发展的阶段

1996 年 10 月 31 日，世界上第一个虚拟现实技术博览会在伦敦开幕。全世界的人们可以通过因特网坐在家中参观这个没有场地，没有工作人员，没有真实展品的虚拟博览会。

1996 年 12 月，世界上第一个虚拟现实环球网在英国投入运行。这样，因特网用户便可以在一个由立体虚拟现实世界组成的网络中遨游，身临其境般地欣赏各地风光、参观博览会和在大学课堂听讲座等。

目前，迅速发展的计算机硬件技术与不断改进的计算机软件系统极大地推动了虚拟现实技术的发展，使基于大型数据集合的声音和图像的实时动画制作成为可能，人机交互系统的设计不断创新，很多新颖、实用的输入输出设备不断地出现在市场上，为虚拟现实系统的发展打下了良好的基础。

1.3.2 国外虚拟现实技术的研究现状

美国是虚拟现实技术研究的发源地，其研究水平基本就代表国际虚拟现实发展的水平。近年来，虚拟现实在美国航空航天和军事领域的若干成功应用获得了巨大经济效益和社会效益，促使美国政府进一步加大对虚拟现实技术研究的支持力度。

在军事领域，虚拟现实在武器系统的性能评价和设计、操纵训练和大规模军事演习及战役指挥方面发挥了重要作用，并产生了巨大的经济效益。美国已初步建成一些洲际范围的分布式虚拟环境，并将有人操纵和半自主兵力引入虚拟的战役空间，在世界上处于领先地位。

美国空军技术研究所（Air Force Institute of Technology）主要研究人类因素的检测、计算机图形学以及与大规模分布综合环境应用有关的人机交互问题，尤其是研究培养实际操作人员的环境。其目标是实现在大规模、复杂的环境中，活动者在明确的目标的驱动下，主动采取行动的过程。海军研究生院图形和图像实验室（Naval Postgraduate School Graphics and Video laboratory）主要研究基于网络化虚拟环境的交互仿真开发低价格模拟器。目前正在研制一种便宜、实时网络化的飞行模拟器 NPSNET 4，它使用 SIMNET 和分布式交互仿真两种协议进行主机之间的通信。美国陆军研究所（U.S.Army Research Institute）从事虚拟环境的行为科学和计算机科学两方面的研究，并在美国陆军委员会支持下用于战斗训练的仿真电子战场的应用中发挥着重要作用。密西根大学（University of Michigan）承担了 SOAR 项目，其目的是通过提供改进的空军仿真兵力来扩充 LORAL MODSAF。这一计划将使美国国防部在虚拟战役仿真中具有智能化和难以战胜，同时具备时态推理能力、多目标管理和传感能力，使管理和操纵虚拟兵力的人减至最少。

在航天领域，美国宇航局（NASA）已经建立了航空、卫星维护 VR 训练系统，空间站 VR 训练系统，并且建立了可供全国使用的 VR教育系统。北卡罗来纳大学（UNC）是进行 VR 研究最早的大学，他们主要研究分子建模、航空驾驶、外科手术仿真和建筑仿真等。乔治梅森大学研制出一套在动态虚拟环境中的流体实时仿真系统。施乐公司研究中心在 VR 领域主要从事利用 VRT 建立未来办公室的研究，并努力设计一项基于 VR 使得数据存取更容易的窗口系统。波音公司的波音 777 运输机采用全无纸化设计，利用开发的虚拟现实系统将虚拟环境叠加于真实环境之上，把虚拟的模板显示在正在加工的工件上，工人根据此模板控制待加工尺寸，从而简化加工过程。

在欧洲，英国在 VR 开发的某些方面，特别是分布并行处理、辅助设备（包括触觉反馈）设计和应用研究方面是领先的。英国 Bristol 公司发现，VR 应用的交点应集中在整体综合技术上，在软件和硬件的某些领域处于领先地位。英国 ARRL 公司关于远地呈现的研究实验，主要包括 VR 重构问题，其产品还包括建筑和科学可视化计算。

欧洲其他一些较发达的国家如荷兰、德国和瑞典等也积极进行 VR 的研究与应用。

瑞典的 DIVE 分布式虚拟交互环境是一个基于 UNIX 的，不同节点上的多个进程可以在同一个世界中工作的异质分布式系统。

荷兰海牙 TNO 研究所的物理电子实验室（TNO-PEL）开发的训练和模拟系统，通过改进人机界面来改善现有的模拟系统，以使用户完全介入模拟环境。

德国在 VR 的应用方面取得了出乎意料的成果。在改造传统产业方面，一是用于产品设计、降低成本，避免新产品开发的风险；二是产品演示，吸引客户争取定单；三是用于培训，在新生产设备投入使用前，用虚拟工厂来提高工人的操作水平。

2008 年 10 月 27—29 日在法国举行的 ACM Symposi-um on Virtual Reality Software and Technology 大会，整体上促进了虚拟现实技术的深入发展。

日本的虚拟现实技术的发展在世界相关领域的研究中同样具有举足轻重的地位，它在建立大规模 VR 知识库和虚拟现实的游戏方面取得了很大的成就。

东京技术学院精密和智能实验室研究了一个用于建立三维模型的人性化界面，称为 SpmAR。NEC 公司开发了一种虚拟现实系统，借助代用手来处理 CAD 中的三维形体模型，通过数据手套把对模型的处理与操作者的手联系起来；日本国际工业和商业部产品科学研究院开发了一种采用 X、Y 记录器的受力反馈装置；东京大学的高级科学研究中心的研究重点主要集中在远程控制方面，最近的研究项目是可以使用户控制远程摄像系统和一个模拟人手的随动机械人手臂的主从系统；东京大学广濑研究室重点研究虚拟现实的可视化问题，他们正在开发一种虚拟全息系统，用于克服当前显示和交互作用技术的局限性；日本奈良尖端技术研究生院大学教授千原国宏领导的研究小组于2004年开发出一种嗅觉模拟器，只要把虚拟空间里的水果放到鼻尖上一闻，装置就会在鼻尖处放出水果的香味，这是虚拟现实技术在嗅觉研究领域的一项突破。

除了前面所提到的使用相关设备而实现的虚拟现实外，近几年流行的3D街画也是一种虚拟现实。3D街画是使用彩色粉笔或者蜡笔来作画，所以又称作粉笔画、3D街面粉质画。它是一种极具视觉冲击的变形艺术，利用特殊的透视原理，使用复杂的几何作画，通过彩笔勾擦揉抹，产生清新明丽、丰富细腻的色彩效果，在街头地面或墙面上创造出逼真虚拟的复杂的场景物体，也可以精细入微地刻画形象的质地肌理。站在特定的角度位置可以达到以假乱真、形象逼真的感官效果和身临其境的感受。3D街画被国家地理杂志誉为一种全新的艺术形式。图1.18和图1.19所示为3D街画大师Kurt Wenner的作品。

图1.18　游乐场街画

图1.19　室内街画

1.3.3　国内虚拟现实技术的研究现状

我国虚拟现实技术研究起步较晚，与发达国家还有一定的差距。随着计算机图形学、计算机系统工程等技术的高速发展，虚拟现实已得到国家有关部门和科学家们的高度重视，引起我国各界人士的关注，研究与应用。根据我国的国情，九五规划、国家自然科学基金会、国家高技术研究发展计划已将虚拟现实技术的研究列为重点研究项目。国内许多研究机构和高校也都在进行虚拟现实的研究和应用并取得了一些不错的研究成果。目前，我国虚拟现实技术在城市规划、教育培训、文物保护、医疗、房地产、因特网、勘探测绘、生产制造和军事航天等数十个重要的行业得到广泛的应用。

北京航空航天大学计算机系是国内最早进行VR研究、最有权威的单位之一，其虚拟实现与可视化新技术研究室集成了分布式虚拟环境，可以提供实时三维动态数据库、虚拟现实演示环境、用于飞行员训练的虚拟现实系统、虚拟现实应用系统的开发平台等，并着重研究虚拟环境中物体物理特性的表示与处理；在虚拟现实中的视觉接口方面开发出部分硬件，并提出有关算法及实现方法等。

清华大学国家光盘工程研究中心所作的“布达拉宫”采用了QuickTime技术，实现大全景VR系统。

浙江大学 CAD&CG 国家重点实验室开发了一套桌面型虚拟建筑环境实时漫游系统，还研制出在虚拟环境中一种新的快速漫游算法和一种递进网格的快速生成算法。

哈尔滨工业大学计算机系已经成功地合成人的高级行为中的特定人脸图像，解决了表情的合成和唇动合成技术问题，并正在研究人说话时手势和头势的动作、语音和语调的同步等。

武汉理工大学智能制造与控制研究所主要研究使用虚拟现实技术进行机械虚拟制造，包括虚拟布局、虚拟装配和产品原型快速生成等。

西安交通大学信息工程研究所对虚拟现实中的立体显示技术这一关键技术进行了研究。在借鉴人类视觉特性的基础上提出了一种基于 JPEG 标准压缩编码新方案，并获得了较高的压缩比、信噪比以及解压速度，并且已经通过实验结果证明了这种方案的优越性。

中国科技开发院威海分院主要研究虚拟现实中视觉接口技术，完成了虚拟现实中的体视图像的算法回显及软件接口。在硬件的开发上已经完成 LCD 红外立体眼镜，并且已经实现商品化。

北方工业大学 CAD 研究中心是我国最早开展计算机动画研究的单位之一，中国第一部完全用计算机动画技术制作的科教片《相似》就出自该中心。关于虚拟现实的研究已经完成了两个“863”项目，完成了体视动画的自动生成部分算法与合成软件处理，完成了 VR 图像处理与演示系统的多媒体平台及相关的音频资料库，制作了一些相关的体视动画光盘。

另外，北京邮电大学自动化学院、西北工业大学 CAD/CAM 研究中心、上海交通大学图像处理模式识别研究所、长沙国防科技大学计算机研究所、华东船舶工业学院计算机系、安徽大学电子工程与科学系等单位也进行了一些研究工作和尝试。

除了高等学府对此的研究外，我国在最近几年涌现出许多从事虚拟现实技术的公司。

中视典数字科技有限公司是从事虚拟现实与仿真、多媒体技术、三维动画研究与开发的专业机构，是国际领先的虚拟现实技术整体解决方案供应商和相关服务提供商，2006 年入选中国软件自主创新 100 强企业行列，提供的产品有虚拟现实编辑器（VRP-Builder）、数字城市仿真平台（VRP-Digicity）、物理模拟系统（VRP-Physics）、三维网络平台（VRPIE）、工业仿真平台（VRP-Indusim）、旅游网络互动教学创新平台系统（VRP-Travel），三维仿真系统开发包（VRP-SDK）以及多通道环幕立体投影解决方案等，能够满足不同领域不同层次的客户对虚拟现实的需求。目前是国内市场占有率最高的一款国产虚拟现实平台软件，已有超过 300 所重点理工科和建筑类院校采购了 VRP 虚拟现实平台及其相关硬件产品，例如清华大学电机系、上海同济大学建筑学院、中国传媒大学动画学院、天津大学水利工程学院、青岛海洋大学、武汉理工大学和山东理工大学等，在教学和科研中发挥了重要的作用。

北京阳光中图数字技术有限公司以计算机三维图形技术为核心，业务范围涵盖图形仿真、地质学工程三维仿真、地理三维可视化城市信息统计应用、地理资源三维建模与资源管理、虚拟现实、三维动画及多媒体信息产业等应用领域。

北京优联威迅科技发展有限责任公司是以清华大学工业系仿真实验室雄厚的技术开发实力为基础，以开发和制作适合中国虚拟仿真市场的仿真系统解决方案和适于推广的可视化软件平台为主要方向，立志创造中国虚拟仿真软硬件的旗帜名牌。公司现已独立研发了包括数据手套、虚拟环境的力反馈等系统，并成功实现了中国第一套动作捕捉系统，填补了国内空白，成绩丰硕，已成为用户在中国仿真界中首选的理想合作企业。

伟景行科技集团（Gvitech Technologies）是业界领先的三维可视化和专业显示技术开发及服务机构，由伟景行数字城市科技有限公司（GDC）、伟景行数字科技有限公司（GDT）

以及清华规划院数字城市研究所（DCRC）三大机构组成，他们各自的主要研究领域分别为数字城市可视化、虚拟仿真模拟和专业大屏幕显示。

厦门创壹软件（OneSoft）主要致力于互联网络三维动态交互软件平台的研制、开发、运用与推广，累积近20年国内外最先进的虚拟现实技术的科研经验，以英国、新加坡各大院校及相关研究机构的技术背景为依托，拥有完全自主知识产权的创壹在线虚拟现实系统引擎。该引擎具有大型多用户、在线、完全的交互性、逼真、可扩展和操作简单等特点。目前创壹软件已经拥有多套成熟且广泛应用的虚拟现实系列产品，如创壹 Web3D 虚拟现实平台、创壹虚拟教学培训系统、创壹虚拟数控机床培训系统、创壹虚拟桥吊实训系统、创壹虚拟现实展示系统等一批成熟的软件产品线，这些产品都得到用户的高度赞扬。

1.3.4 虚拟现实技术的发展趋势

虚拟现实技术的实质是构建一种人为的能与之进行自由交互的“世界”，在这个“世界”中参与者可以实时地探索或移动其中的对象。沉浸式虚拟现实是最理想的追求目标。但虚拟现实相关技术研究遵循“低成本、高性能”原则，桌面虚拟现实是较好的选择。因此，根据实际需要，未来虚拟现实技术的发展趋势为两个方面。一方面是朝着桌面虚拟现实发展。目前已有数百家公司正在致力于桌面级虚拟现实的开发，其主要用途是商业展示、教育培训及仿真游戏等。由于 Internet 的迅速发展，网络化桌面级虚拟现实也随之诞生。另一方面是朝着高性能沉浸式虚拟现实发展。在众多高科技领域如航空航天、军事训练和模拟训练等，由于各种特殊要求，因此需要完全沉浸在环境中进行仿真试验。

这两种类型的虚拟现实系统的未来发展主要在建模与绘制方法、交互方式和系统构建等方面提出了新的要求，表现出一些新的特点和技术要求，主要表现在以下方面。

1．动态环境建模技术

虚拟环境的建立是 VR 技术的核心内容，动态环境建模技术的目的是获取实际环境的三维数据，并根据需要建立相应的虚拟环境模型。

2．实时三维图形生成和显示技术

三维图形的生成技术已比较成熟，而关键是如何“实时生成”，在不降低图形的质量和复杂程度的前提下，如何提高刷新频率将是今后重要的研究内容。此外，VR 还依赖于立体显示和传感器技术的发展，现有的虚拟设备还不能满足系统的需要，有必要开发新的三维图形生成和显示技术。

3．新型人机交互设备的研制

虚拟现实技术实现人能够自由与虚拟世界对象进行交互，犹如身临其境，借助的输入输出设备主要有头盔显示器、数据手套、数据衣服、三维位置传感器和三维声音产生器等。但在实际应用中，它们的效果并不理想，因此，新型、便宜、鲁棒性优良的数据手套和数据服将成为未来研究的重要方向。

4．智能化语音虚拟现实建模

虚拟现实建模是一个比较繁复的过程，需要大量的时间和精力。如果将 VR 技术与智能技术、语音识别技术结合起来，可以很好地解决这个问题。对模型的属性、方法和一般特点的描述通过语音识别技术转化成建模所需要的数据，然后利用计算机的图形处理技术和人工智能技术进行设计、导航以及评价，将模型用对象表示出来，并且将各种基本模型静态或动态地连接起来，最终形成系统模型。

提示：人工智能一直是业界的难题，人工智能在各个领域十分有用，在虚拟世界也大有用武之地，良好的人工智能系统对减少乏味的人工劳动具有非常积极的作用。

5. 网络分布式虚拟现实技术的研究与应用

分布式虚拟现实是今后虚拟现实技术发展的重要方向。随着众多分布式虚拟现实开发工具及其系统的出现，DVR 本身的应用也渗透到各行各业，包括医疗、工程、训练与教学以及协同设计。近年来，随着 Internet 应用的普及，一些面向 Internet 的分布式虚拟现实应用使得位于世界各地的多个用户可以进行协同工作。将分散的虚拟现实系统或仿真器通过网络联结起来，采用协调一致的结构、标准、协议和数据库，形成一个在时间和空间上互相耦合的虚拟合成环境，参与者可自由地进行交互作用。特别是在航空航天中应用价值极为明显，因为国际空间站的参与国分布在世界不同区域，分布式 VR 训练环境不需要在各国重建仿真系统，这样不仅减少了研制费用和设备费用，还减少了人员出差的费用以及异地生活的不适。在我国国家“863”计划的支持下，由北京航空航天大学、杭州大学、中国科学院计算所、中国科学院软件所和装甲兵工程学院等单位共同开发了一个分布虚拟环境基础信息平台，为我国开展分布式虚拟现实的研究提供了必要的网络平台和软硬件基础环境。

1.4 虚拟现实技术的主要应用领域

自 20 世纪 80 年代发展到现在，虚拟现实技术具有降低成本、提高安全性、形象逼真和可反复操作等优点，得到了用户的认可。据不完全统计，占据主流的领域有教育和培训，包括医疗培训、军事培训和大学培训，此外还有制造业、娱乐业以及商业服务业，例如市场销售和建筑规划。在所有这些领域都要求降低费用、缩短生产周期等的情况下，虚拟现实技术具有适应性、真实性和合作性等特点。

1.4.1 军事领域

军事领域研究是推动虚拟现实技术发展的原动力，目前依然是主要的应用领域。虚拟现实技术主要在军事训练和演习、武器研究这两个方面得到广泛应用。

在传统的军事实战演习中，特别是大规模的军事演习，不但耗资巨大，安全性较差，而且很难在实战演习条件下改变战斗状况来反复进行各种战场势态下的战术和决策研究。现在，使用计算机，应用 VR 技术进行现代化的实验室作战模拟，它能够像物理学、化学等学科一样，在实验室里操作，模拟实际战斗过程和战斗过程中出现的各种现象，增加人们对战斗的认识和理解，为有关决策部门提供定量的信息。在实验室中进行战斗模拟，首先确定目的，然后设计各种试验方案和各种控制因素的变化，最后士兵再选择不同的角色控制进行各种样式的作战模拟试验。例如，研究导弹舰艇和航空兵攻击敌机动作战舰艇编队的最佳攻击顺序、兵力数量和编成时，实兵演习和图上推演不可能得到有用的结果和可靠的结论，但可以通过方案和各种因素的变化建立数学模型，在计算机上模拟各种作战方案和对抗过程，研究对比不同的攻击顺序，以及双方兵力编成和数量，可以迅速得到双方损失情况、武器作战效果、弹药消耗等一系列有用的数据。

虚拟军事训练和演习不仅不动用实际装备而使受训人员具有身临其境之感，而且可以任意设置战斗环境背景，对作战人员进行不同作战环境，不同作战预案的多次重复训练，使作战人员迅速积累丰富的作战经验，同时不担任何风险，大大提高了部队训练效果。图 1.20 所示为虚拟战场。

图 1.20 虚拟战场

武器设计研制采用虚拟现实技术，提供具有先进设计思想的设计方案，使用计算机仿真武器，并进行性能的评价，得到最佳性价比的仿真武器后，再投入武器的大批量生产。此过程缩短武器研制的制作周期，节约不必要的开支，降低成本，提高武器的性价比。图 1.21 所示为虚拟航空母舰。

图 1.21 虚拟航空母舰

1.4.2 医疗领域

传统的医疗科目教学都是使用教科书和供解剖用的尸体来供学生学习和练习，但是，学生们较难得到用尸体练习解剖技术的机会，并且在对实际的生命体进行解剖练习时，较多细小的神经和血管是很难看到的。另外，一旦进行了切割，解剖体就被破坏，如果想要再次切割来进行不同的观察，问题就变得较为复杂。虚拟现实技术可以弥补传统的不足，主要应用到解剖学和病理学教学、外科手术训练、复杂外科手术规划、健康咨询和身体康复治疗等方面。例如，在外科手术中，通过虚拟现实技术仿真课程，对麻醉医师和静脉注射护士培训、对实习外科医生上手术台之前的开刀培训，以及通过虚拟现实技术可以对复杂外科手术的设计、手术过程中的指引和帮助信息的提供、手术结果的预测等，帮助外科医生顺利完成手术，并使其对病人造成的损伤降低至最小。

医学专家也利用虚拟现实技术形成虚拟的“可视人”，使用关键帧动画实现对身体的漫游。图 1.22 所示为人身体的胸部结构，包括肋骨、肺和心脏三部分。这三张图显示了三个器官的拆分过程。学生可以通过鼠标操作对胸部结构进行拆分和组装，并进行 360° 旋转立体图形，详细浏览和了解每一部分内容。除此之外，学生可以在虚拟的病人身上反复操作，提高技能，有利于学生对复杂的人体三维结构本质进行较好的理解。当然，也可以对比较罕见的病例进行模拟、诊断和治疗，减少误诊的概率。利用远程康复治疗方式监督康复中的病人，使其在虚拟日常生活中的各种情景中活动，减少病人独自在家康复的孤独感，实现更为愉悦的治疗方式。目前，美国斯坦福国际研究所已成功研制出远程手术医疗系统，整形外科远程康复系统。

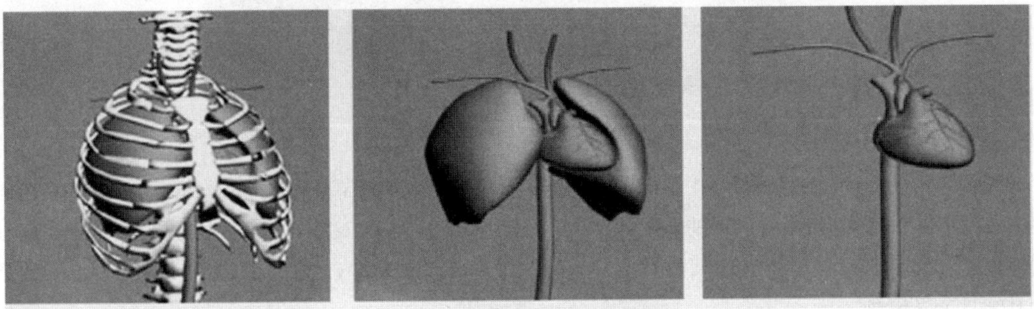

(a) 肋骨　　(b) 肺　　(c) 心脏

图 1.22　虚拟的人体胸部结构

1.4.3　教育领域

虚拟现实应用于教育是教育技术发展的一个飞跃。它实现了建构主义、情景学习的思想，营造了“自主学习”的环境，由传统的“以教促学”的学习方式代之为学习者通过自身与信息环境的相互作用来得到知识、技能的新型学习方式。

真实、互动的特点是虚拟现实技术独特的魅力。虚拟现实技术提供基于教学、教务、校园生活的三维可视化的生动、逼真的学习环境，例如虚拟实验室、虚拟校园和技能培训等。使用者选择任意环境，并映射成自选的任意一种角色，通过亲身经历和体验来学习知识、巩固知识，极大地提高了学生的记忆力和学习兴趣。此方法比传统的教学方式，尤其是空洞抽象地说教、被动地灌输更具有说服力。

随着网络的发展，虚拟现实技术与网络技术提供给学生一种更自然的体验方式，包括交互性、动态效果、连续感以及参与探索性，构建一个网络虚拟教学环境，可以实现虚拟远程教学、培训和实验，既可以满足不同层次学生的需求，也可以使得缺少学校和专业教师，以及昂贵的实验仪器的偏远地区的学生能够学习。

相比于传统的教学，网络虚拟教学拥有以下优势。

（1）在保证教学质量的前提下，极大地节省了置备设备、场地等硬件所需要的成本。

（2）学生利用虚拟现实技术进行危险实验的再现，例如外科手术，免除了学生的安全隐患。

（3）完全打破空间、时间的限制，学生可以随时随地进行学习。

目前，国内外许多大学和公司进行了虚拟教学与实验的研究，开发虚拟教学环境，并在部分中、小学和大学作为一种教学方法进行使用，其效果较明显。图 1.23 所示为虚拟的零件安装培训过程，学生通过佩戴数据手套和立体眼镜进行虚拟设备的安装。图 1.24 所示为洞穴式虚拟工程漫游，佩戴立体眼镜的学生在虚拟环境中详细地观察和修改工程设计。图 1.25 所示为日本东京大学虚拟校园一角。图 1.26 所示为思科公司的篮球馆。图 1.27 所示为带有导航地图的西南交通大学虚拟校园一角。图 1.28 所示为虚拟驾驶培训。

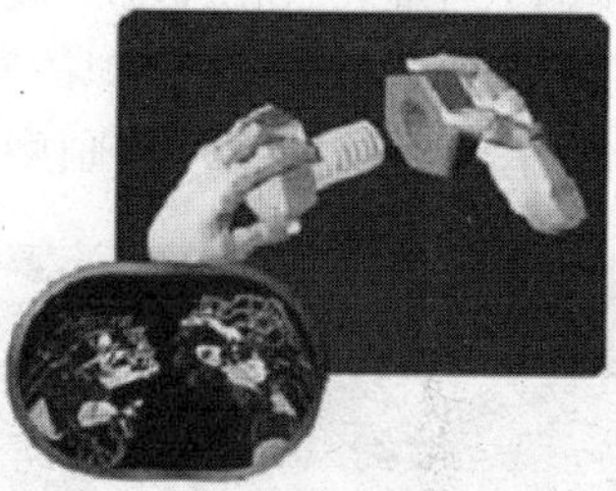

图 1.23　虚拟的零件安装培训

图 1.24　洞穴式虚拟工程漫游

图 1.25　日本东京大学虚拟校园一角

图 1.26　思科公司的篮球馆

图 1.27　西南交通大学虚拟校园一角

图 1.28　虚拟驾驶培训

随着虚拟现实技术的不断发展和完善，以及硬件设备价格的不断降低，虚拟现实技术以其自身强大的教学优势和潜力，将会更加受到教育工作者的重视和青睐，并在教育、培训领域发挥其重要作用。

1.4.4　文化艺术领域

虚拟现实是一种传播艺术家思想的新媒介，其沉浸与交互可以将静态的艺术转变为观察者可以探索的动态艺术，在文化艺术领域中扮演着重要角色。虚拟博物馆、虚拟文化遗产、虚拟画廊、虚拟演员和虚拟电影等都是当前虚拟现实成果。虚拟现实在文化艺术领域主要包括名胜古迹、虚拟游戏以及影视三个方面。

1．名胜古迹

虚拟现实展现名胜古迹的景点，形象逼真。结合网络技术，可以将艺术创作、文物展示和保护提高到一个崭新的阶段。让那些由于身体条件限制的人不必长途跋涉就可以在家中通过因特网很舒适地选择任意路径遨游各个景点，乐趣无穷。图 1.29 所示为虚拟故宫，是我国较早的一个虚拟产品。图 1.30 所示为虚拟天坛。图 1.31 所示为虚拟的卢浮宫画廊。

图 1.29　虚拟故宫

图 1.30　虚拟天坛

2010 年在上海举行的世博会的亮点之一就是网上世博会。它运用三维虚拟现实、多媒体等技术设计世博会的虚拟平台，将上海世博会园区以及园区内的展馆空间数字化，用三维方式再现到因特网上，全球网民足不出户就可以获得前所未有的 360°空间游历和 3D 互动体验。不仅向全球亿万观众展示各国的生活与文化，同时也展现了上海世博会的创新理念。例如网上世博，法国馆将“感性城市”的主题在虚拟空间中展现无疑。参观者只需单击鼠标就能在虚拟展馆中 360°自由参观。图 1.32 所示为虚拟的法国馆走廊，可以欣赏奥赛博物馆的经典名画和馆中美丽的法式园林，同时还能享受不可思议的 3D 互动体验，甚至“走进”高更的《餐点》等名家画作，如图 1.33 所示，“穿梭”其中并聆听作品介绍。喜欢 3D 互动游戏的参观者更可以与法国馆的吉祥物“乐乐”进行实时互动，在游戏中体验包括视觉、嗅觉、触觉、味觉和听觉等感官享受。由此，上海世博会也被称为“永不落幕”的世博会。

图 1.31　虚拟的卢浮宫画廊

对于文化遗产，目前研究人员已经创建了著名的考古地、建筑物以及自然保护区等世界文化遗产的虚拟复制品。例如英国史前巨石柱、中国兵马俑和圆明园、巴黎圣母院等虚拟模型的制作。图 1.34 所示为埃及神庙。制作过程为：首先将文物实体通过影像数据采集手段，记录蓝图中显示不出的各种建筑细节，并作为材质纹理，再次进行光亮度测量，使用模型软件建立实物三维模型，并存入相应数据库，以及保存文物原有的各项形式数据和空间关系等重要资源，实现濒危文物资源的科学、高精度和永久的保存。其次，通过计算机网络整合大范围内的文物资源，并且通过网络在大范围内利用虚拟技术更加全面、生动、逼真地展示文物，从而使文物脱离地域限制，实现资源共享，真正成为全人类可以“拥有”的文化遗产。图 1.35（a）所示为圆明园中的西洋景区的原始图片，图 1.35（b）所示为西洋景区的数字重建初步结果。

图 1.32　虚拟的法国馆走廊

图 1.33　虚拟的《餐点》名画

图 1.34　埃及神庙

(a) 原始图片　　(b) 重建初步结果

图 1.35　西洋景区

2．虚拟游戏

三维游戏既是虚拟现实技术最先应用的领域，也是重要的发展方向之一，为虚拟现实技术的快速发展起到了巨大的需求牵引作用。计算机游戏从最初的文字 MUD 游戏，到二维游戏、三维游戏，再到网络三维游戏，游戏在保持其实时性和交互性的同时，逼真度和沉浸感正在一步步地提高和加强。所以，虚拟现实技术已经成为三维游戏工作者的崇高追求者。当前最为火暴的网络三维游戏《魔兽世界》是著名的游戏公司暴雪娱乐（Blizzard Entertainment）制作的一款大型多人在线角色扮演游戏（MMORPG）。它具有上百个场景，豪华的大场面制作，写实风格的地形地貌。整个画面精致，在玩游戏的同时还可以欣赏到瑰丽的景色，景色会随着时间而变化，让玩家在不同的时间欣赏到不同的景色。除此之外，制作人员非常注重细节的雕琢，如牛头人在静止不动时会自己瘙痒；路边的怪物狼见到旁边的兔子会自己奔过去猎食；购买装备有试衣间试穿等。完美的设计让游戏者完全沉浸于游戏的乐趣之中。图 1.36 所示为精致的《魔兽世界》的游戏画面。

除了精致的画面外，游戏也注重丰富的感觉能力与 3D 显示，因此 VR 的硬件设备也成为理想的视频游戏工具。例如英国开发的称为 Virtuality 的 VR 游戏系统，配有 HMD，大大地增强了真实感等。目前，迪士尼、LucasArts 和 General Electric 等大企业投入大量资金和创意，都用于创造赢利性的计算机游戏。

3．影视

三维立体电影对人的视觉产生了巨大的冲击力，是电影界划时代的进步。在 2010 年年初上映的电影《阿凡达》，场景气势恢弘，波澜壮阔，缥缈仙境，人间奇缘，让人久久不能忘怀。它的成功除了使用 3000 多个特效镜头外，还在于电影从平面走向了立体，整个拍摄过程使用新一代 3D 摄影机拍出了立体感。图 1.37 所示为《阿凡达》场景。

图 1.36 《魔兽世界》的游戏画面

图 1.37 《阿凡达》场景

三维立体电影是虚拟现实技术的应用之一，是结合虚拟现实技术拍摄的电影。拍摄时，首先在拍摄前期，立体摄影师结合故事情节创作一个“深度脚本”。深度脚本是立体电影创作意图的展示手段，是拍摄的依据，它决定了每个场景的立体景深，对于制作舒适、清晰的立体画面、镜头和帧序列起到了很重要的作用。拍摄时，通常使用用于拍摄立体图像的 3D 摄像机和用于虚实结合的虚拟摄像机，不仅实现了动作和表情实时捕捉，为场景增加整体动感，而且降低了拍摄成本。其拍摄原理广泛采用偏光眼镜法。它以人眼观察景物的方法，利用两台并列安置的电影摄影机，分别代表人的左、右眼，同步拍摄出两条略带水平视差的电影画面。放映时，将两条电影影片分别装入左、右电影放映机，并在放映镜头前分别装置两个偏振轴互成 90° 的偏振镜。两台放映机须同步运转，同时将画面投放在金属银幕上，形成双影图像。当观众戴上特制的偏光眼镜时，观众的左眼只能看到左像、右眼只能看到右像。通过双眼会聚功能将左、右像叠和在视网膜上，由大脑神经产生三维立体的视觉效果。展现出一幅幅连贯的立体画面，使观众感到景物扑面而来，产生强烈的“身临其境”感。

虚拟现实在三维立体电影中的应用主要是制造栩栩如生的人物、引人入胜的宏大场景，以及添加各种撼人心魄的特技效果。目前，三维立体电影技术比较成熟，每年都会有 3D 电影问世，例如《冰河世纪 3》、《飞屋环游记》等，人们一次次地被召唤到电影院，这表明虚拟的三维立体电影在电影界绽放出夺目的光彩。但是，存在的局限性是观看立体电影需要佩戴 3D 眼镜。由此，美国 RealD 公司宣布，在不久的将来让观众摘下 3D 眼镜直接观看立体电影，届时观众观看 3D 立体电影会更加方便与舒畅，电影院也将真正给观众带来身临其境的氛围。星空与万丈深渊都会近在咫尺，电影院的魅力将会无限扩大和延伸，将会使电影业得到更为长足的进步和拓展。

1.4.5 制造业

制造业展示产品从概念阶段到实际生产和销售的转变过程。消费者需要物美价廉、品种丰富的产品。各个公司绞尽脑汁想再提高生产的灵活性、缩短产品的开发时间并节约成本。虚拟现实的自然的多模态交互、适应性、远程共享访问等特点，对制造商具有很强的吸引力。

自 20 世纪 90 年代开始，使用虚拟现实技术的制造业——虚拟制造已经得到迅速发展。目前已经广泛地应用到制造业的各个环节，对企业提高开发效率，加强数据采集、分析、处理能力，减少决策失误，降低企业风险起到了重要的作用。

虚拟制造是采用计算机仿真和虚拟现实技术在分布技术环境中开展群组协同工作，支持企业实现产品的异地设计、制造和装配，是 CAD/CAM 等技术的高级阶段。利用虚拟现实技术、仿真技术等在计算机上建立的虚拟制造环境是一种接近人们自然活动的“自然”环境，人们的视觉、触觉和听觉都与实际环境接近。人们在这样的环境中进行产品的开发，可以充分发挥技术人员的想象力和创造能力，相互协作发挥集体智慧，大大提高了产品开发的质量和缩短了开发周期。除此之外，对产品的销售和维护诊断等方面的服务也提供很大的支持。目前应用主要有产品的外形设计、布局设计、运动仿真、虚拟装配和虚拟样机等方面。汽车制造业就是其成果应用的范例。图 1.38 所示为汽车马自达 6 的三维产品，包括汽车流场、柴油机的起动性能和仿真碰撞实验等方面的显示。

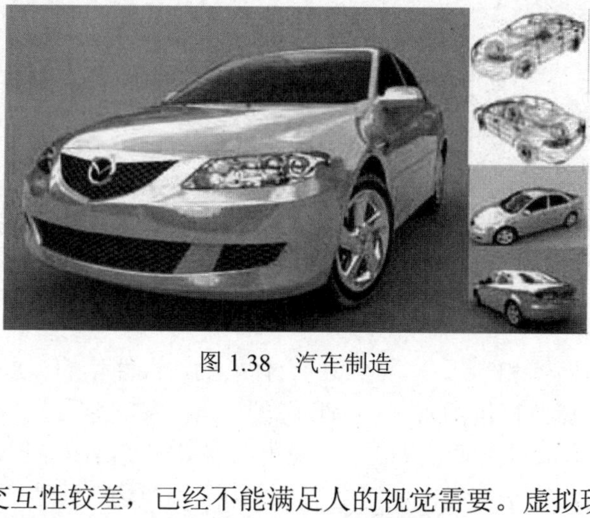

图 1.38　汽车制造

1.4.6 商业

二维平面图像的交互性较差，已经不能满足人的视觉需要。虚拟现实技术的到来，三维立体的表现形式，全方位展示产品，得到更多企业和商家的青睐。

结合网络技术，企业利用虚拟现实技术将其产品的商业包装、展示、推广发布成网上三维立体的形式，展示出逼真的产品造型，通过交互体验来演示产品的功能和使用操作，充分利用因特网高速迅捷的传播优势来推广公司的产品。例如，企业将产品销售展示做成在线三维的形式，顾客通过全方位浏览产品，对产品有更加全面的认识和了解，提高购买的几率，为销售者带来更多的利润。

图 1.39 所示为提供交互式在线营销服务网站 Zugara 的试衣间，用户通过计算机摄像头来实现在线试衣。除了可以让用户借助摄像头而使真人试穿外，还可以让用户通过输入一些身体数据，比如身高、体重、体形之类的，在线生成一个模拟人，与真人相互搭配，以保证试穿的效果更为精准，用户更有参考价值。

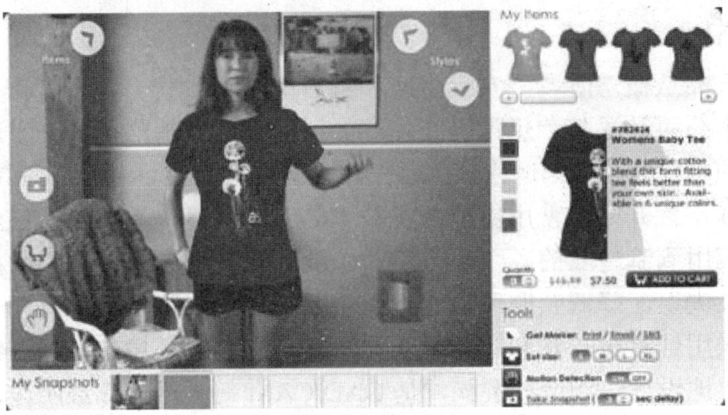

图 1.39　虚拟试衣间

图 1.40 所示为 P&G 通过 AR 技术推广 Always Infinity 卫生棉品牌。首先打印一张带有特殊符号的纸，如图 1.40（a）所示，然后用摄像头对准这个纸，在计算机中拍摄的视频的纸上会出现一个小动物来说出广告词，如图 1.40（b）所示。

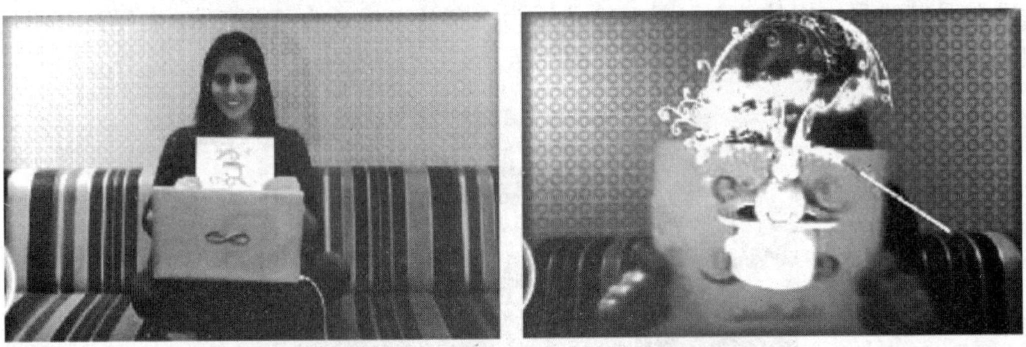

(a) 带有特殊符号的纸　　(b) 小动物来说广告词

图 1.40　虚拟广告

在商业领域，虚拟网络相当于一个形象的、体贴的、人性化的、永远彬彬有礼的漂亮导购人员，可以提供给顾客免费试用的永远不易损坏的三维产品。它使用 Web3D 构建一个三维场景，用于网络虚拟现实产品的展示。人以第一视角在虚拟空间漫游穿梭，能够与场景进行交互，仿佛在现实世界中浏览，完全沉浸在环境之中。这为虚拟商场、房地产商漫游展示和电子商务等领域提供了有效的解决方案。目前在房地产及装饰装修业，国内已有许多房地产公司采用虚拟现实技术制作虚拟小区、虚拟样板房来吸引购买者的眼球，并取得较好的效果。图 1.41 所示为某一房地产商制作的网上样板房，左边部分为房型图，单击房型图中的一房间，则在右图中动态显示其效果图。图 1.41（a）所示为客厅的一个视角。图 1.41（b）所示为餐厅的一个视角。

(a) 客厅

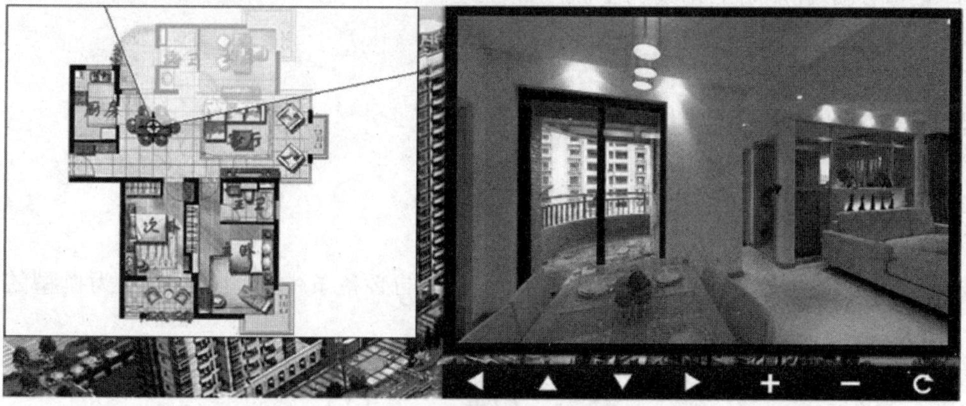

(b) 餐厅

图 1.41 虚拟样板房

1.5 练 习 题

1．填空题

（1）虚拟现实的三个特性：__________、__________、__________。

（2）根据用户参与和__________的程度，通常把虚拟现实分成 4 大类：__________、沉浸式虚拟现实系统、__________和__________。

（3）虚拟现实系统由__________、__________、__________和数据库组成。

（4）用计算机生成的虚拟环境包括__________、__________和__________。

2．简答题

（1）虚拟现实技术的定义是什么？

（2）虚拟现实技术为什么越来越受到重视？

（3）简述虚拟现实系统的 4 种类型的特点及应用情况。

（4）虚拟现实技术应如何为教育服务？

第2章　虚拟现实系统的硬件设备

【本章导读】

虚拟现实系统的硬件设备是用户沉浸于虚拟环境中的必备条件之一。本章将介绍视觉感知设备、听觉感知设备、触觉和力反馈设备、位置跟踪设备及虚拟现实的计算设备等知识。学习本章时要多了解市场上相关的主流产品。

本章的重点难点：

（1）人的视听觉感知模型；

（2）各种硬件设备的工作原理；

（3）各种硬件设备的性能指标；

（4）各种硬件设备的优缺点。

虚拟现实系统的硬件设备是沉浸于虚拟环境中的必备条件，图 2.1 所示为典型的基于头

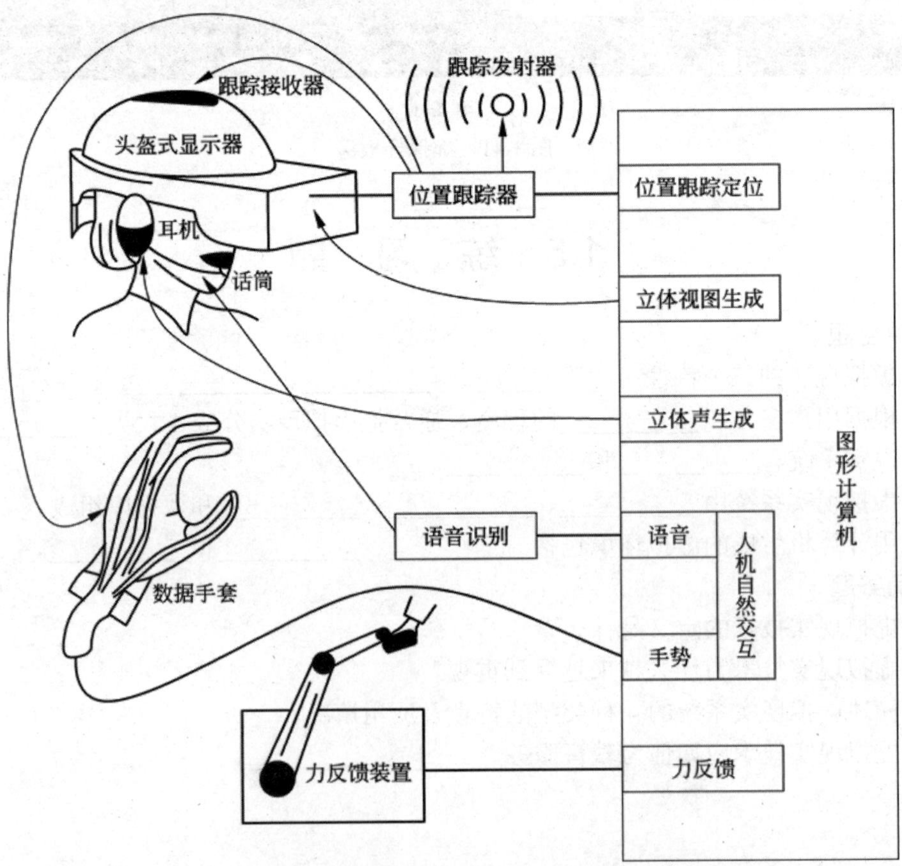

图 2.1　基于头盔显示器的虚拟现实系统的硬件配置示意图

盔显示器的虚拟现实系统的硬件配置示意图，包括立体显示设备——头盔显示器、空间立体声音播放设备——耳机、位置跟踪器——数据手套和头盔式显示器，以及触觉/力觉反馈装置等。这些设备创设的虚拟环境“看起来像真的、听起来像真的、摸起来像真的、嗅起来像真的、尝起来像真的”，并提供各种感官刺激信号刺激人类做出各种反应动作。那么，这些设备产生怎样的信号才能够让人完全沉浸于环境中呢？采用什么样的技术才能“欺骗”人的眼睛、鼻子、耳朵等器官呢？这就需要对人的感官因素进行详细的研究，并在此基础上采用相应的技术设计硬件设备，即设备的设计离不开人的感知模型的研究。例如，视觉显示设备为了实现人眼观察物体实体的三维立体效果，必须对人眼的结构进行详细研究，并且如何评价一个虚拟现实系统的性能，其主要体现在系统提供的接口与人配合的效果如何，这也考虑到人的感官因素。表 2.1 所示为人的感官器官对应的各种接口设备。由此可见，在虚拟现实系统的设计与实现过程中，人起着决定作用。

表 2.1　人的感官器官对应的各种接口设备

人的感官	说　明	接口设备
视觉	感觉各种可见光	显示器或投影仪等
听觉	感觉声音波	耳机、喇叭等
嗅觉	感知空气中的化学成分	气味放大传感装置
味觉	感知液体中的化学成分	
触觉	皮肤感知温度、压力和纹理等	触觉传感器
力觉	肌肉等感知的力度	力觉传感器
身体感觉	感知肌体或身躯的位置与角度	数据仪
前庭感觉	平衡感知	动平台

图形计算机是虚拟现实系统的硬件设备之一，通常称为虚拟现实的计算设备，主要功能是采集数据，实时计算并输出场景。为满足视觉、听觉、触觉的低延迟和快速刷新率的要求，图形计算机具有强健的体系结构，不仅能满足单个用户设计的仿真系统的使用，而且能为多个用户在单个 VR 仿真中以自然的交互方式使用。

2.1　视觉感知设备概述

2.1.1　人类视觉模型

1．视觉生理结构

眼球为人眼的视觉器官，主要由角膜、晶状体、玻璃体及视网膜等组成一套光学系统，图 2.2 为视觉系统的生理结构图。自然界的物体的光线经视觉器官发生折射，在视网膜上形成倒立的像，视网膜负责把光信号转化成电信号，并通过视神经把信号传给大脑，由大脑把像颠倒过来。如图 2.3 所示。

2．视觉因素

人的感知有 80%来自于视觉，要实现虚拟现实的目的，必须考虑视觉因素，即如何让人的眼睛感觉所处的环境跟自然界中的环境是一致的。

1）立体视觉

当用户观察一幅非立体图像时，对于图像上的每一点，用户的左右双眼交于屏幕中该点上。用户的视线都相交在一个平面上，不存在任何深度信息。因此，人所看到的图像和图形都是非立体的。而人类在观察客观世界时，左右双眼看到的是物体的不同部位，在大脑中产生空间距离感，真正地恢复物体的三维信息，形成立体视觉。

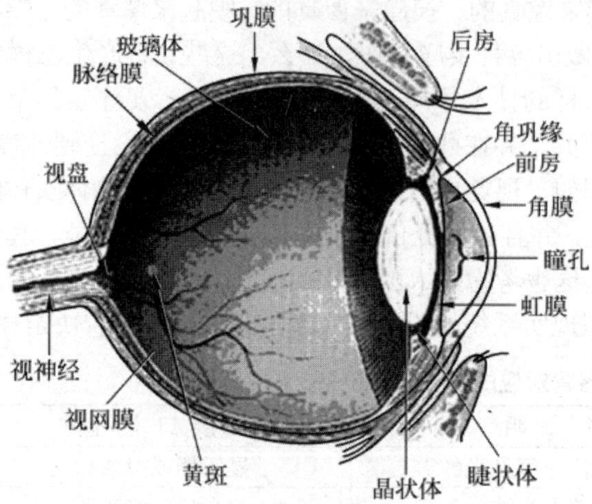

图 2.2　人眼的生理结构图

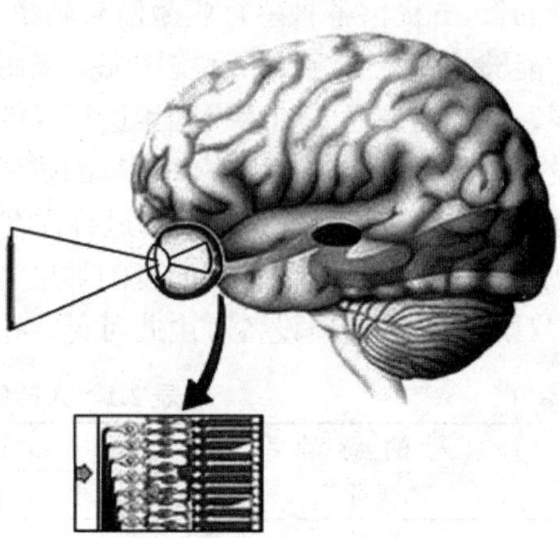

图 2.3　物体在人眼成像图

人们感觉到空间立体感，形成立体视觉主要是因为人类的左右双眼的视野存在很大的重叠。通常将这种重叠称为双眼视觉或者立体视觉。人的双眼之间有 6～8cm 的距离，看同一物体，双眼会获得稍有差别的视图。人们的左右双眼视觉各有一套神经系统，人眼的两套神经系统在大脑前有一个交叉点，并且在交叉点后分开。进入眼睛的光线根据左右位置的不同分别进入交叉点后的左右神经。换句话说，对于每只眼睛，部分光线进入左神经，部分光线进入右神经，如图 2.4 所示。因此，在人脑中形成的图像是通过人脑的综合产生一幅具有立体深度感的图像。图 2.5 所示为立体视觉的基本原理。

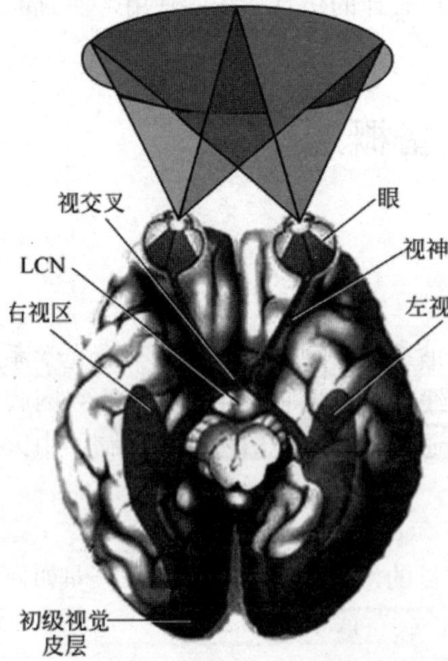

图 2.4　立体视觉形成原理图

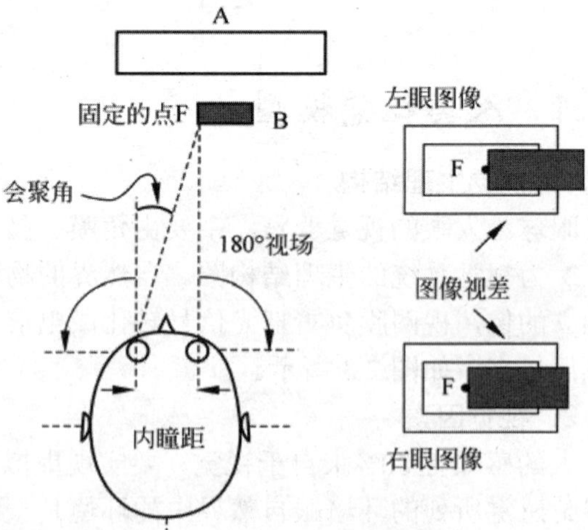

图 2.5　立体视觉的基本原理

如图 2.5 所示，两条平行虚线表示两眼光轴平行，相当于两眼注视远处。内瞳距（IPD）是两眼瞳孔之间的距离。两眼空间位置的不同是产生立体视觉的原因。F 是距离人眼较近的物体 B 上的一个固定点。右图是两眼的视图说明，F 点在视图中的位置不同，即立体视差。人眼也可以利用这种视差判断物体的远近，产生深度感，这就是人类的立体视觉，由此获得环境的三维信息。

人眼的另一种工作方式是注视近处的固定点 F。两眼的光轴都通过点 F，两个光轴的交角就是图中的会聚角。因为两眼的光轴都通过点 F，所以 F 点在两个视图中都在中心点上。这时，与 F 相比距离人眼更远或更近的其他点会存在视差。人眼也可以利用这种视差判断物体的远近，产生深度感。

2）屈光度

眼睛折射光线的作用叫屈光，用光焦度来表示屈光的能力叫做屈光度。屈光度是与眼的光学部分有关的一个度量。有 1 个屈光度的镜头，可以聚焦平行光线在 1m 距离。人眼的聚焦能力约 60 屈光度，这表明聚焦平行光在 17mm 距离，这就是眼球尺寸，是晶状体和视网膜的距离。

人通过改变眼睛的屈光度来保证远近物体能够在视网膜上正确成像，获得清晰的图像。年轻人可以连续改变 14 个屈光度，50 岁时调节能力为 2 个屈光度，70 岁时调节能力为 0 个屈光度。在注视运动物体时，眼睛的屈光度可以自动调节。屈光度的改变被称为调节或聚焦，其作用是保证某个距离的物体清晰，而其他距离的物体模糊。这起到了滤波器的作用，使人集中关注视场中的部分区域。

3）瞳孔

瞳孔是晶状体前的孔。一般人瞳孔的直径可在 1.5～8.0mm 之间变动，面积之比为 1∶30。瞳孔的大小可以控制进入眼内的光量，瞳孔的变化是为了保持在不同光照情况下进入眼内的光量较为恒定。

瞳孔的工作原理就像照相机里的光圈，可以随光线的强弱而缩小或变大。瞳孔在光线强烈时，调节瞳孔变小；在光线较暗时，调节瞳孔变大。其对光线强弱的适应是自动完成的。通过瞳孔的调节，始终保持适量的光线进入眼睛，使落在视网膜上的物体图像既清晰，又不会有过量的光线灼伤视网膜。瞳孔虽然不是眼球光学系统当中的屈光元件，但在眼球光学系统中起着重要的作用。瞳孔不仅对明暗做出反应，调节进入眼睛的光线，还影响眼球光学系统的焦深和球差。

4）分辨率

分辨率是人眼区分两个点的能力，通常情况下，在 10m 距离上人眼能够分辨的距离约 1.5～2mm。例如在 2m 的距离观看宽度为 400mm 的电视机时，人眼区分两个点的能力在 2m 距离上约为 0.4mm，则宽度为 400mm 上应该有 1000 个 0.4mm 大小的像素。计算机监视器和高清晰度电视机都达到了这样的分辨率。

5）视觉暂留

视觉暂留是视网膜的电化学现象造成视觉的反应时间。其原理是当人的眼睛看到一幅画面或一个物体后，在 1/24s 内不会消失。也就是说如果每秒更替 24 幅或更多的画面，则前一幅画面在人脑中消失之前，下一个画面就会进入人脑，从而形成了连续的影像。

视觉暂留是电影、电视、动画和虚拟现实等显示的基础。临界熔合频率（Critical Fusion Frequency，CFF）效果会产生把离散图像序列组合成连续视觉的能力，CFF 最低为 20Hz，取决于图像尺寸和亮度。英国电视帧频为 25Hz，美国电视帧频为 30Hz。电影帧频为 24Hz。眼睛对闪烁的敏感正比于亮度，即白天的图像更新率为 60Hz，则夜间只要 30Hz。

6）视场

视场是指人眼能够观察到的最大范围，通常以角度来表示，视场越大，观测范围越大。视场通常从水平和垂直两个方向来说明，人眼正常的视场约为水平±100°，垂直±60°，而水平的双目重叠视场为120°。实际的全景显示产生水平±100°，垂直±30°的视场即可有很强的沉浸感。

提示：视觉因素除了上面的因素外，还包括其他的因素，例如明暗适应、周围视觉和中央视觉等因素，都会影响人眼形成立体图像。理想的视觉环境与日常生活中的场景对比，在质量、修改率和范围方面应该是无法区分的。但是当前的技术还不支持这种高真实度的视觉显示，也就是当前的技术主要考虑的视觉因素仅仅包括立体视觉、分辨率、视觉暂留以及视场，其他因素还没有充分考虑到。随着技术的发展，必须认真评价各种显示特性，充分考虑人的视觉因素，提供理想的立体视觉效果，实现较强的视觉沉浸。

2.1.2 视觉感知设备

视觉感知设备主要向用户提供立体视觉的场景显示，并且这种场景的变化会实时变化。此类设备的关键技术是立体显示。根据上一节中立体视觉的基本原理，采用两种方法来实现立体图像的显示。一种是同时显示左右两幅图像，称为同时显示技术（time-parallel），它是让两幅图像存在细微的差别，使双眼只能看到相应的图像。这种技术主要用在头盔显示器中。另一种技术是分时显示技术，以一定的频率交替显示两幅图像，为了保证每只眼睛只能看到各自相应的图像，用户通过以相同频率同步切换的有源或无源立体眼镜来观察图像。此技术主要使用在立体眼镜上。

1．头盔显示器

头盔显示器（Head Mounted Display，HMD）是专为用户提供虚拟现实中景物的彩色立体显示器，是目前较普遍采用的一种立体显示设备。通常用机械的方法固定在用户的头部，头与头盔之间不能有相对运动，当头部运动时，头盔显示器随着头部运动而运动。头盔配有位置跟踪器，用于实时探测头部的位置和朝向，并反馈给计算机。计算机根据这些反馈数据生成反映当前位置和朝向的场景图像并显示在头盔显示器的屏幕上。通常，头盔显示器的显示屏采用两个LCD或者CRT显示器分别向两只眼睛显示图像，这两个图像由计算机分别驱动，两个图像存在着微小的差别，类似于“双眼视差”。大脑将融合这两个图像获得深度感知，得到一个立体的图像。

由于头盔显示器所用屏幕离眼睛很近，因此为了使眼睛聚焦于如此近的距离而不易产生疲劳，需要使用专门的镜片，并且此镜片必须能够放大图像，向双眼提供尽可能宽的视野。1989年首次推出了这种镜片，被称为LEEP镜片。LEEP镜片的特征是它们使用输出成像极其宽阔的透镜。其原理示意图如图2.6所示。

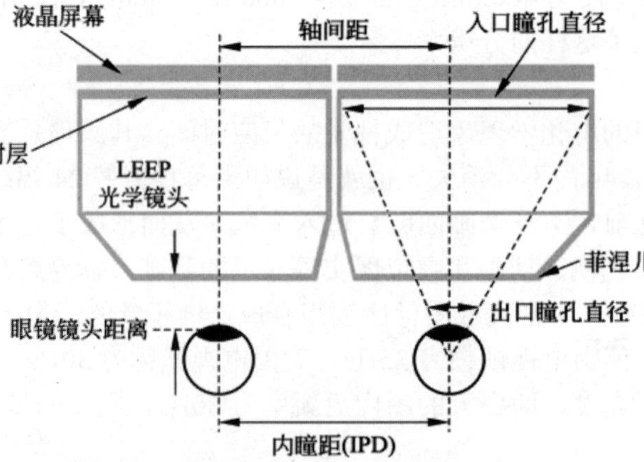

图2.6　HMD的LEEP光学系统示意图

> **注意**：由于显示屏的不透明性，用户在观看时，只能看到显示在屏幕上的计算机生成的场景画面，而看不到外部世界，从而达到沉浸在计算机生成的虚拟世界中的效果。

为了使 LEEP 镜片包容所有大小的瞳孔间距，需要透镜的轴间距比成人瞳距的平均值稍小，目的是当看两个屏幕时用于双眼聚焦。否则就需要一个机械调整装置，这样会增加成本，且镜片更加复杂。

在头盔中 LEEP 光学系统实现立体视觉的基本原理如图 2.7 所示。图 2.7（a）所示为单眼视觉的光学模型，根据凸透镜成像原理，实际显示屏上 A 像素的像是虚像屏上的 B 像素，可见虚像比屏幕离开眼睛更远。图 2.7（b）所示为立体视觉的光学模型。图中的一个目标点在两个屏幕上的像素分别为 A1 和 A2。它们在屏幕上的位置之差就是立体视差。这两个像素的虚像的像素分别为 B1 和 B2。双目视觉的融合，用户看到的目标像素就在 C 点位置上。

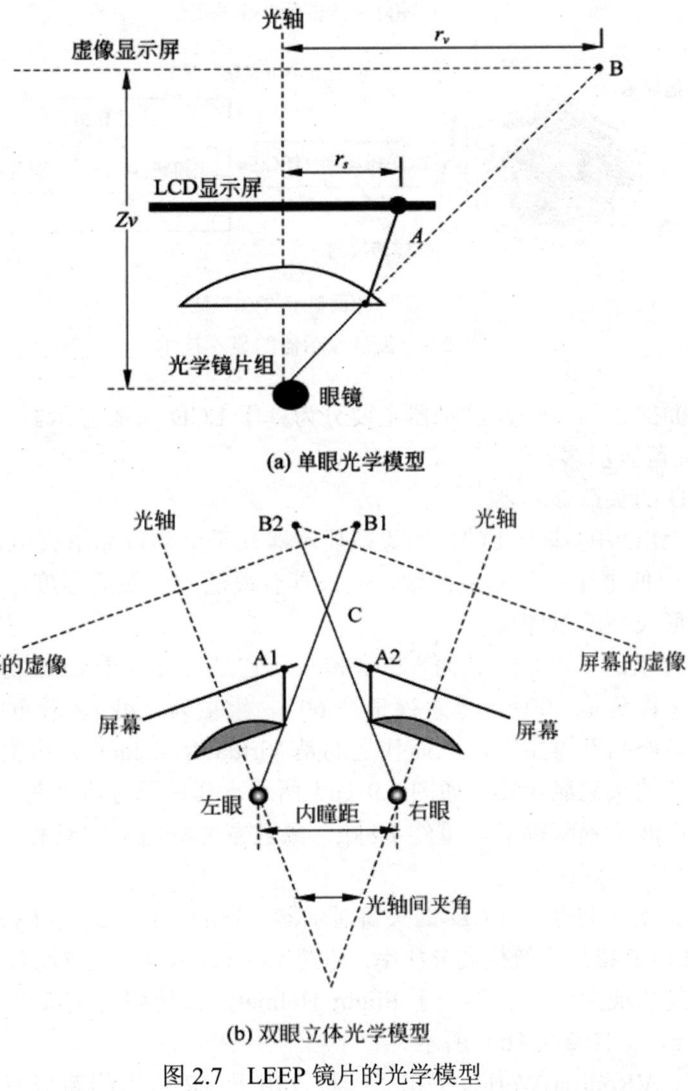

图 2.7　LEEP 镜片的光学模型

对于 HMD 系统，主要由显示器（显示表面）和光学透镜（LEEP 镜片）两部分组成。目前显示器有很多，如阴极射线管（CRT）、液晶显示器（LCD）、VRD 类和硅 VLSI 显示器等多种，但是其原理都是一样的。其显示的工作方式分为两种：立体显示和平面显示，如图 2.8 所示。图 2.8（a）所示为立体显示的 VR 系统，为两眼分别计算具有视差的不同的图像。图 2.8（b）所示为平面显示的 VR 系统，为两眼提供相同的图像。

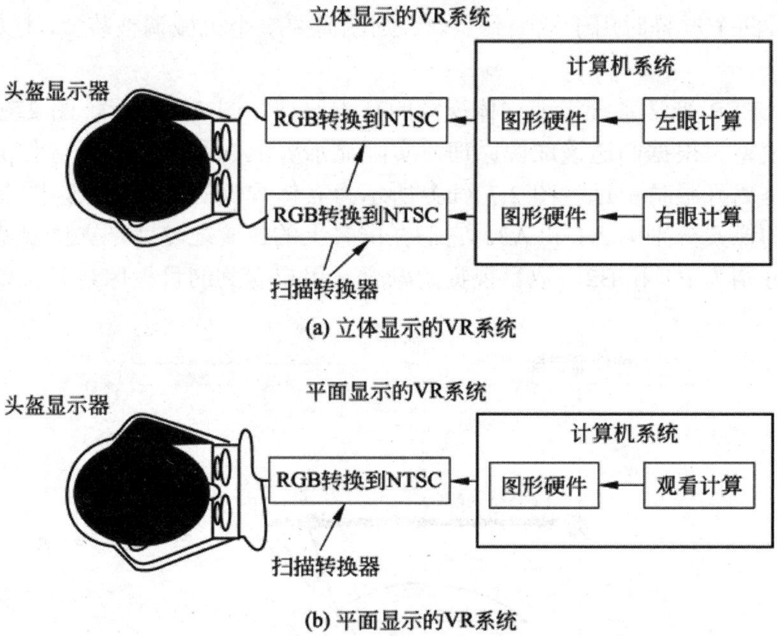

图 2.8　头盔显示器的显示技术

根据显示表面的不同，头盔显示器主要分为基于 LCD 头盔显示器、基于 CRT 头盔显示器和基于 VRD 头盔显示器。

1）基于 LCD 的头盔显示器

目前，市场上出售的基于 LCD 的头盔显示器几乎全部依靠电视机质量的液晶显示。其 LCD 显示技术是以低电压产生彩色图像，但只具有很低的图像清晰度。在头盔显示中，要用笨重的光学设备形成高质量图像。

VPL 公司首先引进了“眼睛话筒”EyePhone，它是一种基于 LCD 分辨率为 360 × 240 的头盔显示器。水平视角是 100°，垂直视角是 60°，重量为 2.4kg。较重的重量增加了使用者的疲劳感，因此该产品不再生产，取而代之的是 Virtual Reaseach 公司生产的 Flight Helmet，它是一种成本较低的头盔显示器，如图 2.9（a）所示。其显示分辨率为 360 × 240 像素，具有立体声耳机及超声波位置跟踪器，重约 1.8kg，佩戴方便舒适。它具有与 EyePhone 一样的分辨率和视域。

Cyberface Ⅱ是另一种基于 LCD 的头盔显示器，它的工作方式与 Eyephone 大致相同。所不同的是它通过 LEEP 镜片系统提高分辨率，达到 479 × 234，扩大了视域，水平角增大到 140°，视场是目前能达到的最大值。它不同于 Flight Helmet，在使用者胸部放一个计数加载器，把它的重量减到 1kg，如图 2.9（b）所示。

1993 年 3 月，VRontier Worlds 提出了一种仅用于 VR 应用的新型 HMD 配置设计，称作 Tier 1。这是一种轻型 HMD，它使用者的头部暴露在空气中，其佩戴感觉更舒适。视场有 112°，内置会聚矫正器，因此无须偏移软件进行会聚处理。另一个优点是可以拆卸的显示器，只有 680g 重量，因此可以方便地把 Tier 1 转换为手持式视频器，如图 2.9（c）所示。Tier 1 的前端控制板上有一个立体/单显开关，用来控制头盔显示器在立体模式/单显模式工作。

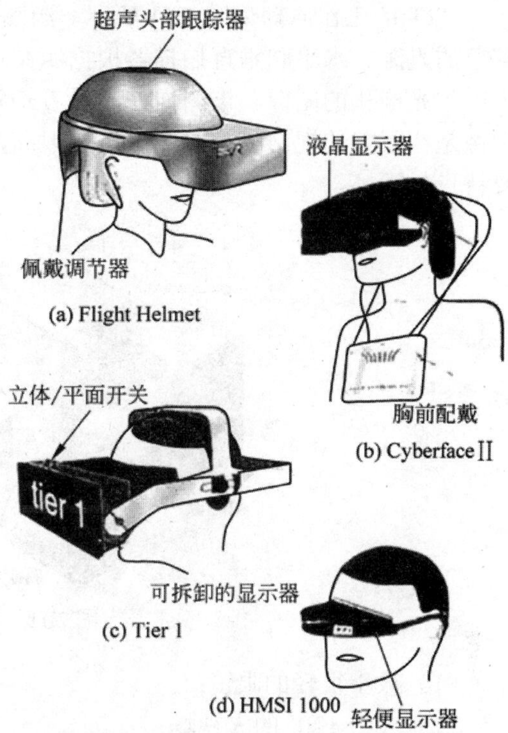

图 2.9　各种类型的头盔显示器

HMSI1000 是新型的头盔显示器，如图 2.9（d）所示。此 HMD 几乎与一副眼镜大小相同，仅重 0.23kg。重量的减轻主要源于 LCD 的缩小，导致了立体视场也相应缩小（水平角度 45°，垂直视角 46°）。但使用者佩戴时却感到很沉，因为所有的重量都由鼻子来承担而没有分散给头表层。生产厂商开发的第二代 HMSI，在第一代的基础上做出了很大的改进，比如重量的减小，分辨率的增大等。

2）基于 CRT 的头盔显示器

CRT 称为阴极射线管。基于 CRT 的头盔显示器是使用电子快门等技术实现双眼立体显示的，提供小的高分辨率、高亮度的单色显示。但其 CRT 较重、存有高电压，佩戴较危险，视场较小，缺乏沉浸感。

Virtual Reality 公司生产了一种基于 CRT 的年新型 HMD，称作 HMD-131，如图 2.10（a）所示。它的分辨率依据显示频率而定，30Hz 时为 1280 × 1024 个像素点，60Hz 时为 640 × 480 个像素点。但其图像是单色的。

组合的技术途径可产生高质量彩色图像，并减少重量和价格。高质量彩色的基于 CRT 的 HMD（头盔显示器）主要采用了加于单色 CRT 的机械电子彩色滤光技术。CRT 以三倍正常速率扫描，并依次加上红、绿、蓝三色的滤光器。

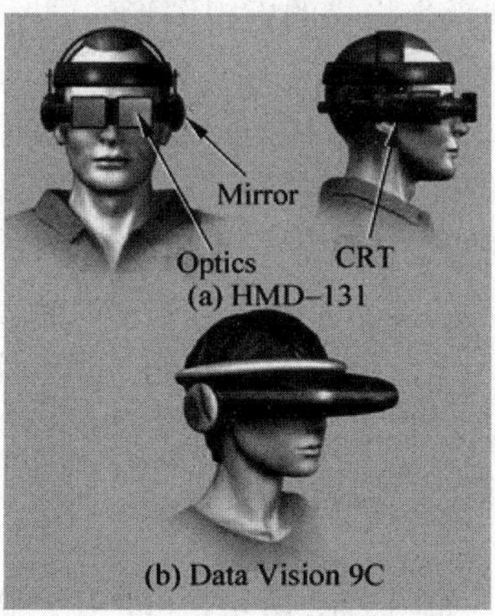

图 2.10　基于 CRT 的头盔产品

1993 年 8 月，n-Vision 公司生产了一种全彩色 CRT 的 HMD，称作 Datavision 9C，如图 2.10（b）所示。Datavision 9C 在单色 CRT 前放一个 Tektronix“原色”液晶光栅。通过快速过滤器开关控制，首先以红色显示，然后以绿色显示，最后是蓝色显示，人的大脑把这三幅图像融合在一起，就看到一幅彩色图像。其扫描频率是普通 CRT 扫描频率的 3 倍，因此需要昂贵的高速电子管。最大的信号宽度是 100MHz，频率为 30Hz 时分辨率为 1280 × 960，频率为 60Hz 时分辨率为 640 × 512。

另一种彩色图像技术采用的是颜色回旋，让红、绿、蓝三种颜色分别在单色 CRT 面前高速旋转，把它与单色 CRT 耦合起来。为了减少重量，把显示器移植到一个芯片上，即所谓的“数字微镜设备（DMD）”，实现了 37 × 33mm^2 大小显示器，分辨率能达到 2048 × 1152。其优点是重量轻、亮度高。

3）基于 VRD 的头盔显示器

VRD（Virtual Reality Display）是华盛顿大学人类接口接术（HIT）实验室在 1991 年发

明的。其目标是产生全彩色、宽视场、高分辨率、低价格的虚拟现实立体显示。

VRT 的工作原理如图 2.11 所示。源图像是要求显示的图像，调制的光源是红、绿、蓝三基色的光源。水平和垂直扫描器根据源图像对光源进行扫描。经过光学镜头，在人的视网膜上产生光栅化的图像。该图像使观看者幻觉图像在 2 英尺远处的 14 英寸监视器上，实际上，图像是在眼睛的视网膜上。图像质量很高，有立体感，全彩色，宽视场，无闪烁。VRT 的主要特点如下。

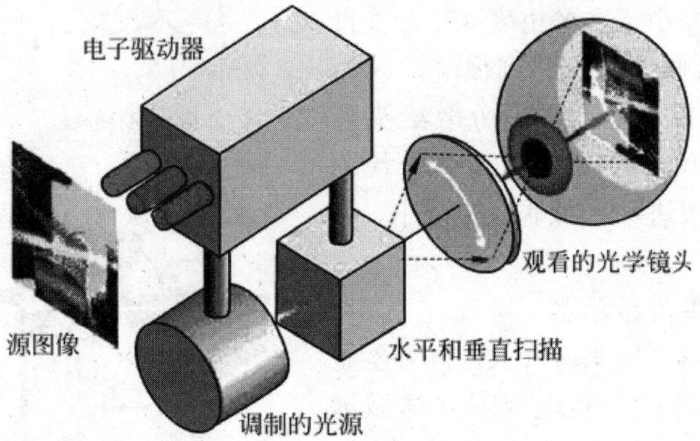

图 2.11　VRT 显示工作原理

（1）很小很轻的眼镜；

（2）大于 120° 的大视场；

（3）适应人类视觉的高分辨率；

（4）有更高彩色分辨率的全彩色；

（5）适用于室外的高亮度；

（6）很低的功率消耗；

（7）有深度感的真正的立体显示；

（8）具有看穿的显示方式。类似于看穿的头盔显示，在看到激光扫描的虚拟图形的同时，也看到真实场景。

VRD 的应用在头盔上的主要产品是 Microvision，提供了单色双目的 HMD 系统，视场水平 52°，垂直 30°，显示行数 960 行，水平像素 1716，重量 2 磅（包括两个显示器，头盔结构及光学系统），图像以“看穿的方式”投影，飞行员同时看到背景场景。

头盔显示器是不需要附加硬件，并能完全环绕的单用户沉浸的显示系统。其显著优点是图像由计算机合成，分辨率较高、视场大、色彩丰富，消除显示器定位系统引入的延迟，实现无缝全环绕。不足之处是重量和惯性的约束，易引起人的疲劳，以及随着增加头部惯性而增加运动眩晕症状；并且高性能 HMD 价格高，在性能上有待进一步提高。

2．立体眼镜显示系统

立体眼镜显示系统的设备包括立体图像显示器和立体眼镜，如图 2.12 所示，每个用户佩戴一副立体眼镜来观看显示器。立体图像显示器通过专门设计，以两倍于正常扫描的速度刷新屏幕。采用分时显示技术，计算机给显示器交替发送两幅有轻微偏差的图像。位于 CRT 显示器顶部的红外发射器与 RGB 信号同步，以无线的方式控制活动眼镜。红外控制器指导立体眼镜的液晶光栅交替地遮挡用户两只眼睛中的一只眼睛的视野。这样，大脑记录快速交替的左眼和右眼图像序列，并通过立体视觉将它们融合在一起，从而产生深度感知。

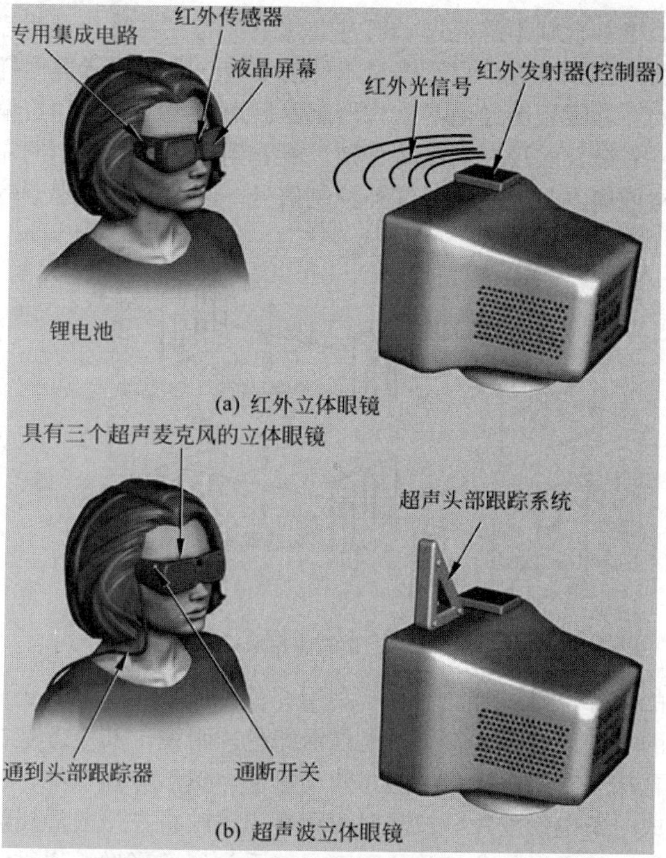

(a) 红外立体眼镜

(b) 超声波立体眼镜

图 2.12　立体眼镜显示系统

立体图像显示器的刷新频率的高低直接影响到图像的稳定性，即显示图像是否会出现闪烁现象。典型的显示器的刷新频率是 60Hz，用此频率来显示立体图像时，对应的左、右眼视图只能以每秒 30 帧的刷新频率显示在屏幕上，缺点是图像出现明显的闪烁，不稳定。因此，为了图像的稳定，左右眼视图的刷新率保持在 60Hz，采用两倍于 60Hz 的刷新率的显示器。这种图像比基于 LCD 的 HMD 要清楚得多，而且长时间观察也不会令人疲倦。

立体眼镜是为了实现立体视觉，即让双眼分别只能看到对应的左右视图。目前主要有两类立体眼镜：有源眼镜和无源眼镜。有源立体眼镜又称为主动立体眼镜，无源立体眼镜又称为被动立体眼镜。

主动立体眼镜的镜框上装有电池及液晶调制器控制的镜片。立体显示器有红外线发射器，根据显示器显示左右眼视图的频率发射红外线控制信号。液晶调制器接收红外线控制器发出的信号，通过调节左右镜片上液晶光栅来控制开或者关，即控制左右镜片的透明或不透明状态。当显示器显示左眼视图时，发射红外线控制信号至有源立体眼镜，使有源立体眼镜的右眼镜片处于不透明状态，左眼镜片处于透明状态。如此轮流切换镜头的通断，使左右眼睛分别只能看到显示器上显示的左右视图。有源系统的图像质量好，但有源立体眼镜价格昂贵，且红外线控制信号易被阻拦而使观察者工作范围受限。

无源立体眼镜是根据光的偏振原理设计的，其原理如图 2.13 所示。每一个偏振片中的晶体物质排列整体形成如同光栅一样的极细窄缝，使只有振动方向与窄缝方向相同的光通过，成为偏振光。当光通过第一个偏振片时就形成偏振光，只有当第二个偏振光片与第一个窄缝平行时才能通过，如果垂直则不能通过。通常立体眼镜的左右镜片是两片正交偏振片，分别只能容许一个方向的偏振光通过。显示器显示屏前安装一块与显示屏同样尺寸的液晶立体调制器，显示器显示的左右眼视图经液晶立体调制器后形成左偏振光和右偏振光，然后分别透过无源立体眼镜的左右镜片实现左右眼睛分别只能看到显示器上显示的左右视图的目的。由于无源立体眼镜价格低廉，且无须接受红外控制信号，因此适用于观众较多的场合。

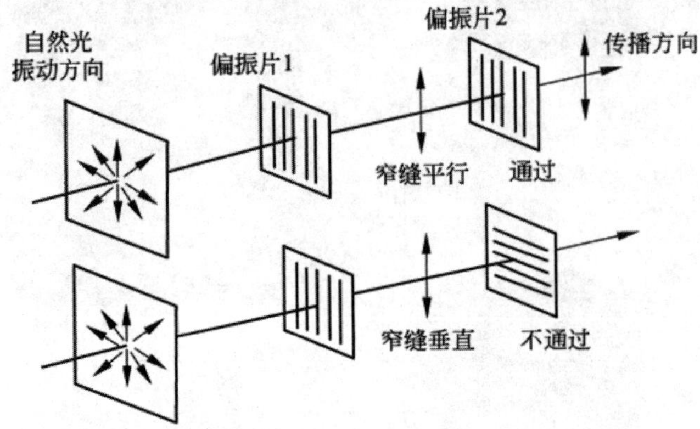

图 2.13　光的偏振原理图

无源立体眼镜的镜片也可以是滤色片。利用滤色片能吸收其他的光线，只能让与滤色片相同色彩的光透过的特点来设计。常用的是红绿滤色片眼镜。其原理是在进行电影拍摄时，先模拟人的双眼位置从左右两个视角拍摄出两个影像，然后分别以红、绿滤光片投影重叠印在同一画面上，制成一条电影胶片。放映时可用普通放映机在一般漫反射银幕上放映，但观众须戴红绿滤色眼镜，使通过红色镜片的眼睛只能看到红色影像，通过绿色镜片的眼睛只能看到绿色影像，实现立体电影。

StereoGraphics 公司是一家立体眼镜生产商。它生产的眼镜仅重 85g，使用舒适（与重达 1kg 或更重的 HMD 相比）。该眼镜由蓄电池启动，可连续工作 90 小时。1992 年，该公司生产了包括一个 Logitech 头部跟踪仪和一副活动眼镜的 CrystalEyesVR 软件，最远可离监视器 6m。当从远处看立体图像时，光栅 LCD 眼镜所传播的光能增加了 60%（自动“亮”模式）。图 2.14 所示为 StereoGraphics 公司生产的 CrystalEyes 立体眼睛，是主要用于工程和科学应用方面的 Stereo3D 成像的一种轻便、无线的液晶立体眼镜。它几乎能运行于所有的 UNIX 平台和 Windows 2000/NT 工作站，联合兼容软件和标准工作站显示器传输高清晰度的 3D 图像。CrystalEyes 是由连接用户的工作站的红外发射极启动的。

图 2.14　CrystalEyes 3

佩戴舒适的立体眼镜产生的沉浸感弱于 HMD，因为立体眼镜提供的视场较小，使用者仅仅把显示器当作一个观看虚拟世界的窗口。如果使用者坐在距离显示宽度为 30cm 的显示器 45cm 处，显示范围只是使用者水平视角 180° 中的 37°。然而，当投影角度为 50° 时，VR 物体看起来是最好的。为实现视野放大，使用者与屏幕的最佳距离应根据显示宽度来确定。

3．洞穴式立体显示系统

洞穴式立体显示系统是使用投影系统，投射多个投影面，形成房间式的空间结构，如图 2.15（a）所示，使得围绕观察者具有多个图像画面显示的虚拟现实系统，增强了沉浸感。此系统首先是由伊利诺斯大学芝加哥校区的电子可视化实验室发明的，空间结构如图 2.15（b）

所示。CAVE 系统是一个立方体结构，图中所示的版本有 4 个 CRT 投影仪：前面 1 个，左右侧各 1 个，地面 1 个。每个投影仪都由来自一个 4 通道计算机的不同图形流信号驱动。三个竖直的面板使用背投，投影仪旋转在四周的地板上，通过镜面反射图像。地面显示器上显示的图像由安装在 CAVE 上面的投影仪产生，通过一个镜面反射下来。这个镜面用于创建用户后面的阴影，与其他的镜面叠加，以减少接缝处的不连续性；投影仪之间保持同步，以减少闪动。戴着立体眼镜的用户能够看到一个非常逼真的三维场景，包括那些看上去好像是从地面中长出来的对象。

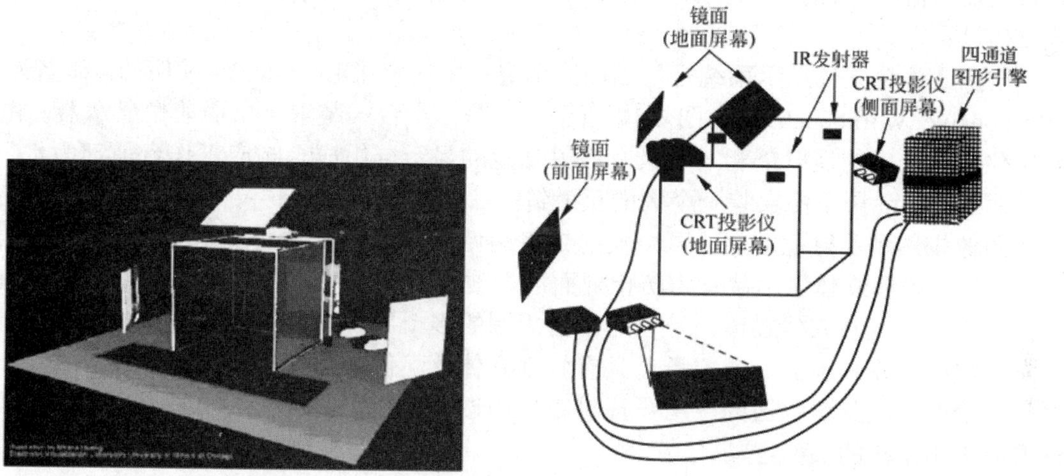

(a) CAVE空间结构　　(b) CAVE空间结构示意图

图 2.15　带有 4 个投影仪的 CAVE 显示设备

CAVE 系统是一种基于多通道视景同步技术和立体显示技术的房间式投影可视协同环境，该系统可提供一个房间大小的 4 面、5 面或者 6 面的立方体投影显示空间，供多人参与，所有参与者均完全沉浸在一个被立体投影画面包围的高级虚拟仿真环境中，借助音响技术（产生三维立体声音）和相应虚拟现实交互设备（如数据手套、力反馈装置和位置跟踪器等）获得一种身临其境的高分辨率三维立体视听影像和 6 自由度交互感受。由于投影面几乎能够覆盖用户的所有视野，因此 CAVE 系统能提供给使用者一种前所未有的带有震撼性的身临其境的沉浸感受。

1999 年，浙江大学计算机辅助设计与图形学国家重点实验室成功建成我国第一台 4 面 CAVE 系统，如图 2.16 所示。多个用户戴上主动式或被动式眼镜，他们视线所涉及的范围均为背投式显示屏上显示的计算机生成的立体图像，增强了身临其境的感觉。

CAVE 系统的优点在于提供高质量的立体显示图像，即色彩丰富、无闪烁、大屏幕立体显示、多人参与和协同工作。所以它为人类带来了一种全新的创新思考方式，扩展了人类的思维。通过 CAVE 系统，人们可以直接看到自己的创意和研究对象。例如，生物学家能检查 DNA 规则排列的染色体链对结构并虚拟拆开基因染色体进行科学研究；理化学家能深入到物质的微细结构或广袤环境中进行试验探索；汽车设计者可以走进

图 2.16　浙江大学的 4 面 CAVE 系统

汽车内部随意观察。可以说，CAVE 可以应用于任何具有沉浸感需求的虚拟仿真应用领域，是一种全新的、高级的科学数据可视化手段。

CAVE 系统的缺点是价格昂贵，体积大，并且参与的人数有限，如果人数达到 12 人，CAVE 的显示设备就显得太小了。目前 CAVE 系统并没有标准化，兼容性较差，因而限制了其普及。

4．响应工作台立体显示系统

响应工作台立体显示系统是计算机通过多传感器交互通道向用户提供视觉、听觉、触觉等多模态信息，具有非沉浸式、支持多用户协同工作的立体显示装置。类似于绘图桌形式的背投式显示器，其显示屏（类似于绘图桌面）的尺寸约为 2m × 1.2m 或略小，通常采用主动式立体显示方式。

响应工作台立体显示系统是德国国家信息技术研究中心（GMD）发明的，命名为 RWB（Responsive Workbench），如图 2.17 所示。它是一个台式装置，桌面兼做显示器，由 CRT 投影仪、一个大的反射镜和一个具有散射功能的显示屏组成。响应工作台前部为水平放置的显示屏，显示屏下面安装一个大的反射镜，后部桌面下安装一台 CRT 投影仪。投影仪将立体图像投影到反射镜面上，再由反射镜将图像反射到显示屏上，显示屏通过漫散射向屏上反射。工作台立体显示装置为防止外面的光被镜面反射，通常将 CRT 投影仪合成在工作台的外壳中。佩戴立体眼镜，坐在显示器周围的多个用户可以同时在立体显示屏中看到三维对象浮在工作台上面，虚拟景象具有较强立体感。但当多个用户同时观察立体场景时，系统只给戴着头部跟踪器的主用户提供正确的透视观察，其他次要用户会看到视觉假象，这取决于主用户的头部运动。

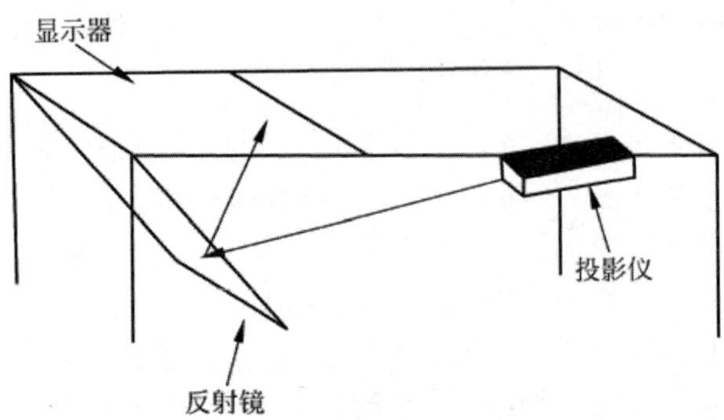

图 2.17　RWB 的工作示意图

通常观察者是站立或者坐在工作台前观看立体图像，如果工作台是水平的，用户对面比较高的三维对象会被剪掉(这就是所谓的立体倒塌效果)。因此现代工作台引入了倾斜机制(手工的或者机动的)，允许用户根据应用的要求控制工作台的角度，工作台可以处于水平和垂直之间的任意倾斜角度。另一种选择是所谓的 L 形工作台，例如 V-Desk 6，如图 2.18 所示。桌面不是机动的，而是引入了两块固定的屏幕和两个 CRT Barco 投影仪。顶部的投影仪瞄准竖直的屏幕，第二个投影仪的图像被放置在显示器较低部分的镜面反射出去。其结果是在一个非常紧凑的外壳中创建立体观察体，允许少数几个用户与三维场景交互。

响应工作台所显示的立体视图只受控于一个观察者的视点位置和视线方向，而其他观察者可以通过各自的立体眼镜来观察虚拟对象，因此较适合辅助教学、产品演示。如果有多台工作台同时对同一虚拟环境中的各自对象进行操作，并互相通信，即可实现真正的分布式协同工作的目的。

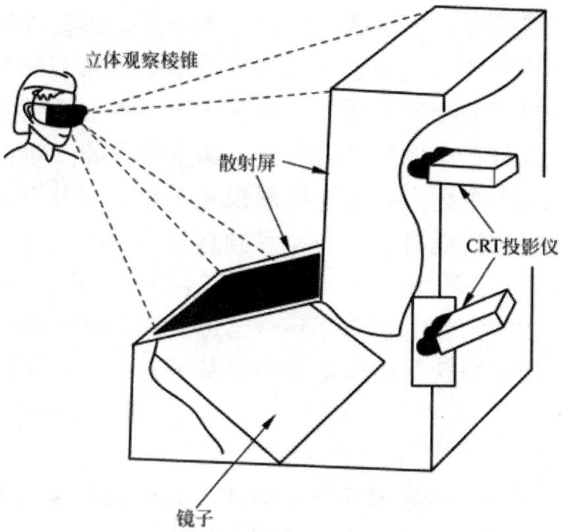

图 2.18　V-Desk 6 工作示意图

5. 墙式立体显示系统

为了解决更多观众共享立体图像的问题，提出了采用大屏幕投影显示器组成墙式立体显示系统。此系统类似于放映电影形式的背投式显示设备。由于屏幕大，容纳的人数多，因此适用于教学和成果演示。目前常用的墙式立体显示系统包括单通道立体投影系统和多通道立体投影系统。

单通道立体投影系统主要包括专业的虚拟现实工作站、立体投影系统、立体转换器、VR 立体投影软件系统、VR 软件开发平台和三维建模工具软件等几个部分，如图 2.19 所示。该系统以一台图形工作站为实时驱动平台，两台叠加的立体专业 LCD 投影仪作为投影主体。在显示屏上显示一幅高分辨率的立体投影影像。与传统的投影相比，该系统最大的优点是能够显示优质的高分辨率三维立体投影影像，为虚拟仿真用户提供一个有立体感的半沉浸式虚拟三维显示和交互环境。在众多的虚拟现实三维显示系统中，单通道立体投影系统是一种低成本、操作简便、占用空间较小、具有极好性能价格比的小型虚拟三维投影显示系统，其集成的显示系统使安装、操作使用更加容易和方便，被广泛应用于高等院校和科研院所的虚拟现实实验室中。

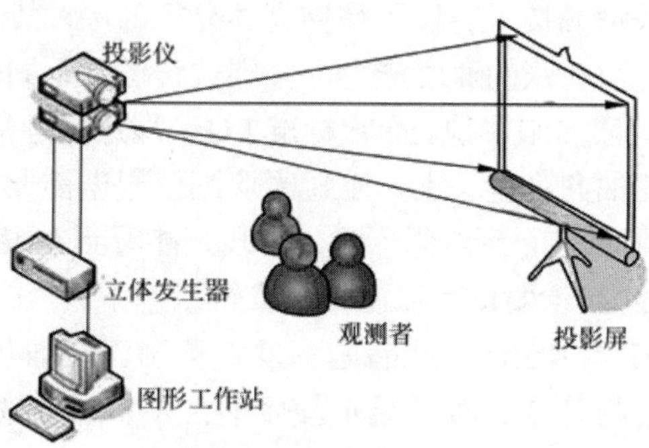

图 2.19　单通道立体投影系统

平面立体多通道虚拟现实投影系统是一种半沉浸式的 VR 可视协同环境。系统采用巨幅平面投影结构来增强沉浸感，配备了完善的多通道声响及多维感知性交互系统，充分满足虚拟现实技术的视、听、触等多感知应用需求，是理想的设计、协同和展示平台。它可根据场地空间的大小灵活地配置两个、三个甚至是若干个投影通道，无缝地拼接成一幅巨大的投影幅面、极高分辨率的二维或三维立体图像，形成一个更大的虚拟现实仿真系统环境。

环幕投影系统是采用环形的投影屏幕作为仿真应用的显示载体，具有多通道虚拟现实投影的显示系统，如图 2.20 所示，具有较强的沉浸感。该系统以多通道视景同步技术、多通道亮度和色彩平衡技术，以及数字图像边缘融合技术为支撑，将三维图形计算机生成的三维数字图像实时地输出并显示在一个超大幅面的环形投影幕墙上，并以立体成像的方式呈现在观看者的眼前，使佩戴立体眼镜的观看者和参与者获得一种身临其境的虚拟仿真视觉感受。根据环形幕半径的大小，通常有 120°、135°、180°、240°、270°、360°弧度不等的环幕系统。由于其屏幕的显示半径巨大，该系统通常用于一些大型的虚拟仿真应用，例如虚拟战场仿真、数字城市规划和三维地理信息系统等大型场景仿真环境。近年来开始向展览展示、工业设计、教育培训和会议中心等专业领域发展。

6．裸体立体显示系统

立体眼镜的佩戴使人观看立体显示受到了束缚，人们渴望无须戴专用眼镜即可看立体影像。由此，出现了裸体立体显示系统。其显示技术结合双眼的视觉差和图片三维的原理，自动生成两幅图片，一幅给左眼看，另一幅给右眼看，使人的双眼产生视觉差异。由于双眼观看液晶的角度不同，因此不用戴上立体眼镜就可以看到立体的图像，如图 2.21 所示。

图 2.20　环幕投影系统

图 2.21　立体液晶显示器

美国 DTI 公司首先推出的 15 英寸 2015XLS 3D 液晶显示器，采用了一种被称为视差照明（parallax illumination）的开关液晶技术实现了裸体立体显示效果，其原理如图 2.22 所示。针对左眼与右眼的两幅影像，以每秒 60 张的速度产生，分别被传送到不同区域的像素区块，奇数区块代表左眼影像，偶数区块则代表右眼影像。而在标准 LCD 背光板与 LCD 屏幕本体之间加入的一个 TN（Twisted Nematic，扭曲向列型）上，垂直区块则会根据需要显示哪一幅影像，相应照亮奇数或偶数的区块，人的左眼只能看到左眼影像，右眼只能看到右眼影像，从而在大脑中形成一个纵深的真实世界。当然，此显示器也可以工作在二维状态下。

摆脱 3D 眼镜束缚的 DTI 2015XLS 液晶显示器的推出，在业界引起了巨大震动，极大地刺激了各大电子消费产品企业对 3D 液晶显示技术研发的热情，新的技术和产品喷薄而出，例如三洋电机公司采用的图像分割棒技术研发的 3D 显示器，飞利浦公司的双凸透镜设计原理的 3D 显示器等。为保证 3D 产品之间的兼容性，2003 年 3 月，夏普、索尼、三洋、东芝和微软日本公司等 100 家公司组成了一个 3D 联盟，共同开发 3D 产品。目前，在 3D 显示技术市场，日本厂商处于领先地位。图 2.23 所示为夏普公司生产的 15 英寸液晶显示器，其通过数字输入端子（DVI-I 端子）完美再现清晰的画面，不用专门的眼镜便能欣赏立体画面显示，并配有专用按钮，实现 2D 和 3D 显示的切换。最新上市的三洋电机 50 英寸 3D 液晶显示器实现了从任意视角（包括斜看）去欣赏立体图像。

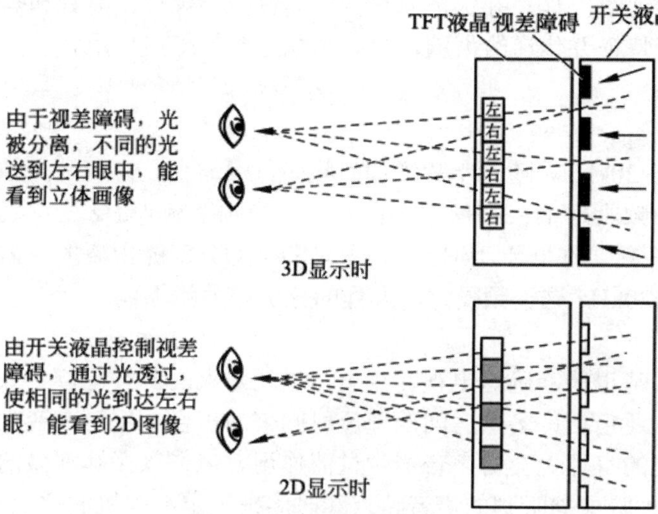

图 2.22　液晶显示器原理图

图 2.23　夏普生产的 15 英寸 3D 液晶彩色显示器

2.2　听觉感知设备概述

为了获得更强的沉浸感和交互性，三维立体声音也是必不可少的。听觉信息是仅次于视觉信息的第二传感通道，人类从外界所获得的信息有近 20%是通过耳朵得到的。由此可见，听觉感知设备在虚拟现实中具有非常重要的作用。

2.2.1　人类听觉模型

1. 听觉生理结构

人耳是听觉器官的统称，与人的眼睛的视觉机构的复杂程度差不多。人耳听觉机构由具有不同作用的三部分组成，即外耳、中耳和内耳。图 2.24 所示为普通人耳的生理结构示意图。

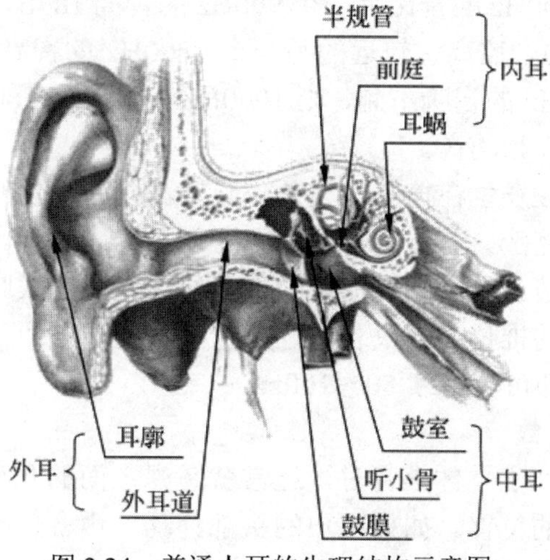

图 2.24　普通人耳的生理结构示意图

外耳包括耳廓和外耳道，主要负责定向收集声波；中耳包括鼓膜、听骨链、鼓室和咽鼓管等部分，主要把外耳收集到的声音传递给内耳，并保护内耳；内耳包括半规管、前庭和耳蜗三部分，负责放大、滤波和提取声音特征并传递给大脑，其中耳蜗主要起感声作用。

2．听觉因素

1）频率范围

人耳可感知的频率范围约为 20Hz～20kHz。随着年龄增加，频率范围缩小，特别是高频段。其中，人耳平均分辨能力最灵敏的频段是 1～3kHz 之间的频率，当频率从 1kHz 变化到 1003Hz 时，耳朵就能够觉察出频率的变化。在低于 1kHz 时，人耳的平均分辨能力略弱，需要变化约 10Hz 才能觉察到。而在 16～20kHz 这一频段时，人耳的分辨能力就更差。

2）声音定位

在房间里看电视的人，即使闭上眼睛也能够确定电视在哪里，这就是人的声音定位。人不仅能够听到直接来自电视机的声音，还包括许多从房间四壁反射回来的声音。反射声音表面对声音起到过滤的作用。收听者自己的身体也会对声音产生过滤作用。声音以极其细微的时间差或者强度差传入内耳。收听者的大脑根据听到的声音特点和时间来确定电视机的位置。

人类对声音的定位用来确定声源的方向和距离。通过跟踪人的头进行相关研究得出，一般情况人脑识别声源位置是利用经典的“双工理论”，即两耳收到的声音的时间差异和强度差异。时间差异是指声音到达两个耳朵的时间之差。即一个声源放在头的右侧测量声音到达两耳的时间，声音会首先到达右耳，若两耳路径之差为 20cm，则时间差为 0.6ms。当人面对声源时，两耳的声强和路径相等。同理，基于声音到达两耳的强度上的差异就称为声音强度差异。强度差对高频率声音定位特别灵敏，而时间差对低频率声音定位相对灵敏。所以，只要到达两耳的声音存在时间差或者强度差，人就会判断出声源的方向。

3）声音的掩蔽

一个较弱的声音（被掩蔽音）的听觉感受被另一个较强的声音（掩蔽音）影响的现象称为人耳的“掩蔽效应”。一般分为两种类型：频域掩蔽和时域掩蔽。

频域掩蔽是指掩蔽声与被掩蔽声同时作用时发生掩蔽效应，又称同时掩蔽。掩蔽声在掩蔽效应发生期间一直起作用，是一种较强的掩蔽效应。通常，频域中的一个强音会掩蔽与之同时发声的附近的弱音，弱音离强音越近，一般越容易被掩蔽；反之，离强音较远的弱音不容易被掩蔽。例如，一个 1000Hz 的音比另一个 900Hz 的音高 18dB，则 900Hz 的音将被 1000Hz 的音掩蔽。而若 1000Hz 的音比离它较远的另一个 1800Hz 的音高 18dB，则这两个音将同时被人耳听到。若要让 1800Hz 的音听不到，则 1000Hz 的音要比 1800Hz 的音高 45dB。一般情况下，低频的音容易掩蔽高频的音。

时域掩蔽是指掩蔽效应发生在掩蔽声与被掩蔽声不同时出现时，又称异时掩蔽。异时掩蔽又分为超前掩蔽和滞后掩蔽。若掩蔽声音出现之前的一段时间内发生掩蔽效应，则称为超前掩蔽；否则称为滞后掩蔽。产生时域掩蔽的主要原因是人的大脑处理信息需要花费一定的时间。异时掩蔽随着时间的推移会很快衰减，是一种弱掩蔽效应。一般情况下，超前掩蔽只有 5～20ms，而滞后掩蔽却可以持续 50～100ms。

4）头部有关的传递函数

传统的计算机系统在产生立体声音时，通常就考虑上面的几个听觉因素。但这些声音的产生并没有考虑用户所在的位置。如果用户的头部移动，声音效果并不随之改变，这就破坏了听觉的真实感。在实际的虚拟现实系统中，用户会在一定的范围内移动，所以必须考虑随着用户位置的变化，虚拟声源相对于耳朵的位置也应该发生变化，也就是考虑声源到耳内部的传递过程。

1974 年，Plenge 认为通过改变进入耳朵的声音的形式，会产生外部的声音舞台的感觉。对于耳机（特别是插入式耳塞），使人感觉的声音舞台是内部的。如果耳机的左右通道能够人为地实时构成声音，便会让人感觉声音是产生在外部。为此需知道声音的传播形状，也就是解释声源是如何传递到人耳内部的，通常被称为由声源到耳内部的传递函数。此函数是把跟踪用户的头部位置得到的信息进行集成，通常称为“头部有关的传递函数（Head-Related Transfer Functions，HRTF）”。它反映头和耳对传声的影响，不同的人有不同的 HRTF。但是已经有研究开始寻找对各种类型的人都通用，并且能提供足够好的效果的 HRTF。

HRTF 的测量方法是在一个声音隔绝的测量环境中，在空间每个位置设置一个声源，安放在耳中接近耳膜的小麦克风测量收到的信号。信号经过处理，补偿非线性频率响应。判断并得出声源到麦克风的声音传递的传递函数（HRTF）。

2.2.2 听觉感知设备

听觉感知设备是实现虚拟现实中的听觉效果。在虚拟的环境中，为了提供听觉通道，使用户有身临其境的感觉，需要设备模拟三维虚拟声音，并用播放设备生成虚拟世界中的立体三维声音。

相对于视觉显示设备来说，听觉感知设备相对较少，但是听觉感知设备对 VR 的体验也是至关重要的。在人的听觉模型中得知，听觉的根本就是三维声音的定位。所以对于听觉感知设备，其最核心的技术就是三维虚拟声音的定位技术。

1. 听觉感知设备的特性

1）全向三维定位特性

全向三维定位特征是指在三维虚拟空间中把实际声音信号定位到特定虚拟声源的能力。它能使用户准确地判断出声源的精确位置，从而符合人们的真实境界中的听觉方式。如同在现实世界中，人一般先听到声响，然后再用眼睛去看，听觉感知设备不仅可以根据人的注视方向，而且根据所有可能的位置来监视和识别信息源。一般情况下，听觉感知设备首先提供粗调的机制，用来引导较为细调的视觉能力的注意。在受干扰的可视显示中，用听觉引导人眼对目标的搜索要优于无辅导手段的人眼搜索，即使是对处于视野中心的物体也是如此，这就是声学信号的全向特性。

2）三维实时跟踪特性

三维实时跟踪特性是指在三维虚拟空间中实时跟踪虚拟声源位置变化或场景变化的能力。当用户头部转动时，这个虚拟的声源的位置也应随之变化，使用户感到真实声源的位置并未发生变化。而当虚拟物体位置移动时，其声源位置也应有所变化。因为只有声音效果与实时变化的视觉相一致，才可能产生视觉和听觉的叠加与同步效应。如果听觉感知设备不具备这样的实时能力，看到的景象与听到的声音会相互矛盾，听觉就会削弱视觉的沉浸感。

2. 听觉感知设备

虚拟现实技术中所采用的听觉感知设备主要有耳机和扬声器两种。

1）耳机

基于头部的听觉显示设备（耳机）会跟随参与者的头移动，并且只能供一个人使用，提供一个完全隔离的环境。通常情况下，在基于头部的视觉显示设备中，用户可以使用封闭式耳机屏蔽掉真实世界的声音。

根据戴在耳朵上的方式，耳机分为两类：一类是护耳式耳机，它很大，有一定的重量，用护耳垫套在耳朵上，如图 2.25 所示；另一类是插入式耳机（或耳塞），声音通过它送到耳中某一点，如图 2.26 所示。插入式耳机很小，封闭在可压缩的插塞中（或适于用户的耳膜），放入耳道中。耳机的发声部分一般情况下远离耳朵，其输出的声音经过塑料管连接（一般为 2mm 内径），它的终端在类似的插塞中。

由于耳机通常是双声道的，因此比扬声器更容易实现立体声和 3D 空间化声音的表现。耳机在默认情况下显示头部参照系的声音，即当 3D 虚拟世界中的世界应该表现为来自某个特定的地点时，耳机就必须跟踪参照者头部的位置，显示出不同的声音，及时地表现出收听者耳朵位置的变化。与戴着耳机听立体声音乐不同，在虚拟现实体验中，声源应该在虚拟世界中保持不变，这就要求耳机具有跟踪参与者的头，并对声音进行相应过滤的功能。例如，在房间里看电视，电视的位置是用户的对面。如果戴上耳机，电视在用户的前面发出声音，如果转身，耳机需跟踪头的位置，并使用跟踪到的信息进行计算，使得这个声音永远固定在用户的前方，而不是相对于头的某个位置。

图 2.25　护耳式耳机

图 2.26　插入式耳机

2）扬声器

扬声器又称“喇叭”，是一种十分常用的电声转换器件，它是一种位置固定的听觉感知设备。大多数情况下能很好地给一组人提供声音，也可以在基于头部的视觉现实设备中使用扬声器。

扬声器固定不变的特性，能够使用户感觉声源是固定的，更适用于虚拟现实技术。但是，使用扬声器技术创建空间化的立体声音就比耳机困难得多，因为扬声器难以控制两个耳膜收到的信号以及两个信号之差。在调节给定系统，对给定的听者头部位姿提供适当的感知时，如果用户头部离开这个点，这种感知就会很快衰减。至今还没有扬声器系统包含头部跟踪信息，并用这些信息随着用户头部位姿变化适当调节扬声器的输入。

环绕立体声是使用多个固定扬声器表现 3D 空间化声音的结果。环绕立体声的研究一直在进行。最有名的使用非耳机显示的系统是 CAVE（伊里诺斯大学开发的系统），它使用 4 个同样的扬声器，安在天花板的四角上，而且其幅度变化（衰减）可以仿真方向和距离效果。在正在开发的系统中，扬声器安在长方体的 8 个角上，而且把反射和高频衰减加入用于空间定位的参数中。这项技术的实现有一定的难度，主要是因为两个耳朵都能听见来自每个扬声器的声音。

2.3　触觉和力反馈设备

通常情况下，人们在看到一个物体的形状，听到物体发出的声音后，很希望亲手触摸物体来感知它的质地、纹理和温度等，从而获得更多的信息。同样，在虚拟环境中，人不可避免地希望能够与其物体进行接触，能够更详细、更全面地去了解此物体。触摸和力量感觉能够提高动作任务完成的效率和准确度。如果在虚拟世界中提供有限的触觉反馈和力觉反馈，就能够大大增强虚拟环境的沉浸感和真实感。根据对人类因素的试验发现，简单的双指活动，如果将触觉反馈和视频显示综合起来，其性能要比单独使用视频显示提高 10%；并且，当视频显示失败时，附加使用触觉反馈则会使性能提高 30%以上。由此可见，触觉和力觉反馈在虚拟世界中也具有举足轻重的作用。

2.3.1 触觉和力反馈模型

触觉反馈称为接触反馈，是指来自皮肤表面敏感神经传感器的触感。包括接触表面的几何结构、表面硬度、滑动和温度等实时信息。力反馈是指身体的肌肉、肌腱和关节运动或收紧的感觉。提供对象的表面柔顺性、对象的重量和惯性等实时信息。它主要抵抗用户的触摸运动，并能阻止该运动。

触觉和力反馈是人类感觉器官的重要组成部分，是通过传送一类非常重要的感官信息，帮助用户利用触觉来识别环境中的对象，并通过移动这些对象执行各种各样的任务。一般分为两类：一类是在探索某个环境时，利用触觉和力觉信息去识别所探索对象及对象的位置和方向。另一类是利用触觉和力觉去操纵和移动物体以完成某种任务。

触觉反馈和力量反馈是两种不同形式的力量感知，两者不可分割。当用户感觉到物体的表面纹理时，同时也感觉到了运动阻力。在虚拟环境中，触觉和力量反馈都是使用户具有真实体验的交互手段，也是改善虚拟环境的一种重要方式。

对于人而言，大部分的触觉和力觉都来自于手和手臂，以及腿和脚。但是感受密度最高的应属指尖，指尖能够区分出距离 2.5mm 的两个接触点。而人的手掌却很难区别出距离 11mm 以内的两个点，用户的感觉就像只存在一个点。在触觉和力反馈模型的研究中，主要以手指为研究核心来设计触觉和力觉反馈设备。

触觉和力反馈与前面介绍的视觉、听觉反馈结合起来，可以大大提高仿真的真实感。没有触觉和力反馈，就不可能与环境进行复杂和精确的交互。在虚拟现实交互中，也没有真实的被抓物体。所以，对虚拟接触反馈和力反馈提出以下要求。

（1）实时性要求。为实现真实感，虚拟触觉反馈和力反馈需要实时计算接触力、表面形状、平滑性和滑动等。

（2）安全性保障。安全问题是触觉反馈和力反馈的首要问题。触觉反馈和力反馈设备需要对手或者人体的其他部位施加真实的力，一旦发生故障，就会对人体施加很大的力，可能伤害到人。因此要求有足够的力能让用户感觉到，同时又不能太大，否则会伤害到用户。所以，通常要求这些装置具有“故障安全”性，即一旦计算机或装置出故障，用户也不会受伤害，整个系统仍然是安全的。

（3）轻便和舒适的特点。在这种设备中，如果执行机械太大且太重，则用户很容易疲劳，也增加了系统的复杂性和价格。轻便的设备便于用户携带使用和现场安装。

2.3.2 触觉反馈设备

目前，由于技术的发展水平有限，成熟的商品化触觉反馈装置也只能提供最基本的“触到了”的感觉，无法提供材质、纹理和温度等感觉，并且触觉反馈装置仅局限于手指触觉反馈装置。按照触觉反馈的原理，手指触觉反馈装置可以分为基于视觉式、充气式、振动式、电刺激式和神经肌肉刺激式 5 类装置。

基于视觉的触觉反馈是基于视觉来判断是否接触，即是否看到接触。这是目前虚拟现实系统普遍采用的方法。通过碰撞检测计算，在虚拟世界中显示两个物体相互接触的情景。由此可见，基于视觉的触觉反馈事实上不应该属于真正的触觉反馈装置，因为用户的手指头根本没有接收到任何接触的反馈信息。

基于电刺激式的触觉反馈是通过生成电脉冲信号刺激皮肤，达到触觉反馈的目的。另一种神经肌肉刺激式也是通过生成相应刺激信号去刺激用户相应感觉器官的外壁。由于这两种装置有一定的危险性，不安全，因此在这里不予讨论。

本节主要讲述较为安全的触觉反馈装置——充气压力式和振动触感式的反馈器。

1．充气式触觉反馈装置

充气式触觉反馈装置的工作原理是在数据手套中配置一些微小的气泡，每一个气泡都有两条很细的进气和出气管道，所有气泡的进/出气管汇总在一起与控制器中的微型压缩泵相连接。根据需要采用压缩泵对气泡进行充气和排气。充气时，微型压缩泵迅速加压，使气泡膨胀而压迫刺激皮肤达到触觉反馈的目的。

图 2.27 所示是一种充气式触觉反馈装置（Teletact II 手套）的原理图。Teletact 手套由两层组成，两层手套中间排列着 29 个小的空气袋和 1 个大的空气袋，便于分散接触。大气泡安装在手掌部位，使手掌部位也能产生接触感。当加压到 30 磅/平方英寸时，它抵抗用户的抓取动作，提供对手掌的力反馈。此外，在食指指尖、中指指尖和大拇指指尖这三个灵敏手指部位配置了更多的气泡（食指指尖配置了 4 个空气袋的阵列，中指指尖有 3 个，大拇指指尖有 2 个），目的是为了仿真手指在虚拟物体表面上滑动的触感，只要逐个驱动指尖上的气泡就能给人一种接触感。

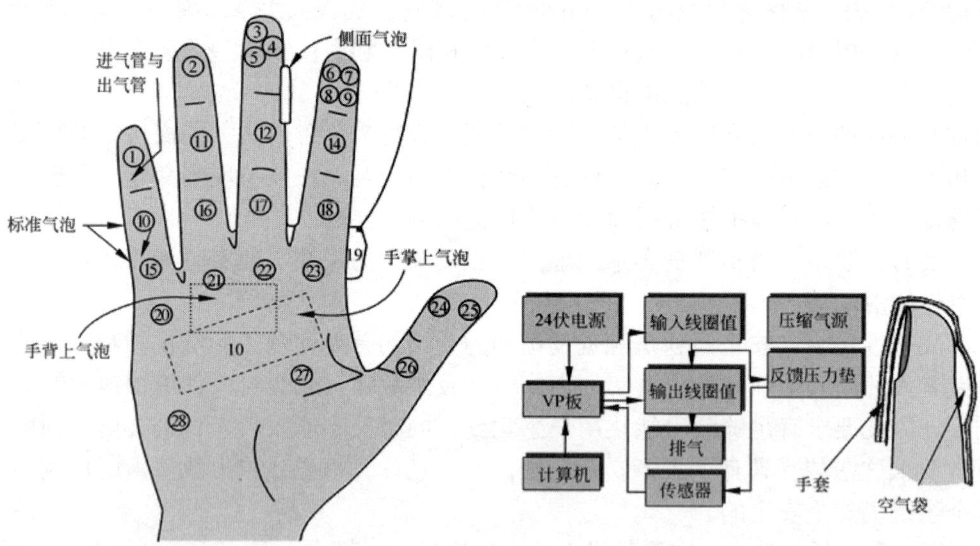

图 2.27　充气式触觉反馈装置

但是膨胀气泡技术存在一些固有的困难。首先，在制作数据输入手套时，很难设计出一种适合所有用户的设备；其次，硬件使用麻烦，难于维护，非常脆弱；最后，填充和排空气泡的响应时间很慢，特别是基于气压的系统更是如此。这些固有的缺点导致了 Teletact 系列手套不再生产。

2．振动式触觉反馈装置

振动式触觉反馈装置是通过将振动激励器集成在手套输入设备中。两种典型的装置为探针阵列式振动触觉反馈设置和轻型形状记忆合金的振动触觉反馈设备。

1）探针阵列式振动触觉反馈设备

探针阵列式振动触觉反馈装置的工作原理是利用音圈（类似于扬声器中带动纸盒振动的音圈）产生的振动刺激皮肤达到触觉反馈的目的。这一装置的原理是在传感手套中把两个音圈装在拇指和食指的指尖上，音圈由调幅脉冲来驱动，接受来自 PC 仿真触觉的模拟信号的调制，模拟信号经功率放大后送音圈。

20 世纪 90 年代，EXOS Inc.发布了一个使用声音线圈的新产品，系统称为 The Touch Master（接触设备）。它有 6~10 个声音线圈，以 210Hz 的固定频率激励，可以任意改变反馈信号的频率和幅度。

即使没有空间分布的信息，声音线圈也提供性能的改进（由于其结构，声音线圈的振动盘不能仿真单个指尖上的不同接触点）。提供这种空间信息的一种技术是使用微针阵列，类似于 Braille 显示器所用的阵列。这些显示器是小针或空气喷嘴的阵列，它们可以被激励，以压迫用户的指尖。但是，这些设备太重，尚不能用于虚拟现实的接触反馈。

2）轻型形状记忆合金的振动触觉反馈设备

另一种振动式触觉反馈装置的系统是采用轻型的记忆合金（Shape Memory Metal，SMM）作为传感器的装置。Johnson 制造出一个轻型“可编程接触仿真器”并取得了专利，它使用轻型的形状记忆合金驱动器来减少重量。

形状记忆合金是锌铁记忆合金，一种特殊的元件。当记忆合金丝通电、加热时，因焦耳效应发热，合金将收缩；当电流中断时，记忆合金丝冷却下来，恢复原始形状。

为了产生触觉的位置感，把微型触头排列成点阵形式，如图 2.28（a）所示。每一触点都是可编程控制的。图 2.28（b）所示是微型触头的结构示意图。由图可见，微型触头是由一条弯成直角的金属条制成，通常称为拉长的悬臂梁，一端向上弯曲 90°，一端固定在底板上。在直角拐弯处焊有一条记忆合金丝（SMM 线）。当记忆合金丝通电加热时产生收缩，从而向上拉动触头，弯曲悬臂梁角度为θ，使悬臂梁弯曲端上的塑料帽触头顶出表面，接触手指皮肤而产生触觉感知；当电流中断时，记忆金属丝冷却下来，悬臂梁把触头收回驱动器阵列内，恢复原状。由于每个触头都是单独编程控制的，如果顺序地进行通/断控制，就可以使皮肤获得在物体表面滑动的感觉。

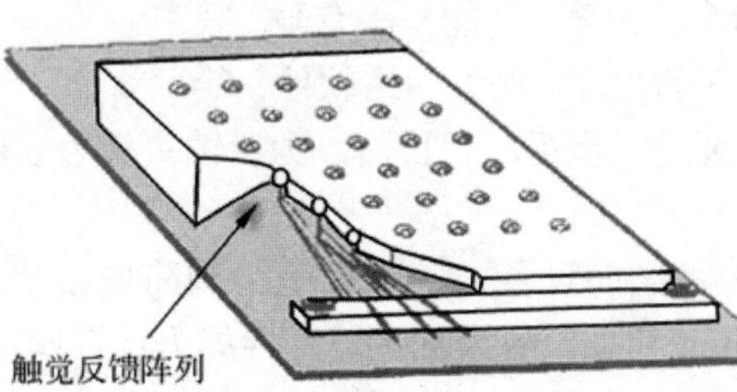

(a) 触觉反馈阵列

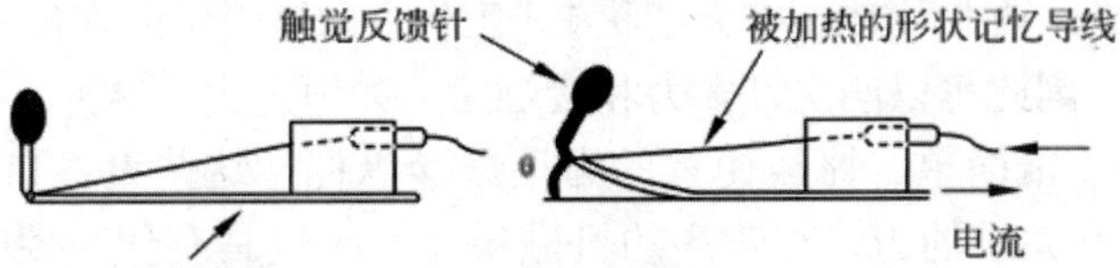

(b) 微型触头的结构示意图

图 2.28 记忆合金触觉反馈装置

对触头阵列的控制有两种方式，即时间控制方式和空间控制方式。按时间方式控制全部触头的导通和断开，产生触头周期的起伏效果，在指尖上造成振动感，达到触觉反馈的目的。按空间方式控制触头意味着空间位置不同的触头可独立控制，以便传达接触表面的形状。如果控制触头按行顺序导通/断开，将得到触头按行顺序接触皮肤达到触觉按行顺序传递的感觉，即类似于手指在表面滑动的触觉。

与充气式触觉反馈装置相比，记忆合金反应较快，通常适合在不连续、快速的反馈场合使用。

2.3.3 力反馈设备

力反馈设备是运用先进的技术手段跟踪用户身体的运动，将其在虚拟物体的空间运动转换成对周边物理设备的机械运动，并施加力给用户，使用户能够体验到真实的力度感和方向感，给用户提供一个立即的、高逼真的、可信的真实交互。在实际应用中常见的力反馈设备有力反馈鼠标、力反馈操纵杆、力反馈手臂以及力反馈手套。

1．力反馈鼠标

力反馈鼠标（FEELit Mouse）是给用户提供力反馈信息的鼠标设备。用户使用力反馈鼠标像使用普通鼠标一样移动光标。不同的是，当使用力反馈鼠标时，光标就变成了用户手指的延伸。光标所触到的任何东西，感觉就像用户用手触摸到一样。它能够感觉到物体真实的质地、表面纹理、弹性、液体、摩擦、磁性和振动。例如，当用户移动光标进入一个虚拟障碍物时，这个鼠标就对人手产生反作用力，阻止这种虚拟的穿透。因为鼠标阻止光标穿透，用户就感到这个障碍物像一个真的硬物体，产生与硬物体接触的幻觉。

这些类似鼠标的力反馈鼠标，可以让计算机用户真实地感受到Web页面、图形软件、CAD应用程序，甚至是Windows操作界面。当用户上网购物时，只要把光标移动到某项商品上，反馈器就能模拟出物品的质感并反馈给用户。但为了保证鼠标发挥作用，网络商店必须在自己的商品链接上加装相对应的软件来响应鼠标。图2.29所示为Logitech公司生产的力反馈鼠标Wingman。

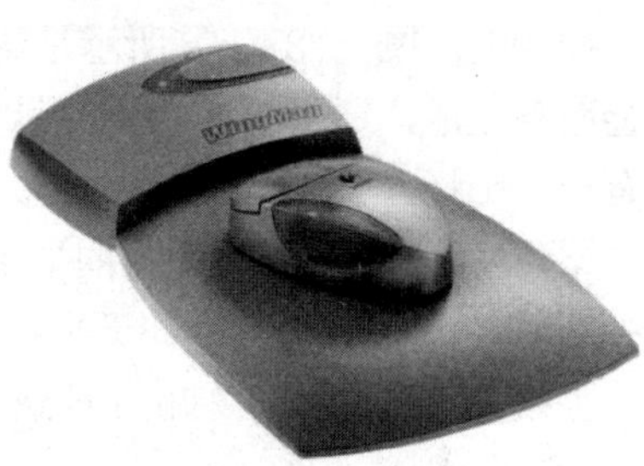
图 2.29　力反馈鼠标 Wingman

力反馈鼠标只提供了两个自由度，功能范围有限，限制了它的应用。并且其所对应的软件，例如网络软件、绘图软件等都不尽如人意，需要进一步提高。目前，力反馈鼠标主要用在娱乐领域，例如游戏等。

2．力反馈操纵杆

力反馈操纵杆装置是一种桌面设备，其优点是结构简单、重量轻、价格低和便于携带。图2.30所示为1993年Schmult和Jebens发明的“高性能力反馈操纵杆”示意图。它有一操纵杆架在两个驱动轴上，每一链杆上有一可调整轴承，提供旋转和滑动，其目的是为了补偿两个马达轴不能精确成直角相交。链杆与电位计相连，而电位计则由精密轴承支撑。两个马达有四极永磁转子，直接安装在电位计轴上。操作杆以伺服方式工作，也可用作位置输入工具（相对或绝对）。由于其具有较高带宽，因此可以产生许多力和接触感，如恒定力、脉冲、振动和刚度变化。

目前已经有很多非常简单、比较便宜的力反馈操纵杆，这些设备自由度比较小，外观也比较小巧，能产生中等大小的力，有较高的机械带宽。比较具有代表性的例子如图2.31所示的瑞士罗技公司研制的Wingman Strike Force 3D。其支持9个可编程按钮，以及USB接口和外加电源。在Windows的任何系统下都可以使用。

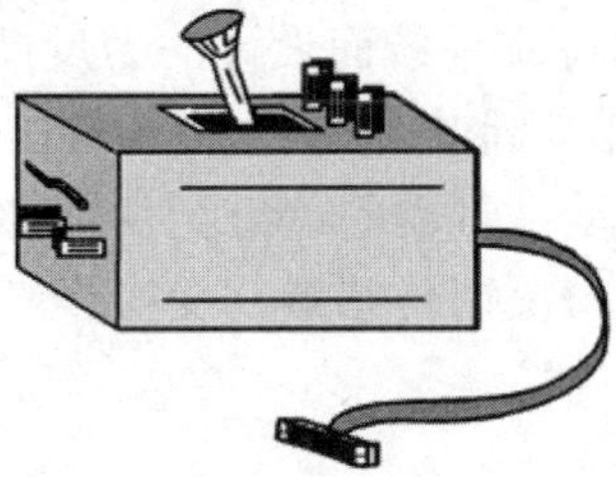

(a) 外观

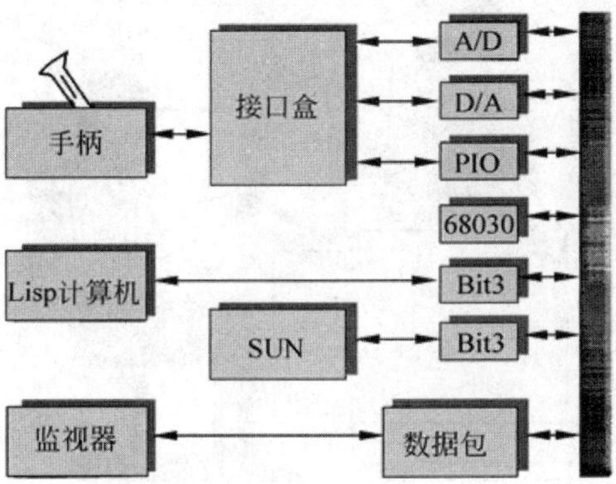

(b) 结构图

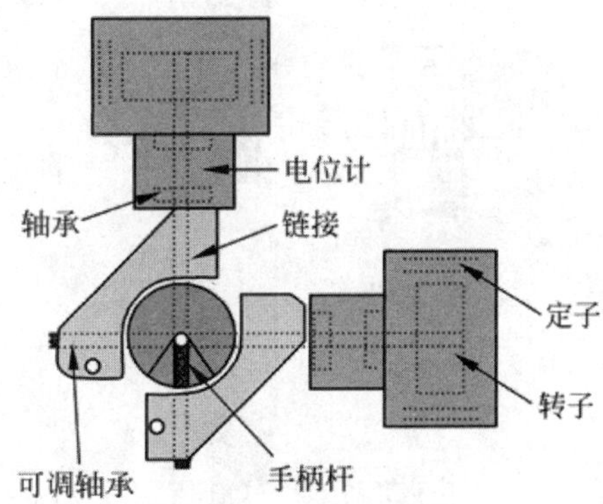

(c) 运动机构

图 2.30　高性能力反馈操作杆

Cyborg evo Force 力反馈摇杆是 Saitek 公司的杰作，如图 2.32 所示。它采用 Immersion 最具真实、最完全的力反馈技术（Full Force Feedback），加之独特的辅助矫正回中设计，更具临场真实感。

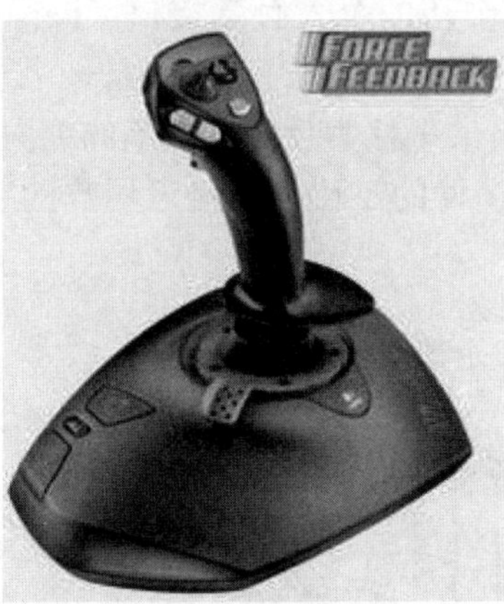

图 2.31　罗技公司的力反馈操作杆

图 2.32　Cyborg evo Force 力反馈摇杆

3．力反馈手臂

力反馈手臂是较简单的力反馈设备，它只有三个自由度，功能有限。为了增加仿真的灵活性，力反馈手臂的仿真接口有一定的改进。

在早期对力反馈手臂的研究是为控制远程机器人而设计的，相对而言比较笨重，如图 2.33（a）所示。该传感器有 6 个自由度，由这个传感器测量手臂传递给操作者的力和力矩。图 2.33 所示是一种专门为虚拟现实系统而设计的力反馈手臂装置，称为 Master Arm。该力反馈手臂设计精巧，有 4 个关节的铝制操作器，即 4 个自由度，如图 2.33（b）所示。它用线性位置传感器跟踪柱面关节的运动，气动的气缸把反馈力矩加于关节上，压力传感器再进行控制传输此力。操作者手持一个力反馈传感器，受操作者手腕控制。

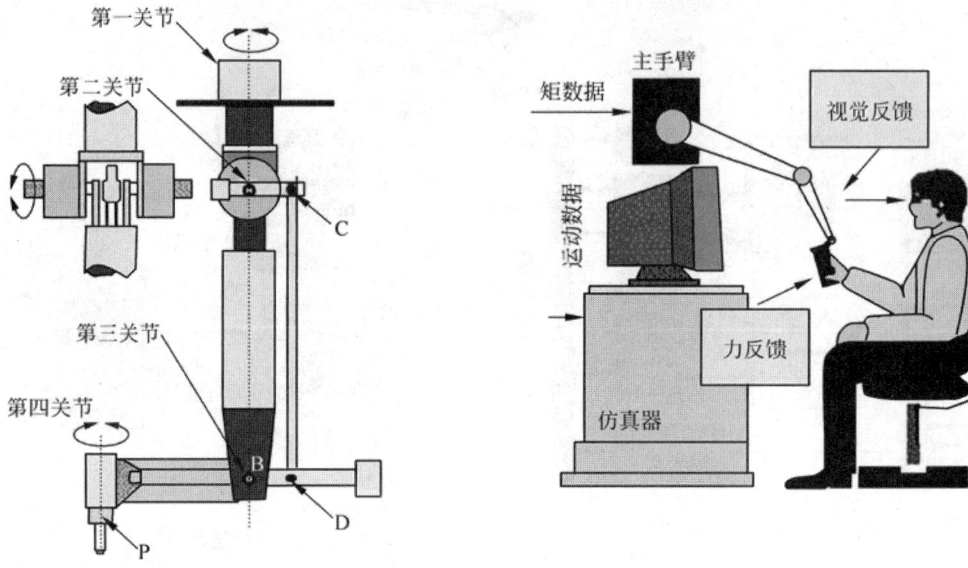

(a) 手臂反馈运动机构　　(b) 系统配置图

图 2.33　力反馈手臂装置示意图

力反馈手臂的设计主要是用来仿真物体重量、惯性以及与刚性物体接触对人手产生的力反馈。力反馈手臂都具有嵌入式位置传感器和电子反馈驱动器设备，控制回路经过主计算机闭合，不适合在户外使用和安装。因此，其经常被更小巧的个人触觉接口（Personal Haptic Interface Mechanism，PHANToM）所取代。如图 2.34 所示，接口的主部件是一个末端带有铁笔的力反馈臂。有 6 个自由度，其中三个是活跃的，提供平移力反馈。铁笔的朝向是被动的，因此不会有转矩作用在用户上，导致用户受伤。力反馈臂的工作空间接近用户的手腕活动空间，用户的前臂放在一个支撑物上。

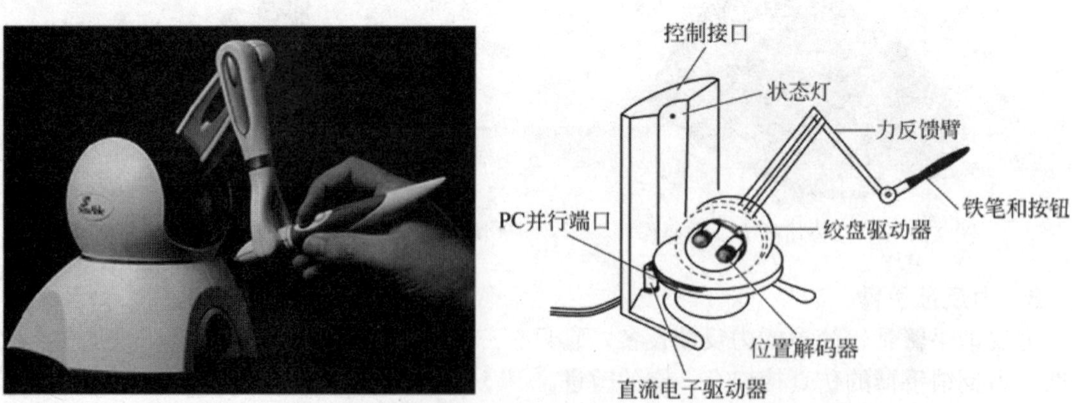

(a) PHANToM 力反馈手臂外观　　(b) 力反馈系统

图 2.34　PHANToM 桌面力反馈臂

PHANToM 力反馈系统如图 2.34（b）所示，使用安装在驱动器的轴和转动电位计上的三个直流电刷发动机产生在 x、y、z 坐标上的三个力，使用光学解码器测量这三个力来确定手柄的方向。目前，Phantom 力反馈系统是在国外各实验室中广泛应用的产品。

PHANToM 手臂的缺点是价格昂贵，使用时不够轻便。但目前有 1000 多部这种设备在投入使用，PHANToM 实际上已成为一种标准的专业触觉接口设备。

4．力反馈手套

力反馈操纵手臂、操作杆和鼠标的共同特点是设备需放在台上或地面上，且只在手腕上产生模拟的力，所以限制了其使用范围。对那些灵活性要求比较高的任务，可能需要独立控制每个手指上模拟的力，则需要另一类重要的力反馈设备，就是安装在人手上的力反馈手套。

图 2.35（a）所示为 CyberGrasp 手套。CyberGrasp 是一个轻便、无阻碍的力反应外壳，套在 CyberGlove 手套上并给每个手指施加阻力。有了 CyberGrasp 力反馈系统，用户就能探索仿真“虚拟世界”中计算机生成的三维物体的物理特性。

CyberGrasp 系统支持 6 个自由度，是由带有 22 个传感器的 CyberGrove 改造得到的。CyberGrove 用于测量用户的手势。如图 2.35（b）所示，CyberGrove 的接口盒把得到的手指位置数据通过 RS-232 总线传送给 CyberGrasp 的力控制单元，力控制单元接收来自用户佩戴的三维电磁跟踪器的手腕位置数据，得到的手部三维位置通过以太网（局域网）发送给运行仿真程序的主计算机，主计算机继而执行碰撞检测，并把得到的手指触点压力输入到力控制单元，力控制单元接着把触点压力转换为模拟电流并放大发送给位于激励器单元中的 5 个电子激励器之一，激励器转矩通过电缆和 CyberGlove 外面的机械外骨架传送到用户的手指。外骨架起着双重作用，一方面使用每个手指上的两个凸轮引导电缆，另一方面当成机械放大器，增大指尖感觉到的力。外骨架通过指环、支撑板和维可牢尼龙搭扣附在电缆导件和 CyberGlove 上。外骨架电缆只允许在指尖施加单向力，与手指弯曲的方向相反。在每个手指上能够产生的最大力为 16N，工作范围为半径 1m 的球形空间，允许手部在其范围内随意运动，不会阻碍佩戴者的移动。设备可充分调节，以适合宽广范围的人手。图 2.36 所示为 CyberGrasp 的工作外观。

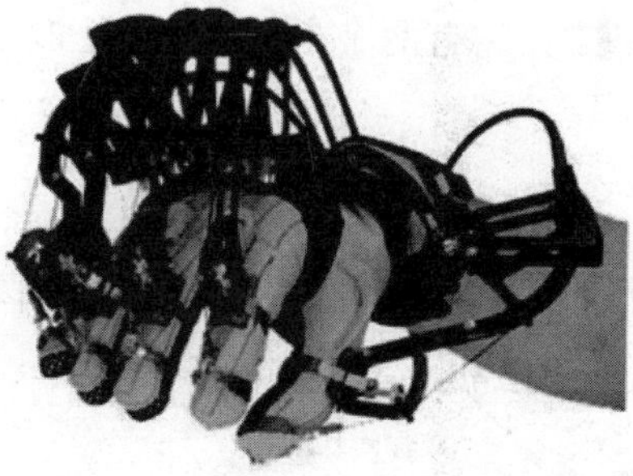

(a) 外观

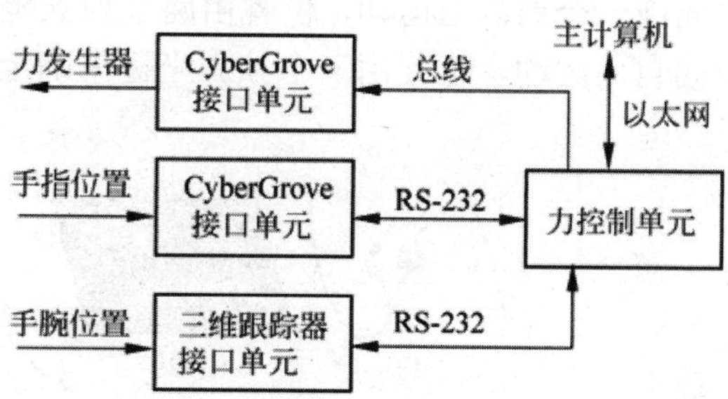

(b) 结构图

图 2.35　CyberGrasp 手套

CyberGrasp 的局限性表现为跟踪器的范围小和用户必须携带的设备重量大。最重要的是，必须戴在手臂上的那部分设备重达 539g，会导致用户疲劳。另一个缺点是系统的复杂性和价格都比较高，并且无法模拟被抓握的虚拟对象的重量和惯性。

力反馈设备与前面讨论过的触觉反馈设备有很多不同之处。首先，它要求能提供真实的力来阻止用户的运动，这样就导致使用更大的激励器和更重的结构，从而使得这类设备更复杂，更昂贵。此外，力反馈设备需要很牢固地固定在某些支持结构上，以防止滑动和可能的安全事故。例如诸如操纵杆和触觉臂之类的力反馈接口是不可移动的，它们通常固定在桌子或地面上。具有一定移动性的设备，例如力反馈手套，固定在用户的前臂上，从而使用户有更多的运动自由和更自然的仿真接口，但是由于设备的重量，容易使手部感到疲劳。

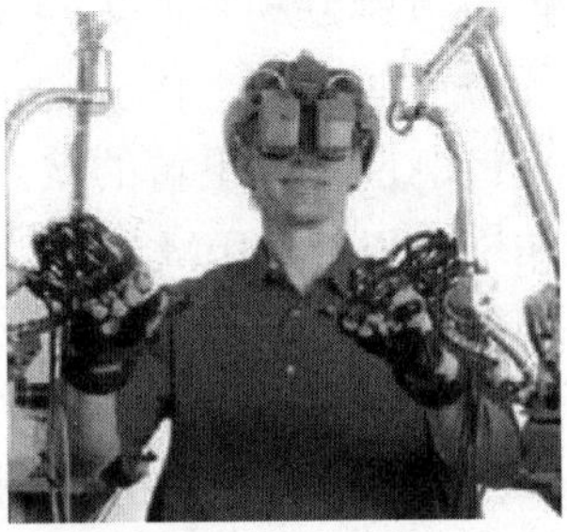

图 2.36　CyberGrasp 的工作外观

2.4　位置跟踪设备

2.4.1　位置跟踪设备概述

位置跟踪设备是实现人与计算机之间交互的方法之一。它的主要任务是检测有关对象的位置和方位，并将位置和方位信息报告给虚拟现实系统。在虚拟现实系统中，用于跟踪用户的方式有两种：一种方式是跟踪头部位置与方位来确定用户的视点与视线方向，而视点位置与视线方向是确定虚拟世界场景显示的关键。另一种方式即为最常见的应用，跟踪用户手的位置和方向，而手的位置和方向的信息是带有跟踪系统的数据手套所获取的关键信息。带跟踪系统的传感器手套把手指和手掌伸屈时的各种姿势转换为数字信号送给计算机，然后被计算机所识别、执行。

位置跟踪设备主要是三维位置跟踪器，是利用相应的传感器设备在三维空间中对活动对象进行探测并返回相应的三维信息。所以，三维位置跟踪器的设计主要从六自由度和一些性能参数两方面来考虑。

1．六自由度

在理论力学中，物体的自由度是确定物体的位置所需要的独立坐标数，当物体受到某些限制时，自由度减少。如图 2.37 所示，假如将质点限制在一条直线或一条曲线上运动，它的位置可以用一个参数表示，所以质点的运动只有一个自由度，即 i 为 1。假如将质点限制在一个平面或一个曲面上运动，位置由两个独立坐标来确定，它有两个自由度，i 为 2。假如质点在空间自由运动，位置由三个独立坐标来确定，i 为 3。

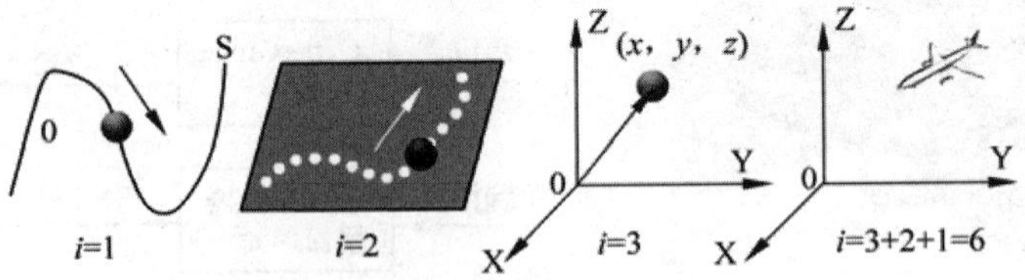

图 2.37　物体运动的自由度

物体在三维空间中运动时，其具有 6 个自由度，i 为 6，包括三个平移运动方向和三个旋转运动方向。物体可以前后（沿 X 轴）、上下（沿 Y 轴）和左右（沿 Z 轴）运动，称为平移运动。另外，物体还可以围绕任何一个坐标轴做旋转运动。借用飞机术语，这些旋转运动称为滚动（绕 X 轴）、偏航（绕 Y 轴）和倾斜（绕 Z 轴）。如图 2.38 所示。由于这几个运动都是相互正交的，并对应于 6 个独立变量，即用于描述三维对象的 *x*、*y*、*z*、俯仰角、转动角和偏转角，因此这 6 个变量通常被称为六自由度（DOF）。

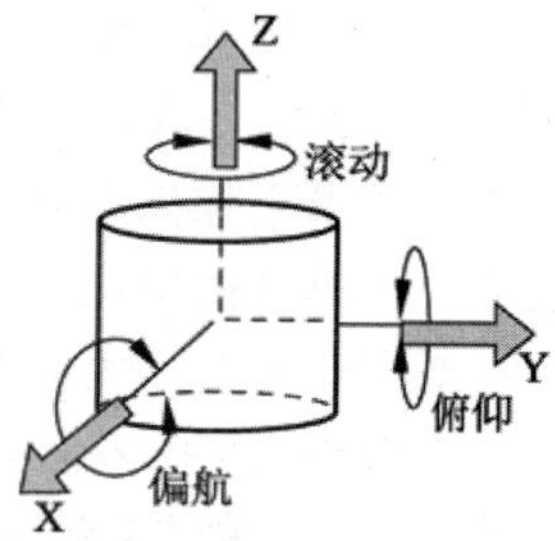

图 2.38　六自由度示意图

当三维对象高速运动时，对位置跟踪设备的要求是必须能够足够快地测量、采集和传送三维数据。这意味着传感器无论基于何种原理和技术，都不应该限制或妨碍物体的自由运动，如果物体运动受到某些条件的限制，自由度会相应减少。

2．位置跟踪设备的性能参数

在虚拟现实系统中，对用户的实时跟踪和接受用户动作指令的交互技术的实现主要依赖于各种位置跟踪器，它们是实现人机之间沟通的极其重要的通信手段，是实时处理的关键技术。通常位置跟踪器具有以下几个方面的性能参数。

1）精度和分辨率

精度和分辨率决定一种跟踪技术反馈其跟踪目标位置的能力。分辨率是指使用某种技术能检测的最小位置变化，小于这个距离和角度的变化将不能被系统检测到。精度是指实际位置与测量位置之间的偏差，是系统所报告的目标位置的正确性，或者说是误差范围。

2）响应时间

响应时间是对一种跟踪技术在时间上的要求，它又分为 4 个指标，即采样率（Sample Rate）、数据率（Data Rate）、更新率（Update Rate）和延迟（Lag）。

采样率是传感器测量目标位置的频率。现在大部分系统为了防止丢失数据，采样率一般都比较高。

数据率是每秒钟所计算出的位置个数。在大部分系统中，高数据率是和高采样率、低延迟和高抗干扰能力联系在一起的，所以高数据率是人们追求的目标。

更新率是跟踪系统向主机报告位置数据的时间间隔。更新率决定系统的显示更新时间，因为只有接到新的位置数据，虚拟现实系统才能决定显示的图像以及整个的后续工作。高更新率对虚拟现实十分重要。低更新率的虚拟现实系统缺乏真实感。

延迟表示从一个动作发生到主机收到反映这一动作的跟踪数据为止的时间间隔。虽然低延迟依赖于高数据率和高更新率，但两者都不是低延迟的决定因素。

3）鲁棒性

鲁棒性是指一个系统在相对恶劣的条件下避免出错的能力。由于跟踪系统处在一个充满各种噪声和外部干扰的实际世界，跟踪系统必须具有一定的强壮性。一般外部干扰可分为两种：一种称为阻挡（interference），即一些物体挡在目标物和探测器中间所造成的跟踪困难；另一种称为畸变（distortion），即由于一些物体的存在而使探测器所探测的目标定位发生畸变。

4）整合性

整合性是指系统的实际位置和检测位置的一致性。一个整合性能好的系统能始终保持两者的一致性。与精度和分辨率不同，精度和分辨率是指一次测量中的正确性和跟踪能力，而整合性能则注重在整个工作空间内一直保持位置对应正确。虽然好的分辨率和高精度有助于获得好的整合性能，但累积误差会降低系统的整合能力，使系统报告的位置逐渐远离正确的物理位置。

5）合群性

合群性反映虚拟现实跟踪技术对多用户系统的支持能力，包括两方面的内容，即大范围的操作空间和多目标的跟踪能力。实际跟踪系统不能提供无限的跟踪范围，它只能在一定区域内跟踪和测量，这个区域通常被称为操作范围或工作区域。显然，操作范围越大，越有利于多用户的操作。大范围的工作区域是合群性的要素之一。多用户的系统必须有多目标跟踪能力，这种能力取决于一个系统的组成结构和对多边作用的抵抗能力。系统结构有许多形式，可以是将发射器安装在被跟踪物体上面（所谓由外向里结构），也可以是将感受器装在被跟踪物体上（所谓由里向外结构）。系统中可以用一个发射器，也可以用多个发射器。总之，能独立地对多个目标进行定位的系统将有较好的合群性。

多边作用是指多个被跟踪物体共存情况下产生的相互影响，比如，一个被跟踪物体的运动也许会挡住另一个物体上的感受器，从而造成后者的跟踪误差。多边作用越小的系统，其合群性越好。

6）其他一些性能指标

跟踪系统的其他一些性能指标也是值得重视的，例如重量和大小。由于虚拟现实的跟踪系统是要用户戴在头上，套在手上，因此轻便和小巧的系统能使用户更舒适地在虚拟现实环境中工作。安全性指的是系统所用技术对用户健康的影响。

目前，用于位置跟踪和映射的基本传感系统有机械链接、磁传感器、光传感器、声传感器和惯性传感器。它们每种技术各有优点，但不论选择何种技术，用户都会受到某些限制，有时对一些跟踪装置需要进行校准。下面的小节内容将介绍各种位置跟踪设备的工作原理、性能分析以及相应产品。

2.4.2 机械式位置跟踪设备

机械式位置跟踪设备是一种较古老的跟踪方式，使用连杆装置组成。其工作原理是通过机械连杆上多个带有精密传感器的关节与被测物体相接触的方法来检测其位置变化。对于一个六自由度的跟踪设备，机械连杆必须有 6 个独立的机械连接部件，分别对应 6 个自由度，可将任何一种复杂的运动用几个简单的平动和转动组合来表示，如图 2.39 所示。

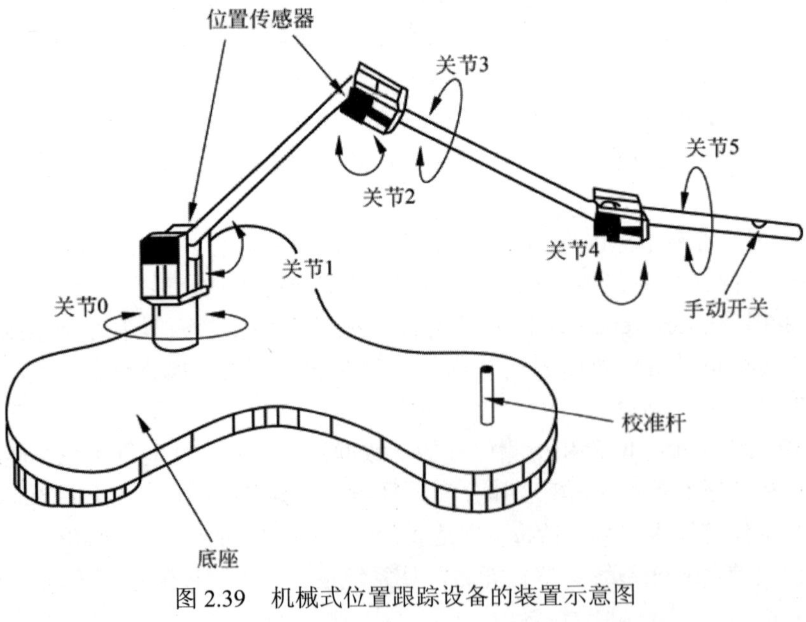

图 2.39　机械式位置跟踪设备的装置示意图

通常情况下，机械式位置跟踪设备分为两类：一类是“安在身体上”的机械式位置跟踪设备。这类设备将机械全部安在身上，称为人体的外骨骼，用作关节角的测量。如果加上触觉接口，就形成了力反馈外骨骼。因为戴在身上，所以它是轻便的、可移动的。但如果身体运动，就要求使用其他方法跟踪身体运动。它们与肢体运动有同样的工作空间，因此有全范围的运动测量。缺点是由于人体的软组织及在测量器和肢体间的相对滑动，使得安装和校准都很困难。另外身体肩负着机械设备，容易感到疲劳。

另一类为“安在地面上”的机械式位置跟踪设备。大自由度末端跟踪的机械部分，包括驱动器等安装在地面上。操作者牢固地抓住手操作器，或者头盔牢固地缚在头上就可以完成测量。缺点是由于操作者被连在地面，工作空间受到限制。

机械式位置跟踪设备是一个比较便宜、精确度较高和响应时间短的系统。它可以测量物体的整个身体运动，没有延迟，而且不受声、光、电磁波等外界的干扰。另外，它能够与力反馈装置组合在一起，因此在虚拟现实应用中更具魅力。但其缺点是比较笨重，不灵活，而且有惯性。由于机械连接的限制，其工作空间也受到一定的限制，而且工作空间中还有一块中心地带是不能进入的，俗称机械系统的死角，使机械式跟踪设备不能进入。

提示： 机械式跟踪设备通常是单用户，多用户操作易相互干扰。

2.4.3 电磁式位置跟踪设备

电磁式位置跟踪设备是利用磁场的强度进行位置和方位跟踪。一般来说，电磁式位置跟踪设备包括发射器、接收器、接口和计算机。电磁场由发射器发射，接收器接收到这个电磁场后转换成电信号，并将此信号送到计算机，经计算机中的控制部件计算后，得出跟踪目标的数据。多个信号综合后可得到被跟踪物体的 6 个自由度数据。

根据发射磁场的不同，电磁式位置跟踪设备可分为交流电发射器型与直流电发射器型。

交流电发射器由三个互相垂直的线圈组成，当交流电在三个线圈中通过时，产生互相垂直的三个磁场分量在空间传播。接收器也由三个互相垂直的线圈组成，当有磁场在线圈中变化时，就在线圈上产生一个感应电流，接收器感应电流强度与其距发射器的距离有关。通过电磁学计算，可产生 9 个感应电流（3 个感应线圈分别对 3 个发射线圈磁场感应产生 9 个电流）计算出发射器和接收器之间的角度和距离。交流电发射器的主要缺点是易受金属物体的干扰。由于交变磁场会在金属物体表面产生涡流，使磁场发生扭曲，导致测量数据的错误，因此影响系统的响应性能。

直流电发射器也是由三个互相垂直的线圈组成的。不同的是它发射的是一串脉冲磁场，即磁场瞬时从零跳变到某一强度，再跳变回零，如此循环形成一个开关式的磁场向外发射。感应线圈接受这个磁场，再经过一定的处理后，可得出跟踪物体的位置和方向。直流电发射器能避免金属物体的干扰，因为磁场静止时，金属物体没有涡流，也就不会对跟踪系统产生干扰。

电磁式位置跟踪设备的优点是不存在遮挡问题，接收器与发射器之间允许有其他物体，也就允许用户自由走动。相对于其他传感器，它的价格较低、精度适中、采样率高（可达 120 次/秒）、工作范围大（可达 60m^2），允许多个磁跟踪器跟踪整个身体的运动，并且增加了跟踪运动的范围。其缺点是易受电子设备、铁磁场材料的干扰，可能导致磁场变形引起误差。测量距离加大时误差增加，时间延迟较大（达 33ms），有小的抖动。

电磁式位置跟踪设备在测量物体时，将发射线圈和接收线圈其中之一固定，另一个固定安装在被测物体上，即可测量三个坐标以及三个姿态角度。它主要用来测量头、手以及其他设备的位姿。测量头的位置和方向时，将轻便的电磁接收器安装在头盔上，发射器安装在地面。如果测量手，与测量头类似，将接收器安装在数据手套上，电磁发射器安装在地面，图 2.40 所示为测量手的示意图。

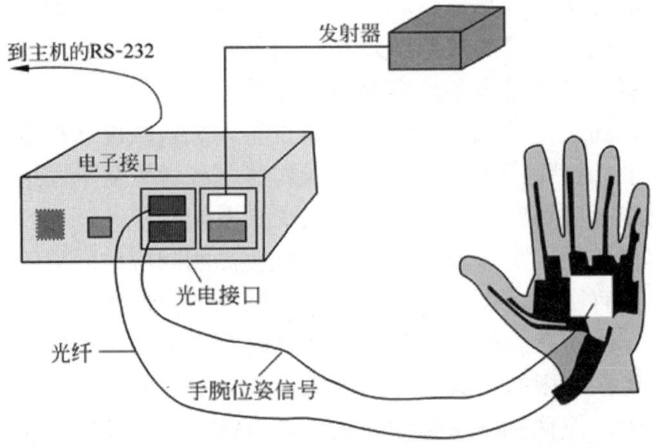

图 2.40　磁跟踪器安装在数据手套上的示意图

Fastrak 传感器是 Polhemus 公司生产的电磁传感器，是运动物体位置和方位角记录的完美解决方案，是运动追踪领域一直被尊为业内的标准。它采用了动态的、实时的六自由度的位置测量，消除了延迟，精度达到 0.03 英寸和 0.15°，测量范围可达 15 英尺，采样率达 120Hz（修改率随传感器数目增加而下降）。采用交流磁场，有标准 RS-232 串型接口连接计算机。如图 2.41 所示。

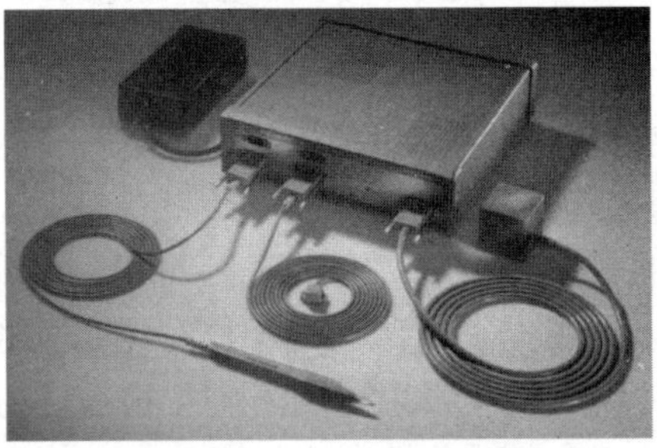

图 2.41　Fastrak 传感器

Flock of Birds 传感器是 Ascension 公司生产的。如图 2.42 所示一套 Flock of Birds，包括一个发射器（XMTR）、若干接收器（Receiver）和若干控制盒（Bird Controller），其中一个接收器对应一个控制盒。另外，可选择性地搭配扩展发射器（ERT）和扩展控制盒（ERC），其作用是加大跟踪器的工作空间（从方圆约 1.2m 扩展到方圆约 3m），扩展器也可以级联来继续扩展。采用直流磁场，可以补偿磁场失真。精度为 0.1 英寸和 0.5°，

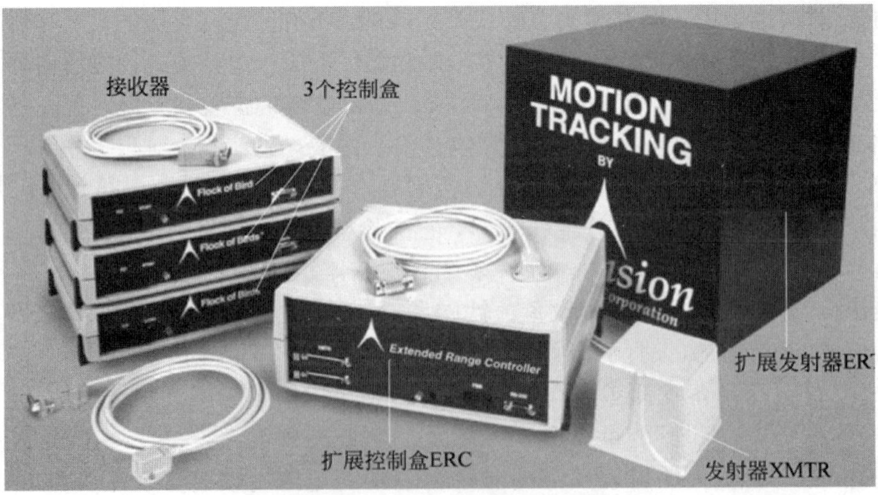

图 2.42　Flock of Birds 传感器

测量范围可达 3～8 英尺，采样率达 144Hz（对每台测量设备），等待时间为 30ms。

2.4.4 超声波位置跟踪设备

超声波位置跟踪设备一般采用 20kHz 以上的超声波，人耳听不到，不会对人产生干扰，目前是所有跟踪技术中成本最低的。它由三个超声发射器的阵列（由安装在天花板上的三个超声扬声器组成）、三个超声接收器（由安装在被测物体上的三个麦克风组成）以及用于启动发射同步信号的控制器三部分组成。图 2.43 所示为用于头部跟踪的超声波位置跟踪设备示意图。其中稳固的小三角架上的三个麦克风仿真在头盔显示器上面。当然，对于接收麦克风也可以安装在三维鼠标、立体眼镜或其他输入设备上。

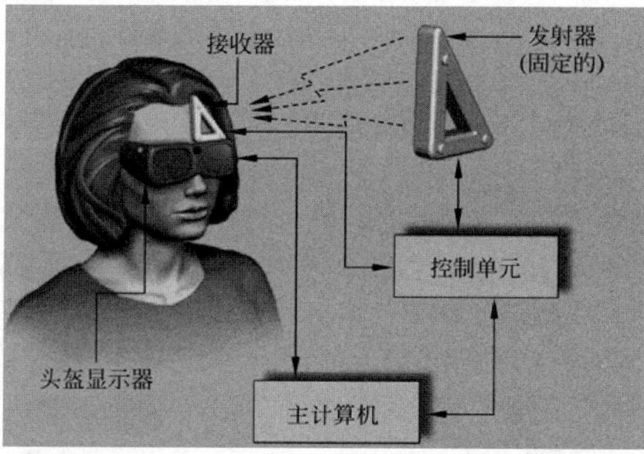

图 2.43　超声波头部跟踪设备示意图

根据不同的测量原理，超声波位置跟踪设备的测量方法分为两种：飞行时间法（Time-of-Flight，TOF）和相位相干法（Phase-Coherent，PC）。

测量飞行时间法是基于三角测量的。周期性地激活各个发射器轮流发出高频的超声波，测量到达各个接收点的飞行时间，由此利用声音的速度得到发射点与接收点之间的 9 个距离，再由三角运算得到被测物体的位置。为了精确测量，要求在发射器与接收器之间的同步，为此可以采用红外同步信号。为了测量物体位姿的 6 个自由度，至少需要 3 个接收器和 3 个发射器。为了精确测量，要求发射器与接收器合理布局。一般把发射器安装在天花板的 4 个角上。

相位相干法的工作过程为：在测量相位差的方式中，各个发射器发出高频的超声波，测量到达各个接收点的相位差来得到点与点的距离，再由三角运算得到被测物体的位置。声波是正弦波，发射器与接收器的声波之间存在相位差，这个相位差也与距离有关。这种测量方法是基于相对距离的，无法得知目标的绝对距离，每步的测量误差会随时间而积累。绝对距离必须在初始时由其他设备校准。

超声波位置跟踪设备的优点是简单、经济，不受电磁干扰，不受临近物体的影响，轻便的接收器易于安装在被测物体上。缺点是工作范围有限，信号传输不能受遮挡，易受到温度、气压等环境因素和环境反射声波的影响。飞行时间法有低的采样率和低的分辨率，容易受到噪音声波的干扰，易适应小范围内工作。相位差法每步的测量误差会随时间而积累，需要不断地调整初始值。

2.4.5 光学式位置跟踪设备

光学式位置跟踪设备是使用光学感知来确定对象的实时位置和方向。光学跟踪器的测量与超声波位置跟踪设备类似，基于三角测量。光学式位置跟踪设备主要包括感光设备（接收器）、光源（发射器）以及用于信号处理的控制器。用于位置跟踪的感光设备多种多样，例如普通摄像机、光敏二极管等。光源可以是环境光，也可以使用结构光（如激光扫描）或脉冲光（如激光雷达）。为了防止可见光的干扰，通常采用红外线、激光等作为光源。

常用的光学式位置跟踪设备分为三种：从外向里看（outside-looking-in）的跟踪设备、从里向外看（inside-looking-out）的跟踪设备和激光测距光学跟踪设备。

如果跟踪设备的感知部件，如普通摄像机、光敏二极管或其他光传感器是固定的，并且用户身上装有一些能发光的灯标作为光源发射器，那么这种位置跟踪设备称为从外向里看的跟踪设备，如图 2.44（a）所示。位置测量可以直接进行，方向可以从位置数据中推导出。跟踪设备的灵敏度随着用户身上灯标之间距离的增加和用户与感知部件之间距离的增加而降低。

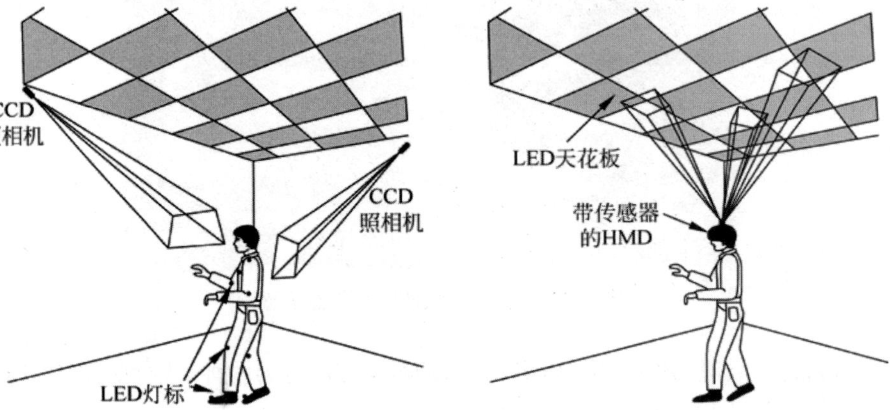

(a) 从外向里　　(b) 从里向外

图 2.44　光学跟踪器的布置

反之，从里向外看的跟踪设备是在被跟踪的对象或用户身上安装感知部件，通过感知部件观测固定的发射器，从而得出自身的运动情况，就好像人类从观察周围固定景物的变化得出自己身体位置变化一样。如图 2.44（b）所示。它对于方向上的变化是最敏感的，因此在 HMD 的跟踪中非常有用。并且从里向外看的跟踪设备比从外向里看的跟踪设备更容易支持多用户作用，因为它不必去分辨两个活动物体的图像。但从里向外看的跟踪设备在跟踪比较复杂的运动，尤其是像手那样的运动时就显得很困难，所以数据手套上的光学跟踪设备一般采用从外向里结构。

激光测距光学跟踪设备是将激光发射到被测物体，然后接收从物体上反射回来的光来测量位置。激光通过一个衍射光栅射到被跟踪物体上，然后接收经物体表面反射的二维衍射图信号。这种经反射的衍射图信号带有一定畸变，而这一畸变与距离有关，所以可用作测量距离的一种量度。像其他许多位置跟踪系统一样，激光测距系统的工作空间也受限制。由于激光强度在传播过程中的减弱和激光衍射图样变得越来越难以区别，因此其精度也会随距离增加而降低。但它无须在跟踪目标上安装发射/接收器的优点，使它具有潜在的发展前景。

由于光的传播速度很快，因此光学式位置跟踪设备最显著的优点是速度快、具有较高的更新率和较低的延迟，较适合实时性强的场合。其缺点是要求畅通无阻，不能阻挡视线。它常常不能进行角度方向的数据测量，只能进行 X、Y、Z 轴上的位置跟踪。另外，工作范围和精度之间也存在矛盾。在小范围内工作效果好，随着距离变大，其性能会变差。一般通过增加发射器或增加接收传感器的数目来缓和这一矛盾。但增加成本和系统的复杂性，会对实时性产生一定的影响。价格昂贵也是光学跟踪器的缺点，一般只在军用系统中使用。

2.4.6 惯性位置跟踪设备

惯性位置跟踪设备是通过盲推（dead reckoning）得出被跟踪物体的位置，也就是说完全通过运动系统内部的推算，不设计外部环境就可以得到位置信息。

目前，惯性位置跟踪设备由定向陀螺和加速计组成。定向陀螺用来测量角速度，如图 2.45（a）所示。将三个这样的陀螺仪安装在互相正交的轴上，可以测量出偏航角、俯仰角和滚动角速度，随时间的综合可以得到三个正交轴的方位角。加速计用来测量三个方向上平移速度的变化，即 X、Y、Z 方向的加速度，它是通过弹性器件形变来实现的，如图 2.45（b）所示。加速计的输出需要积分两次，得到位置；角速度值需要积分一次，得到方位角。

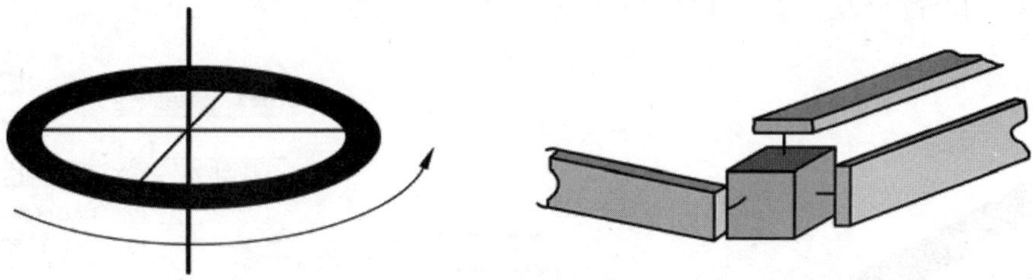

(a) 定向陀螺　　(b) 加速计

图 2.45　惯性位置跟踪设备

惯性传感设备的优点是不存在发射源、不怕遮挡、没有外界干扰，有无限大的工作空间。缺点是快速累积误差。由于积分的缘故，陀螺仪的偏差都会导致跟踪器的方向错误随时间线性增加。加速计的偏差也会导致误差随时间呈平方关系增加。

InterSense 公司提供 IS300 运动跟踪器是典型的惯性位置跟踪设备。IS300 使用小的固态惯性测量单元（称为 InertiaCube TM）。使用角速度计，再积分得到位置角。使用磁罗盘和重力计，防止陀螺漂移的积累。图 2.46（a）所示为 IS300 外观，图 2.46（b）所示为 IS300 系统结构。

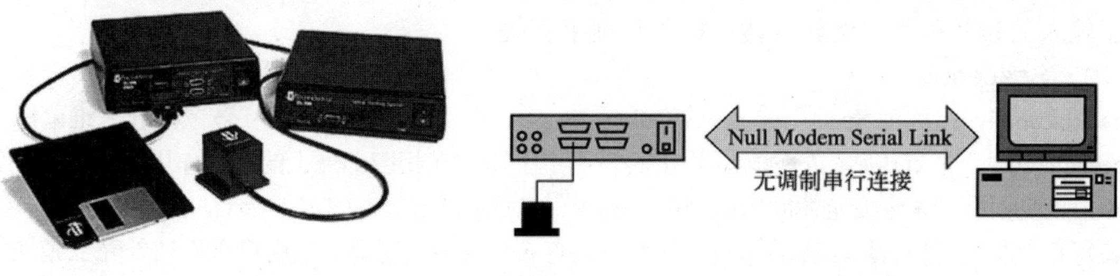

(a) IS300外观　　(b) IS300系统结构

图 2.46　惯性位置跟踪设备 IS300

2.4.7 混合位置跟踪设备

为了解决惯性跟踪设备的偏差问题，以及达到更高的精度和更低的延迟，推出混合位置跟踪设备。它是采用来自其他类型跟踪设备的数据，周期性地重新设置惯性跟踪设备的输出，解决偏差问题。因为混合位置跟踪设备是其他跟踪设备和惯性跟踪设备的结合，所以通常也被称为混合惯性跟踪设备。典型的混合惯性跟踪设备由超声和惯性跟踪设备组成。它包括安在天花板上的超声发射器阵列，三个超声接收器，用于超声信号同步的红外触发设备，加速度计和角速度计，计算机。混合位置跟踪设备的关键技术是传感器融合算法，如采用 Kalman 滤波。其过程是首先使用积分获得方向和位置数据；然后直接输出这些数据，确保混合跟踪设备总体延迟比较低；最后输出数据与超声测距的数据进行比较，估计偏差数量，并重置积分过程。如果背景噪声很大，距离数据将被拒绝。

使用混合位置跟踪设备的优点是改进更新率、分辨率及抗干扰性（由超声补偿惯性的漂移），可以预测未来运动达 50ms（克服仿真滞后），快速响应（更新率为 150Hz，延迟极小），无失真（无电磁干扰）。缺点是工作空间受限制（大范围时超声不能补偿惯性的漂移），要求视线不受遮挡，受到温度、气压、湿度影响，6D 的跟踪要求三个超声接收器。

图 2.47 所示为 InterSense 公司提供的混合跟踪器产品 IS600。它使用惯性和超声传感器，以及传感器融合算法。实现 6 自由度的位置跟踪，可以预测未来 50ms 的运动。图 2.47（a）所示为 IS600 的产品外观，图 2.47（b）所示为 IS600 的系统结构。

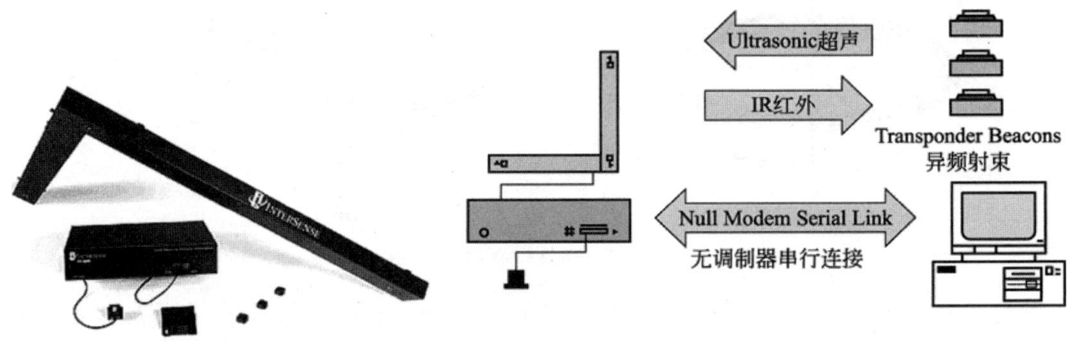

(a) IS600外观　　(b) IS600系统结构

图 2.47　混合位置跟踪设备 IS600

2.4.8　常见的三维位置跟踪设备

三维位置跟踪设备通常使用一种或几种跟踪传感器原理，除前面介绍过的设备外，还有用于输入的设备种类，例如立体鼠标、数据手套等。

1．Spaceball

Spaceball，又称为 Space mouse 或 Cubic mouse，中文译为跟踪球、立体鼠标、三维鼠标等。Spaceball 是一个带有传感器的圆球，用于测量用户手施加在相应部件上的三个作用力和三个力矩。力和力矩是根据弹簧形变定律间接地测量。Spaceball 通常被安装在固定平台上，它的中心是固定的，并装有 6 个发光二极管。相应的球的活动外层装有 6 个光敏传感器。当用户在移动外壳上施加力或扭转力矩时，6 个光敏传感器测量其三个力和三个力矩。这些力和力矩数据经过 RS-232 串行线发送给主计算机。图 2.48 所示为 CiS DIMENSION6 Spaceball。在主计算机中，这些数值被乘以一个软增量来获得受控对象位置和方向的微小变化，即可计算出虚拟空间中某物体的位置和方向等。

图 2.49 所示为三种 Spaceball。其中，图 2.49（a）所示为 Spaceball 4000Lx，通过测量三个作用力和力矩来实现位置和方向的跟踪。图 2.49（b）所示是 2002 年推出的一款酷似手套的鼠标，通过一个基座由 USB 接口与计算机相连。使用时，将它戴在手上，5 个手指的活动

通过红外线传输给基座，再由基座传导给计算机。若运动食指，计算机屏幕上的光标就会随之运动，若指头在空中弹两下，即可启动程序。调出鼠标配置文件可进行各项有关设置。图 2.49（c）所示是将一个独特的球体整合到鼠标中的旋转式三维鼠标，是获得 2008 年红点设计大奖的产品，使用者可以通过对球体的操作实现旋转、放大和缩小等多项操作。相比于传统鼠标，这种新颖的操作方式速度更快，而且更为直观，并且，这款产品的掌托部位也与普通鼠标类似，可以帮助使用者更快地适应。

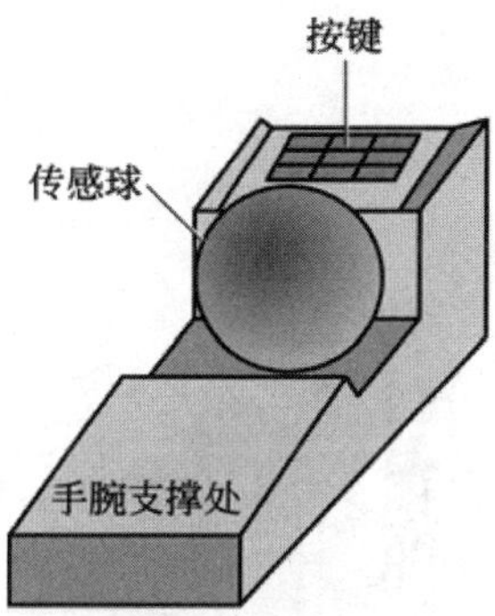

(a) 外部配置

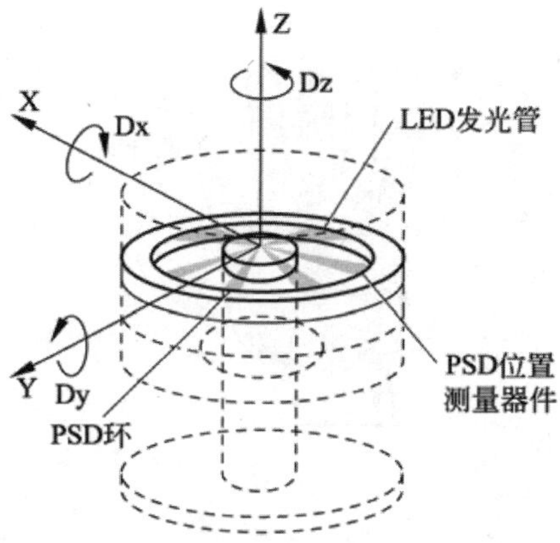

(b) 传感机构原理图

图 2.48　CiS DIMENSION6 Spaceball

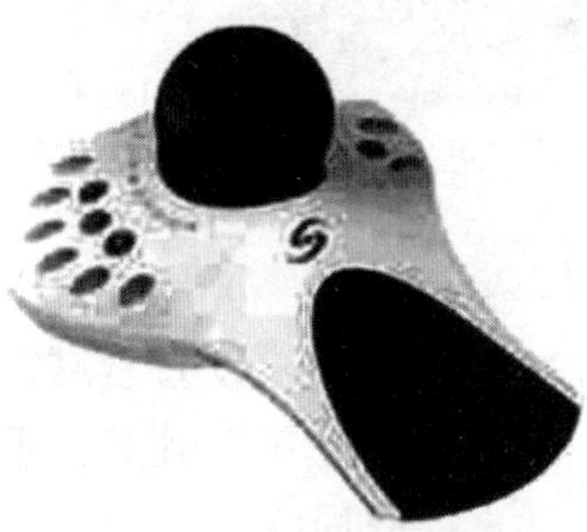

(a) Spaceball 4000Lx

(b) 手套鼠标

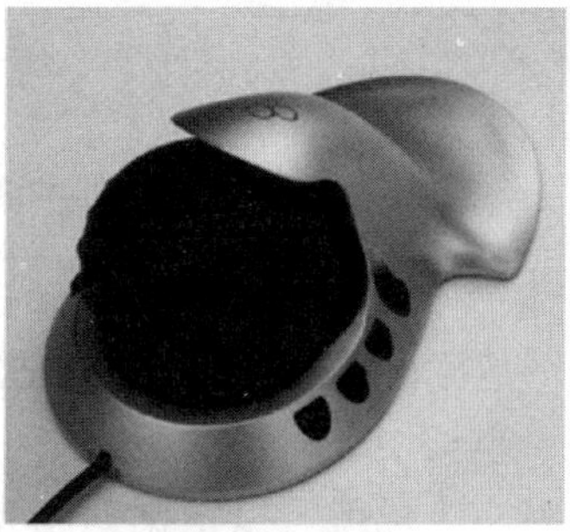

(c) 旋转三维鼠标

图 2.49　三种 Spaceball

2．数据手套

Spaceball 具有简单、工作速度快的优点。但从本质上来说，它限制用户手部的自由运动，只能在接近桌面的一小块区域中活动。为了能较理想地感知人手的位置和姿态，也能感知每个手指的运动，要求 I/O 工具能处理手在一定空间的自由运动，具有更多的自由度去感觉单个手指的运动。通过经验可知，人的手指动作有“弯曲-伸直”，侧向“外展-内收”（五指并拢和分开）和拇指动作“前位-复位”，前位使拇指与手掌相对。如图 2.50 所示。

传感手套是为满足上述要求而设计的虚拟现实工具。商业化的产品有 VPL 公司的 DataGlove，Vertex 公司的 CyberGlove，Mattel 的 PowerGlove 和 Exos Dextrous Hand Master。它们都用传感器测量全部或部分手指关节的角度。

1）DataGlove（数据手套）

VPL 公司是最早开发数据手套的公司，其产品称为 DataGlove。目前，VPL 的数据手套应用最多，最广泛。数据手套由很轻的弹性材料 Lycra 构成，紧贴在手上，采用光纤作为传感器。手指的每个被测的关节上都有一个光纤环，用于测量手指关节的弯曲角度。数据手套的标准配置是每个手指背面只安装两个传感器，以便测量主要关节的弯曲运动。每个手指上的两个传感器，一个检测手指下部关节，另一个检测手指中间关节，如图 2.51 所示。一只数据手套装有 10 个传感器。数据手套还提供测量大拇指并拢与张开，以及前位与复位的传感器作为选件。选件体积小、重量轻，方便地安装在手套上。

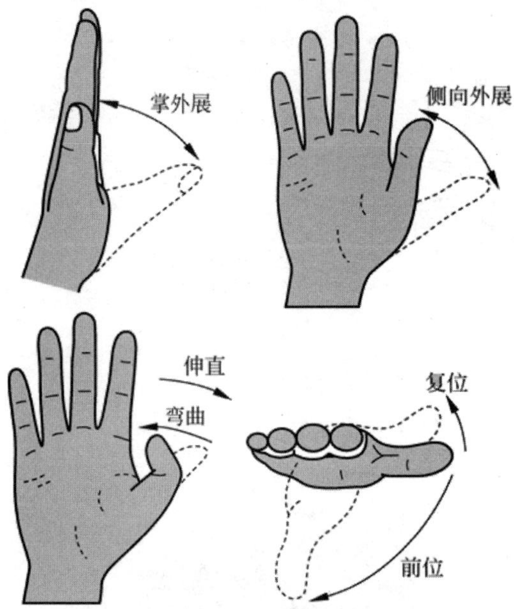

图 2.50　手和手指运动的术语

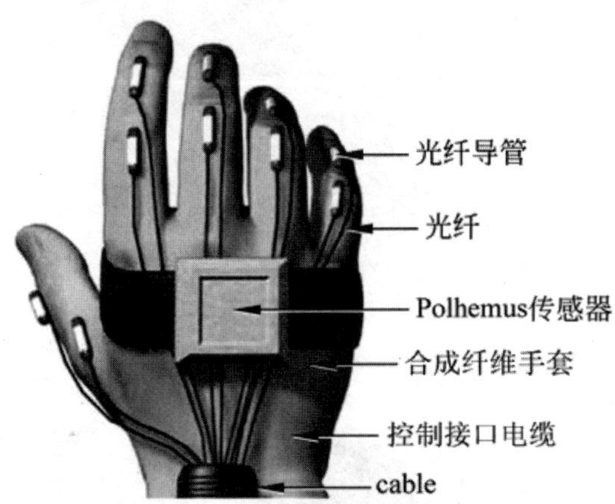

图 2.51　DataGlove

光纤环的一端与一发光二极管 LED 相连，作为光源端。另一端与一光敏晶体管相连，检测经光纤环返回的光强度，如图 2.52 所示。当纤维伸直时，传输的光线没有衰减，因为圆柱壁的折射率小于中心材料的折射率。在手指关节弯曲时，光纤壁改变其折射率，手指弯曲处的光线漏出，这样就可以根据返回光线的强度间接测出关节的弯曲程度。

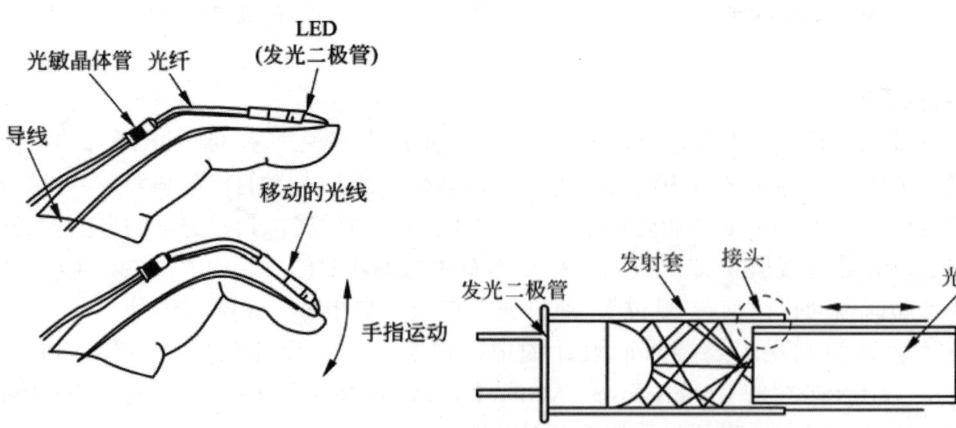

(a) 手指弯曲　　(b) 传感器

图 2.52　DataGlove 的结构图

光纤传感器的优点是轻便和紧凑，用户戴上手套感到很舒适。为了适应不同用户手的大小，数据手套 DataGlove 有三种尺寸：小号、中号和大号。但此手套每戴一次，需要进行手套校准（把原始的传感器读数变成手指关节角的过程）。这是因为用户手的大小不同，戴的习惯不同。

2）CyberGlove（赛伯手套）

CyberGlove 是一种复杂且昂贵的手套。其原理是把很薄的两片应变电测量片组成传感器，安装在弹性尼龙合成的手套关节处，如图 2.53（a）所示。每个关节的弯曲角由一对应变片的阻值变化间接测量，如图 2.53（b）所示。在手指运动时，一个应变片处于压力作用下，另一个应变片处于张力作用下。它们的电阻变化通过电桥转变为电压的变化，如图 2.53（c）所示。手套中电桥与传感器的个数一致，一般情况下，手套中有 16～22 个传感器（每个手指用两个到 3 个传感器测量弯曲，用一个传感器测量外展与内收，用一个传感器来测量手腕的偏航和俯仰等），也就是有 16～22 个电桥。它们产生的不同电压被多路复用、放大，继而通过一个模/数转换器被数字化。传感器的手套数据通过 RS-232 串行线发送给主计算机进行处理。

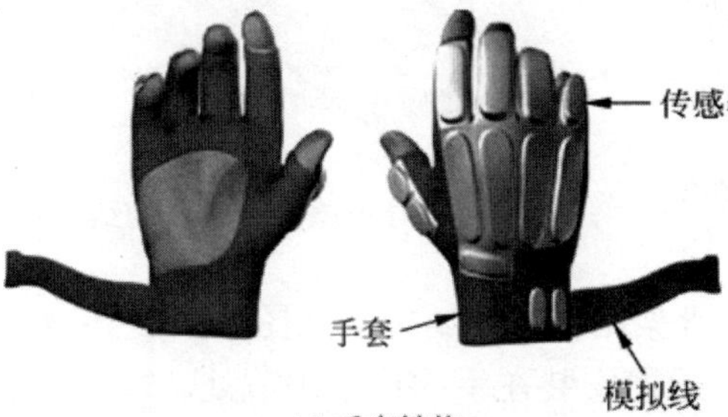

(a) 手套结构

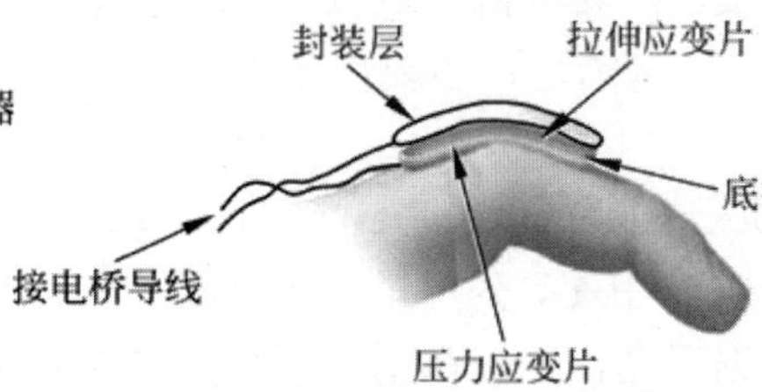

(b) 传感器结构示意图

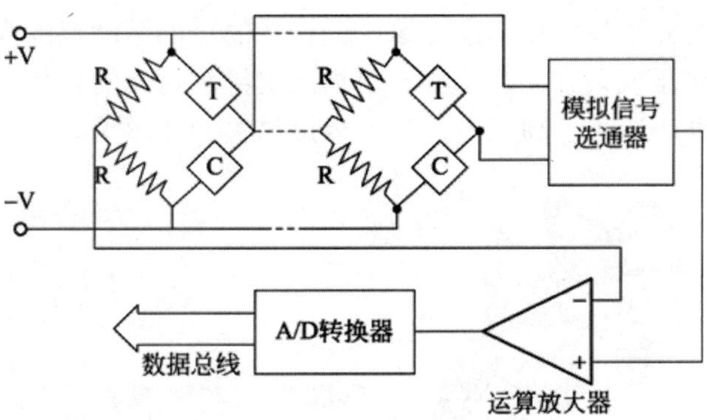

(c) 接口电路

图 2.53　CyberGlove

CyberGlove 的传感器分辨率达到 0.5°，并在整个关节运动范围内保持不变。该手套具有去耦传感器，使得两个手套的输出互不干扰。传感器有两种形状：或者是矩形的，用于测量弯曲角度；或者是 U 形的，用于测量外展和内收角。为了透气性和方便用户的其他操作，手套的手掌区域和指尖部分不覆盖这种材料，所以手套穿戴舒适自如。除此之外，由于 CyberGlove 使用大量的传感器，具有良好的编程支持，并且可以扩展成更复杂的触觉手套，因此目前它已成为高性能手套测量仪器事实上的标准。

3）PowerGlove（能量手套）

PowerGlove 为家庭视频游戏而设计，相对于 DataGlove 和 CyberGlove 等数据手套，PowerGlove 是很便宜的产品。

PowerGlove 的价格是其他数据手套的几十分之一，其原因是手套设计使用了很多廉价的技术。手腕位置传感器是超声传感器，超声源放在 PC 监视器上，而超声麦克风放在手腕上。弯曲传感器是导电墨水传感器。

导电墨水传感器的结构如图 2.54 所示，包括在支持基层上的两层导电墨水，墨水在黏合剂中有碳粒子。当支持基层弯曲时，在弯曲的外侧的墨水就延伸，造成导电碳粒子之间距离增加（L2>L1），导致传感器的电阻值增加（R2>R1）。反之，当墨水受压缩时，碳粒子之间距离减小，传感器电阻值也减小。阻值数据经过简单的校准就转换成手指关节角数据。

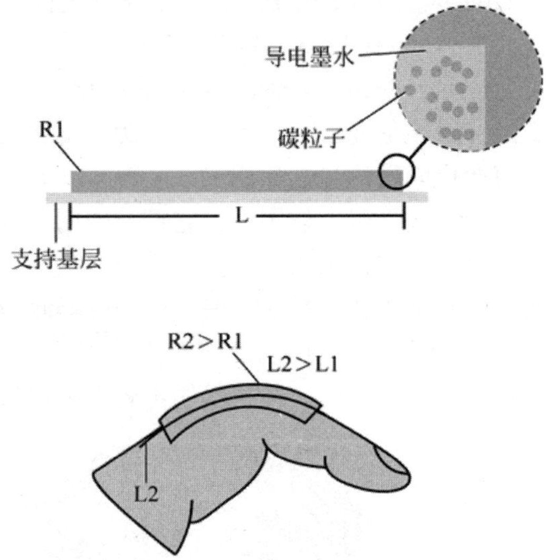

图 2.54　导电墨水传感器的结构示意图

Power Glove 数据手套的缺点是精度低，传感能力有限，但其价格低廉吸引了很多用户，曾在 1989 年大量销售，主要用于基于手套的电子游戏。

4）Dextrous Hand Master（DHM，灵巧手套）

1990 年，Exos 公司推出了 Dextrous Hand Master 数据手套，是戴在用户手背上的金属外骨架结构。其结构示意图如图 2.55 所示。每个手指安装了 4 个传感器，5 个手指就有 20 个传感器安装在手的每个关节处。每个关节的角度由安装在机械结构关节上的霍尔效应传感器测量。其结构的设计很精巧，受手组织柔软性的影响很小。专门设计的夹紧弹簧和手指支撑保证在手的全部运动范围内设备的紧密配合。设备是用可调的 Velcro 带子安装在用户手上，附加的支撑和可调的杆使之适应不同用户手的大小。这些复杂的机械设计造成了高成本，是至今最昂贵的传感手套。

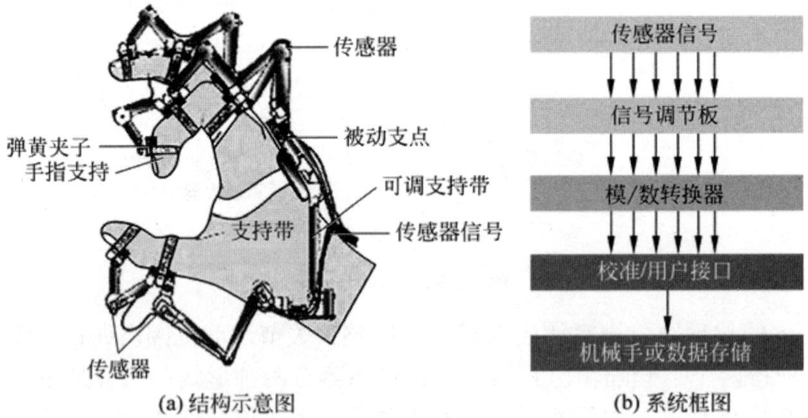

图 2.55　DHM 数据手套

DHM 的传感器信号送到信号调节盒，然后以 100 位置/秒的速率被连到用户接口的模/数转换器，采用数字化，传感器的手套数据进行校准后传输给机器人手进行相应的操作或者传送给数据存储器。

DHM 数据手套的优点是高速率、高分辨率和高精确度，常用于 DHM 精度和速率要求较高的场合。其缺点是价格昂贵。

3. 运动捕捉系统

运动捕捉技术的工作原理是把真实人的动作完全附加到一个三维模型或者角色动画上。所以，运动捕捉技术作为三维动画主流制作工具，在国外已得到业内的认可和应用。通常借助该技术，动画师们模拟真实感较强的动画角色，并与实拍中演员的大小比例相匹配，然后借助运动捕捉系统来捕捉表演中演员的每一个细微动作和表情变化，并真实地还原在角色动画上，如图 2.56 所示。

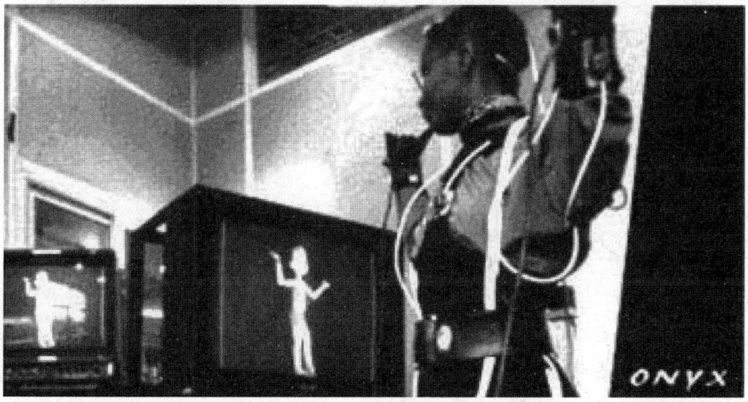

图 2.56 基于运动捕捉的角色动画制作

运动捕捉系统是一种用于准确测量运动物体在三维空间运动状况的高技术设备。它基于计算机图形学原理，通过排布在空间中的数个视频捕捉设备将带有跟踪设备的运动物体的运动状况以图像的形式记录下来，然后使用计算机对该图像数据进行处理，得到不同时间计量单位上物体的不同点的空间坐标（x，y，z）。从技术角度来讲，运动捕捉系统的实质是测量、跟踪、记录物体在三维空间中的运动轨迹。如图 2.57 所示，典型的运动捕捉设备一般由三部分组成。

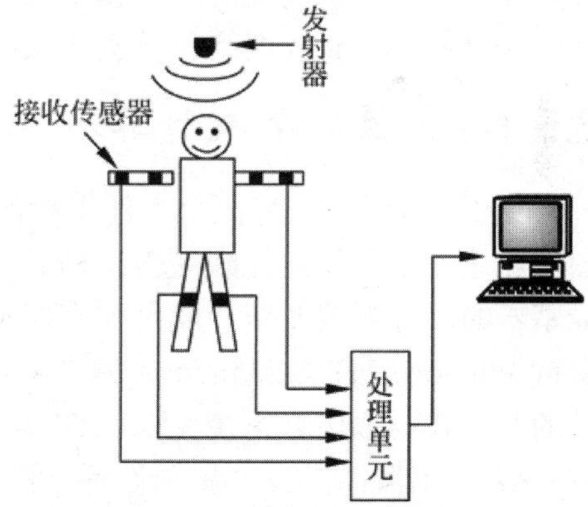

图 2.57 运动捕捉系统

接收传感器是固定在运动物体特定部位的跟踪装置，它将向系统提供运动物体运动的位置信息，一般会随着捕捉的细致程度确定传感器的数目。

处理单元是负责处理系统捕捉到的原始信号，计算传感器的运动轨迹，对数据进行修正、处理，并与三维角色模型相结合。处理单元既可以是软件也可以是硬件，借助计算机对数据的运算能力来完成数据的处理，使三维模型真正、自然地运动起来。

信号捕捉设备负责捕捉，识别传感器的信号，并将运动数据从信号捕捉设备快速准确地传送到计算机系统。这种设备会因系统的类型不同而有所区别，对于机械系统来说是一块捕捉电信号的线路板，对于光学系统来说则是高分辨率红外摄像机。

目前，常用的运动捕捉技术从原理上说可分为机械式、声学式、电磁式和光学式。图 2-58 所示为光学式的运动捕捉系统。图 2.58（a）所示为整个身体运动捕捉，表演者身穿特制的表演服，关节部位如肩膀、肘、手腕等绑上光学感光球，通过对球的运动轨迹的捕捉，就可以完成人体整个运动的捕捉。图 2.58（b）所示为面部表情运动捕捉，将面部的几个关键部位安装传感小球。

(a) 身体运动捕捉　　(b) 面部表情运动捕捉

图 2.58　光学式运动捕捉的应用

2.5　虚拟现实的计算设备

虚拟现实的计算设备，也就是专业图形处理计算机，是虚拟现实系统的重要组成部分之一，也是关键部分。它从输入设备中读取数据，访问与任务相关的数据库，执行任务要求的实时计算，从而实时更新虚拟世界的状态，并把结果反馈给输出显示设备。通常称其为“虚拟现实引擎”，也就是各种硬件配置，从单个计算设备到网络互连在一起的能够实时仿真的许多计算设备。

虚拟现实系统的性能优劣很大程度上取决于计算设备的性能，由于虚拟世界本身的复杂性及实时性计算的要求（支持实时绘制场景、三维空间定位、碰撞检测和语音识别等功能），产生虚拟环境所需要的计算量极为巨大，这对计算设备的配置提出极高的要求，最主要的是要求计算设备必须具备高速的 CPU 和强有力的图形处理能力。因此，根据 CPU 的速度和图形处理能力，虚拟现实的计算设备通常分为高性能个人计算机、高性能图形工作站、高度并行的计算机和分布式网络计算机 4 大类。

2.5.1　高性能个人计算机

由于其价格低，目前个人计算机的安装已有上百万台。现有的个人计算机的 CPU 速度和图形加速卡绘制能力能满足 VR 仿真中的大多数实时性要求。目前虚拟现实研发中最经济和最基本的硬件配置要求一般是配有图形加速卡的中高档 PC 平台，支持 Intel 或 AMD 芯片，支持 Windows NT 及 Windows 9x/2000/XP 等操作系统，能平稳运行目前以三维绘图语言为基础的开放式虚拟仿真系统，以 CRT 显示器或外接投影仪为主要展示手段，配合 VR 立体眼镜或头盔显示器能在 CRT 显示设备上进行立体显示观察。

高性能个人计算机系统结构图如图 2.59 所示，在这个系统中，其核心部分是计算机的图形加速卡。为了加快图形处理的速度，系统可配置多个图形加速卡。下面介绍几种常见的图形加速卡。

1. 蓝宝石 Radeon HD5850

蓝宝石 Radeon HD5850 是目前人气较旺的一款游戏图形加速卡，基于 40nm 制程的 AMD-ATI RV870 核心，核心频率为 725MHz，采用统一超标量着色架构，拥有 1440 个流处理器，80 个纹理着色单元以及 32 个光栅处理单元，完整支持 DirectX 11、Shader Model 5.0 技术。显卡搭载的是 0.4ns GDDR5 显存颗粒，组成 1024MB/256 位的显存规格，其默认工作频率高达 4000MHz，支持最大分辨率为 2560 × 1600。

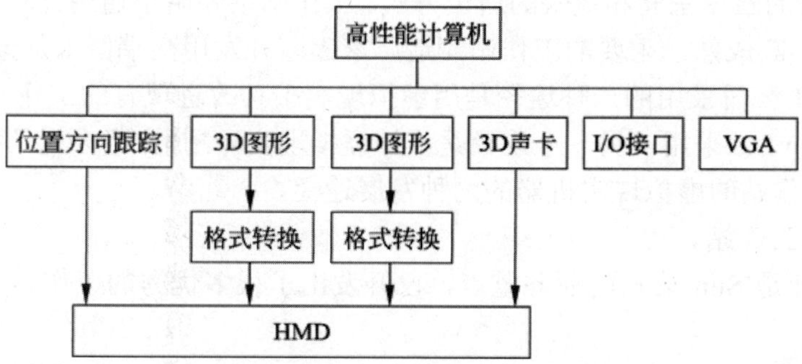

图 2.59　高性能个人计算机系统结构图

2．华硕 EAH5870

华硕 EAH5870 是一款较先进的图形加速卡，采用先进的 40nm 工艺设计，同时还融入最新的 ATI EyeFinity、DirectX 以及 ATI Stream 技术，让使用者能够从视觉效果、画面质量以及并行计算等多方面获得更好的体验。采用 RV870 显示核心，基于 40nm 制造工艺，拥有 1600 个流处理器单元、80 个纹理单元、32 个光栅单元，显存位宽保持在 256 位，完整支持 DirectX 111 与最新的 Shader Moder 5.0 技术。显存配了三星 GDDR5 显存颗粒，由 8 颗组成容量为 1GB，位宽为 256 位的显存阵列。核心频率达到 850MHz，显存频率达到 4800MHz，支持最大分辨率为 2560 × 1600。

3．耕昇 GT220 红缨-1G 版

耕昇 GT220 红缨采用的是最新的 GT216 核心，核心采用 DX10.1 规范的统一渲染架构，内建 48 个流处理器，支持 DirectX10.1 和 SM4.0，支持 PCI-Express 2.0 总线规范，支持 VC1、H.264 的硬件解码与第二代 PureVideo HD 高清技术及双流解码技术。显存容量为 1024MB、默认工作频率（核心频率）为 645MHz，显存频率为 1580MHz。由于采用了 40nm 新工艺制造的核心，功耗和发热都有所降低，散热方面仅使用了体积较小的铝质风冷散热器。支持最大分辨率为 2560 × 1600。

4．艾尔莎影雷者 980GTX + 512B3 2DT

艾尔莎影雷者 980GTX + 512B3 2DT 图形加速卡采用 55nm 制程的 NVIDIA G92-420 核心，内建 7.54 亿晶体管数量，核心频率为 740MHz，显存频率为 2200MHz。基于统一的渲染架构，拥有 128 个流处理器，64 个纹理着色单元，完整支持 DirectX 10 和 Shader Model 4.0 特效，支持 PCI-E 16X 2.0 接口标准，显存容量为 512MB，显存位宽为 256 位。

数据总线是图形加速卡与计算机的桥梁，它也会影响到图形加速卡的性能。通常数据总线分为 PCI 和 AGP 两类。PCI 是标准的计算机内部总线，它把计算机的插入卡（网络卡、图形加速卡等）连接到 CPU。PCI 总线的传输速度限制在 130Mb/s。插入的卡越多，每个卡得到的传输速度越小，图形加速卡与 CPU 只能以较小的带宽通信。AGP 是专用总线，它只能连接一个图形加速卡。它的通过量为 530Mb/s，全部用于图形加速卡。它还允许直接把纹理传送到图形加速卡，不必通过系统存储器，将大大增加系统性能。随着技术的发展，近几年，AGP 的带宽开始显得有些不足，2004 年推出的 PCI Express 总线采用的是每次一位的串行传输方式，其最高数据传输速度为 8Gb/s，数据带宽大大增加，解决了显卡与系统数据传输的瓶颈问题。目前，PCIE 已经成为主流。

2.5.2　高性能图形工作站

目前，工作站是仅次于 PC 的用得最多的计算设备。与 PC 相比，工作站的优点是有更强的计算能力，更大的磁盘空间和更快的通信方式。工作站主要用于通用计算而不是虚拟现实。随着虚拟现实的不断成熟，主要的工作站制造厂家逐渐开发用高端图形加速器来实现现有的模型。Sun 和 SGI 公司采用的一种途径是用虚拟现实工具改进现有的工作站，像基于 PC 的系统那样。Division Ltd.采用的另一个途径是设计虚拟现实专用的“总承包”系统，如 Provision 100。这是基于工作站的虚拟现实机器的两种发展途径。

1．Sun 公司工作站

工作站的设计是 Sun 公司的业务重点，已开发出了很多优秀的工作站。例如 Sun Blade 2500、Ultra 60。

图 2.60（a）所示是 Sun 公司设计和构建的稳定和可靠的 64 位双处理器平台——Sun Blade 2500 工作站，提供最佳的性价比，可显现和解决复杂的技术问题。Sun Blade 2500 工作站配备一组强大的工作站级功能，包括多达两个 1.28 GHz UltraSPARC IIIi 处理器，最大 8GB DDR 内存（带有 ECC），高带宽，低延迟内存控制器，可扩展的高性能存储元件，多个 PCI 总线以及可视化级图形。Sun Blade 2500 工作站通过支持 Sun XVR-100、Sun XVR-500 或 Sun XVR-1200 图形加速器，为具有可视化需求的图形应用程序提供极佳的性能。Sun Blade 2500 工作站配备了 6 个 64 位 PCI 插槽、内置 USB 和 IEEE 1394a（FireWire）端口及板载千兆位以太网端口（10/100/1000Base-T），它还为各种采用先进技术的外设提供高吞吐量连接。

图 2.60（b）所示是 Sun 公司目前能够提供的最高端工作站——Sun Blade 2000 工作站，采用 900MHz 或 1.05GHz UltraSPARC III Cu 双处理器配置，基于成熟的 64 位体系结构、强壮的 Solaris 8 操作系统环境，提供高端的 3D 技术成像能力。

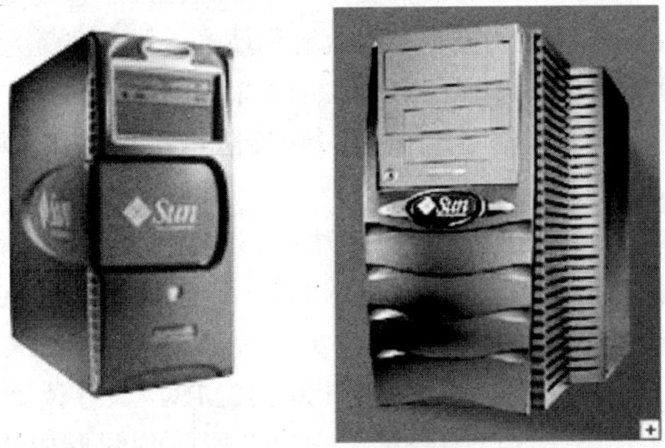

(a) Sun Blade 2500　　(b) Sun Blade 2000

图 2.60　Sun 工作站

Ultra 60 工作站采用两个强有力、高性能且可升级的 300MHz UltraSPARC-ll CPU 处理模块，其能力足以运行要求最严格的应用软件。快速 Ultra SCSI 的磁盘、66MHz PCI 技术和 120MHz 纵横交换 UPA 互连的组合，可提供极快的处理速度和吞吐量。图形处理技术也比较优秀，能处理土工技术、模拟、地震分析和医学成像等作业。支持双头和 24 英寸监视器，具有更多的可视显示区，实现更高的生产率。高带宽的总线技术大大地提高了总体性能。Ultra 60 工作站适用于大型应用和多种功能要求的技术与商务应用。它理想地适用于建模与虚拟模型、动画制作、渲染和视频效果处理、地球科学（测绘、石油和天然气等）、成像与可视化、医学成像、研究与开发、设计与分析等。

2. SGI 公司工作站

SGI 公司的产品是在 PC 图形硬件取得巨大进步之前占据大部分 VR 市场。1992 年，SGI 公司就推出了 Reality Engine 图形体系结构，每秒可绘制 240 000 个多边形。随着时间的推移，SGI 公司生产的图形系统越来越成熟，具备更灵活、更强的数字媒体能力，能完成仿真、可视化和通信等任务。系统具有强大的计算能力，多通道视觉输出，以及链接到传感器、控制设备和网络的快速输入输出，纹理化多边形填充能力等特点，并为台式机的可视化性能、多重处理和数字媒体的可靠性制定了新标准。

Silicon Graphics Tezro 可视化工作站是 SGI 公司的产品之一。它的强大功能来自高带宽架构的 MIPS 处理器，在一台 Tezro 中最高可配置 4 个这样的处理器。这样，Tezro 就可以在台式机上提供业界最领先的可视化技术、数字媒体和 I/O 连接性。Tezro 支持高分辨率，包括 HDTV、立体图像选项、双通道和双头显示选项等先进的纹理操作，硬件加速阴影绘制和 96 位硬件加速累加缓冲器。Tezro 用来为第一流的个人和开发小组在最短的工作周期内得到最尖端的工作成果。

3. Provision 100

Provision 100 是 Division 公司的工作站，其并行结构有多个处理器，这个结构也有一个 I/O 卡，并允许增加附加的 I/O 处理器。与 486 PC 等主计算机的连接允许基于 UNIX 的 Provision 100 用于仿真中的高级终端。

Provision 100 VRX 使用两个图形板，直接输出 NTSC/PAL 信号。每个图形板有一个 Intel i860 处理器和两个 T425 transputers。i860 利用常用的多边形加速器作几何处理，每秒提供 35 000 个 Gouraud 明暗的 Z-缓冲的多边形。Provision 100 VRX 模型有一个附加的纹理模块，在像素处理器和两个视频存储器之间，用于添加纹理，但不损失绘制速度。板中的 40MHz i860 处理器和多达 16MB 的存储器用于对仿真中所有运动的虚拟对象的碰撞检测。一个 T425 transputer 在整个仿真管理中帮助 i860。同一个板上的两个 T805 transputers 监控 4～8 个 RS-232 串行口和两个可编程 I/O（PIO）通道，跟踪器和其他虚拟现实工具用来采集数据，如用于仿真的 3-D 鼠标。声音系统（Beachtron）提供高质量的 3-D 声音，放在单独的板上，与其他板一起插在同样的 EISA 总线上。

2.5.3 高度并行的计算机

随着虚拟现实的发展，计算能力越来越复杂，对计算机的要求越来越高。近年来依靠单 CPU 性能的提高来提升计算能力的途径总有极限，当今计算机界的研究重心是并行计算，所以各个工作站厂商都在发展高度并行的虚拟现实机器，以便提高计算能力。

目前高性能并行计算机的体系结构较多，集群就是其中之一。

集群是通过一组松散集成的计算机软件或硬件连接起来高度紧密地协作完成计算工作。在某种意义上，集群可以被看作是一台计算机。集群系统中的单个计算机通常称为节点，一般通过局域网连接，但也有其他的可能连接方式。一个集群可以包括几十个、上百个节点一起工作形成一个单一的集成计算资源。集群通常用来改进单个计算机的计算速度和可靠性。一般情况下，集群计算机比单个计算机，例如工作站或超级计算机的性能价格比要高得多。因为当集群中有某个节点失效的情况下，其上的任务会自动转移到其他正常的节点上。还可以将集群中的某节点进行离线维护，并且不影响整个集群的运行。在集群系统中，每一个节点都有自己的操作系统，通过共享磁盘来共享关系数据管理系统。只要扩展节点数、I/O 带宽、存储容量和磁盘等，即可扩展 CSMP 的能力。集群的发展为工程技术、科学研究等领域工作提供了平衡、流畅和连续的应用性能。

图 2.61 所示是美国 SGI 公司推出的 Altix 3000 系列集群系统，配备英特尔奔腾Ⅱ处理器，系统使用高带宽 SGI NUMAflexTM 结构光纤通道互连系统节点，节点之间在交换内存中的数据和互连信息时所获得的速度是使用传统标准交换机设备时速度的 200 倍。该集群系统还使用业界标准的 64 位 Linux 操作系统，为大规模数据处理、系统管理、资源管理做了全面优化。SGI Altix 3000 使用分布式高性能 CXFSTM 文件系统，提高了跨越异构网络的数据访问速度。

图 2.62 所示为曙光信息产业有限公司推出的基于 IA 架构服务器节点的集群系统曙光 TC1700，它利用简单直观的管理工具来管理整个集群，将系统管理员从多台服务器重复、单调的管理工作中解放出来，提高工作效率。对用户应用实现了“单一 IP、负载平衡、失效转移”工作模式，如单一系统映像技术、多机 HA 技术和负载平衡技术等。简单地说，单一系统映像技术就是让一个服务器聚集无论对用户，还是对系统管理员使用起来像一台整体的计算机，而不是作为多台独立的计算机的管理技术。即系统中所有分布的资源被组织成一个整体统一管理和使用，用户可以不去关心单个节点机的存在。从用户的角度看，一个聚集系统就如同一个具有巨大配置的单一计算机系统。TC1700 是曙光公司机架式服务器集群的经典之作，具有可自由伸缩、高度可管理、高可用、高性能价格比等诸多优点。

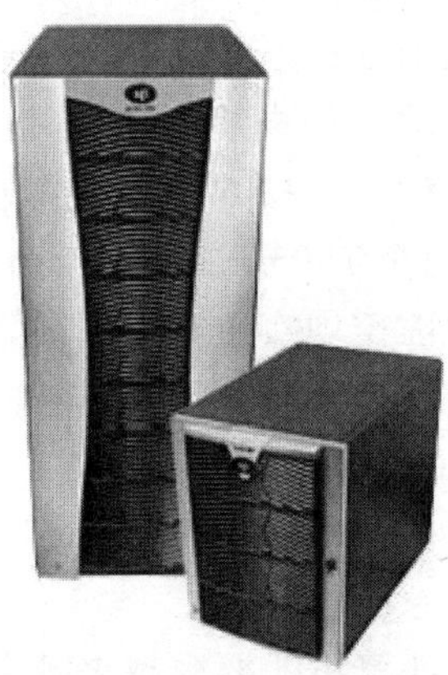

图 2.61　SGI Altix 3000

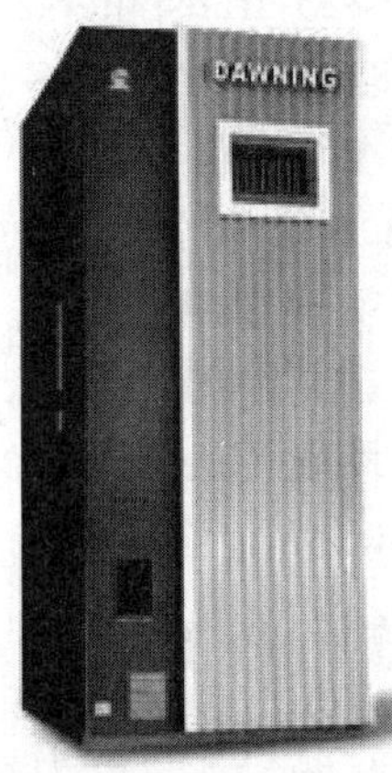

图 2.62　曙光 TC1700 服务器

巨型机主机也是高性能并行计算机的一种，由高速运算部件和大容量快速主存储器构成。由于巨型机加工数据的吞吐量很大，只有主存是不够的，一般有半导体快速扩充存储器和海量（磁盘）存储子系统支持。对于大规模数据处理系统的用户，常需大型联机磁带子系统或光盘子系统作为大量信息数据进/出的媒介。巨型机主机一般不直接管理慢速的输入输出（I/O）设备，而是通过 I/O 接口通道联结前端机，由前端机做 I/O 的工作，包括用户程序和数据的准备、运算结果的打印与绘图输出等。前端机一般为小型机。I/O 的另一种途径是通过网络，网上的用户借助前端机（微型机、工作站、小型大型机）通过网络来使用巨型机，I/O 均由用户端机来实现。网络方式可大大提高巨型机的利用率。图 2.63 所示为上海超级计算中心的“神威”超级计算机。

图 2.63　上海超级计算中心的“神威”超级计算机

2.5.4　分布式网络计算机

前面介绍的体系结构是把负载分布到单机的多个图形加速卡上进行处理，或者对任务进行划分，然后分配到通过 LAN 通信的多台 PC 服务器上。而分布式结构是把任务分布到 LAN 或 Internet 连接的多个工作站上，可以利用现有的计算机远程访问，多个用户参与工作。

分布式虚拟环境是指它驻留在两台或两台以上的网络计算机上，这些计算机共享整个仿真的计算负载。如果在分布式虚拟环境中的两个或多个用户称为合作，是指他们依次执行给定的仿真任务，在某一时刻只有一个用户与给定的虚拟对象交互。反之，用户协作指的是他们同时与给定的虚拟对象交互。

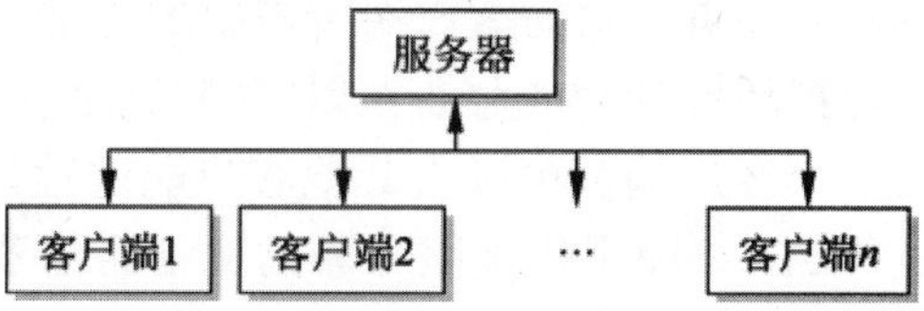

图 2.64　单中心服务器

两个用户共享虚拟环境是最简单的共享环境，每个用户都有一台带有图形加速卡的 PC，可能还连有其他一些接口。用户之间通过 LAN 通信，使用 TCP/IP 协议发送简单的单播数据包。多用户共享的虚拟环境允许三个或更多的参与者在给定的虚拟世界中交互。网络结构必须能够处理各种远程计算机上具有不同处理能力和不同类型的接口。它们的逻辑连接可以是单中心服务器、多服务器环型网、点到点 LAN、通过桥接路由器的混合点到点 WAN，如图 2.64～图 2.67 所示。

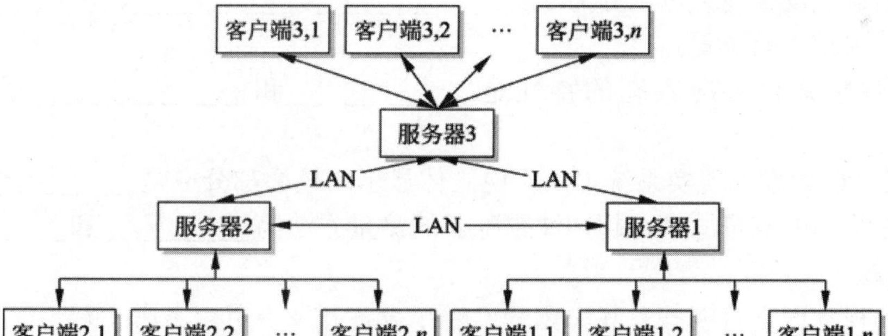

图 2.65　多服务器环型网

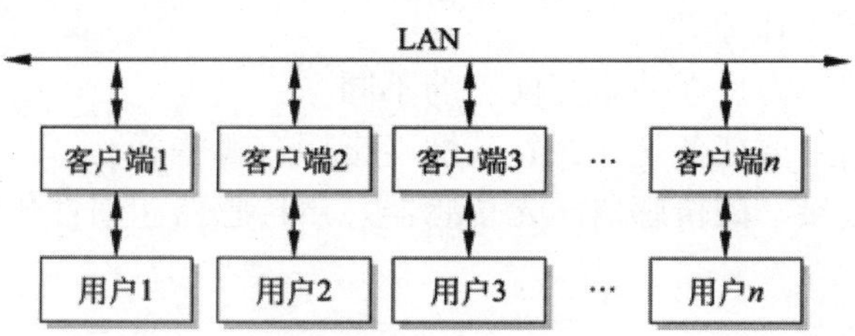

图 2.66　点到点 LAN

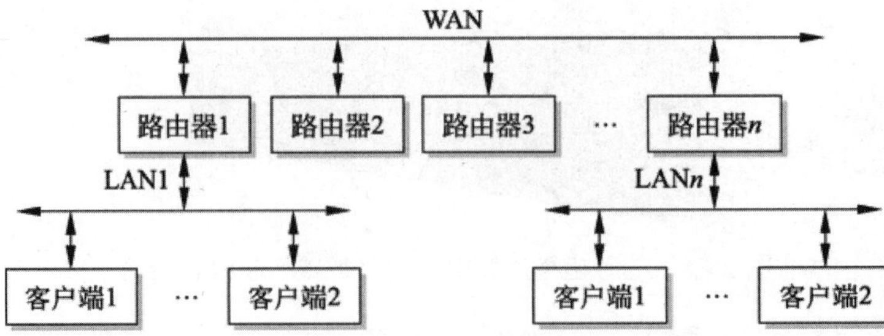

图 2.67　点到点 WAN

图 2.64 所示为单中心服务器，即把 PC 客户端都连接到中心服务器上，服务器主要协调大部分仿真活动，负责维护仿真中所有虚拟对象的状态。当用户在共享虚拟环境中做出一个动作后，其动作以单播包的形式发给服务器，服务器对其进行压缩并发送给其他用户。图 2.65 所示为多个互连服务器代替中心服务器，形成环型网。每个服务器都维护着虚拟世界的相同副本，并负责它的客户端所需要的通信。图 2.66 所示为局域网连接多用户的点对点网络。网络虚拟环境的功能分布在以多播 UDP 模式通信的多个客户端端点上，不受服务区的限制，任何一个客户端都可以去其他客户端进行信息交流。图 2.67 所示为通过桥接路由器的混合点对点 WAN。使用代理服务器的网络路由器把多播信息打包成单播包，再发送给其他路由器，本地的代理服务器负责解包后，再以多播形式发送给本地客户。

2.6　练　习　题

1．填空题

（1）在视觉感知设备中，实现立体视觉场景显示的关键技术是__________，采用的两种方法为__________和__________。

（2）手指触觉反馈装置可以分为 5 类：__________、__________、__________、电刺激式和神经肌肉刺激式的装置。

（3）听觉感知设备应具有的特性是____________和____________，最核心的技术是__________。

（4）基于 PC 的虚拟现实系统中，实现立体显示的核心部分应是__________。

（5）根据不同的测量原理，超声波跟踪器的测量方法为__________和__________。

2．简答题

（1）人的视觉因素有哪些？其中哪些已经在设备开发中重点考虑了？

（2）简述有源眼镜和无源眼镜实现立体视觉的原理。

（3）裸眼显示设备是如何实现立体视觉的？

（4）简述 CAVE 的工作原理。

（5）简述触觉反馈和力反馈的研究内容的不同。

（6）位置传感器的主要任务是什么？其性能指标有哪些？

（7）试比较机械链接，磁传感器，光传感器，声传感器和惯性传感器的优缺点。

第3章 虚拟现实的建模技术

【本章导读】

建模是对现实对象或环境的逼真仿真。本章将介绍对象虚拟、物理建模、运动建模、行为建模及声音建模等知识。学习本章时多参阅其他书籍中的有关原理及关键技术。

本章的重点难点：

（1）图像与几何相结合的建模方法；

（2）碰撞-响应建模技术；

（3）行人的运动建模技术；

（4）基于 Agent 的行为建模。

在虚拟环境中，虚拟对象是主要的元素，它的虚拟再现是通过建模来实现的。建模是对现实对象或环境的逼真仿真。一般情况下，对象具有静态特征，包括位置、方向、材料和属性等特征，还具有运动特征，它反映对象的运动、行为、约束条件（如碰撞检测与响应）以及力的作用等。虚拟对象的建模意味着对象的静态特征和运动特征各个方面的建模，也就是对形状、外观、运动学约束、智能行为和物理特性等方面的建模，如图 3.1 所示。建模时，首先获取实际三维环境的三维数据，并根据其应用的需要建立相应的虚拟环境模型。设计出的虚拟模型能否真实反映研究的对象，直接决定了能否满足虚拟现实的三大特征：沉浸性、想象性和交互性，以及整个系统的可信度。

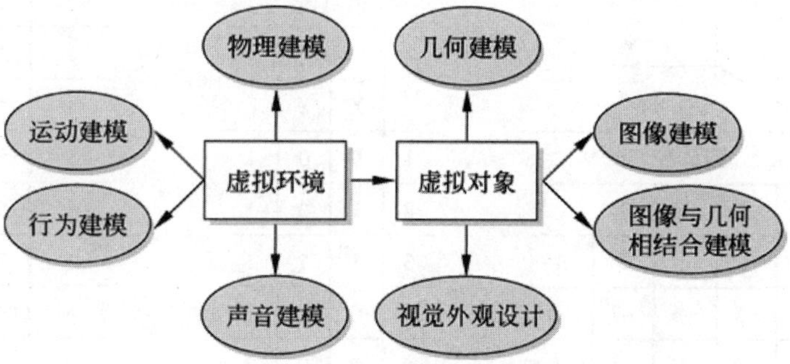

图 3.1　虚拟环境的建模技术

3.1　对 象 虚 拟

对象虚拟是虚拟现实研究的重点，是户沉浸的首要条件。通常，对象虚拟主要研究对象形状和外观的仿真。其过程主要包括建模和视觉外观的设计。

1．建模

用一定的方式对对象进行直接的描述。它们的描述直接影响图形的复杂性和图形绘制的计算消耗。其建模方法一般包括几何建模、图像建模、图像与几何相结合的建模三种方法。

2．视觉外观的设计

为场景添加光照和纹理映射。即根据基于光照模型和纹理映射，计算物体可见面投影到观察者眼中的光亮度大小和颜色分量，并将它转换为适合图形设备的颜色值，从而确定投影面上每一像素的颜色，最终生成真实感图形。

3.1.1 几何建模

虚拟对象基本上都是几何图形构成的。几何建模主要处理具有几何网络特性的几何模型的拓扑信息（Topological）和几何信息（Geometric Element）。拓扑信息是指物体各分量的数目及其相互间的关系，包括点、线、面之间的连接关系、邻近关系和边界关系。几何信息一般是指物体在欧式空间中的形状（包括点、线、面等），具有确定的位置和度量值（长度和面积）。图 3.2 所示的几何长方体的实体模型不仅记录了全部几何信息，而且记录了全部点、线、面、体的拓扑信息。它描述的物体对象是实心的，内部在表面的哪一侧是确定的，由表面围成的区域内部为物体的空间区域。构建长方体模型时，为了分清体内外，棱边号为有向棱边，通过右手法则确定所在面外法线的方向指向体外。表面 1 棱边号为 1、2、3、4，通过右手法则确定其外法线方向指向体外；表面 2 棱边号为 5、6、7、8，通过右手法则确定其外法线方向指向体内，所以均加了负号，以保证其外法线方向指向体外。

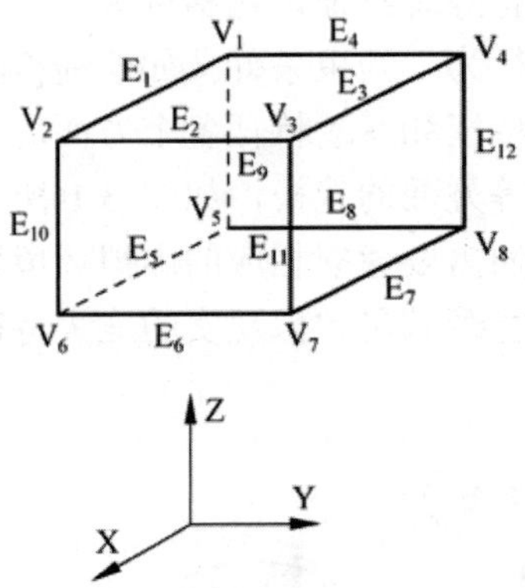

表面表

表面	棱边号			
1	1	2	3	4
2	−5	−6	−7	−8
3	−1	−10	−5	−9
4	2	11	6	10
5	3	12	7	11
6	−4	−9	−8	−12

顶点表

项点	坐标值		
	X	Y	Z
1	0	0	1
2	1	0	1
3	1	1	1
4	0	1	1
5	0	0	0
6	1	0	0
7	1	1	0
8	0	1	0

棱边表

棱边	顶点号	
1	1	2
2	2	3
3	3	4
4	4	1
5	5	6
6	6	7
7	7	8
8	8	5
9	1	5
10	2	6
11	3	7
12	4	8

图 3.2 几何长方体的实体模型

采用几何建模方法对物体对象虚拟主要是对物体几何信息的表示和处理，描述虚拟对象的几何模型，例如多边形、三角形、顶点和样条等。即用一定的数学方法对三维对象的几何模型的描述。

目前，几何建模软件越来越多，建模方法也越来越多。但总体而言，可归纳为三大类：多边形（Polygon）、非统一有理 B 样条（NURBS）和构造立体几何（CSG）。但无论采用何种建模软件，同类的建模方法其数学原理大致相同。

1．多边形（Polygon）

多边形建模是在三维制作软件中最先发展的建模方式。多边形建模是将点、边、面组成一系列线段和平面，通过把线段和平面嵌入到物体中来生成一个多边形网格，然后利用网格逼近生成模型。对模型的修改是通过对点、边、面三个元素的修改来完成的。任何形状的物体都可以用足够多的多边形勾画出来。不过，随着多边形数目的增加，系统的性能会下降。

用于勾画物体的多边形，通常采用三边形或四边形这两种形状表示。在实体模型应用中被普遍采用，如图 3.2 所示。在多边形网格建模时，物体的几何数据存储通常采用几何表方式，几何表包括了顶点坐标和用来识别多边形表面空间方向的参数。图 3.2 所给出的顶点表、棱边表和表面表这三张表是较简单的一种方法。

三维物体对象的显示处理过程包括各种坐标系的变换、可见面识别与显示方式等。这些处理需要有关物体单个表面部分的空间方向信息。这一信息源于顶点坐标值和多边形所在的平面方程。

多边形建模方法比较容易理解，较容易学，并且在建模的过程中，使用者可以根据自己的想象对模型进行修改。目前，多边形建模在许多三维软件中应用广泛。例如在 3ds Max 中，用户利用多边形构造原始简单的模型，然后通过增减点、面数或调整点、面的位置来生成所需要的模型。选择不同的命令，实现对多边形不同的操作效果。例如，“挤出”命令实现多边形的拉伸和挤入。“轮廓”命令实现拉出面的缩放。“倒角”命令实现物体面的拉伸、挤入，然后再缩放的操作。图 3.3 所示为采用 3ds Max 软件多边形方法制作的大象模型。图 3.4 所示为采用 Maya 软件的多边形方法制作的轮胎实体模型。

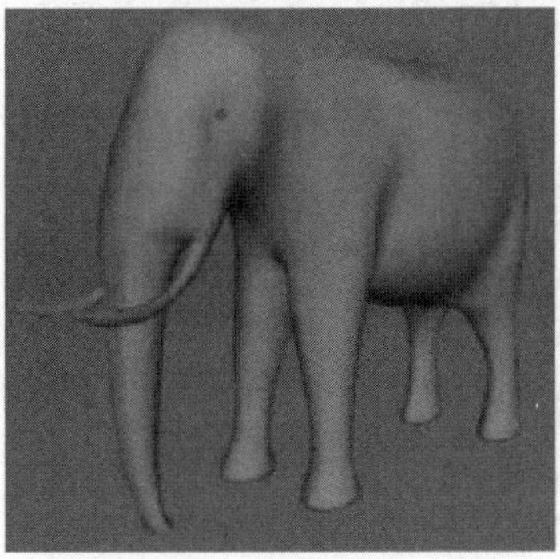

图 3.3　多边形方法制作的大象模型

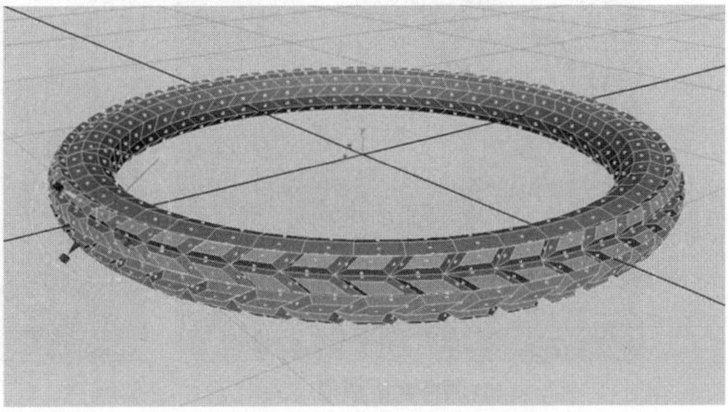

图 3.4　采用多边形方法制作的轮胎实体模型

2．非统一有理 B 样条（NURBS）

NURBS 是一种非常优秀的建模方式，在高级三维软件中，例如 SoftImage、3ds Max 和 Maya 软件都支持这种建模方式。NURBS 是 Non-Uniform Rational B-Splines 的缩写，具体解释为：

- Non-Uniform（非统一）：是指一个控制顶点的范围能够改变，用来创建不规则曲面。
- Rational（有理）：是指每个 NURBS 模型都可以用数学表达式来定义，也就意味着用于表示曲线或曲面的有理方程式给一些重要的曲线和曲面提供了更好的模型，特别是圆锥截面、球体等。

- B-Spline（B 样条）：是一种在三个或者更多点之间进行插补的构建曲线的方法。

简单地说，NURBS 是在 3D 建模的内部空间用曲线和曲面来表现物体轮廓和外形，即用曲线和曲面来构造曲面物体。

度数（Degree）是 NURBS 的一个重要参数，用于表现所使用的方程式中的最高指数。一个直线的度数是 1，一个二次等式的度数为 2，NURBS 曲线通常由立方体方程式表示，其度数为 3。度数设置得越高，曲线越圆滑，但计算时间也越长，所以通常不必这样做。

连续性（Continuity）是 NURBS 的另一个重要参数。连续的曲线是未断裂的，有不同级别的连续性，如图 3.5 所示。一条曲线有一个角度或尖端，则它具有 C0 连续性，如图 3.5（a）所示，角位于曲线顶部。一条曲线没有尖端，但曲率不断变化，则它具有 C1 连续性，如图 3.5（b）所示，一个半圆形连接具有较小半径的半圆形。如果一条曲线是连续的，曲率恒定不变，则它具有 C2 连续性，如图 3.5（c）所示，右侧不是半圆形，与左侧混合。

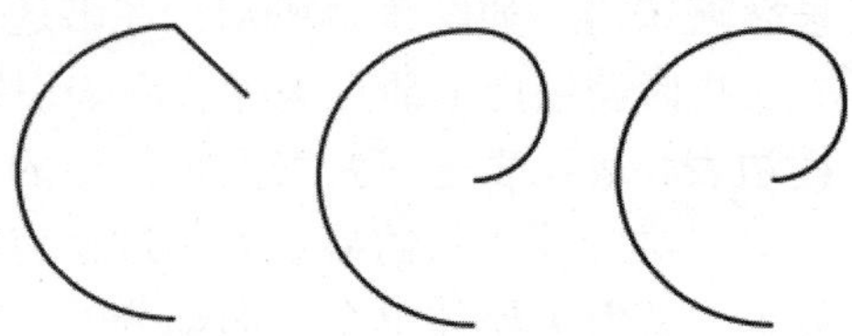
(a) C0连续性　(b) C1连续性　(c) C2连续性

图 3.5　NURBS 的连续性

NURBS 构建几何对象时，首先建立简单的物体作为 NURBS 的起始物体，然后通过修改曲线的度数、连续性和可控点个数等参数来定义形状、制作各种复杂的曲面造型和特殊的效果。图 3.6 所示为采用 3ds Max 软件中的 NURBS 构建的酒杯。图 3.6（a）所示为使用任意一种 NURBS 曲线绘制的酒杯截面造型。图 3.6（b）所示为修改参数后得到的酒杯造型。NURBS 比传统的网格建模方式更好地控制物体表面的曲线度，从而能够创建出更逼真、生动的造型。通常用于描述汽车、人的皮肤和面貌等复杂的曲面对象。

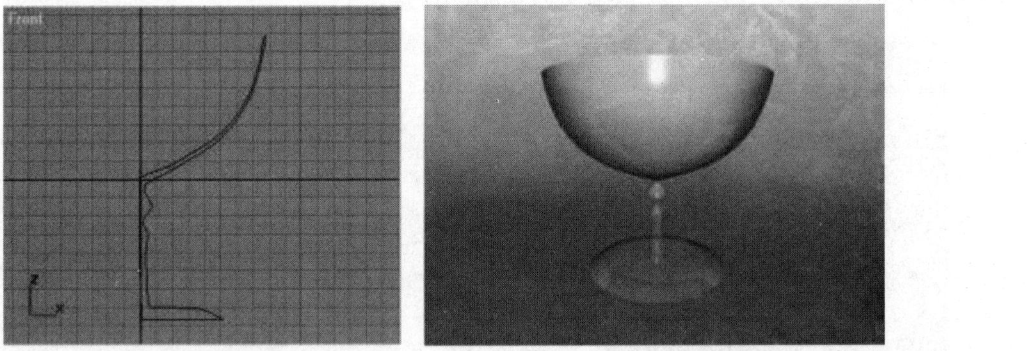
(a) 酒杯截面造型　(b) 修改后的酒杯造型

图 3.6　酒杯截面造型

3．构造立体几何（CSG）

构造立体几何（Constructive Solid Geometry，CSG），又称为布尔模型，它是一种通过布尔运算（并、交、差）将一些简单的三维基本体素（如球体、圆柱体和立方体等）拼合成复杂的三维模型实体的描述方法，就像搭建积木一样。例如一张桌子可以由 5 个六面体组成，其中 4 个用做桌腿，1 个用做桌面。

CSG 方法对物体模型的描述与该物体的生成顺序密切相关，即存储的主要是物体的生成过程。其数据结构为树状结构。树叶为基本体素或变换矩阵，结点为运算，最上面的结点是被建模的物体。如图 3.7 所示，E 物体是通过不同的基本体素（长方体 A 和 B、圆柱体 D），经过布尔运算（并和差），最后生成的。

CSG 方法的优点是简洁，生成速度快，处理方便，易于控制存储的信息量，无冗余信息，而且能够详细地记录构成实体的原始特征参数，甚至在必要时可修改体素参数或附加体素对模型进行局部修改，图 3.8 所示为在物体上倒圆的过程。缺点是由于信息简单，可用于产生和修改实体的算法有限，并且数据结构无法存储物体最终的详细信息，例如边界、顶点的信息等。

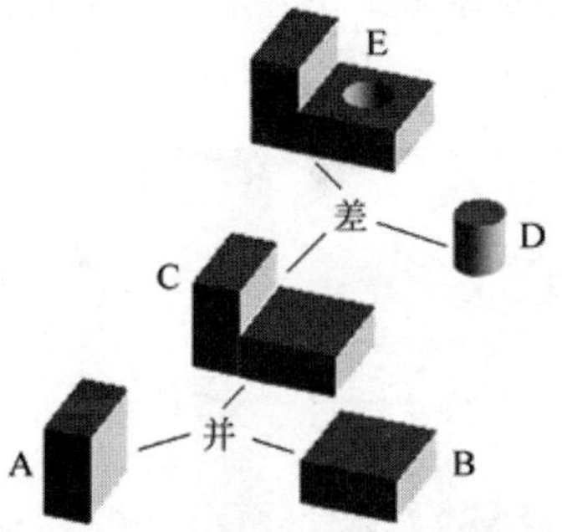

图 3.7 CSG 构造的几何模型

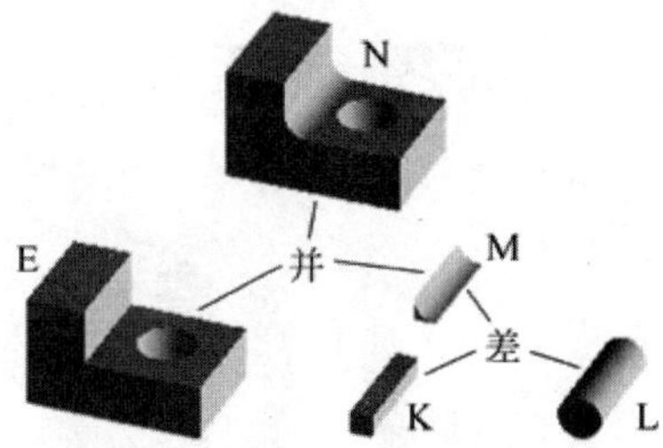

图 3.8 CSG 对模型的局部修改

3.1.2 图像建模

由于几何建模实现真实感图像非常复杂，具有建模开销大、实时绘制慢，并且浪费大量的人力和物力等缺点，用图片代替传统的几何输入进行建模和图像合成被大家所喜爱，即图像建模和绘制技术（Image Base Modeling and Rendering，IBMR）。顾名思义，IBMR 是指用预先获取的一系列图像（合成的或真实的）来表示场景的形状和外观，新图像的合成是通过适当的组合和处理原有的一系列图像来实现。与基于几何的建模和绘制模式相比，IBMR 有以下突出的优点。

- 建模容易。拍照容易，照片细节精细，不仅能直接体现真实景物的外观和细节，而且能从照片抽取出对象的几何特征、运动特征等。IBMR 是把不同视线方向、不同位置的照片组织起来表示场景，如全景图像（panoramic image）和光场（light field）。
- 真实感强。图像既可以是计算机合成的，也可以是由实际拍摄的画面缝合而成，两者可以混合使用，能较真实地表现景物的形状和丰富的明暗、材料及纹理细节，可获得较强的真实感。
- 绘制速度快。IBMR 方法只需要离散的图片采样，绘制时只对当前视点相邻的图像进行处理，其绘制的计算量不取决于场景复杂性，而仅仅与生成画面所需要的图像分辨率相关。所以，绘制图形对计算资源的要求不高，仅仅需要较小的计算开销，有助于提高系统的运行效率。
- 交互性好。由于有绘制速度和真实感的保证，再加之先进的交互设备和反馈技术，使得基于图像的 VR 有更好的交互性。

基于图像的绘制技术是基于一些预先生成的场景画面，对接近于视点或视线方向的画面进行交换、插值与变形，从而快速得到当前视点处的场景画面。基于图像的建模方法（IBR）的相关技术主要有两种：全景图建模技术和图像插值及视图变换技术。

1. 全景图建模技术

全景图建模技术是指在一个场景中选择一个观察点，固定广角照相机或摄像头，然后在水平方向每旋转一个固定大小的角度（满足相邻照片的重叠部分达到20%以上）拍摄得到一组照片（通常 12 张以上），再采用特殊拼图工具软件拼接成一个全景图像，如图 3.9 所示。图 3.9（a）所示为采用广角照相机所拍摄的 4 张照片，图 3.9（b）所示为采用全景图制作软件合成的室内全景图。图 3.10 所示为数字航空航天博物馆的全景图。全景图所形成的数据较小，对计算机要求低，适用于桌面型虚拟现实系统，建模速度快。但照相机的位置被固定在一个很小的范围内拍摄，所以观察的视点固定不动，视线做上下、左右及前后任意转动，交互性较差。详细内容参见第 4 章的 4.2 节。

(a) 4张照片

(b) 合成的全景图

图 3.9　室内全景图

图 3.10　数字航空航天博物馆的全景图

2．图像插值及视图变换技术

图像插值及视图变换技术是根据在不同观察点所拍摄的图像，以相邻的两个参考图像所决定的直线为基准，交互地给出或自动得到相邻两个图像之间的对应点，采用插值和视图变换的方法求出对应于其他点的图像，生成新的视图。

图像插值及视图变化技术包括两个关键问题：一个是图像变换（image warping），即从已知图像的对应特征（点或线）推演出一组相应的变换函数（warp function），也称为传递函数(transition function)。在图像变形过程中，一组传递函数使源图像沿着目标图像的方向扭曲，如图 3.11 所示，WS_1、…、WS_i、…、WS_n 等都为中间图像。同时另一组传递函数又使目标图像沿相反方向扭曲变形，WE_1、…、WE_i、…、WE_n 等都为逆中间图像。这两列中间图像形成了两个相对的时间序列。色彩变换是另一个关键问题，与图像变化相反，它只改变像素的色彩，而不改变其坐标。色彩变换将两个图像序列中位于同一时刻的两幅变形中间图像融合成该时刻的一个中间图像，如图 3.11 所示，I_1、…、I_i、…、I_n 中间图像分别是序列 WS_1、…、WS_i、…、WS_n 和序列 WE_1、…、WE_i、…、WE_n 融合而成的。

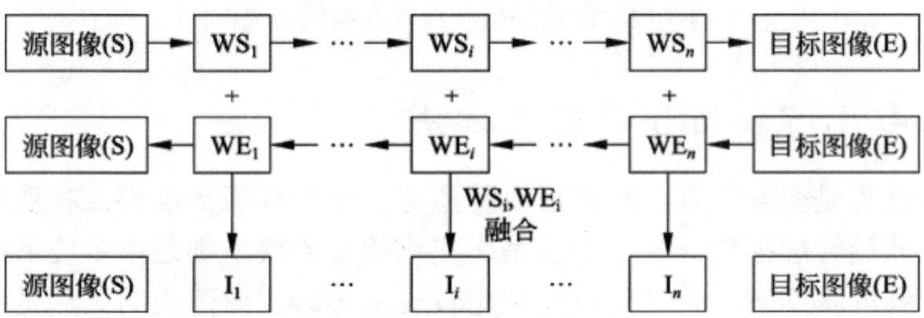

图 3.11　图像变换过程

对于图像变换方法的算法很多，最流行的方法有基于网格的图像变换算法、基于域的图像变换算法和小波变换算法。基于网格的图像变换算法是首先在源图像和目标图像中指定一组对应网格点，并利用网格点拟合样条形成一对可视的样条网格。把网格看作坐标系统，则图像的变换就可以看作一组网格内一个坐标系向另一个坐标系的变换。基于域的图像变换算法是首先利用源图像和目标图像中对应的位置求得几何特征线段集，然后根据每个点的移动都会受到多条线段的影响，通过加权平均每个特征线段对该点位置的改变来计算每个点在变换时的位置。基于网格和基于域的图像变换算法有一个共同的特点是非常耗时，计算时间取决于图像分辨率和特征数目。由此，提出了小波变换算法。关于小波变换算法可以查看相关的图形学书籍。

对于采用图像插值与视图变换技术进行对象建模，可分为以下几步。

（1）采样。使用照相机或者摄像头等光捕捉设备，从不同的角度对物体进行拍摄，获得所需要的照片样本。

（2）立体匹配。即获取两幅图像之间的变换函数，这是几个步骤中最困难的一个。由对应特征（点或线）构造从第一幅图像到第二幅图像之间的映射函数。再根据变换函数在第二幅图像中找到第一幅图像的其余的特征点或线。

（3）插值与视图变换。利用插值与视图变换算法生成中间图像，这些中间图像感觉像是虚拟照相机拍摄的，如图 3.12 所示。

（4）优化处理。目的是使图像边缘的表现更完美。

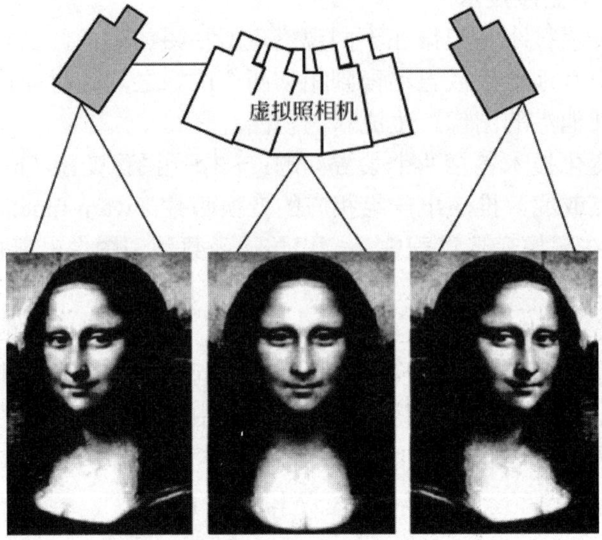

图 3.12　图像插值及视图变换的效果图

3.1.3　图像与几何相结合的建模方法

几何建模的优点是交互性好，用户可以随意更改虚拟环境的观察点和观察方向，实现实时交互，如移动或旋转虚拟物体等。缺点是所建构的对象模型都是由多边形组成，数据量较大，难以达到较强的真实感，并且建模过程也较复杂等。图像建模的优点是虚拟环境渲染质量高，有照片质感，且绘制速度快。缺点是交互能力有限，只能虚拟浏览，用户不是参与者，更像一个旁观者。为了合理地使用两者的所长，发挥各自的优势，提出了图像与几何相结合的建模技术。基于图像与几何相结合的建模技术有两种形式：一种是模型+贴图形式；另一种是背景+模型形式。

1．模型＋贴图

模型+贴图形式的原理是根据不同视角的被建模物体的照片，通过建模软件多视图的点、线位置采样，然后分区块构建模型。这种方式建模是使图像与几何结合的建模技术尽最大程度地挖掘建模技术的潜力，把高仿真度的图像映射于简单的对象模型，在几乎不牺牲三维模型真实度的情况下，可以极大地减少模型的网格数量。图 3.13 所示为采用模型+贴图形式使用 3ds Max 软件构件的建筑物。分为以下 4 步。

1）准备工作

基于图像与几何相结合的建筑物建模是利用照相机从不同的角度对建筑物进行拍照，通常为前、后、左、右、顶方向，然后使用建筑照片重新进行空间位置和形状上的还原，形成三维的建筑物模型。因此，建筑物各视图图片的采集或拍摄非常关键。图 3.13（a）所示为建筑物的前左方的照片。当然，如果没有合适的图片，可以利用高精度的建筑物实物模型导入三维建模软件进行各视图的采集。

2）利用三维空间信息创建建筑物外形

建筑物的外轮廓线的创建是建模的关键步骤。轮廓线必须与建筑物的结构有关，通常为每个相邻面之间的分界线。从多张照片中创建视图的轮廓线。图 3.13（a）中的绿色边界线即为轮廓线。

(a) 原图　(b) 建模　(c) 截图　(d) 贴图

图 3.13　模型+贴图建构的建筑物效果图

3）构造三维模型

运用 3ds Max 软件边界线造型命令，根据所画的轮廓线依次创建三维曲面，在保证建筑物外形的情况下，作最大限度的优化，利用立体视觉算法精化模型，使所有建筑物面浑然一体，以便于图像的拟合，如图 3.13（b）所示。

4）贴图

模型表面的纹理和质地是贴图实现的，即由图像代替了几何建模，较真实地再现了物体的细节，并减少了系统的运行时间。图 3.13（c）所示是某角度建筑物表面图像的截图，图 3.13（d）是将图 3.13（c）截取的表面图像纹理贴图到图 3.13（b）模型后的效果图。当然，在贴图时必须采用相应的方法产生逼真的效果。例如采用遮罩通道，让需要镂空或透明的地方产生类似效果。

该方法简单快捷，仅仅通过拍摄几张照片来合成逼真的新视图。但是该方法较适用于普通建筑物等外形较规整的实物。图 3.14 所示为采用模型+贴图形式实现的室内设计。其中图 3.14（a）所示为模型图，图 3.14（b）所示为贴图完毕后的效果图。

(a) 模型图　(b) 贴图后的效果图

图 3.14　采用模型＋贴图形式建构的室内效果图

2．背景＋模型

在虚拟环境中，并非所有的虚拟对象都被用户操作。例如在虚拟实验室中，用户主要的操作对象是虚拟仪器（实验设备），而环境背景，如墙壁和窗户，仅仅是为了再现真实环境，使人有身临其境的感觉而设计的。如果虚拟仪器和背景采用几何建模，交互性能好，实现实时交互，但会生成大量的多边形，绘制的速度慢，影响了整个系统的运行。如果采用基于图像的建模方法，虚拟环境渲染质量高，有照片质量的实时渲染效果，但交互能力有限。由此，鉴于几何建模和图像建模的优缺点，提出采用基于图像和几何混合建模的方法：背景+模型方式。即虚拟仪器需要结构清晰、实时动态交互和显示，采用几何建模。被称为虚拟背景的墙壁和窗户等周围环境结构较复杂，仅用于浏览观看，例如壁画等，采用图像建模方法。两种方法融合而成的虚拟环境，不仅解决了运行速度的问题，又使环境具有照片质量的真实感。

背景+模型的建模方法构建的虚拟环境存在着视觉一致性的问题。即如何将几何建模构建的虚拟对象与图像建模构建的背景完全融合，满足用户的视觉一致性，实现增强现实。射影几何原理用来调整虚拟仪器和方向与背景相融合示例如图 3.15 所示。

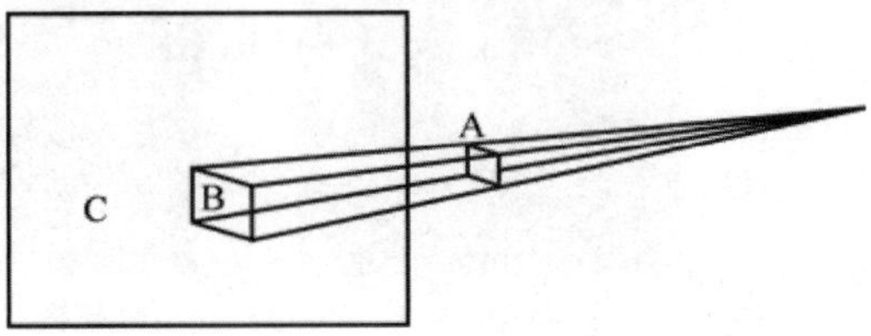

图 3.15　射影几何原理

其中，C 是映射屏幕，A 是虚拟仪器，B 是形状与大小都与虚拟物体 A 相同的假象物体。通过旋转和平移变换移动 A 到与虚拟物体 B 相重合时，虚拟物体 A 与屏幕 C 满足视觉一致性。图 3.16 所示为数控加工的虚拟车间。

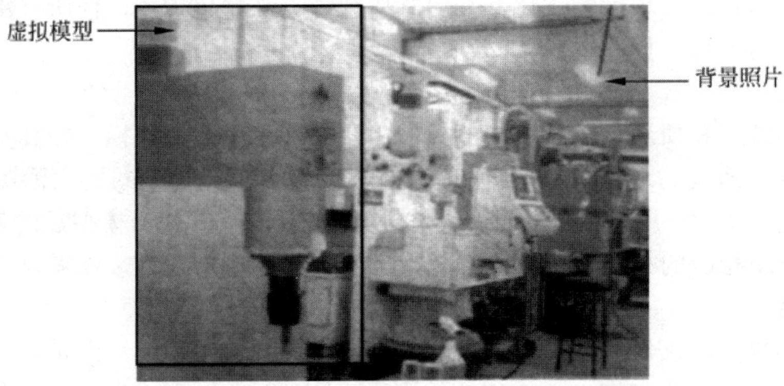

图 3.16　数控加工的虚拟车间

3.1.4 三维对象的视觉外观

要达到生动逼真的虚拟场景，对虚拟对象的视觉外观的修饰是必不可少的。场景光照和纹理映射可以实现场景的复杂度和真实感。

1．场景光照

场景光照决定了对象表面的光强度，可分为局部光照和整体光照两类。

1）局部光照

在局部光照模型中，计算光照对象某一点的亮度时，仅考虑虚拟场景中的所有预定义的光源对象，并孤立地处理对象和光源之间的交互，忽略对象之间的相互依赖关系。常见的算法为 Gourand 明暗处理和基于法向量插值 Phong 明暗处理。

（1）Gourand 明暗处理。

Gouraud 明暗处理是一种常用的局部光照算法，它基于光照的插值来计算对象的明暗色调。这种明暗模型要求知道构成虚拟对象表面的多边形网格每个顶点的法向量。顶点法向量可以通过分析法或计算相邻多边形法向量的平均值得到。使用顶点法向量计算出顶点光强，根据顶点光强计算出边的光强。最后，根据任意两边光强的插值计算出多边形内每条扫描线上任意一点的光强。这样得到的对象表面光滑度较高。但是，由于光强度的数目逐渐增多，帧刷新率会越来越低。

（2）基于法向量插值 Phong 明暗处理。

基于法向量插值 Phong 明暗处理是一种比较复杂的局部光照方法。Phong 光照模型首先根据顶点法向量确定边的法向量，然后根据扫描线上边界法向量的插值获取多边形内部任意一点的法向量，最后对得到的表面法向量进行归一化处理，代入光照模型，计算相应的光照。Phong 明暗处理的缺点是计算量较大，对多边形中的每个像素都要进行三次加法、一次除法和一次平方根运算。随着技术的发展，快速 Phong 明暗处理算法的出现克服了上述局限性。尽管 Phong 明暗处理为单个对象提供了较强的真实感，但无法处理对象之间的相互依赖关系，因此无法提供足够的场景细节。

2）整体光照

整体光照模型将整个环境作为光源，不仅考虑场景中的光源对被绘制对象的直接影响，还考虑光线经反射、折射或散射后对对象产生的间接影响。它可使绘制结果真实感大大增强。因此，全局光照是目前光照计算研究的重点。经典的全局光照现象包括颜色渗透、阴影/柔和阴影、焦散/光谱焦散、次表面散射等，对于其中任何一种现象的模拟再现都可以显著提高绘制效果。

（1）光线跟踪算法。

光线跟踪算法是最早出现的全局光照算法，由 Appel A 等在 1968 年提出。该算法认为光沿直线传播，模拟照相机底片捕捉光线的方法，从焦点开始，向每一个像素的方向投射光线，由与此光线相交的场景对象的位置决定光线强度。处理了镜面反射和折射、阴影，镜面反射和透明物体折射效果是早期光线跟踪算法的最典型应用。漫反射是获取整体光照最关键、最难实现的效果。Monte Carlo 提出的光线跟踪方法每次仅射出一条光线，并且在光线发生反射或折射之后，仍然仅选择某一方向继续进行光线跟踪。选择新的方向时，以物体表面的双向反射分布函数 BRDF 作为概率函数，随机进行。通过从每个像素上射出大量光线（通常要几千或几万条）形成每个表面入射光辐射度的完全采样，从而产生高质量的绘制结果。逆向光线跟踪是跟踪从光源发出的光线，与光线跟踪的计算方向相反，两者结合可以弥补光线跟踪处理漫反射方面的缺陷，实现较完美的漫反射效果。

光线跟踪算法能够取得较高的绘制质量，但计算量较大，即使使用各种优化手段尽量减少不必要的计算，并使用最新的图形硬件设备，仍然需要较长时间才能完成一个场景的计算工作，很难在实时环境中应用。

（2）辐射度算法。

辐射度算法的思想来源于热传导理论，主要从光的能量传递角度进行处理。首先需要确定整个场景的能量分布，然后再将其绘制为一个或几个不同的视图。在辐射度算法的求解中，形状因子的计算和能量平衡方程组的迭代求解都具有相当大的计算量，因此很多工作致力于对其进行优化。其中，比较重要的工作包括半立方体方法、逐步求精技术和层次结构辐射度方法。这些方法的引入使得辐射度方法成为实用的绘制技术。由于光线跟踪方法适于求解可能产生镜面反射、折射等效果的光滑表面，而辐射度方法更适用于求解不光滑的漫反射表面，因此出现了一种结合这两种方法的多轮计算策略。

辐射度算法的计算量较大，基本上不能实时应用。一种可行的实时计算方法是预先将光能分布计算出来，静态或动态地附着在实时绘制的场景中。较早提出的静态附着方法在Quake3中已得到了很好的应用。而典型的动态附着方法是通过保存关键角度，动态计算出太阳光直接照射到地形中每个顶点上的光照情况。

（3）光子映射算法。

光子映射算法首先由光源射出“光子”，并跟踪记录下光子在场景中的几次反射（也可能是折射等）情况。渲染某一个像素时，收集这个像素周围一定半径内的“光子”，累加它们的值，得到这个像素的颜色。此方法比较容易表现次表面散射、焦散等绘制效果，在绘制具有复杂材质的对象时有一定优势。Herzog等于2007年提出了一种基于光子射线泼洒的全局光照算法，主要改进了光子跟踪方法中光亮度的密度估计方法，能够在光子路径上进行搜索，有效地避免了边界走样。

（4）预计算辐射度传递。

预计算辐射度传递是Sloan等在2002年提出的一种光照技术。该方法将全局光照分为光照计算和实时绘制两部分。光照计算部分由预计算程序预先完成，并将计算结果压缩存储；实时绘制部分使用已经计算完成的数据，与实时环境的光照相结合，得到最终的绘制结果。预计算辐射度传递算法平衡了全局光照模型绘制质量和绘制速度之间的矛盾，为实时绘制照片级真实感图形提供了新的方法，因此很快引起重视。目前，预计算辐射度方法在一定限制条件下已经可以对动态场景进行实时全局光照绘制。然而，该技术由于需要预计算，且预计算时间随场景规模线性增长，以及预计算数据对内存和显存的消耗较大，目前尚难适用于大规模场景。

在三维建模集成开发平台中几乎都集成了多种光照算法，都可以进行光照效果的设计。图3.17所示为3ds Max制作的房间模型。图3.17（a）所示为没有添加光照的效果图，图3.17（b）所示为3ds Max中添加了整体光照（IES阳光命令、泛光灯命令）后的效果图。

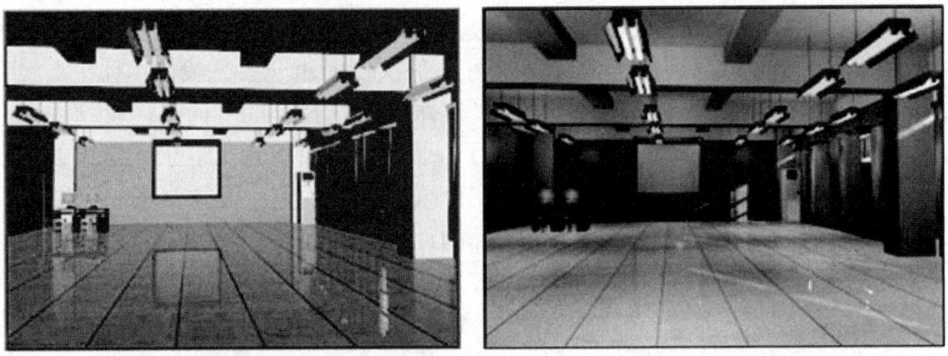

(a) 无光照的效果图　　(b) 添加光照的效果图

图3.17　添加光照前后效果对比

2．纹理映射

纹理映射是在不增加表面多边形数目的情况下提高图像真实感的一种有效方法。它是一种为了显示表面几何无法表示的细节特征，而逐渐改变表面属性的方法。其目的是更改对象模型的表面属性，例如颜色、漫反射和像素法向量等。

纹理可通过多种方法创建，如可以用画图程序交互创建和保存纹理位图，可以通过电子扫描包含所需纹理图案的照片得到纹理图像。利用解析函数也可以实时创建纹理并减少存储器空间，但会加大总线的通信量。另外，还可以从一些在线商家纹理数据库中得到纹理。

纹理映射的原理是使用一个对应函数把对象（屏幕像素）的参数坐标映射成纹理空间中

的坐标，纹理坐标是坐标数组的索引。纹理数组的大小取决于操作系统的要求，通常是一个平方数。当光栅化程序检索到对应的纹理像素的颜色后，用它来改变明暗模型中的像素颜色。这个过程称为调制，用纹理颜色乘以几何处理引擎输出的表面颜色，如图 3.18 所示。

目前，在三维建模软件中存在多种纹理映射。将具有颜色信息的图像附着在几何对象的表面，在不增加对象几何细节的情况下，提高绘制效果的真实感的纹理映射称为传统的纹理映射。随着绘制技术的不断发展，复杂的纹理映射，例如浮雕映射应运而生。

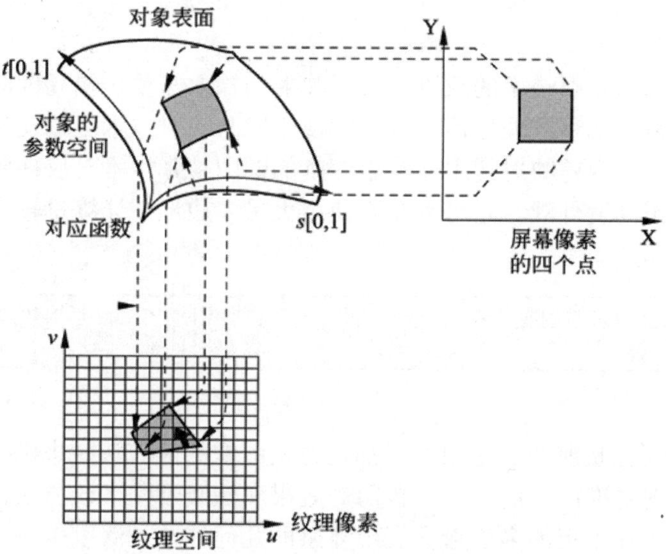

图 3.18　纹理映射原理图

1）凹凸映射

凹凸映射是利用一个扰动函数扰动物体的表面法向量来模拟物体表面的法向量变化，从而影响其反射光亮度分布的改变，产生更真实、更富有细节的表面。凹凸纹理映射与传统纹理映射的不同之处在于传统纹理映射是把颜色加到多边形上，而凹凸映射是把粗糙信息加到多边形上，这在多边形的视觉上会产生很吸引人的效果。

2）法向映射

法向映射是凹凸映射的衍生，是将对象表面的法向量预先计算并存储在法线图中，在绘制对象表面时，直接使用法线图中的向量作为表面法向量，如图 3.19 所示。图 3.19（a）所示为多面体对象的法向量，图 3.19（b）所示为存储的法线图中的法向量。多面体的法向量是固定不变的。每个法向量的 *X*，*Y* 和 *Z* 坐标都存储在一张图像的 R，G 和 B 通道。法向映射速度快，但占用了较多的内存。

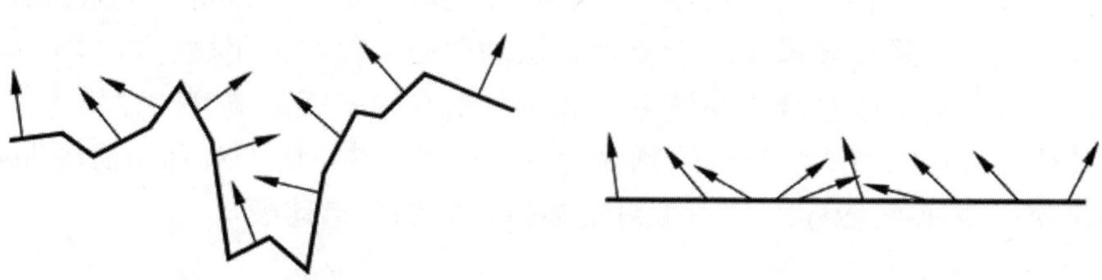

(a) 多面体对象的法向量　　(b) 存储的法向量

图 3.19　法向映射

3）位移映射

位移映射是使用高度图将经过纹理化的表面上实际几何点位置沿着表面法线根据保存在纹理中的数值进行移位的技术。凹凸纹理只有法线进行了扰动，未改变模型的实际形状，这样就不能对物体的轮廓线造成影响，也不能产生遮挡和自阴影效果。位移映射的提出，从实质上改变了物体表面的几何属性，它是根据高度图移动顶点的位置，移动的方向是法线方向，移动的大小由高度图确定。由此，它所表现的物体表面的粗糙感较强，但由于计算量大，难以用于实时绘制。

4）视差映射

视差映射是对位移映射技术的改进。视差映射的输入需要一幅高度图和一幅法线图，高度图用来沿着视线方向偏移纹理坐标，从而实现比凹凸映射技术更加逼真的效果，同时所需要的计算量也不算大。视差映射使用逐像素深度的贴图扩张技术对纹理坐标进行移位，通过视差畸变给纹理赋予高度外观。它可以在不使用大量多边形，计算量较小的前提下让材质具有深度感。

注意：视差映射可以在纹理映射过程中与凹凸纹理映射一同使用，产生自遮挡效果，但不能产生自阴影效果。

5）浮雕映射

浮雕映射，与视差映射的原理相似，都是通过图像的前向映射来模拟物体的三维视差效果，但它比视差映射更准确，而且支持自阴影效果和法线贴图。该方法使用图像变形和材质逐像素深度加强技术在平坦的多边形上表现复杂的几何细节。深度信息是通过参考表面和采样表面之间的距离计算出来的。浮雕映射技术仅使用法线贴图就可以在一个平面上生成凹凸的立体效果，常用于绘制物体表面，但计算量较大。

随着绘制技术的发展，纹理映射方法越来越多，给虚拟现实仿真带来了许多好处。首先，增强了场景的细节等级和真实度。其次，基于透视变换提供了较好的三维空间线索。最后，纹理的使用极大地减少了场景中多边形的数量，可以提高帧刷新率。

3.2 物理建模

物理建模综合体现对象的物理特性，包括重量、惯性、表面硬度、柔软度和变形模式（弹性的还是塑性的）等。这些特征与对象的行为一起给虚拟世界的模型带来更大的真实感。

物理建模应用范围非常广泛，根据其应用对象的不同，大致可分为两类：一类用于表现人和动物，如人的行走、面部表情，游鱼、飞鸟、昆虫等的运动；另一类则表现自然场景，如烟雾、火焰、织物和植物等。而根据物体的碰撞响应的不同，也可以大致分为以下两类：刚性物体和柔性物体。物理建模是基于物理方法的建模，往往采用微分方程来描述，使它构成动力学系统。这种动力学系统由系统分析和系统仿真来研究。典型的建模方法包括：分形技术，用于对具有自相似的层次结构的物体建模；粒子系统，用于对有生命周期的、动态的、运动的物体建模；碰撞-响应建模，用于对物体碰撞时的变形建模。

3.2.1 分形技术

客观自然界中的许多事物具有自相似的“层次”结构，局部与整体在形态、功能、信息、时间和空间等方面具有统计意义上的相似性，称为自相似性。在理想情况下，这种层次是无穷的。适当地放大或缩小几何尺寸，整个结构并不改变。不少复杂的物理现象反映这类层次结构的分形。例如树木，若不考虑树叶的区别，树的树梢看起来像一棵大树。由相关的一组树梢构成的一根树枝，从一定距离观察时也像一棵大树。由树枝构成的树从适当的距离看时自然也是一棵树。

分形技术是指用来描述具有自相似特征的数据集，可用于复杂的不规则外形物体的建模。例如弯弯曲曲的海岸线、起伏不平的山脉、粗糙不堪的断面、变幻无常的浮云、九曲回肠的河流、纵横交错的血管、令人眼花缭乱的满天繁星、布朗粒子运动的轨迹以及树冠和花朵等。

维数是作为分形的定量表征和基本参数，是分形理论的一个重要原则。维数通常用分数或带小数点的数表示。在欧式空间中，习惯于把空间看成是三维的，平面或球面看成是二维的，而把直线或曲线看成是一维的。稍加推广，点是零维的。对于更抽象或更复杂的对象，只要每个局部可以和欧氏空间对应，就很容易确定维数。但是所有的维数通常习惯于整数形式表示。分形技术定义的维数是分数。曼德布罗特曾描述过一个球的维数，从很远的距离观察这个球，可看作一点（零维）；从较近的距离观察，它充满了一个球形空间（三维）；再近一些，就看到了绳子（一维）；再向微观深入，绳子又变成了三维的柱，三维的柱又可分解成一维的纤维。介于这些观察点之间的中间状态就是分型理论研究的，用分数来表示中间状态的维数。图 3.20 所示为 Mandelbrot 在 1980 年发现的整个宇宙以一种出人意料的方式构成自相似的结构图。图 3.20（a）所示为原始图 Mandelbrot 集合，图 3.20（b）所示是将图 3.20（a）中的矩形框区域放大后的图形。

(a) 原始图　　(b) 小分支的相似结构图

图 3.20　Mandelbrot 集合

分形技术通常用于对复杂的不规则外形物体的建模，建模过程分为：

（1）H 分形。简单二叉树的推广，对物体进行分形，寻找树的树梢。

（2）迭代函数系统（Iterated Function Systems，IFS）。是分形绘制的一种重要方法，基本思想是选定若干仿射变换，将整体形态变换到局部，这一过程可一直持续下去，直到得到满意的结果。也就是说，对第一步得到的树梢，选用迭代算法绘制完整的一棵树。

图 3.21 所示为分形技术形成的图形。图 3.21（a）所示为原型，图 3.21（d）所示为分形技术产生的图形，图 3.21（b）和图 3.21（c）所示是中间图形。分形技术采用简单的迭代算法就可以完成复杂的不规则物体建模。但迭代运算量太大，不利于实时显示。

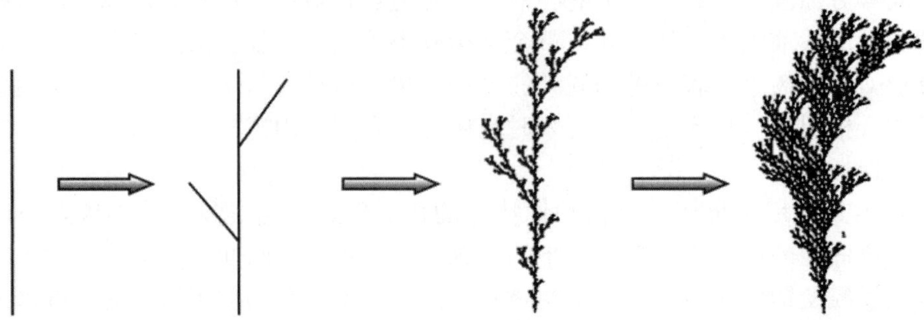

(a) 原型　(b) 中间图形　(c) 中间结果　(d) 最终效果图

图 3.21　分形技术产生的图形

分形技术使用数学原理实现艺术创造，使人们觉悟到科学与艺术的融合，数学与艺术审美上的统一，搭起了科学与艺术的桥梁。它的出现，不仅影响了数学、理化、生物、大气、海洋以至社会等学科，并在音乐、美术间也产生了很大的影响。目前，分形技术在各个行业都有所使用，例如印染业、纺织业、装饰以及艺术创作等。图 3.22 所示为地质结构。图 3.23 所示为山水画。

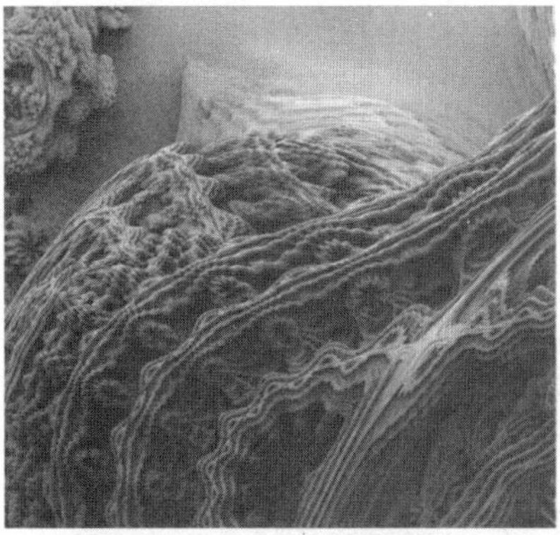

图 3.22　地质结构

图 3.23　山水画

3.2.2　粒子系统

粒子系统是一种典型的物理建模系统，主要用来解决由大量按一定规则运动（变化）的微小物质（粒子）组成的大物质在计算机上的生成与显示的问题。它用来模拟一些特定的模糊现象，例如火、爆炸、烟、水流、火花、落叶、云、雾、雪、灰尘、流星尾迹或者像发光轨迹这样的抽象视觉效果等。这些现象用其他传统的渲染技术难以实现其真实感。

粒子系统是一个动态系统，可以生长和消亡。也就是说，每个粒子除了具有位置、速度、颜色和加速度等属性外，还有生命周期属性，即每个粒子都有着自己的生命值，随着时间的推移，粒子的生命值不断减小，直到粒子死亡（生命值为 0）。一个生命周期结束时，另一个生命周期随即开始。除此之外，为了增加物理现象的真实性，粒子系统通过空间扭曲控制粒子的行为，对粒子流造成引力、阻挡和风力等影响。

典型的粒子系统循环更新的基本步骤包括 4 步。

（1）加入新的粒子到系统中，并赋予每一个新粒子一定的属性。

（2）删除那些超过其生命周期的例子。

（3）根据粒子的动态属性对粒子添加外力作用，如重力（Gravity）、风力（Wind）等空间扭曲，实现对粒子进行随机移动和变换。

（4）绘制并显示所有生命周期内的粒子组成的图形。

通常粒子系统在三维空间中的位置与运动是由发射器控制的。发射器主要由一组粒子行为参数以及在三维空间中的位置所表示。粒子行为参数可以包括粒子生成速度（即单位时间粒子生成的数目）、粒子初始速度向量（什么时候向什么方向运动）、粒子寿命（经过多长时间粒子湮灭）、粒子颜色、在粒子生命周期中的变化以及其他参数等。其参数的确定应首先规定其变化范围，然后在该范围内随机地确定它的值，而其变化范围则由给定的平均期望值和最大方差来确定。

粒子的生成速度在很大程度上影响模糊物体的密度及其绘制色彩。根据给定的粒子平均数和方差，可用来计算每一时刻进入系统的粒子数。为了有效地控制粒子的层次细节及绘制效率，也可根据单位屏幕面积上所具有的平均粒子数和方差来确定进入系统的粒子数。这样可有效地避免用大量粒子来模拟在屏幕上投影面积很小的景物情况，大大地提高了算法的绘制效率。

为了进一步使得粒子系统在光强上有所变化，可以将进入系统的平均粒子数看作是时间的函数。

像雨、雪这样的粒子的运动除了自由落体外，还受到气流等因素的影响，准确描述其运动方程相当困难。所以，这类粒子的随机移动和变换一般采用相对简单的方程来描述，在垂直方向以正弦曲线下落，存在加速度，而粒子的初始位置和方向以及水平方向上的旋转随机产生。除此之外，为了实现雨、雪强度的仿真，需要采用对粒子数量的控制来实现。用大量的雨滴与雪花粒子的运动来模拟下雨和下雪的强度。

当粒子被加入系统后，其运动通过受控的随机过程来模拟实现。为了简化计算，一般情况下不考虑粒子间的相互作用对粒子属性的影响，即假设粒子在其生命周期中不会与其他粒子发生碰撞、融合。同时假设粒子一旦生成，也不会发生变形，其尺寸、颜色、纹理都保持不变。

在绘制与显示粒子图形时，为了得到较为逼真的景象，有时需要对粒子进行纹理贴图。例如雪的基本形状都是六角形，但由于表面曲率不等（有凹面、平面、凸面），各面上的饱和水汽压力也不同，因此产生了千变万化的六角形雪片。所以在制作时，雪粒子采用圆形粒子，然后进行纹理贴图，制作出不同形状的多种雪花图样，如图 3.24 所示。

图 3.24　纹理贴图形成的雪花造型

目前，粒子系统在许多三维建模软件及渲染包中都可以直接创建，例如 3ds Max、Maya 等。这些编辑程序能够立即显示特定的特性或者规则下的粒子系统。图 3.25 所示为使用 3ds Max 制作的深水中气泡，采用了 SuperSpray 粒子系统，水泡粒子的“模样”是通过纹理贴图实现的。图 3.26 所示是 Directx3D 软件制作的粒子系统——雪。图 3.27 所示为粒子系统制作的火焰。图 3.28 所示为粒子系统制作的星系。

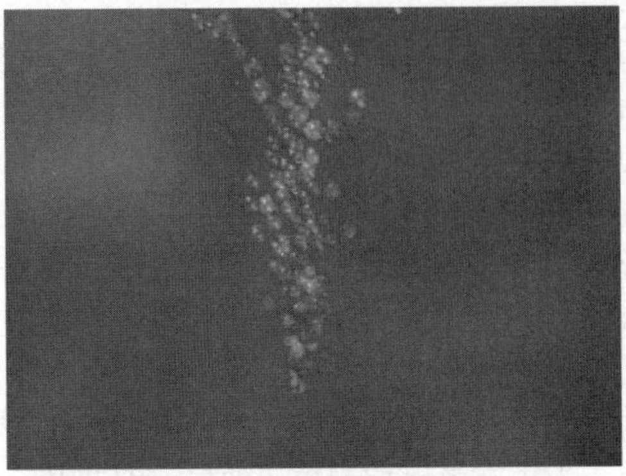

图 3.25　深水中气泡

图 3.26　雪

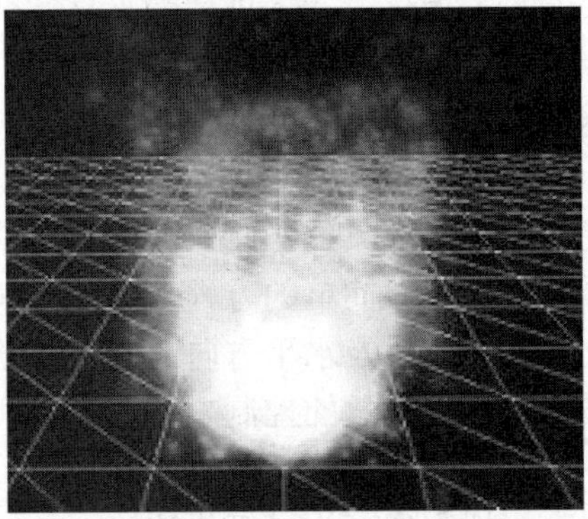

图 3.27　火焰

图 3.28　星系

3.2.3　碰撞—响应建模

真实世界中的物体在运动过程中很有可能与周围环境发生碰撞、接触及其他形式的相互作用。虚拟世界中，虚拟物体之间必须能够实时地、无缝地、可靠地检测相互碰撞并做出恰当的响应，否则就会出现物体之间相互穿透和彼此重叠等不符合客观事实的现象。对物体建立碰撞—响应模型可以实现这一功能。碰撞—响应模型包括两部分内容：碰撞检测与碰撞响应。碰撞检测是研究物体能否发生碰撞，以及发生碰撞的时间与位置。碰撞响应是研究物体之间发生碰撞后，物体发生的形变或运动变化，以及将符合真实世界中的物体动态变化的效果进行实时显示。

1．碰撞检测

碰撞检测是检测两个（或多个）物体是否互相接触。为了保证虚拟世界的真实性，碰撞检测需要具有较高的实时性和精确性。

实时性要求碰撞检测的速度一般至少达到 24Hz，才能够实现画面的平滑过渡。对于简单的虚拟环境，实时碰撞检测一般可以实现；而对于比较复杂的虚拟环境，实时碰撞检测则常常难以实现。有效和合理地降低碰撞检测的时间复杂性，提高碰撞检测速度是目前虚拟环境中碰撞检测的一个重要研究目标。

精确性包含两个方面：一是检测出虚拟环境中的所有碰撞，不遗漏任何碰撞。二是检测出某一时刻虚拟环境中需要处理的所有碰撞。而在实际应用中，不同的领域对精确性的要求是不同的，例如虚拟仪器装配需要精确地检测碰撞的发生与否；校园漫游物体的碰撞只需粗略计算出碰撞发生的位置和时间。所以，通常人们根据精确性对检测方法分类，并选择适用于不同环境要求的碰撞检测方法。不过，追求碰撞检测方法的高精确性、减少碰撞遗漏是碰撞检测研究的另一个重要研究目标。

1）直接检测法

最简单、最直接的碰撞检测方法就是直接检测法。通过计算周围环境中所有物体在下一时间点上的位置、方向等运动状态，检测是否有物体在新状态下与其他物体空间重叠，从而判断是否发生了碰撞。为确定一段时间内是否发生碰撞，首先将这段时间等步长均匀离散分为多个系列时间点，继而检测离散时间点是否发生碰撞。例如，检测(t_0, t_1)时间段内是否发生碰撞，可以把时间段离散为 $t_0 < t_0 + \Delta t < t_0 + 2\Delta t < t_0 + 3\Delta t < \cdots < t_0 + n\Delta t < t_1$ 多个时间段，然后再检测每个时间点是否发生碰撞。

该方法的缺点是若物体运动速度相当快或时间点间隔太长时，一个物体有可能完全穿越另一个物体，算法无法检测到这类碰撞。解决的措施是限制物体运动速度或减小计算物体运动的时间步长；或者考虑动态构造四维空间模型（包括时间轴），检查物体滑过的四维空间与其他物体四维空间是否发生重叠。

2）包围盒检测法

包围盒检测法是使用比被检测物体体积略大，几何特性简单、包围被检测三维物体的三维包围盒来进行检测的。通过对包围盒的检测来粗略确定是否发生碰撞，当两个物体的包围盒相交时其物体才有可能相交；若包围盒不相交，其物体一定不相交。利用包围盒法可以排除大量不可能相交的物体和物体的局部，从而快速找到相交的部位。包围盒是包围给定三维对象所有顶点的棱柱或球，如图 3.29 所示，圆柱体为被检测物体，外部的框体为包围盒。根据形状的不同，包围盒分为沿坐标轴的包围盒（Axis-Aligned Bounding Boxes，AABB），如图 3-29（a）所示；球形（spheres）包围盒，如图 3.29（b）所示；任意方向的包围盒（Oriented Bounding Box，OBB），如图 3.29（c）所示，及上述方法的扩展或变异等。

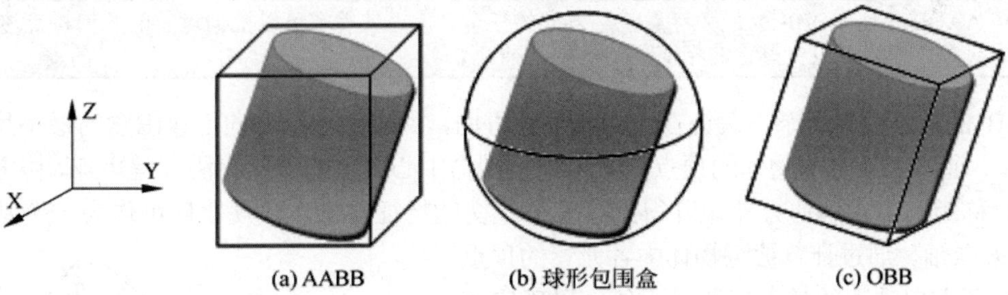

图 3.29　包围盒的类型

（1）沿坐标轴的包围盒。

沿坐标轴的包围盒是沿着世界坐标轴方向的棱柱，包含几何对象且各边平行于坐标轴的最小六面体，如图 3.29（a）所示。构造时根据物体的形状和状态取得坐标 X、Y、Z 方向上的最大最小值就能确定包围盒最高和最低的边界点。

AABB 的边界总是与坐标轴平行，它的平面与其相应的坐标平面相平行。一个 AABB 通常可以用其向三个坐标轴的投影的最大最小值来表示，还可以用物体中心点和三个方向上的跨度来表示。但是前一种表示方法在两个包围盒进行相交测试时比第二种的运算量要少一些。检测两个 AABB 是否相交最简单的就是利用投影的方法。两个 AABB 相交的条件是当且仅当它们的三个坐标轴上的投影均重叠，只要存在一个方向上的投影不重叠，那么它们就不相交。所以检测两个 AABB 是否相交最多只需要 6 次比较运算。AABB 具有建构简单快速、相交测试简单、内存开销少的特点，能较好地适应可变形物体实时更新层次树的需要，可用于进行可变形物体之间的相交检测。AABB 的缺点是包围物体不够紧密，在一些情况将出现较大的空隙。例如对一个棒状与坐标平面呈 45° 角的物体，会增加许多不必要的检测，反而影响算法效率。

（2）球形包围盒。

球形包围盒是利用检测物体的中心为球心，以物体边界点到中心最大的距离为半径所组成的球体，如图 3.29（b）所示。构造时仅需两个标量，即球心和半径。计算给定对象 SE 的 Sphere 包围球，首先需通过 SE 中各个元素顶点的 x 坐标、y 坐标和 z 坐标的值确定包围球的球心 c，再由球心与三个最大值坐标所确定的点间的距离计算半径 r。

使用球形包围盒进行相交检测相对比较简单。对于两个包围球（c_1，r_1）和（c_2，r_2），如果球心距离小于半径之和，即$|c_1-c_2|<r_1+r_2$，则两包围球相交，可进一步简化为判断$(c_1-c_2)(c_1-c_2)\leqslant(r_1+r_2)^2$。故包围球间的相交测试需要 4 次加减运算、4 次乘法运算和 1 次比较运算。当对象发生旋转运动时，包围球不需要做任何更新，这是包围球比较良好的一个特性。当几何对象进行频繁的旋转运动时，采用包围球可取得较好的结果。当对象发生变形时，很难从子节点的包围球合成父节点的包围球，只能重新计算。

此方法非常适用于需要快速检测、不需要精确碰撞检测的应用中。执行速度相对较快，不会给 CPU 带来过大的计算负担。但球体碰撞的另一个缺点是只适用于近似球形物体。

（3）任意方向的包围盒。

任意方向的包围盒是 Gottschalk 在 1996 年实现的 RAPID 系统中首先使用的算法，曾作为评价碰撞检测算法的标准。一个给定对象的 OBB 被定义为包含该对象且相对于坐标轴方向任意的最小长方体。它是根据物体本身的几何形状来决定盒子的大小和方向，盒子无须和世界坐标轴垂直，而是一个沿着物体主轴方向的最紧凑、最适合物体的六面盒子，如图 3.29（c）所示。

注意：与 AABB 相比，OBB 的最大特点就是方向的任意性，这使得它可以根据对象的几何特点尽可能紧密地包围对象，但同时也使得它的相交测试变得复杂。

OBB 的计算相对复杂，关键在于寻找最佳方向，并确定在该方向上包围盒的最小尺寸。通常情况下，通过求解被测物体的顶点矢量求得包围盒中心位置的均值和协方差矩阵。协方差矩阵是一个对称矩阵，求解协方差矩阵得到其三个正交的特征向量，正规化后可作为一个基底确定 OBB 的方向轴。通过计算被测物体中各元素的顶点在这三个新方向轴上的最大值和最小值，以确定该 OBB 的大小。

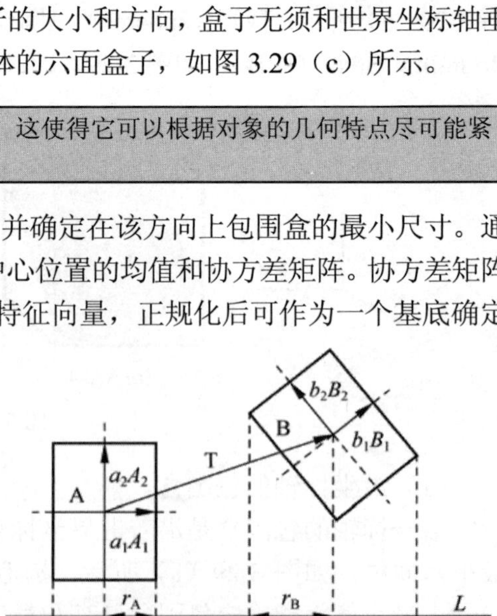

图 3.30　基于分离轴理论的 OBB 相交测试

OBB 间的相交测试基于分离轴理论，主要是确定包围盒是否有重叠，并不要求确定具体的接触位置和接触深度。如果空间中存在一个向量，使两个 OBB 在该向量上的投影不重叠（相交），则这个向量即为一根分离轴（不一定是坐标轴）。如果两个 OBB 在一条轴线上的投影不重叠，则可以判定这两个 OBB 不相交，其原理如图 3.30 所示。

在图 3-30 中，A、B 是两个 OBB，向量 T 是 A 的中心到 B 的中心的距离。L 是 A 和 B 的一个分离轴，因为 A 和 B 在 L 上的投影是不相交的。两个投影区间的中心距离是$|T \cdot L|$。a_i 和 b_i 表示 A 和 B 各轴向的半径，A_i 和 B_i 表示 A 和 B 的轴向，其中 i=1，2，3。r_A、r_B 分别是 A、B 在 L 上的投影区间半径，$|T \cdot L| > r_A+r_B$ 即为投影区间不重叠的充分必要条件。

对任何两个不相交的凸三维多面体（长方体），其分离轴可以与任一多面体的某一个面正交，也可以同时垂直于两个多面体的某一条边。因此，对于一对 OBB，只需测试 15 条可能是分离轴的轴（两个 OBB 的三个面方向的轴和由三个边方向的轴与另外三个边方向的轴两两组合的 9 个轴），只要能找到一个这样的分离轴，就可以判定两个 OBB 是不相交的；若 15 条轴都不能将两个 OBB 分离，则它们是相交的。两个 OBB 的相交测试最多需要 15 次比较运算、60 次加减运算、81 次乘法运算和 24 次绝对值运算。

尽管 OBB 间相交测试的计算量比较大，但它的紧密性最好，可以成倍地减少参与相交测试的包围盒的数目和基本几何元素的数目，在大多数情况下其总体性能要优于 AABB 和包围球。当几何对象发生旋转运动后，只要对 OBB 的基底进行同样的旋转即可。因此，对于刚体间的碰撞检测，OBB 是一种较好的选择。但重新计算每个节点的 OBB 的代价太大，故而 OBB 不适用于柔性对象环境中的碰撞检测。

（4）离散方向多面体。

离散方向多面体（k-DOPs）是在分析以往采用的层次包围盒的缺点后提出的。一个物体的 k-DOPs 被定义为包含该对象，且它的所有面的法向量均来自一个固定的方向（k 个向量）集合的凸包。其中的方向向量为共线且方向相反的向量对，通常称为 FDH（Fixed direction hull）。图 3.31 所示为同一物体的三种包围盒对比，(a)为 AABB，(b)为 OBB，(c)为 6-DOPs。k 为可选择的固定方向的向量，每个面一个。其最简单的是固定方向集中包含坐标轴方向，即 $k = 6$ 时，便成为了 AABB。因此，k-DOPs 也可看作是 AABB 的扩展。另外，当 k 的值无限大时，它就成为被测对象的凸包。因此它不但继承了凸包紧密型好的优点，同时也继承了 AABB 简单性好的优点。

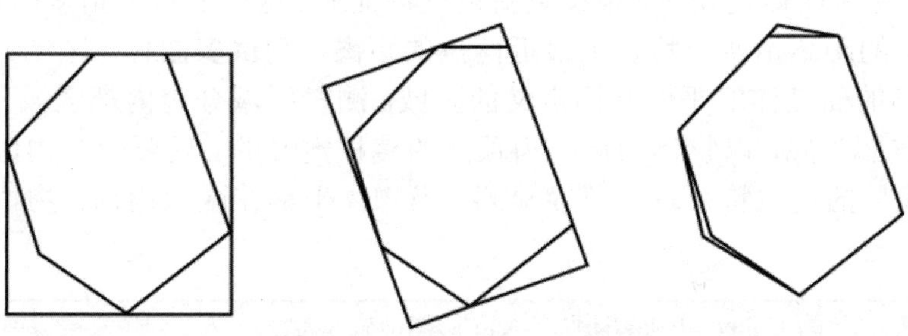

图 3.31　同一物体的三种包围盒对比

k-DOPs 是一种凸多面体，当 k 足够大时，k-DOPs 就发展为物体的凸包。对于平面图形而言，凸包是包围一组控制点的凸多边形的边界；对于立体图形而言，凸包是用面片连接各顶点的多面体的包络。所以，只要合理地选取 k 的大小以及平行平面对的方向，就可以在碰撞检测的简单性和包裹物体的紧密性之间取得较好的折中。在设计 k-DOPs 时，仅选择那些共线但方向完全相反的矢量作为固定法向。因此，每个 k-DOPs 实际上只用到 $k/2$ 个方向，就如 AABB 只沿 X、Y、Z 三个轴向包围物体一样。当对两个 k-DOPs 做重叠测试时，只需要进行 $k/2$ 次测试即可，这样远比两个 OBB 间或凸包间的重叠测试简单得多。由于这 $k/2$ 个方向是固定的，而且是可预知的，因此存储每个 k-DOPs 无须保存方向，只保存 k 个值即可，每个值对应一个平面的位置。但为一个旋转物体更新其 k-DOPs 比其他包围盒更加复杂。

3）空间分割法

空间分割法是将整个虚拟空间划分成等体积的规格单元格，以此将场景中的物体分割成更小的群组，并只对占据了同一单元格或相邻单元格的几何对象进行相交测试。一般来说，空间分割法在每次碰撞检测时都需要确定每个模型占有的空间单元。如果场景中不可动的模型很多，可以预先划分好空间单元格并确定每个模型占有的空间单元。当有模型运动时，只需要重新计算运动模型所占有的空间就可以了。比较典型的空间分割法有八叉树、BSP（Binary Space Partitioning）树等。

基于面向对象的动态八叉树结构是对动态场景进行检测。它的构造和碰撞检测策略是将场景表示为等体积的规则单元格的组合。以立方体单元格为例，将单位立方体由动态八叉树动态表示。当单位立方体检测到碰撞，它将被分解成 8 个子立方体；否则不分解。以此循环递归，再通过预先设定阈值来控制分解的终止。

BSP 树包含的是平面的层级，其每一个平面都将一个区域的空间分割成两个子空间。可将实体表面的一部分作为叶节点的平面。该平面的一个子空间代表实体的内部；另一个子空间代表实体的外部。BSP 的碰撞检测策略为：在两个对象间找出分割平面以确定两个对象是否相交；若存在分割平面，则无碰撞发生。为了提高效率，可先遍历整个场景树检测分割平面是否与包围盒相交；当有相交时再与包围盒中对象的多边形进行精确检测。具有 n 个节点的二叉树可在 $O(\log(n))$次内完成搜索。

空间分割法由于存储量大及灵活性不好，使用不如包围盒法广泛。

4）Lin-Canny 检测法

为了更精确地测量对象的碰撞，Lin 在 1993 年开发了一种快速算法，该算法的性能不受对象顶点数目的影响。其主要思想是寻找两个多面体之间的一对距离最近的特征，称为最近特征对，当多面体运动时，跟踪更新最近特征对。这里的特征指多面体的一个顶点、边或面，特征对的距离指两个特征上最近两点的距离。测试多面体（区域）是一个由一个面以及此面邻近的面延伸的平面共同定义的区域。测量区域分为内部区域和外部区域。内部区域是由以该面为底，以物体的质心为顶点的棱柱定义的。只要两个物体坐落在区域外部，便可使用简单的近似特征进行碰撞检测。当物体坐落在区域内部，物体之间必定会产生碰撞。

提示：北卡罗莱纳大学的 Cohen 和他的团队把 Lin 的局部碰撞检测算法进一步发展成虚拟现实仿真中的多体碰撞检测。

2．碰撞响应

物体碰撞以后需要做一些反应，例如产生反冲力反弹出去，或者停下来，或者让阻挡物体飞出去等，这都属于碰撞响应。碰撞响应是当检测到虚拟环境中发生碰撞时，修改发生碰撞的物体的运动表示，即修改物体的运动方程，确定物体的损坏和变形，实现碰撞对物体运动的影响。

碰撞响应是由发生碰撞的虚拟对象的自身特性以及具体应用要求决定的。如果发生碰撞的对象是弹性物体，物体弹性形变后反弹出去，物体恢复原来的几何形状。如果是塑性物体，物体发生表面变形后不反弹。如果是刚性物体，物体被强有力的反弹回去。弹性物体、塑性物体与刚性物体的区别：刚性物体的运动仅仅是位置、方向和大小的改变，而弹性和塑性物体则额外增加了变形属性。由此，碰撞响应分为两种情况：表面变形和力的反弹。

1）表面变形

表面变形通常采用以下两种算法求得。

（1）如果物体是使用参数表面建模的，也就是使用 Bezier 曲面、B 样条曲面等表示，由于这些曲面是将物体表示为一系列曲面片的光滑拼接，每一片均可独立控制，控制顶点的移动必须受到光滑条件的约束，因此参数曲面表示的物体变形需要通过修改表面周围控制点的位置间接地进行变形。这种间接的表面修改非常困难。Hsu 提出了一种直接自由变换方法，允许用户选择对象参数表面上的一个点，并把指针移动到该点应该处于的新位置。然后，由该算法计算为了使表面性质发生期望的形状，控制点网格需要发生的变化。由于所选择的表面点存在多种控制点网格配置，都能产生同样的变形，因此该问题的解是不确定的，需要使用最小平方法在所有可能的控制点网格配置中做出选择。

（2）如果物体是多边形方法建模，也就是使用多边形网格组成物体，多边形表示的物体变形是利用造型投影方法来实现的。由于在实际造型时往往采用旋转、拉伸垂直扫描或水平扫描等操作，这些物体的投影方法非常简单。其算法为：采用数据结构扫描两个多面体与顶点、边、面、交点的关系，并读入它们的拓扑信息和几何信息，将两个物体的投影中心平移在一起，计算单位球面上的投影。将获得的拓扑信息进行排序，用于决定一个模型的顶点映射到另一个曲面的相应位置上。然后采用投影变换、光线跟踪算法或其他成像方法，获得变形后的虚拟物体的逼真图像。

2）力的反弹

力的反弹则是根据虚拟实体的物理特性来实现的。大致分为两种算法。

（1）计算实体间相互作用力的方法，包括基于约束的方法和补偿方法。基于约束力的方法不直接计算虚拟物体之间在碰撞时相互作用力的大小，而是将碰撞看作是一种对实体运动的约束，根据这些约束建立实体运动的约束方程，并用数值方法求解这些约束方程，得出每个实体所受约束力的大小和方向，将这些力添加到每个实体所受合力中，最后根据合力求解实体新的运动状态和运动方程。但是，在实际问题中，约束不一定是完全约束，而可能是不完全约束，这时就不能用求解方程的方法求解了。补偿方法是一种比较简单的方法。它在两个相互碰撞实体之间添加一个假想的弹力，这个力的大小等于两个实体之间的穿透深度乘以一个常量，方向是将两实体推开的方向。但是当计算时间步长太大时，实体可能在计算下一运动时已经穿过了其他实体一定深度，这个深度不是实体真实穿透的深度，而是由于没有来得及计算而穿透的深度。如果以这个深度来确定弹力的大小，则有可能对实体产生一个很大的力，由此产生不真实感。因此，补偿方法的关键是确定弹力的大小。

（2）分析方法，即在进行碰撞响应时，根据实体的受力情况，采用如动量定理等计算出碰撞引起的实体速度与角速度的变化，并以新的实体运动速度为初速度建立新的实体运动方程。Hahn 提出了分析方法，并给出了在完全非弹性的情况下的方程组。但没有给出该方程组的解，须进行数值计算才能求解。在以后的研究中，人们假设两个实体碰撞时表面没有摩擦，简化了计算，并运用动量定理列出了物体碰撞前后的速度和角速度，得出碰撞后实体速度和角速度的解析解，并求解出新的运动方程。

3.3 运动建模

运动建模主要用于确定三维对象在世界坐标系中的位置，以及它们在虚拟世界中的运动。对象的运动是有先后顺序的，并由多个连接形成，一个部位的运动带动另一个部位，由此，对象是分层次的。随着观察点的不同，物体的运动也是不一样的，所以运动建模也需要设置观察世界的方式，即虚拟相机的运动。虚拟相机图像需要经过变换投影到二维显示窗口中，为用户提供视觉反馈。随着计算机数值模拟技术的迅速发展，人群疏散仿真、城市规划等方面逐渐趋向于用计算机行人运动仿真软件来模拟。由此，行人的运动建模也成为目前运动建模研究的热点。

3.3.1 对象位置

在虚拟现实的运动建模中，对象位置通常采用坐标系来表示。对象位置的变化通常是由平移、旋转和比例缩放等几何变换所引起的。在场景创建时，对象的平移、旋转和缩放通常采用齐次变换矩阵来描述。坐标系采用绝对坐标系，即世界坐标系，起着定位每一个物体的作用。而在对象表面建模中，顶点坐标使用的是对象坐标系中的(x, y, z)，即每个物体对象定义的坐标系。这个坐标系捆绑在对象身上，通常位于重心处，其方向沿对象的对称轴方向。当对象在虚拟世界中移动时，它的对象坐标系位置随着物体一起移动。因此，无论对象在场景中的位置如何变化，在对象坐标系中，对象顶点坐标的位置和方向一直保持不变。只要对象表面不发生变形或切分，就一直是这样的。图 3.32 所示为一个虚拟长方体的坐标变换。坐标系(i_1, j_1, k_1)是虚拟对象的对象坐标系，坐标系(i_w, j_w, k_w)是世界坐标系。P_1是对象坐标系和世界坐标系进行转换的位置向量。图 3.32（a）所示为静止状态，P_1是不变的；图 3.32（b）所示为运动状态，P_1成为一个关于时间 t 的函数。

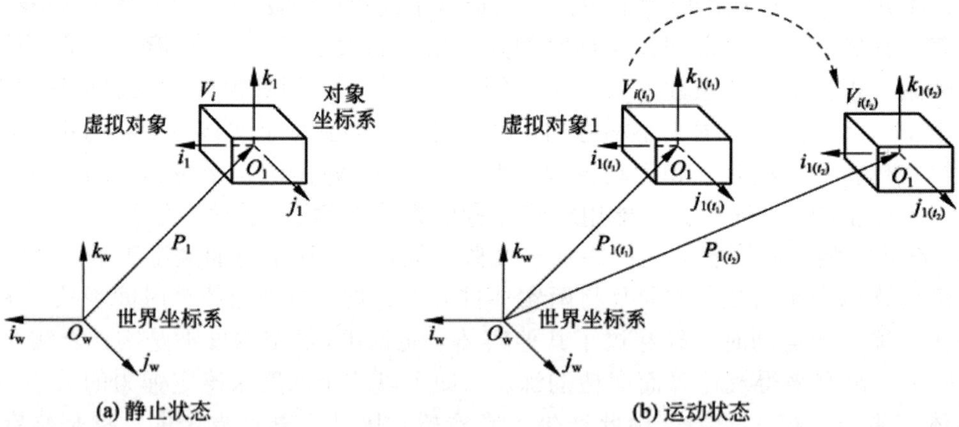

图 3.32 虚拟对象在世界坐标系中的位置

如果对世界坐标系中的对象缩放，需首先把对象平移到世界坐标系的原点再缩放对象，完成缩放以后把对象平移回原来的位置（中心坐标不变）。

3.3.2 对象层次

对象层次定义了作为一个整体一起运动的一组对象，各部分也可以独立运行。假设不考虑对象层次，对象模型是一个整体，例如虚拟手，这就意味着手指不能够单独运动。为了实现手指的运动，必须对手的三维模型进行分段设计。这种分段是虚拟世界中对象层次的基础。

在对象层次中，上一级对象称为父对象，下一级对象称为子对象。根据人身体运动的生理机制，父对象的运动会被所有的子对象复制，而子对象的运动却不会影响父对象的位置。由此，分段模型层次采用树图来表示，每个节点的描述采用齐次变换矩阵。树的节点表示对象分段，分支表示关系。树图中的一个节点是从它开始的下一级分支上所有节点的父节点。大多数虚拟现实开发工具均支持层次结构，作用域给定父对象上的几何变换会自动传递给它的所有子对象。树图的最上面是全局变换，决定了整个场景的观察视图。如果改变了节点的值，所有的子对象都会表现为平移、旋转和缩放。因此，要实现在虚拟世界中的漫游，需不断地使用跟踪器等I/O设备交互式地修改全局变换矩阵。

对于虚拟手来说，它的层次结构为1个手掌父节点和5个手指子节点。当手掌运动时，所有子节点也随之运动。为了实现一个抓握手势，需要把每个手指再进一步细分为子结构。手指是第一指关节的父节点，第一指关节是第二指关节的父节点，而第二指关节又是末梢关节的父节点，如图3.33所示。使用来自传感手套的数据改变手指分段的位置，可以模拟出虚拟手的动作，这是通过改变手的树图结构中的各个节点之间的变化矩阵实现的。

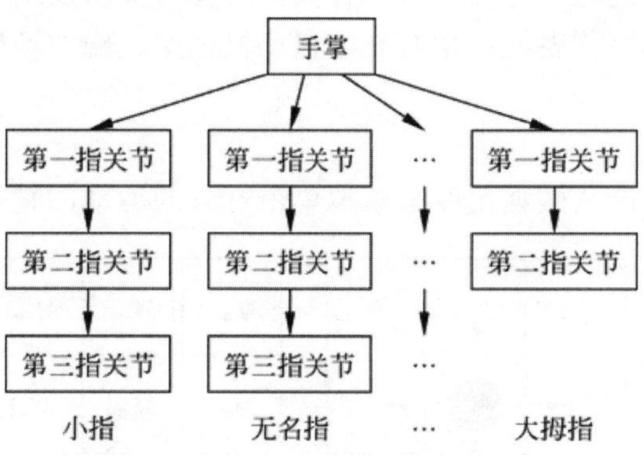

图3.33　虚拟手的层次结构

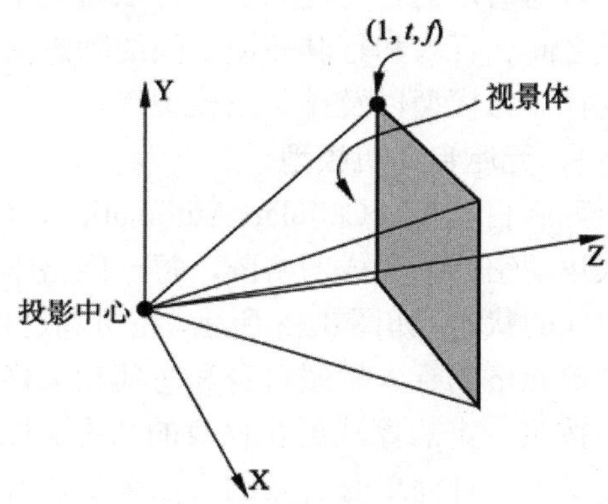

图3.34　视景体

3.3.3　虚拟摄像机

三维世界通常采用摄像机的坐标系来观察。摄像机坐标系在固定的世界坐标系中的位置和方向称为观察变换。OpenGL 中的摄像机坐标系为左手坐标系，与其他和模型变换相关的笛卡尔坐标系不同。摄像机面向Z轴正方向，Y轴指向上方，X轴指向右方，图3.34所示为投影中心的坐标。

在观察虚拟对象时，通过摄像机的窗口来观察。所以，图形实时绘制需要根据摄像机的坐标实时绘制对象。也就是图形实时绘制并不关心整个虚拟世界，而是只处理摄像机看到的一部分。这部分场景用一个称为视景体（frustrum）的空间定义，它是与摄像机坐标系对齐的一个四棱锥的一部分，如图3.34所示。视景体的顶点位于摄像机坐标系的原点，又称为投影中心。从投影中心到三维对象顶点的连线与观察平面相交，形成了对象的透视投影。投影的大小与对象到投影中心的距离成反比，即远处的对象比较小，近处的对象比较大。

为了优化处理过程，图形绘制的实时绘制阶段把视景体映射为一个规范的观察体，例如立方体。一旦三维对象被投影到规范的立方体上，它们的坐标被正规化，这有助于z缓冲区处理。

z 值较大的对象比较远，如果被 z 值较小的对象遮拦住，则不应该被绘制出来。此外，对象还会被裁剪，只有位于立方体内部的对象才会被绘制。如果把绘制的对象映射到二维显示窗口中，就需要对对象的坐标进行平移、缩放，这就是屏幕映射。如果窗口呈矩形，则缩放是不均匀的。

3.3.4 行人的运动建模技术

行人运动模型是对现实世界中行人行为特征的抽象和数学描述。建立通用的行人运动模型具有很大的难度。一方面，人是自然界最复杂的智能体，日常生活中的每一个小动作，如喝水、购物，其背后都隐含着复杂的感知和决策过程，在这些方面人类对于自身认识还相当不够；另一方面，现实世界人群中的每个人都是一个独立的智能体，即使拥有共同的目标，每个人的立场、性格也不相同，甚至对于共同目标的认识也不尽相同，因此，很难抽象出隐藏在复杂现象背后的共性特征。不过尽管人的行为是比较复杂的，有时或多或少地表现出无序，但仍然还是可以找到规律性。国外学者曾得出这样一些结论：行人对于绕道或者向相反方向运动表示出强烈的厌恶心理；行人总是与他人或公共设施边界保持一定的距离；行人有时会重复别人的行为方式；在拥挤场合，人群通常会因为恐慌造成推挤和惊跑，从而导致冲撞践踏并引起伤亡事故等。

目前通用的行为运动建模方法研究单个行人的运动行为，包括行人的个体特征以及不同行人之间、行人和行驶环境之间的动态交互。典型代表性模型有元胞自动机模型、磁力场模型、社会力模型以及排队论模型等。

1. 元胞自动机模型

元胞自动机（Cellular Automation，CA）理论从微观角度来模拟单个行人的运动，它把行人运动空间抽象成网格阵，每一网格中有几种可能的状态，如图 3.35 所示。在仿真过程中，每一单元格的行人按照自身和与其相邻格的状态，按照一定的算法更新自身的状态。CA 模型提供了一种简单且有效的方法来描述行人的随机特征。模型的重点和难点在于自动体的更新算法，如 Moore 邻域算法、最大收益算法，更多的则是基于规则的算法。因此 CA 模型被广泛地应用在行人仿真系统。Victor J.Blue 等用 CA 模型分别研究了双向行人流、多向行人流等复杂的行人运动行为，其成果多体现在 CA-Ped 仿真模型中。

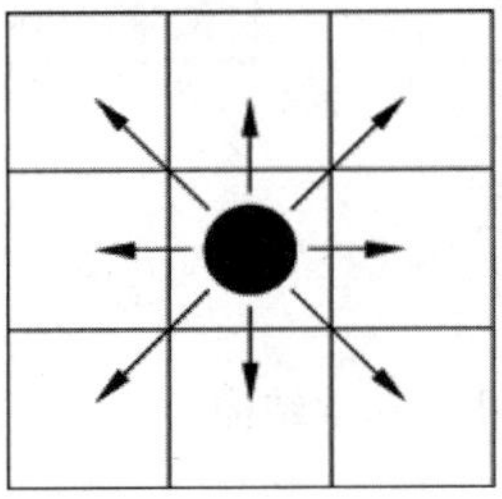

$M_{-1,-1}$	$M_{-1,0}$	$M_{-1,1}$
$M_{0,-1}$	$M_{-0,0}$	$M_{0,1}$
$M_{1,-1}$	$M_{-1,0}$	$M_{-1,0}$

图 3.35 行人运动 CA 模型示意图

> **提示：** 我国以中科大火灾科学国家重点实验室为代表的学者主要对火灾或灾难情况下的行人逃逸行为运用元胞自动机理论进行了数字模拟研究。

CA 模型虽然可以描述单个行人运动的随机特性，但对行人运动和疏散中常常存在的不清楚目的地和出口的情况却无法体现，这时应如何来描述行人的记忆和探索，以及根据周围情况，例如视野的动态变化、拥挤压缩等做出合理的行为选择还有待进一步的研究。

2. 磁力场模型

磁力场模型是由日本的 Okazaki 教授提出的，磁力场模型认为个体行人和障碍物都是磁力场正极，行人的出行目的地为磁力场负极，由于磁力的作用，行人向目标运动并在运动过程中避免碰撞。作用在行人上有两种力：

（1）根据库伦定律作用在行人上的正力，其大小与磁场强度和行人之间的距离有关。

（2）行人在运动过程中避免与行人和障碍物碰撞所施加的反作用力。如图 3.36 所示，A、B 为两个行人，V 为 A 运动的正力，RV 为两行人的反作用力，是根据行人行驶的角度和方向求得的。

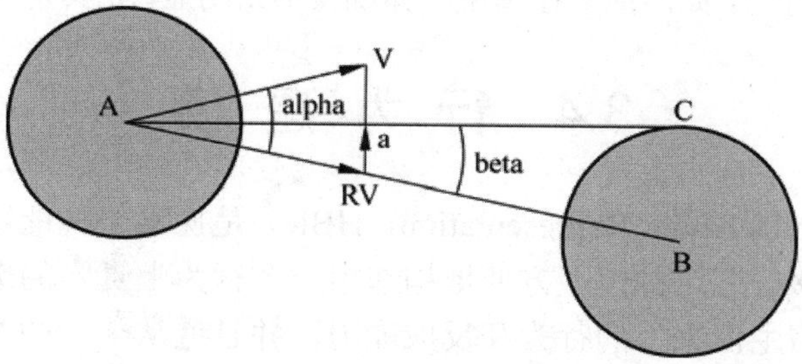

图 3.36　行人运动磁力场模型示意图

行人在每个时间点上的速度方向即由上述两种力相互作用而确定的。磁力场模型意义明确，从物理角度描述了行人运动的驱动力，如何进一步考虑行人运动的心理因素是该模型的改善重点。

3．社会力模型

Helbing 等人提出了驱动行人运动的社会力模型（多粒子驱动模型），表示人与人、人与环境的社会心理和物理作用。该模型是以牛顿力学为基础，假设行人受到社会力的作用，从而驱动行人运动。在该模型里，依据行人不同的动机和他在环境中所受到的影响，一共受到三种作用力的影响，即驱动力、人与人之间的作用力和人与障碍物之间的作用力，这些力的合力作用于行人，产生一个加速度。其中驱动力（driving force）是主观意识对个体行为的影响化为个体所受自己施加的“社会力”，体现了行人以渴望的速度移动到目的地的动机。人与人之间的作用力（interactions between pedestrians）是试图与其他行人保持一定的距离所施加的“力”，包括社会心理力（socio-psychological force）和身体接触力（physical interactions）。人与边界之间的作用力（interactions with boundaries）是指边界和障碍对人的影响，类似于人与人之间的作用。

社会力模型用数学解析公式表达了行人在复杂环境下的运动过程，由于该模型的连续性特征，使得它可以精确描述各种层次的作用力，因此虚拟结果可靠，比较接近真实情况。社会力模型能够较好地、真实地描述现实中的很多现象，是目前所有的仿真模型中最能体现人群真实运动情况的模型，仿真的结果也显示了现实生活中的人群运动自组织现象。不过，社会力模型的缺点在于计算量太大，要实现大规模仿真，对于目前的计算机运动速度来说是一个挑战。

4．排队论模型

在排队论模型中，行人的运动是基于概率函数，行人按一定的概率到达服务点，获取服务和离开队列。排队网络模型的三个基本构成要素是动态实体的到达模式、排队规则和服务器的服务机制，例如 FIFO（先进先出机制）等。在以研究疏散为目的的微观行人运动仿真中，先后几位学者都提出了行人流相关的排队网络模型，并将该模型应用到建筑物的疏散仿真研究中。其中 Lovas 的随机排队模型就是其中之一。

Lovas 将随机模型应用到建筑物中的人群运动中，提出排队网络模型。在模型中，建筑物被划分成网格，节点代表房间，连接代表门，行人被视为单一的流动体。运动时，行人从某个节点出发，依据一定的概率（该概率由概率公式计算得出）从所有可能的连接中选择一个连接（如果选择的连接不可用，行人就必须等待或寻找新的连接）；然后到达一个新的节点，每个行人都选择尽可能快和安全地移向出口，其移动的路径和疏散时间记录在每个节点中。在此模型基础上开发的仿真软件有 EVACSIM，主要是用于建筑物的疏散仿真。

排队网络模型有很好的视觉化效果，可以模拟排队系统中的瓶颈效应，而且可以计算评估疏散时间。但是行人的行为，如碰撞等在模型中体现得不太明显，尤其是在拥挤环境下不太真实。

3.4 行为建模

行为建模（Human Behavior Representation，HBR）是探索一种能够尽可能接近真实对象行为的模型，使人能够按照这种模型方便地构造出一个行为上真实的虚拟实体对象。行为建模赋予了虚拟对象“与生俱来”的行为和反应能力，并且遵从一定的客观规律，它起源于人工智能领域的基于知识系统、人工生命和基于行为的系统（Behavior-Based System）。

虚拟环境中虚拟实体对象的行为可以分为两类：需要用户控制的行为和不需要用户控制的行为。

需要用户控制的行为：这类行为往往需要接受用户的输入并做出相应的动作。虚拟对象随着位置、碰撞、缩放和表面变形等变化而动态产生的变化属于这类行为，这是虚拟环境中最难处理的问题之一。例如碰撞问题，检测虚拟对象间是否发生碰撞只是解决碰撞问题的第一步，还要处理与虚拟对象间的碰撞相关的各种形变以及由碰撞而产生的声音，甚至需要将碰撞产生的力感变化反馈给用户。

不需要用户控制的行为：这类行为一般不需要从用户获得输入，而是从计算机系统或者与虚拟环境相连接的外部传感器获得输入。例如虚拟环境中时钟的运动就是从计算机系统时钟获取输入，虚拟环境中的温度计则需要从与虚拟环境相连接的温度传感器中获取实时的环境温度，而虚拟的人工鱼在虚拟海洋中的游动完全由“自治代理”控制。

由此可知，行为建模主要研究的内容是模型对其行为的描述以及如何决策运动。目前，已有的行为建模方法大致分为 5 种：基于 Agent 的行为建模，基于状态图的行为建模，基于物理的行为建模，基于特征的行为建模和基于事件驱动的行为建模。

3.4.1 基于 Agent 的行为建模

Agent 是一种抽象的工具，通过它能使研究人员用更方便、更熟悉的拟人化方式来描述、解释、预测一个复杂系统的行为。

目前一般认为 Agent 是可以感知其所处环境，并能根据目标，自主运行，交互协作，作用于环境的计算实体。它为分布交互式系统仿真的分析、设计和实现提供了一个新途径，成为研究复杂适应系统的重要手段。Agent 具有以下基本特点：

- 自治性：不需要用户参与自主运行与操作的能力。
- 反应性：感知环境变化并以预先设置的方式进行响应的能力。
- 机动性：从一个主机转移到另一个主机的能力。
- 知识性：通过规则数据库的建立，具有知识建立和知识获取与应用的能力。
- 适应性：不需要用户指令自行修正其行为的能力。
- 协作性：与其他 Agent 进行通信，并协同工作（如冲突处理），可以完成更复杂的任务或实现整体目标。

行为建模主要针对各种自主的行为代理（agent），即行为代理的建模。它们具有一定的智能性。

基于 Agent 的行为建模技术分为反应型、混合型和多 Agent 行为建模。基于反应型 Agent 的行为建模对物体进行建模实现简单，建模出来的物体反应快速，但其智能程度不高，适合对虚拟环境中智能程度较低的物体建模，其代表方法是 Smart Object。混合型 Agent 行为建模主要是对虚拟环境中具有智能性的物体建模，该类技术是由 Mulgund 等基于人认知的信息流及行为框架提出的一种 Agent 的模型。多 Agent 行为建模把物体的行为分为自主行为和外部互操作行为，它将与其他智能体交互的行为单独列出，并单独建模，该方法对存在多智能体的协同式虚拟环境尤其适用。图 3.37 所示为多 Agent 的组成与信息交互图。

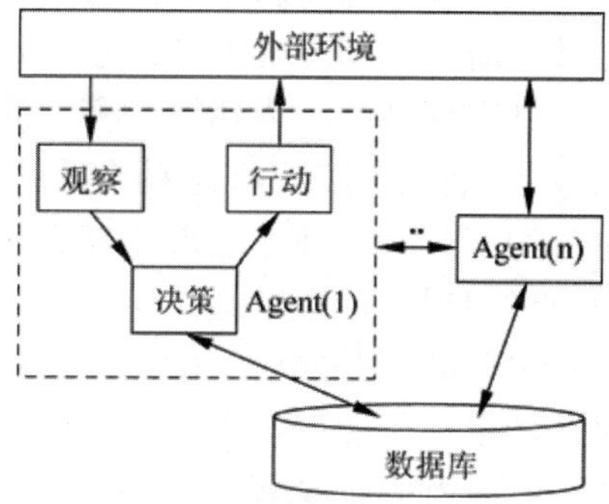

图 3.37　Agent 的组成与信息交互

Agent 一般包括三个部分，主要功能如下。

- 观察部分：用来接收和感知外界信息，如通过传感设备等手段获取所处环境的综合信息。
- 决策部分：用于完成任务时的行为决策。实现过程中，一般先将行为规则写入数据库，需要进行决策时，采用“匹配—选择—应用”的循环机制进行决策，匹配与选择过程中可引入智能学习算法。
- 行动部分：一方面指相对简单的行动，如前进、后退等；另一方面指内部状态的改变，如当前位置等。输出行为能对外界环境产生影响。

数据库用来存放当前获取的信息和建立的知识及规则。

行为代理建模方法的应用实例是 MIT 媒体实验室在 20 世纪 90 年代初开发的表现反射行为的代理 Dexter，可通过编程实现与用户握手。

反射行为被分配到模型的各个部分。用户手部的数据通过 VPL 数据手套采用，VPL 数据手套控制一只虚拟手。一旦发生虚拟握手，用户可以控制 Dexter 胳膊。如果用户移动到右边，Dexter 的整个胳膊都会发生转动。为了进一步提高仿真的真实感，还通过编程实现了让代理的头部朝用户方向移动。

更复杂的反射行为的实例是包括能识别和模拟用户动作的代理。身穿传感衣的用户控制模型的运动和身体姿态。模型可以识别和模拟用户的身体姿态。身体姿态包括行走、用右手或左手进行指点和抓握、竖直和水平的头部运动等。当用户抬头和行走时，模型也随之抬头和行走。

另外，一组代理形成了群体，群体可以是被指挥的、程序控制的或自主的。群体的自主级别不一定与群体中的代理一致。例如，一个被指挥的群体可能是由自主代理形成的。在这种情况下，群体具有一个共同的目标。每个代理能够通过某种方法感知周围的环境并做出反应。如果群体是被指挥的，那么用户需要制定路标或游行路线。另一种可选的方案是通过程序控制，让群体跟随领导者。这就意味着群体内部有社会层次，具有相同自主级别的代理之间能够互相沟通。记忆是群体行为中的一个重要因素，它使得群体以相同的方向响应一个给定的重要事件。可以用于地震、建筑物倒塌等巨大危险事件做出群体行为响应的仿真。

3.4.2　其他行为建模方法

1. 状态图行为建模

状态图是对对象行为的一种描述方法，是 UML（Unified Modeling Language）可视化建模的一部分。Mealy-Moore 的方法是最早的描述对象行为的状态图方法。它的状态空间是扁平的，而不是层次化的，状态模型是单线程的，每个时间只有一个状态是有效的。Harel 状态图支持 Actions

和 Activities、广播事件和传播转移等，形成对动态行为的较完整描述。UML 是面向对象技术领域内占主导地位的标准建模语言，采纳了 Hare1 状态图作为对对象的动态行为的描述方法。

2．基于物理的行为建模

基于物理的行为建模最基本的出发点是任何物体的运动在最底层都是由物理规律支配的。建模技术使用物理定律控制物体的行为，即可使用基于物理的控制系统来控制模型，基于物理的模型之间以及它们与其所在的虚拟世界之间能够做出响应。用计算机对物理现象，尤其是简单的物理现象进行建模是非常简单和直观的。

基于物理的行为建模对模型的控制有两种方法：基于约束的、运动合成方法和基于冲量的方法。基于约束的、运动合成方法通过逆动力学技术和/或约束优化技术对虚拟对象的运动施加约束。有两种方法来计算满足约束的运动：逆动力学技术和约束优化技术。在逆动力学中，虚拟对象的运动通过求解运动方程决定。这需要计算一些约束力/力矩，这些约束力/力矩将迫使动画对象根据指定的约束进行运动。约束优化的思想是在状态—时空图中表示一个物体的运动，然后定义一个目标函数，从而把运动控制当作一个优化问题进行处理。

基于冲量的建模方法把所有类型的接触通过处于接触状态的物体间一系列碰撞产生的冲量进行建模，这种方法不仅产生物理上精确的结果，而且速度快。

3．基于特征的行为建模

基于特征的行为建模技术以目标为驱动，经过分析、设计和评估三个过程完成实体对象的行为建模过程。分析过程用于定义实体对象的行为特征，以推动设计的进行。设计过程根据模型的特定目标和标准进行模型的设计。评估过程是评估模型的可行性、灵敏性或优化程度，并理解更改设计目标所带来的效果。

该技术有助于从设计开始获得产品模型，在评估阶段发现和修改设计错误，提高设计水平和效率，提高产品质量和降低设计成本。

4．基于事件驱动的行为建模

在基于事件驱动的行为建模方面，著名的平台 VRML、MR Toolkit 和 BrickNet 的行为建模方法代表了这一方向的成果。

VRML 是一种网上语言，2.0 版引入了基于事件驱动模式的行为实现。事件的传递和处理全部由系统完成，系统根据事件内容直接修改对象的某些域，例如位置、转角等，使对象表现出某些行为。在表现连续行为时，由时钟定时激活显示关键帧。

MR Toolkit 允许为实体对象指定多种行为，应用程序在每个模拟时钟周期中根据事件的发生或条件的出现激活对象的某些行为，并在每个模拟周期末执行这些行为。表现连续行为时，在每个模拟周期，由时钟滴答事件激活一次相应行为。

BrickNet 不同于 MR Toolkit，它将行为描述嵌入对象的“动画方法”，由于动画方法的每个模拟周期均被调用，实体对象的行为也因此得以连续进行。为了确定某一时刻的准确动作，在每个模拟周期，动画方法都必须进行大量的条件测试。

由此，虚拟环境在创建模型的同时，不仅赋予模型外形、质感等表观特征，同时也赋予模型物理属性和“与生俱来”的行为与反应能力，并且服从一定的客观规律。

3.5 声音建模

虚拟声音建模可定义为人类用听觉模型把信息精确地传输给操作员的一种媒体，它兼有方向特性和语义特性，以及在虚拟环境中形成动态物体和事件的自然表达。也就是说，声音再现必须与现实完全一致，意味着这种声音再现应在要执行的任务范围内提供与人的听觉等效的功能。所以，对于虚拟声音的建模的开发目标是：

（1）声音提供足以在可听范围内重现频率分辨率和动态范围。

（2）在三维空间上精确地呈现信息。

（3）能表达多个静止或移动的声源。

（4）声音再现是实时和交互的，即可应答用户使用中的需求。

（5）能够提供具有与头部运动适当关联的动态声音显示的稳定声音环境。

（6）在可显示的声音信息的类型方面有灵活性，例如真实的环境声音、听觉图符、语音以及多维听觉模式或物体流等。

综上所述，声音建模主要是对虚拟场景中三维立体声音的定位和跟踪，让置身于虚拟世界的人能实时识别声音的类型和强度，能判定声源的位置。声音建模的过程为：

（1）产生声音原型。声音特征化每个物体以及该物体与其他对象发生的交互作用。这些原型声音可以建立在弹性物体振动的模态分析基础上，或者由用户自定义合成。

（2）由对象或相互作用能量调制原型声音来引用原型声音，并与移动的三维物体相连，这必须建立在控制运动物体的成形模拟基础上。

（3）将物体发出的声音变换到接收器上，计算三维环境的调节效果。这些与时间有关的声音变换表示与原始物体声音无关。

（4）对声音进行描述说明，在重新取样过程中计算完成声音再现。

声音通常是通过与以虚拟摄像机相连的虚拟麦克风录制而成的。声音信号最后汇总（混合）形成一条完整的声音轨迹。如果是立体声，则为每条通道分别完成这个合成过程。简单来说，这个过程分为两步：一是虚拟声音建模（Sound Rendering），二是虚拟声音传播和再现。

3.5.1 虚拟声音建模

当物体产生三维立体声音时，声音信号向所有方向传播开来，并被其他物体或介质反射和折射，最终被接收器捕捉到。所接收到的信号是经由多个从发射器到接收器的路径而形成的合成信号。为了计算这个综合信号，每个可能的传播路径要能通过环境独立跟踪，计算出每条路径对声音信号的影响，合成的最终声音是初始声音对时间的一个积分函数，这也称为虚拟声音建模。在声音建模时，要考虑引起不同延迟的不同长度的路径和对相同信号的衰减率，一般离散化成一定数目的样本数据进行计算。这种建模方法仅仅能够描述按固定时间间隔取样的强度来表示的近似于传统音乐的一维声音信号，不能表述讲话声或噪声。

发自物体振动的振动声是由于物体和具体环境交互作用产生的。例如碰撞、摩擦以及物体周围的振动空气流。所以，通常采用物理原理的频谱组合法建模。其原理是计算出一个物体所有可能的振动模式，并求出所有这些模式的加权和近似模式。尽管这种方法对于瞬间振动不严格准确，但它给出了供观赏可接受的结果。

由两个物体相互摩擦而产生的声音显示过程涉及到两个物体材料的微观表面性质。如果由表面性质引起的两个物体以相同方式发生振动，所产生的声波形状近似于物体表面起伏不平的形状，可用噪音的摩擦系数的倒数为粗糙表面的声音建模。

物体通过产生干扰而振动空气也能产生声音。这种声音只是简单地使用运动物体通过空气的速率和它所扰动的空气问题进行调节的噪声来进行建模。

除此之外，在声音建模方面，Garbe 等提出了声音纹理的概念，使用节点和域的方法对环境声音进行建模。如在声音节点中增加效果域，增强对三维声音的空间表现力，使听觉表现更为逼真和富有沉浸感。在声音效果节点中设置预设域，从而简化了对环境声音的描述。

3.5.2 虚拟声音传播和再现

虚拟声音传播时，主要考虑声音跟踪和声音再现两个关键性问题。

声音在传播过程中，声强会随着声音经过的距离而衰减，信号的延迟时间也与传播距离成正比。声音的发出也是有方向性的。通常是向所有方向平均扩散，在各个方向上很少有突变，如同直线光源中的闸门一样。所以，距离和方向对声音的传播有一定影响，这也是在声音跟踪、声音再现等关键技术中讨论的主题。

1. 声音跟踪实现

在声音环境中的共同效果是回声，也是由于虚拟世界中的物体能反射声音而形成的第二级声源。在回声空间中，一个声音源的声场建模为在无回声环境中第一个初始声音源和一组离散的第二声音源（回声）。第二声源可以由三个主要特性描述：距离、相对于第一声音源的频谱修改（空气吸收，碰到物体表面反射，第一初始声音方向，传播衰减等）和入射方向（方位和高低）。

一般情况下，采用两种方法找到第二声音源：镜面反射法和射线跟踪法。镜面反射法是由第一声音源和反射物体表面找到第二声音源的位置，再根据第二声音源反射出的第三声音源。采用的算法通常是递归算法，计算量较大。由于镜面反射是软性的，因此没有考虑光线的延迟和衰减。

射线跟踪法是抽取第一声音源发出的若干数量的射线，找到从声源到接收者的全部传播路径，每条路径都用一个带有延迟和衰减的独立声音线索来表示，衰减是由于路径长度和反射系数造成的。也就是说，它把每个反射平面看作是一个次级漫射点源，它所接收的能量与其面积以及它的表面法矢量与声源方向的夹角余弦成正比。所以，一般采用全方向辐射中传统使用的反射公式来计算第二个声源的能源总量。因为射线跟踪法是线性关系，不是指数关系，所以能在很少的处理时间产生合理的结果。

2. 声音再现和处理过程

声音再现时，一般用关键帧显示声音变换。描述声音信号时，用两个独立的时间和强度坐标，每个坐标都可以进行转换。对于强度改变通常可接受的只是比例缩放。时间定义了一个声音何时开始，延迟时间多长，而修改时间比例会引起频率调整。声音变换的描述格式是由衰减和延迟数值的记录组成，每条记录对应于每个虚拟对象的声音。描述文件的每一行由关键值、一条记录的序号 ID、关键时间标记、衰减和延迟组合。文件可以通过记录序数或时间标记来存储，这要根据计算声音跟踪的重新取样算法来决定。关键值可以在任何时间说明，并插入数值。因为耳朵对强度的分辨率不太高，线性插入强度值足以。然而，耳朵对声音频率的突变很敏感，为了保持改变持续的延迟频率，可以用更高次数的插值或增加关键值的间隔密度。一般情况下，在改变每一帧图像长短的时间里添加一声音关键值来实现声音的变换，即用关键帧再现声音。而声音的显示是通过重新取样算法计算完成的。

3.6 练 习 题

1. 填空题

（1）虚拟对象建模的方法：__________、__________、__________。

（2）碰撞检测的方法：__________、__________、__________。
（3）回声跟踪方法为__________和__________。
（4）在虚拟世界运动建模中，对象位置通常采用__________来表示。
（5）场景光照决定了对象表面的__________，可分为__________和__________两类。

2．简答题

（1）行为建模研究的内容是什么？如何实现？
（2）为什么要进行声音建模？其目标是什么？并简述声音建模的主要过程。
（3）简述粒子系统的步骤。
（4）图像建模与几何建模的区别是什么？
（5）简述纹理映射的作用。
（6）简述对象层次研究的目的。
（7）简述包围盒碰撞检测的原理。

第4章　虚拟现实的Web3D技术

【本章导读】

Web3D技术的出现，促使虚拟现实技术移植到Internet上成为现实。本章将介绍Web3D技术的产生、发展及关键技术，重点阐述三维全景技术和Cult3D两者的具体实现技术，并简要介绍其他常用的Web3D技术。学习本章时要及时了解相关的前沿技术，并进行实践操作。

本章的重点难点：

（1）Web3D技术特点；

（2）Web3D的开发流程及每个步骤中的关键技术；

（3）三维全景技术、Cult3D的开发技术；

（4）各种Web3D技术相关开发、浏览软件的安装与使用。

4.1　Web3D技术概述

4.1.1　Web3D技术的发展

1. Web3D技术

Web3D一词来自Web3D协会，它是一个国际性的非赢利组织，主要任务是制定因特网3D图形的标准与规范，其前身是VRML协会。

随着网络带宽的不断提高以及Web3D技术的不断发展，因特网上采用Web3D技术实现的网站越来越多。图4.1所示为E都市立体地图，图4.2所示为法国巴黎立体地图。

图4.1　E都市立体地图

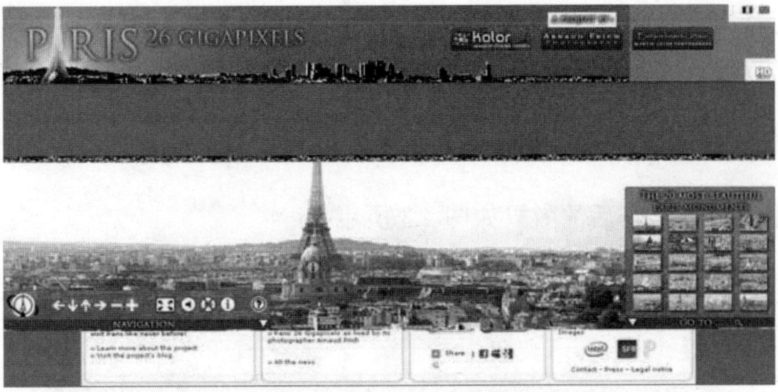

图 4.2 巴黎网上城市

> **注意：** Web3D 是在因特网上实现三维图形技术的总称，它总是和虚拟现实技术紧密联系在一起，但不要将它们混为一谈。

2. VRML 技术

1）VRML 简介

VRML（Virtual Reality Modeling Language，虚拟现实建模语言）是 3D 图形和多媒体技术通用的交换文件的格式，用来描述交互式 3D 对象和场景的几何对象的尺寸和形状、色彩、材质、灯光、动画及其交互性，它支持一切用于建立虚拟世界所具有东西，包括纹理映射、全景背景、雾、视频、音频、对象运动和碰撞检测等。它不仅应用在因特网上，也可以用在本地客户系统中，其应用范围极广。VRML 的重大突破在于它描述的只是三维对象和场景的模型，而不是具体的三维对象的视频流，客户端浏览器再对这些模型进行实时的渲染，最终还原为原始的三维对象，这样就极大地减少了传输的数据量。

VRML97 国际标准发布后，因特网上的 3D 图形几乎都使用了 VRML。1998 年，VRML 联盟改名为 Web3D 联盟，年底提出新的标准 X3D（Extensible3D），又称为 VRML200x 规范。

2）VRML 技术实例

VRML 文档是一个扩展名为 WRL 的文本文件或扩展名为 WRZ 的二进制文件（压缩格式）。VRML 文档一般包含如下部分。

- 文件头：给浏览器提供文件的版本信息；
- 注释：以 # 号开始的说明文字；
- 节点：场景信息的单位，用来描述场景中的造型、灯光等；
- 属性值：描述及改变节点属性的大小。

用 VRML 实现一个圆柱体的代码如下：

```
#VRMLV2.0utf8
Shape {#形状节点
 Appearance Appearance{#表面特性
     material Material{}#使用默认材质和颜色
 }
 geometry Cylinder{#几何特性
     radius 3
```

```
      height 6
      side TRUE
      top FALSE
      bottom TRUE
  }
}
```

上述代码用浏览器打开后的效果如图 4.3 所示。

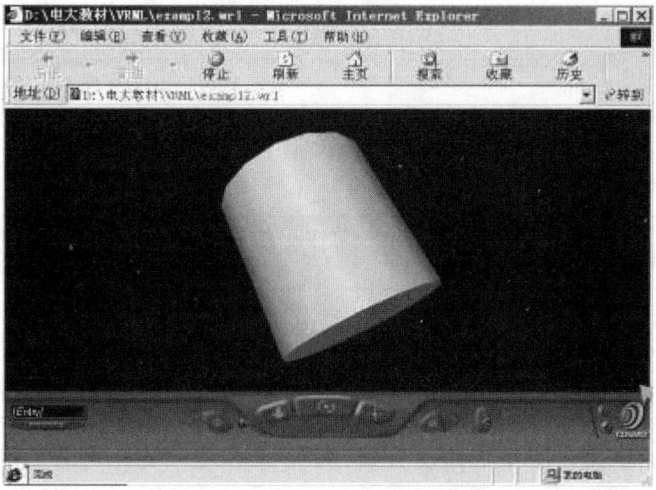

图 4.3　用 VRML 实现的圆柱体

浏览 VRML 实现的 Web3D 程序时，浏览器必须安装插件。常用的插件有以下两种。

（1）Cortona VRML Client：兼容多种浏览器，外观简洁，安装简单，彻底免费，无功能限制，目前使用比较普及，但是没有具有特色的功能。下载地址为 http://www.parallelgraphics.com/products/cor tona/download/iexplore/。

（2）BS Contact VRML：浏览器兼容性不错，有很多实用的特色功能，例如游戏控制、放入主体等。最主要的是如果有做 3D 演示的需求，最好使用该插件，它对立体显示有很好的支持。下载地址为 http://www.bitmanagement.com/download/playerdownload.de.html#BS_Contact_VRML/X3D。

3．X3D 技术

1）X3D 简介

X3D 标准就是 XML 标准与 3D 标准的有机结合，X3D 被定义为可交互操作、可扩展、跨平台的网络 3D 内容标准。2000 年，Web3D 联盟完成了 VRML 到 X3D 的转换。X3D 整合了正在发展的可扩展标记语言（Extensible Markup Language，XML）、Java 和流技术等先进技术，包括更强大，更高效的 3D 计算能力、渲染质量和传输速度。

X3D 是 VRML 的继承，相对于 VRML 进行了改进，提供了新特性。2002 年 3 月 X3D 第一版发布以来，已经有基于 Java 的源码开放的网络 3D 软件问世。因此，Web3D 联盟在制定标准时成立了 Java 语言翻译工作小组以便允许 Java 程序与新的 3D 标准程序相协调。这也最终结束了与 Sun 公司的网络 3D 技术 Java3D technology 之间的冲突。

2）X3D 实例

以下实例要实现的效果是一个球体位于一个圆锥体的顶端。代码如下：

```
<?xml version="1.0" encoding="UTF-8"?>
<!DOCTYPE X3D PUBLIC "http://www.web3d.org/specifications/x3d-3.1.dtd"
            "file:///www.web3d.org/TaskGroups/x3d/translation/x3d-3.1.dtd">
<!--Warning: transitional DOCTYPE in source .x3d file-->
<X3D profile="Immersive" version="3.0"
  xmlns:xsd="http://www.w3.org/2001/XMLSchema-instance"
xsd:noNamespaceSchemaLocation="http://www.web3d.org/specifications/x3d-3.1.xsd">
  <head>
    <meta content="X3D &#1332;&#693;=name=" name="filename"/>
    <meta content="name=zjz" name="author"/>
    <meta content="*enter name of original author here*" name="creator"/>
    <meta
     content="*enter copyright information here* Example:  Copyright (c) Web3D
Consortium Inc. 2006" name="rights"/>
    <meta
     content="*enter online Uniform Resource Identifier (URI) or Uniform Resource
Locator (URL) address for this file here*" name="identifier"/>
    <meta
     content="X3D-Edit,  http://www.web3d.org/x3d/content/README.X3D-Edit.html"
name="generator"/>
  </head>
  <Scene>
    <Background skyColor="0.98 0.98 0.98"/>
    <Transform translation="0 1 0">
      <Shape>
        <Appearance>
          <Material diffuseColor="0 1 0"/>
        </Appearance>
        <Sphere radius="1"/>
      </Shape>
    </Transform>
    <Transform translation="0 -1.6 0">
      <Shape>
        <Appearance>
          <Material diffuseColor="0 0 1"/>
        </Appearance>
        <Cone bottom="true" bottomRadius="2" height="4" side="true"/>
      </Shape>
    </Transform>
```

图 4.4 所示为上述代码通过浏览器显示的效果图。

浏览 X3D 实现的 Web3D 程序时，浏览器也必须安装插件，或使用专业的浏览器。主要分成三类：

- 独立应用程序（独立浏览器）：Octaga、Xj3D；
- 插件式应用程序（浏览器插件）：Bitmanagement BS Contact 7.0、MediaMachines Flux、FreeWRL 和 OpenWorlds Horizon-x3d；
- 无须安装，只需使用 Java 技术：Virtual Globe。

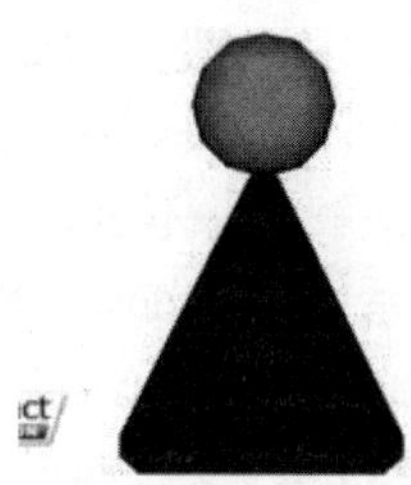

图 4.4　用 X3D 实现的球体和圆锥体

4.1.2 Web3D 技术的特点

Web3D 的实现技术主要包括三大部分：建模技术、显示技术和三维场景中的交互技术。

1．建模技术

三维复杂模型的实时建模与动态显示是虚拟现实技术的基础。目前，三维复杂模型的实时建模与动态显示技术可以分为两类：一类是基于几何模型的实时建模与动态显示；另一类是基于图像的实时建模与动态显示。在众多的 Web3D 开发工具中，Cult3D 是采用基于几何模型的实时建模与动态显示技术，而 APPLE 的 QTVR 则采用基于图像的三维建模与动态显示技术。

1）基于几何模型的实时建模与动态显示技术

在计算机中建立起三维几何模型，一般均用多边形表示。在给定观察点和观察方向以后，使用计算机的硬件功能实现消隐、光照及投影这一绘制的全过程，从而产生几何模型的图像。这种基于几何模型的建模与实时动态显示技术的主要优点是观察点和观察方向可以随意改变，不受限制，允许人们能够沉浸到仿真建模的环境中，充分发挥想象力，而不是只能从外部去观察建模结果。因此，它基本上能够满足虚拟现实技术的 3I，即“沉浸”、“交互”和“想象”的要求。基于几何模型的建模软件很多，常用的是 3ds Max 和 Maya。3ds Max 是大多数 Web3D 软件所支持的，可以把它生成的模型导入使用。

2）基于图像的建模技术

自 20 世纪 90 年代，人们就开始考虑如何更方便地获取环境或物体的三维信息。希望能够用摄像机对景物拍摄完毕后，自动获得所摄环境或物体的二维增强表象或三维模型，这就是基于现场图像的 VR 建模。

在建立三维场景时，选定某一观察点设置摄像机。每旋转一定的角度，便摄入一幅图像，并将其存储在计算机中。在此基础上实现图像的拼接，即将物体空间中同一点在相邻图像中对应的像素点对准。对拼接好的图像实行切割及压缩存储，形成全景图。基于现场图像的虚拟现实建模有广泛的应用前景，它尤其适用于难以用几何模型的方法建立真实感模型的自然环境，以及需要真实重现环境原有风貌的应用。因此，基于图像的建模技术只是对现实世界模型数据的一个采集，并不能给 VR 设计者一个充分的、自由想象发挥的空间。

3）三维扫描成型技术

三维扫描成型技术是用庞大的三维扫描仪来获取实物的三维信息，其优点是准确性高，但这样的扫描设备十分昂贵，对于 VR 的普通用户而言似乎遥不可及。

2．显示技术

把建立的三维模型描述转换成人们所见到的图像就是所谓的显示技术。因为在浏览 Web3D 文件时，一般都需要给用户安装一个支持 Web3D 的浏览器插件，对于初级用户来说存在一定困难。但 Java3D 技术在这方面有很大优势，它不需要安装插件，在客户端用一个 Java 解释包来解释。不过，最近 Microsoft 公司宣布，基于安全的理由，它不再支持 Java，其最新的操作系统 Windows XP 也没有内建 Java 虚拟机，所以如果在 Windows XP 中使用 Java3D，也必须安装 Java 虚拟机。其他 Web3D 软件必须在客户端安装浏览器插件。

3．交互技术

网络的关键在于交互，Web3D 实现的用户和场景之间的交互相当丰富，而在交互的场景中实现用户和用户的交流也将成为可能。总的来说，建立模型是用户首先要做的事情，也是相对困难的步骤；而显示是由软件通过计算机的运算完成的，用户不需要参与，只要选择显示质量能满足要求的技术就行；交互功能的强弱由 Web3D 软件本身决定，但用户可以通过适当的编程来改善软件的不足。

4．常见 Web3D 技术比较

Web3D 的产品和技术解决方案种类繁多，且各成体系。每种产品的开发方法不同，开发出的 Web3D 作品在浏览时，需要的插件也各不相同。常见 Web3D 技术比较如表 4.1 所示。

表 4.1　常见 Web3D 技术比较

解决方案	学习资源可获得性	需要浏览插件	可操作性及难易程度	功能及用途说明
EON	中文资料相对较多，外文资源丰富	是	可视化操作界面，较易	EON 是世界上公认整合性、延展性、可操作性最好的虚拟现实开发展示系统
VRML	中文资料较多，外文资源丰富	是	要求有一定的编程基础，掌握 VRML 语法，较难	早期桌面虚拟现实技术的代表，可以实现交互功能，已经完成了到 X3D 的转换
Cu1t3D	中文资料较少，外文资源丰富	是	可视化操作界面，较易	生成文件小、图像质量高，得到世界上许多大公司的支持。对场景的表现不尽如人意。Cu1t3D 的开发环境比 Viewpoint 人性化和条理化，开发效率也要高得多
Viewpoint	中文资源难觅，有一定的外文资源	是	可视化操作界面，较易	具有一个纯软件的高质量实时渲染引擎，渲染效果接近真实而不需要任何的硬件加速设备
Atmosphere	有为数不多的中文资源，有一定的外文资源	是	可视化操作界面，较易	Adobe 公司购买 Viewpoint 的技术后开发出的软件，有着与 Viewpoint 高度的兼容性
Shockwave3D	中文资源少，有一定的外文资源	是	需要掌握 Director，需要一定的编程基础，入门难	对于需要复杂交互性控制能力的娱乐游戏领域，Shockwave3D 很有潜力
Java3D	资源较丰富	否	需要一定的编程基础，入门难	Java 3D 建立在 Java 2(Java 1.24) 基础之上，Java 语言的简单性使 Java 3D 的推广有利

4.1.3　Web3D 发展方向及应用前景

1．Web3D 关键技术——实时渲染引擎

由于在网络上传送的只是三维对象和场景的模型，如何在客户端浏览器上实时地绘制出最初的三维场景和实体是 Web3D 要解决的首要问题。由于 VRML 协会没有及时推出 VRML97

的下一代标准，许多公司并没有完全遵循 VRML97 标准而推出了自己专用的文件格式，类似的软件大约有 30 种之多。这些软件各有特色，在渲染速度、图像质量、造型技术、交互性以及数据的压缩与优化上都有胜过 VRML 之处，但它们解决这一问题的共同之处都是采用实时渲染引擎。

把实时渲染引擎做成一个插件，在观看前先下载并安装在 IE 浏览器上，这是因特网 3D 图形软件厂商目前的通常做法。它的作用是解释并翻译实施场景模型文件的语法，实时渲染从服务器端传来的场景模型文件，在网页访问者的客户端上逐帧、实时地显示 3D 图形。主要通过文件大小、图形渲染质量、渲染速度以及它能提供的交互性这几个方面来评价实时渲染引擎解决方案的优劣。

1）文件的大小

渲染引擎越大，渲染的图像质量就越好，功能就越强大。目前 Parallel Graphics 公司的 Cortona 是各种 VRML 浏览器插件中最小的，它的安装文件仅有 1.56MB，除了很好地支持 VRML97、NURBS 外，还支持多种自己需要的扩展功能，如键盘输入、拖放控制和 Flash 等。

2）渲染速度

自 Windows NT 3.51 在微机平台上支持 OpenGL 以后，微软公司在后续版本中连续提供 OpenGL 开发环境。支持 OpenGL 或微软公司的 Direct3D 是提高渲染速度和图形质量的关键，在这一点上 Web3D 图形与本地 3D 图形没有区别。

3）图形渲染质量

渲染的质量好坏决定了最终绘制的三维场景和图形的真实性。减少安装文件的大小，同时又能获得高质量的渲染效果是 Web3D 技术发展的重要方向。

4）交互性

交互性是因特网 3D 图形的最大特色，只有实时渲染才能提供这种交互性，本地 3D 图形的预渲染不能提供这种至关重要的灵活性。

以上 4 个指标，即文件尽量小、渲染速度尽量快、图形质量尽量高、交互性尽量便捷和友好也代表 Web3D 的发展方向。

2. 新一代标准 X3D

基于上述原因，2001 年 8 月，Web3D 协会（Web3D Consortium）发布了新一代国际标准，即 X3D（Extensiable 3D），它定义了面向 Web 和广播的可交互的，并集成了多媒体的 3D 内容。X3D 适用于多种硬件和广泛的应用领域，以及工程和科学可视化、多媒体演示、娱乐和教育、网页和共享的虚拟世界。X3D 要成为一种集成 3D 图形和多媒体的通用格式。

1）X3D 的设计目标

X3D 是为满足一套专门的市场和技术需求而开发的。为了满足这些需求，X3D 采用下述设计目标：

（1）分离的运行时架构和数据编码；

（2）支持多种编码格式，包括 XML；

（3）添加了新的图形，行为和交互式的对象；

（4）具有可替换的进入 3D 场景的 API；

（5）将建筑模块分解为组件；

（6）定义了满足不同市场需求的说明书子集；

（7）允许在不同服务等级下执行说明书；

（8）在可能的情况下，忽略未指明的行为。

2）X3D 的关键技术

（1）XML 编码

XML 已经成为因特网上通用的世界语，是一种元标记语言。所谓“元标记”，就是开发者可以根据自己的需要定义自己的标记，任何满足 XML 命名规则的名称都可以标记，这就为不同的应用程序打开了大门。XML 是一种语义/结构化语言，它描述文档的结构和语义。X3D 采用 XML 作为它的编程语言是因为 XML 很好地解决了下面三个问题：

① 可移植性。VRML97 的语法只被 VRML 团体所理解，其他组织无法理解。VRML97 语法几乎不适合其他所有的语法，这种封闭性严重地阻碍了 VRML 在技术上和市场上的发展。然而现在占统治地位的语法是 XML，同时也证明了延长数据归档、移植的生命周期的最好解决方法是标记。

② 页面整合性。在开发页面时，基于 XML 页面整合的系统，场景内容和执行都变得简单，让更多的用户可以使用交互式三维图形技术开发 Web 页。

③ 易于和下一代的网络技术整合。W3C 联盟（World Wide Web Consortium）的成员付出了很多努力去发展 XML。XML 获得了 Netscape Communicator 和 Internet Explorer 等浏览器的广泛支持。XML 正好是下一代网络技术的趋势，这使得 X3D 能更好地和下一代的网络技术紧密结合。

（2）组件模型

X3D 是把 VRML97 分解为组件，并使用可加入新组件的机制来扩展 VRML97 的功能。组件化的优势表现在以下几方面：

- 缩小的，轻量化的内核。VRML97 是相对庞大的标准，完全实现是比较复杂的。把 VRML 的功能分割到一系列较小的内核，就可以比较容易地实现 X3D，减少实现的复杂性，因而改善了执行过程的可维护性。
- 可扩展性。借助扩展和特性集的概念，可以在内核之上增加更多的功能。组件化的设计使得开发者可以容易地加入更多的新特性，也可以在现有的特性上加上新的扩展。
- 再一次把 Web3D Working Groups 联合起来。可扩展的结构允许 VRML Working Groups 在内核之上、浏览器的基础上加入新的规格，例如可能在 X3D 中包括 H2Anim、EAI、Living Worlds 和 GeoVRML 等扩展。
- 减少了对资源的占用。这一点非常重要，每一种特性都是一种对资源的消耗。一个小型但可扩展的浏览器就显得至关重要。X3D 的组件模型将问题空间分成一个个小部分，与问题相关的部分独立工作于提供相应服务的组件上，同时组件模型避免了产生像 VRML97 规范中的封闭标准。

3．Web3D 技术的应用前景

Web3D 有着广阔的应用前景，它的普及将会彻底改变人们这些年来对因特网世界形成的固有认识，主要可以用在以下几个方面。

1）教育行业

教育业因为因特网的普及而改变了传统的教学方式，远程教学的兴起是这一变化下的必然产物，人们可以不受时间、空间的限制而自由地学习。但传统教育并没有因此而受到冲击，因为网络上的一切无法替代真实的体验，Web3D 技术的应用可以使学习者沉浸到友好的虚拟学习环境中，如虚拟教室，体会先进技术带来的真实感受，从而获得良好的学习效果。另一方面，某些学科的内容用三维的图形、动画来演示将会取得很好的教学效果，三维形式的 CAI 网络课件必将随着 Web3D 技术的发展而成为主要的课件形式。

2）电子商务

目前因特网上最热的应用之一是电子商务，但从这几年的实际效果来看，电子商务并没有取得很大的成功，很多网站的倒闭似乎足以说明这一点。原因之一在于人们不习惯这种反常的购物方式，不愿在看了某个产品的几张照片，几段说明后就下决心买下它。Web3D 技术可以让产品虚拟地呈现在消费者眼前，人们可以全方位地观察它，甚至亲手试用这个虚拟的产品，这种新奇的感受也许会为电子商务的发展带来新希望。

3）工程技术领域

目前已有很多工程技术领域用到了三维可视化设计与分析，例如建筑、机械加工与设计、地理信息系统、生物和医学等，但都局限于单机状态，这限制了技术的进一步发展与推广，Web3D 技术在这些领域的运用将带来新的革命。

4）娱乐与游戏业

娱乐与游戏业是 Web3D 重要的应用领域。虚拟现实技术让人类体会高科技带来的另类感受。自然景观的虚拟旅游、虚拟博物馆、虚拟海底、虚拟战场和虚拟飞行等都可以通过 Web3D 技术来实现。

除了上述领域外，Web3D 还可以在众多的领域中运用，应用上的限制在于人们思想上的限制。

4.2 三维全景技术

三维全景（panorama）也称为全景环视或 360° 全景。它是一种运用数码相机对现有场景进行多角度环视拍摄，然后进行后期缝合，并加载播放程序来完成的一种三维虚拟展示技术。三维全景的生成需要相应的硬件和软件结合。首先需要相机和鱼眼镜头、云台、三脚架等硬件来拍摄出鱼眼照片，然后使用全景拼合发布软件把拍摄的鱼眼照片拼合，并且发布成可以播放和浏览的格式。

4.2.1 全景技术概述

1. 全景技术的特点

全景技术是基于因特网的一项应用技术，较为实用，它是在 Internet 上展示标准 3D 图形的好工具。它具有下述几个优点。

（1）全景图片不是利用计算机生成的模拟图像，而是通过对物体进行实地拍摄，有照片级的真实感，与传统的虚拟现实相比更具真实感，制作周期短，制作费用低，一般制作费用只相当于后者的 1/10，更为经济，文件较小，下载速度快，使用十分方便。

（2）有一定的交互性，可以用鼠标或键盘控制环视的方向，进行上下、左右、远近浏览。

（3）一般不需要单独下载插件，自动下载一个很小的 Java 程序后就可以通过浏览器在 Internet 上观看全景照片。

图 4.5 所示为中国全景摄影网中实现的故宫博物院的全景展示，网址为 http://www.chinavr.net/index.htm。

图 4.5　全景环视作品：故宫博物院

2. 全景技术的分类

随着 Internet 的应用及普及，虚拟全景技术也发展十分迅速。目前全景技术的种类已经从简单的柱形全景发展到球形全景、立方体全景、对象全景和球形视频等。

1）柱形全景

柱形全景是最为简单的全景虚拟。所谓柱形全景，可以理解为以节点为中心的具有一定高度的圆柱形的平面，平面外部的景物投影在这个平面上。用户可以在全景图像中 360° 的范围内任意切换视线，也可以在一个视线上改变视角来取得接近或远离的效果。也就是说用户可以用鼠标或键盘操作环水平 360°（或某一个大角度）观看四周的景色，并放大与缩小（推拉镜头），但是如果用鼠标上下拖动，上下的视野将受到限制，向上看不到天顶，往下也看不到地底，如图 4.6 所示。

这种照片一般采用标准镜头的数码或光学相机拍摄照片，其纵向视角小于 180°，显然这种照片的真实感不理想。但其制作十分方便，对设备要求低，应用较多，目前市场上比较常见的全景就是这种柱形全景。

2）球形全景

球形全景是指其视角为水平 360°，垂直 180°，即全视角。在观察球形全景时，观察者好像位于球的中心，通过鼠标、键盘的操作可以观察到任何一个角度，让人融入到虚拟环境之中。球形全景照片的制作比较专业，首先必须用专业鱼眼镜头拍摄 2～3 张照片，然后再用专用的软件把它们拼接起来，做成球面展开的全景图像，最后把全景照片嵌入网页中。球形全景产生的效果较好，所以有专家认为球形全景才是真正意义上的全景。

球形全景在技术上实现较为困难。由于球形全景效果较完美，被作为全景技术发展的标准，已经有很成熟的软硬件设备和技术。

图 4.7 所示为球形全景的实例图，这个看起来像是一个微型星球的物体，其实是用多张同一地点的相片，通过多种图像处理工具综合处理后的结果。这张相片显示的是法国艾菲尔铁塔，作者是法国巴黎的 Gadl。

图 4.6　柱形全景实例图

图 4.7　球形全景实例图

3）立方体全景

立方体全景是另外一种实现全景视角的拼合技术，视角也为水平 360°，垂直 180°。与球形全景不同的是，立方体全景保存为一个立方体的 6 个面。它打破了原有单一球形全景的拼合技术，能拼合出更高精度和更高储存效率的全景。立方体全景照片的制作比较复杂，首先拍摄照片时，要把上下、前后、左右全部拍下来，可以使用普通数码相机拍摄，但是普通相机要拍摄很多张照片（最后拼合成 6 张照片），然后再用专门的软件把它们拼接起来，做成立方体展开的全景图像，最后把全景照片嵌入展示网页中。

球形全景和立方体全景的区别主要表现在以下方面。

（1）球形全景一般经过鱼眼拼合就可以生成，立方体全景需要一定的转换。

（2）就立方体全景而言，输出图像是上下左右前后 6 个面，这样就可以很方便地处理地上的三脚架了，同时也适合对图像进行处理，例如在图中加入宣传等。

（3）对 quicktime 等播放格式而言，能更好地支持立方体全景的播放，在色彩和变形上效果更好。

（4）立方体全景也可以更方便地对拼缝进行调节和处理，例如亮度校正、对接、图章工具和蒙版等处理。

可以做这样一个比喻：假设学习者是一个画家，手持一支画笔，站在一个透明的、封闭的物体中间，并且把这个物体作为画布。然后学习者用画笔把他透过这个物体看到的外面世界画到这个物体上面。如果这个物体是柱体，画出来的就是柱面环境图；如果这个物体是球体，画出来的就是球面环境图；如果这个物体是立方体，画出来的则是立方体全景图。

全景技术的应用领域有电子商务、房地产行业、旅游业、展览业、宾馆酒店业和三维网站建设等。全景技术与 GIS 技术的结合可以让平面的 GIS 系统具有三维效果。将此技术应用于数字城市的建设，将大大增强数字城市系统的真实性。

提示：全景技术是一种应用面非常广泛的实用技术，然而它毕竟不是真正的 3D 图形技术，它的交互性十分有限，从严格意义上说，全景技术并不是真正意义上的虚拟现实技术，因此在一定程度上影响它的普及、推广及发展。

3. 常见的全景技术

目前在全球从事全景技术的公司有很多，常见的全景软件有 3DVista Studio、Ulead Cool360、Corel Photo-Paint、MGI Photo Vista、Image Assembler、IMove S. P. S.、VR PanoWorx、VR Toolbox、ptgui、IPIX、Panorama Maker、Photoshop Elements、PhotoVista Panorama、PixMaker Lite、PixMaker、QTVR Studio、REALVIZ Stitcher、Powerstiich、PanEdit 和 Hotmedia 等。国内常见的全景软件有杰图造景师软件、大连康基数码和浙江大学的 Easy Panarama 等。下面介绍两种有代表性的全景技术软件。

1）QuickTime VR

QTVR（QuickTime Virtual Reality）是美国苹果公司开发的新一代虚拟现实技术，是属于桌面型虚拟现实。它是一种基于静态图像处理的、在微机平台上能够实现的初级虚拟现实技术。它的出现使得专业实验室中成本昂贵的虚拟现实技术的应用与普及有了广阔的前景。

QTVR 技术有三个基本特征：从三维造型的原理上讲，它是一种基于图像的三维建模与动态显示技术；从功能特点上看，它有视线切换、推拉镜头和超媒体链接三个基本功能；从性能上看，它不需要昂贵的硬件设备就可以产生相当程度的虚拟现实体验。

（1）使用方便，兼容性好。

浏览 QTVR 场景的用户无须配戴欣赏一般虚拟现实技术所要求的昂贵的特殊头盔、特殊眼镜和数据手套等，对场景的操纵通过普通鼠标、键盘就可实现。QTVR 可以运行于普通微机，无须运行于高速工作站。在流行的操作系统平台上，均有相应的支持版本。同时，它还可以在 Internet 上发布。

（2）多视角观看，真实感强。

QTVR 运用真实世界拍摄的全景图像来构建虚拟的现实空间，真实世界的全景图通常采用数码相机来拍摄，操作十分方便。它比由计算机生成的图像真实感强，由于它可以提供很高的清晰度，从而使生成的图像具有更丰富、更鲜明的细节。同时，它提供了观察场景的多个视角，使用户可以在场景中从各个角度观察一个真实物体，从而提供了最大限度的 VR 体验。

（3）制作简单，数据量小。

QTVR 的制作很简单，前期拍摄的设备也很简单，一般只需要数码相机就可以了。制作流程主要是拍摄、数字化、场景制作，制作周期短。前期拍摄的不利因素的影响，如阴天光线的影响，都可以通过后期数字化加工处理。一般制作一个大型的场景，也只需要几个月。QTVR 采用了苹果公司独有的专利压缩技术，相对于其他虚拟现实技术，QTVR 影片数据量极小。这意味着同样大小的磁盘空间存储更多的图片，同时也意味着用户对场景的操作更加快速。

2）IPIX 全景图片技术

IPIX 全景图片技术是美国联维科技公司（IPIX）在中国推广包括其全景合成软件 IPIX World 和尼康镜头等设备在内的“整体解决方案”，2000 年 5 月进入中国市场，它的宗旨是要让每个人都能够自己拍摄和制作全景照片。

它是利用基于 IPIX 专利技术的鱼眼镜头拍摄两张 180° 的球形图片，再通过 IPIX World 软件把两幅图像拼合起来，制作成一个 IPIX 360° 全景图片的实用技术。IPIX World 是一款“傻瓜型”全景合成软件，用户无须了解其核心原理，也无须对图像进行前、后期处理。IPIX 利用上述原理生成一种逼真的可运行于 Internet 上的三维立体图片，观众可以通过鼠标上下、左右地移动任意选择自己的视角，或者任意放大和缩小视角，也可以对环境进行环视、俯瞰和仰视，从而产生较高的沉浸度。

IPIX 全景图技术使用的数码相机可用 Nikon 公司专为 IPIX 设计的数码相机 Nikon CoolPix 系列。此外，拍摄 IPIX 全景图片还有一些辅助硬件，例如三脚架和旋转平台等。

IPIX 有自己开发和设计的专有处理软件 IPIX Word，同时也可以提供自行开发的多媒体处理软件。它的特点是可以在 IPIX 图片里进行热点链接，例如加入背景音乐、链接到应用程序、加入声音文件、加入文本文件、链接到因特网、链接图片等。

4.2.2 全景技术常用设备

1. 数码相机

在全景图的制作时，数码相机（Digital Camera）和传统的光学相机都可以使用。采用传统的胶片光学相机，使用胶片输出形式，其精度高，清晰度高，但胶片要冲洗，再用扫描仪扫描处理到计算机，使用比较烦琐，时效性差，同时成本较高；而采用数码相机拍摄景物则较为理想，理论上来说所有的数码相机都可以用来制作全景图，如果要制作球形全景图，就必须采用能外接鱼眼镜头的数码相机。

> **提示：** 为了得到较好的全景效果，应该选择数码相机的成像像素在 500 万以上的，这样得到的图像质量较好。在球形全景图的制作中，必须采用可以外接鱼眼镜头的数码相机。推荐使用数码单反相机，可以灵活更换镜头，并且和全景云台匹配较好。

2. 鱼眼镜头

普通的 35mm 相机镜头所能拍摄的范围约为水平 40°，垂直 27°。如果采用普通数码相机拍摄的图像制作 360°×180° 的全景图像，需要拍摄多张，将导致拼缝太多而过渡不自然，因而需要水平和垂直角度都大于 180° 的超广角镜头。图 4.8 所示为鱼眼镜头的拍摄效果。

鱼眼镜头（Fisheyes Lens）就是一种短焦距超广角摄影镜头，一般焦距在 6～16mm。一幅 360°×180° 的全景可以由 2 幅或 3 幅全景拼合而成。为使镜头达到最大的视角，这种镜头的前镜片呈抛物状向镜头前部凸出，与鱼的眼睛颇为相似，故称“鱼眼镜头”。由于鱼眼镜头是由许多光学镜片组成的，装配精密，一般价格较贵。图 4.9 所示型号的尼康鱼眼镜头目前的价格在 5000 元左右。

图 4.8 鱼眼镜头的拍摄效果图

图 4.9 尼康 AF DX Fisheye Nikkor ED 10.5mm F2.8G

鱼眼镜头与传统镜头相比具有如下特点：

（1）视角范围大，视角一般可达到 180° 以上。

（2）焦距很短，因此会产生特殊变形效果，透视汇聚感强烈。焦距越短，视角越大，由于光学原理所产生的变形也就越强烈。为了达到超大视角，允许这种变形（桶形畸变）的合理存在，形成除了画面中心景物保持不变外，其他部分的景物都发生了相应的变化。

（3）景深长，在 1m 距离以外，景深可达无限远，有利于表现照片的大景深效果。

扩展阅读：鱼的视角看世界 5 款鱼眼数码镜头介绍，网址为 http://www.myprice.com.cn/product/2006/0214/50692.shtml。也可用搜索引擎搜索关键字“鱼眼镜头”或 Fisheye。

3. 全景头

全景头（Pano head）也称全景云台，是专门用于全景摄影的特殊云台，其作用是保持相机的节点不变。节点是指照相机的光学中心，穿过此点的光线不会发生折射。拍摄鱼眼照片时，相机必须绕着节点转动才能保证全景拼合的成功。如果在转动拍摄时不采用云台，而直接使用数码相机和鱼眼镜头拍摄鱼眼图像将会产生偏移。

球形和立方体全景都是设想以人的视点为中心的一个空间范围内的图像信息，观看全景时，场景围绕一个固定点旋转，如果没有全景头，相机在三脚架上旋转时，视点必然变化，人们所说的“虚拟现实”就变得不真实了，全景头的目的正是为了让相机在拍摄场景图像旋转的过程中视点保持不变。

全景头像镜头一样，品牌和种类均较多。图 4.10 所示为曼富图 303SPH 全景摄影云台，其具有滑动式快装云台板，以在全景旋转和前后俯仰轴放置相机。相机围绕节点在水平和竖直方向进行旋转，可准确便捷地拍摄全景照片序列。使用 303SPH 可以使影像拼接软件形成精确的虚拟环境，并保证最小的后期处理和修正。所有滑板和旋转尺标都具有清晰的刻度。确定相机节点后，可以轻松地进行调节。303SPH 的转向托架可释放并旋转 90°（然后重新锁定），以便减少占用空间，方便携带，同时避免滑板碰撞损坏。选用不同的云台板适应各类相机。三块滑板在所有轴向/平面进行节点精确定位，分别适应轻便型、单反相。

图 4.10　曼富图 303SPH 全景云台

扩展阅读：“全景云台使用方法”的网址为 http://www.high-cool.com/bbs/thread-14103-1-1.html。“全景云台安装步骤”的网址为 http://www.56vr.com/CMS/56VR-tripod-head/。

4.2.3 全景作品的制作

1. 全景照片拍摄方法

在全景图制作过程中，拍摄全景照片是其制作的第一步，也是关键的步骤。全景图的效果在很大程度上取决于前期的工作质量，主要是指拍摄的素材效果，所以拍摄全景照片的素材十分重要，前期的拍摄效果好，在后期制作中就十分方便；反之，如果在前期中出现问题，在后期处理中将变得十分麻烦，所以一定要重视照片的拍摄过程。具体步骤如下。

（1）白平衡调节

人的视觉会对周围普通光线下的色彩变化进行补偿，数码相机能模仿人类对色温进行自动补偿。这种色彩校正系统就是白平衡。白平衡如果设置不正确，将使得图像色温偏冷（蓝色）和偏暖（红色）。一般用户可直接采用数码相机自动白平衡，高级用户也可对白平衡进行细调。

（2）光圈调节

全景摄影需要大景深，景深越深，拍摄出来的图像清晰的范围也越大，一般要把光圈调小。在光圈优先模式中调节光圈后，快门速度将自动生成。

（3）曝光补偿调节

当光圈和快门速度调节后，如果场景中的光线偏亮，可以通过选择一个负的曝光补偿值来对图像进行整体修正。如果偏暗，就选择一个正的曝光补偿值。在拍摄一个场景的两幅或者三幅鱼眼图像时，不能改变此曝光补偿值，否则会导致结果图像的拼缝明显。

（4）设置自动曝光锁定

这是在全景摄影中比较关键的一步。一个场景中的鱼眼图像必须具有相同的曝光设定才能拼合出高质量的全景。AE Lock 可以锁定相机的曝光设置（光圈、快门和感光度等），选择 on 后，锁定拍摄第一次的快门速度、光圈和感光度等参数，并应用于后续的全部影像。

（5）拍摄一个场景的两幅或者三幅鱼眼图像

先拍摄第一幅，注意把最感兴趣的物体放在取景器的正中心，然后半按快门进行对焦，之后完全按下快门，完成第一幅鱼眼图像的拍摄。轻轻转动云台，拍摄第二和第三幅照片。如果拍摄两幅图像，转动 180° 后，再按照上述步骤进行拍摄。如果拍摄三幅图像，则将云台分别转动 120°。

一个场景拍摄完成后，将全套拍摄设备移动到另一个场景进行拍摄。拍摄柱形全景照片素材，其操作方法可参照上述的步骤，当然每一个场景需要拍摄更多的照片，注意画面相邻的照片要重叠 15%以上。

提示：拍摄另一个场景前先将 AE Lock 置为 OFF，否则光圈、快门速度等都不能调节。另一场景的拍摄方法如上述，各项参数都要重新调整。

2．全景图后期制作

下面利用 PixMaker 软件制作一个全景图实例。PixMaker 全景环视图片在制作时需要准备好一个场景 360° 的系列照片。由于 PixMaker 可以自动缝合图形和修补颜色，因此对照片的角度要求不高。PixMaker 在识别颜色差异方面有较高的智能，因此制作出来的 360° 全景图几乎看不出拼接的痕迹。即使是不相干的一组图片，PixMaker 仍然可以将它们连接，并自动弥补它们之间的差异。制作过程如下。

（1）运行安装好的 PixMaker，弹出图 4.11 所示的界面，单击操作界面的 Snap 按钮，如果拍摄的图片保存在计算机里，在弹出的对话框中选择 My Computer，如图 4.12 所示。也可以直接从数码设备中导入图片。

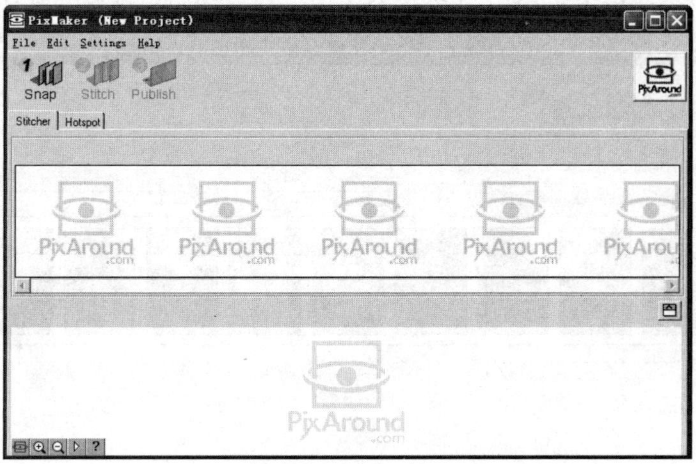

图 4.11　PixMaker 启动界面

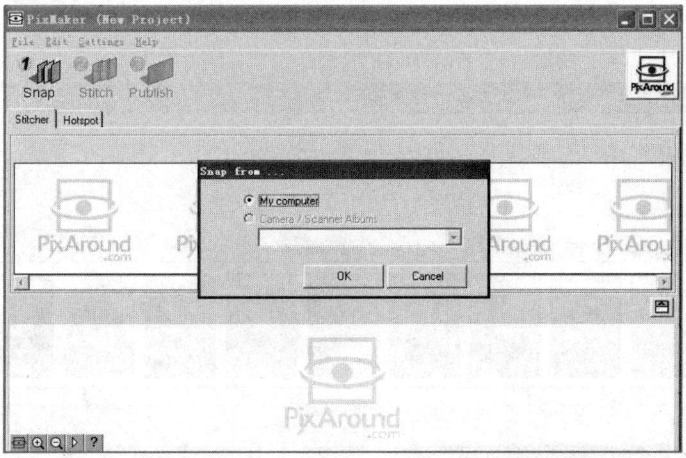

图 4.12　在 PixMaker 中打开图片文件

（2）查找照片所在的文件夹，将相片读入 PixMaker 中。读入第一张照片后，单击影像编辑栏中的“+”按钮，继续插入其他的相关图片。

（3）全部照片导入后，弹出图 4.13 所示的界面，使用影像编辑栏中的编辑工具，可对相片进行调整次序、删除、旋转和复制等操作，不需要调整时按默认即可。

（4）如果个别照片的方向错误或没有对齐，单击“手动调节”按钮进行手动调整。在弹出的面板中，可以对图片进行简单的锐化、明亮度调节。为了保证图片大小一致，将 Zoom 选择成 Fit to window，不需要调整时按默认即可。

（5）对图片的编排工作完成后，接下来就可以拼接照片。在缝合之前请先确认 Type 被设置为 Cylindrical，而且已经勾选了后面的 360°复选框，在 PixMaker 操作界面上单击 Stitch 按钮开始缝合，不需要调整时按默认即可。

（6）程序会先初始化并自动在重叠的区域进行相符和缝合处理，用户可以在进度条上查看完成的情况，不需要调整时按默认即可。

（7）缝合工作完成后，如图 4.14 所示，在下方的显示区域即出现一幅 360°环绕 Pixaround

立体场景，这个场景会自动以 360°环绕播放。用户也可以用鼠标做顺时针或逆时针浏览。

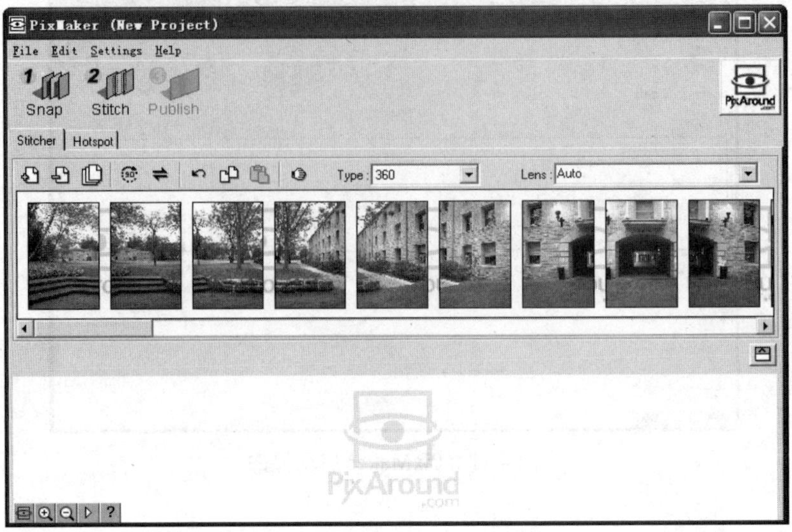

图 4.13　PixMaker 中导入图片后的界面

图 4.14　PixMaker 中应用 Stitch 后的界面

（8）利用演示栏左下方的按钮进行观察操作，其中“+”代表放大操作，“-”代表缩小操作，不需要调整时按默认即可。单击演示栏右上方的按钮可以进行全屏观察。

（9）如果对缝合后的效果满意，则单击界面上的 Publish 按钮进行场景的发布。用 PixMaker 制作的场景，可选择以 Scene（.jpg、.pij、.bmp、.tif 和.png）、Web page（.html）、Postcard（.exe）、Screen Saver（.scr）、PDA（Palm OS 或 PPC）、ActiveX 以及 Print 等方式发布。其中发布成 Scene 和 Postcard 都可以设置图像输出的质量和大小。

（10）在图 4.15 所示的界面中选择 Web page（.html）单选按钮，弹出图 4.16 所示的窗口。

（11）在图 4.16 所示的窗口中选择 Simple，弹出图 4.17 所示的对话框，不需要调整时单击默认即可。

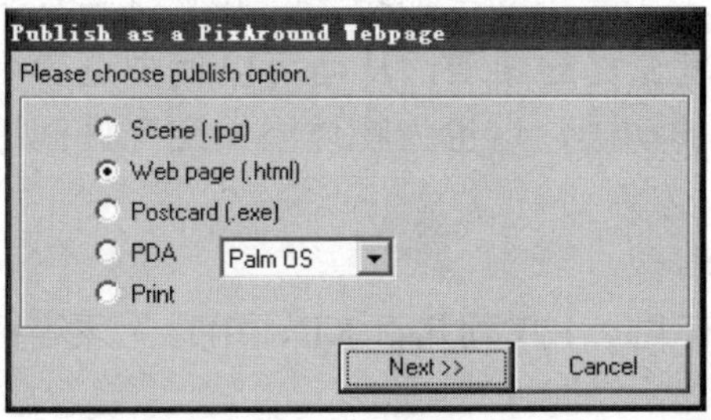

图 4.15　PixMaker 中单击 Publish 按钮后出现的窗口

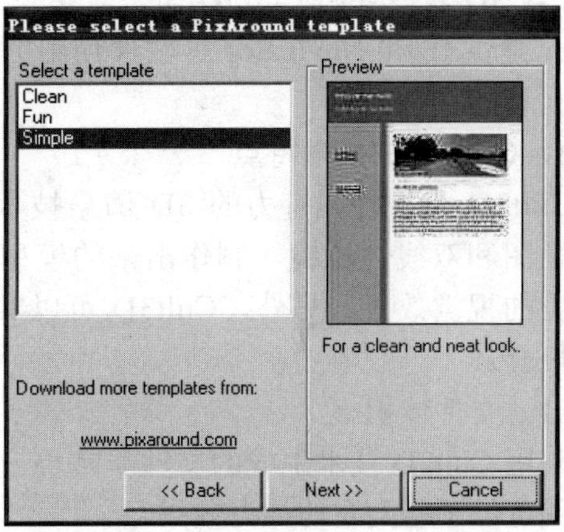

图 4.16　PixMaker 中选择输出模板

（12）输入要保存的文件名称，保存后，在保存的目录中双击 html 文件，即出现图 4.18 所示的界面。

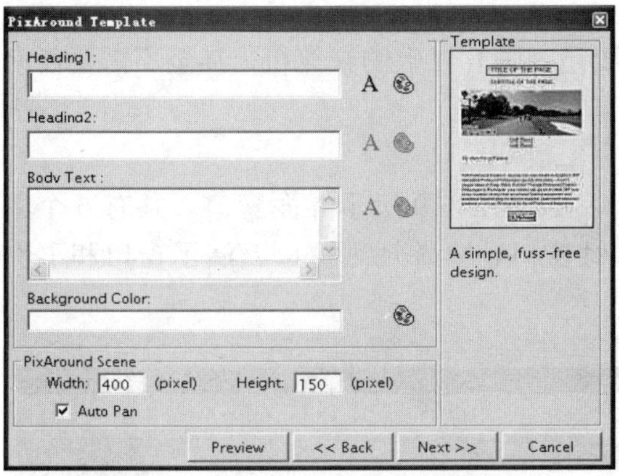

图 4.17　PixMaker 中简单模板设置

图 4.18　生产的全景效果

4.3　Cult3D 技术

Cult3D 是瑞典的 Cycore 公司推出的一种全新的 Web3D 技术，它是利用现有的先进网络技术和强大的 3D 引擎在网页上建立互动的 3D 物件，让网络用户了解该物件的外观以及组成部分。Cult3D 的内核是基于 Java 的，它也可以嵌入客户自己开发的 Java 类，因此具有很强大的交互和扩展性能。

4.3.1　Cult3D 技术概述

Cult3D 有三个不同的程序功能，包括 Cult3D Exporter、Cult3D Designer 和 Cult3D Viewer。Cult3D Exporter 是供 3D 建模的软件，例如 3D Studio 或 Maya 使用的插件。由于 Cult3D 不具备 3D 建模功能，利用这个插件可以从 3D 建模软件中把 3D 模型导出到 Cult3D Designer 中制作。Cult3D Designer 是 Cult3D 的核心技术，在 Cult3D Designer 中可以对 3D Studio、

Maya 等 3D 软件导出 Cult3D 模型对象建立基本的交互功能，目前最新版本为 5.3。Cult3D Viewer 是供 IE 和 Navigator 等软件使用的插件，它可以使这些软件播放 Cult3D 对象并展示其交互功能。

1．Cult3D 的技术特点

Cult3D 是一种强有力的 3D 渲染技术软件，采用先进的压缩技术，并支持多重阴影效果、贴图和双线性滤镜，制作出来的模型具有高度逼真的画质，从而可以使浏览者得到近乎完美的视觉效果。另外，Cult3D 可以实现复杂的动画，这也为物体添加交互性创造了众多的机会。

（1）文件体积小

利用 Cult3D 技术生成的文件非常小，一般只有几十 KB 到几百 KB，用户无须等待很长时间就可以领略到它的神奇效果。

（2）跨平台性能好

用 Cult3D 技术创建的模型可以在各种操作系统的浏览器中流畅地使用，Cult3D 可应用于各种不同的操作系统，如 Windows 95/98/NT/2000/XP、MacOS，并且可以与 IE 浏览器、MS Office 和 Adobe Acrobat 等多种应用程序结合。

（3）对计算机软、硬件要求低

Cult3D 是一个软件环境的引擎，一般来说只要是奔腾 II 以上的计算机，甚至不需要任何 3D 加速卡就可以体验完美的网络三维技术。

2．Cult3D 界面介绍

安装完成 Cult3D Designer 5.3 后，启动运行后显示图 4.19 所示界面窗口。共有 6 个主要子窗口，分别是场景窗口、行为窗口、对象属性窗口、事件规划窗口、演示窗口和事件窗口。

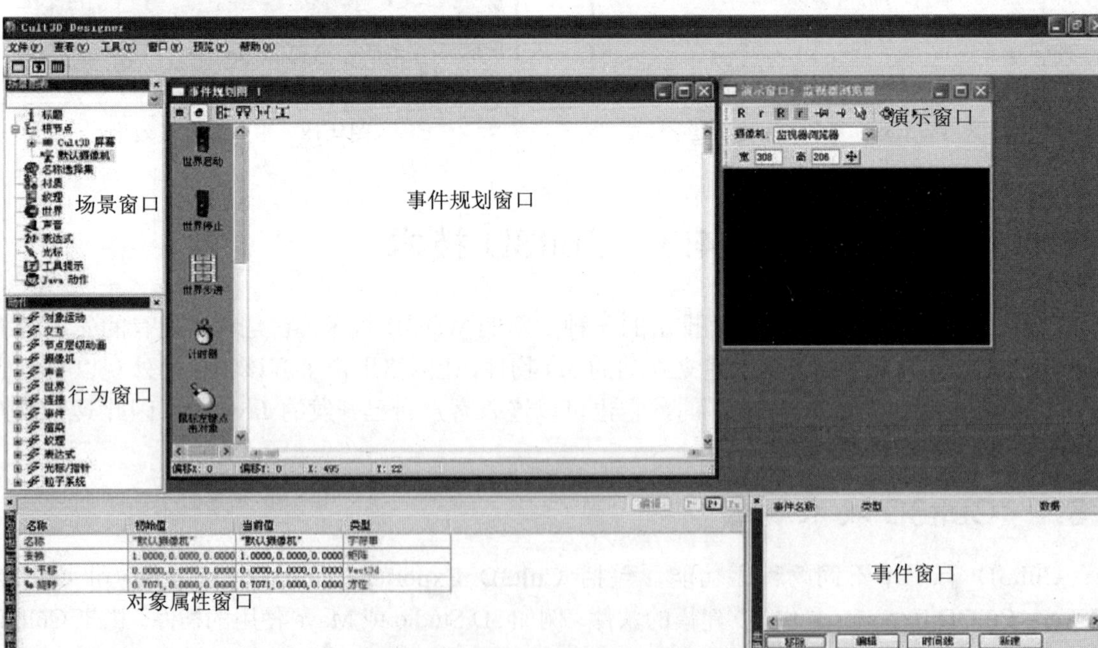

图 4.19　Cult3D Designer 启动界面

4.3.2 Cult3D 窗口介绍

1. 场景窗口

场景窗口如图 4.20 所示，用于添加、删除、重命名、选择以及在场景中选择并重新排列元素。场景图中各部分基于其资源类型共分为以下类别。

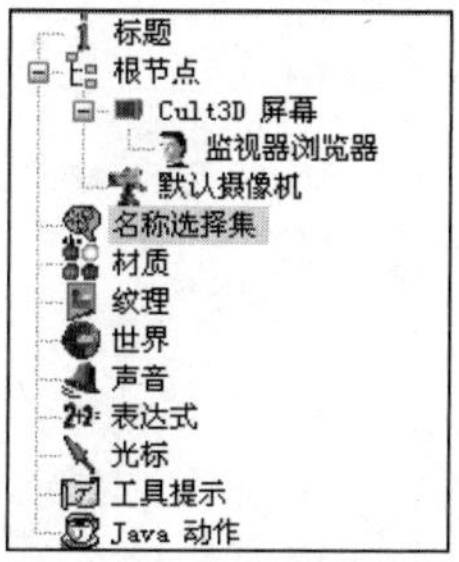

图 4.20 “场景图表”窗口

- 标题 ：这是一个文件标志，一般可用于指定创作者和项目名称。这个标题标志同时也显示了当前场景中所用的资源。
- 根节点 ：列出了场景中所有的几何物体，包括网格元素、摄像机和粒子系统等。
- 名称选择集 ：可与许多单独物体作用的动作一起使用。
- 材质：列出了场景中定义的材质，利用它可以编辑材质属性。
- 纹理：包括在场景中一系列可用贴图的设置，并且能够添加新的纹理贴图。
- 世界：一个发布二.co 格式的 Cult3D 物体。
- 声音：显示出场景中所有可用的声音素材。Cult3D 设计中支持*.wav 和*.mid 文件格式，使用它来载入、选择和预览场景中的声音文件。
- 表达式：包括场景中所有可用的表达式，表达式用于通过数值或等式来改变一个物体的属性。
- 光标：用于载入和选择光标类型，在其他光标编辑工具中创建自己的光标，然后在此引入。
- 工具提示 ：当鼠标在物体上时激活显示的文字。“提示”可用于标记物体或为用户提供额外的提示。
- Java 动作 ：用于在设计工具中增加选择 Java 功能，Java 可用于扩展 Cult3D 的交互等功能。

在场景图的上方是一个空的下拉菜单，列出了所有根节点下的元素，利用这一点可以简化定位场景图中的元素位置。单击靠近窗口的箭头，可以看见场景中所有按字母顺序排列的元素。通过按下字母键，可以自动优先选中最先匹配的项目，通过按向上和向下键可以滚动这些按字母顺序排列的元素。

2.“动作”窗口

“动作”窗口默认位于屏幕的左侧，如图 4.21 所示。

（1）对象运动：用于对物体和摄像机进行变换操作。

- 复位：重置一个物体的移动和旋转到原来的初始位置。
- 队列动作：设置对象连续动作。
- 停止队列动作：设置对象停止连续动作。
- 旋转 XYZ：在一定时间旋转物体到特定角度，也可设置成持续旋转。
- 旋转对齐：控制一个物体的旋转方向，使之一个方向轴时刻指向一个物体，当目标物体改变位置时此物体也随之改变方向。
- 平移 XYZ：在一定时间移动物体到特定位置，也可设置成持续移动。
- 缩放 XYZ：设置对象物体在 X、Y、Z 轴上的缩小与放大。

- 动画播放：播放在三维建模软件中已建立的动画（旋转和移动）。
- 动画“跳转”：跳转到在三维建模软件中已建立动画的特定时间位置。当设定的持续时间大于 0 时，建立从当前时间状态到特定时间的过渡动画。

图 4.21 “动作”窗口

- 停止：停止正在播放的动画过程（由行为引发或物体本身的动画）。

（2）交互。

- 鼠标—控制球：在窗口中拖动鼠标时旋转或移动物体。可以设置鼠标特定键的功能，旋转轴或移动方向。默认是左键旋转物体，右键拉远、拉近物体，两键同时按下时则可以移动物体。当作用对象是摄像机时能实现控制视图的导航。
- 鼠标—扩展：可以 360° 转动物体（或摄像机），也可以平移和远近拉伸。
- 鼠标/键盘—导航：使用鼠标/键盘在场景漫游。

（3）节点层级动画：控制网格物体的节点类型动画。

- 节点动画播放：播放物体在三维建模软件中建立的节点运动动画。
- 节点动画“跳转”：播放到特定时间点位置的节点动画。当持续时间为 0 时是跳跃到该时间状态，当持续时间大于 0 时是建立到该时间点状态的变形动画。

（4）摄像机。

- 选择摄像机：选择（切换）当前摄像机的视点。
- 立体视觉特征：把摄像机显示模式变为 Stereoscopic（立体感）模式。

（5）声音。

- 系统提示音：播放系统的警报声。
- 播放声音：播放一个已激活的声音文件，目前 Cult3D 支持的声音类型有*.midi 和*.wav。
- 停止播放声音：停止指定声音的播放。

（6）世界。

- 载入世界：载入一个 Cult3D 场景。

- 卸载世界：卸载一个 Cult3D 场景。
- 隐藏/显示世界：隐藏/显示一个 Cult3D 场景。

（7）连接。

- 载入 URL：打开一个 URL 地址，可以选择目标窗口。
- 载入 CO：从一个 URL 地址载入 Cult3D 的 CO 文件。
- 发送信息到主动作：给主程序传递字符串消息，如网页中的 JavaScript 函数。

（8）事件。

- 触发事件：用行为激活一个事件。主要用于激活自定义事件。只有当事件处于初始状态才能引发。
- 复位视觉：重置一个事件到初始状态。
- 激活事件：事件在当前状态可以是可用的或不可用的，不可用状态时则不能接收相应事件。用此行为将不可用事件激活为可用事件。
- 解除激活事件：把可用事件变为不可用（解除事件），不能激活此事件相联的动作行为。

（9）渲染。

- 设置背景：设置场景背景的颜色、纹理图案。
- 隐藏对象：如果当前对象物体是隐藏状态，就显示行为所连接的物体。
- 显示对象：将行为所连接的物体隐藏。
- 双线性过滤：切换（打开/关闭）纹理的 Bilinear 过滤效果。

（10）纹理。

切换热区的个性标签：在物体表面的纹理上可以设置一个特定的区域作为热区，热区内的纹理可以替换为另一图像，该行为替换此热区的纹理。

（11）表达式。

- 执行表达式：执行表达式运算或检测属性中的参数值。
- 条件测试：进行条件测试。对是否满足条件作相应的分支处理。

（12）光标/指针。

设置鼠标指针：改变鼠标形状。

（13）粒子系统。

- 开始粒子发射：打开粒子系统的释放。
- 停止粒子发射：停止粒子系统的释放。

3．事件规划窗口

用于对 Cult3D 对象的各种事件进行操作，在这个窗口中可以完成大多数的设计工作。如用鼠标或键盘来操作或控制对象的行为方式。几乎所有的设计操作都在此窗口进行，操作很简便，只需用鼠标把物体拖曳到相应的行为和事件上建立相互之间的连接。图 4.22 中列出了Cu1t3D 能接收的事件类型。

- （世界启动）：在 Cult3D 场景初始化后激活它，当一开始要自动调用的事件都应该和它建立连接。当场景引入时首先执行。
- （世界停止）：在卸载 Cult3D 场景时激活这个事件的执行。
- （世界步进）：场景每更新一次，此事件就执行一次，该事件主要用于需要时刻监测某状态变化并激活操作的情况。

- （计时器）：该事件在一定时间后激活。双击该图标设置要延迟的时间量。
- （单击对象）：单击一个物体时发生。该事件必须和一个几何体对象关联（拖动一个几何体到该图标上建立一连线）。

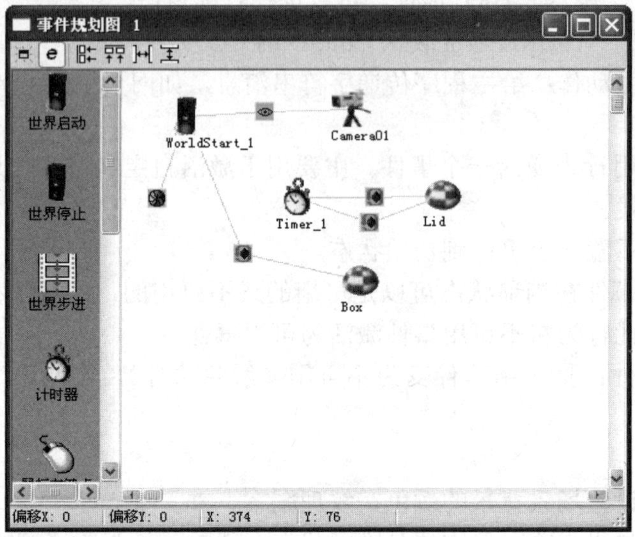

图 4.22 “事件规划”窗口

- （鼠标中键单击对象）：鼠标中键（可以设为同时按下左、右键）单击一个物体时发生。
- （鼠标右击对象）：鼠标右击物体时激活该事件。
- （对象运动完成）：当一个物体运动过程结束时激活该事件。
- （声音播放完成）：播放的声音结束时发生。
- （键盘按键按下）：按下一个或几个键时激活该事件。双击该图标设置当按下特定的键时发生。
- （键盘按键释放）：当释放特定的键时发生。双击该图标设置释放一个或几个键激活该事件。
- （自定义）：用于特定情况下由其他事件或浏览器外部事件激发。

4．演示窗口

演示窗口如图 4.23 所示，主要用于预览和检测 Cult3D 场景在施加各种行为后的正确性及其结果。在事件规划窗口为对象制作完所有或部分程序后，在预览窗口进行查看。还可以选择“摄像机”下拉列表中不同的视图从各个角度观看其结果，此窗口的默认视图显示是“默认摄像机”，当增加了 Cult3D 设计文件后，在其摄像机下拉列表中就会出现前视图、左视图和顶视图等视图。这一窗口也可以作为一种可选的选择方式或结合手控工具来定位物体。

图 4.23 “演示”窗口

- R（重设所有对象放大、缩小与旋转）：重设放大、缩小与旋转对象的数值为初始状态。当破坏对象的原来模样时，可以单击此按钮恢复到原来的状态。

- r（重设放大、缩小与旋转）：重设某个对象到缩放、旋转的初始状态。
- R（重置所有物体到初始位置）：与R类似，但该按钮将清除所有用于物体的移动操作。物体被重置到从模型文件包中输出时的位置。
- （重置物体到初始位置）：与上一个按钮类似，但是仅应用于选中物体。
- （固定所有对象）：此按钮会固定所有预览窗口中的对象，即如果移动一个或多个对象位置，单击此按钮，就可以将所有预览窗口中的对象位置固定下来。
- （固定选取对象）：单击此按钮允许在预览窗口中选取对象，可以在 Scene Graph 的窗口中找到所选取的对象。
- （选取对象）：单击此按钮允许在预览窗口中选取对象，可以在 Scene Graph 的窗口中找到所选取的对象。
- （对象旋转、缩放、移动状态）：单击此按钮，可选择对象并拖动对象进行放大、缩小和移动等操作。如果没单击此按钮，则只能用鼠标选取对象，而不能旋转与缩放。
- （预览开始/停止）：开始预览时，单击此按钮，再次单击时结束预览。

5．“事件”窗口

“事件”窗口如图 4.24 所示，主要反映事件规划窗口中的各个事件，这是获取和编辑事件和事件数据而不使用事件图的一种可选方法，可以直接在此窗口中对事件进行编辑、删除和创建新事件。当在事件规划窗口中为物体施加了事件后，就会自动在此窗口中表现出来，若想改变其中的事件，只需在此窗口中单击“编辑”按钮。若想改变事件的时间顺序，单击“时间线”按钮即可。

6．对象属性窗口

对象属性窗口如图 4.25 所示，用于显示当前场景中对象的各种属性，如对象名、移动旋转的坐标位置和类型等，通过结合表达式工具属性来管理场景中对象的信息。

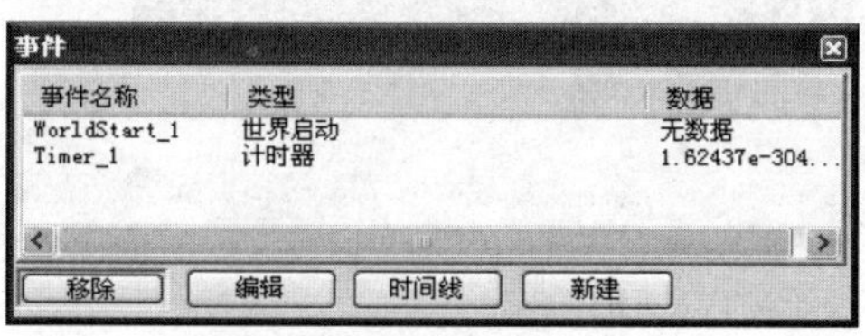

图 4.24　“事件”窗口

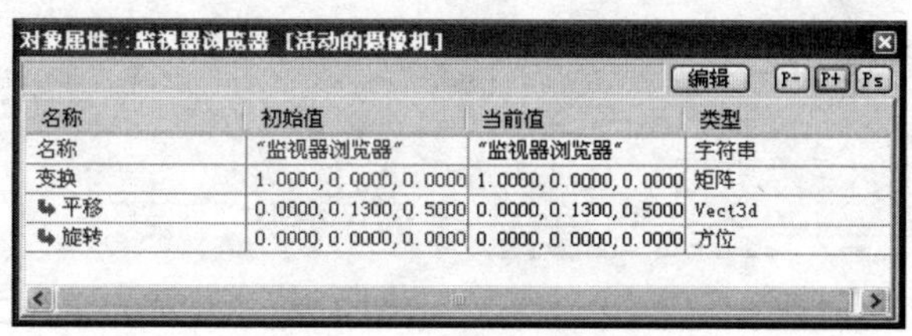

图 4.25　对象属性窗口

4.3.3　Cult3D 制作流程

Cult3D 的开发过程也比较简单，只需要几步就可以制作出 Cult3D 的作品。在常见三维建模软件中，有 3ds Max 和 Maya、Image Modeler 等软件，在这些软件中建立好的三维模型或动画，最后输出.c3d 文件格式。Cult 3D 软件中提供了 3ds Max 和 Maya 的插件使之能输出该文件格式。在选择插件时还要注意三维建模软件相应的版本，目前最高支持的 3ds Max 版本为 8.0。由于 3ds Max 拥有较广泛的用户群，同时 3ds Max 对硬件要求较 Maya 低，因此在一般情况下应用较多。下面以 3ds Max 为例来讲解 C3D 文件的输出。

1. 导出模型

由于 Cult3D 本身没有创建物体三维模型的能力，因此必须采用其他的 3D 制作软件来进行建模，建模完成后再导出 Cult3D 所需要的*.c3d 文件格式。

1）3ds Max 输出插件的安装

要在 3ds Max 中输出 C3D 文件格式，必须安装相应的插件，用户可以到 Cult3D 的官方网站 www.cult3d. com 下载其相关插件。目前该插件分别支持 R6、R7 和 R8 版本的 3ds Max。下载后运行它，该安装程序自动找到 3ds Max 的安装目录，生成相应的文件。

2）文件的导出

当建立完模型，设置好场景动画后就可以输出*.c3d 文件了。操作步骤如下。

（1）在 3ds Max 中选择“文件”→“导出”命令，弹出相应的对话框，选择 Cult3D Designer (*.C3D) ，输入要保存的文件路径与文件名，单击“保存”按钮后将出现图 4.26 所示的 Cu1t3D Exporter 输出设置界面。

图 4.26　3ds Max 导出 Cult3D 文件的对话框

注意：如果没有安装 Cu1t3D 的输出插件或安装不正确，在文件类型选项中将不会出现*. c3d 文件类型。

（2）单击 save（保存）按钮，可将文件保存为 Cult3D 的 C3D 格式，而且也将有关输出的设置保存在 3ds Max 软件中。

- Reduce（减少）：当对场景中的所有多边形进行了减面设置后，此按钮将变为可用，单击后执行减面操作；
- Apply（运用）：调整了参数设定后，只有单击此按钮，刚才的设置才能被执行；
- Viewer（预览）：打开（关闭）预览窗口，选择打开时，会弹出一个 Viewer 窗口，在此窗口中可用鼠标对模型进行旋转、缩放和移动等操作。

2. 加入交互事件

将*.c3d 文件导入 Cult3D 设计后，加入互动效果，如声音和事件。Cu1t3D Designer 已经将很多基本的命令模块化，一般不懂编程语言也可以很方便地制作想要的效果。用户如果精通 Java 还可以自己编写脚本，进行高级交互，最后可以将文件保存成*. c3p 的格式，这是 Cult3D 的工程文件，可用于以后修改。

3. 输出 Internet 文件

在 Cult3D Designer 的“文件”菜单下选择“发布 Internet 文件”选项，然后就是选择压缩方式了。在这里可以对模型的每一个物件的贴图和材质以及声音进行压缩，输出到网络中，当然也可以输出到 Office 等应用程序中。经过以上几个步骤就可完成一个 Cult3D 的作品，图 4.27 所示为 Cult3D 的工作流程。

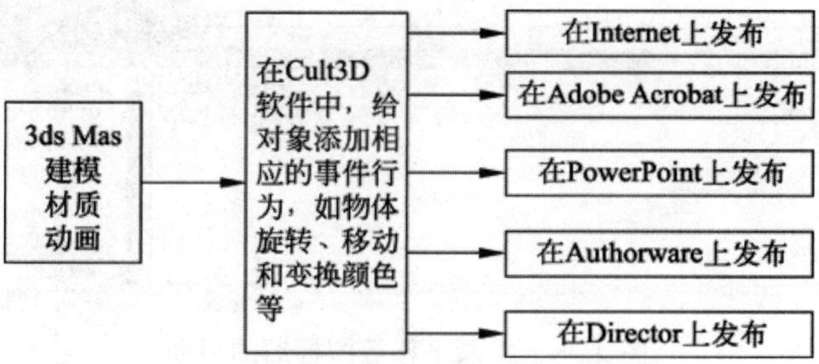

图 4.27　Cult3D 的工作流程

4.3.4 Cult3D 应用实例

在本例中，将制作一个茶壶的运动展示，单击茶壶盖时，自动打开；再次单击时，合上茶壶盖。

1. Cult3D 交互设置

（1）启动 Cult3D Designer，添加 teapot.c3d 素材文件，此文件为 Cult3D Designer 5. 3 安装后自带的文件。

（2）在“事件规划”窗口中，将“鼠标左键点击对象”图标拖入右侧的工作区中。在“动作”窗口中，单击“对象运动”下的“平移 XYZ”图标，将此图标拖入“事件规划”窗口右侧，放到 QbjectLClick_1 图标上。将“场景图表”窗口中 teapot 下的 Lid 物体拖入“事件规划”窗口右侧的“平移 XYZ”图标上，再次将 Lid 物体拖放到 ObjectLClick_1 图标上，如图 4.28 所示。

（3）双击“事件规划”窗口中的“平移 XYZ”图标，对其参数进行设置，将“平移 XYZ 动作细节”对话框中“平移 XYZ 控制”选项区域中的 Z 选项改为 0.3，时间为 1000，如图 4.29 所示。

（4）在“演示”窗口中单击播放按钮，此时单击茶壶盖出现移动效果，但是每次单击一次茶壶盖就向前移动一次，而不是往复运行。本实例需要在单击茶壶盖时，茶壶盖打开，再次单击茶壶盖时，茶壶盖合上的效果，这时还需对其鼠标控制图标进行释放。

（5）要对图标进行释放，就要使用“解除激活”事件，将“动作”窗口中事件下的“解除激活事件”图标拖到“事件规划”窗口中的 ObjectLClick_1 图标上，如图 4.30 所示。

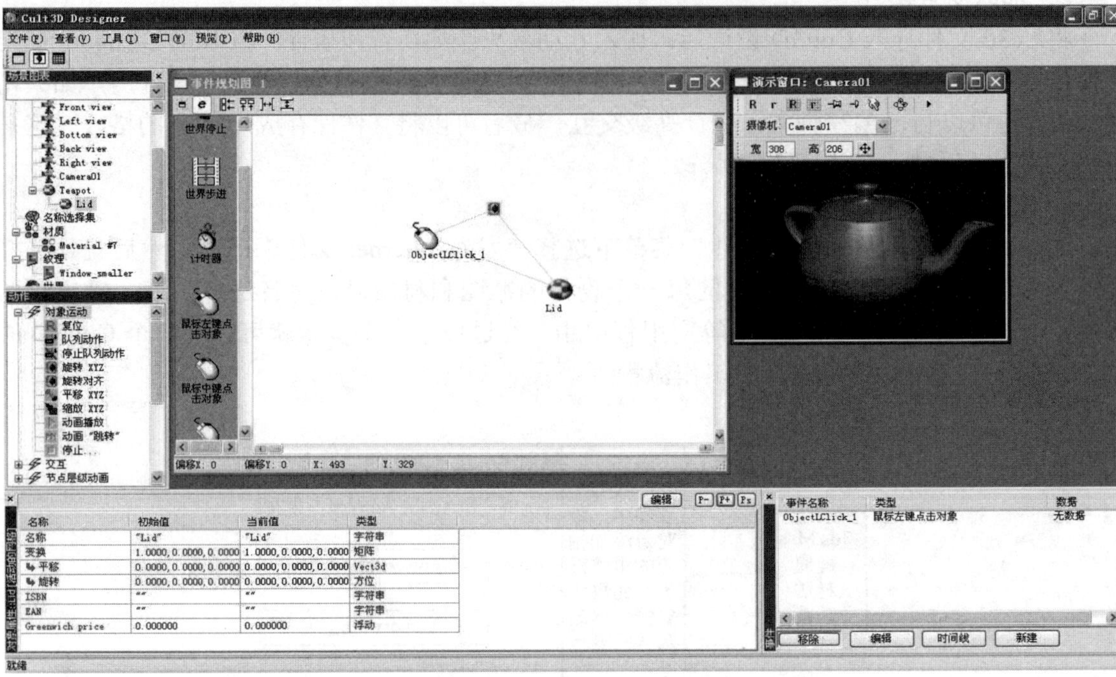

图 4.28　加入平移等图标后的界面

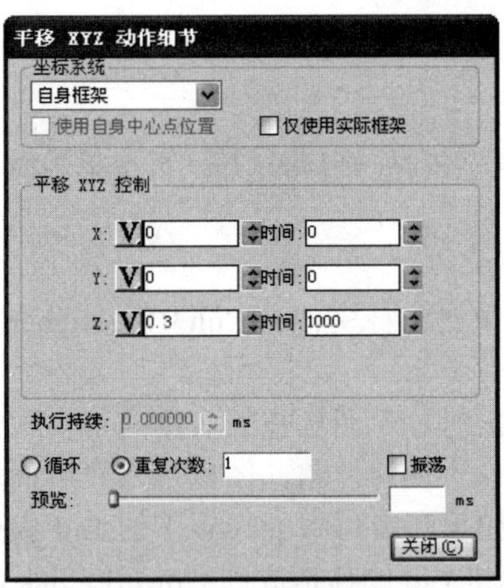

图 4.29　“平移 XYZ”设置

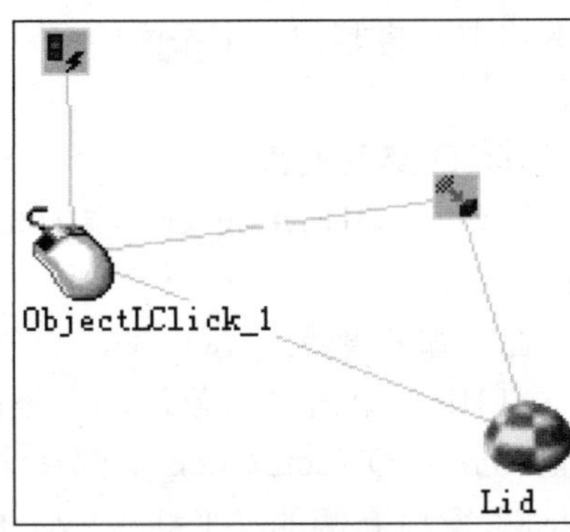

图 4.30　加入“解除激活”图标

（6）单击“解除激活事件”图标，鼠标右击“解除激活事件”，在弹出的快捷菜单中选择“参数”命令，出现“选择”对话框，在该对话框左侧列表框中选取 ObjectLClick_1，添加到其右侧列表框中，如图 4.31 所示。

（7）在“演示”窗口单击“播放”按钮，可以单击茶壶盖，茶壶盖向上移动，再次单击无效。

（8）接下来要做的是再次单击时，茶壶盖自动向下移，回原位。在“事件规划”窗口中将“鼠标左击对象”图标拖到其右侧工作区中，在“动作”窗口中将“平移 XYZ”图标拖到“事件规划”窗口中 ObjectLClick_2 图标上，并将物体 Lid 分别拖到“平移 XYZ”和

ObjectLClick_2 图标上，出现黑框后放手即可。

（9）双击“平移 XYZ”图标，其中 Z 轴的参数同第（3）步向上移动参数相反，设置为-0.3，如图 4.32 所示。

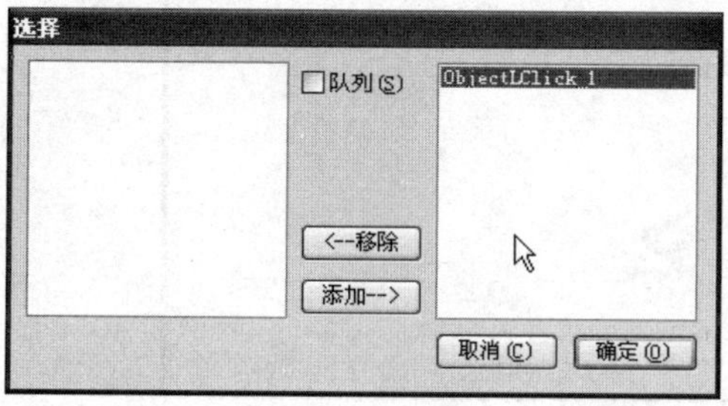

图 4.31　设置“解除激活”图标

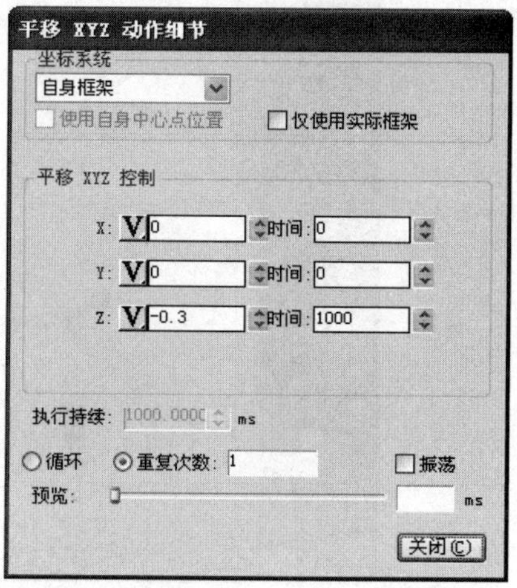

图 4.32　ObjectLClick_2 上的“平移 XYZ”设置

（10）在“事件规划”窗口中，将“动作”窗口中“事件”下的“解除激活事件”图标拖到 ObjectLClick_2 图标上，并设置“解除激活事件”图标的参数，在“选中”对话框中选取 ObjectLClick_2 加入其右侧。

（11）为了实现物体的往复运动，还必须将释放的图标再次激活，在“动作”窗口中，将“事件”下的“激活事件”拖入到“事件规划”窗口中 ObjectLClick_1 图标上，再将 ObjectLClick_2 图标拖到“激活事件”图标上。

（12）在“动作”窗口中，将“事件”下的“激活事件”拖入到“事件规划”窗口中 ObjectLClick_2 图标上，再将 ObjectLClick_1 图标拖到“激活事件”图标上。

（13）在“事件规划”窗口中，在 ObjectLClick_2 图标上右击鼠标，在弹出的快捷菜单中选择“初始化激活”命令，把其前面的选择去除，此操作的作用是在刚开始运行时使 ObjectLClick_2 图标失效，让 ObjectLClick_1 图标有效，即先打开茶壶盖。其图标如图 4.33 所示。在“演示窗口”中查看效果，当用鼠标单击茶壶盖时，茶壶盖向上打开；再次单击茶壶盖时，茶壶盖向下还原。

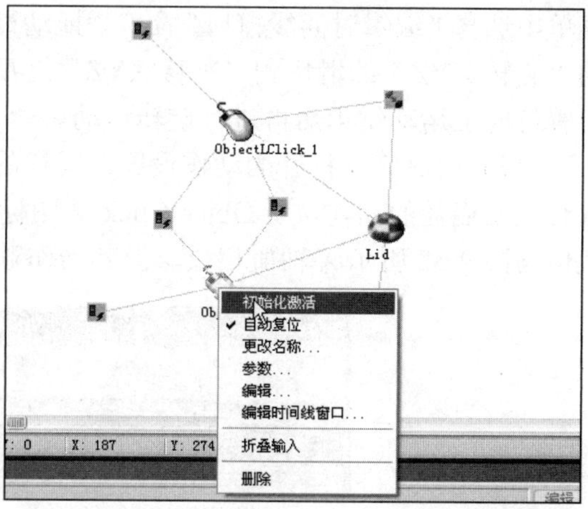

图 4.33　取消 ObjectLClick_2 的初始化激活

（14）给整个茶壶增加鼠标控制操作，使用鼠标可对物体（整个茶壶）放大、缩小及移动。首先将“事件规划”窗口中的“世界启动”图标拖入到其右边窗口处，其作用是在刚载入场景时就启动这个操作，将“动作”窗口中“交互”下的“鼠标-控制球”拖入到“事件规划”中的“世界启动”图标上，再将“场景图表”窗口中的 teapot 物体（整个茶壶）

拖入到“鼠标-控制球”图标上，如图 4.34 所示。

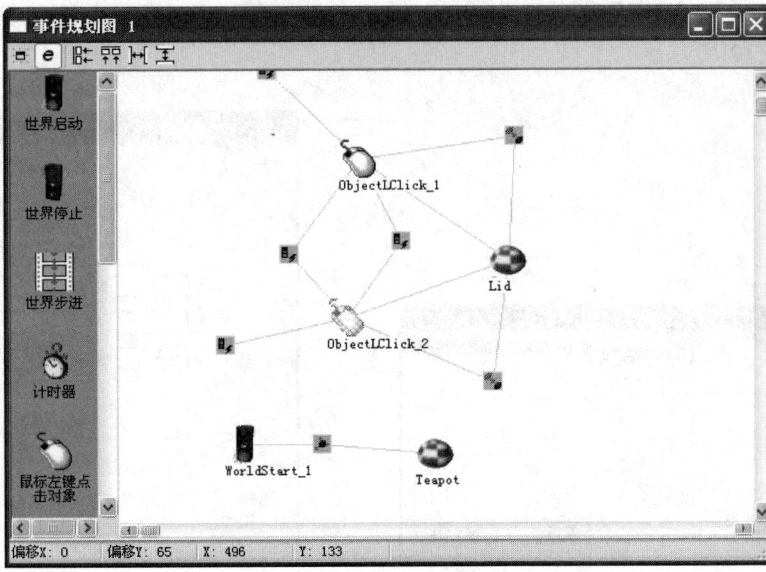

图 4.34　完成开合功能的事件规划图

（15）通过以上的操作，已经可以实现茶壶盖的打开与合上。为了更加真实地模拟，下面增加几个效果，如打开时并不只向上打开，而是放在茶壶的旁边。要达到此效果，可以在运动时再增加一个旋转的运动。将“动作”窗口“对象运动”下的“旋转 XYZ”拖到“事件规划”窗口的 ObjectClick_1 图标上，并将物体 Lid 拖到 ObjectClick_1 图标上，右击 ObjectClick_1 图标，设置其参数，如图 4.35 所示。

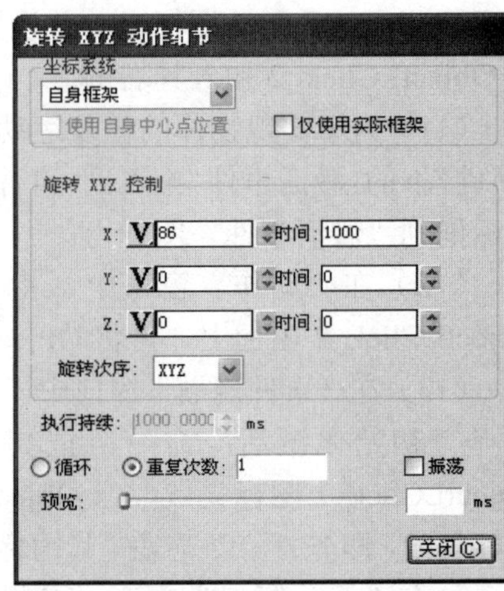

图 4.35　ObjectClick_1 上的“旋转 XYZ”设置

（16）为了避免单击 ObjectClick_1 图标时，平移与旋转运动同时作用，必须设置其运动时间线。如图 4.36 所示，用鼠标右击 ObjectClick_1 图标，在弹出的快捷菜单中选择“编辑时间线窗口”命令，拖动最下面一行的“旋转 XYZ”的滑块到“平移 XYZ”之后，其意义为等待向上运动结束后再进行旋转运动。

（17）此时完成打开的动作设置，同样的方式可设置合上茶壶盖的动作。将 ObjectClick_2 图标相连的“旋转 XYZ”参数设置为 *X* 轴为“−86”，此值与图 4.32 所示 *X* 轴值相反，但其动作顺序是先旋转运动，再平移运动。

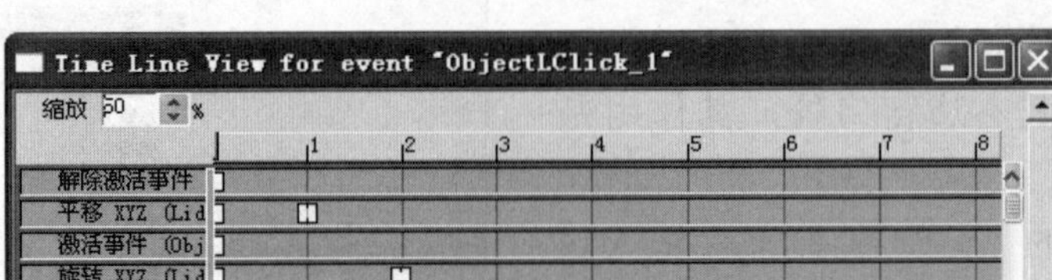

图 4.36　ObjectClick_1 上时间线设置

（18）保存文件，命名为 teaport1.c3p，其全部图标如图 4.37 所示。

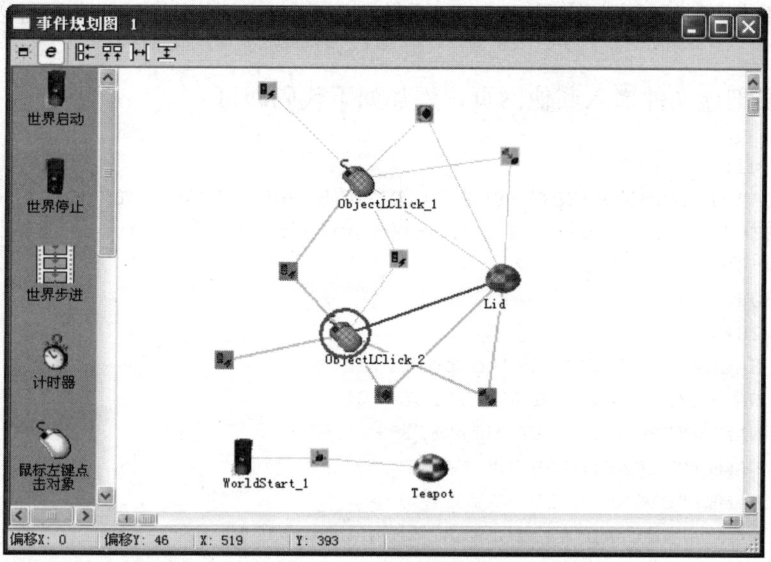

图 4.37　所有交互设置后的事件规划图

2. 进行 Internet 发布

Cult3D 应用较广，在多个领域中都有较好的表现，其最大的优点是做产品展示，它可以应用到多种软件，最常见的是网络应用，在 Internet 上展示产品。

制作的 Cult3D 作品，其文件数据小，因此在网络上的应用非常多。下面介绍如何将 Cult3D 的作品用于网页的制作。

（1）启动 Cult3D Designer 5. 3 软件，添加工程文件。选择“载入方案”菜单，选择 teaport1 .c3p 文件，导入这个文件的源程序。

（2）选择“文件”→“发布 Internet 文件”命令，在打开的对话框中选择要保存的路径，输入文件名为“teaport1. co”，单击“保存”按钮后，弹出“保存设置”对话框，如图 4.38 所示。

（3）在此对话框中，可设置的项目有对象运动、节点运动、声音、几何图形和 Html。也可直接选择“使用‘智能保存’”复选框，简化设置，如图 4.39 所示。

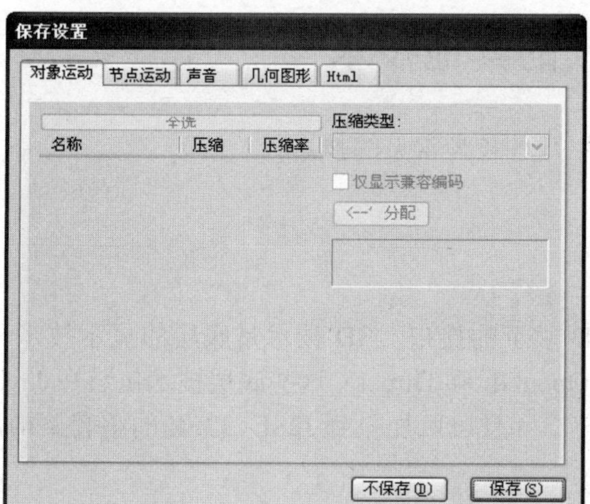

图 4.38　发布 Internet 的保存设置

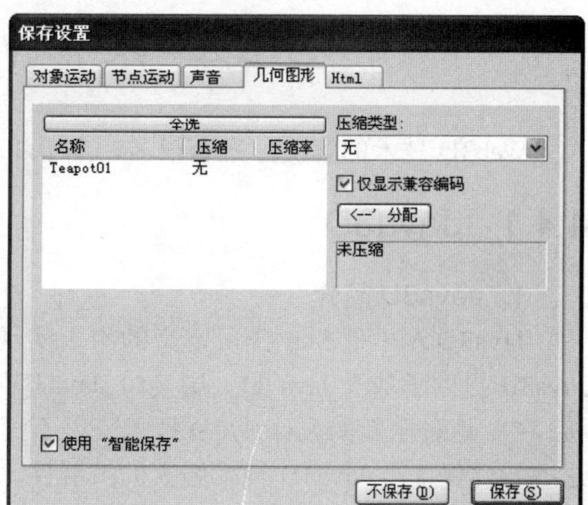

图 4.39　保存设置中的“几何图形”

（4）单击“保存”按钮后，在指定的目录会自动生成一个 teaport1. co 文件，同时还有一个 teaport1.html 文件，只要安装了 Cult3D 插件，双击 teaport1.html 文件就可以从网页上浏览效果。

（5）如果要把该文件嵌入其他网页，添加如下代码即可。

```
<OBJECT ID="CultObject"
      CLASSID="clsid: 31B7EB4E-8B4B-11D1-A789-00A0CC6651A8"
      CODEBASE="http: //www.cult3d.com/download/cult.cab#version=5,3,0,212"
      BORDER="0"
      WIDTH=308
      HEIGHT=206>
      <PARAM NAME="SRC" VALUE="teaport1.co">
      <PARAM NAME="ANTIALIASING" VALUE="0">
      <PARAM NAME="PBCOLOR" VALUE="FFFFFF">
      <PARAM NAME="VIEWFINISHED" VALUE="0">
      <PARAM NAME="DISABLEPB" VALUE="0">
      <PARAM NAME="ANTIALIASINGDELAY" VALUE="250">
      <EMBED NAME=CultObject
         PLUGINSPAGE="http: //www.cult3d.com/newuser/index.html"
         TYPE="application/x-cult3d-object"
         SRC="teaport1.co"
         ANTIALIASING="0"
         WIDTH=308
         HEIGHT=206
         PBCOLOR="FFFFFF"
         BORDER="0"
         VIEWFINISHED="0"
         DISABLEPB="0"
         ANTIALIASINGDELAY="250"
       </EMBED>
     </OBJECT>
```

4.4 基于 Web 的其他技术

Web3D 技术的解决方案有很多，本节将介绍几种较为常见的技术。

4.4.1 Java3D

1. Java3D 简介

Java3D API 是 Sun 公司定义的用于实现 3D 显示的接口。3D 技术是底层的显示技术，Java3D 提供了基于 Java 的上层接口。Java3D 把 OpenGL 和 DirectX 这些底层技术包装在 Java 接口中。这种全新的设计使 3D 技术变得不再烦琐，并且可以加入到 J2SE、J2EE 的整套架构，这些特性保证了 Java3D 技术强大的扩展性。

Java3D 建立在 Java2（Java1.2)基础之上，Java 语言的简单性使 Java3D 的推广成为可能。它实现了以下三维显示能够用到的功能：

（1）生成简单或复杂的形体，也可以调用现有的三维形体。

（2）使形体具有颜色、透明效果和贴图。

（3）在三维环境中生成灯光、移动灯光。

（4）具有行为的处理判断能力（键盘、鼠标和定时等）。

（5）生成雾、背景、声音。

（6）使形体变形、移动、生成三维动画。

（7）编写非常复杂的应用程序，用于各种领域，例如虚拟现实。

2. Java3D 的特点

Java3D 技术的特点如下。

（1）简化了三维应用程序的开发，且功能强大。Java3D 结合了高层次的场景图模型，使得程序员只需集中精力于场景图中各个对象和组成元素。Java3D 在底层还借助于 OpenPGL，DirectX 的强有力支持，屏蔽了底层绘图的实现，可以非常方便地制作三维场景，善于将复杂问题简单化，比较人性化。

（2）适于开发基于 Internet 的可视应用程序。Java3D 具有优秀的、丰富的 UI（Swing，AWT）和 Web 发布能力（通过 JavaPlug2In）。

（3）灵活的观察点模型。其采用 Java3D 观察点模型程序，描绘图形的方式灵活，不需要改变程序代码。

（4）集成三维声音和图形于一体，更逼真形象。

（5）支持连续动作设备，增强了程序的交互性，有了交互功能的游戏才可以说是一个完整的游戏。

（6）具有同其他 JavaAPI 良好的结合性。

以上优势使得其在三维游戏、网页制作、计算机辅助教学（CAE）、三维图形设计、仿真技术、模拟建模、虚拟建摸和虚拟现实等领域的应用越来越广泛。表 4.2 为 Java3D 与其他计算机图形处理技术的比较。

表 4.2　Java3D 与其他图形技术的比较

技　　术	实 现 层 次	开发技术（难度）	扩　展　性	最适合的应用领域
Java3D	中层（JVM）	Java（较易）	J2SE 标准扩展（好）	网上三维显示实现
OpenGL	底层（显卡）	C\C++（难）	各大厂商支持（较好）	三维设计软件
Direct3D	底层（操作系统）	C++（较难）	Windows 平台（差）	三维游戏
VRML	上层（网页）	标记语言（容易）	安装插件支持（一般）	网上虚拟现实

3. Java3D 实例

Java3D 可以通过多种方式实现。可以通过 Java Applet 的形式，也可以通过 JSP 技术，还可以通过 EJB 的方式，后两种方式需要搭建专门的 Web 服务器。下面介绍通过 Java Applet 的方式实现 Java3D。

1）Java Applet 图形编程代码

图 4.40 所示为彩色六面体，可以用鼠标左键旋转，右键拖动，按下滚轮前后移动缩放。

相关程序如下，把代码复制到记事本，保存为 UglyCube.java。

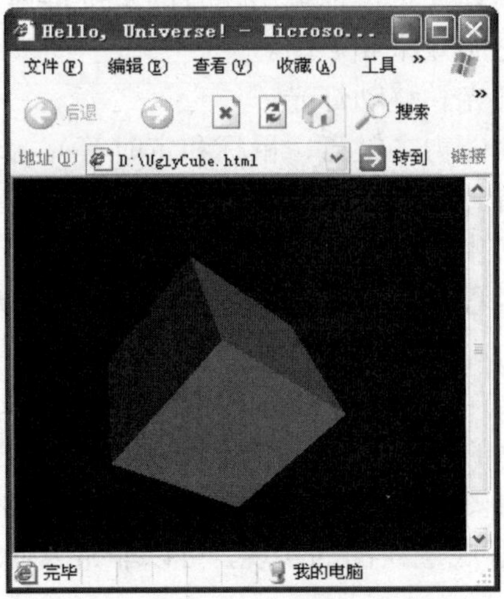

图 4.40　六面体

```
import java.applet.Applet;
import java.awt.BorderLayout;
import com.sun.j3d.utils.applet.MainFrame;
import com.sun.j3d.utils.geometry.*;
import com.sun.j3d.utils.universe.*;
import javax.media.j3d.*;
import javax.vecmath.*;
import com.sun.j3d.utils.behaviors.mouse.MouseRotate;
import com.sun.j3d.utils.behaviors.mouse.MouseZoom;
import com.sun.j3d.utils.behaviors.mouse.MouseTranslate;
public class UglyCube extends Applet
{
private SimpleUniverse universe;
public UglyCubc()
{}
public void init()
{
    //canvas to draw on, ask SimpleUniverse what config to use
    Canvas3D canvas = new Canvas3D(SimpleUniverse.getPreferredConfiguration());
    setLayout(new BorderLayout());
    add("Center", canvas);
    //create top of our scene graph
    BranchGroup scene = new BranchGroup();
    //create universe, and attach our geometry to it.
    SimpleUniverse u = new SimpleUniverse(canvas);
    u.getViewingPlatform().setNominalViewingTransform();
    // Create the bounding leaf node
    BoundingSphere bounds = new BoundingSphere(new Point3d(0.0,0.0,0.0), 100.0);
    // Create the transform node
    TransformGroup transformGroup = new TransformGroup();
    transformGroup.setCapability(TransformGroup.ALLOW_TRANSFORM_READ);
    transformGroup.setCapability(TransformGroup.ALLOW_TRANSFORM_WRITE);
```

```
    // Create the drag behavior node
    MouseRotate behavior = new MouseRotate();
    behavior.setTransformGroup(transformGroup);
    transformGroup.addChild(behavior);
    behavior.setSchedulingBounds(bounds);
    // Create the zoom behavior node
    MouseZoom behavior2 = new MouseZoom();
    behavior2.setTransformGroup(transformGroup);
    transformGroup.addChild(behavior2);
    behavior2.setSchedulingBounds(bounds);
    // Create the zoom behavior node
    MouseTranslate behavior3 = new MouseTranslate();
    behavior3.setTransformGroup(transformGroup);
    transformGroup.addChild(behavior3);
    behavior3.setSchedulingBounds(bounds);
    transformGroup.addChild(new ColorCube(0.4));
    scene.addChild(transformGroup);
    u.addBranchGraph(scene);
}
// The following allows UglyCube to be run as an application
// as well as an applet
public static void main(String[] args)
{
    new MainFrame(new UglyCube(), 256, 256);
}
}
```

代码写好后，要用 Java 编译器进行编译，产生 UglyCube.class 文件。

提示：（1）要编写 Java3D 程序，在正确安装和配置 JDK 的基础上，还必须安装 Java 3D 提供的 API。下载地址为 http://java.sun.com/products/java-media/3D/1.4.0_01/download.html。
（2）直接在命令行下转到文件目录，运用 javac 命令，类似普通 Java 程序编译解释执行。

2）在网页嵌入显示 Java3D Applet

通过下面这段代码调用生成的 UglyCube.class 文件，把这段代码保存为 UglyCube.html 文件，通过 Internet Explorer 浏览器打开即可。

```
<HTML>
<HEAD>
<TITLE>Hello, Universe!</TITLE>
</HEAD>
<BODY BGCOLOR="#000000">
   <applet align=middle code="UglyCube.class" width=256 height=256>
   </applet>
</BODY>
</HTML>
```

扩展阅读：“Java3D 实现三维显示”的网址为 http://www.ibm.com/developerworks/cn/java/l-java3d/。

4.4.2 Viewpoint

1．Viewpoint 简介

Viewpoint 是由美国 Viewpoint 公司提出的 Web3D 解决方案。利用它基于 XML 语言的构架可方便地和浏览器与数据库进行通信，同时还可以内嵌到多个软件中使用，这就使得 Viewpoint 的应用非常广泛。用户端只需安装一个简单的免费插件就可以在网上浏览到以流方式传输的 3D 模型，同时用户端还可以对该物体进行旋转、缩放等控制。该技术的着眼点涵盖了 Web3D 的各个环节，与其他解决方案不同的是，Viewpoint 是自己制作、处理并传输 3D 图形对象，而不是从其他渠道导入 3D 图像。

2．Viewpoint 的技术特点

Viewpoint 在结构上可分为两个部分：一个是储存三维数据和贴图数据的 mts 文件，另一个是对场景参数和交互进行描述的基于 XML 的 mtx 文件。Viewpoint 生成的文件格式非常小，加上它的三维多边形网格结构具有可伸缩性和流传输性，这使得它非常适合在网络上传输。可伸缩性意味着 Viewpoint 格式的物体可以根据用户机器的处理速度以及 Modem 的速度来自动地调节精度及其他相关参数以获得最佳的表现。这样，设计师只需开发一次高解析度的模型就可以满足用户不同层次精度的需要，从而减少了开发时间。流传输性则使得用户不用下载完所有的三维数据即可看到模型内容，甚至在下载过程中也可交互操作 3D 物体。

在窄带应用环境下，Viewpoint 所提供的技术也是最好的解决方案之一。它使用独有的压缩技术，把复杂的 3D 信息压缩成很小的数字格式，同时也保证我们的浏览器插件可以很快地将这些压缩的信息重新解释出来。它的压缩比比任何一种现有的网上 3D 压缩技术都要高，其极小的文件量使用户能更为快捷地在网上浏览 Viewpoint 格式的物体。在 3D 贴图方面，它使用 JPEG 的压缩格式，保证文件的贴图不会使 3D 文件加大。它还具有一个纯软件的高质量实时渲染引擎，在不需要任何硬件加速设备的情况下，其渲染效果接近真实世界。

Viewpoint 的主要运用市场是作为物品展示的产品宣传和电子商务领域，Viewpoint 公司已经为 Nike、Sony 和 SharperImage 等著名公司提供了在电子商务以及在线广告方面的解决方案。

扩展阅读： Viewpoint 技术系列文章的网址为 http://www.web3d.com.cn/new/teach/Viewpoint/。

4.4.3 Atmosphere

1．Atmosphere 简介

Atmosphere 是在图像处理和出版领域具有权威地位的 Adobe 公司推出的一个可通过因特网连接多用户的三维虚拟环境式在线聊天工具。它集虚拟 3D 世界的创作、观看和互动于一体，是创建网络虚拟三维环境的专业开发解决方案。虽然目前该软件还处于调试开发阶段，但由于它采用了独特的光能追踪算法，在室内空间的展示方面有很大的优势，值得关注。

2．Atmosphere 的技术特点

Adobe Atmosphere 包含三个组件。

- Atmosphere Builder：提供出色的 3D 建模技术来建立三维虚拟世界；
- Atmosphere Browser：Adobe 公司提供的免费浏览器插件（也能作为独立的应用程序

运行），使用户能浏览 Adobe Atmosphere 创造的 3D 世界；

- Atmosphere Community Server：使用户能在 Adobe Atmosphere 创造的 3D 世界中用一个基于文本的界面与其他用户进行交流的聊天服务器。

注意：Atmosphere 使用了 Viewpoint 的技术以得到对三维几何体高质量的压缩和实时渲染效果，所以在安装 Atmosphere 的浏览器插件的同时也安装了 Viewpoint 插件。

Atmosphere 除了提供自己的建模工具 Atmosphere Builder 来建立三维虚拟世界以外，也可将由 3ds Max 或 Lightwave 等三维创作工具建立的 3D 模型输出为 Viewpoint 格式的文件（*.mts 和*.mtx 文件），然后将它们导入到 Atmosphere Builder 中。同时，Atmosphere 也能很好地兼容工业标准的网络内容设计工具，如 Adobe Photoshop 和 Adobe Illustrator，它还可以将标准网络图像格式引入到 Atmosphere 中，如 JPEG、GIF 和 PNG。

Adobe Atmosphere 提供了一个出色的虚拟社区解决方案，但由于它处于调试开发阶段，还存在着一些不足之处：从建模技术上看，生成的场景质量还比较粗糙；从短信息聊天功能上看，只支持一对多的方式；从扩展性上看，Atmosphere 目前只能在浏览器和它自己的播放器内运行，还不支持嵌入其他的环境中；从服务器端支持看，Adobe 还未提供用来处理多用户交互信息传送的服务器端程序，目前建立的 Atmosphere 场景只能连接到 Adobe 的服务器上使用；从操作平台上看，现在的 Beta 版只能在 Windows 操作平台上安装，只有正式版才能既用于 Windows 又用于 Macintosh 平台。

扩展阅读：Atmosphere 技术系列文章的网址为 http://www.web3d.com.cn/new/teach/Atmosphere/。

4.4.4 Shout3D

1. Shout3D 简介

Shout3D 是由 Shout Interactive 公司采用纯 Java 技术实现的实现渲染引擎，是非常有特色的一种实现技术。在继承了 VRML 语言基本节点框架的基础上，采用 Java 实现的 Shout3D 大幅度地对 VRML 结构和机制进行了全面的优化和重建，在保持画面品质的基础上 Shout3D 文件尺寸很小，播放平滑流畅，无须额外的浏览器插件支持，采用 Java 内核的设计更使得 Shout3D 具有跨平台、易移植、交互能力强等优点。

相对于其他一些采用全新方案实现的 Web3D 技术而言（Cult3D、Viewpoint 等），将 VRML 移植到 Shout3D 无须太多的重新设计开销，有利于节约开发成本，缩短开发时间，而且 Shout3D 又是连接 VRML 和下一代 Web3D 标准 X3D 的桥梁，具备良好的进一步扩充接口，因而将 VRML 提升到 Shout3D 还具有更好的持续扩展性和长远发展空间。

2. Shout3D 的技术特点

Shout3D 保留了类似 VRML 的场景图结构，场景图中的基本元素是节点（Node），节点可以描述虚拟世界中的几何体、摄像机、纹理和材质等一切事物，也可用来完成某些特殊功能（TouchSensor），节点中含有许多域（Field），用来定义其特性。在 Shout3D 中，节点同时也是一个 Java 类，当 Shout3D 场景被加载时，模型文件中的节点将被按照其对应的节点类装入内存并实例化成对象，节点的域值也被封装到该节点类的属性域中。节点类也可在运行中由程序动态创建生成，具有方法（Method）的节点类可以使用 Shout3D JavaAPI 在运行时直接操纵场景中的各种对象，包括设置属性值，控制其运动，响应用户的命令等，这对于实现虚拟世界的交互式控制非常有用。

3. Shout3D 的工作流程

要建立一个由 Shout3D 实现的交互式网络虚拟现实世界，其工作流程可经过 4 个步骤：建模、导出、编辑和发布。其中建模是利用 3ds Max 或其他三维建模工具进行三维场景和虚拟对象的模型创建过程，模型文件的导出可借助 Shout3D 提供的专用导出插件或第三方的格式转换软件（如 Spazz3d），编辑阶段是对模型场景进行手工程序设计的过程，在这一阶段中原先静态的场景对象将被赋予人机交互和动态变化的能力，最终将全部文件打包上传以完成整个项目的设计过程。

一个完整的 Shout3D 项目必须至少由以下几个文件构成：一个 Shout3D Java Applet 小程序类、一个 Panel 面板类、一个 s3d 场景文件、一个网页发布文件以及其他可能需要的声音图像等外部资源文件。

1）嵌入到网页中的关键代码

```
<APPLETMAYSCRIPTNAME="Shout3D"                    //允许网页脚本控制，设置 Shout3D 对象名
 CODEBASE="../codebase"
 CODE="applets/ExamineApplet.class"               //指定小程序类名和基类地址
 ARCHIVE="shout3dClasses.zip"                     //指定所需要的类库文件名
 ALIGN=LEFTVALIGN=MIDDLEWIDTH=  "300"HEIGHT="400">         //指定面板长宽及对齐方式
 <paramname="src"value="models/will/will_no_touchSensor.s3d">
                                                  //指定 s3d 模型文件名
 <paramname="headlightOn"value="true">            //设置顶灯
 <paramname="..."value="...">/                    //更多的参数值设定
</APPLET>
```

2）实现 Shout3D 交互式三维动画

交互性是网络实时渲染动画区别于预渲染动画和 CG 电影的最大不同，在 Shout3D 中主要通过以下途径来实现交互式网络三维动画。

（1）在三维模型创建中或手工编辑场景文件时已经加入了动画内容，在此基础上使用 Shout3D 提供的预定义 JavaApplet 小程序类可直接赋予其实现基本的交互功能。

（2）通过对 Shout3D 基本类的继承或完全定制满足特定需求的 Applet 类，可借助 Shout3D Java API 提供的强大开发能力实现多种交互式控制的 Shout3D 动画。

（3）在 HTML 网页中，通过脚本语言（JavaScript）对嵌入网页的 Shout3D 对象加以控制，以实现 Java 和 JavaScript 的双向通信和交互控制。

基于上述的实现途径考虑并结合特定的设计需求，有针对性地提出用于实现下列基本类型交互式动画的设计方案。

3）网页脚本交互动画

Shout3D 以 Java 小程序类的方式嵌入到网页中运行，因此网页动态脚本可借助 <APPLET>标签中的 NAME 声明取得小程序类对象名称，进而使用 getNodeByName 对场景元素进行控制。

通常网页脚本由 JavaScript 实现，通过调用 Shout3D Java API 可基本实现一些常见的交互式动画控制，包括使用 Java 实现的各种场景元素的切换或对象的运动控制等。

在网页中实现交互式动画控制的一般步骤是先申明回调函数，即通过使用 Shout3D Applet 类的 addJSDeviceObserver 等方法将网页中的回调函数与相应接口相联系，再根据动画

实现要求编写相应的控制函数，代码如下：

```
function testAddDeviceObserver()  //MouseInput 与 showXY 相联系
{
 document.Shout3D.addJSDeviceObserver("MouseInput", "showXY");
}
function showXY(mi)     //接口回调函数
{
 if(mi.which==0)
 document.mouseForm.mousePos.value="x:
 "+mi.x+"y: "+mi.y;
}
```

通过网页脚本还可以实现一些特殊的动画控制效果，如对面板大小的改变、动态加载场景元素等。同样，为了实现 Java 与 JavaScript 的双向通信，Shout3DPanel 类提供了域 applet 的 getParameter 函数，以获得<APPLET>标签中由 param 定义的各参数变量名，再使用类型函数 valueOf 可取得其参数值，代码如下：

```
String myFloatFactorString = applet.getParameter("myFloatFactor");
//获取参数字符串名
FloatFactor=Float.valueOf(myFloatFactorString).floatValue();
//获取其 Float 类型值
```

扩展阅读： Shout3D 官方网站的网址为 http://shout3d.net/。

4.4.5 ShockWave3D

1．ShockWave3D 简介

基于 ShockWave3D 的虚拟现实应用的开发工具是 Director。用 Director 开发虚拟现实应用，一般需要在 Director 提供的 lingo 语言编程环境中编写程序。因此 ShockWave3D 技术对于不懂编程的技术人员有些困难，这可能也是 ShockWave3D 技术未能普及应用的原因之一。

Director 是美国 MacroMedia 公司的一个产品，主要用于多媒体项目的集成开发。许多多媒体光盘都是 Director 开发制作的。据 MacroMedia 统计，已经有超过 35 万的用户在使用 Director。Director 是创建与交付功能强大的 Internet、CD-ROM 与 DVD-ROM 多媒体的工业标准。相对于简单的图片和文字，Director 提供唯一足够强大的工具来释放用户的创意，它整合图形、声音、动画、文本和视频来生成引人注目的内容。Director 作为一个强大的多媒体开发工具，已经得到工业界的认可和推崇。但 Director 也是一个强大虚拟现实应用开发工具。从 Director 8 开始，MacroMedia 为 Director 引入了 ShockWave3D 引擎，并为 ShockWave3D 加入了几百条控制 lingo 的函数。结合 Director 本身的多媒体功能，使开发出来的应用在交互能力上具有强大的优势。

2．ShockWave3D 的技术特点

1）ShockWave3D 引擎

ShockWave3D 引擎是 Intel 和 MacroMedia 公司合作开发的新一代 3D 图形引擎。它可支持骨骼变形系统，支持次细分表面，可以根据客户端机器性能自动增减模型精度，支持

平滑表面，还可支持一些特殊效果如烟、火、水。ShockWave3D 的文件非常小，图形干脆利索，不贪婪地吞食用户计算机的资源。它能根据计算机的资源自动地调整 3D 内容的品质，所以不管用户是模拟还是宽带连接，并不十分影响图像的清晰度，只是影响可见的细节水平。

2）ShockWave3D 的虚拟现实技术特点

基于 ShockWave3D 的虚拟现实技术特点，与其他虚拟现实技术相比，ShockWave3D 具有以下的特点和优势。

（1）一种针对 Internet 的虚拟现实技术，或称 Web3D 技术。ShockWave3D 引擎从一开始就是 Internet 设计的，它可以在网络上进行流式传输。

（2）文件尺寸小，下载时间短。因为目前网络带宽不是很大，如果场景模型的文件太大，则用户打开场景前等待的时间会非常长，而这会使用户丧失等待的信心。而 ShockWave3D 的文件比其他 Web3D 技术的文件小得多，对于运行大一点的场景，ShockWave3D 更有优势。

（3）与多媒体紧密结合。因为 Director 本身是一个多媒体集成开发工具，因此用 Director 开发的虚拟现实应用可以和其他多媒体元素很好地结合，应用具有更吸引人的交互方式。

3．基于 ShockWave3D 的虚拟现实实现

基于 ShockWave3D 的虚拟现实系统的结构应根据具体需求建立。但是一般都要包含漫游、碰撞检测、文件读入和模型变换的功能。可以认为，这几个功能可构成一个最简单的虚拟现实系统。

1）模型制作

在 3ds Max 中制作模型，贴好材质和纹理，调整好灯光。制作模型时要尽量减少模型的面数。要用最简化的结构来表达模型。一般来说，面数如能控制在两万以内，则能保证在大部分机器上都能浏览顺畅。可以用 3ds Max 的 Multi RES 功能来减少面，也可以用其他软件工具如 Creator 来辅助制作。模型的面一般应控制为单面，即面只有一个方向，这样可以减少实时渲染时的运算量。如果面数实在太多，经测试发现速度性能很低，则应该配合程序制作 LOD 或者对模型进行分帧处理。模型做好后，保存为 w3d 文件格式。

2）交互功能的制作

漫游和碰撞检测是通过用键盘和鼠标控制场景摄像机运动的方法实现的，主要有摄像机的平移和旋转两个功能点。在实现摄像机平移的过程中要加入碰撞检测，漫游才能让人有真实的感觉。摄像机平移控制的主要代码如下：

```
on exitFrame(me)
 w.model("camBox").transform=w.camera(1).transform       //w 为场景模型
 case TRUE of(keypressed("a")):                            //按键 a 左移
    if mUpdatePosition(me,#left)then
        w.model("camBox").translate(-20,0,0)               //摄像机包围盒左移 20 单位
    end if
    (keypressed("d")):                                     //按键 d 右移
    if mUpdatePosition(me,#right) then
        w.model("camBox").translate(20,0,0)
    end if
   (keypressed("w")):                                      //按键 w 前移
    if mUpdatePosition(me,#up) then
        w.model("camBox").translate(0,0,-20)
```

```
    endif
    (keypressed("s")):                                          //按键 s 后移
     if mUpdatePosition(me,#down)then
          w.model("camBox").translate(0,0,20)
     endif
 endcase
 if NOT voidP(w.model("camBox")) then
      tTrans=w.model("camBox").transform
      w.camera(1).transform.interpolateTo(tTrans,0.2)
 end if
end
```

其中摄像机包围盒是一个为控制碰撞检测而动态创建出的 box 物体，该物体在程序初始化时已设置 Visible 属性为 false。从上述代码段可看出，摄像机包围盒做不做平移，需由一个 mUpdatePosition 函数确定，而 mUpdatePosition 函数正是下面要讨论的碰撞检测函数。碰撞检测的模拟原理有多种，这里运用了放射线法。其基本思想就是从摄像机向某个方向虚构一条放射线，检测此放射线是否与场景中某个物体相交，若计算到有相交物体并且很接近，函数返回 false，表示有障碍，不能移动；否则函数返回 true，表示无障碍，可移动。

其中计算相交物体这一步可用 Lingo 函数 ModelsUnderRay()实现，该 Lingo 函数可以以场景模型、方向矢量和检测物体为参数，返回相交物体的结果集。以上是基于放射线方法实现的简单碰撞检测，如果需要模拟更复杂的真实物理环境和刚体特性，可使用 Havok 插件模块进行开发。

摄像机的旋转设计代码如下：

```
on exitFrame
 if NOT voidP(w.model("camBox")) then
      if the mouseDown then
            trajectoryW=(w.camera[1].
            spriteSpaceToWorldSpace(the mouseLoc))
            w.model("dummy").transform.position=w.camera[1].transform.position
            w.model("dummy").pointAt(trajectoryW,vector(0,0,1))
            w.camera(1).transform.interpolateTo(w.model("dummy").transform,5)
       end if
 end if
end
```

此代码段的功能是由鼠标控制摄像机的旋转。程序先把鼠标在屏幕的位置转化为场景空间的位置，然后把一个摄像机的另一哑元包围盒（dummy）移到该点，再使摄像机插值逼近包围盒。代码写好后，可以封装成一个 Action Library，以供以后的项目使用。通过 Action Library 可以减少重复的开发工作。

3）程序发布

程序在 Director 内调试成功后，可发布成 ShockWave 格式。发布后，程序会作为 ActiveX 控件的格式嵌在网页中。用户通过访问该网页，就可以在线运行程序。类似一般编辑网页一样编辑 Director 发布出来的网页，可以加入文本和图片等内容，使该网页变得更丰富多彩。

4. 应用实例

图 4.41 所示是上述截交线问题的一个 CAI 课件实例。该课件通过由学生操作右边的 3D 场景，对平面与圆锥的截交线进行理解。在课件中，学生可以通过箭头键上下移动和旋转、翻转平面，截交线的形状不断变化。学生还可以通过 WASD 字母键和鼠标控制摄像机的位置，以模拟从不同的方向观察场景，理解不同视图的投影。

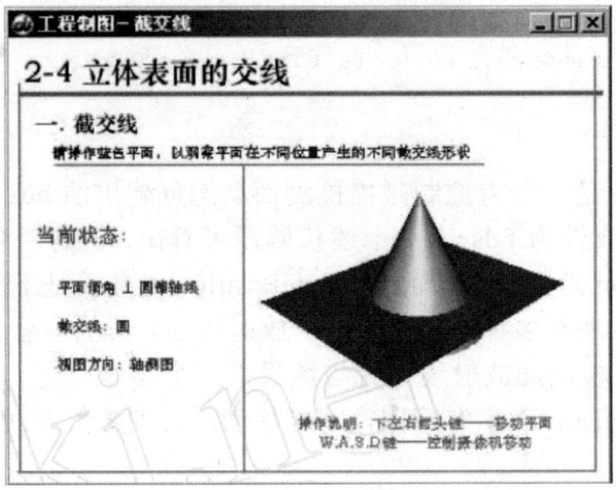

图 4.41　Shockwave3D 实现的课件界面

除了右边的场景可以操作外，课件左边的信息是与右边场景的参数时刻关联的。当平面的倾角垂直于圆锥轴线时，课件左边提示截交线为圆；当平面倾角翻转成圆锥锥顶角时，左边提示截交线为抛物线。

以上的交互控制和操作在课件中是利用 Lingo 脚本控制的，例如，平面上下移动的脚本代码如下：

```
on exitFrame me
   case TRUE of
     (keypressed(126)):        //按下上箭头
       OldZ = member("scene").model("plane01").worldposition.z
      member("scene").model("plane01").worldposition.z = OldZ+1     //使平面上升
     (keypressed(125)):        //按下下箭头
      OldZ=member("scene").model("plane01").worldposition.z
      member("scene").model("plane01").worldposition.z = OldZ-1//使平面下降
  end case
end
```

扩展阅读：ShockWave3D 系列文章的网址为 http://www.wanbangmedia.com/jishuzhichi/3djishu/。

4.5　练　习　题

1. 填空题

（1）VRML 文档一般包含__________、__________、__________和__________4 个组成部分。

（2）Web3D 的实现技术主要分为__________、__________和__________三大部分。

（3）全景技术分为__________、__________和__________等类别。

（4）全景技术常用设备包括__________、__________和__________3 种。

（5）制作全景的软件工具有__________、__________和__________等 10 余种。

（6）Cult3D Designer 5.3 中文版启动运行后有 6 个主要子窗口，分别是__________、__________、__________、__________、__________和__________。

（7）常见的 Web3D 开发软件工具有 Cult3D、__________、__________和__________等。

（8）Web3D 关键技术为实时渲染引擎，可通过__________、__________、__________和__________4 个方面来加强。

2．问答题

（1）分析 Web3D 技术的特点。

（2）分析全景技术的技术特点。

（3）拍摄校园或办公室的全景图片，利用 PixMaker 软件建立网上全景演示。

（4）自己利用 3ds Max 软件建模，并导入 Cult3D 中，实现交互效果。

（5）查阅资料，了解 5 种以上 Web3D 技术解决方案，并分析其各自特点。

（6）制作一个“虚拟校园”项目，选择一种适合的技术，且动手开发。建筑物的模型可以简单，但要完成交互功能。

第5章 三维建模工具 3ds Max

【本章导读】

三维建模工具是虚拟现实技术实现的基础，而 3ds Max 以其灵活的操作方式、强大的动画功能和超强的外挂插件能力受到广大用户的青睐。本章将介绍 3ds Max 的基本操作、修改三维几何体、样条曲线建模方法、材质与贴图、灯光与摄影机以及动画的生成等知识，并详细介绍两个综合实例的制作过程。学习本章时要根据实例上机实践，体会制作思想与技巧。

本章的重点难点：

（1）物体的变换操作；

（2）修改三维几何体；

（3）样条曲线建模方法；

（4）材质和灯光的设置。

5.1 三维建模工具简介

随着计算机软硬件技术的高速发展，三维建模和虚拟现实技术已经越来越普及，并被广泛应用于广告、影视、游戏、机械设计、工程可视化、建筑设计、军事、医疗、科研、辅助教学以及多媒体制作等领域。目前，三维建模正逐渐成为一种新兴的热门行业，越来越多的人从事并热爱着这项工作。

目前比较流行的三维建模软件包括 3ds Max、Maya、Softimage 3D 和 Maxon Cinema 4D 等，每种建模软件都有着各自的应用范围及特点。

1．3ds Max

3ds Max 是由 Autodesk 公司旗下的 Discreet 子公司推出的三维动画制作软件。3ds Max 系列产品有着悠久的历史，在 DOS 时代 3D Studio 就拥有着庞大的用户群体，1996 年发布 Windows 平台下的 3D Studio Max 1.0，该软件在 3D Studio 的基础上有了质的飞跃，成为集建模、渲染和动画为一体的、突破性的三维动画制作软件。伴随着计算机相关产业的发展，3ds Max 相继推出了 2.5、3.0、4.0、5.0 等版本。目前，3ds Max 已经发展到 2010 版本，该版本支持 64 位技术，更新光照系统，增加着色器，加速渲染能力，增强头发和衣服功能，改善与 Maya 的兼容性。

3ds Max 以其灵活的操作方式、强大的动画功能和超强的外挂插件能力在众多软件中脱颖而出，易学易用，受到广大用户的好评。3ds Max 广泛应用于广告、影视、工业设计、建筑设计、多媒体制作、游戏、辅助教学以及工程可视化等领域，并与虚拟现实软件全面兼容。

2．Maya

Maya 是美国 Alias|Wavefront 公司开发的三维动画制作软件，该软件功能完善、工作方

式灵活、制作效率高、渲染效果真实感极强，是公认的电影级别的高端制作软件。Maya 不仅包括一般三维和视觉效果制作的功能，而且还与最先进的建模、数字化布料模拟、毛发渲染、运动匹配技术相结合，极大地提高了制作效率和品质，是众多制作者梦寐以求的视频特技制作软件。

Maya 软件的发展速度惊人，庞大的开发群体使其每年更新一个版本，并已经广泛应用于电视广告、计算机游戏制作、角色动画和电影特技等方面。

3. Softimage 3D

Softimage 3D 是 Softimage 公司推出的三维动画软件，以其杰出的动作控制技术，成为众多专业动画师强大的三维动画制作工具。它的功能完全涵盖整个动画制作过程，包括交互独立建模和动画制作工具、SDK 和游戏开发工具、具有业界领先水平的 Mental Ray 生成工具等。

Softimage 3D 本身的建模功能不是很强，尤其在工业建模和建筑领域，但其自由建模能力很强，它的渲染和动画功能非常好。

4. Maxon Cinema 4D

Maxon Cinema 4D 是由德国公司 Maxon Computer 开发的一款功能超强的三维设计软件，以极高的运算速度和强大的算图外挂著称。Cinema 4D 拥有强大的 3D 建模功能，无论是初学者还是高手都适合使用，主要包含建模、动画、网络渲染、角色、粒子以及新增的插画等模块，还包含一个完整的修补时间线、增强造型功能等。另外，其光线系统提供 50 多种光线和照明模式、收音机按钮式的阴影、音量噪音等，Maxon Cinema 4D 提供了一个完整的 3D 创作平台。

此外，Cinema 4D 支持多重处理、整批成像和可输出 Alpha 通道，还支持 10 多种输出格式，如 DXF、VRML、Lightwave 和 3D Studio 等。Cinema 4D 广泛应用于广告、电影和工业设计等方面，逐渐成为电影公司的首选软件。

每种三维建模工具都具有其自身的特点和主要应用范围，因此根据实际需要进行针对性的选择。本章将介绍 3ds Max 9 的基本使用方法。

5.2 3ds Max 的基础知识

5.2.1 3ds Max 的操作界面

3ds Max 的界面主要由菜单栏、主工具栏、命令面板、工作视图、视图控制区、轨迹栏、动画控制区、状态提示区和 Max 命令输入区 9 大部分组成，如图 5.1 所示。各部分的功能如下。

1. 菜单栏

菜单栏位于屏幕上方，共有 14 个菜单项。

1）文件

该菜单项中的命令主要完成文件的打开、新建、存储、导入、导出和合并等操作。

2）编辑

该菜单中的命令主要完成对场景中的物体进行复制、克隆、删除和通过多种方式选择物体等功能，并能撤销或重复用户的操作。

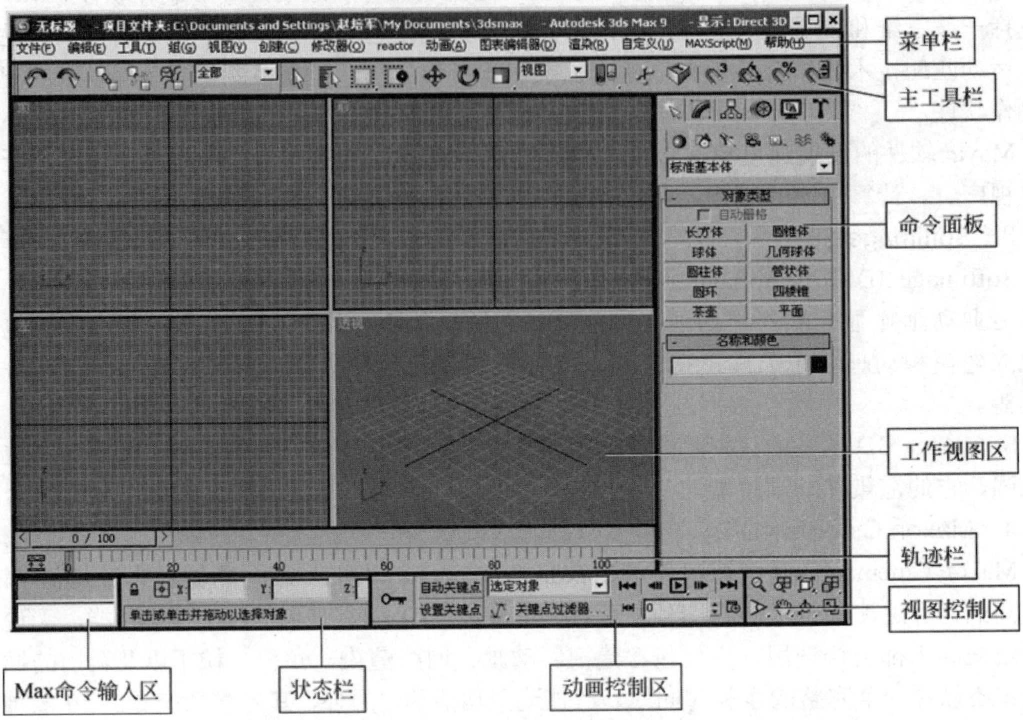

图 5.1　3ds Max 9 的用户界面

3）工具

该菜单中的命令主要完成对场景中的物体进行镜像、阵列、对齐、快照和设置高光点等操作。

4）组

用于将场景中选定的物体进行组合，作为一个整体进行编辑。其中包括成组、解组、打开组、关闭组、附加、分离和炸开等操作。

5）视图

用来控制 3ds Max 工作视图区的各种特性，包括视图的布局、背景、栅格显示设定、视图显示设定和单位设定等功能。

6）创建

用于在场景中创建各种物体，包括三维标准基本几何体、三维扩展基本几何体、AEC 建筑元件物体、复合物体、粒子系统、NURBS 曲面、二维平面曲线、灯光、摄影机、辅助物体和空间扭曲等。

7）修改器

提供对场景中的物体进行修改加工的工具，其中包括选择修改器、面片/曲线修改器、网格修改器、运动修改器、NURBS 曲面修改器和贴图坐标修改器等功能。

8）Reactor（反应堆）

Reactor 的功能十分强大，它使用户能够控制运动物体来模仿复杂的物理运动，在该菜单中可以完成 Reactor 物体的创建、编辑和预演等操作。

9）动画

提供制作动画的一些基本设置工具，包括 IK 节点的设定、移动控制器、旋转控制器、缩放控制器和动画的预览等。

10）图表编辑器

该菜单提供用于管理场景及其层次和动画的图表窗口。

11）渲染

主要提供渲染、环境设置、效果设定、后期编辑、材质编辑和光线追踪器设定等许多功能，且新增若干关于预览和内存管理的功能。

12）自定义

该菜单提供定制用户界面、自定界面的加载、保存、锁定和转换等操作，还可以完成视图、路径、单元和栅格的设置功能。

13）Max Script（脚本）

主要提供在 3ds Max 中进行脚本编程的功能，包括脚本的新建、打开、保存、运行和监测等功能，而且 6.0 版本以后还新增了 Visual Max Script 可视化脚本编程功能。

14）帮助

该菜单提供帮助信息，包括 3ds Max 的使用方法、Max Script 脚本语言的参考帮助和附带的实例教程等。

2．主工具栏

主工具栏的按钮分类如图 5.2 所示，包括历史记录、物体链接、选择控制、变换修改、操作控制、捕捉开关、常用工具、常用编辑器和渲染等。由于工具栏的按钮较多，屏幕显示不下，可以将鼠标指针放在主工具栏的空白处，此时鼠标指针变为小手形状，拖动鼠标就可以移动工具栏。

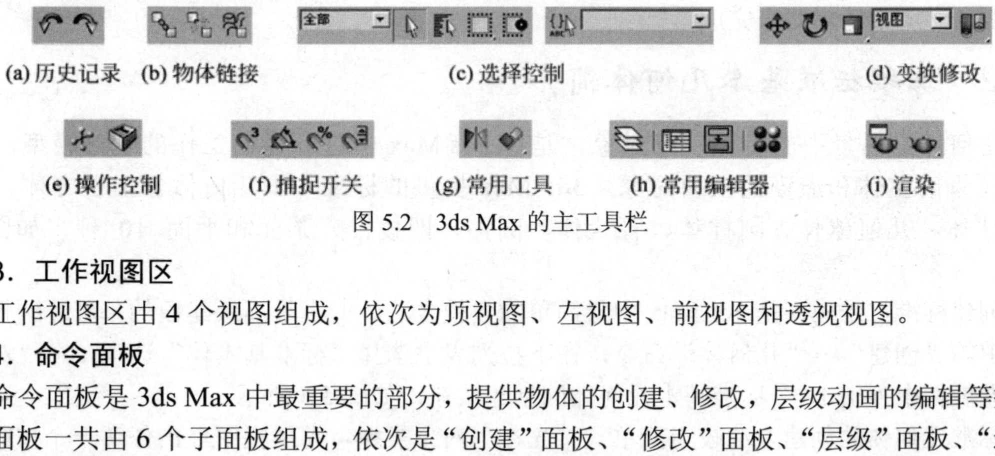

图 5.2　3ds Max 的主工具栏

3．工作视图区

工作视图区由 4 个视图组成，依次为顶视图、左视图、前视图和透视视图。

4．命令面板

命令面板是 3ds Max 中最重要的部分，提供物体的创建、修改，层级动画的编辑等操作。命令面板一共由 6 个子面板组成，依次是“创建”面板、“修改”面板、“层级”面板、“运动”面板、“显示”面板和“实用工具”面板，并且以选项卡的形式组织，通过单击这些选项卡可以进入相应的命令面板，有的面板还包括子面板。

5．视图控制区

视图控制区共由 8 个按钮组成，用来调整观察角度和观察位置，以便从最佳的角度观察物体。

6．轨迹栏

在 3ds Max 中制作动画以帧为单位，但在制作时并不需要将每一帧都制作出来，而是将决定动画内容的几个主要帧确定下来，然后由系统通过在这几个帧的中间进行插值运算，自动得到物体在其他帧中的状态，从而得到连续的动画，习惯上将这几个主要的帧称为关键帧。

轨迹栏位于工作视图区的下方，包括上下两个部分。上面的部分称为时间滑块，在拖动时间滑块时，其上可以指示出当前的帧数，这样就可以方便地进行帧的定位，单击时间滑块两边的按钮可以一帧一帧地移动滑块；下面的部分称为关键帧指示条，可以清楚地知道关键帧的总数和每一个关键帧的位置，最右边的数字代表当前动画的总帧数，如果在第20帧的位置上定义一个关键帧，那么在关键帧指示条中第20帧的位置上就会出现一个深色的标记，代表这一帧是关键帧。

7. 动画控制区

动画控制区在视图控制区的左边，主要提供动画记录开关按钮以及播放动画的一些控制工具，并可以完成对动画时间、播放特性的一些设定工作。

8. 状态提示区

如图5.3所示，状态栏位于界面的下方，X、Y、Z三个显示框提供当前物体的位置信息，当进行物体编辑时，还可以提供相应的编辑参数。此外，在下面的状态提示栏中还可以实时地提供下一步可进行的操作。

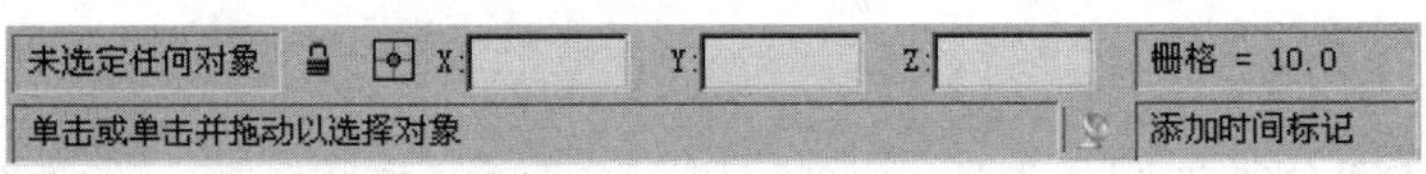

图5.3 状态提示区

9. Max命令输入区

该区位于界面的左下角，用于输入简单的MaxScript脚本语句并编译执行，而复杂的语句则要通过脚本编辑器来完成。

5.2.2 三维标准基本几何体简介

几何体是场景中的实体三维对象，是在3ds Max中进行建模工作的基础模型，同时也是场景的主体和渲染的主要对象。3ds Max提供的标准基本几何体包括长方体、圆锥体、球体、几何球体、圆柱体、管状体、圆环、四棱锥、茶壶和平面10种，如图5.4所示。

创建标准三维模型是3ds Max中最简单的建模方法，但也是高级建模的基础。选择命令面板中的“创建”→“几何体”命令，在下拉列表中选择“标准基本体”选项，在“对象类型”卷展栏中列出10个标准基本几何体的创建按钮，如图5.5所示。

标准几何体的创建方法较为简单，首先在“对象类型”卷展栏中单击任意一个按钮，其背景色将变为黄色，然后在工作视图中通过拖动、单击和移动等操作便可创建相应物体，右击鼠标结束创建过程。如果用户在更改物体参数时右击鼠标或因其他操作而结束物体的创建过程，则右边的“参数”卷展栏就会消失，此时若需要继续更改物体的参数，则单击命令面板中的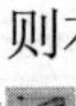按钮，进入“修改”面板，则可继续修改物体的参数。

各种标准几何体的创建方法基本相同，用户可以自行通过拖曳鼠标完成创建。为了帮助用户更好地掌握标准几何体的基本参数设置，现将相关的重要参数进行介绍。

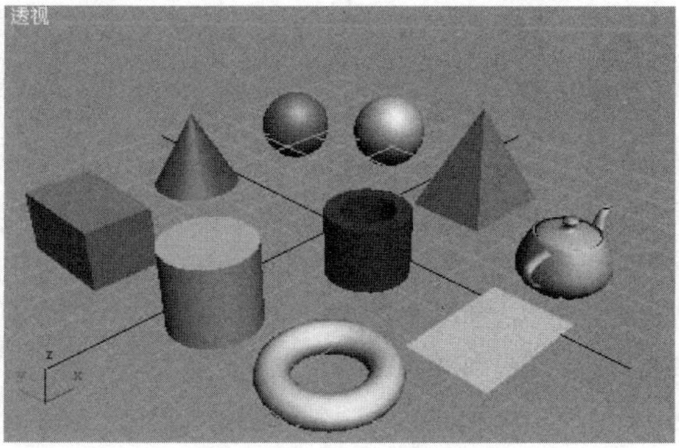

图 5.4　标准基本几何体

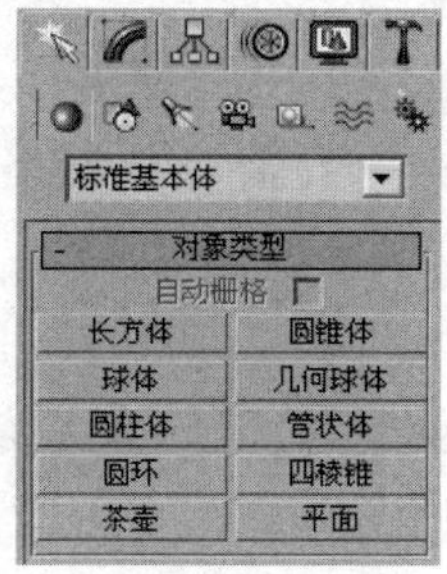

图 5.5　标准基本几何体创建面板

- 分段数：可以理解为物体的关节，如果人没有骨关节就无法自由弯曲，3ds Max 中的物体如果没有骨节也是无法弯曲的，如图 5.6 所示。“分段数”越大，物体的弯曲就越平滑，但如果太大，物体的复杂程度将大大增加，会增加系统的运算负荷，降低刷新速度，所以应该设定“分段数”合适的大小。所有的标准几何体都具有“分段数”的属性。

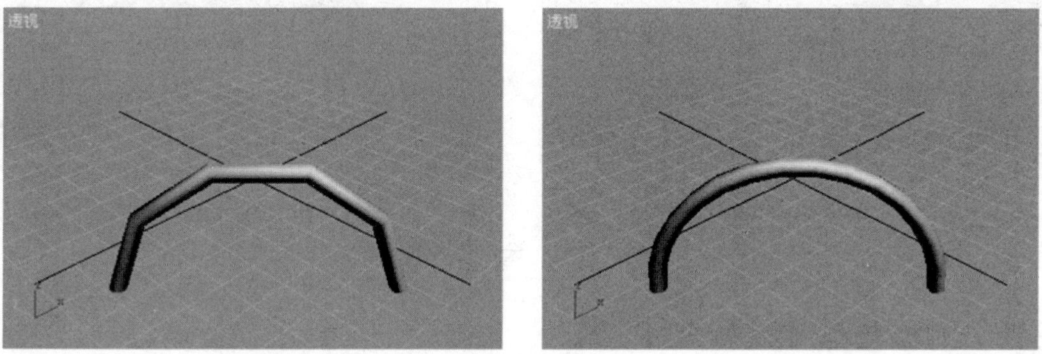

(a) 分段数=5　　**(b) 分段数=15**

图 5.6　不同“分段数”物体的弯曲效果

- 边数和平滑：均用于平滑标准几何体的弯曲面。“边数”是指弯形曲面的边数，边数越多，侧面越接近圆形，如图 5.7 所示；选中“平滑”时，较小的边数即可创建圆形侧面，如图 5.8 所示。圆锥体、圆柱体、球体、管状体、圆环和茶壶都有“边数”或“平滑”参数。
- 切片：用于分割几何体，“切片从”和“切片到”参数用于设置从几何体 X 轴的零点开始围绕其 Z 轴的切割度数。两个参数的设置无先后之分，正数值将按逆时针移动切片的末端；负数值将按顺时针移动切片的末端。球体、圆柱体、管状体和圆环都具有“切片”参数。

提示： 标准几何体中的平面是一种特殊类型的多边形网格，通过指定其缩放倍数和密度，可在渲染时无限放大。例如，在使用平面创建大型地面时，可将任何类型的修改器应用于平面（如位移），以模拟陡峭的地形，而不会对视图的显示带来困难。

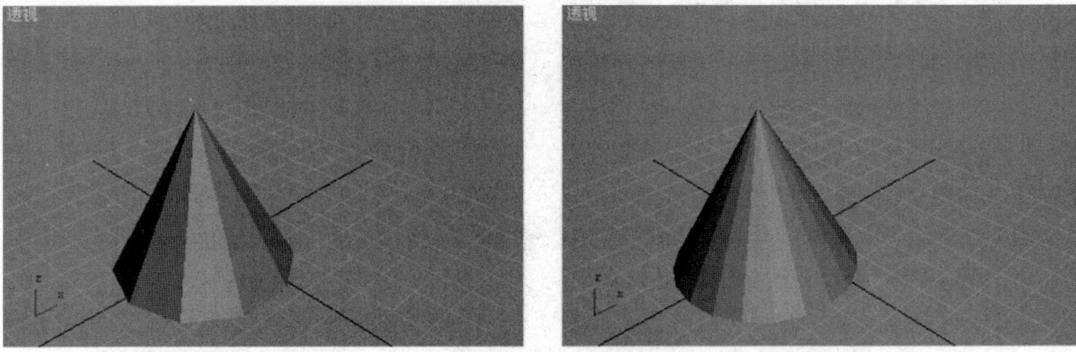

(a) 边数=10　　(b) 边数=20

图 5.7　边数分别为 10、20 的圆锥体效果

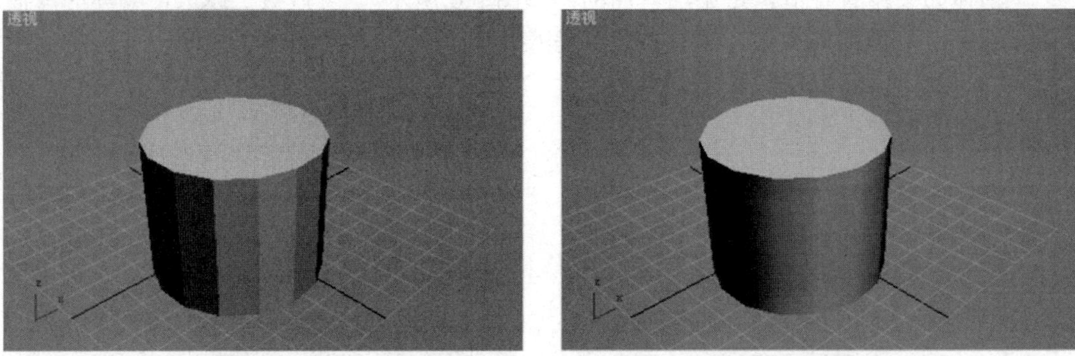

(a) 未启用“平滑”　　(b) 启用“平滑”

图 5.8　启用“平滑”选项与否的圆柱体效果

5.2.3　变换物体

在 3ds Max 中，移动、旋转和缩放是对物体的基本变换操作，通过主工具栏的、和按钮可以完成相应操作。

当进行变换操作时，出现被选物体的“变换 Gizmo”，根据不同的操作性质，变换 Gizmo 可以分为移动 Gizmo、旋转 Gizmo 和缩放 Gizmo 三种。变换 Gizmo 可以辅助用户从 X、Y、Z 三个轴向上对物体进行操作，X 轴为红色，Y 轴为绿色，Z 轴为蓝色。将鼠标放置在任意轴上时，该轴变为黄色，表示其正处于活动状态，此时可以沿该轴方向变换物体；同样，将鼠标放在一个平面控制柄上，该平面的两个相关轴同时变为黄色，并处于活动状态，此时可以沿着所指示的两个轴向变换物体。

1．移动物体

移动物体就是将物体沿着坐标轴进行位置的移动，其操作方法非常简单，这里以圆柱体的移动为例进行说明。首先创建一个圆柱体，将其半径和高度分别设置为 10 和 20；单击工具栏中的“选择并移动”按钮，然后用鼠标单击物体，其移动 Gizmo 出现，如图 5.9 所示；将鼠标移到红色的 X 轴上，按住鼠标左键，将物体沿 X 轴由位置 1 移动到位置 2；将鼠标移到绿色的 Y 轴上，按住鼠标左键，将物体沿 Y 轴由位置 2 移动到位置 3，如图 5.10 所示。

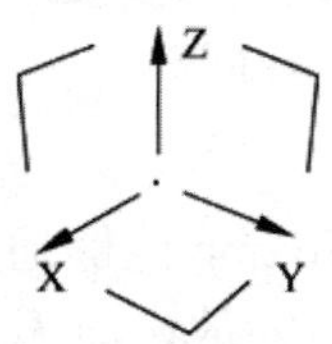

图 5.9　移动 Gizmo

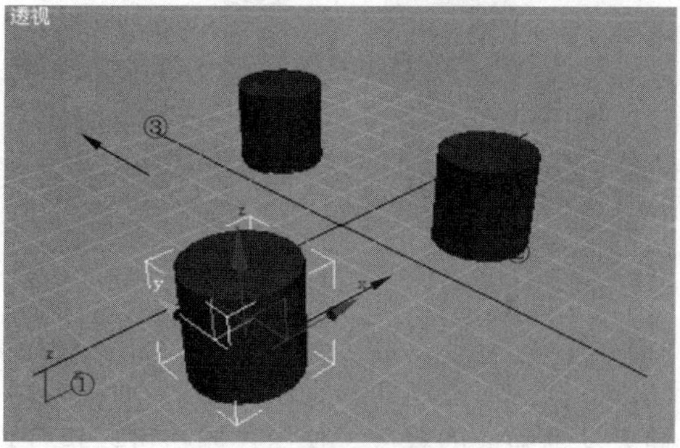

图 5.10　物体的移动操作

2．旋转物体

旋转 Gizmo 是根据虚拟轨迹球的概念而构建的，如图 5.11 所示，可以围绕 X、Y、Z 轴或垂直于视口的轴自由旋转物体。轴控制柄是围绕轨迹球的圆圈，在任一轴控制柄的任意位置拖动鼠标，可以围绕该轴旋转物体；而在旋转 Gizmo 的内部拖动鼠标，可执行自由旋转。当围绕 X、Y 或 Z 轴旋转时，一个透明切片会以直观的方式说明旋转方向和旋转量。如果旋转大于 360°，则该切片会重叠，并且着色会变得越来越深，并且在旋转的同时还显示数字数据，以表示精确的旋转度数。围绕旋转 Gizmo 的最外一层是屏幕控制柄，使用它可以在平行于视口的平面上旋转物体，如图 5.12 所示。

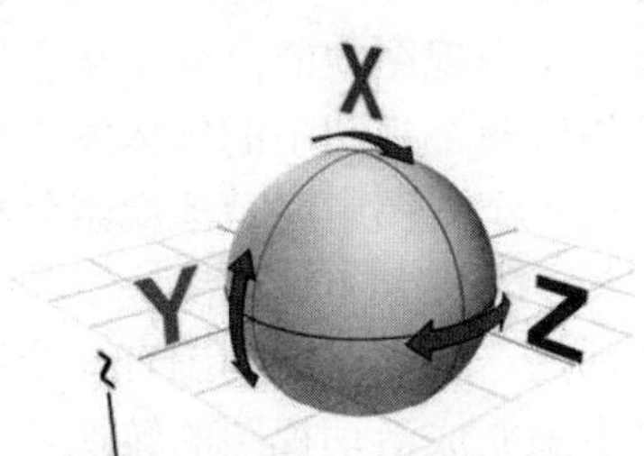

图 5.11　旋转 Gizmo 模型

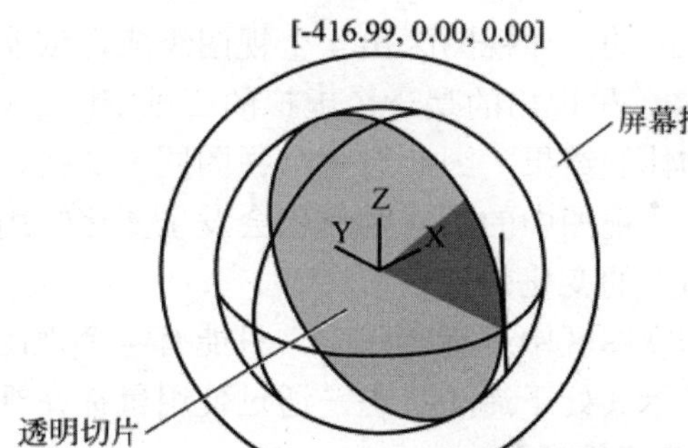

图 5.12　透明切片和“屏幕”控制柄

用户只需单击工具栏中的“选择并旋转”按钮，然后用鼠标单击物体，其旋转 Gizmo 出现，将鼠标移到红色的圆圈上，按住鼠标左键并拖动，将物体以 X 轴、Y 轴或者 Z 轴为中心旋转至所需角度即可。

3．缩放物体

缩放工具由三个子工具组成，分别是均匀缩放工具（）、非均匀缩放工具（）和挤压工具（）。三个子工具的按钮在主工具栏的相同位置上，用户在缩放工具按钮上按住鼠标片刻，便可看到全部子选项。其中，均匀缩放操作是在物体的三个轴向上同时改变物体的大小；非均匀缩放操作是在物体的一个或两个轴向上改变物体的大小；挤压操作也是在物体的一个或两个轴向上进行变换，但保持体积不变。三个子工具的缩放效果如图 5.13 所示。

(a) 均匀缩放　　(b) 非均匀缩放　　(c) 挤压

图 5.13　缩放物体效果图

缩放 Gizmo 包括轴控制柄和平面控制柄，如图 5.14 所示。缩放 Gizmo 能够通过 Gizmo 自身的拉伸来反馈缩放的程度。使用控制柄可以执行均匀和非均匀缩放，而无须在主工具栏上更改选择。执行均匀缩放，在 Gizmo 中心处拖动；执行非均匀缩放，在一个轴上拖动或拖动平面控制柄。

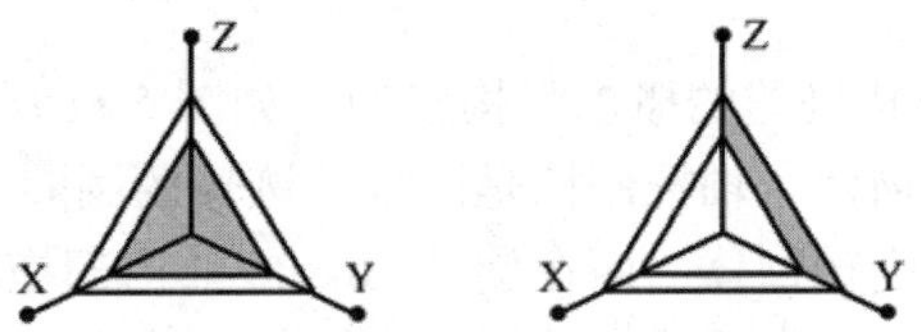

(a) XYZ均匀缩放　　(b) YZ平面非均匀缩放

图 5.14　缩放 Gizmo 及其控制柄

5.2.4　操作视图

3ds Max 的工作视图区由 4 个视图组成，依次为“顶”视图、“左”视图、“前”视图和“透视”视图，呈现出的是一个虚拟的三维空间，称为场景。4 个视图中的内容是从不同的角度所看到物体的结果，因此这 4 个视图同步变化，即如果任何一个视图中的物体发生变化，那么其他三个视图中的相应物体也会发生变化，用户可以从 4 个视图中清楚地观察到物体在每一个方向上的变化效果。

在工作视图区中进行操作时，只能有一个视图是活动视图。当视图的周围有一个黄色的边框时，表示其处于活动状态，通过使用鼠标在视图上单击来完成活动视图的转换。

1．切换工作视图

默认情况下，工作视图区由“顶”视图、“左”视图、“前”视图和“透视”视图组成，但根据用户的不同操作习惯和工作需要，往往要切换到其他的视图或更换视图的布局方式。3ds Max 提供丰富的视图类型，除了上述 4 种视图之外，还包括“用户”视图、“后”视图、“右”视图、“底”视图、“灯光”视图、“摄影机”视图、“图解”视图和“扩展”视图等。

工作视图的切换操作为选择“自定义”→“视口配置”命令，打开“视口配置”对话框，选择“布局”选项卡后，上方显示 14 种视图布局方式，如图 5.15 所示。在布局预览区域的“前”视图图像中单击鼠标左键，弹出图 5.16 所示菜单，选择“底”视图，完成由“前”视图到“底”视图的更改设置。

视图的大小也是可以变化的，只需将鼠标移动到两个视图的交界处，当鼠标变为双向箭头状，按下鼠标左键上下、左右拖动便可以改变视图的大小。

单击“视图控制区”中的“最大化视口切换”按钮，可以将当前活动视图切换到最大化方式显示；再单击一下该按钮，恢复正常显示方式。用户还可以通过使用快捷键进行快速的视图切换，表 5.1 中列出了常用视图切换快捷键。

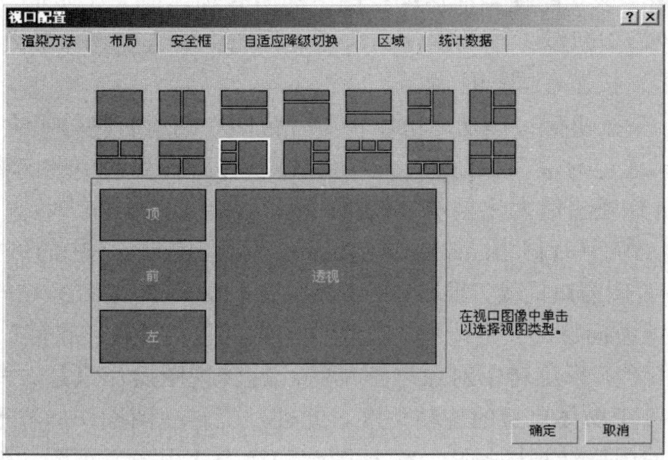

图 5.15 “视口配置”对话框中的“布局”选项卡

图 5.16 视图类型选择菜单

表 5.1 常用视图切换快捷键

视　图	快　捷　键	视　图	快　捷　键
“前”视图	F	“后”视图	暂无
“左”视图	L	“右”视图	暂无
“顶”视图	T	“底”视图	B
“用户”视图	U	“透视”视图	P
“摄像机”视图	C	最大化视图切换	Alt + W

2. 变换工作视图

在 3ds Max 中，经常需要在保证物体属性不变的前提下，从各个角度观察物体的细节，这种变换主要通过变换工作视图来完成。在 3ds Max 中常用的变换类型有缩放视图、平移视图和旋转视图，可以通过“视图控制区”中的按钮来完成工作视图的变换操作。

缩放视图主要是指对工作视图进行放大或缩小，是变换工作视图的主要操作。3ds Max 提供的缩放视图功能主要有三大类。

1）缩放

- “缩放”按钮：单击该按钮后，按住鼠标在视图中上下拖动，可将当前活动视图放大或缩小。
- “缩放所有视图”按钮：单击该按钮后，按住鼠标在视图中上下拖动，可将所有的视图同时放大或缩小。
- “视野”按钮：该功能只作用于“透视”视图中，使用该功能缩放“透视”视图时将产生透视变焦效果，类似于更改摄影机镜头焦距的效果。视野越大，视图中可看到的部分越多且透视图会扭曲，类似于使用广角镜头；视野越小，视图中可看到的部分越少且透视图会展平，类似于使用长焦镜头。

2）缩放区域

“缩放区域”按钮：该功能只作用于平面视图中，用鼠标选择某一区域，可将选定的区域放大。该按钮和“视野”按钮在同一位置。

3）最大化

- “最大化显示”按钮：该功能使当前活动视图中的所有物体最大化显示。
- “最大化显示选定对象”按钮：该功能使当前活动视图中的选定物体最大化显示。该按钮与“最大化显示”按钮在同一位置。
- “所有视图最大化显示”按钮：该功能可以将所有视图中的所有物体最大化显示。
- “所有视图最大化显示选定对象”按钮：该功能可以将所有视图中选定物体最大化显示。该按钮与“所有视图最大化显示”按钮在同一位置。

平移视图是指将视图向任意方向平行移动，该操作主要通过“视图控制区”中的“平移”工具完成。平移视图操作只改变视图窗口呈现三维场景的位置，并不改变物体在场景中的位置。

旋转视图是指将视图向任意方向旋转，可使用的旋转视图工具包括“弧形旋转”工具、“弧形旋转选定对象”工具和“弧形旋转子对象”工具。旋转视图操作只是改变视图窗口呈现三维场景的角度，并不改变物体自身的旋转角度。此外，旋转视图操作一般不用于平面视图中，如果在平面视图中使用旋转视图操作，该视图会切换为“用户”视图。使用“弧形旋转”工具时，如果物体靠近视图的边缘，则可能会旋转出视图。

3．主栅格和系统单位

在每个工作视图中都有一些灰色的网格，这些网格称为主栅格，起到一种构造平面的作用。当在视图中创建物体时，会将新物体放置在该视图的主栅格平面上。

主栅格是一个单独的系统，提供创建物体时使用的可视参数。图 5.17 所示为平面视图和透视图中的栅格平面，主栅格平面是由栅格和主线构成，栅格是主栅格平面中的最小方块，主线是用于标记栅格方块的组，如图 5.17（a）所示，每 10 个小栅格之间显示一条主线。主线往往以更深或更暗的线来表示，为了显示方便，图 5.17 中的主线用高亮白色显示。

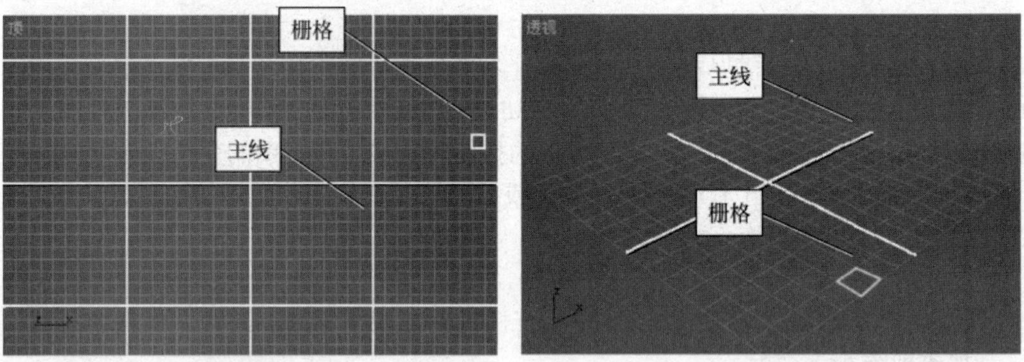

(a) 顶视图　　(b) 透视视图

图 5.17　主栅格平面

单位是连接三维虚拟世界与物理真实世界的关键。3ds Max 以自己内在的系统单位记录所有的测量和数值参数，无论使用哪种显示单位，最关键的是确定物体与整个场景的正确比例。默认的系统单位为 1.000 英寸。

用户可以通过选择“自定义”→“栅格和捕捉设置”命令打开“栅格和捕捉设置”对话框，在该对话框中选择“主栅格”选项卡，显示主栅格设置面板，如图 5.18 所示。其中，“栅格间距”是指主栅格平面中栅格的大小，最小值为 0.001；“每 N 条栅格线有一条主线”参数设定在多少个栅格之间显示一条主线，最小数值为 2；“透视视图栅格范围”参数设定“透视”视图中显示多少个栅格，并且该值只表示轴向栅格的一半数目。例如，将“栅格间距”参数设定为 20，将“透视视图栅格范围”参数设定为 11，则在“透视”视图中显示(11 × 2) × (11 × 2)个栅格，主栅格平面的长宽尺寸为(11 × 2 × 20) × (11 × 2 × 20)个单位。

此外，选择“自定义”→“单位设置”命令，可打开图 5.19 所示的“单位设置”对话框。可选的系统单位包括“公制”、“美国标准”、“自定义”和“通用单位”4 种，一般情况下选择“通用单位”，默认的系统单位一般不需要更改，只有场景中物体的尺寸很小（小于 1 英寸）或很大时，才需要更改系统单位。

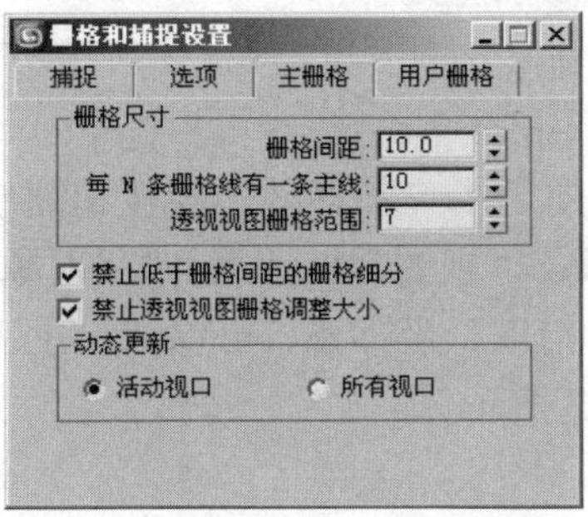

图 5.18 “栅格和捕捉设置”对话框

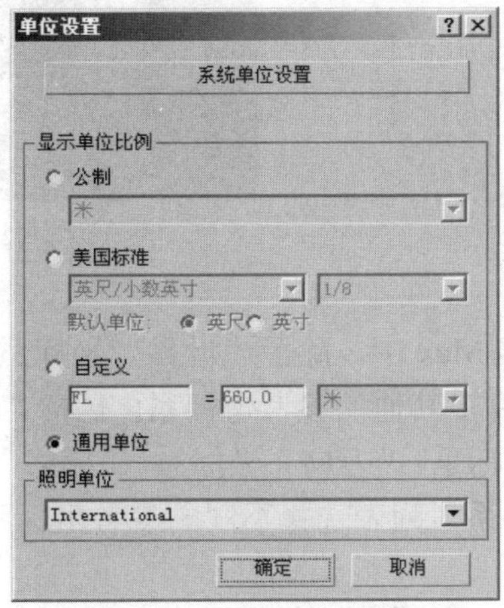

图 5.19 “单位设置”对话框

提示： 如果确实需要更改系统单位，则在创建物体前进行更改，不要在创建物体之后更改系统单位。

5.2.5 三维坐标系统的概念

在 3ds Max 虚拟的三维世界中，有一个始终固定的用来定位场景的坐标系统——世界坐标系。在每个视图的左下角都可以看到世界坐标轴，该轴指示了视图中与世界坐标系相对应的当前方向。世界坐标轴的 X 轴为红色，正向朝右；Y 轴为绿色，正向指向背离用户的方向；Z 轴为蓝色，正向朝上，如图 5.20 所示。

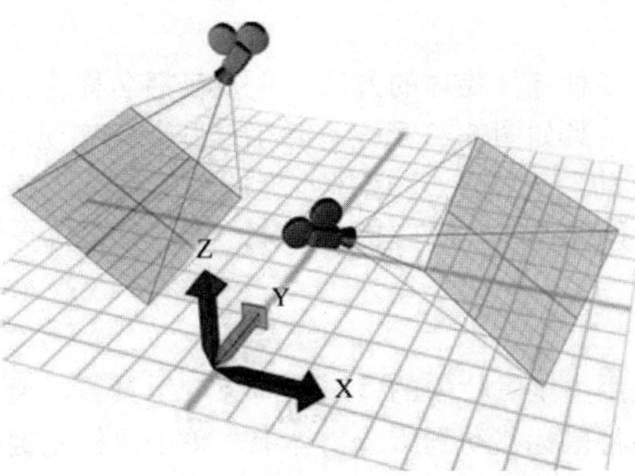

图 5.20 世界坐标系的图示

在 3ds Max 中创建的所有物体也都含有一个由 X、Y、Z 三个方向组成的坐标轴，其初始方向与世界坐标轴相同，如图 5.21 所示。三个坐标轴的交点叫做轴点或轴心，用于标识物体的位置和状态，也可作为旋转和缩放变换的中心点。

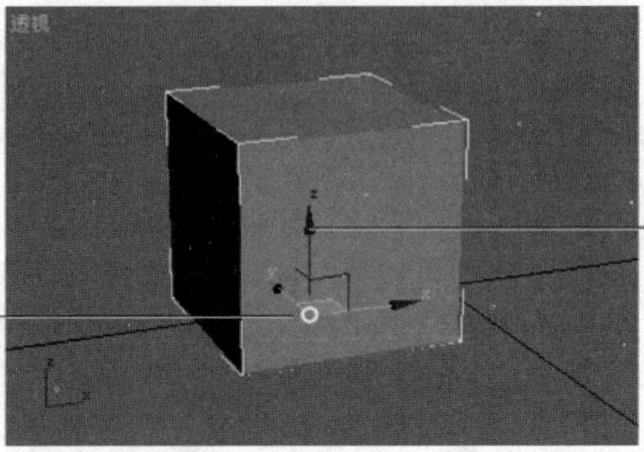

图 5.21　物体的轴和轴点

在 3ds Max 中，除了“世界”坐标系以外，为了便于用户的移动、旋转和缩放等操作，还提供了许多其他的参考坐标系，包括“屏幕”坐标系、“视图”坐标系、“父对象”坐标系、“局部”坐标系、“万向”坐标系、“栅格”坐标系和“拾取”坐标系。可以通过主工具栏中的“参考坐标系”列表选择不同的参考坐标系，如图 5.22 所示。

图 5.22　参考坐标系列表

图 5.23　常用的专门选择工具

5.2.6　选择物体的方法

3ds Max 中大多数操作都是对场景中的选定物体执行的，所以必须在视图中先选择物体，然后才能应用其他的变换和修改命令。因此，选择操作是建模和设置动画过程的基础。

3ds Max 为用户提供多种选择物体的方法，主要包括名称选择法、区域选择法等，在主工具栏中常用的专门选择工具如图 5.23 所示。除了这些专门实现选择的工具外，一些物体变换工具，例如“选择并移动”工具、“选择并旋转”工具、“选择并缩放”工具、“选择并链接”工具、“绑定到空间扭曲”工具等，除了具有自身的特定功能外，也可以实现选择的功能。

1. 基本选择方法

基本选择方法是指使用主工具栏中的“选择对象”工具，通过单击相应物体进行选择的方法。该选择法只需要将鼠标移动到所选物体上，单击鼠标左键即可。此外，再配合一些快捷键的使用，可以实现更多的选择技巧，表 5.2 中列出了常用的快捷键。

表 5.2　常用选择快捷键

快　捷　键	功　　能
Ctrl + A	全选
Ctrl + D	取消选择
Ctrl + I	反选
Ctrl + 单击	将单击物体添加到当前选择中，或从当前选择中移除
Alt + 单击	将单击物体从当前选择中移除

2. 区域选择法

区域选择法是指使用选择工具，拖动鼠标画出选择区域来同时选择多个物体的方法，如图 5.24 所示。

单击主工具栏中的“矩形选择区域”工具的右下角，弹出图 5.25 所示的“区域”按钮进行设定，其中共有 5 种区域类型，分别是矩形区域、圆形区域、围栏区域、套索区域和绘制区域，用户可以根据实际情况进行相应的选择。

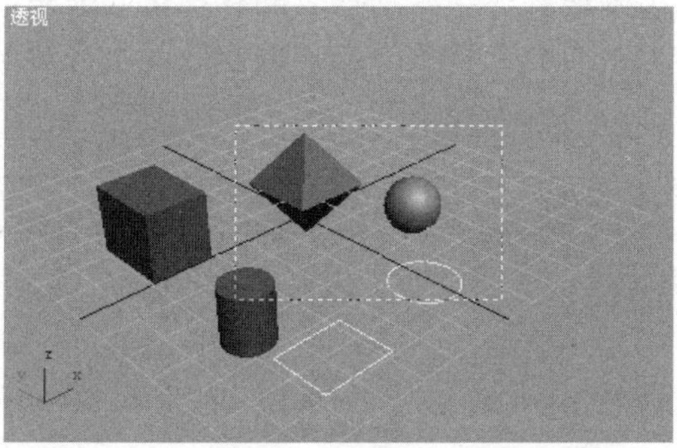

图 5.24　矩形选择区域示意图

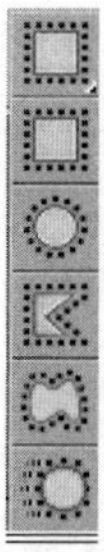

图 5.25　区域选择方法

提示： 在进行区域选择时，可以配合使用 Ctrl 键（增加选区）和 Alt 键（减少选区）。

5.2.7　使用组

组可将两个或多个物体组合起来，形成一个小组，这个小组叫做组物体。与单个物体类似，可以为其命名，只不过在使用的时候，组名称显示在方括号中，例如[集合 1]。通过单击组中任意物体来选择组物体，组物体可以嵌套，即组物体中可以包含组物体，包含的层次不限。

使物体成组后，可将其视为场景中的单个物体，可以对其进行变换或修改操作。组的操作是通过“组”菜单实现的，如图 5.26 所示。

图 5.26　“组”菜单

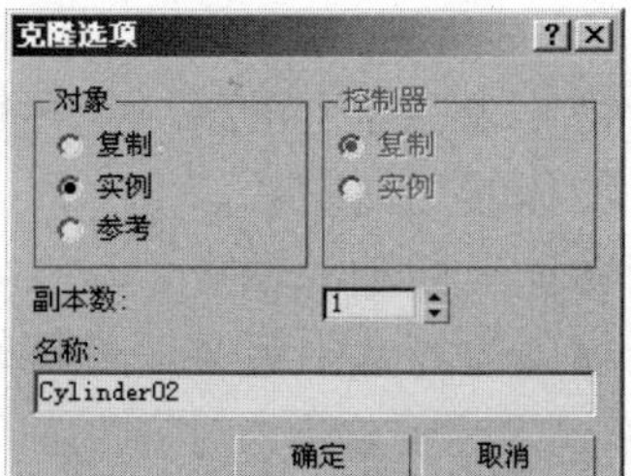

图 5.27　“克隆选项”对话框

5.2.8 克隆物体

3ds Max 中几乎所有的物体都可以制作副本，这种操作称为克隆。克隆出来的物体有三种类型，分别是复制、实例和参考。快捷的克隆方法就是使用 Shift + 变换工具，这里的变换工具是指"选择并移动"、"选择并旋转"和"选择并缩放"工具。操作之后会出现图 5.27 所示的"克隆选项"对话框，在该对话框中设置克隆物体的类型、个数和名称。

其中各选项的含义如下。

- 复制：用"复制"类型克隆出来的物体与源物体之间不再有任何关系，相互之间是独立的。
- 实例：用"实例"类型克隆出来的物体可以说是源物体在其他地方的一个"分身"，即对源物体进行的修改操作也会施加到"实例"体上，对"实例"体进行的修改操作也会施加到源物体上，但移动、旋转和缩放变换除外。
- 参考：用"参考"类型克隆出来的物体与源物体之间存在单向关系，即对源物体的修改会施加到"参考"物体上，而对"参考"物体的修改却不会影响到源物体，但移动、旋转和缩放变换除外。

提示：克隆操作也可以通过选择"编辑"→"克隆"命令实现。

5.2.9 三个常用工具

1．镜像工具

单击主工具栏中的"镜像"工具，弹出图 5.28 所示的"镜像"对话框，其主要功能是可以使物体沿一个或两个轴向进行镜像操作，并可以同时创建镜像克隆体。现将主要参数介绍如下。

- "镜像轴"选项区域：用来设定在哪个轴向上进行物体镜像。
- "偏移"微调框：用来设定镜像物体的偏移量。
- "克隆当前选择"选项区域：其中的 4 个选项用来设定镜像物体的克隆方式。

2．对齐工具

3ds Max 中物体的位置比较重要，虽然可以使用"选择并移动"工具将物体精确地放置在某个位置上，但在实际应用中还需要参考其他物体的位置来摆放物体。3ds Max 提供"对齐"、"快速对齐"、"法线对齐"、"放置高光"、"对齐摄影机"和"对齐到视图"6 种对齐工具，但常用的是"对齐"工具。在具体使用"对齐"工具之前，先了解可用于对齐的物体的各个部分。

- 最小：指物体边界盒上沿某一坐标轴或某几个坐标轴上最小值的点。
- 中心：指物体的几何中心。
- 轴点：指物体坐标轴的轴点。
- 最大：指物体边界盒上沿某一坐标轴或某几个坐标轴上最大值的点。

首先选择源物体，然后单击"对齐"工具按钮，在视图中单击目标物体后，出现图 5.29 所示的"对齐当前选择"对话框。

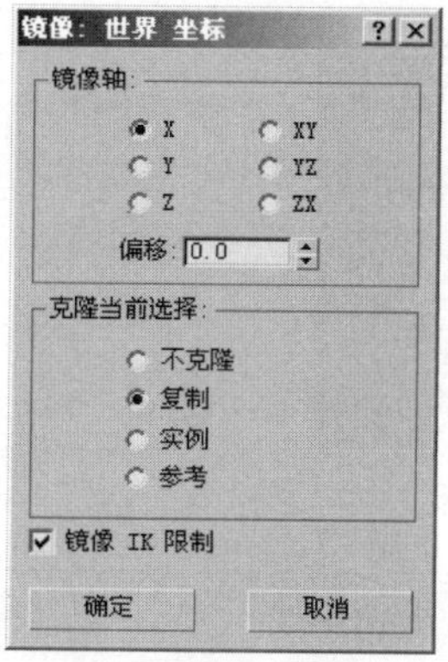

图 5.28 “镜像”对话框

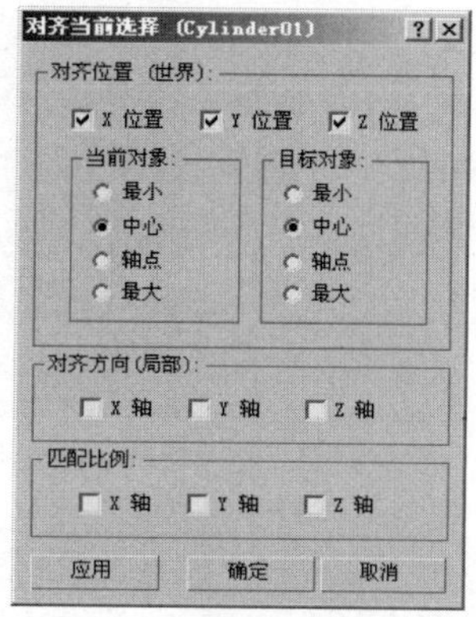

图 5.29 “对齐当前选择”对话框

其中各选项的含义如下。

- 对齐位置：用于设定物体在空间位置的对齐。
- 对齐方向：用于设定物体旋转角度对齐。
- 匹配比例：用于设定物体缩放大小对齐。

3. 阵列工具

通过“阵列”工具可以一次克隆多个物体，并可以创建一维、二维或三维阵列。例如，在场景中 6 个物体排成一行的是一维阵列，3 行 6 列的是二维阵列，3 行 6 列 2 层的是三维阵列，如图 5.30 所示。

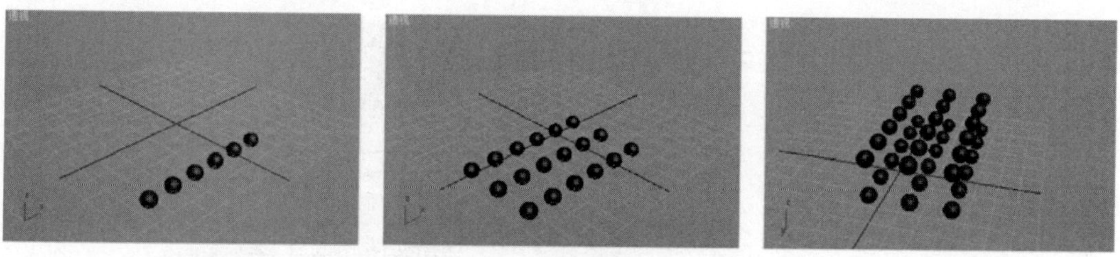

(a) 一维阵列　(b) 二维阵列　(c) 三维阵列

图 5.30 阵列示意图

可以通过选择“工具”→“阵列”命令，在图 5.31 所示的“阵列”对话框中进行设置，图 5.32 是使用“阵列”工具制作的 DNA 分子链。

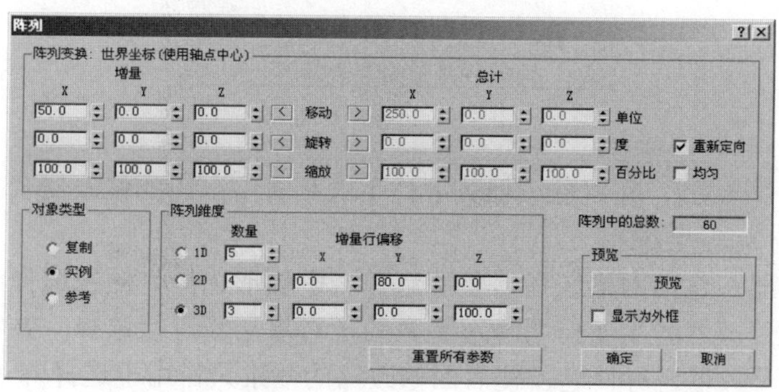

图 5.31 “阵列”对话框

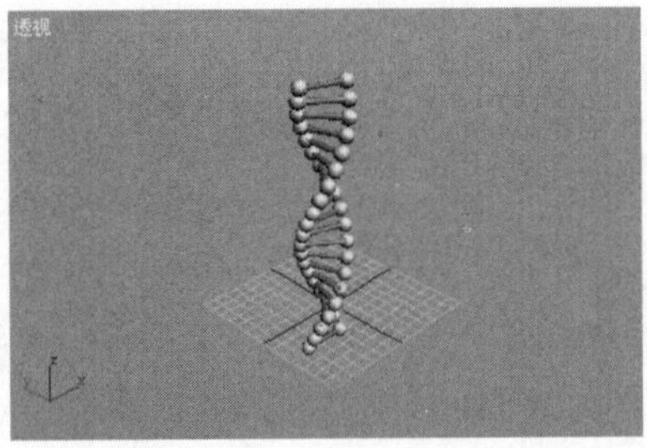

图 5.32　DNA 分子链

注意：在使用中应该注意尽量不要大批量阵列分段数较多的物体，否则系统运算量急剧增加，会降低处理速度。

5.3　修改三维几何体

5.3.1　修改器介绍

在创建完物体后，通常需要对物体进行进一步的设置与修改，常用的修改方法是使用修改器。

修改器的作用主要是用于更改物体的几何形状、内部结构及其属性。结束创建几何体后，保持物体的选中状态，单击命令面板中的按钮，进入“修改”面板，如图 5.33 所示。

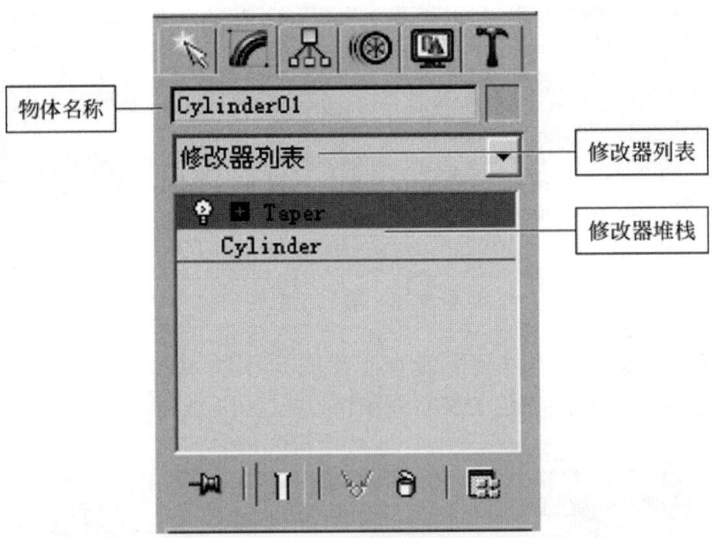

图 5.33 “修改”面板

根据物体的不同类别，在“修改器列表”下拉列表中列出的修改器会有所不同，但是各种修改器大体上分为三大类。

- 选择修改器：包括网格选择、面片选择、多边形选择、体积选择和样条线选择修改器。这类修改器的主要作用是对物体的子对象层级进行选择，并将选择的结果向后面应用的修改器进行传递，使后面修改器的效果只作用于选择的子对象。
- 世界空间修改器：包括点缓存、路径变形、面片变形和曲面变形等 10 个修改器。这类修改器的主要作用是通过一定的方法使空间产生变形、扭曲，而被应用该类修改器的物体在这样的一个扭曲空间中，也会跟随着产生相应的变形。

- 对象空间修改器：包括弯曲、锥化、扭曲、噪波、球形化、编辑网格、编辑面片、编辑样条线、网格平滑、FFD 和优化等 80 多个修改器。这类修改器的主要作用是将变形、修改效果直接作用于选定物体，并可以通过调节 Gizmo、中心和子对象对物体进行进一步的修改。

1．修改器与变换的区别

修改器与物体的变换均可以改变物体的空间状态，但变换与修改器又存在着一定的区别，其主要区别就是它们影响物体的方式不同，主要体现在以下三方面。

（1）作用级别不同。变换是最基本的 3D 操作，与大多数修改器不同，它不依赖于物体的内部结构，总是作用于整个物体，物体的相对内部结构不会产生变化。修改器不仅仅可以作用于整个物体，还可以作用于物体的子对象，既可以改变物体的整体特征，又可以改变物体的内部结构。

（2）对操作顺序的依赖性不同。变换操作对于操作顺序没有依赖性，即对物体的移动、旋转和缩放与操作顺序无关，先移动还是先旋转，或是先缩放，得到的结果都是一样的。修改器对操作顺序具有一定的依赖性，即对物体应用两个相同的修改器，其操作顺序不同，得到的效果不同。

（3）3ds Max 对二者的存储方式不同。3ds Max 对物体的变换操作采用数值矩阵的方式进行存储，这种数值矩阵叫做变换矩阵，每一个物体只能有一组变换矩阵，所以不管用户对物体进行多少次的变换操作，3ds Max 始终只记录最后一次变换的结果，因此要想恢复变换操作以前的结果，只能采用撤销操作的方法。3ds Max 对物体的修改器采用修改器堆栈的方式进行存储，每个修改器显示为一个单独的条目，在修改器堆栈中可以启用或禁用它们，更改它们的应用顺序，或者删除某一个不再需要的修改器。

2．修改器的子对象

修改器的子对象有很多类型，例如 Gizmo、中心、控制点、晶格、设置体积、顶点、边、面、多边形和元素等。不是所有的修改器都有子对象，例如世界空间修改器都没有子对象，功能比较单一的对象空间修改器也没有子对象，如平滑、优化和球形化等修改器。各个修改器包含的子对象也不完全一样，有些修改器含有 Gizmo 和中心子对象，FFD 修改器含有控制点、晶格和设置体积子对象，而编辑网格修改器含有顶点、边、面、多边形和元素子对象。

3．修改器堆栈

修改器堆栈是“修改”面板上的一个列表，它记录应用于选定物体上的所有修改器。在 3ds Max 内部，将从堆栈底部开始“计算”物体，然后顺序向堆栈顶部“计算”，从而对物体应用全部修改器。 因此，应该从下往上“读取”堆栈来显示或渲染最终物体。

5.3.2 常用对象空间修改器

“弯曲”、“锥化”、“扭曲”和“噪波”等几个常用对象空间修改器在三维几何物体网格建模中起到非常重要的作用。

1．“弯曲”修改器

“弯曲”修改器能够将当前选中的物体围绕某一轴向弯曲一定的角度，产生均匀的弯曲效果。它可以在任意三个轴向上控制弯曲的角度和方向，也可以对几何体的某一段限制弯曲效果，图 5.34 所示是对一盏街灯进行弯曲的各种效果。

“弯曲”修改器的参数面板如图 5.35 所示，其中各选项的含义如下。

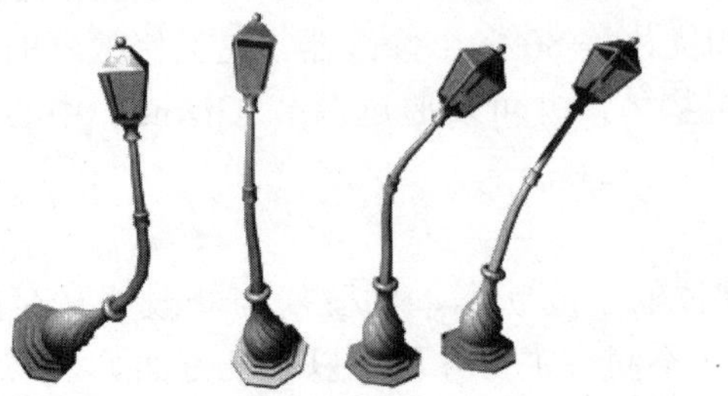

图 5.34　对街灯模型应用“弯曲”修改器

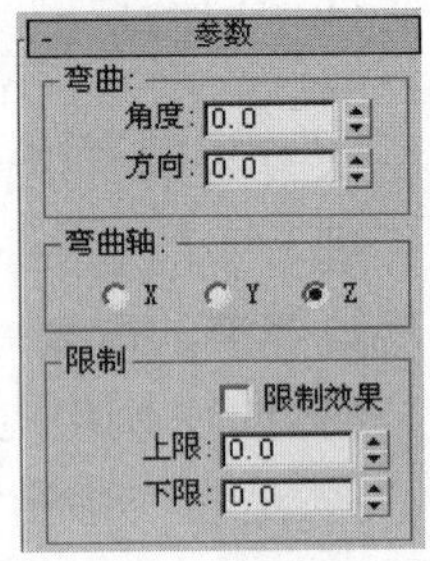

图 5.35　“弯曲”修改器的参数面板

- “角度”微调框：用于确定弯曲的角度。
- “方向”微调框：用于确定弯曲的方向。
- “弯曲轴”选项区域：用于确定物体以哪个坐标轴为基准进行弯曲。
- “限制”选项区域：可以限制弯曲的范围，上限取值必须为正值，下限取值必须为负值。

2．“锥化”修改器

“锥化”修改器的作用是缩放几何体的两端，产生锥化的轮廓，即一端放大而另一端缩小。它既可以在两组轴向上控制锥化的量和曲线，也可以对几何体的某一部分进行锥化。“锥化”修改器的效果如图 5.36 所示。

“锥化”修改器的参数面板如图 5.37 所示，其中各选项的含义如下。

图 5.36　各种锥化效果

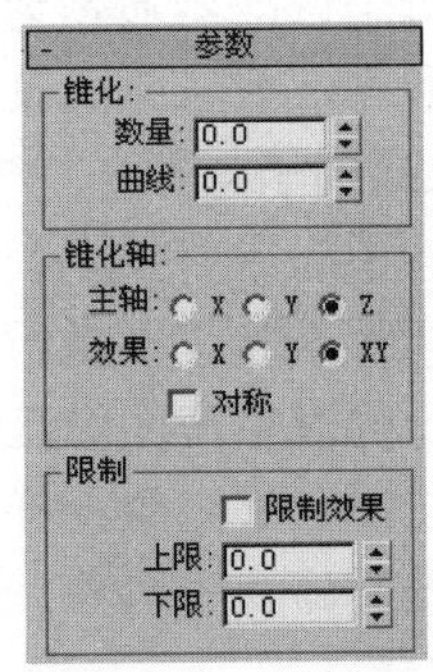

图 5.37　“锥化”修改器的参数面板

- “数量”微调框：数量的值为正时，物体的上表面向外扩展；值为负时，上表面向内收缩，收缩的程度与参数的绝对值成正比。
- “曲线”微调框：用于确定物体与作用轴方向平行部分的弯曲程度，正值向外凸起，负值则向内凹陷，凸起或凹陷的程度由参数的绝对值确定。
- “主轴”单选按钮组：用于选择以哪一个轴为基准进行锥变修改。
- “效果”单选按钮组：用于选择修改在哪个轴向起作用。
- “对称”复选框：用于确定是否以对称的方式进行修改。
- “限制”选项区域：可以限制锥化的范围，上限取值必须为正值，下限取值必须为负值。

3．“扭曲”修改器

“扭曲”修改器的作用是使物体沿着某一轴向产生旋转的效果，类似拧湿抹布，并可以通过设置偏移量来压缩扭曲相对于“中心”的效果。“扭曲”修改器的效果如图 5.38 所示。

“扭曲”修改器的参数面板如图 5.39 所示，其中各选项的含义如下。

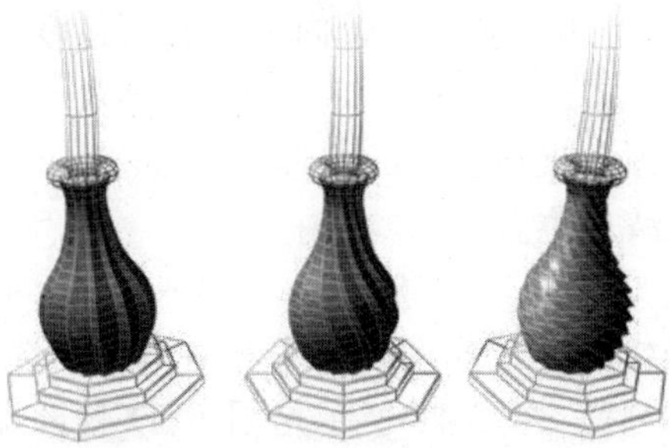

图 5.38 “扭曲”修改器效果图

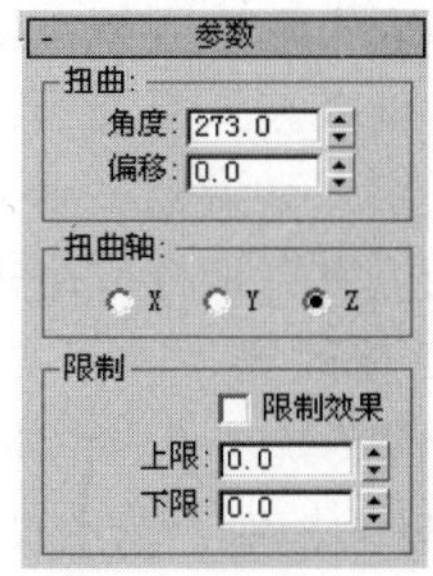

图 5.39 “扭曲”修改器的参数面板

- “角度”微调框：用于确定扭曲的角度，360° 为一周。
- “偏移”微调框：用于使物体的扭曲效果沿扭曲轴产生偏移，该值为负时，扭曲效果将向修改器中心偏移；该值为正时，扭曲效果将向远离修改器中心的方向偏移。
- “扭曲轴”选项区域：用于确定物体在哪个轴向上产生扭曲。
- “限制”选项区域：用于限制扭曲的范围，以产生局部扭曲效果。

4．“噪波”修改器

“噪波”修改器能够沿着三个坐标轴的任意组合调整物体顶点的位置，以产生随机变形的效果，对面数较多的物体其效果最为明显，图 5.40（a）所示是使用“噪波”修改器，并赋予一定材质后得到的海平面效果图。

“噪波”修改器的参数面板如图 5.40（b）所示，其中各选项的含义如下。

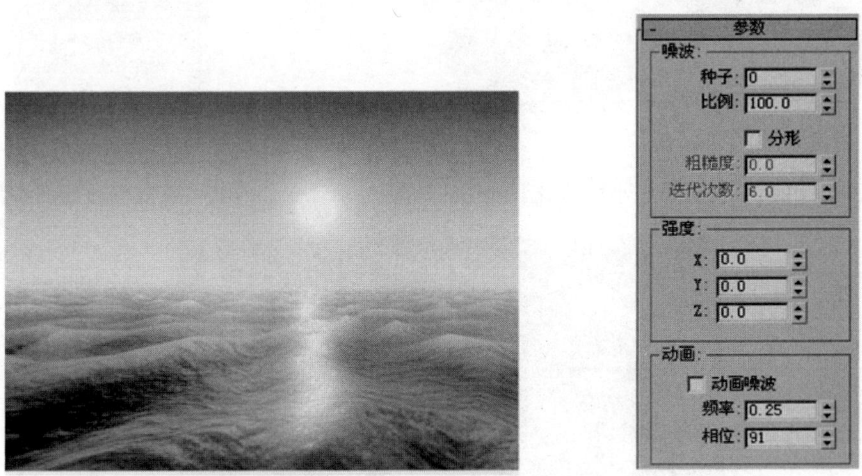

(a)“噪波”修改器的应用案例　　(b)“噪波”修改器的参数面板

图 5.40 “噪波”修改器的应用案例及其参数面板

- “种子”微调框：用于确定产生干扰的随机函数种子，干扰是以随机函数产生的，修改随机函数的种子就可以改变产生的噪波效果。

- “比例”微调框：用于将噪波进行缩放，较大的值产生更为平滑的噪波，较小的值产生锯齿现象更严重的噪波。
- “分形”复选框：以碎片数学运算方法得到噪波效果。
- “粗糙度”微调框：用于设定噪波的粗糙程度。
- “迭代次数”微调框：用于设定碎片运算次数。
- “强度”选项区域：用来设定物体在 X、Y、Z 三个轴向上的起伏强度。
- “动画噪波”复选框：用来启用动画效果。
- “频率”微调框：用来设定在动画过程中噪波变化的快慢。
- “相位”微调框：用来设定当前帧的波形位置。

5. FFD 修改器

FFD 的含义就是“自由形式变形”，该类修改器的作用是使用晶格框包围选中的几何体，通过调整晶格的控制点来改变封闭几何体的形状。图 5.41 所示是用 FFD 修改器在小蛇的身子上做出了一个凸起。FFD 修改器的参数面板如图 5.42 所示。

FFD 修改器提供几个不同的晶格解决方案，分别是 FFD2 × 2 × 2、FFD3 × 3 × 3、FFD4 × 4 × 4、FFD 长方体和 FFD 圆柱体。FFD 修改器后边的数值是指晶格的每一方向或每一侧面上控制点的数目，而 FFD 长方体是指采用类似长方体形状的晶格来控制物体变形，FFD 圆柱体是指采用类似圆柱体形状的晶格来控制物体变形，如图 5.43 所示。

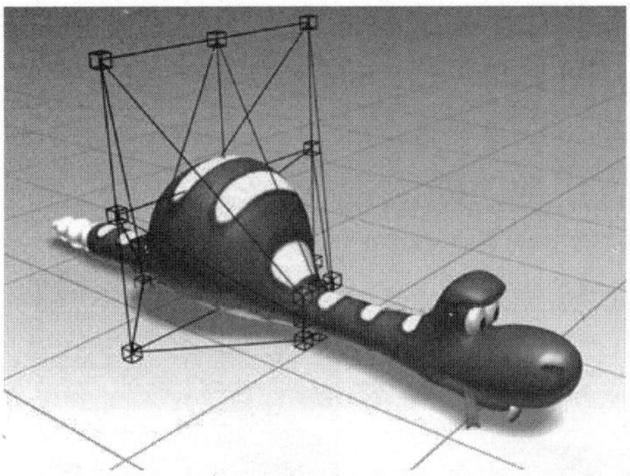

图 5.41　用 FFD 修改器在小蛇的身上创建的凸起

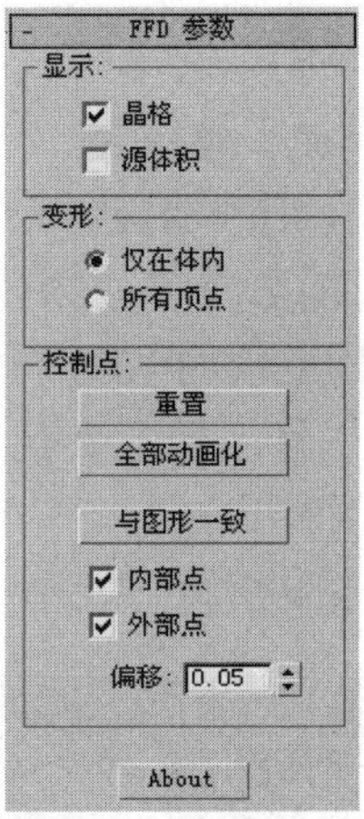

图 5.42　FFD 修改器的参数面板

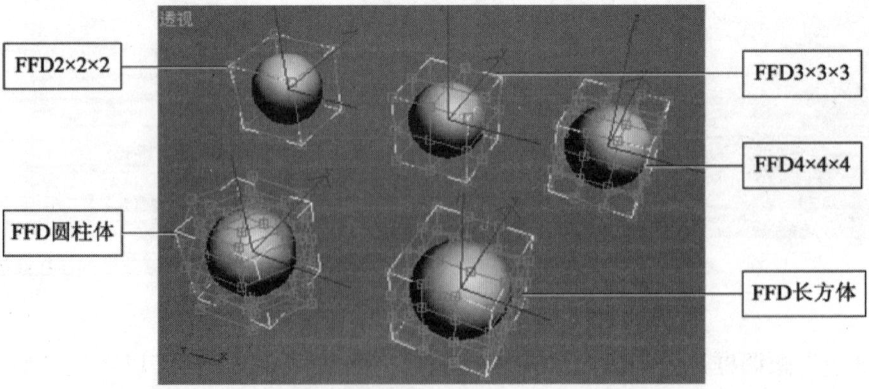

图 5.43　各种类型的 FFD 修改器

6．制作实例

本实例制作椅子效果，如图 5.44 所示，操作步骤如下。

（1）选择命令面板中的“创建”→“几何体”→“标准基本体”→“圆柱体”命令，在“透视”视图中创建一个“半径”为 1，“高度”为 150，“高度分段”为 75，颜色为白色的圆柱体，并在“透视”视图中右击鼠标结束创建操作。

（2）在工具栏中单击“选择并旋转”工具按钮，然后在状态栏中的 X 微调框中输入“180”，并按 Enter 键，使圆柱体围绕 X 轴旋转 180°。

（3）单击“选择并移动”工具按钮，在工具栏的“参考坐标系”下拉列表中选择“局部”坐标系统。

（4）单击命令面板中的按钮，进入“修改”面板，在“修改器列表”下拉列表中选择“弯曲”修改器。

（5）单击“修改器堆栈”中 Bend 左侧的“+”号，展开其子对象，单击“中心”，进入子对象编辑状态。

（6）在“前”视图中将圆柱体的弯曲中心沿 Z 轴向下移动 2.5 格，如图 5.45 所示。

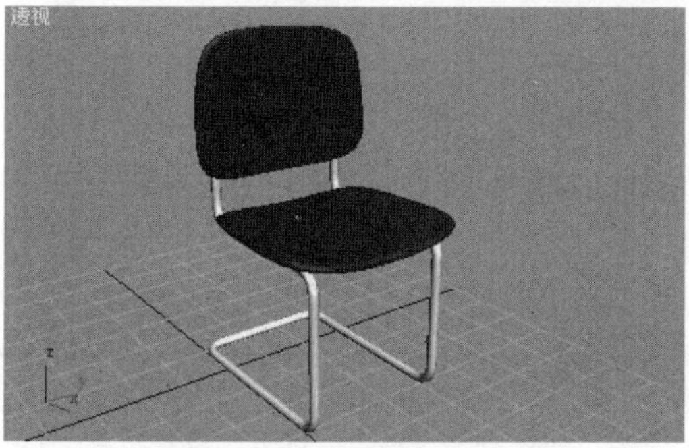

图 5.44　椅子

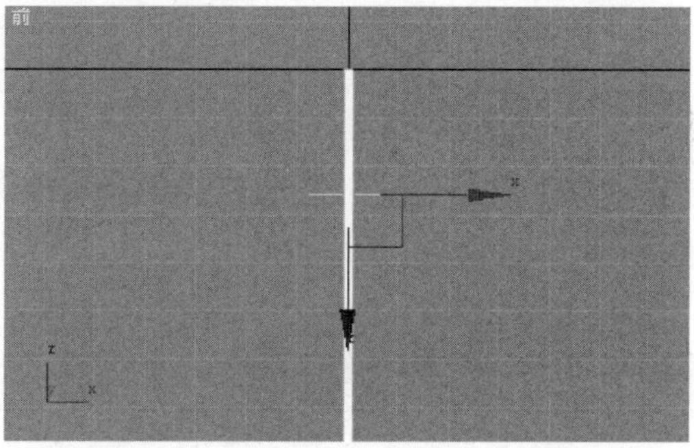

图 5.45　第一个弯曲操作的中心位置

（7）再次单击“修改器堆栈”中的“中心”对象，关闭子对象编辑状态。

（8）在“弯曲”修改器的“参数”卷展览中选中“限制效果”复选框，并将“上限”值设为 6。

（9）将“角度”值设为 90，完成第一个弯曲操作。

（10）在“修改器列表”下拉列表中选择“弯曲”修改器，对圆柱体施加第二个弯曲操作。

（11）将第二个弯曲操作的“中心”移至图 5.46 所示的位置，水平方向右移 3 个格，最后关闭子对象编辑状态。

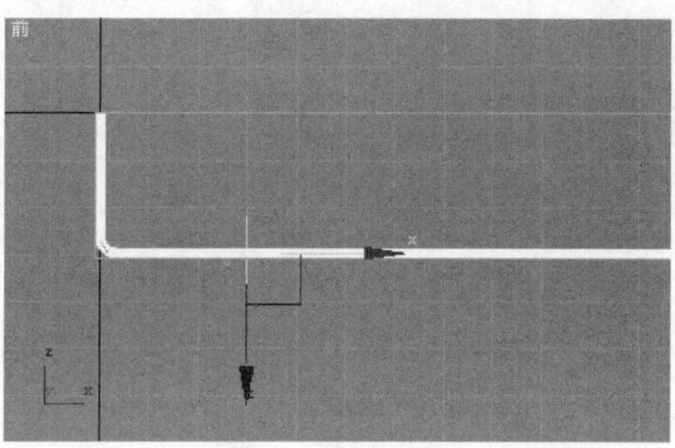

图 5.46　第二个弯曲操作的中心位置

（12）在“参数”卷展览中选中 X 弯曲轴，选中“限制效果”复选框，将“上限”值设为 6，并将弯曲“角度”设为−90，完成第二次弯曲操作。

（13）在“修改器列表”下拉列表中选择“弯曲”修改器，对圆柱体施加第三个弯曲操作。

（14）将第三个弯曲操作的“中心”移至图 5.47 所示的位置，垂直方向下移 6 个格，最后关闭子对象编辑状态。

（15）在“参数”卷展览中选中“限制效果”复选框，将“上限”值设为 6，并将弯曲“角度”设为−90，完成第三次弯曲操作。

（16）在“修改器列表”下拉列表中选择“弯曲”修改器，对圆柱体施加第四个弯曲操作。

（17）将第四个弯曲操作的“中心”移至图 5.48 所示的位置，最后关闭子对象编辑状态。

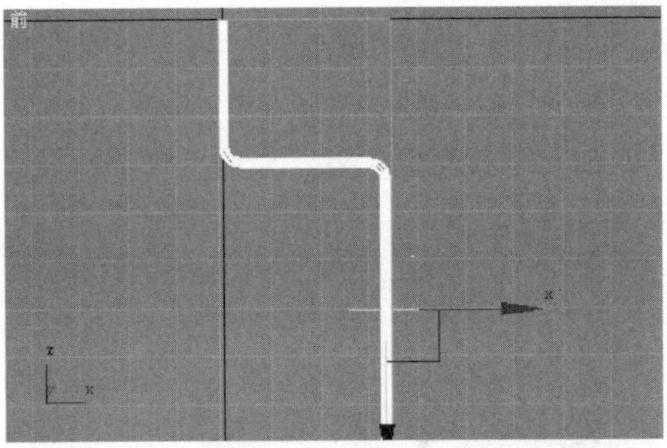

图 5.47　第三个弯曲操作的中心位置

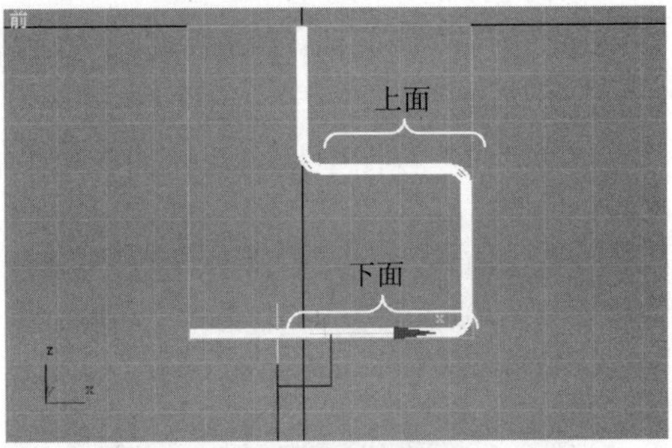

图 5.48　第四个弯曲操作的中心位置

注意：该中心位置一定要使下面的水平距离超出上面的水平距离。

（18）在“参数”卷展览中选中 X 弯曲轴，选中“限制效果”复选框，将“下限”值设为− 6，并将弯曲“角度”设为 90，弯曲“方向”设为 90，完成第四次弯曲操作，结果如图 5.49 所示。

（19）单击工具栏中的“镜像”工具按钮，参数设置如图 5.50 所示。

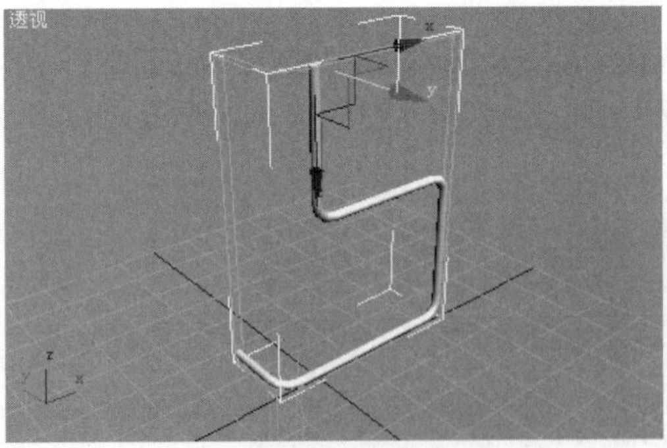

图 5.49　弯曲后的椅子腿

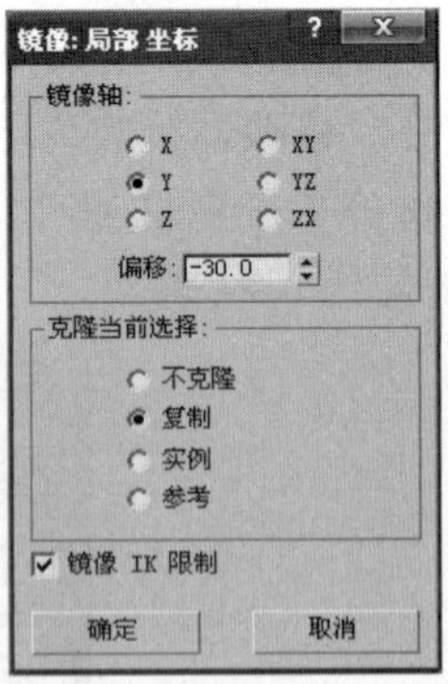

图 5.50　“镜像”对话框

（20）同时选择两个圆柱体，选择“组”→“成组”命令，将两个物体组合起来。

（21）在工具栏的“参考坐标系”下拉列表中选择“视图”坐标系统。

（22）选择命令面板中的“创建”→“几何体”→“扩展基本体”→“切角圆柱体”命

令，在“透视”视图中创建一个切角圆柱体，“半径”为 20，“高度”为 2，“圆角”为 1，“高度分段”为 1，“圆角分段”为 5，“边数”为 30，“端面分段”为 5，颜色为“蓝色”，最后在“透视”视图中右击鼠标结束创建操作。

（23）单击命令面板中的 按钮，进入“修改”面板，在“修改器列表”下拉列表中选择 FFD4 × 4 × 4 修改器。

（24）进入 FFD4 × 4 × 4 修改器的“控制点”子对象编辑状态。

（25）按照图 5.51 所示的方向，在“顶”视图中调节控制点的位置。在操作时应该使用区域选择法，用鼠标画出一个选择区域，框选控制点，而不应该通过单击选择控制点，因为多个控制点在垂直位置上是重叠的。

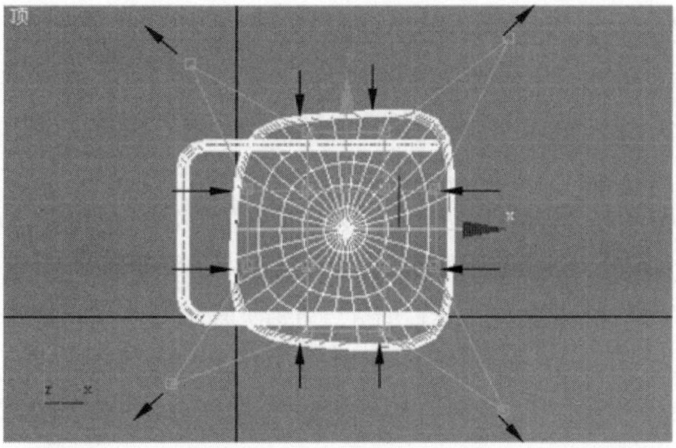

图 5.51　控制点的位置

（26）关闭“控制点”子对象编辑状态，在“修改器列表”下拉列表中选择“弯曲”修改器，对“椅子面”施加弯曲操作。

（27）弯曲“角度”设为 30，“方向”设为 90，弯曲轴选择 Y 轴。

（28）将“椅子面”移动到图 5.52 所示的位置。

（29）单击工具栏中的“选择并旋转”工具按钮 ，按住键盘 Shift 键的同时将“椅子面”以绿色的 Y 轴为中心顺时针旋转 90°，在弹出的“克隆选项”对话框中单击“确定”按钮。

（30）单击工具栏中的“选择并均匀缩放”工具按钮 ，将复制出来的“椅子背”沿 Z 轴压缩至原来的 80%左右，并移动到图 5.53 所示的位置。

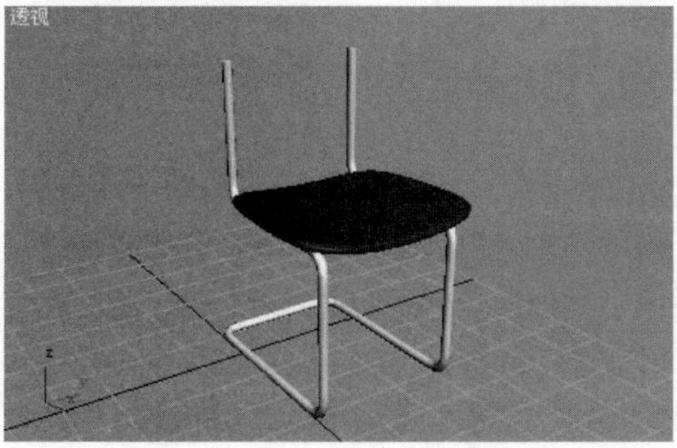

图 5.52 “椅子面”的位置

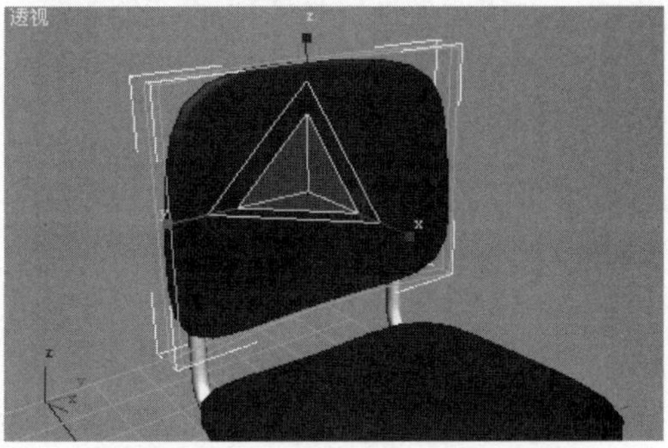

图 5.53 “椅子背”的位置

5.3.3 “编辑网格”修改器

对基本几何体进行网格编辑是 3ds Max 中的一种常用建模方法，称为网格建模。还有其他的建模方法，例如面片建模、NURBS（非均匀有理 B 样条曲线）建模和多边形建模等。

1. “编辑网格”修改器简介

“编辑网格”修改器提供 5 个子对象，分别是顶点、边、面、多边形和元素，通过子对象层级的编辑，可以制作生成非常复杂的模型。该修改器的大部分功能和参数都工作于子对象编辑状态，只有“编辑几何体”卷展栏中极少数个别功能工作于整个物体状态，例如附加、炸开等。

“编辑网格”修改器含有三个卷展栏，分别是“选择”、“软选择”和“编辑几何体”，当进入子对象编辑模式后，会增加一个“曲面属性”卷展栏。

“选择”卷展栏提供启用或者禁用不同子对象的按钮，以及一些选择设置、显示设置和关于选定条目的信息，如图 5.54（a）所示。

“软选择”卷展栏如图 5.54（b）所示，该卷展栏能够使选择的子对象就像被磁场包围，在移动、旋转和缩放变换时，带动周围邻近的子对象产生平滑渐变的柔化效果。

“编辑几何体”卷展栏如图 5.54（c）所示，该卷展栏提供各种编辑子对象的功能，提供网格建模大部分的操作。

“曲面属性”卷展栏只有进入子对象编辑状态时才出现，针对不同的子对象，该卷展栏的内容也不一样，图 5.54（d）所示是“面”子对象的卷展栏。该卷展栏提供修改子对象法线、材质 ID、平滑组、顶点颜色和可见性等功能。

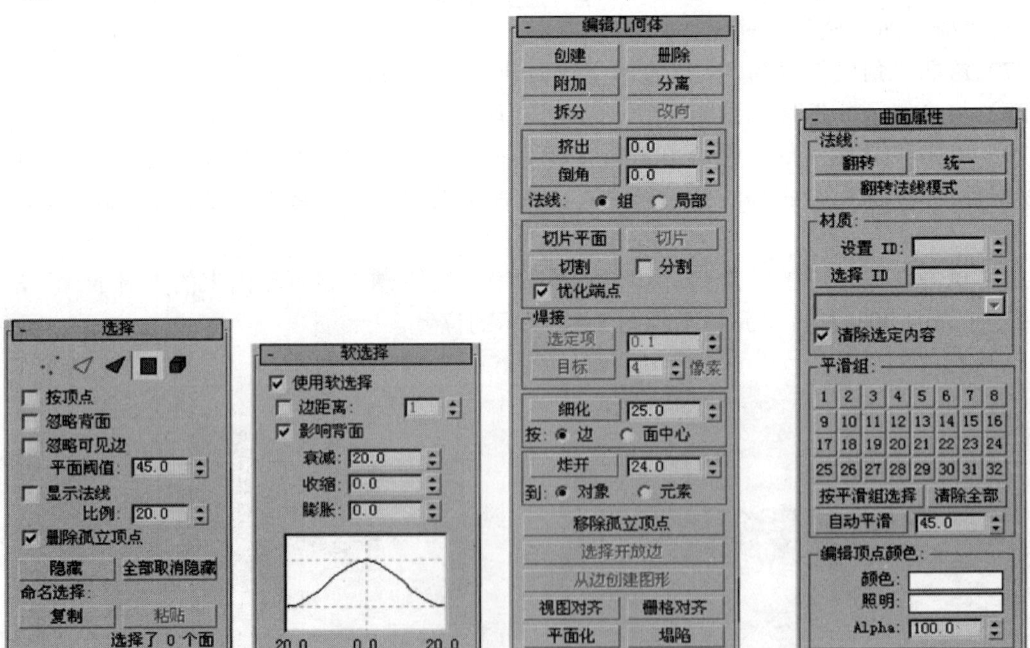

(a)“选择”卷展栏　(b)“软选择”卷展栏　(c)“编辑几何体”卷展栏　(d)“面”的“曲面属性”卷展栏

图 5.54 “编辑网格”修改器的卷展栏

2．“编辑网格”修改器的子对象

“编辑网格”修改器含有 5 个子对象，如图 5.55 所示。

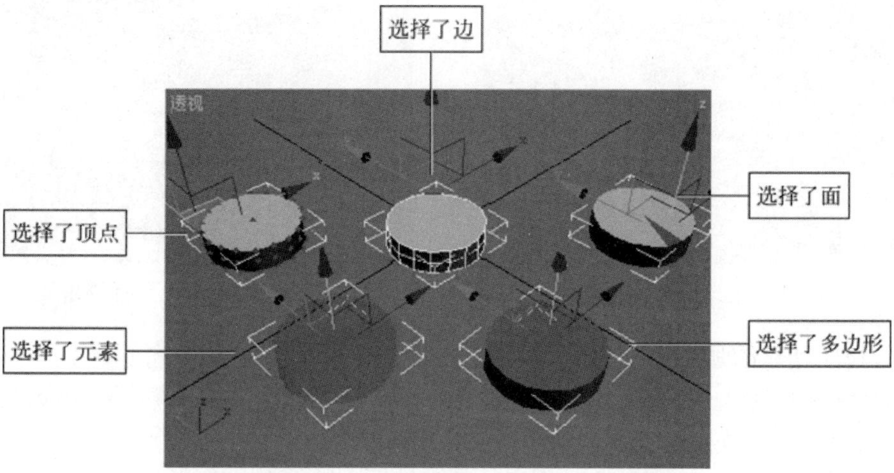

图 5.55 “编辑网格”修改器的 5 个子对象

（1）顶点：顶点是空间中的点，两点构成一条直线，三点构成一个平面，所以顶点是定义边和面的基础。当移动或编辑顶点时，它们形成的边和面也会受到影响。顶点也可以独立存在，这些孤立的顶点可以用来创建面，而不能用来创建边，但在渲染时它们不可见。

（2）边：所谓边就是一条线，可以用来连接两个顶点，三条边就可以组成一个面，并且两个面可以共享一条边。

（3）面：由三个顶点组成的三角形面。

（4）多边形：多边形的作用类似于面，但它是由 4 个或 4 个以上顶点组成的多边形面。

（5）元素：当处于元素子对象编辑状态时，就可以同时处理物体所有的相邻面。

3．制作实例

本实例制作液晶显示器效果，如图 5.56 所示，操作步骤如下。

（1）选择命令面板中的“创建”→“几何体”→“标准基本体”→“长方体”命令，在“透视”视图中创建一个长方体，并将“长度”设置为 60，“宽度”设置为 5，“高度”设置为 50，“长度分段”、“宽度分段”和“高度分段”全部设置为 1，并将其颜色设置为“白色”，在“透视”视图中右击鼠标结束创建操作，效果如图 5.57 所示。

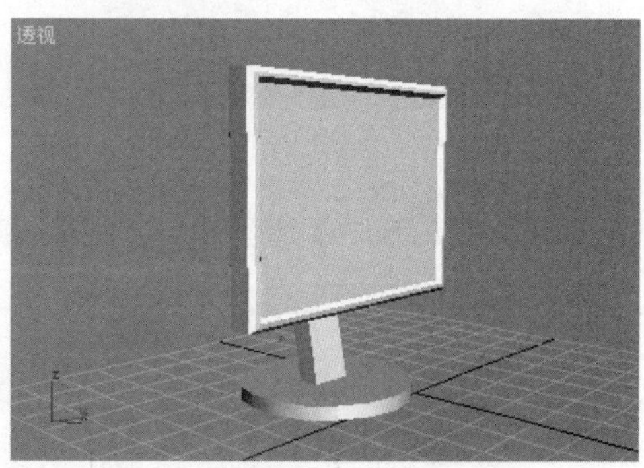

图 5.56 液晶显示器

（2）单击命令面板中的按钮，进入“修改”面板，在“修改器列表”下拉列表中选择“编辑网格”修改器。

（3）在“选择”卷展栏中单击按钮，进入“多边形”子对象编辑状态，并勾选“忽略背面”复选框。

（4）在“透视”视图中选择面朝前的那个面，进入“编辑几何体”卷展栏，在“挤出”按钮旁边的参数框中输入“1”，并按 Enter 键确认；在“倒角”按钮旁边的参数框中输入“−1”，并按 Enter 键确认，效果如图 5.58 所示。

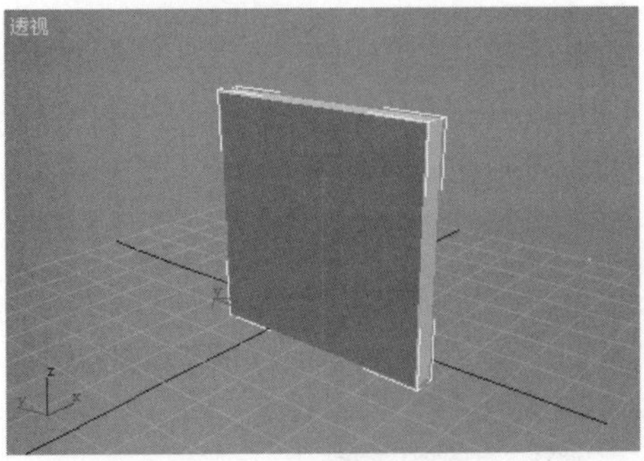

图 5.57　创建的长方体

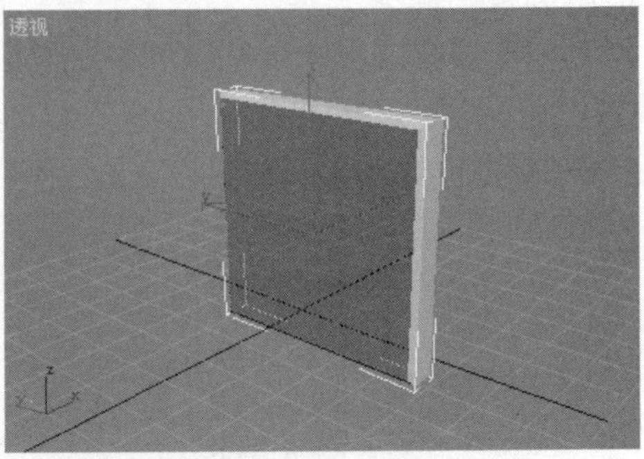

图 5.58　将一个面进行倒角处理

（5）选择面朝后的那个面，重复第（4）步操作，效果如图 5.59 所示。

（6）保持选中该面，在“挤出”按钮旁边的参数框中输入“0.1”，并按 Enter 键确认；在“倒角”按钮旁边的参数框中输入“−1”，并按 Enter 键确认。

（7）保持选中该面，在“挤出”按钮旁边的参数框中输入“−1”，并按 Enter 键确认；在“倒角”按钮旁边的参数框中输入“−1”，并按 Enter 键确认。屏幕制作完成，效果如图 5.60 所示。

（8）关闭子物体编辑状态。

（9）选择命令面板中的“创建”→“几何体”→“标准基本体”→“圆柱体”命令，在“顶”视图中创建一个圆柱体，并将“半径”设置为 20，“高度”设置为 1，“高度分段”设置为 1，将其颜色设置为“白色”，在“透视”视图中右击鼠标结束创建操作。

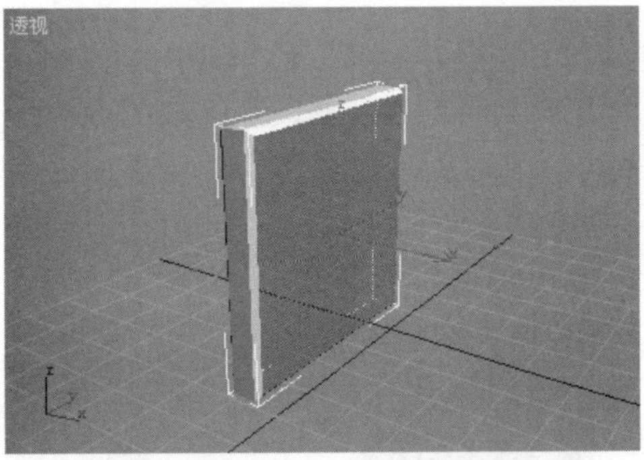

图 5.59　将第二个面进行倒角处理

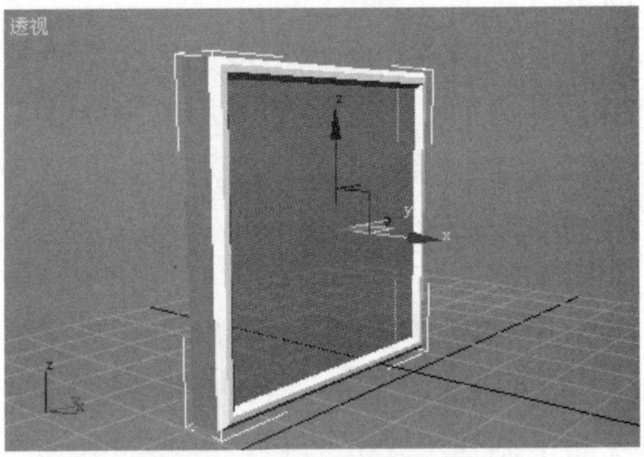

图 5.60　生成显示器屏幕

（10）按照图 5.61 所示的位置摆放圆柱体和屏幕。

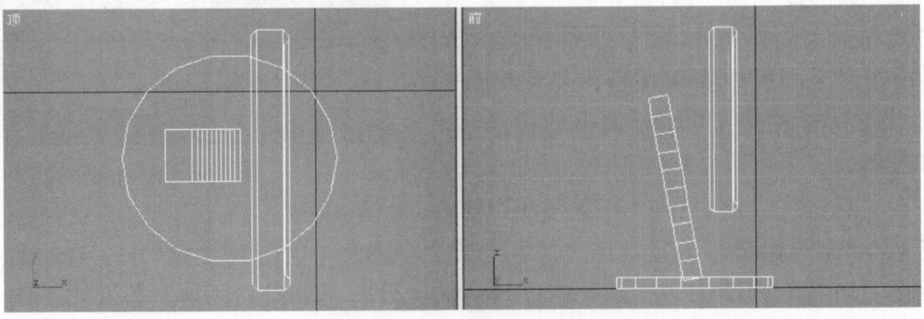

图 5.61　显示器底托的摆放

（11）选择命令面板中的“创建”→“几何体”→“标准基本体”→“长方体”命令，在“顶”视图中创建一个长方体，并将“长度”设置为 10，“宽度”设置为 5，“高度”设置为 50，“高度分段”设置为 10，将其颜色设置为“白色”，在“透视”视图中右击鼠标结束创建操作，并按图 5.61 所示摆放显示器的“支架”。

（12）选中“支架”，进入“编辑”面板，为其施加一个“弯曲”修改器，调节弯曲“中心”的位置，启用“限制效果”，弯曲“角度”为 70°，最终效果如图 5.62 所示。

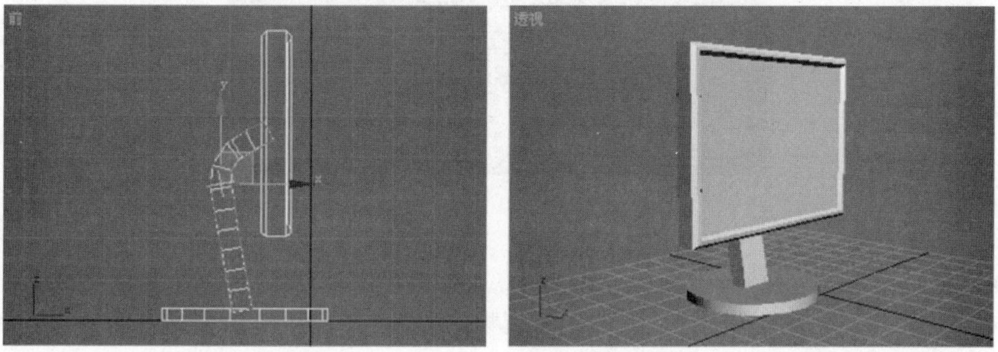

(a)“前”视图效果　　(b)“透视”视图效果

图 5.62　制作完成的液晶显示器

5.4　样条曲线建模方法

5.4.1　创建样条曲线

3ds Max 提供绘制二维或三维样条曲线的功能，可创建的样条曲线包括线、矩形、圆、椭圆、弧、圆环、多边形、星形、文本、螺旋线和截面共 11 种，如图 5.63 所示。这些样条曲线经过放样、车削和拉伸等操作，便可以形成许多复杂的几何体，也可以作为路径控制物体的运动。

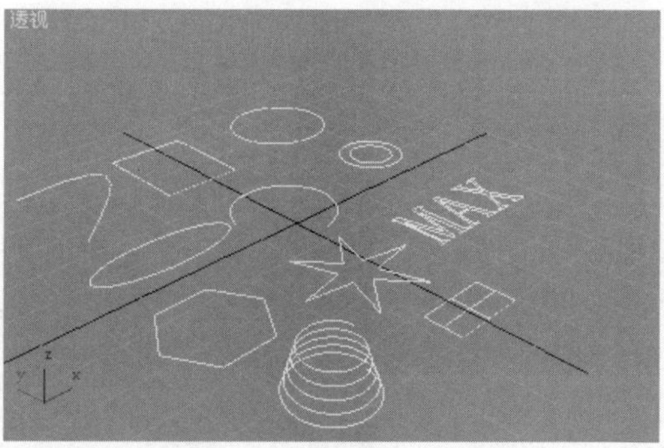

图 5.63　样条曲线创建图

3ds Max 中的样条曲线是由节点控制形成的，共有 4 种类型的节点，分别是角点、光滑点、Bezier 点和 Bezier 角点，如图 5.64 所示。正确理解节点的类型和特点，是对样条曲线进行编辑的基础。

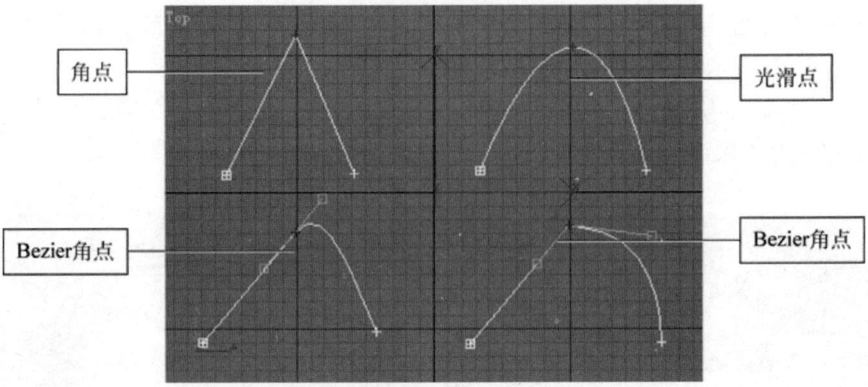

图 5.64　4 种节点类型

- 角点：生成尖锐转角的不可调整的节点，并且角点的两侧产生直线。
- 平滑点：生成平滑连续曲线的不可调整的节点，平滑点处的曲率是由相邻节点的间距决定的。
- Bezier 点：带有连续切线控制柄的可调整的顶点，用于创建平滑曲线，节点处的曲率由切线控制柄的方向和长短确定。
- Bezier 角点：带有不连续的切线控制柄的可调整的顶点，用于创建带有尖锐转角的曲线，节点两侧的曲率可以不同，分别由两侧切线控制柄的方向和长短确定。

选择命令面板中的“创建”→“图形”命令，在“对象类型”卷展栏中列出 11 种可创建的样条线，如图 5.65 所示。样条曲线的创建方法与标准几何体的创建方法类似。

当启用“开始新图形”复选框后，每当用户在视图中创建一条样条曲线，它就成为一条独立的曲线，以后再创建的曲线与该曲线无关；若禁用“开始新图形”复选框，则后来创建的曲线将成为前面曲线的一部分，二者成为一个整体。

在“名称和颜色”卷展栏中可以更改样条曲线的名称和颜色。默认名称是曲线的类型名加上一个数字，如 Circle01，颜色则是随机产生的。

截面是一种特殊类型的物体，它可以通过自身的网格平面与其他物体相交，然后生成相交曲线，如图 5.66 所示。

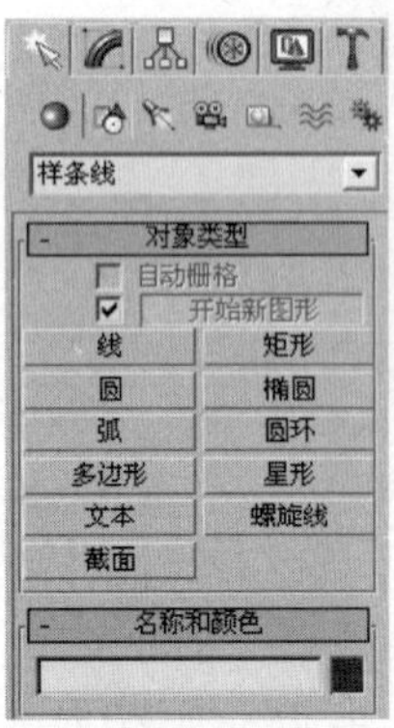

图 5.65　创建样条曲线命令面板

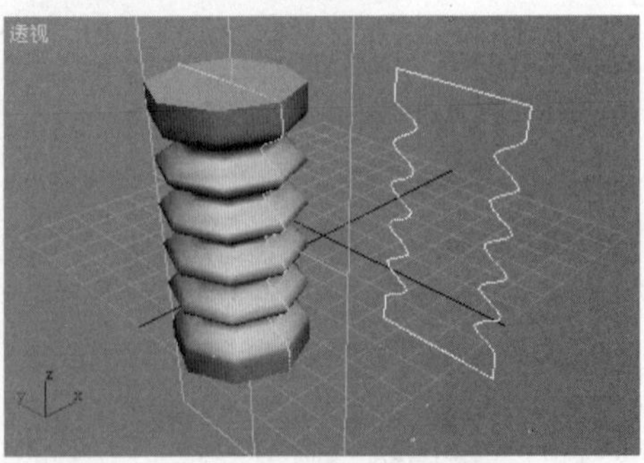

图 5.66　生成的截面图形

5.4.2 样条曲线的可视化

由于样条曲线是只有形状而没有体积的特殊物体，默认情况下，在渲染输出时不可见，为了观看其渲染效果，需要对每种样条曲线的"渲染"卷展栏进行设置，如图 5.67 所示。

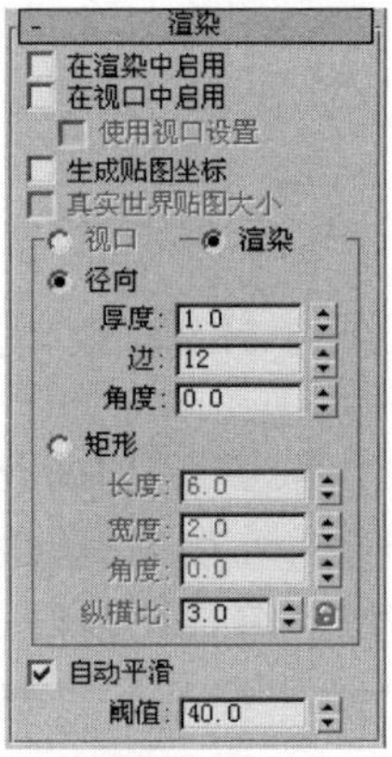

图 5.67 样条曲线的"渲染"卷展栏

其中各选项的含义如下。

- "在渲染中启用"复选框：启用此项后，渲染引擎将使用指定的参数对样条曲线进行渲染。
- "在视口中启用"复选框：启用此项后，将直接在视图窗口中显示样条曲线的渲染效果。
- "视口"或"渲染"单选按钮：用于选择不同的渲染引擎。
- "径向"单选按钮：用于将 3D 网格显示为圆柱形对象。
- "厚度"微调框：用于决定渲染后曲线的厚度。
- "边"微调框：用于设定渲染后曲线截面的边数。
- "角度"微调框：用于设定渲染后曲线截面的旋转角度。
- "矩形"单选按钮：用于将样条线网格图形显示为矩形。
- "长度"微调框：用于指定沿着局部 Y 轴的横截面大小。
- "宽度"微调框：用于指定沿着局部 X 轴的横截面大小。
- "纵横比"微调框：用于设置矩形横截面的纵横比。

5.4.3 样条曲线的插值

在创建三维几何体时，可以通过提高分段数使基本几何体达到平滑的弯曲变形效果。而对于样条曲线来说，要想得到平滑的弯曲曲线，则需要提高样条曲线的步数。

样条曲线是由节点构成的，节点与节点之间的连接线叫做线段，为了使曲线达到平滑的效果，而将线段分割成小段的折点数目即为步数。样条曲线经过编辑和修改，可以生成复杂的几何物体，生成的几何物体的边数和面数就由样条曲线的步数决定，图 5.68 所示是一个不同步数值的圆形样条曲线。

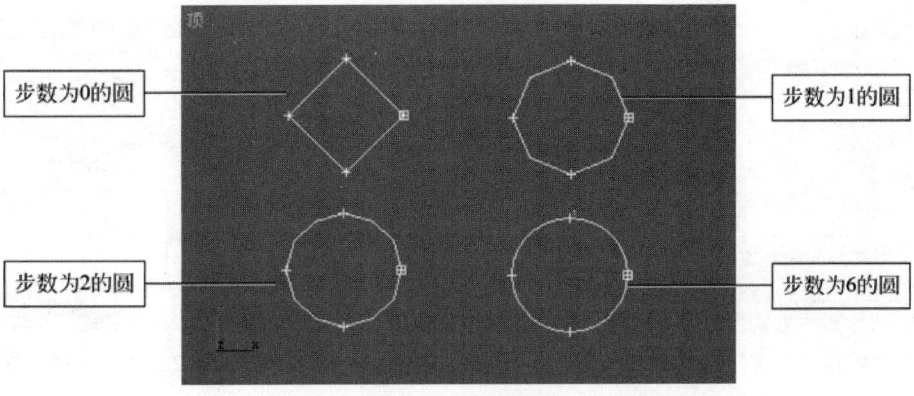

图 5.68 不同步数值的圆形样条曲线

每种样条曲线都有一个“插值”卷展栏，如图 5.69 所示。

其中各选项的含义如下。

- “步数”微调框：用于设置线段产生的折点数。
- “优化”复选框：用于决定是否允许系统对样条曲线进行优化，以最少的折点数达到最平滑的效果，例如直线的步数将减少为 0。
- “自适应”复选框：决定是否让系统自动计算每个样条曲线的步数，选择该项后，上面的“步数” 微调框中的参数将不可用。

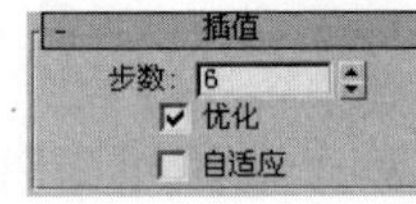

图 5.69 “插值”卷展栏

5.4.4 样条曲线的基本修改方法

样条曲线是 3ds Max 的重要组成部分，其形式灵活、多变，功能也十分强大，在建筑效果图、机械器件和角色建模等方面有重要的作用。

1.“编辑样条线”修改器

“编辑样条线”修改器是对样条曲线进行编辑修改的基本方法，也是最重要的方法。它提供 3 个子对象，通过子对象层级的编辑可以产生非常复杂的曲线。对样条曲线施加“编辑样条线”修改器后，“修改”面板如图 5.70 所示，其中各卷展栏的功能如下。

（1）“选择”卷展栏：提供选择不同的子对象模式、使用命名的选择集、控制柄、显示设置和选择信息等功能，如图 5.71 所示。

（2）“软选择”卷展栏：其功能与“编辑网格”修改器的软选择功能相同，如图 5.72 所示。

（3）“几何体”卷展栏：提供“编辑样条线”修改器的大部分功能，是最重要的卷展栏。当处于不同的子对象编辑状态时，该卷展栏的功能也有所不同，如图 5.73（a）和图 5.73（b）所示。

（4）“曲面属性”卷展栏：只有处于“线段”和“样条线”子对象编辑状态时，该卷展栏才出现，它主要提供在样条线可渲染的情况下，通过材质 ID 号为曲线分配不同材质的问题，如图 5.74 所示。

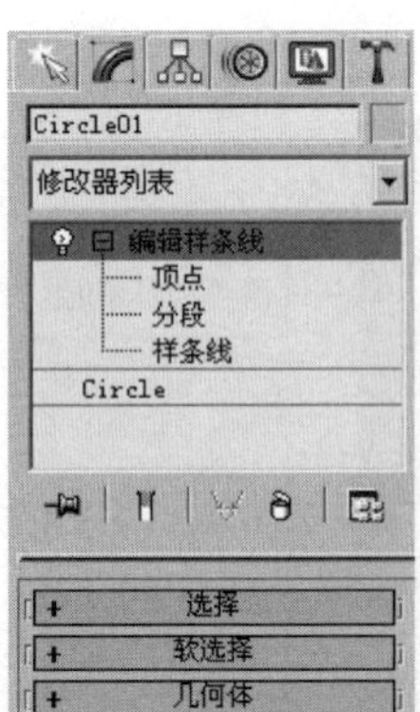

图 5.70 “编辑样条线”修改器

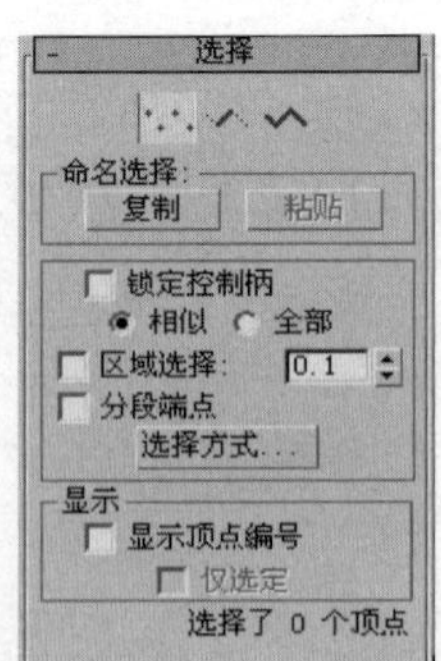

图 5.71 “选择”卷展栏

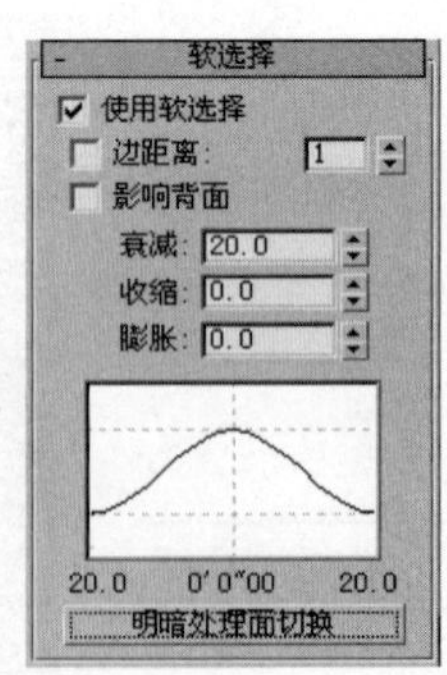

图 5.72 “软选择”卷展栏

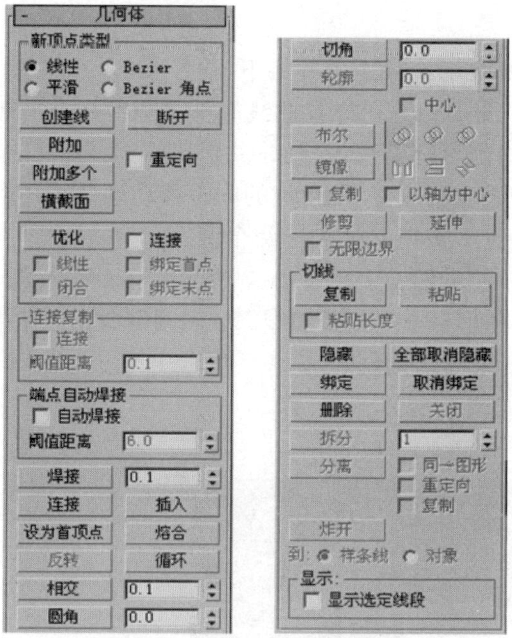

(a) 上部分　　(b) 下部分

图 5.73 “几何体”卷展栏

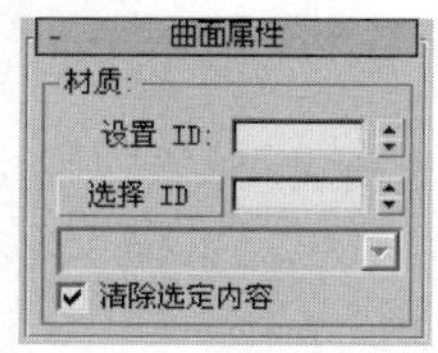

图 5.74 “曲面属性”卷展栏

在 3ds Max 的 11 种样条曲线中，除了“线”和“截面”创建的横截面以外，在进行“顶点”、“分段”和“样条线”的子对象编辑时，必须施加“编辑样条线”修改器。

2.“编辑样条线”修改器的子对象

“编辑样条线”修改器有 3 个子对象，分别是“顶点”、“分段”和“样条线”，如图 5.75 所示。

- 顶点：构成样条曲线的基本单位。
- 分段：顶点与顶点之间的连线，或称为线段。
- 样条线：整个曲线的若干子集，即一个完整的局部。

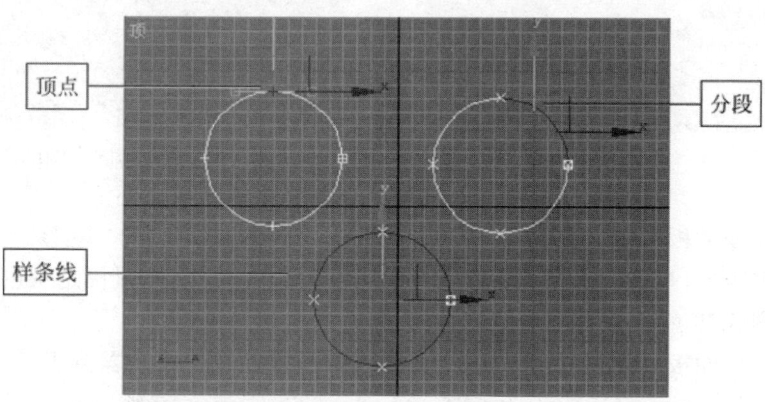

图 5.75 “编辑样条线”修改器的子对象

提示：在利用子对象进行编辑时，经常综合使用三种不同的子对象。

3．制作实例

本实例制作梅花图案，效果如图 5.76 所示，操作步骤如下。

（1）选择命令面板中的“创建”→“图形”→“样条曲线”→“圆”命令，在“顶”视图中创建一个圆，将“半径”设为 30，右击鼠标结束创建。

（2）单击工具栏中的“移动”工具按钮，在按住 Shift 键的同时移动圆曲线，在弹出的对话框中将“副本数”设置为 2，单击“确定”按钮，复制出两个圆。

（3）按照图 5.77 所示的位置摆放三个圆曲线。

（4）选择命令面板中的“创建”→“图形”→“样条曲线”→“圆”命令，在“顶”视图中创建一个圆，将“半径”设为 15，右击鼠标结束创建。

（5）按照图 5.78 所示的位置摆放圆曲线。

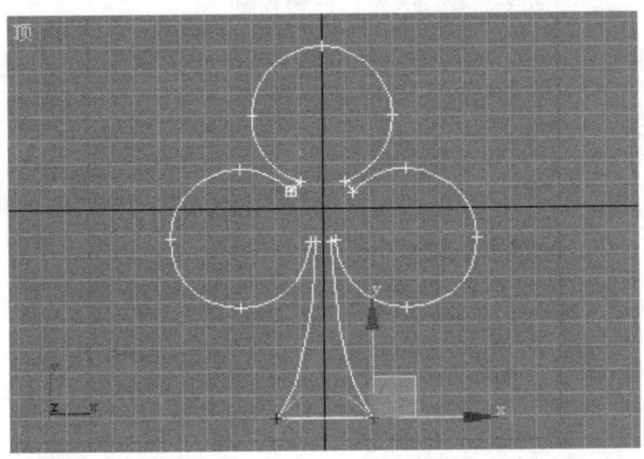

图 5.76　梅花图案效果

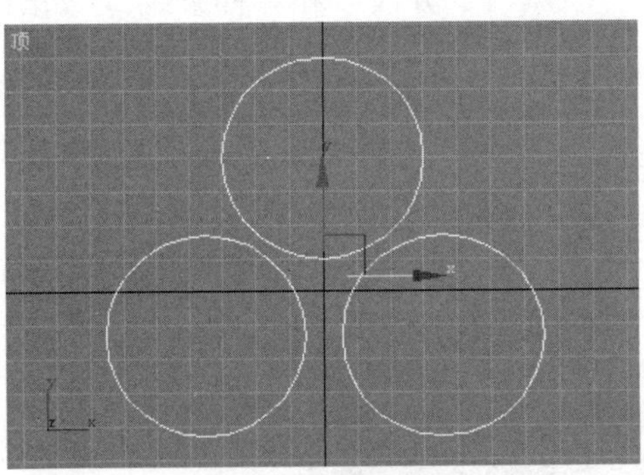

图 5.77　三个圆的位置

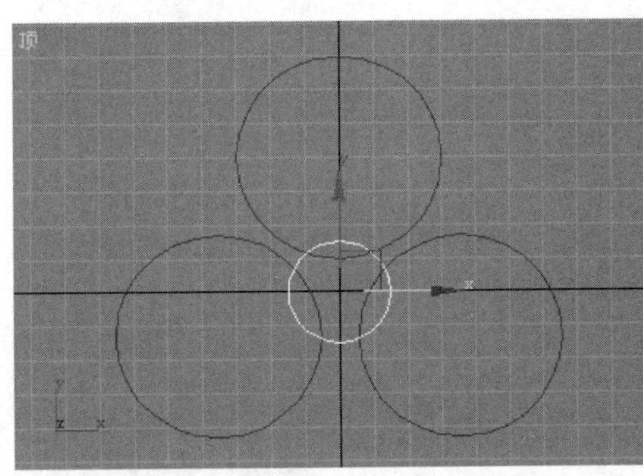

图 5.78　中间小圆的位置

（6）选择命令面板中的“创建”→“图形”→“样条曲线”→“矩形”命令，在“顶”视图中创建一个矩形，将“长度”设为 80，“宽度”设为 7，右击鼠标结束创建。

（7）按照图 5.79 所示位置摆放矩形曲线。

（8）单击命令面板中的按钮，进入“修改”面板，在“修改器列表”下拉列表中选择“编辑样条线”修改器。

（9）进入“几何体”卷展栏，单击“附加”按钮，在“顶”视图中一次单击其他所有的样条线，将所有的样条线合并为一条样条线，右击鼠标结束操作，效果如图 5.80 所示。

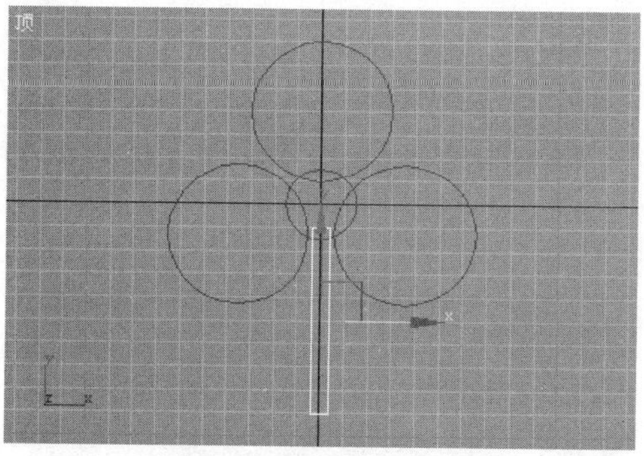

图 5.79　下面矩形的位置

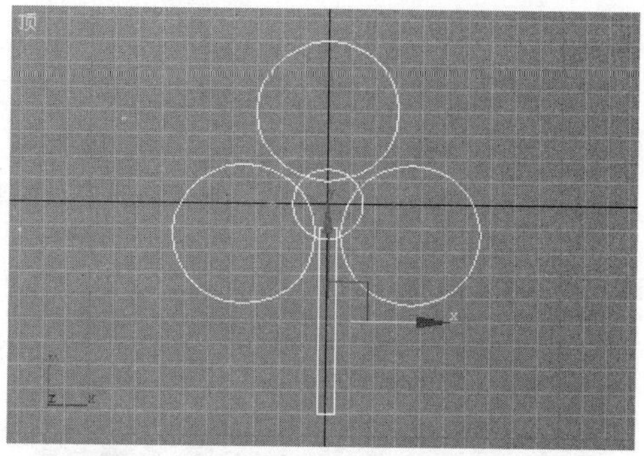

图 5.80　将所有的样条线合并为一条

（10）单击“视图控制区”中的按钮，然后在“顶”视图中拖动一个区域，将中间部分放大显示，结果如图 5.81 所示。

（11）在“修改器堆栈”中进入“顶点”子物体编辑状态。

（12）单击“几何体”卷展栏中的“相交”按钮，当鼠标移动到样条线的相交部位上时，鼠标呈现图 5.82 所示形状，此时单击鼠标可以在相交部位的两条曲线上各自创建一个顶点。

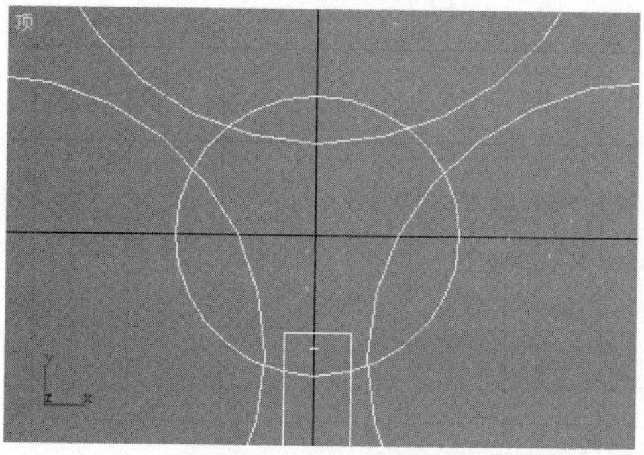

图 5.81　放大后的视图

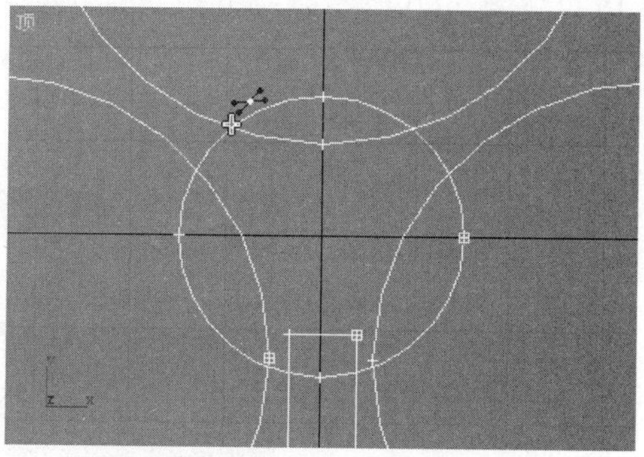

图 5.82　在相交部位创建顶点

（13）依次在所有的曲线相交部位执行第（12）步操作，效果如图 5.83 所示。

（14）在“修改器堆栈”中进入“分段”子对象编辑状态，按住 Ctrl 键的同时选择图 5.84 所示线段。

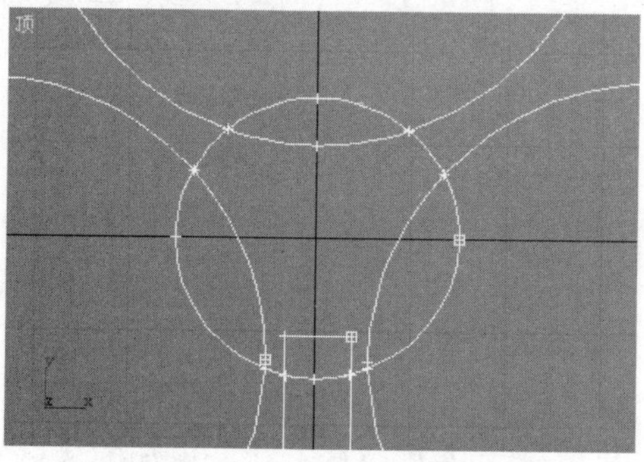

图 5.83　在所有相交部位创建顶点

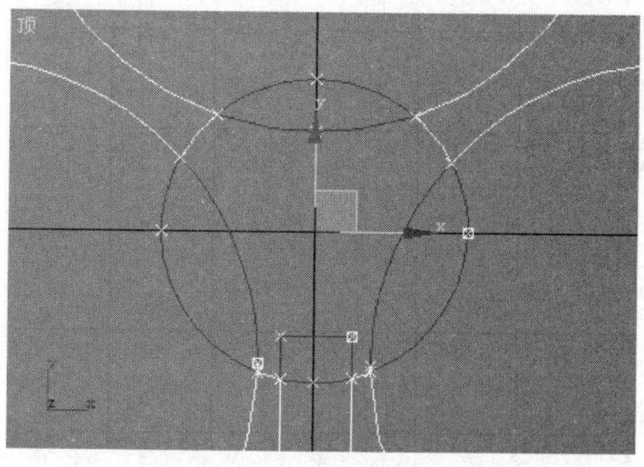

图 5.84　需要删除的线段

（15）单击“几何体”卷展栏下部的“删除”按钮，将所选线段删除。

（16）由于样条线摆放位置的不确定性，因此在矩形附近会出现细小多余的线段，图 5.85

所示是用“视图控制区”中的按钮局部放大后的结果。

（17）将图 5.85 中多余的线段删除，并回到“顶点”子物体编辑状态。

（18）用鼠标拖出一个选择区域，选择图 5.86 所示的顶点（其实选择了两个顶点），将“焊接”按钮旁的数值设置为 5，单击“焊接”按钮。

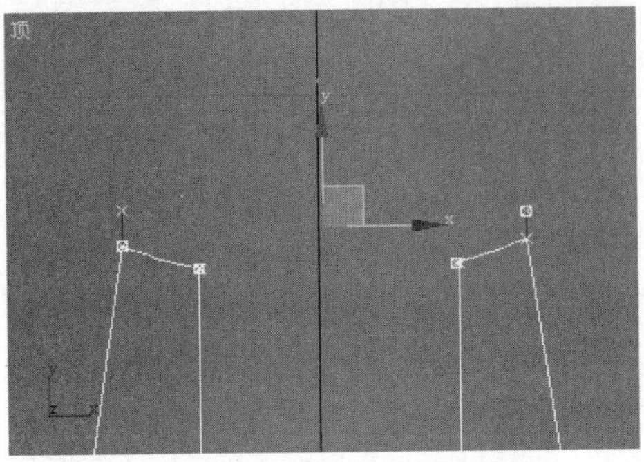

图 5.85　放大后显示出来的多余线段

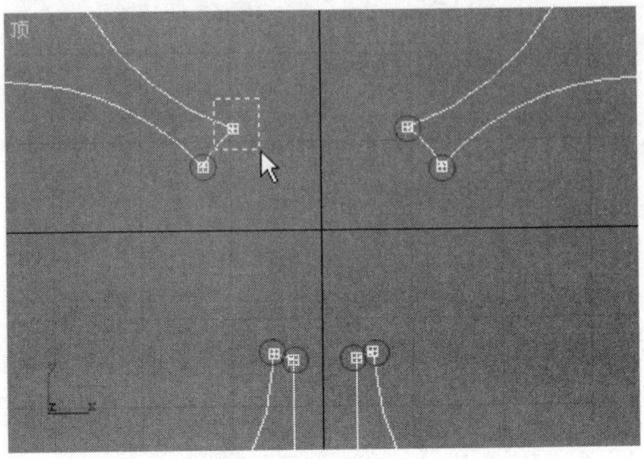

图 5.86　需要焊接的顶点

（19）对图 5.86 所示画圆圈位置的顶点重复第（18）步操作。

（20）单击“视图控制区”中的按钮，将“顶”视图最大化显示。

（21）将矩形样条线下方的两个顶点分别向外移动一段距离，效果如图 5.87 所示。

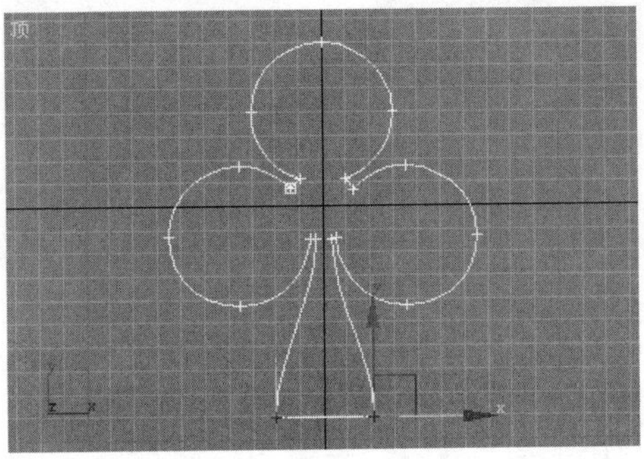

图 5.87　将矩形下方两顶点向外移动

（22）将这两个顶点转换为 Bezier 角点，并调整切线控制柄的位置，最终效果如图 5.76 所示。

5.4.5　常用对象空间修改器

“编辑样条线”修改器对样条曲线的编辑功能十分强大，但除此之外还有很多非常实用的修改器，例如“挤出”、“车削”和“倒角”等，可以很方便地将样条曲线生成三维几何体，下面简单介绍这些修改器的功能。

1.“挤出”修改器

“挤出”修改器通过将样条曲线产生高度，使其形成三维几何体，其效果如图 5.88 所示。这种方法操作简单，对于制作建筑模型极为方便。“挤出”修改器的参数设置较为简单，其“封口始端”和“封口末端”选项分别用于指定是否在挤出物体的始端或末端生成一个平面，用户可以通过改变各参数值进行尝试。

2.“车削”修改器

“车削”修改器能够使样条曲线围绕某一轴向旋转，从而形成三维几何体，如图 5.89 所示，该修改器特别适用于创建有固定轴的物体。

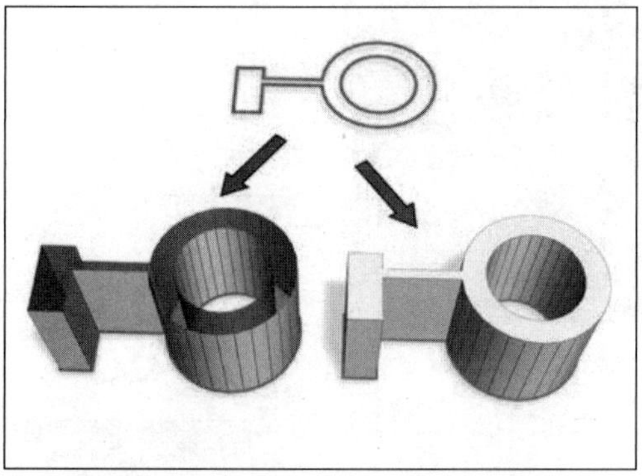

图 5.88 “挤出”修改器的效果

图 5.89 “车削”修改器的效果

3.“倒角”修改器

“倒角”修改器的功能类似于“挤出”修改器，只不过在挤出时能够应用三个级别，并使物体的边缘产生平或圆的倒角，如图 5.90 所示。“倒角”修改器的一个常规用法是创建 3D 文本和徽标，而且可以应用于任意样条曲线。

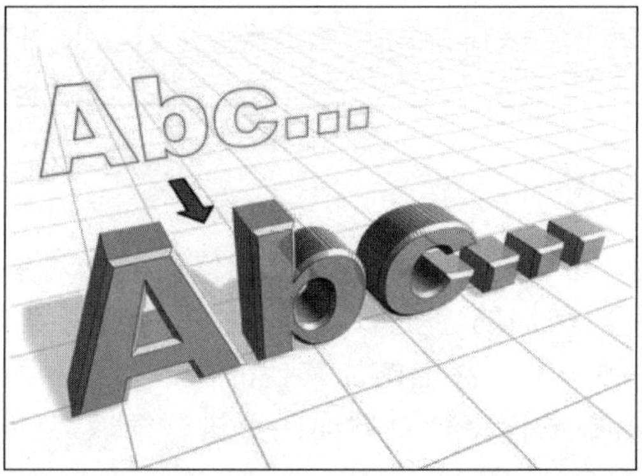

图 5.90 “倒角”修改器的效果

5.4.6 样条曲线的放样

“放样”操作是将一个或多个样条曲线（称为截面图形）沿着第三个轴（称为放样路径）挤出的三维物体，如图 5.91 所示。放样一般应用于二维平面曲线，至少两个以上的曲线才能生成一个放样物体。在进行放样过程中，需要确定两个重要的曲线，一个是放样路径，一个是截面。当使用多个截面图形时，3ds Max 会自动生成曲面。

有两种创建放样物体的方法：一种是先选择放样路径，然后选择截面图形，这样做的好处在于当使用多个截面图形时，操作统一，不容易混乱。另外，“放样”操作也可以通过先选择截面图形，然后选择放样路径的方法实现，但一般不这样使用。3ds Max 对于“放样”操作的限制很少，可以使用三维路径，甚至三维截面。

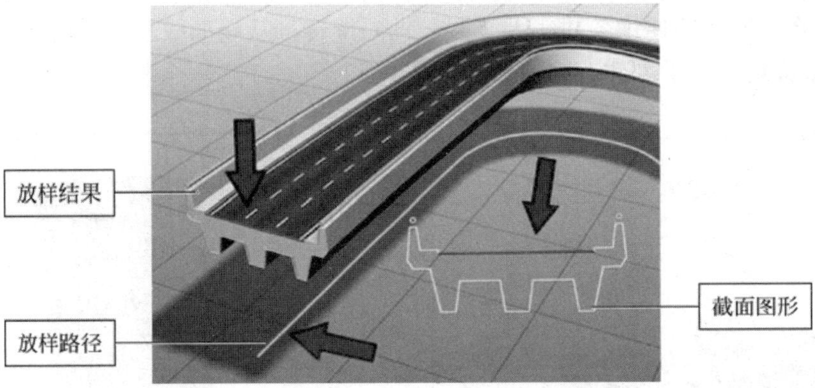

图 5.91　放样效果

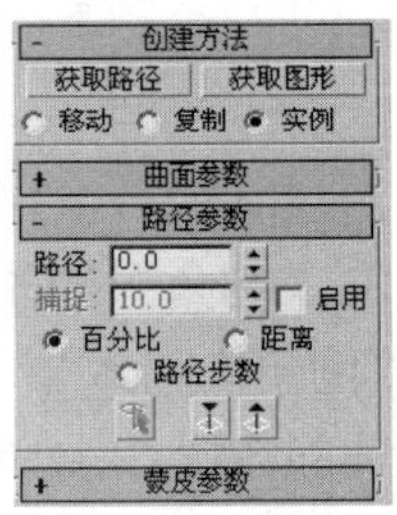

图 5.92　“放样”卷展栏

放样操作的一般步骤如下。

（1）选择放样路径。

（2）选择命令面板中的“创建”→“几何体”命令，在下拉列表中选择“复合对象”，在“对象类型”卷展栏中单击“放样”按钮，开始放样操作，如图 5.92 所示。

（3）在“创建方法”卷展栏中单击“获取图形”按钮，在视图中选择放样截面图形。

提示： 如果使用多个截面图形，则在“路径参数”卷展栏中设定好截面图形在路径中的百分比位置值，继续选择放样截面图形即可。

5.4.7　放样物体的编辑

放样物体被创建以后，可以进入“修改”面板修改其子对象，此时“修改器”堆栈如图 5.93 所示；也可以进入新增加的“变形”卷展栏进行变形操作，如图 5.94 所示；还可以继续修改放样物体的各种参数，甚至施加其他的修改器。下面重点介绍放样物体的“变形”操作。“变形”是指沿着放样路径对截面图形进行缩放、扭曲、倾斜、倒角和拟合等操作。

图 5.93　放样物体的“修改器”堆栈

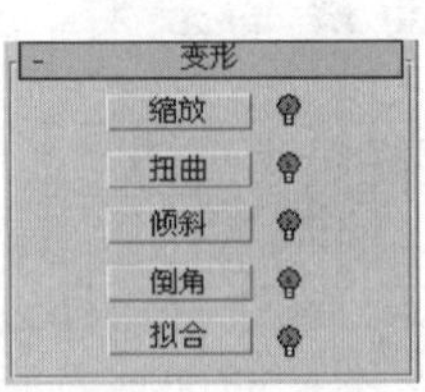

图 5.94　“变形”卷展栏

所有“变形”操作的窗口都比较近似，图 5.95 所示是“缩放变形”窗口，窗口中带有控制点的线条叫做变形曲线，代表沿着放样路径截面图形的变化程度，其中红色的变形曲线用于 X 轴的变化，绿色的变形曲线用于 Y 轴的变化。

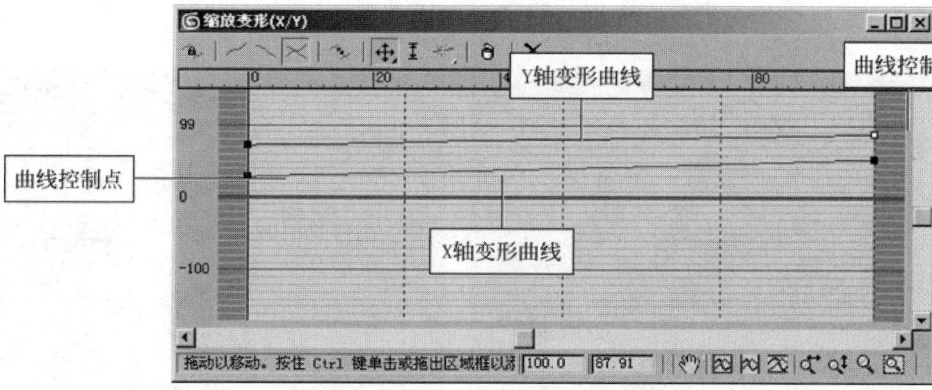

图 5.95 “缩放变形”窗口

1. “缩放”变形

“缩放”变形用于改变截面图形在放样路径上的大小，图 5.96 所示是对物体进行“缩放”变形前后的对比效果图。默认曲线值为100%，大于100%的值将使横截面变得更大，介于 0～100%之间的值将使横截面变得更小，负值将产生镜像效果。

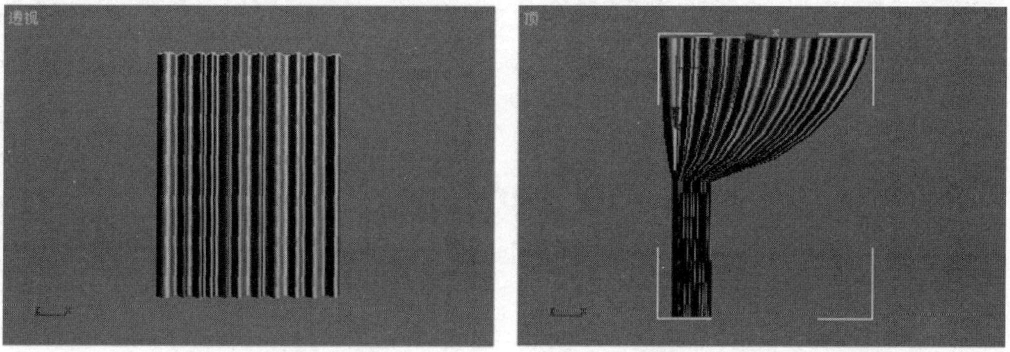

(a) 初始放样效果　　(b) 调节变形曲线后的放样物体

图 5.96 使用“缩放”变形前后变化效果图

2. “扭曲”变形

“扭曲”变形可以使截面图形以放样路径为中心进行旋转，在该操作中，变形曲线只有单一的一条红色曲线，用于确定截面图形的旋转量。默认的曲线旋转值为 0°，从变形曲线（或放样路径）的开始端查看时，正值将生成逆时针旋转；负值将生成顺时针旋转。图 5.97 所示是对物体进行“扭曲”变形前后的对比效果图。

3. “倾斜”变形

“倾斜”变形可以使截面图形围绕放样路径的 X 轴和 Y 轴进行倾斜，图 5.98 所示是对物体进行“倾斜”变形前后的对比效果图。用于 X 轴倾斜的变形曲线为红色，而用于 Y 轴倾斜的变形曲线为绿色。默认变形曲线值为 0°，正值将围绕倾斜轴正轴方向逆时针倾斜截面图形，负值将围绕倾斜轴正轴方向顺时针倾斜截面图形。

4. “倒角”变形

“倒角”变形是通过沿着放样路径缩放截面图形来模拟切角、倒角或减缓的效果，其作用原理类似于“缩放”变形操作。该操作只有一条红色的变形曲线，代表倒角的值。默认变形曲线值为 0，正值将缩小截面图形，负值将放大截面图形。

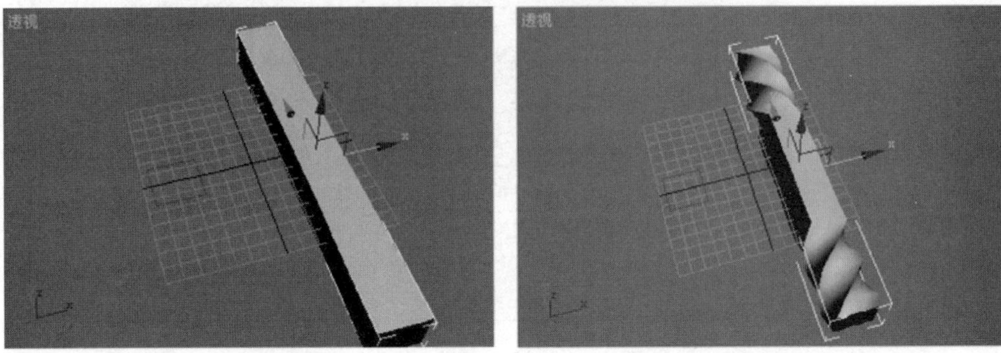

(a) 初始放样效果　　(b) 调节变形曲线后的放样物体

图 5.97　使用“扭曲”变形前后变化效果图

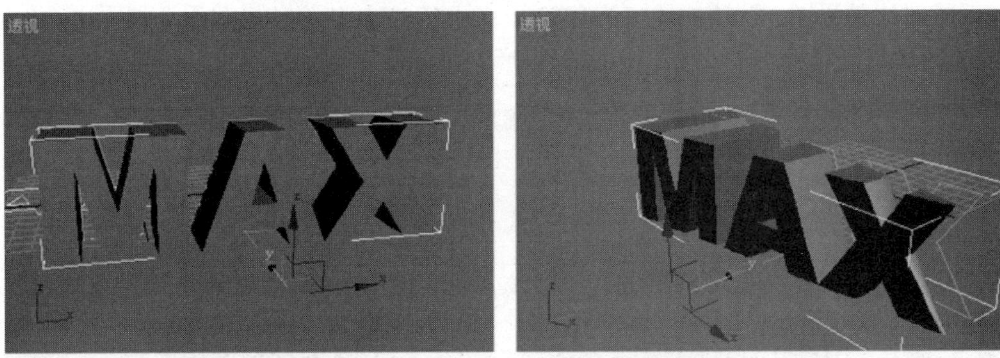

(a) 放样得到的立体文字　　(b) 倾斜变形效果

图 5.98　使用“倾斜”变形前后变化效果图

“倒角”变形提供三种类型的倒角，分别是“法线”倒角、“自适应（线性）”倒角和“自适应（立方）”倒角，其效果如图 5.99 所示。

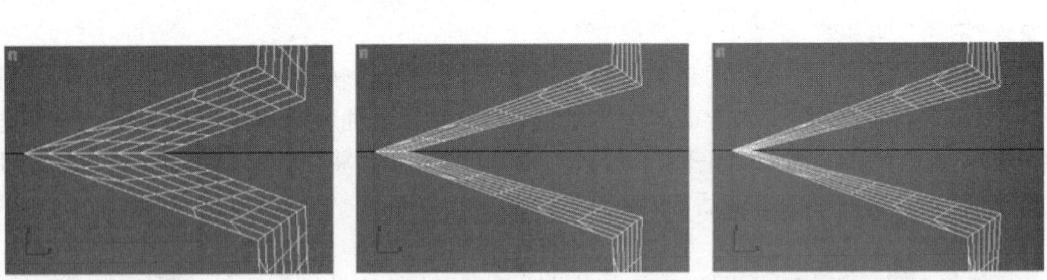

(a)“法线”倒角　　(b)“自适应(线性)”倒角　　(c)“自适应(立方)”倒角

图 5.99　不同的倒角类型

5.“拟合”变形

“拟合”变形的作用类似于机械制图的方法，使用两条拟合曲线来定义物体的顶部剖面和侧剖面，如图 5.100 所示。当应用“拟合”变形时，红色拟合曲线代表放样物体的顶部剖面，绿色拟合曲线代表放样物体的侧剖面。

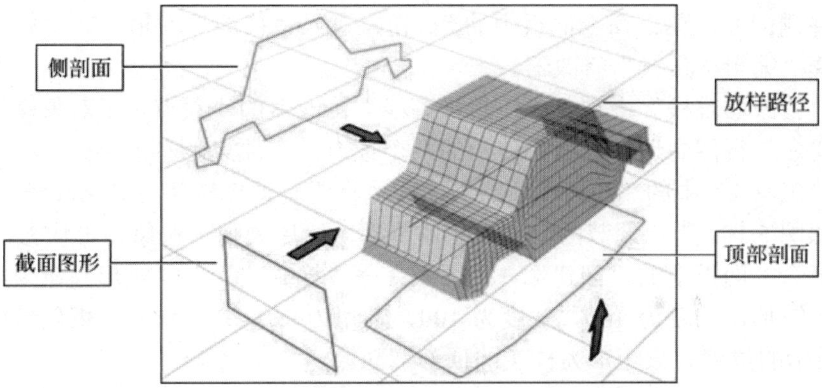

图 5.100 “拟合”变形示意图

6．制作实例

本实例创建枕头模型，效果如图 5.101 所示，操作步骤如下。

（1）选择命令面板中的“创建”→“图形”→“样条线”→“线”命令，在“顶”视图中通过单击鼠标创建一条直线，右击鼠标结束创建操作。该直线的长度代表枕头的长度，大约 15 个灰格。

（2）单击命令面板中的“椭圆”按钮，在“前”视图中创建一个长度为 40，宽度为 100 的椭圆，右击鼠标结束创建操作，并移动到图 5.102 所示的位置。该椭圆为放样的截面图形。

（3）单击命令面板中的“椭圆”按钮，在“左”视图中创建一个长度为 40，宽度为 150 的椭圆，右击鼠标结束创建操作，并移动到图 5.103 所示的位置。该椭圆为侧剖面。

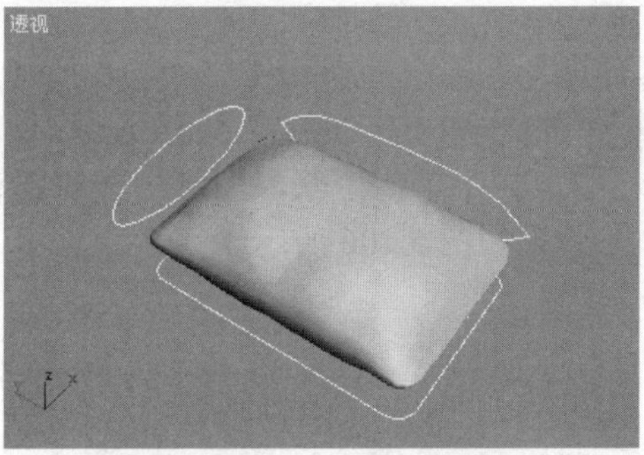

图 5.101 枕头模型效果

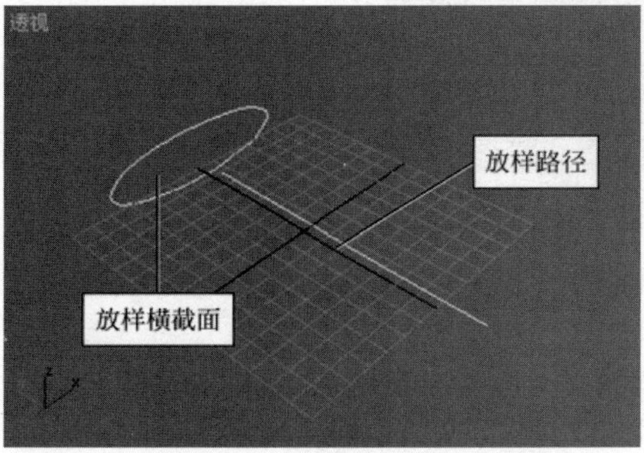

图 5.102 放样路径和横截面

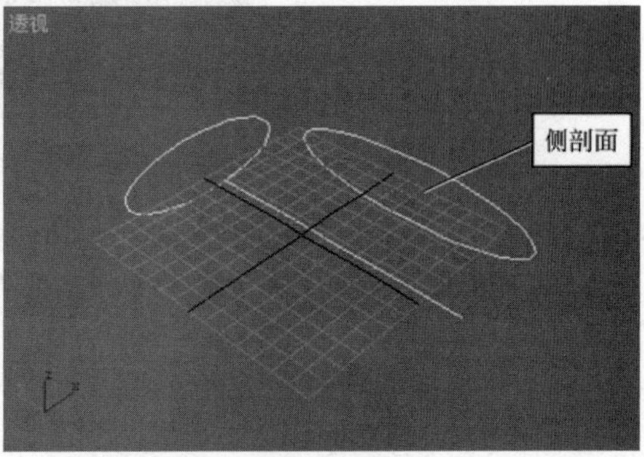

图 5.103 侧剖面

（4）选择侧剖面，单击命令面板中的按钮，进入“修改”面板，在“修改器列表”下拉列表中选择“编辑样条线”修改器。

（5）在“修改器堆栈”中进入“编辑样条线”修改器的“顶点”子对象编辑状态。

（6）在“左”视图中选择椭圆长边上的两个顶点，在顶点上右击鼠标，将弹出一个四联菜单，选择“工具 1”中的“Bezier 角点”选项，将所有顶点转换为 Bezier 角点。

（7）按照图 5.104 所示调节两个顶点的调节柄，然后关闭子对象编辑状态。

（8）选择命令面板中的“创建”→“图形”→“样条线”→“矩形”命令，在“顶”视图中创建一个矩形，长度为 150，宽度为 100，圆角为 10，右击鼠标结束创建操作，并移动到图 5.105 所示的位置。该矩形为枕头的顶部剖面。

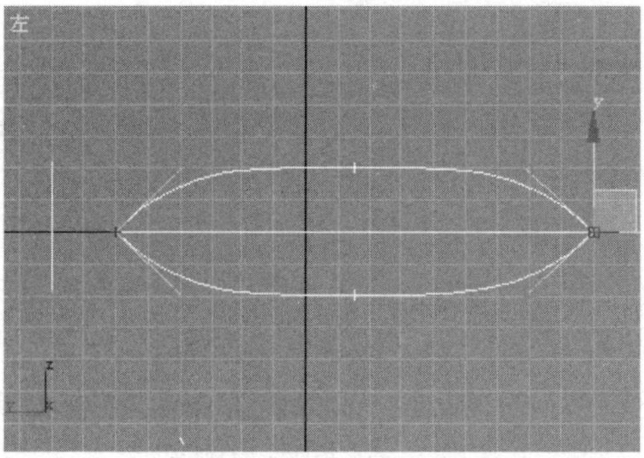

图 5.104　修改后的侧剖面

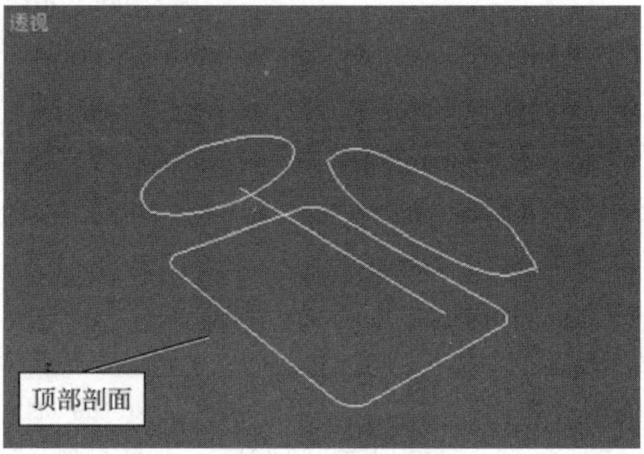

图 5.105　顶部剖面

（9）选择直线，然后选择命令面板中的“创建”→“几何体”命令，在下拉列表中选择“复合对象”，在“对象类型”卷展栏中单击“放样”按钮，进行放样操作。

（10）进入“创建方法”卷展栏，单击“获取图形”按钮，在“顶”视图中选择截面图形，右击鼠标结束创建操作，效果如图 5.106 所示。

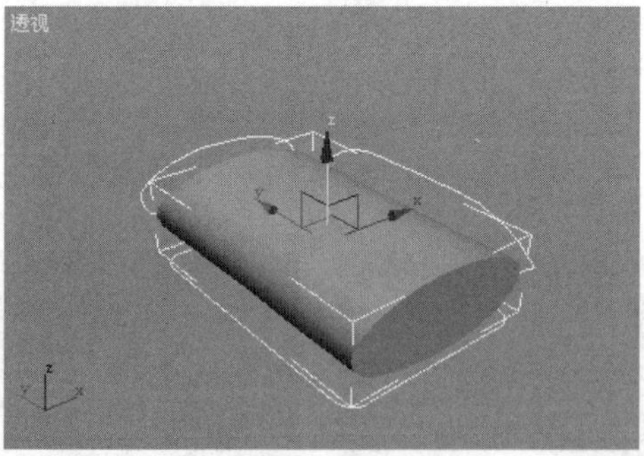

图 5.106　初始放样结果

（11）单击命令面板中的按钮，进入“修改”面板，然后进入“变形”卷展栏，单击“拟合”按钮，打开“拟合变形”窗口。

（12）单击窗口左上方的按钮，关闭 X 轴和 Y 轴拟合曲线的锁定状态。

（13）单击按钮，显示红色拟合曲线，然后单击窗口右上方的“获取图形”按钮，在“透视”视图中单击顶部剖面（矩形），获取顶部拟合曲线。

（14）单击窗口中的“逆时针旋转 90 度”按钮，将顶部拟合曲线逆时针旋转 90°，效果如图 5.107 所示，此时放样物体如图 5.108 所示。

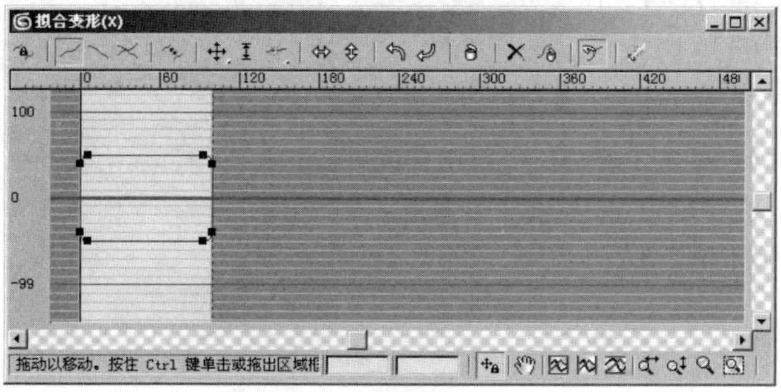

图 5.107　顶部拟合曲线

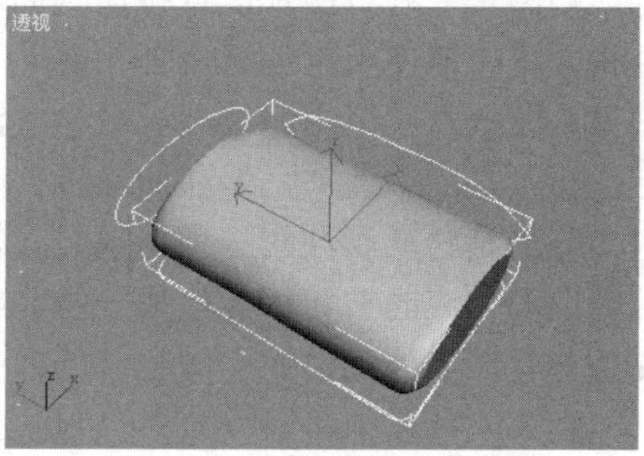

图 5.108　应用顶部拟合曲线后的结果

（15）单击按钮，显示绿色拟合曲线，然后单击窗口右上方的“获取图形”按钮，在“透视”视图中单击侧剖面（尖的椭圆），获取侧部拟合曲线，效果如图 5.109 所示。此时放样物体如图 5.110 所示，关闭“拟合变形”窗口。

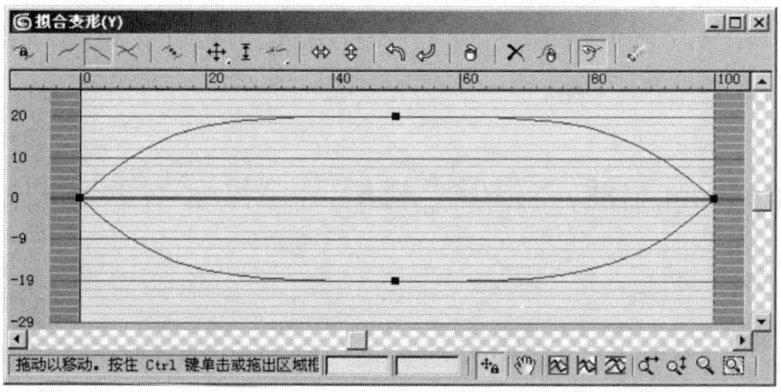

图 5.109　侧部拟合曲线

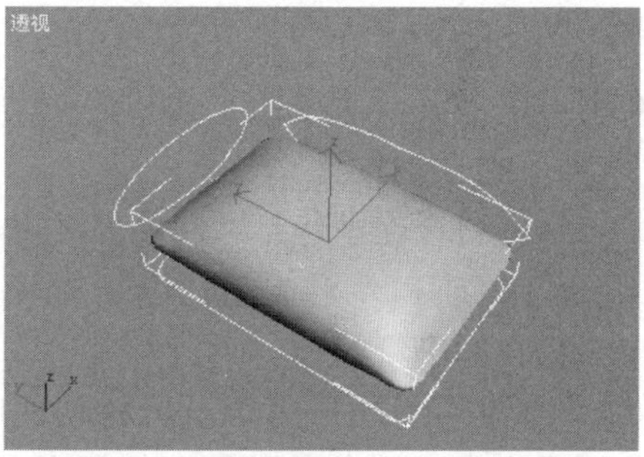

图 5.110　应用侧部拟合曲线后的结果

（16）选择放样物体，在“修改器列表”下拉列表中选择“噪波”修改器。

（17）在“参数”卷展栏中将“比例”值设为 20，“强度”中的 Z 值设为 5，其他参数采用默认设置，最终的枕头效果如图 5.101 所示。

5.5　材质与贴图

5.5.1　材质与贴图的概念

在三维设计软件中，材质和贴图是两个重要的概念。如图 5.111 所示，三维模型只有被赋予一定的材质和贴图后，才能变得更加逼真和生动。

材质是指物体表面的特性信息，即指物体由什么样的物质构造而成，其中不仅包含表面的纹理，还包括物体对光的属性，例如反光强度、反光方式、反光区域、透明度、折射率以及表面的凹凸起伏等属性。在自然界中，之所以能够看到物体的不同之处，除了物体的形状和空间状态不同之外，还有很重要的一点就是不同物体的材质不同。利用材质，可以使苹果显示为红色，而橘子显示为橙色，可以为金属添加光泽，为玻璃添加抛光等。在制作过程中，如果想要在 3ds Max 中创造出接近真实的物体，除了在物体的形状上力求真实以外，还需要给物体指定一个准确的材质。

贴图是一种将图片信息投影到曲面上的方法，这种方法类似使用包装纸包裹礼品，不同的是它将图像、图案，甚至表面纹理以数学方法投影到曲面上，而不是简单地“贴”在曲面上。从某种意义上讲，贴图是材质属性的一种体现方式，只有一系列的贴图和相应的参数才能构成一种完整的材质，从而改善材质的外观，并产生生动的效果。

图 5.111　逼真的三维物体

在 3ds Max 中，一种材质可以包含多种子材质，而子材质还可以继续包含子材质；有的材质含有多个贴图通道，在贴图通道中可以使用各种贴图，而在贴图中仍然含有多个贴图通道，在贴图通道中继续可以使用各种贴图。因此，通过有限的材质和贴图类型，可以生成无数变幻莫测的效果。

5.5.2 材质和贴图的类型

在 3ds Max 中共有 17 种材质，35 种贴图，它们各自都有不同的用处。本节介绍常用的类型，用户可以通过 3ds Max 的帮助来了解更多的内容。

1．材质的类型

常用材质类型包括“标准”材质、Ink’n Paint 材质、“顶/底”材质、“多维/子对象”材质、“混合”材质和“无光/投影”材质等。

1）“标准”材质

“标准”材质可用于设置材质的颜色、光泽度和不透明度等，还可以在“标准”材质的贴图通道中应用各种贴图，从而得到各种效果。“标准”材质是 3ds Max 为物体准备的默认材质。

2）Ink’n Paint 材质

该材质使用平面着色和绘制边框的方法生成二维平面卡通效果。使用该材质，可以创建三维着色物体与平面卡通物体相结合的场景。

3）“顶/底”材质

使用“顶/底”材质可以向物体的顶部（法线向上的面）和底部（法线向下的面）指定两个不同的材质，从而将两种材质混合在一起。

4）“多维/子对象”材质

可将多个子材质应用到单个物体的多个子对象上。物体首先在“编辑网格”修改器的“多边形”子对象编辑状态下给不同的面赋予不同的材质 ID 号，然后将“多维/子对象”材质中相应 ID 号的材质应用到物体上。

5）“混合”材质

该材质可以将任意两种材质混合在一起，通过“遮罩”、“混合量”或“混合曲线”来控制混合程度。

6）“无光/投影”材质

一种特殊用途的材质，可以将整个物体隐藏，而只显示物体后面的当前环境背景贴图。

7）其他类型材质

其他类型材质包括 DirectX Shader 材质、Lightscape 材质、“变形器”材质、“虫漆”材质、“高级照明覆盖”材质、“光线跟踪”材质、“合成”材质、“建筑”材质、“壳”材质、“双面”材质和外部参照材质等。

2. 贴图的类型

3ds Max 中的贴图分为 5 大类，即 2D 贴图、3D 贴图、合成器贴图、颜色修改器贴图以及其他类型。

1）2D 贴图

该类型是一些二维图像，一般将其粘贴在物体的表面，也可用于创建场景的背景。“2D 贴图”类型主要包括 Combustion、渐变、渐变坡度、平铺、棋盘格、位图和漩涡等。

2）3D 贴图

该类型贴图是通过程序运算生成三维形式的图案，主要包括 Perlin 大理石、凹痕、斑点、波浪、大理石、灰泥、粒子年龄、粒子运动模糊、木材、泼溅、衰减、细胞、行星、烟雾和噪波等。

3）合成器贴图

该类型贴图主要用于合成其他的颜色或贴图，包括 RGB 相乘、合成、混合和遮罩等。

4）颜色修改器贴图

该类型贴图主要用于改变材质中像素的颜色，包括 RGB 染色、顶点颜色和输出等。

5）其他贴图

该类型贴图主要用于创建反射和折射，包括薄壁折射、法线凹凸、反射/折射、光线跟踪、每像素摄影机和平面镜等。

5.5.3 材质编辑器的使用

材质编辑器是以窗口的形式出现的，有关物体材质的所有操作几乎都是在这个窗口中完成的。单击主工具栏中的按钮打开“材质编辑器”窗口，如图 5.112 所示。

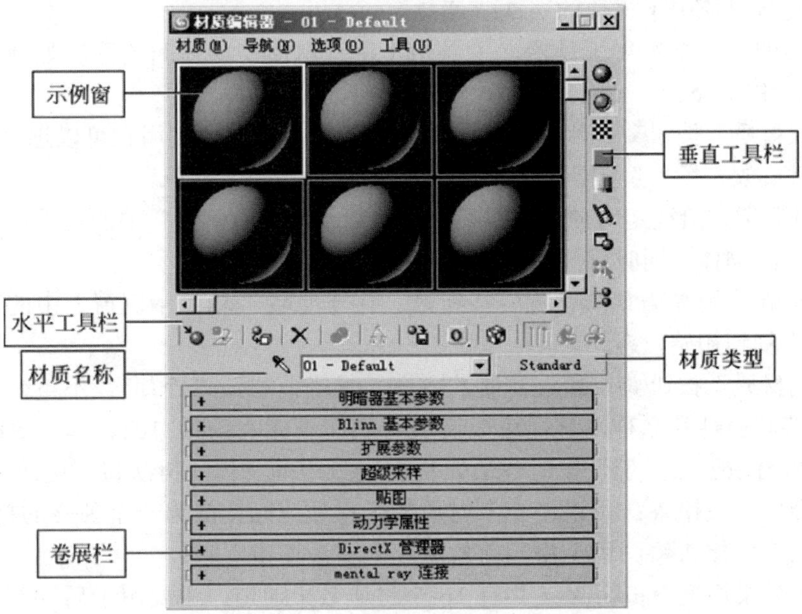

图 5.112 “材质编辑器”窗口

“材质编辑器”窗口上方的6个大方格称作“示例窗”，每一个“示例窗”代表一种材质。“示例窗”中的球体是材质的示范物体，它用于显示当前设定材质的预览效果。有白色边框的“示例窗”表示处于激活状态，可以对其所代表的材质进行编辑。默认情况下，一次可显示6个“示例窗”，但实际上材质编辑器一次可存储24种材质。

“示例窗”的下方和右侧是“材质编辑器”的水平工具栏和垂直工具栏。水平工具栏下方的白色下拉列表框用于显示材质的名称，在设计材质时，最好为材质指定一个唯一的、意义清楚的名称，这样有利于编辑。下拉列表框右边的按钮上显示了当前材质的类型，下面的许多卷展栏用于设定当前材质的各种参数和属性。

垂直工具栏主要用于完成“示例窗”的显示设定，各按钮的功能如下。

- “采样类型”按钮：用于选择要显示在活动“示例窗”中的几何体类型。
- “背光”按钮：用于将背景光添加到活动“示例窗”中。
- “背景”按钮：启用该选项，可将多颜色的方格背景添加到活动“示例窗”中。当编辑具有透明度的材质时，启用该选项很有帮助。
- “采样UV平铺”按钮：用于调整活动“示例窗”中采样对象上的图案重复次数。该按钮只影响“示例窗”中平铺图案的重复次数，对场景中几何体上的平铺效果没有影响。
- “视频颜色检查”按钮：用于检查“示例窗”中材质的颜色是否超过了安全NTSC或PAL制式的阈值，超过阈值的颜色会被标记出来。
- “生成预览”按钮：材质也可以设置动画，单击此按钮可以生成材质的动态预览效果。
- “选项”按钮：用于设置材质和贴图在“示例窗”中的显示方式，如显示特性、更新的方式、灯光的颜色和强度、渲染方式以及自定义背景图案和材质样本等。
- “按材质选择”按钮：该按钮可以基于当前活动材质选择场景中的物体。
- “材质/贴图导航器”按钮：用于浏览复杂材质的组成，可以通过材质中贴图的层次或复合材质中子材质的层次快速导航。

“示例窗”的下方是水平工具栏，主要用于进行材质与物体间关系的处理、保存、转换等操作，具体功能如下。

- “获取材质”按钮：用于显示“材质/贴图浏览器”，利用它可以选择材质或贴图。
- “将材质放入场景”按钮：用于更新场景中的同名材质。
- “将材质指定给选定对象”按钮：用于将活动“示例窗”中的材质应用于场景中当前选定的物体，同时该“示例窗”中的材质成为热材质。
- “重置贴图/材质为默认设置”按钮✕：用于重置活动“示例窗”中的贴图或材质，使其恢复到初始状态。
- “复制材质”按钮：通过复制的方法，使当前材质“冷却”，不再是热材质，但仍然保持其属性和名称，这样可以调整材质而不影响场景中的物体。等编辑好后，单击“将材质放入场景”按钮后，更新场景中的物体，再次将其更改为热材质。
- “使唯一”按钮：可以使一个材质的子材质或贴图成为一个独立的材质或贴图。
- “放入库”按钮：用于将当前材质存入材质库中。
- “材质效果通道”按钮：共有16个材质效果通道，主要用于后期制作或渲染时生成材质特效。

- “在视口中显示贴图”按钮：用于在视图场景中显示物体的材质，但是这样会使系统的反应速度变慢。
- “显示最终结果”按钮：当编辑含有子材质或贴图的材质时，用于显示最终的结果。如果禁用该选项，则只显示当前级别材质或贴图的效果。
- “转到父对象”按钮：当编辑嵌套材质时，用于向上移动一个层级。
- “转到下一个同级项”按钮：用于移动到当前材质中相同层级的下一个贴图或材质。

注意：3ds Max 自带一些“材质库”，是一些已经设置好的材质和贴图，可以方便用户使用。但是只有材质能够直接赋予场景中的物体，而贴图不能直接赋予场景中的物体，只能在材质的贴图通道中使用贴图。在“材质/贴图浏览器”中，蓝色的小球代表材质，绿色的小方块代表贴图。

5.5.4 标准材质的设置

现实世界物体表面的外观取决于它如何反射光线，而“标准”材质的主要作用就是模拟物体表面的反射属性。该材质是“材质编辑器”示例窗中的默认材质，也是最常用、功能较强的材质。下面介绍“标准”材质参数设置的方法，常用贴图与贴图通道的配合使用方法。

“标准”材质的设置卷展栏共有 8 个，如图 5-112 所示，其功能如下。

- “明暗器基本参数”卷展栏：用于选择明暗器的类型。“标准”材质基于用户所选择的“明暗器”的类型，采用不同的运算方式，这也导致下面“基本参数”卷展栏和“贴图”卷展栏内容的不同。
- Blinn“基本参数”卷展栏：用于设置材质的颜色、反光度和透明度等参数。
- “扩展参数”卷展栏：用于设置与透明度、反射、线框模式相关的参数。
- “超级采样”卷展栏：用于在材质上执行一个附加的抗锯齿过滤，以提高图像质量。
- “贴图”卷展栏：用于在各个贴图通道中指定贴图。
- “动力学属性”卷展栏：当物体发生碰撞时，用于指定碰撞时物体的表面属性。如果物体没有碰撞，则该卷展栏的设置无效。
- “DirectX 管理器”卷展栏：当系统中安装了 DirectX 的 Direct3D 图形驱动程序后，便可以用 DirectX 进行着色，使视图中的材质显示得更精确，该方法特别适用于游戏引擎和预览纹理烘焙材质。
- “mental ray 连接”卷展栏：用于向常规的 3DS MAX 材质添加 mental ray 着色，这些效果只能在使用 mental ray 渲染器时看到。

1. 明暗器

对于“标准”材质来说，明暗器是一种算法，每种明暗器都有一组用于特定目的的独特特性。某些明暗器是按其执行的功能命名，例如“金属”明暗器；其他明暗器是以开发人员的名字命名，例如 Blinn 明暗器和 Strauss 明暗器。3ds Max 默认明暗器为 Blinn 明暗器。单击主工具栏中的按钮，在“材质编辑器”中选择第一个“示例窗”，打开下面的“Blinn 基本参数”卷展栏，如图 5.113 所示。

- Blinn 明暗器：“标准”材质默认的明暗器，用于创建带有一些发光度的平滑曲面，它与 Phong 明暗器具有相同的功能，但在数学上更精确。

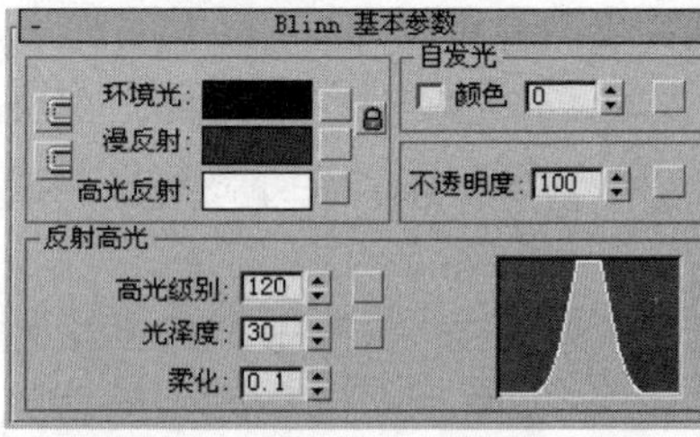

图 5.113 “Blinn 基本参数”卷展栏

- “各向异性”明暗器：用于创建拉伸并成角的高光，而不是标准的圆形高光，适用于创建头发、玻璃或金属等。
- “金属”明暗器：用于创建有光泽的金属效果。
- “多层”明暗器：通过组合两个“各向异性”高光，创建比“各向异性”更复杂的高光，例如涂了发亮蜡膜的金属。
- Oren-Nayar-Blinn 明暗器：用于创建平滑的无光曲面或多孔而非塑料的外观，如织物、陶瓦和皮肤等，该明暗器类似于 Blinn 明暗器。
- Phong 明暗器：一种经典的明暗方式，也是第一种实现反射高光的明暗器，适用于创建塑胶表面。
- Strauss 明暗器：用于创建金属效果的表面，通过一组简单的参数，即可控制材质呈现金属特性的程度。
- “半透明”明暗器：该明暗器类似于 Blinn 明暗器，但是它还可用于指定半透明度，在光线穿过材质时进行散射，该明暗器适用于模拟被霜覆盖的或被侵蚀的玻璃。

2. 颜色控制

在“标准”材质的 Blinn 明暗器方式下，可以通过高光颜色、漫反射颜色和环境光颜色来控制材质在物体上表现出来的颜色。图 5.114 所示为以上三种颜色在物体上的呈现位置。

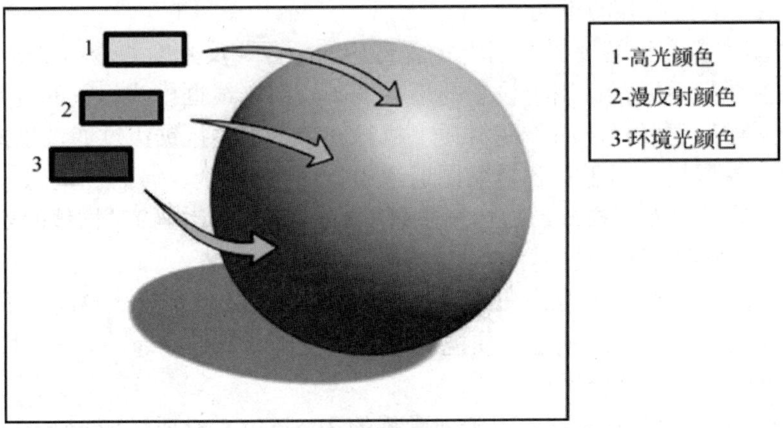

图 5.114 物体的颜色

3. 反射高光控制

当使用 Blinn 明暗器时，可以通过“高光级别”、“光泽度”和“柔化”三个参数来控制圆形高光的效果，并可以通过“高光图”来了解参数设置的情况。图 5.113 所示的“Blinn 基本参数”卷展栏中，“反射高光”选项区域中的主要参数功能如下。

- 高光级别：该参数影响反射高光的强度，随着数值的增大，高光将越来越亮。
- 光泽度：该值影响反射高光的大小，该值越大，高光将越来越小，材质将变得越来越亮。
- 柔化：该值用于柔化反射高光的效果，当“高光级别”很高，而“光泽度”很低时，表面上会出现剧烈的背光效果，增加“柔化”的值可以减轻这种效果，数值越大，柔化程度就越大。

4．自发光控制

当材质自发光时，实际上是使用漫反射颜色替换曲面上的阴影颜色，从而形成白炽灯的发光效果。在 3ds Max 中材质自发光可以有两种方法：一是单独设定自发光颜色；二是使用漫反射颜色，通过“单色微调器”来指定发光量，如图 5.115 所示。

5．不透明度控制

在 3ds Max 中可以生成透明的材质，用户可以通过参数设置来调节材质的透明特性，也可以通过在“不透明度”贴图通道中指定贴图来实现透明。

单击“材质编辑器”窗口中第一个“示例窗”右侧垂直工具栏中的“背景”按钮，则在活动示例窗中，彩色棋盘格图案会出现在示例球后面，如图 5.116 所示。在“Blinn 基本参数”卷展栏中，将材质的“不透明度”值设置为 50，结果如图 5.117 所示，小球变为半透明球体。该值以百分比的形式控制材质的不透明度，值越小，材质越透明。

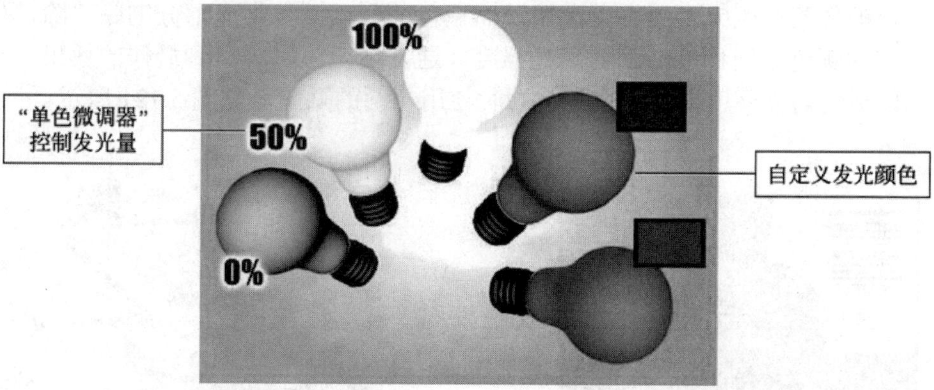

图 5.115　自发光效果

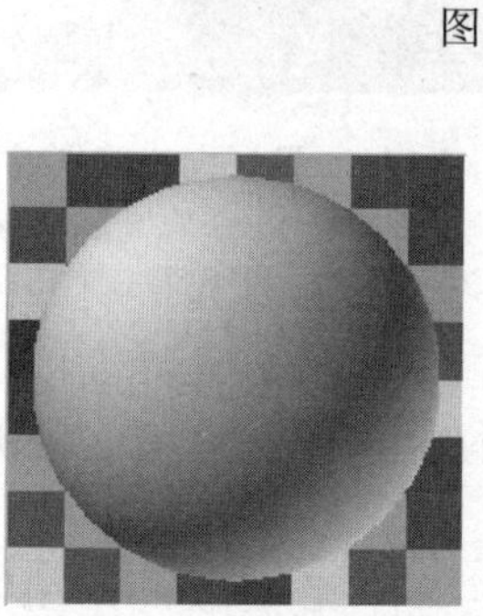

图 5.116　“示例窗”背景

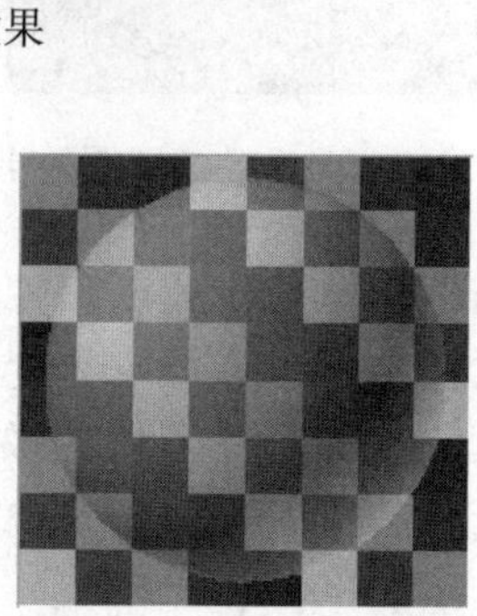

图 5.117　50%的不透明度

6．贴图通道

“贴图”卷展栏用于为材质的各个贴图通道指定贴图。每个贴图通道可以使用很多类型的贴图，但要得到较好的效果，应该了解每种贴图的作用和与贴图通道的搭配关系。下面介绍常用的贴图通道。

- 环境光颜色贴图通道：用于将图像映射到材质的环境光颜色，效果如图 5.118 所示。
- 漫反射颜色贴图通道：用于表现材质的纹理效果，贴图的颜色将替换材质的漫反射颜色。例如为墙壁指定砖墙的纹理图案，就可以产生砖墙的效果，如图 5.119 所示。

图 5.118 设置环境光颜色的贴图效果

图 5.119 设置漫反射颜色的贴图效果

- 高光颜色贴图通道：高光颜色贴图是在物体的高光处显示出贴图效果，常用于制作扫光，如图 5.120 所示。
- 高光级别贴图通道：主要通过位图或程序贴图来改变物体高光部分的强度，贴图中白色的像素产生完全的高光区域，而黑色的像素则将高光部分彻底移除，处于两者之间的颜色不同程度地削弱高光强度。通常情况下，为达到最佳的效果，高光级别贴图通道与光泽度贴图通道经常同时使用相同的贴图，如图 5.121 所示。

图 5.120 设置高光颜色的贴图效果

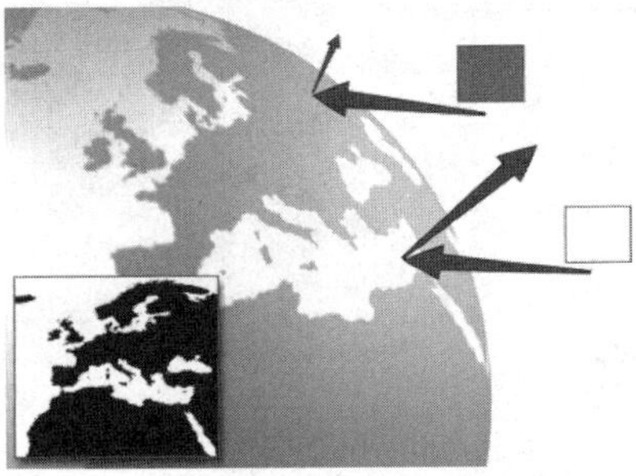

图 5.121 设置高光级别的贴图效果

- 光泽度贴图通道：主要通过位图或者程序贴图来影响高光出现的位置。根据贴图颜色的强度决定整个表面上哪个部分更有光泽，哪个部分光泽度低些。贴图中黑色的像素产生完全的光泽，白色像素则将光泽度彻底移除，两者之间的颜色不同程度地减少高光区域面积，如图 5.122 所示。
- 自发光贴图通道：将贴图以一种自发光的形式贴在物体表面，图像中纯黑色的区域不会对材质产生任何影响，其他的区域将会根据自身的灰度值产生不同的发光效果，如图 5.123 所示。

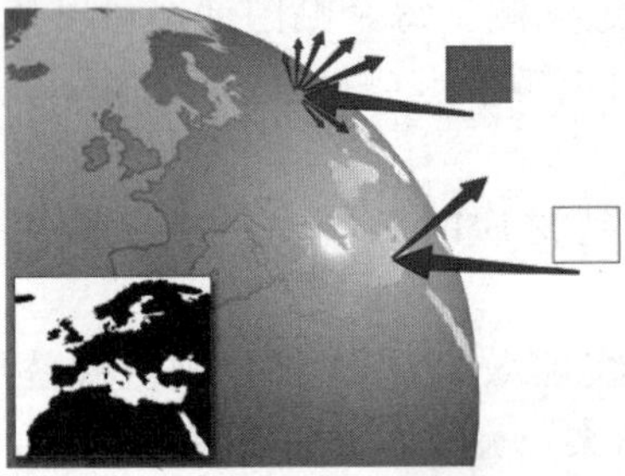

图 5.122 设置光泽度的贴图效果

图 5.123 设置自发光的贴图效果

- 不透明度贴图通道：可以根据指定图片中的黑白颜色产生不透明度，图片的白色区域为不透明，黑色区域为透明，之间的区域为半透明，如图 5.124 所示。
- 过滤色贴图通道：此贴图基于贴图像素的强度应用透明颜色效果，可以将贴图过滤色与体积照明结合起来创建像有色光线穿过脏玻璃窗口的效果，透明对象投射的光线跟踪阴影由过滤色进行染色，如图 5.125 所示。

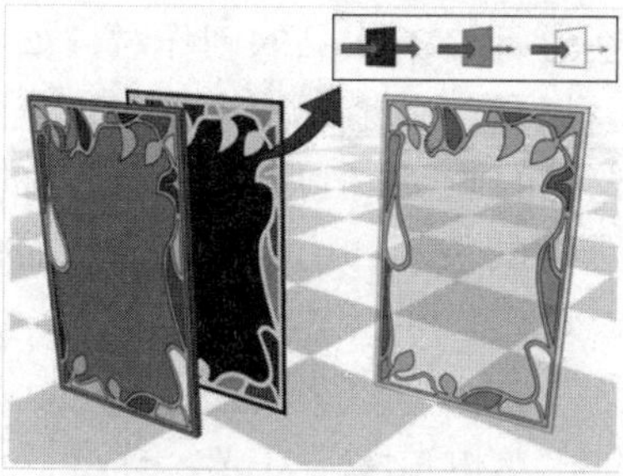

图 5.124　设置不透明度的贴图效果

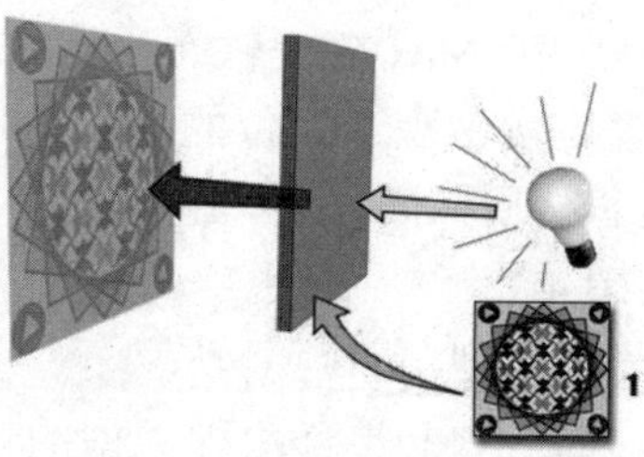

图 5.125　设置过滤色的贴图效果

- 凹凸贴图通道：通过图像的明暗强度来影响材质表面的平滑程度，从而产生凹凸的表面效果，图像中的白色部分产生凸起，黑色部分产生凹陷，中间色产生过渡，其效果如图 5.126 所示。

图 5.126　设置凹凸的贴图效果

- 反射贴图通道：用于处理材质的反射，如图 5.127 所示。
- 折射贴图通道：用于处理材质的折射，如图 5.128 所示。

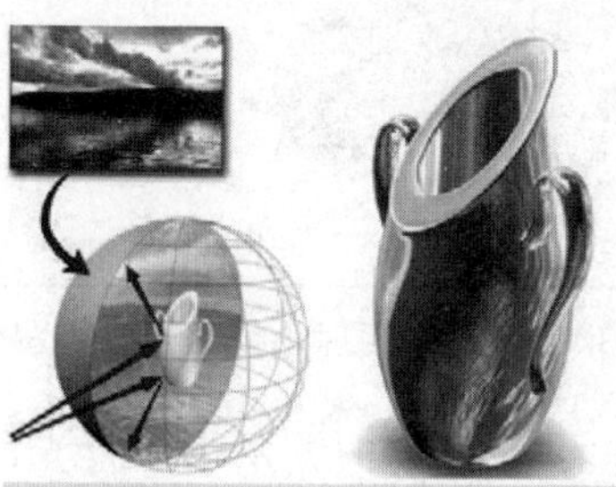

图 5.127　设置反射的贴图效果

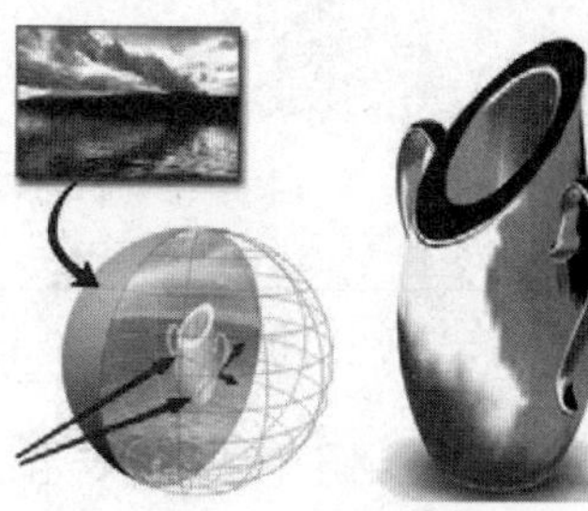

图 5.128　设置折射的贴图效果

- 置换贴图通道：根据贴图图案灰度分布情况对几何表面进行置换，较浅的颜色比较深的颜色向外突出，效果与凹凸修改器很相似。

5.6 灯光与摄影机

5.6.1 灯光简介

在 3ds Max 中灯光是一种特殊的物体，它本身不能被渲染，只能在视图操作时看到，但它却可以影响周围物体的表面光泽、色彩和亮度。在进行 3D 作品的创作时，如果用户没有建立光源，则 3ds Max 会提供一个默认的照明设置，以便有效地观察场景。这个照明可以被认为是“照亮剧场中观众席位的灯”，它只是提供了充足的照明，但却不适宜最后的渲染结果。通常灯光是和材质共同作用，它们的结合可以产生强烈的色彩和明暗对比，从而使三维作品更具有真实感。

1. 灯光的类型

在 3ds Max 中主要有两种类型的灯光，即标准灯光和光度学灯光。标准灯光简单、易用，用于模拟家用灯光、办公室灯、舞台灯光、电影中的灯光和太阳光等。光度学灯光较为复杂，当与光能传递渲染一起使用时，可提供一种更精确的照明效果。但光度学灯光要求模型具有更高的精确度及完整性，例如房间模型必须有四面墙和天花板，否则就不能为房间提供正确照明。而且使用光度学灯光和光能传递的场景，其渲染时间比使用标准灯光的场景更长。

在 3ds Max 中标准灯光主要包括聚光灯、泛光灯、平行光灯和天光 4 种类型。下面简要介绍各种灯光的作用效果。

（1）聚光灯的光线有明确的投射方向，通过调节聚光灯的亮度可以将观看者的注意力吸引到三维场景中的某一特定区域，如图 5.129 所示。

（2）泛光灯是一个点光源，类似于太阳系中的星星。由于泛光灯没有明确的投射方向，因此它可以照亮周围所有的物体，如图 5.130 所示。创建泛光灯光源时应该注意，由于泛光灯是 360° 发光，是针对整个场景的光源，因此不要使用太多的泛光灯，否则会使整个场景失掉层次感。

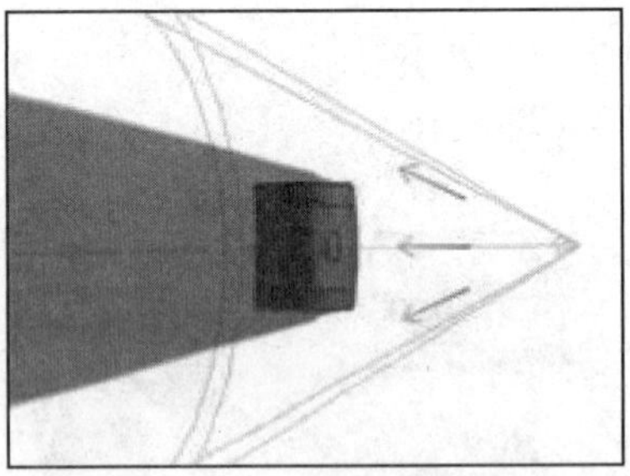

图 5.129　聚光灯照射物体“顶”视图效果

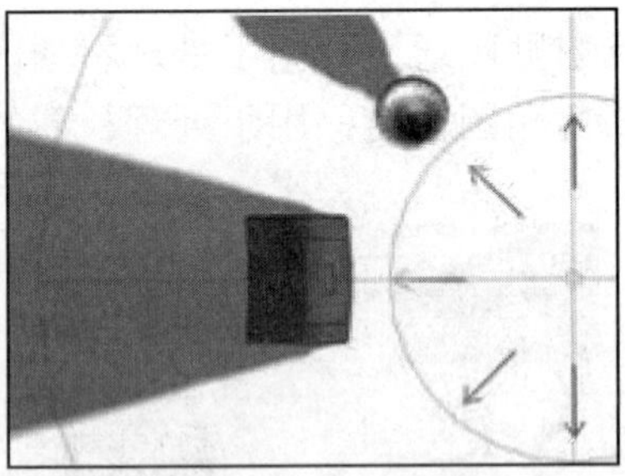

图 5.130　泛光灯照射物体“顶”视图效果

（3）平行光主要用于模拟太阳光。当太阳在地球表面上投射时，所有平行光以一个方向投射平行光线。此外，由于平行光线是平行的，因此平行光线呈圆形或矩形棱柱而不是“圆锥体”，其效果如图 5.131 所示。

（4）天光可以作为场景中唯一的光源。它是一种圆顶的光源，提供一种柔和的背景阴影，也可以和其他光源一起使用获得高亮度和整齐的投影，其效果如图 5.132 所示。

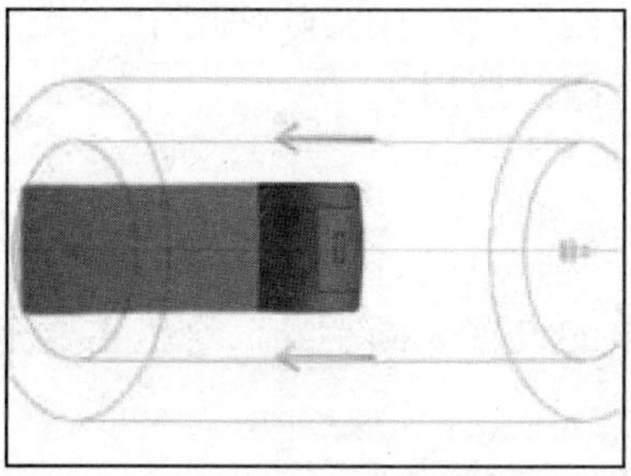

图 5.131　平行光灯照射物体“顶”视图效果

图 5.132　使用天光灯的效果

2．目标灯光和自由灯光的区别

在 3ds Max 中，聚光灯和平行光灯可以分为目标聚光灯、自由聚光灯、目标平行光和自由平行光 4 种。其中，目标灯光和自由灯光的主要区别在于目标灯光有固定的照射点，如图 5.133 所示；而自由灯光没有固定的照射点，如图 5.134 所示。

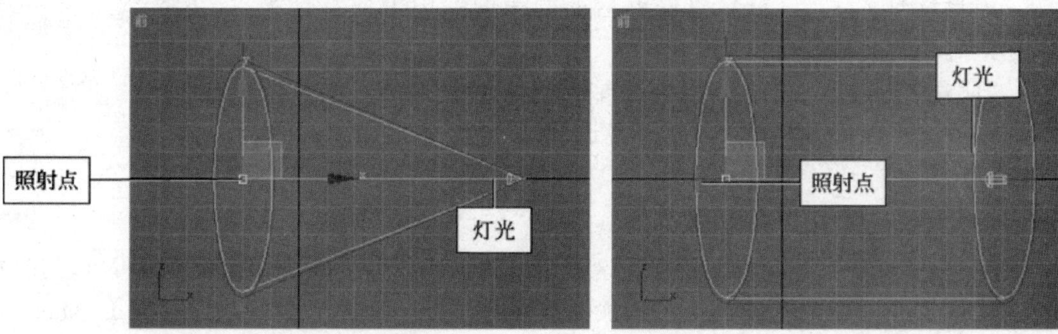

(a)“前”视图目标聚灯光　　(b)“前”视图目标平行光

图 5.133　目标灯光

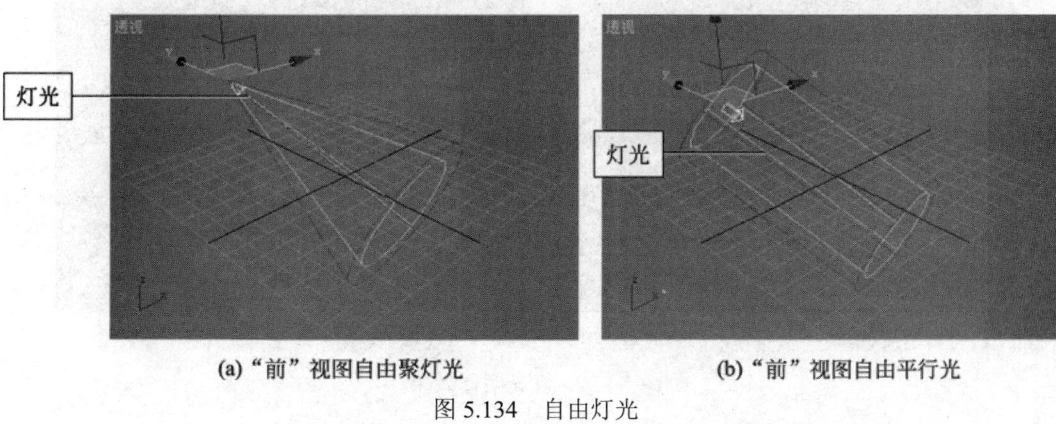

(a)“前”视图自由聚灯光　　(b)“前”视图自由平行光

图 5.134　自由灯光

在对灯光进行定位和调节操作时，如果使用的是目标灯光，那么用户便可以对其照射点和灯光的位置分别进行调节，并且在调节时两者互不干扰，这样便于对场景中的灯光进行调节。通常情况下，当使用目标灯光给固定物体布光时，便可以将物体的照射点固定，而仅仅调节灯光位置。

自由灯光是一种没有明确投射目标的灯光，其光束的大小、范围都可以调节，但是不能对目标点进行调整，在生成动画时能够维持其投射范围不变。在实际使用中，自由灯光不利于对固定物体进行照射，而比较适合对运动物体进行跟踪照射。

5.6.2 灯光的基本参数

在 3ds Max 中灯光的类型有很多种，但是其参数的设置大同小异，这里主要介绍基本参数的设置方法。

1．“常规参数”参数设置

灯光的“常规参数”卷展栏主要用于启用或禁用灯光、是否投射阴影，并且选择灯光使用的阴影类型，如图 5.135 所示。其中各选项的含义如下。

- “灯光类型”选项区域：主要用于启用或禁用灯光，以及更改灯光的类型。例如，可以将聚光灯改变为平行光灯或泛光灯。如果选择了“目标”复选框，可使自由灯光转化为目标灯光。“目标”复选框后面的微调框用于调整灯光距离目标点的位置。
- “阴影”选项区域：主要用于设置是否添加阴影效果，如果需要添加阴影，只需勾选“启用”复选框即可，其效果如图 5.136 所示。

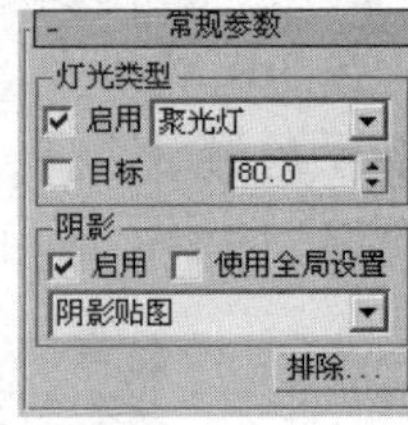

图 5.135 “常规参数”卷展栏

2．“强度/颜色/衰减”参数设置

“强度/颜色/衰减”卷展栏主要用于设置灯光的颜色、强度以及灯光的衰减程度。其中，衰减是指灯光的强度随着照射距离的增加而减弱的效果，如图 5.137 所示。在 3ds Max 中的灯光能够实现对淡入或淡出方式的更直接控制。

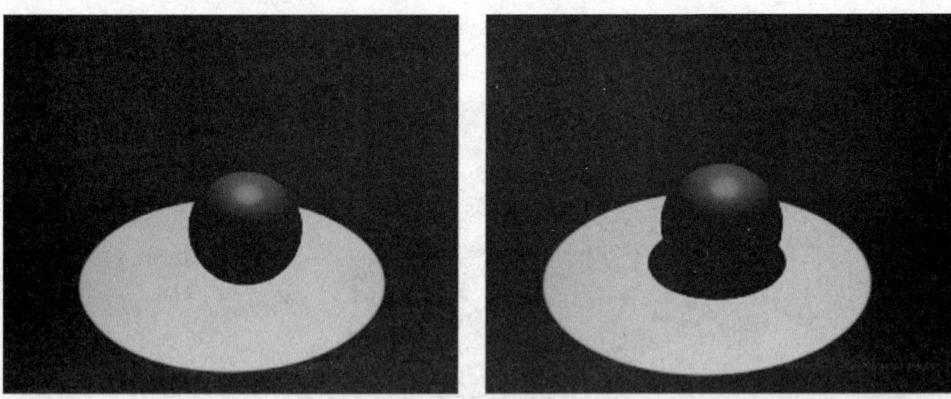

(a) 没有勾选“启用”复选模框后的渲染效果　(b) 勾选“启用”复选模框后的渲染效果

图 5.136 灯光阴影效果

“强度/颜色/衰减”卷展栏如图 5.138 所示。其中各选项的含义如下。

- “倍增”微调框：用于将灯光的功率放大指定的倍数。
- “衰退”选项区域：主要有“无”、“倒数”和“平方反比”三种类型。无，代表不应用衰退，在未启用“远距衰减”的情况下，从光源到无穷远灯光始终保持全部强度；倒数，使用倒数衰退算法；平方反比，使用平方反比衰退算法，能得到灯光的真实衰退效果。

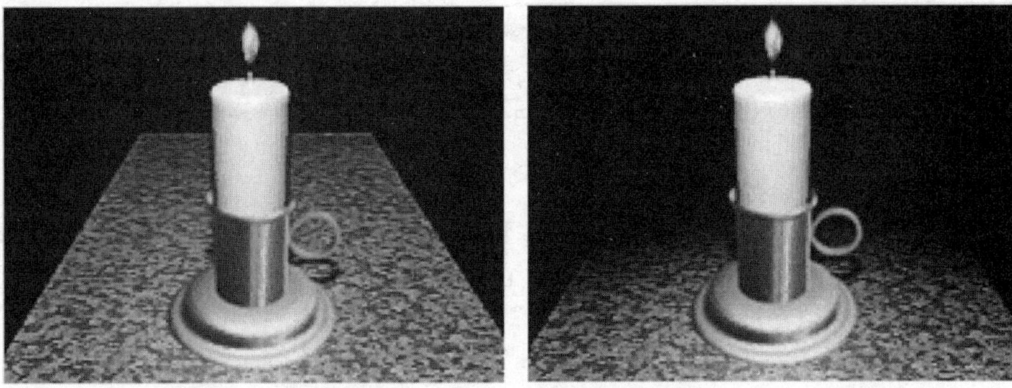

(a) 没有设置衰减的场景效果　　(b) 设置衰减后的场景效果

图 5.137　在场景中添加衰减的作用

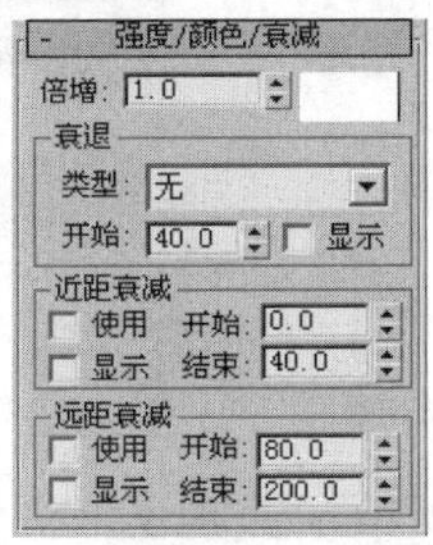

图 5.138　“强度/颜色/衰减”卷展栏

3.“阴影参数”参数设置

“阴影参数”卷展栏主要用于设置物体在环境中的投影效果，以此来增强物体的立体效果和真实感，可以设置阴影颜色和其他常规阴影属性，此外也可以让灯光在大气中投射阴影。所有灯光类型（除了“天光”和“IES 天光”外）都具有“阴影参数”卷展栏。

在 3ds Max 的默认设置下，光度学灯光和标准灯光均使用阴影设置。然而，在三维设计过程中，默认的阴影效果可能不能满足场景的实际需要，因此还需要对阴影进行更加细致、真实的设置。图 5.139 所示是太阳光投射一座大桥的阴影，效果逼真。

“阴影参数”卷展栏如图 5.140 所示。其中各选项的含义如下。

- “密度”微调框：用于调整阴影的密度，增加该值可以增加阴影的密度（变暗），减少该值会减少阴影密度（变亮）。

图 5.139　太阳光投射大桥的阴影

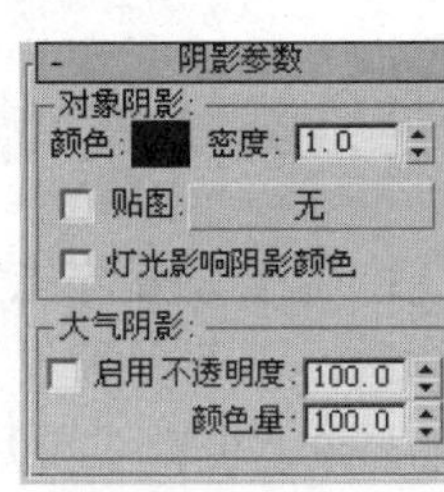

图 5.140　“阴影参数”卷展栏

- “贴图”复选框：用于打开“材质/贴图浏览器”窗口，为阴影选择相应的材质类型。
- “灯光影响阴影颜色”复选框：启用后可以将灯光颜色与阴影颜色混合起来，默认设置为禁用。

4．“大气和效果”参数设置

“大气和效果”卷展栏的主要功能是制作特殊效果，例如设置大气效果和镜头光晕等。另外，该卷展栏仅出现在“修改”面板上，它并不在创建时出现。“大气和效果”卷展栏如图 5.141 所示，在该卷展栏中单击“添加”按钮，弹出图 5.142 所示的“添加大气或效果”对话框，选择所需添加的“体积光”或“镜头效果”选项后，单击“确定”按钮，完成添加。

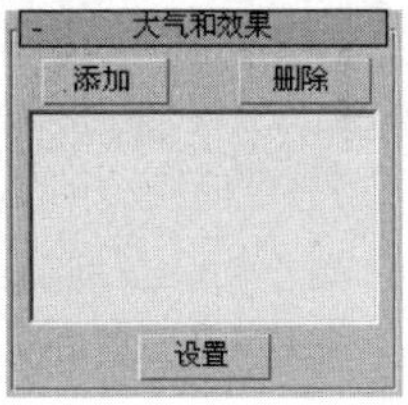

图 5.141 “大气和效果”卷展栏

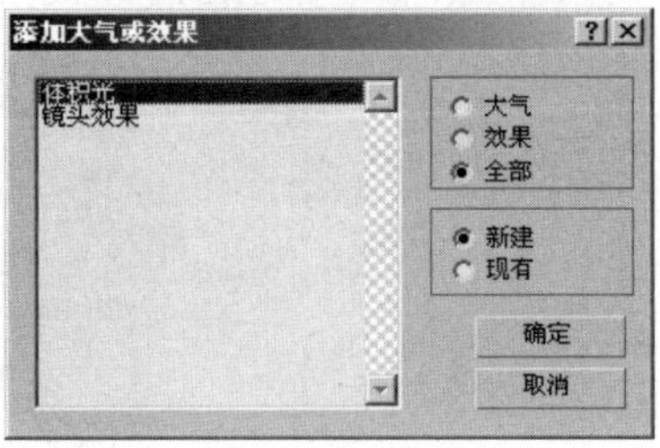

图 5.142 “添加大气或效果”对话框

选择“大气和效果”卷展栏中新增加的“体积光”或“镜头效果”选项后，单击“设置”按钮，弹出图 5.143 所示的“环境和效果”对话框，这里以添加“体积光”为例进行相关参数的说明。其中各选项的含义如下。

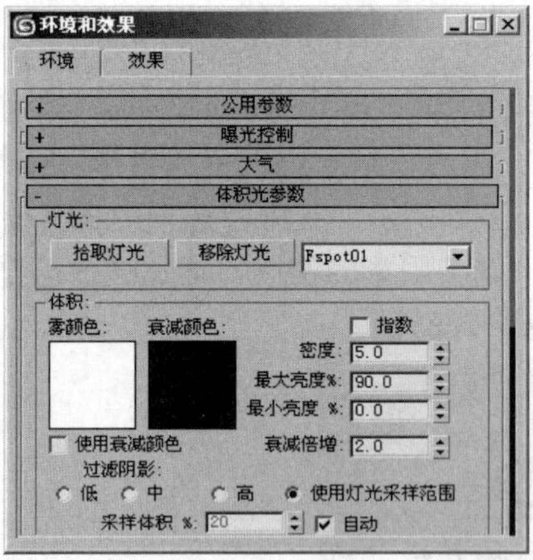

图 5.143 “环境和效果”对话框

- 雾颜色：用于设置灯光发出的光雾颜色。
- 衰减颜色：主要用于设置灯光随着距离的变化进行衰减的颜色。
- “密度”微调框：主要用于设置雾的密度，通常情况下，密度为 2～6 可能会获得最具真实感的效果，雾的密度值越大，从体积雾中反射的灯光就越多。

- “最大亮度%”微调框：该参数用于设置体积光所能够达到的最大光晕效果，如果减小此值，可以限制雾的亮度，以便使雾不会随距离灯光越来越远而越来越浓，而是出现“一片全白”。通常情况下，采用 90%的默认设置即可。

此外，“添加大气或效果”对话框中的“镜头效果”选项主要用于模拟摄影机镜头光斑的真实效果。这些效果包括光晕、光环、射线、自动二级光斑、手动二级光斑、星形和条纹等，图 5.144 所示为一组最为常见的镜头效果。

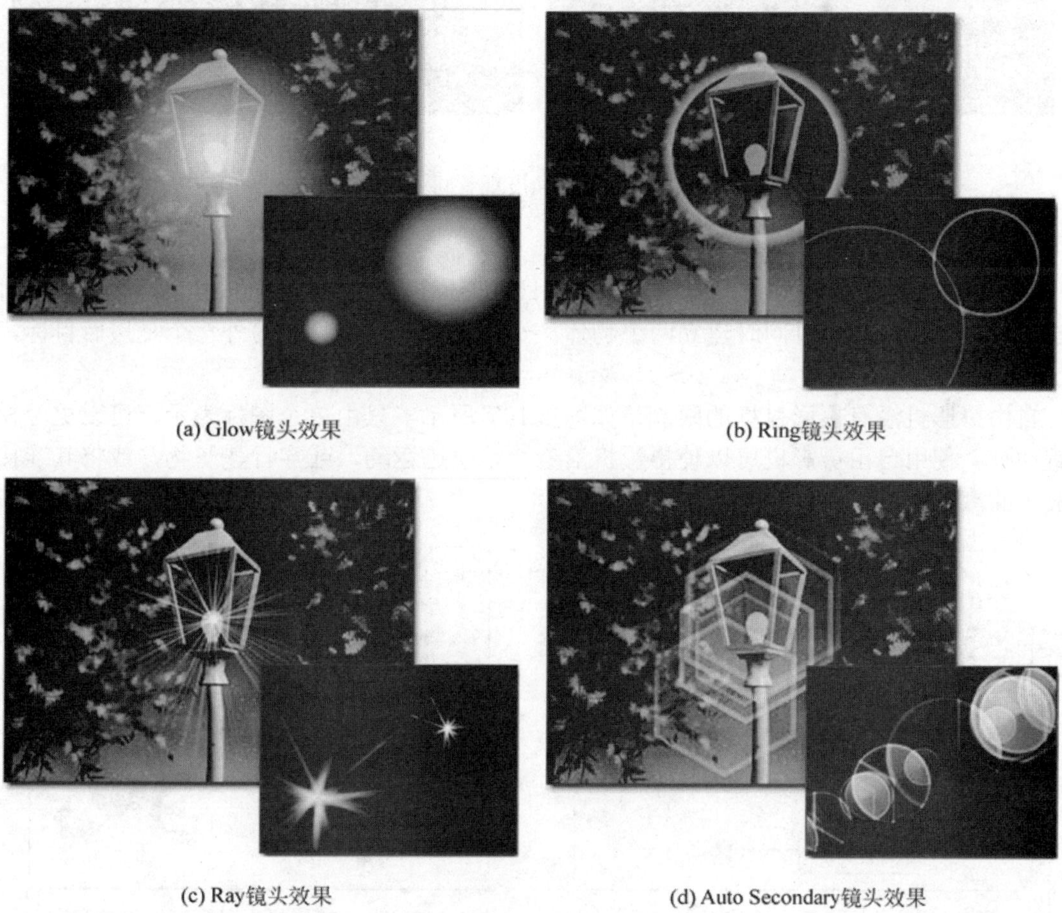

(a) Glow镜头效果　　(b) Ring镜头效果

(c) Ray镜头效果　　(d) Auto Secondary镜头效果

图 5.144　为灯光添加镜头效果

5.6.3　摄影机简介

在 3ds Max 中，经常需要借助摄影机从各个角度、方向、远近、高低来观看同一个场景，使观看到的场景发生一定变化，并且可以产生现实世界中无法实现的效果。

摄影机的作用是从特定的观察点来表现场景，可以用来拍摄现实世界中的静止图像或运动图像。此外，可以将视图切换为摄影机视图，以产生好像正在通过摄影机的镜头观看场景的效果。在摄影机的实际使用过程中，通过调节摄影机的角度、视点、镜头和景深等设置，便可以得到同一场景的不同效果。例如高低摄影角度、近远景等，如图 5.145 所示。

(a) 从左侧观看建筑物　　(b) 从右侧观看建筑物

图 5.145　从不同的角度观看同一场景效果

1．摄影机的类型

在 3ds Max 中，有两种类型的摄影机，即目标摄影机和自由摄影机。与目标聚光灯类似，在建立一个目标摄影机时同时建立两个物体，一个是摄影机本身，另外一个是摄影目标，如图 5.146 所示。

自由摄影机没有摄影目标的限制，如图 5.147 所示，只由单个图标表示，可以更轻松地设置动画。使用自由摄影机可以使摄影机沿着特定轨迹运动，或穿行建筑物，或将其连接到行驶中的汽车上，或使其沿着某一路径移动。

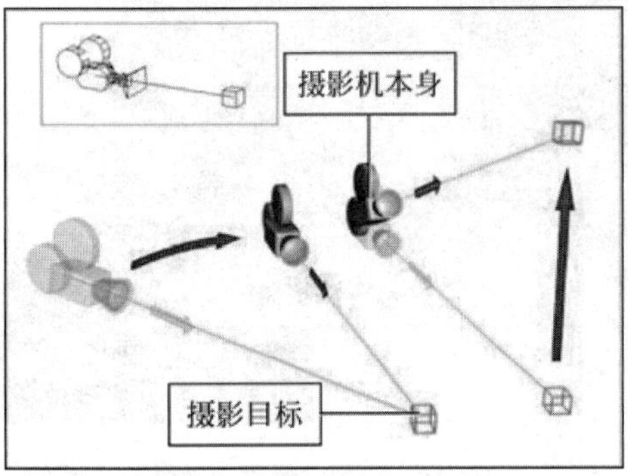

图 5.146　目标摄影机始终面向其目标

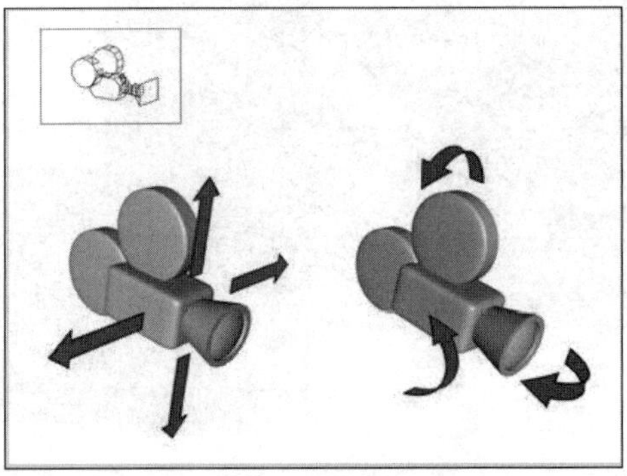

图 5.147　自由摄影机不受限制地移动和定向

2．摄影机的基本参数

在 3ds Max 中，如果要合理、恰当灵活地运用摄影机，需要了解摄影机的两个最为基本的概念，即焦距和视野。

- 焦距：镜头的物理属性，它影响着镜头成像的远近和景深。焦距越小，图片中包含的场景就越多，景深越大；焦距越大，所包含的场景越少，景深越小。此外，焦距以毫米为单位进行设置，50mm 镜头通常是摄影的标准镜头，焦距小于 50mm 的镜头称为广角镜头，焦距大于 50mm 的镜头称为长焦镜头。
- 视野：用于控制可见场景的范围。视野以度数为单位进行设置，与镜头的焦距直接相关，例如，50mm 的镜头显示水平线为 46°。焦距越大，视野越窄；焦距越小，视野越宽，如图 5.148 所示。

图 5.148　摄影机的焦距与视野的关系

摄影机的“参数”卷展栏如图 5.149 所示，这里简要介绍摄影机的常用参数。

- “镜头”微调框：以毫米为单位设置摄影机的焦距值。
- “视野”微调框：设定摄影机查看区域的宽度。宽度可以是水平方向、垂直方向或对角线方向。
- “备用镜头”选项区域：系统预设的摄影机焦距，用户可以单击焦距按钮，完成对摄影机焦距的改变。

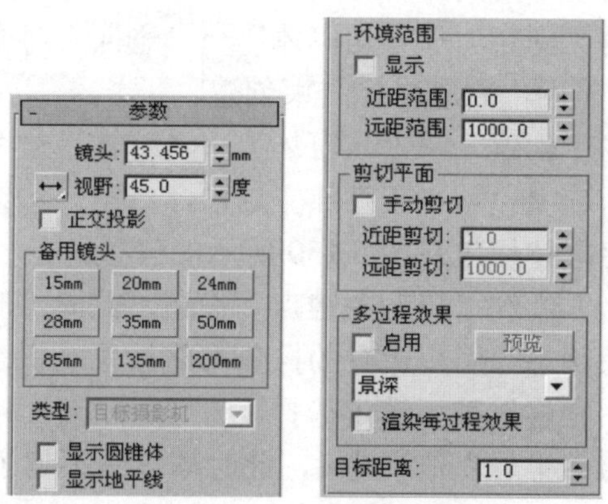

图 5.149　默认摄影机参数

提示：一般情况下，其他参数均采用默认设置。

5.7　生 成 动 画

5.7.1　生成动画的基本流程

3ds Max 除了完成三维建模外，另外一个主要的功能是制作动画。3ds Max 的动画功能非常强大，几乎所有的参数变化都可以记录为动画，可以使用自动关键点和手动关键点来创建动画，也可以使用动画控制器来生成动画，还可以使用轨迹视图、动力学系统、反向动力学系统，Reactor、Character Studio 以及第三方动画插件等许多工具来制作动画。3ds Max 生成动画的基本流程如下。

1）确定动画时间和帧率

单击动画控制区中的按钮，打开“时间配置”对话框，在具体制作动画前必须对动画的时间长度、帧数和制式等参数进行恰当设置。

2）制作运动物体

设定动画时间属性后，在视图中建模，并且根据实际需求对物体参数属性进行相应设置。

3）开始记录动画

制作好运动物体后便可以开始记录动画，首先将时间滑块拖动到第 0 帧，单击“关键帧”按钮，然后将时间滑块拖动到其他时间帧上，此时对物体的任何修改（如移动一段距离、旋转一个角度、缩放大小、修改编辑器等）都将被记录为动画，并在此帧添加一个关键帧。

4）结束记录

修改完物体后再次单击“关键帧”按钮，关闭动画记录开关。

5）播放动画

单击动画控制区中的按钮，播放动画观看效果。

5.7.2 小球滚动动画实例

下面以制作一个滚动的小球为例介绍动画的生成过程，操作步骤如下。

（1）选择命令面板中的“创建”→“几何体”→“平面”命令，在“透视”视图中创建一个长为 140，宽为 140 的平面，右击鼠标结束创建。

（2）选择命令面板中的“创建”→“几何体”→“球体”命令，在“透视”视图中创建一个“半径”为 5 的球体，选中“轴心在底部”选项，右击鼠标结束创建。

（3）选择移动工具，将球体摆放在图 5.150 所示的位置。

（4）单击“动画控制区”中的“自动关键点”按钮，此时“时间滑块”区域全部变为红色，表明系统进入动画记录状态，用户所有的操作都将被系统记录下来形成动画。

（5）选择球体，按下“空格”键，锁定选择。

（6）进入修改面板，将“半球”值设为 1，此时球体看不见了。

（7）将“时间滑块”拖动到中间 50 帧处。

（8）将球体沿 XY 平面移动到图 5.151 所示的位置。

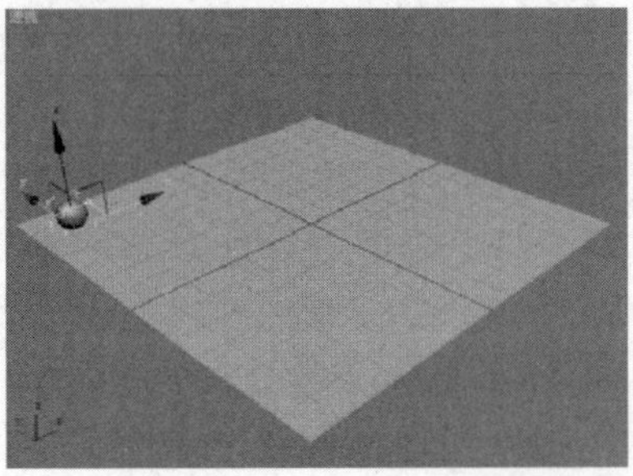

图 5.150　第 0 帧球体的位置

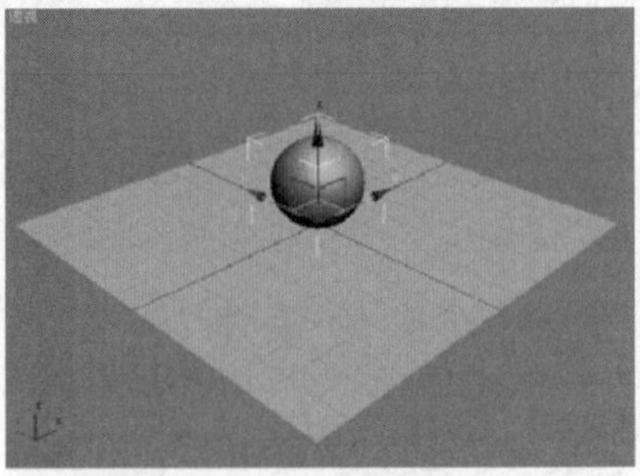

图 5.151　第 50 帧球体的位置

（9）在“修改”面板中将“半径”值设为 15，“半球”值设为 0，此时可见球体。

（10）将“时间滑块”拖动到最右端 100 帧处。

（11）将球体沿 XY 平面移动到图 5.152 所示的位置。

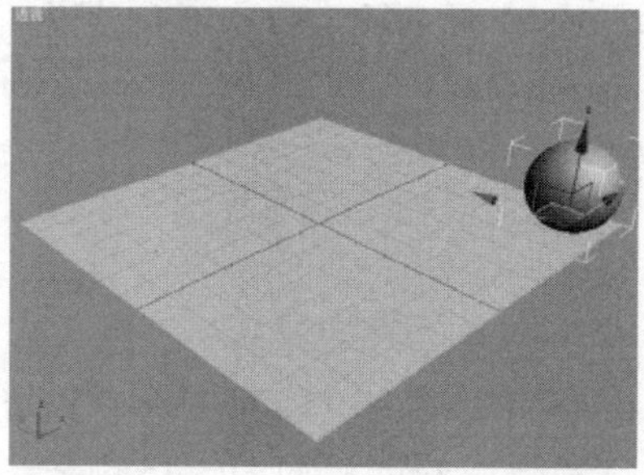

图 5.152　第 100 帧球体的位置

（12）在“修改”面板中将“半径”值设为 5，“半球”值设为 1，此时看不见球体。

（13）再次单击“动画控制区”中的“自动关键点”按钮，关闭动画记录状态。

（14）单击“动画控制区”中的“播放动画”按钮观看动画，小球浮出水面然后又下去。

（15）单击主工具栏中的按钮，打开“渲染场景”对话框，如图 5.153 所示。

（16）在“时间输出”选项区域中选择“范围”单选按钮，并设定渲染的起始帧和结束帧。

（17）在“输出大小”选项区域中单击 320 × 240 按钮，确定渲染输出的画面大小。

（18）单击“渲染输出”选项区域中的“文件”按钮，打开“渲染输出文件”对话框，如图 5.154 所示，确定输出文件的位置、名称、类型后，单击“保存”按钮。

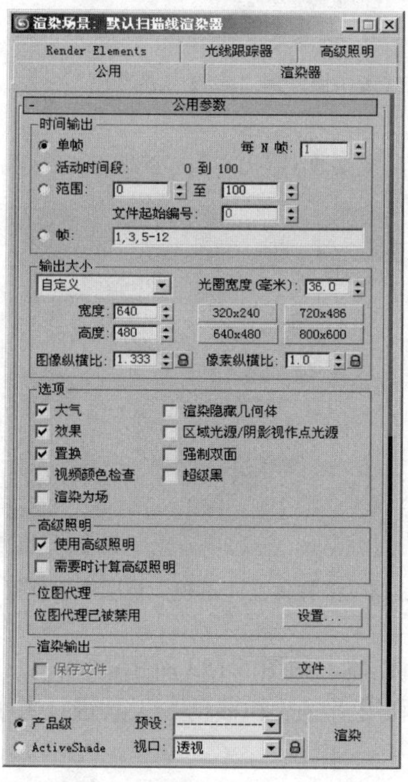

图 5.153　“渲染场景”对话框

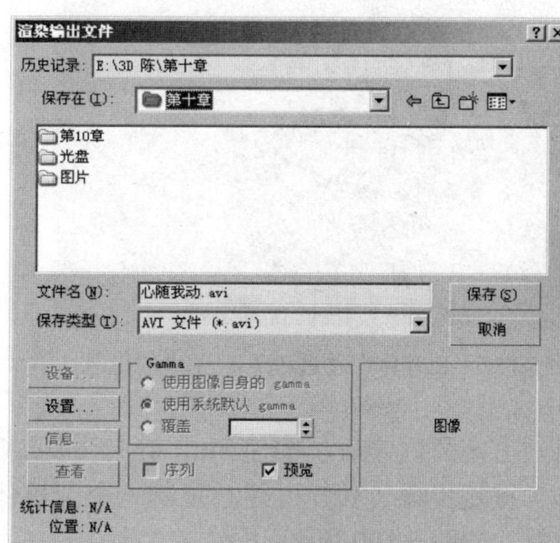

图 5.154　“渲染输出文件”对话框

（19）单击“渲染场景”对话框底部的“渲染”按钮，开始渲染动画。

（20）渲染结束后，双击动画文件，观看动画。

5.8 综 合 实 例

5.8.1 演播大厅的制作

具体操作步骤如下。

1．投影仪的制作

（1）启动 3ds Max，选择命令面板中的“创建”→“扩展几何体”→“切角长方体”命令，新建一个切角长方体，其“参数”卷展栏如图 5.155 所示。

（2）在“左”视图创建一个长方体，其“参数”卷展栏如图 5.156 所示。调整长方体与切角长方体的位置，其“透视”视图效果如图 5.157 所示。

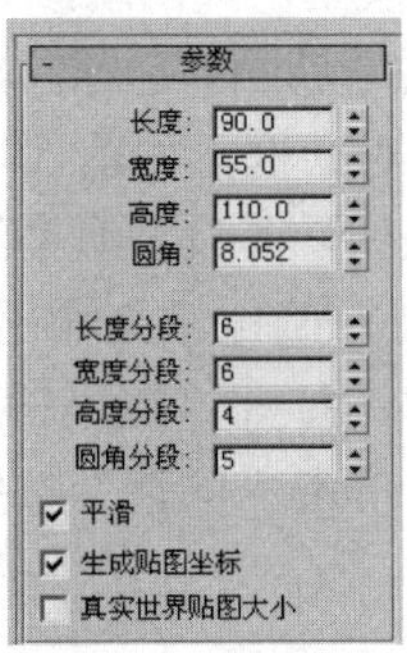

图 5.155　切角长方体“参数”卷展栏

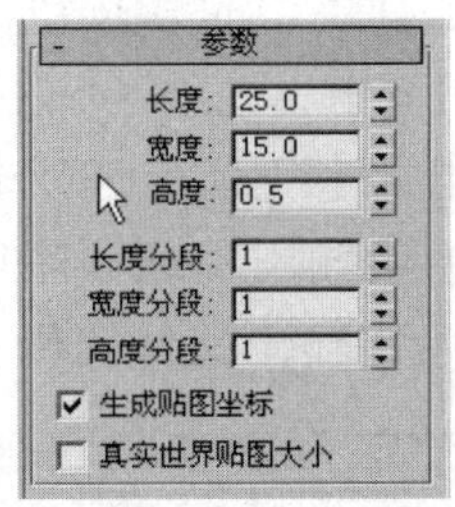

图 5.156　长方体“参数”卷展栏

（3）在“左”视图中创建一个圆柱体并调整其大小与位置，如图 5.158 所示。

图 5.157　长方体在“透视”视图中的位置

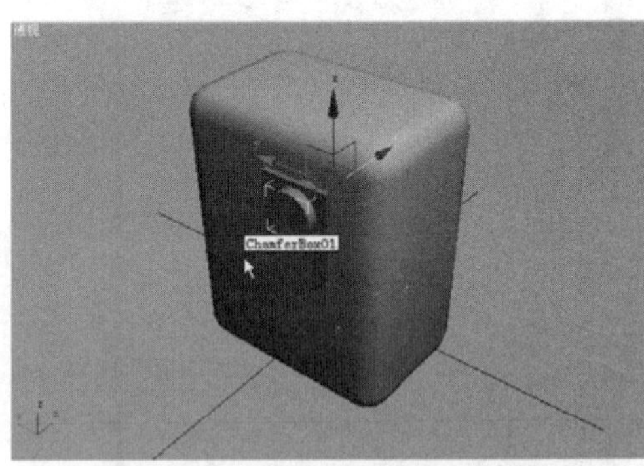

图 5.158　圆柱体在“透视”视图中的位置

（4）选定圆柱体后，按住 Shift 键向下复制一个圆柱体，如图 5.159 所示。

（5）重复步骤（3），再往右复制一个圆柱体，并利用“缩放和移动”工具进行大小和位置的调整，如图 5.160 所示。

图 5.159　两个圆柱体在“透视”视图中的位置

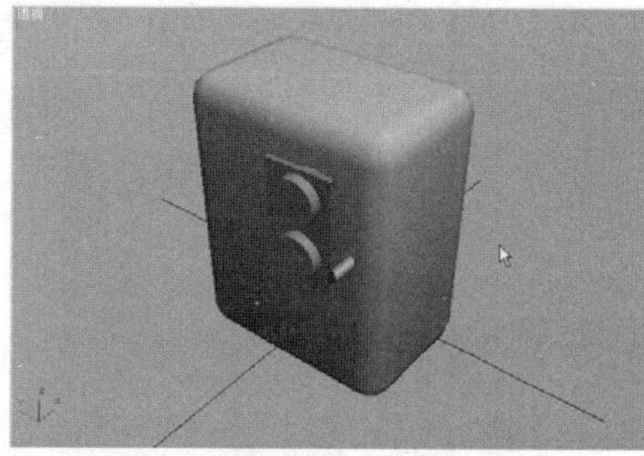

图 5.160　三个圆柱体在“透视”视图中的位置

（6）重复步骤（4），再复制一个圆柱体，如图 5.161 所示。

（7）选择切角长方体，单击命令面板中的按钮，进入“修改”面板，在“修改器列表”下拉列表中选择“编辑网格”修改器，如图 5.162 所示。

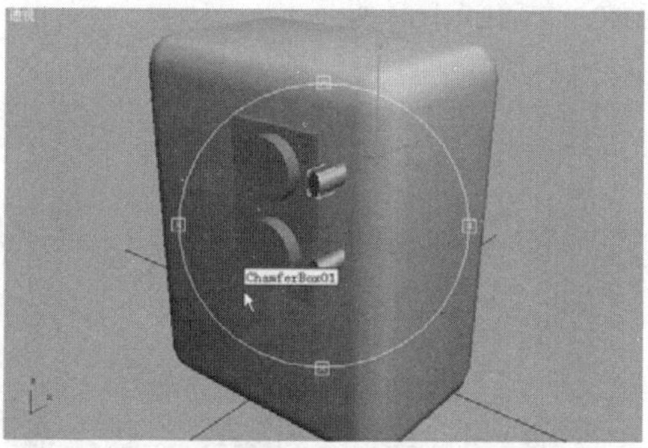

图 5.161　4 个圆柱体在“透视”视图中的位置

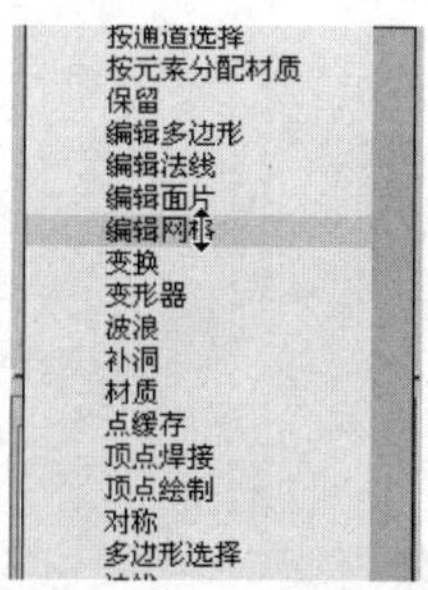

图 5.162　添加“编辑”网格修改器

（8）单击“编辑几何体”卷展栏中的“附加”按钮，然后在场景中选择长方体后再取消选择；再选择任何一个圆柱体，为其添加“编辑网格”修改器后，把其他三个圆柱体附加。

（9）选择切角长方体，选择命令面板中的“创建”→“复合对象”→“布尔”命令，进行布尔运算，如图 5.163 所示。

（10）单击“选择拾取操作对象 B”按钮后，在场景中拾取 4 个圆柱体，如图 5.164 所示。

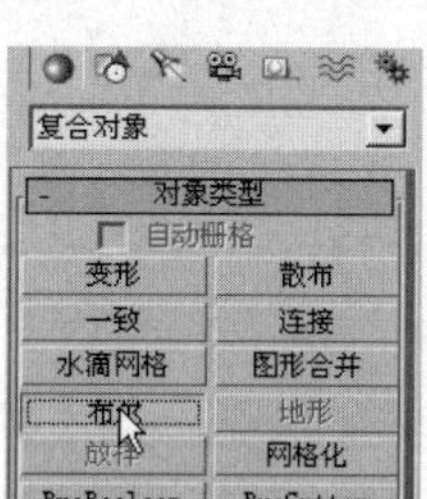

图 5.163　“布尔”运算

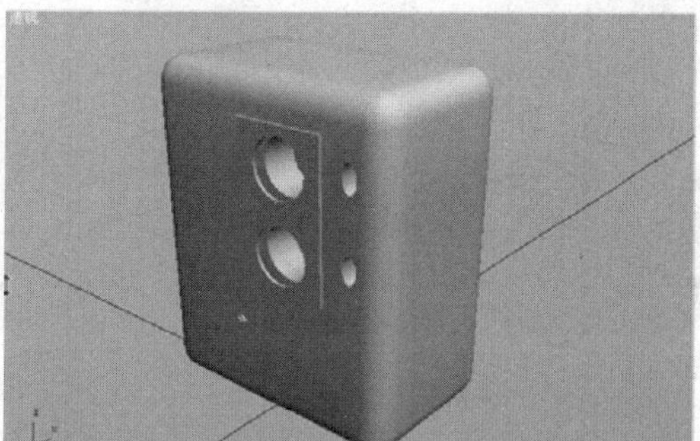

图 5.164　拾取后的“透视”视图效果

（11）在“左”视图中新建一个球体，其大小、位置如图 5.165 所示。

（12）在“前”视图中选择球体，右击鼠标，从弹出的快捷菜单中选择“转换为”→“转换为可编辑网格”命令，如图 5.166 所示。

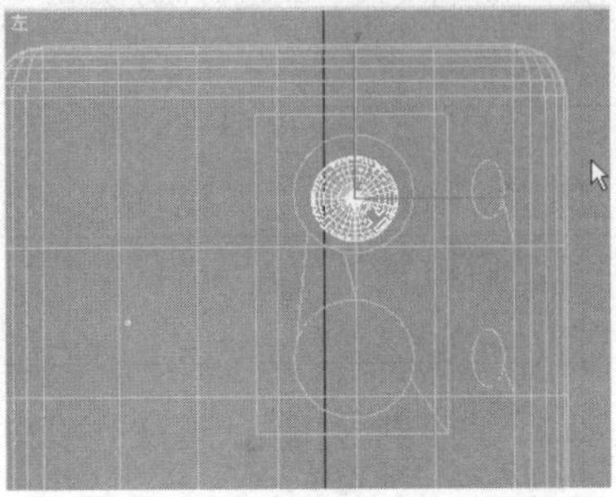

图 5.165 “左”视图中的球体

图 5.166 转换为可编辑网格

（13）单击“修改器堆栈”中“可编辑网格”左侧的“+”号，展开其子对象，单击“顶点”，进入子对象编辑状态，选择图 5.167 所示的顶点按 Delete 键将其删除。

（14）使用“缩放工具”对球体进行缩放，如图 5.168 所示。

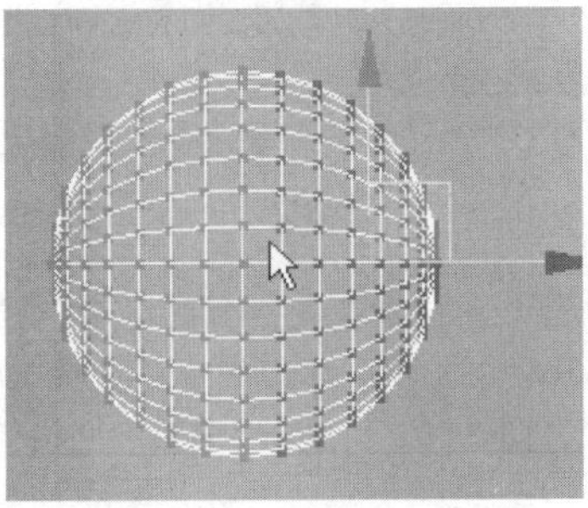

图 5.167 删除选定的顶点

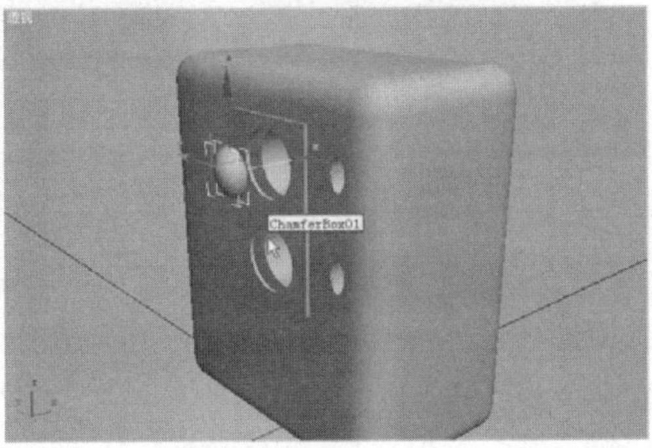

图 5.168 缩放球体后的“透视”视图效果

（15）在“左”视图中创建一个管状体，其大小、位置如图 5.169 所示。

（16）使用“缩放工具”复制一个新的管状体，调整其位置和大小如图 5.170 所示。

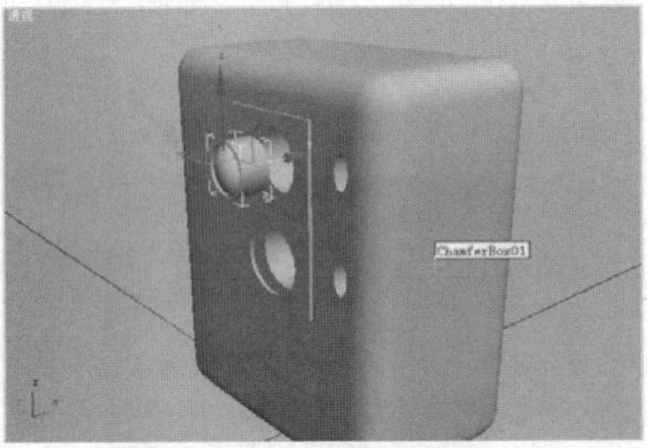

图 5.169 “透视”视图中的管状体位置

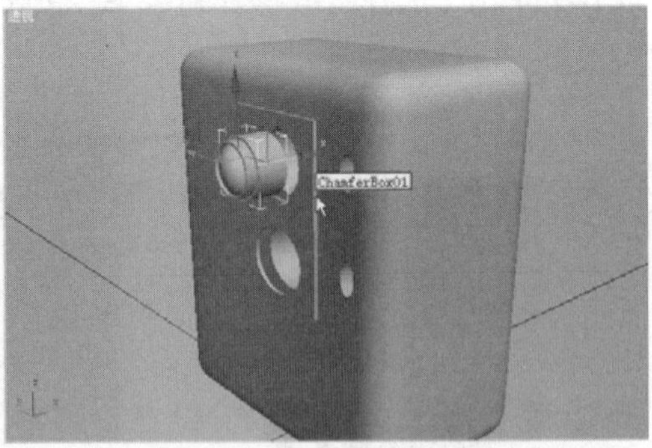

图 5.170 “透视”视图中的第 2 个管状体位置

（17）重复步骤（14），创建第三个管状体，如图 5.171 所示。

（18）选定三个管状体和半球后，将其调整到图 5.172 所示位置。

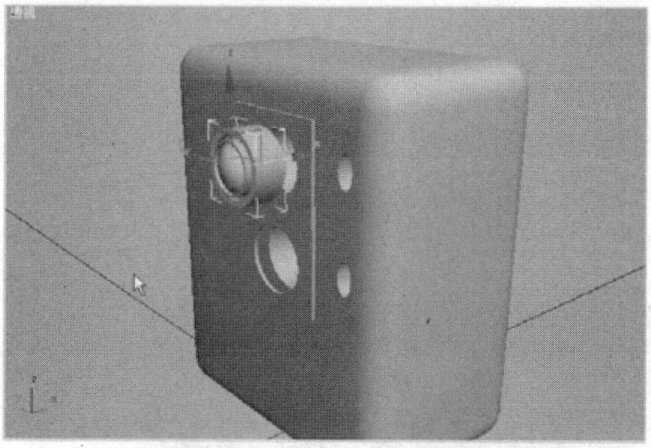

图 5.171 “透视”视图中的第三个管状体位置

图 5.172 调整后的管状体和半球位置

（19）保持上述物体的选择状态，向下复制出同样的三个模型，调整位置如图 5.173 所示。

2．投影仪上面小挂件的制作

（1）在“左”视图中新建一个圆柱体，如图 5.174 所示。

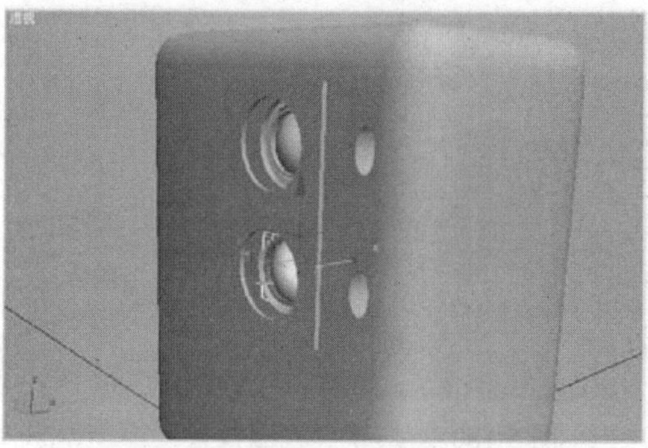

图 5.173 复制后的管状体和半球

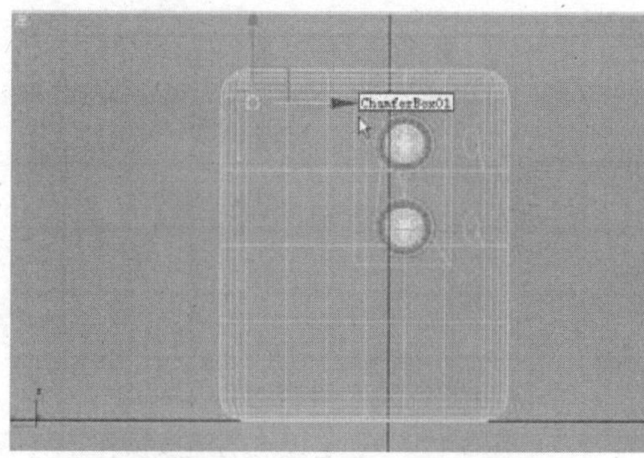

图 5.174 “左”视图中的圆柱体

（2）分别在其切角长方体的每个角上复制出一个圆柱体，然后在“透视”视图中调整其位置，如图 5.175 所示。

（3）在长方体的两个角上分别复制出两个圆柱体，如图 5.176 所示。为了体现其金属质感，可以适当地减少所复制圆柱体的边数，这里将其设置为 6。

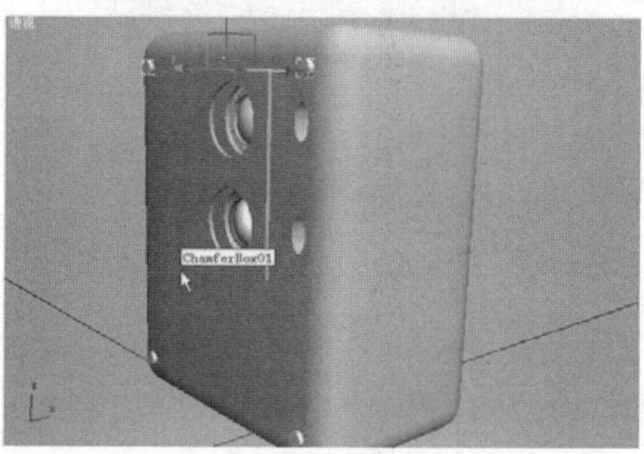

图 5.175 在切角长方体上复制圆柱体

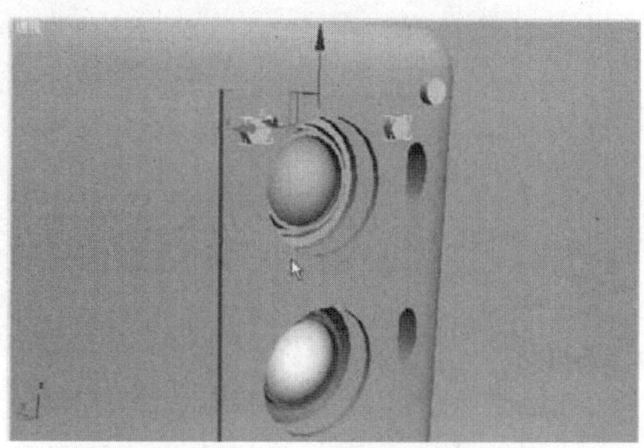

图 5.176 在长方体上复制圆柱体

（4）重复步骤（20）再复制一个圆柱体，其“参数”卷展栏设置如图 5.177 所示。

（5）选定圆柱体，右击鼠标，从弹出的快捷菜单中选择“转换为”→“转换为可编辑多边形”命令进入点编辑级别，选择图 5.178 所示的点。

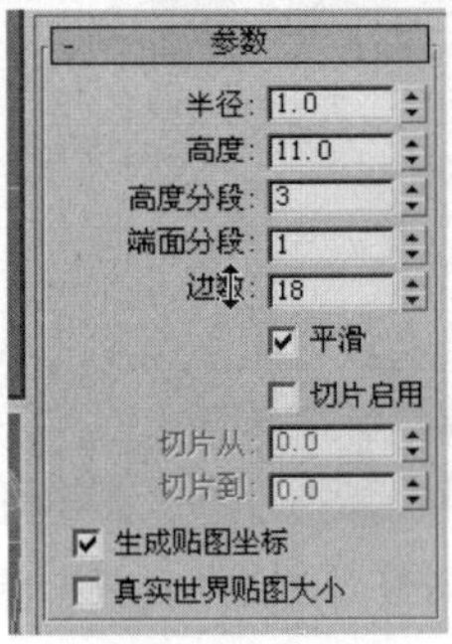

图 5.177　圆柱体的“参数”卷展栏

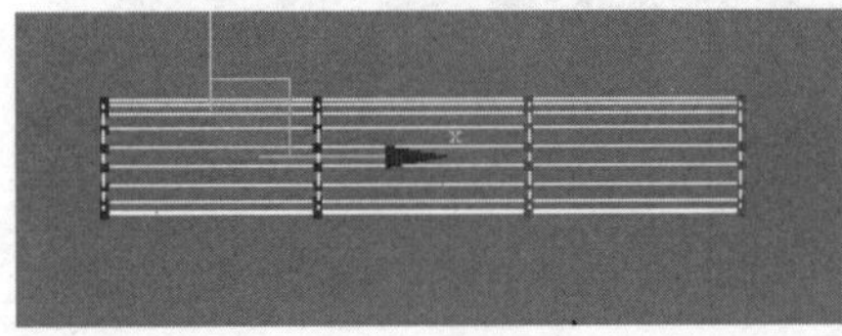

图 5.178　选定需要操作的顶点

（6）对在“透视”视图中所选定的顶点进行缩放操作，如图 5.179 所示。

（7）调整位置后，再向下复制一个，其“透视”视图效果如图 5.180 所示。

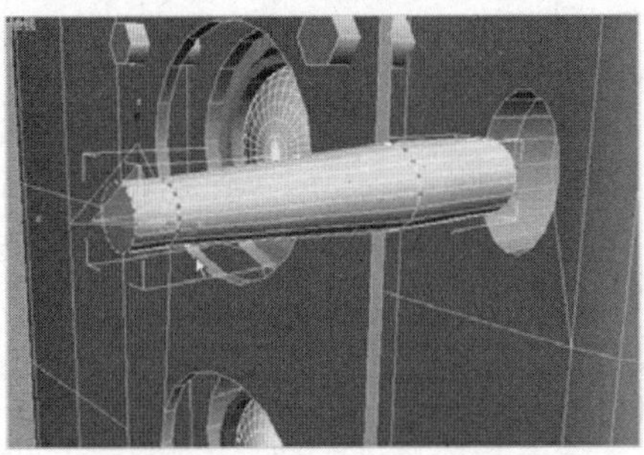

图 5.179　选定顶点的缩放操作

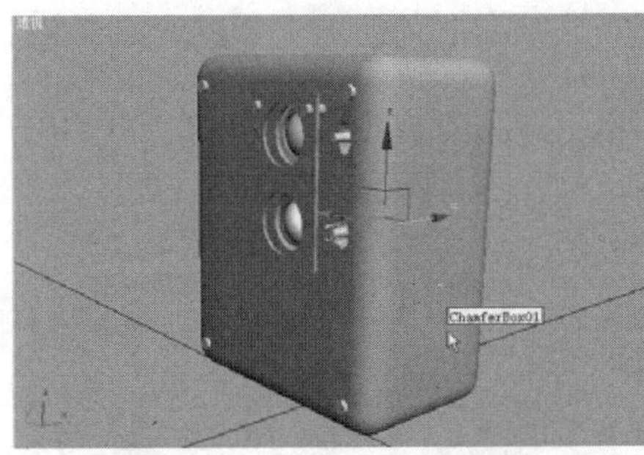

图 5.180　“透视”视图效果

（8）在“透视”视图中创建一个长方体，调整大小和位置如图 5.181 所示。

3．投影仪把柄的制作

（1）选择命令面板中的“创建”→“图形”→“样条线”→“线”命令，在“前”视图中绘制出投影仪把柄的形状，如图 5.182 所示，在弹出的“样条线”对话框中单击“是”按钮。

图 5.181　“透视”视图中的长方体位置

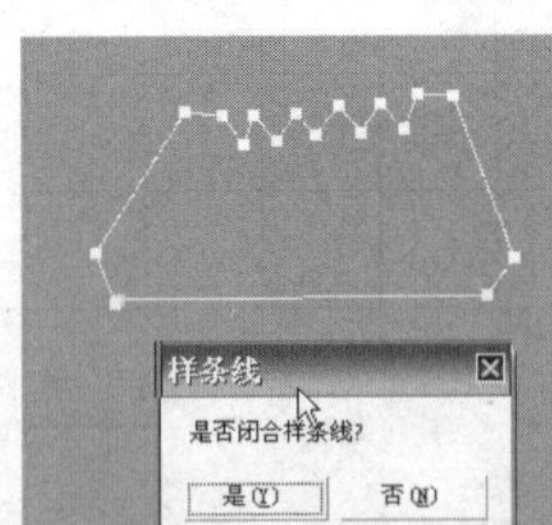

图 5.182　在“前”视图中创建样条线

（2）重复步骤（1），重新绘制一条图 5.183 所示的样条线。

（3）单击命令面板中的按钮，在“几何体”卷展栏中单击“附加”按钮。

（4）单击“修改器堆栈”中 Line 左侧的“+”号，展开其子对象，选择“顶点”，修改顶点的位置如图 5.184 所示。

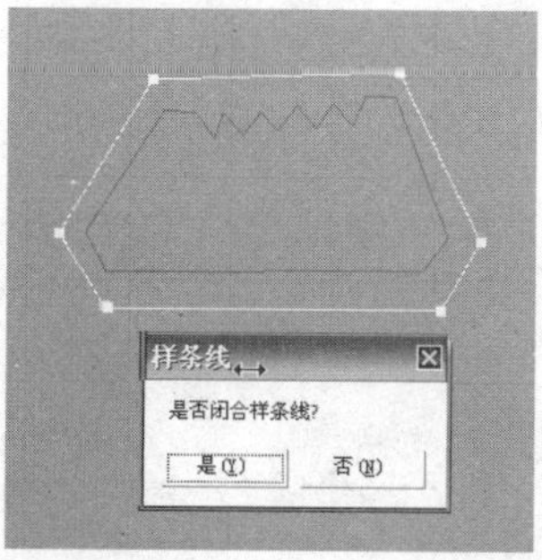

图 5.183　绘制闭合样条线

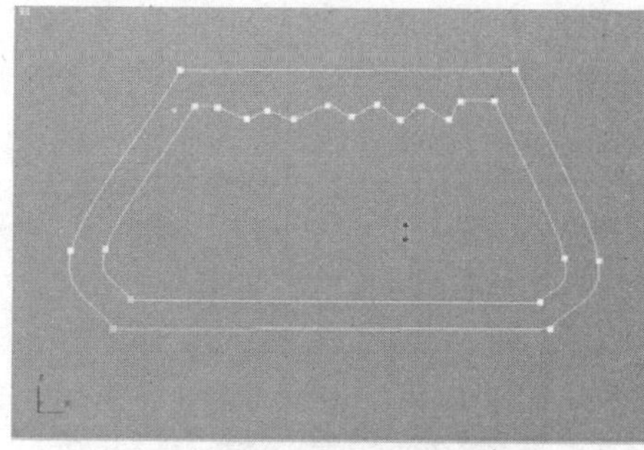

图 5.184　修改顶点位置

（5）单击命令面板中的按钮，进入“修改”面板，在“修改器列表”下拉列表中选择“挤出”修改器，在“参数”卷展栏中设置挤出“数量”为 6.5。调整把柄的位置，如图 5.185 所示。

（6）在“顶”视图中复制另一个把柄，将其放置在投影仪的另一边，如图 5.186 所示。

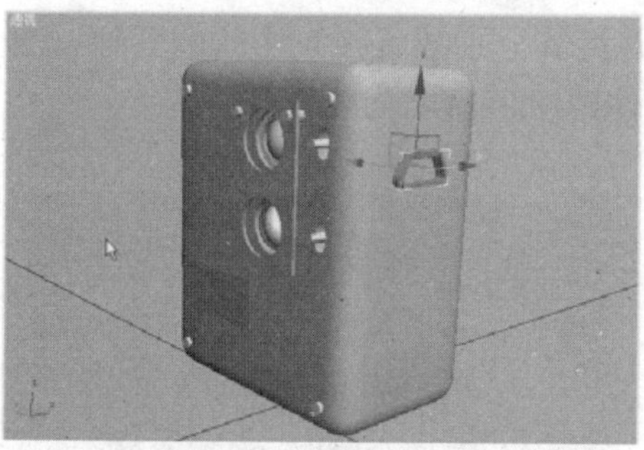

图 5.185　调整把柄的位置

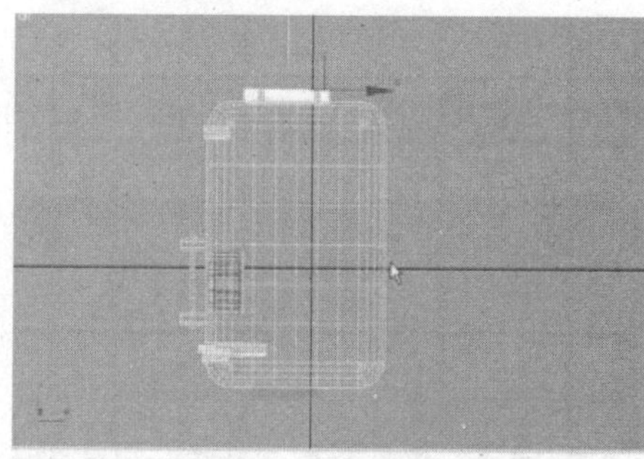

图 5.186　投影仪的两个把柄

4．投影仪轮子的制作

（1）选择命令面板中的“创建”→“几何体”→“扩展几何体”→“油罐”命令，创建一个油罐作为投影仪的轮子。

（2）按住 Shift 键拖动，将建立的油罐复制，然后创建一个跟油罐半径一样大小的圆柱体，如图 5.187 所示。

（3）选择命令面板中的“创建”→“几何体”→“复合对象”→“布尔”命令，对圆柱体进行布尔运算，如图 5.188 所示。

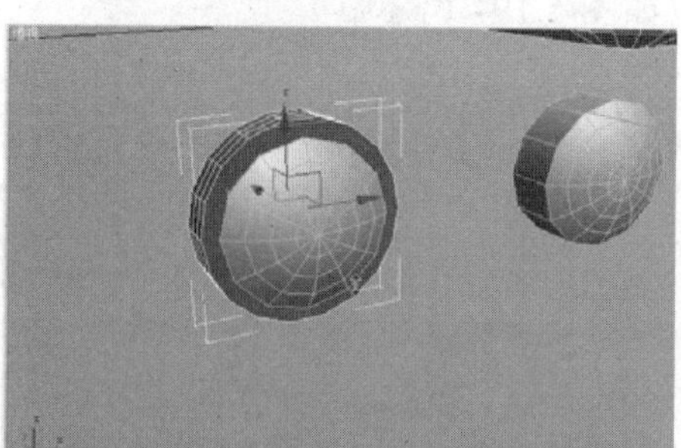

图 5.187　“透视”视图效果

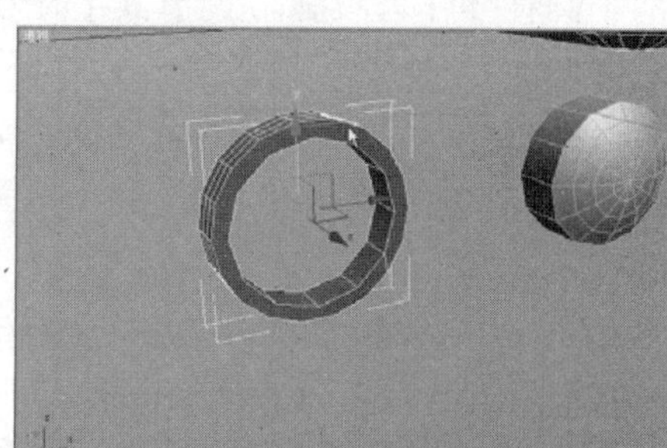

图 5.188　圆柱体布尔运算结果

（4）单击鼠标右键，在弹出的快捷菜单中选择“转换为”→“转换为可编辑多边形”命令，然后创建一个图 5.189 所示的长方体。

（5）对圆环做布尔运算，效果如图 5.190 所示。

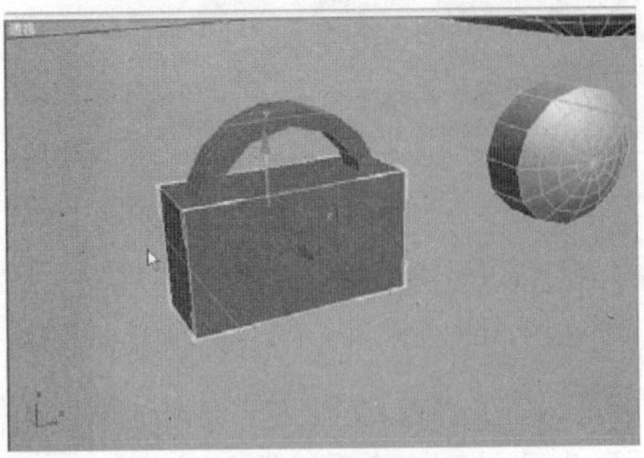
图 5.189　创建长方体

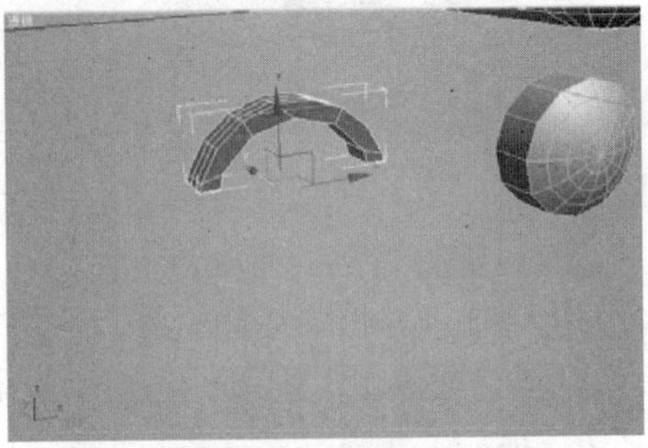
图 5.190　圆环布尔运算结果

（6）调整圆环与圆柱体的位置，然后再创建一个圆柱体作为轮子的支柱，其效果如图 5.191 所示。

（7）将步骤（6）中制作好的轮子复制三个，并将其分别放置在投影仪的其他三个角上，投影仪的最终效果如图 5.192 所示。选择所有的物体建组，命名为投影仪。

图 5.191　投影仪的轮子

图 5.192　投影仪最终效果图

5．放置投影仪的桌子

（1）选择命令面板中的“创建”→“几何体”→“标准基本体”→“长方体”命令，创建一个长方体作为桌面，如图 5.193 所示。

（2）选择命令面板中的“创建”→“几何体”→“标准基本体”→“圆柱体”命令，分别创建两个圆柱体作为桌腿，调节其半径和位置，如图 5.194 所示。

图 5.193　创建桌面

图 5.194　创建桌腿

（3）使用“旋转工具”复制出桌腿的三个支脚，调整位置如图 5.195 所示。

（4）将桌子的所有组件成组，重命名为桌子，如图 5.196 所示。

图 5.195　创建桌腿的支脚

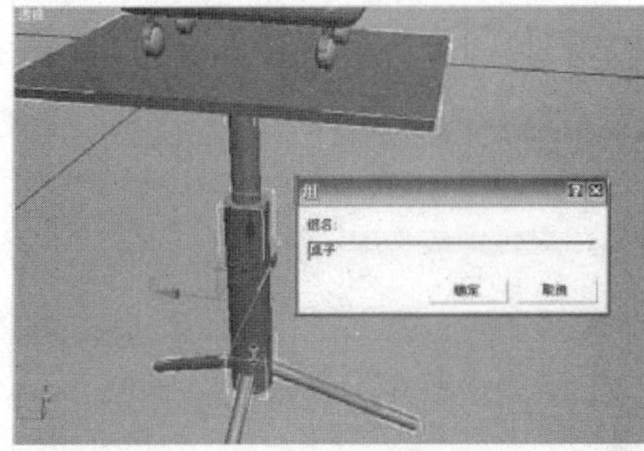

图 5.196　桌子的最终效果

（5）选择桌子和投影仪，将其全部隐藏。

（6）选择命令面板中的“创建”→“几何体”→“标准基本体”→“圆柱体”命令，在场景中创建一个新的圆柱体，其“参数”卷展栏如图 5.197 所示。

（7）单击鼠标右键，从弹出的快捷菜单中选择“转换为”→“转换为可编辑网格”命令，单击“修改器堆栈”中“可编辑网格”左侧的“+”号，展开其子对象，单击“面”，进入面级别，选择图 5.198 所示的面。

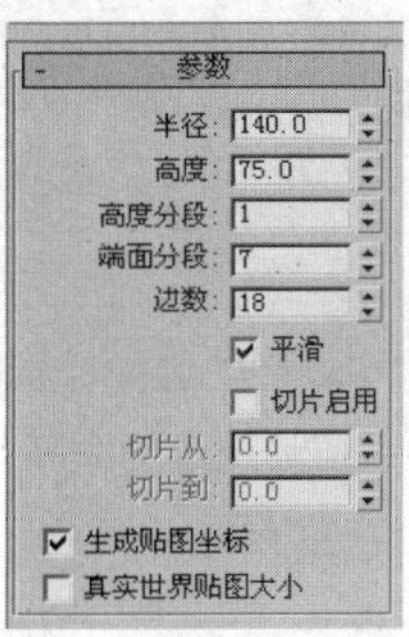

图 5.197　圆柱体的“参数”卷展栏

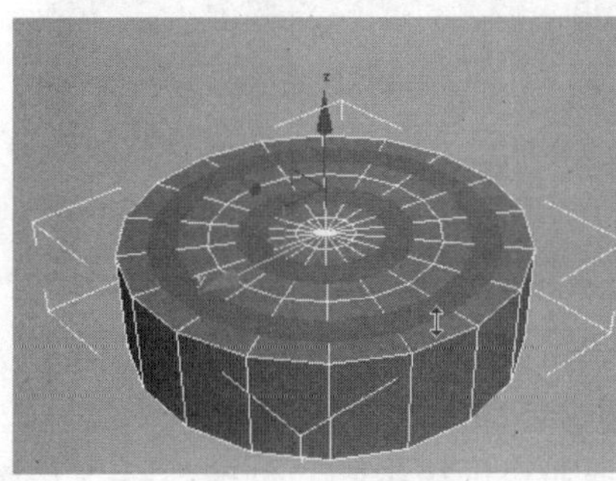

图 5.198　选择圆柱体的面

（8）在“编辑几何体”卷展栏中单击“挤出”按钮，其参数设置如图 5.199 所示。

（9）在“编辑几何体”卷展栏中单击“翻转”按钮，然后在场景中单击鼠标右键，从弹出的快捷菜单中选择“对象属性”命令，在弹出的窗口中选择“背面消隐”选项，单击“确定”按钮。此时能够看到物体的里面部分，如图 5.200 所示。

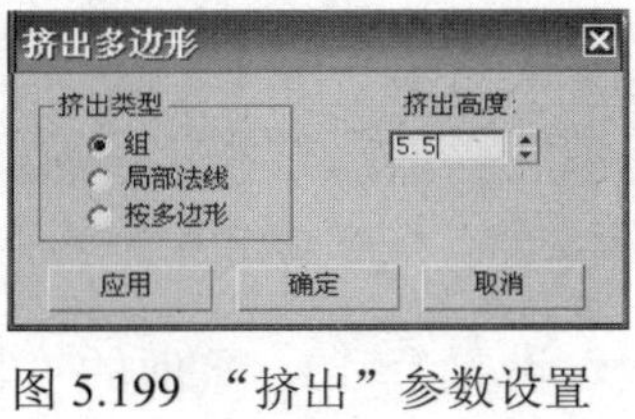

图 5.199　“挤出”参数设置

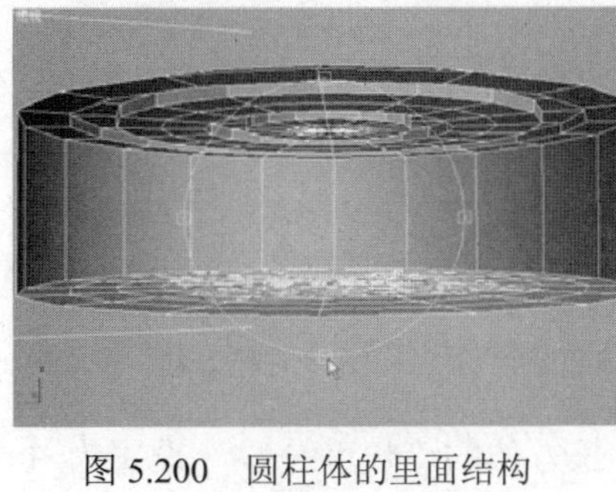

图 5.200　圆柱体的里面结构

（10）在场景中单击鼠标右键，从弹出的快捷菜单中选择“全部取消隐藏”命令。

（11）将投影仪和桌子分别缩放移动到图 5.201 所示的位置。

（12）将前面制作好的椅子拖动到场景中，在出现的选择对话框中选择“合并文件”命令，然后将椅子缩放、旋转到图 5.202 所示的位置上。

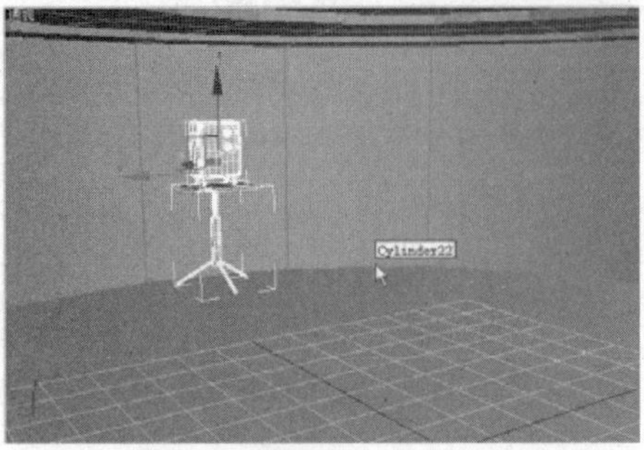

图 5.201 调整后的投影仪和桌子

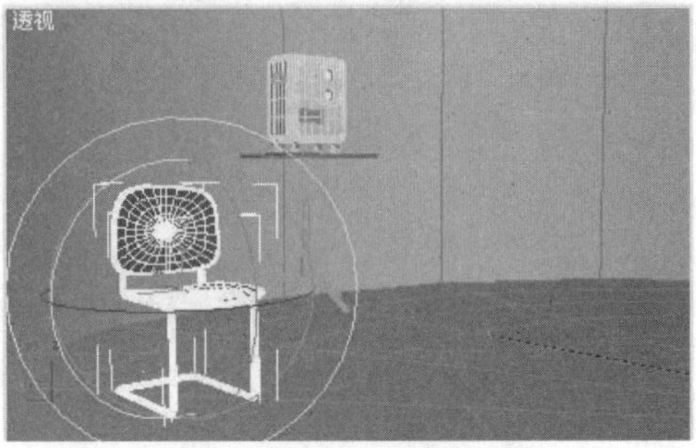

图 5.202 调整后的椅子

（13）重复前面复制的操作，复制出多把椅子，如图 5.203 所示。

（14）执行缩放和旋转操作对大厅进行调整，效果如图 5.204 所示。

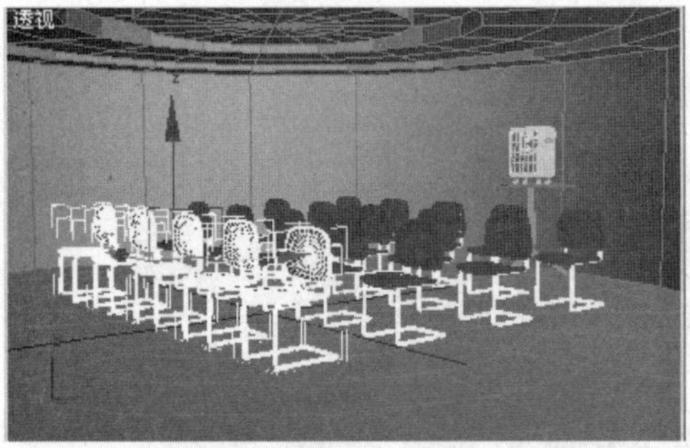

图 5.203 复制多把椅子后的效果图

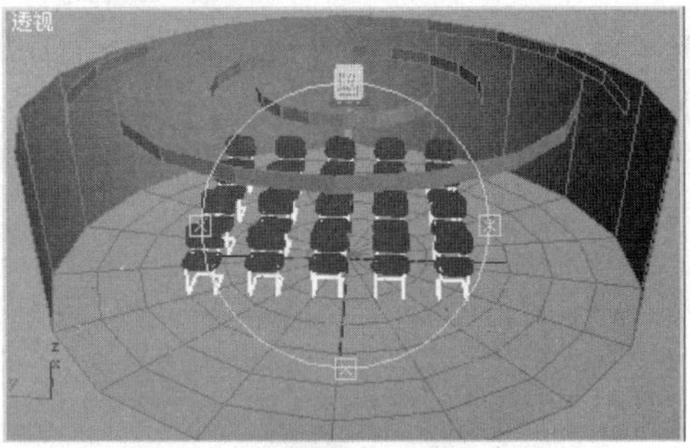

图 5.204 初具规模的大厅

6. 大厅的装饰

（1）选择命令面板中的“创建”→“几何体”→“标准基本体”→“长方体”命令，在“顶”视图创建一个长方体，如图 5.205 所示。

（2）选择命令面板中的“创建”→“几何体”→“标准基本体”→“长方体”命令，在“左”视图创建一个与长方体长度相同的平面，如图 5.206 所示。

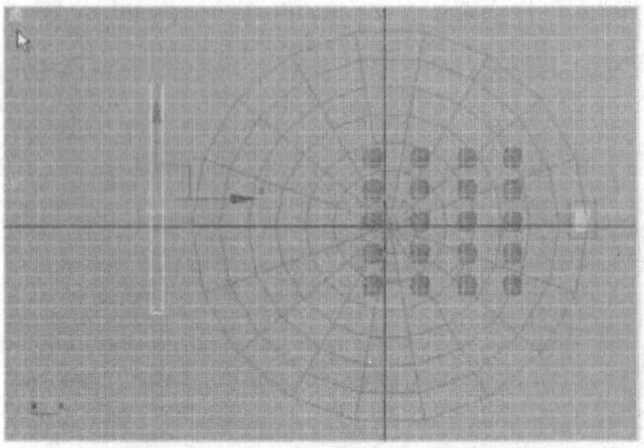

图 5.205 “顶”视图中的长方体

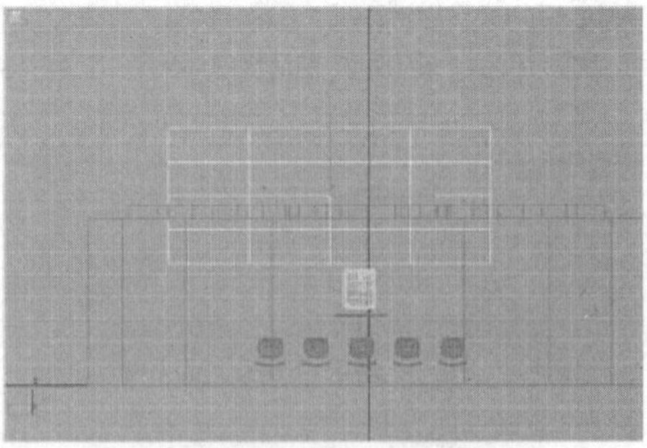

图 5.206 “左”视图中的平面

（3）将长方体的“长度分段”设置为 1，“宽度分段”设置为 12；平面的“长度分段”

设置为 12，“宽度分段”和“高度分段”分别设置为 1。

（4）在“透视”视图中将两个物体的位置调整到图 5.207 所示的位置。

（5）重复前面的操作，将长方体转化为可编辑多边形，然后将平面附加上。

（6）单击命令面板中的按钮，进入“修改”面板，在“修改器列表”下拉列表中选择“弯曲”修改器，其弯曲参数设置如图 5.208 所示。

（7）调整其大小和位置，如图 5.209 所示。

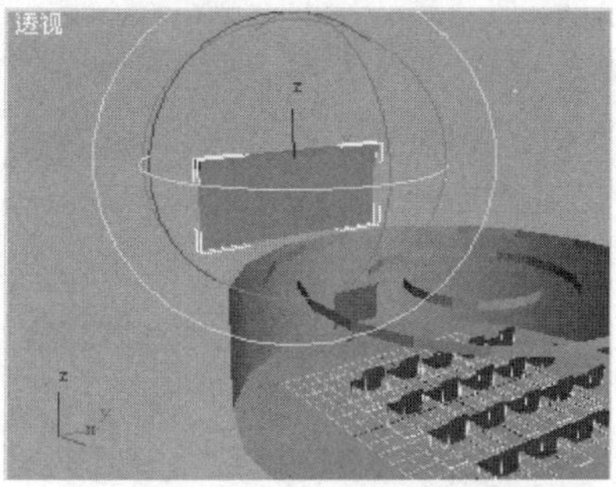

图 5.207　调整位置后的效果

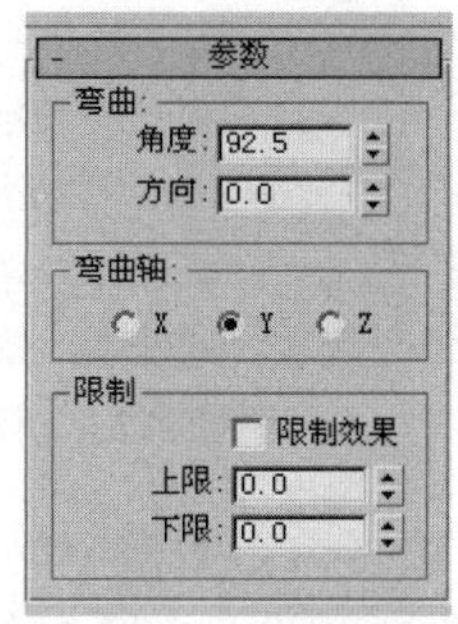

图 5.208　弯曲参数设置

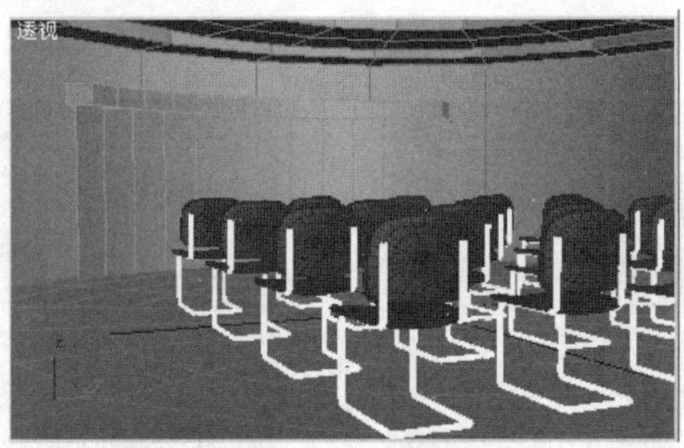

图 5.209　调整后的效果图

7. 投影屏幕

（1）选定场景中的所有物体，然后单击鼠标右键，从弹出的快捷菜单中选择“隐藏当前选择”命令。

（2）选择命令面板中的“创建”→“几何体”→“标准基本体”→“圆柱体”命令，创建一个圆柱体，其参数设置如图 5.210 所示。

（3）将步骤（2）中的圆柱体复制一个，并调整其位置如图 5.211 所示。

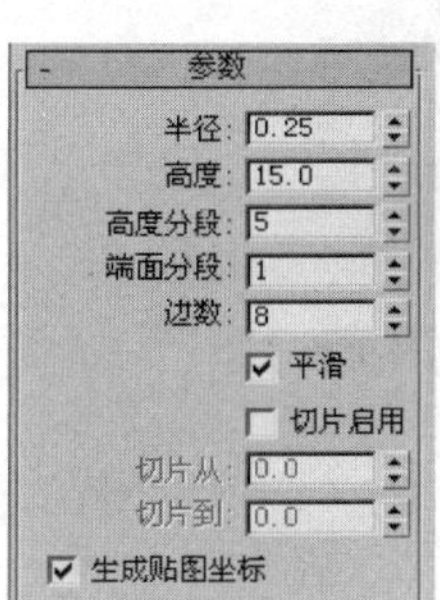

图 5.210　圆柱体参数设置

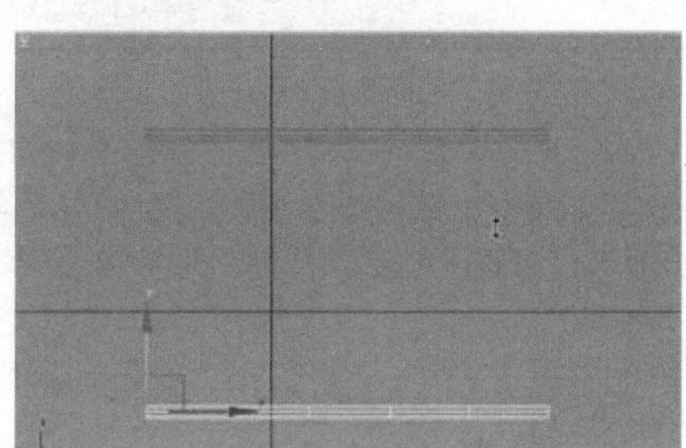

图 5.211　调整后的两个圆柱体位置

（4）选择命令面板中的“创建”→“几何体”→“标准基本体”→“平面”命令，在中间新建一个平面作为屏幕，如图 5.212 所示。

（5）在“透视”视图中调整两个圆柱体与平面之间的相对位置，如图 5.213 所示。

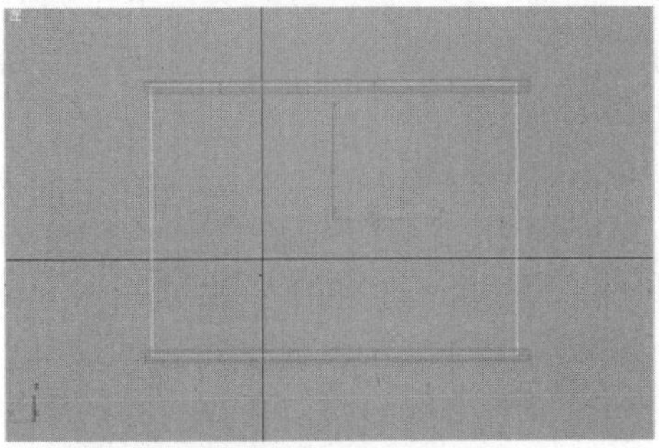

图 5.212　创建平面

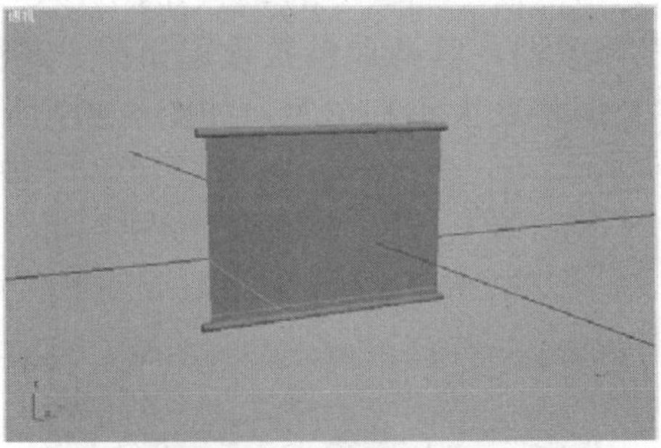

图 5.213　调整后的平面与圆柱体

（6）选择命令面板中的“创建”→“几何体”→“标准基本体”→“圆柱体”命令，在“顶”视图中新建一个圆柱体，其大小和位置如图 5.214 所示。

（7）重复复制的操作，向下依次旋转复制出三个圆柱体，如图 5.215 所示。将其成组，命名为投影屏幕。

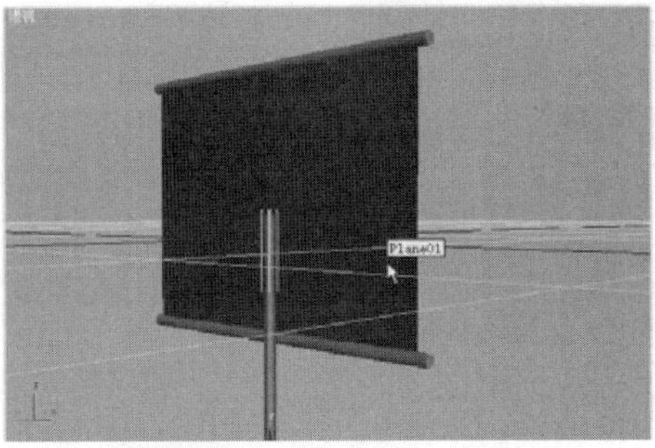

图 5.214　创建圆柱体后的效果

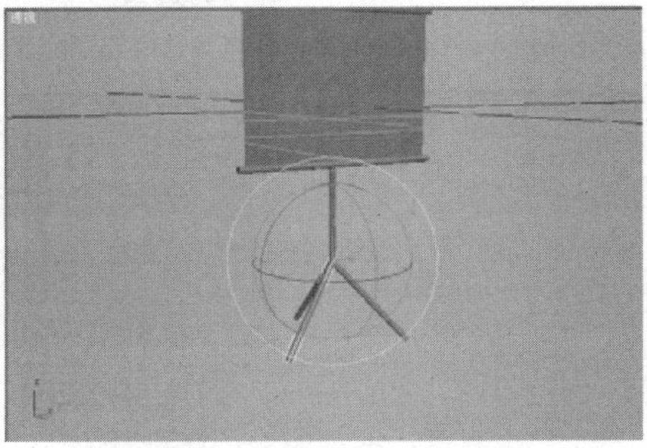

图 5.215　复制调整后的效果

（8）在场景中单击鼠标右键，从弹出的快捷菜单中选择“全部取消隐藏”命令，并调整各组成部分的位置和大小，其演播大厅最终效果如图 5.216 所示。

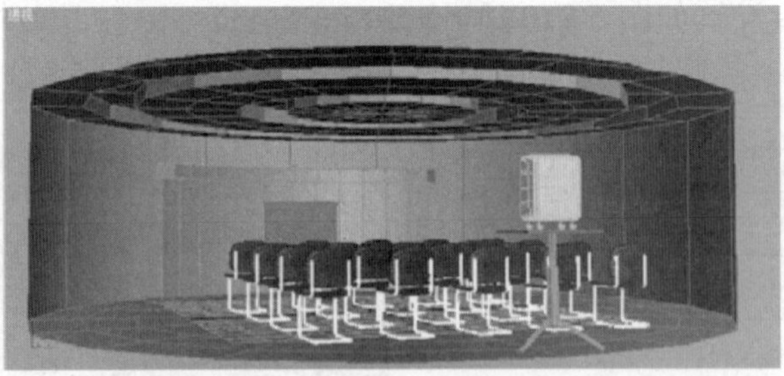

图 5.216　演播大厅的最终效果图

5.8.2　相机模型的制作

操作步骤如下。

1．机身的制作

（1）启动 3ds Max，选择命令面板中的“创建”→“标准几何体”→“长方体”命令，新建一个长方体，其“参数”卷展栏如图 5.217 所示。

（2）选择长方体，单击鼠标右键，从弹出的快捷菜单中选择“转换为”→“转换为可编辑网格”命令。单击“修改器堆栈”中“可编辑网格”左侧的“+”号，展开其子对象，单击“顶点”，进入子对象编辑状态，在“前”视图中调整顶点的位置，如图 5.218 所示。

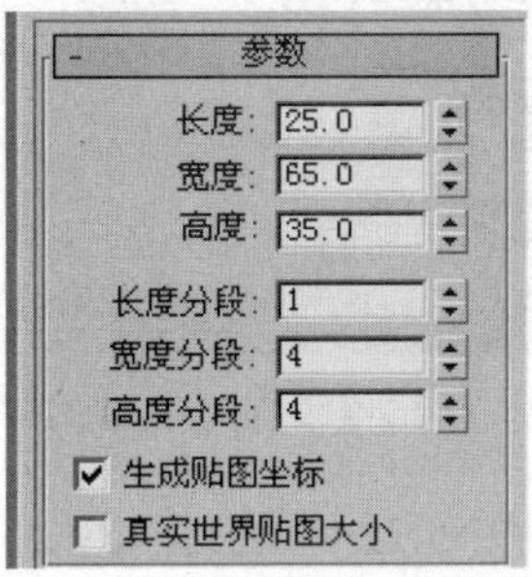

图 5.217　长方体的“参数”卷展栏

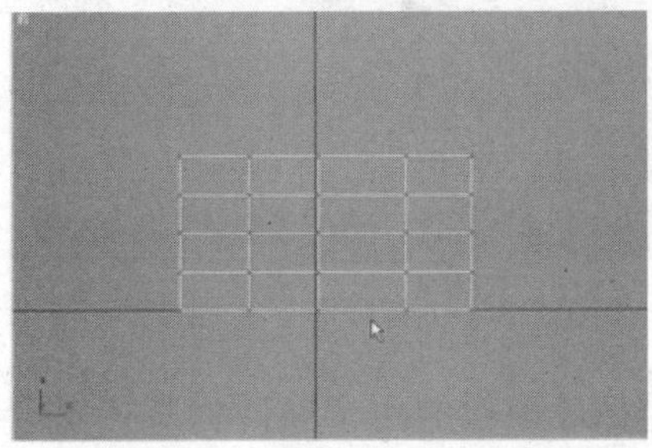

图 5.218　调整后的顶点位置

（3）单击“修改器堆栈”中“可编辑网格”左侧的“+”号，展开其子对象，单击“面”，进入子对象编辑状态，在“透视”视图中选择长方体的面，如图 5.219 所示。

（4）单击“编辑几何体”卷展栏中的“挤出”按钮，将其挤出值设置为 3.0。

（5）单击“修改器堆栈”中“可编辑网格”左侧的“+”号，展开其子对象，单击“边”，进入子对象编辑状态，选择外围的 4 条边，如图 5.220 所示。

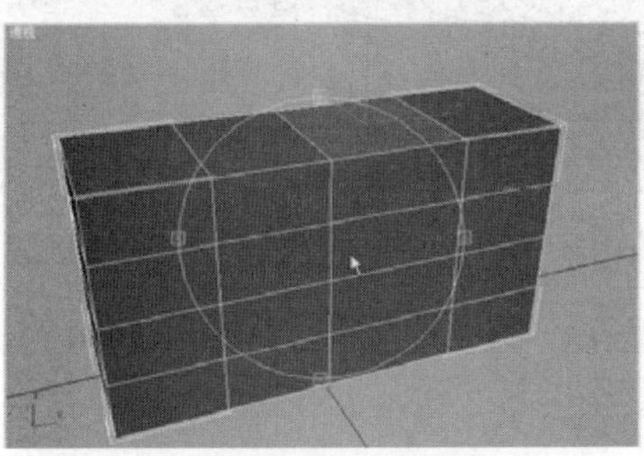

图 5.219　选择面后的效果图

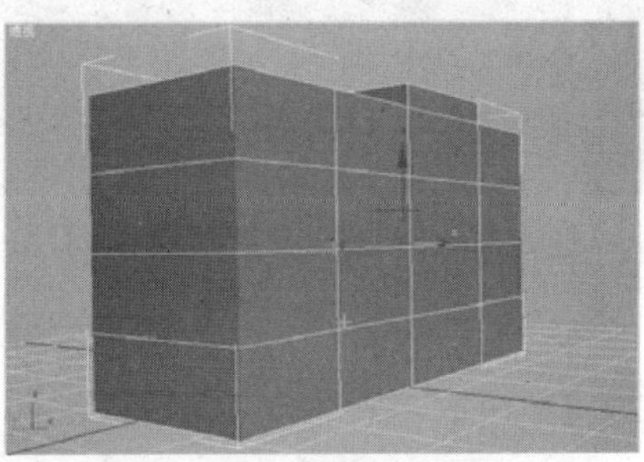

图 5.220　选择长方体的边

（6）单击“编辑几何体”卷展栏中的“切角”按钮，将其切角值设置为 6.0，然后选择图 5.221 所示的几条边。

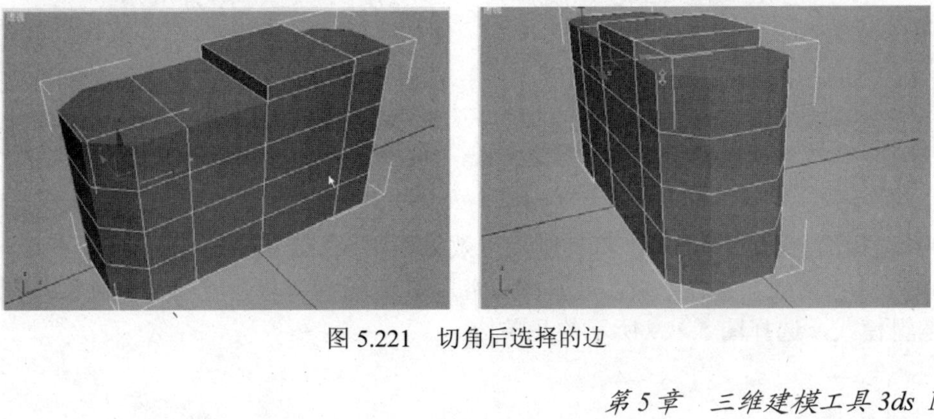

图 5.221　切角后选择的边

（7）重复步骤（6），再进行切角处理，将其切角值设置为 1.0 后，选择图 5.222 所示的面。

（8）重复步骤（4），将其挤出值设置为 11.0，其效果如图 5.223 所示。

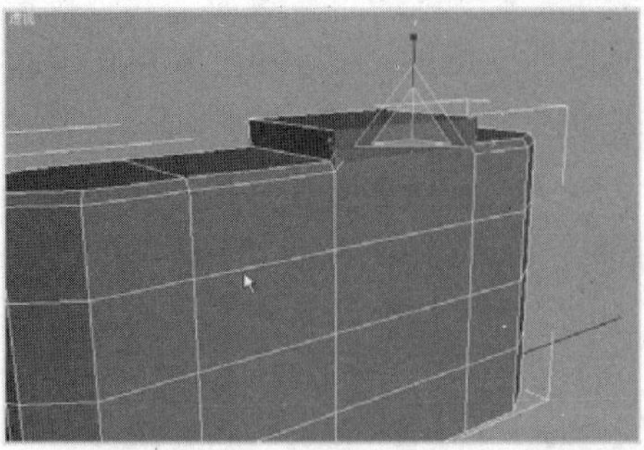

图 5.222　切角后选择的面

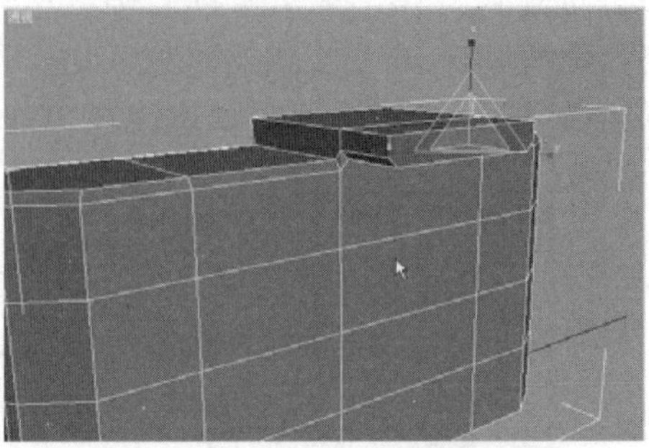

图 5.223　挤出值设置为 11.0 的效果

（9）选择最顶部的两个面，将其挤出值设置为 3.0，如图 5.224 所示。

（10）单击“修改器堆栈”中“可编辑网格”左侧的“+”号，展开其子对象，单击“顶点”，进入顶点编辑模式，选择最顶端的 4 个点，向上移动至图 5.225 所示的位置。

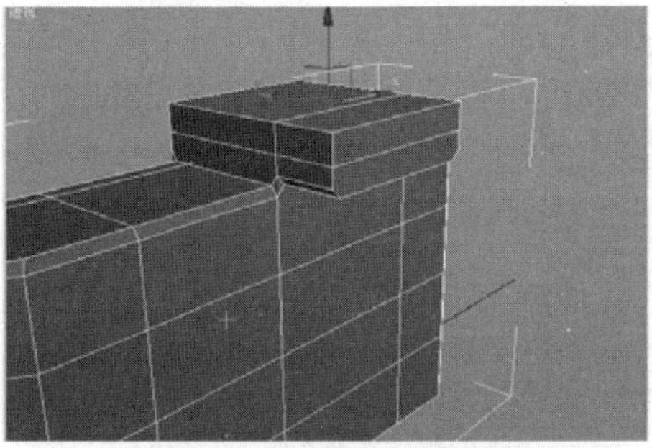

图 5.224　挤出处理后顶部的面

图 5.225　移动顶点后的位置图

（11）将最顶端的 4 个点分别进行缩放和移动操作，调整至图 5.226 所示的位置。

（12）在“前”视图中，将前面的两个顶点调整至图 5.227 所示的效果。

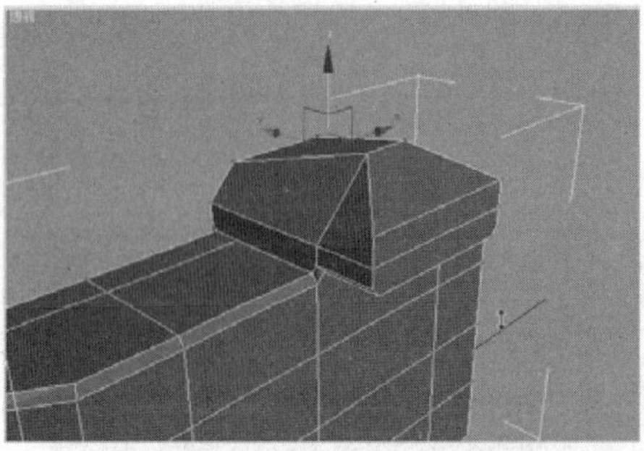

图 5.226　调整顶点后的效果图

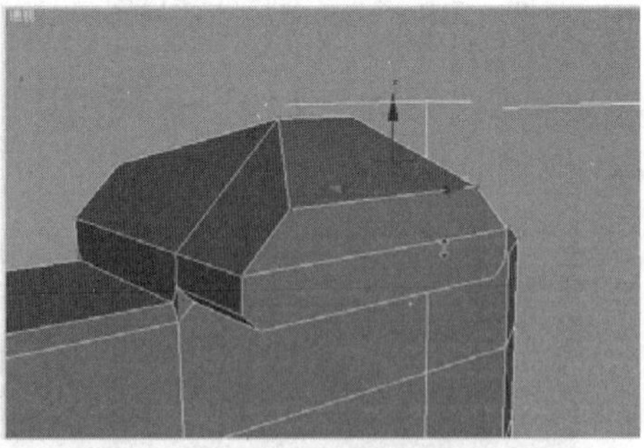

图 5.227　调整前面顶点后的效果

（13）选择最前面的两个面，将其删除，效果如图 5.228 所示。

（14）单击“修改器堆栈”中“可编辑网格”左侧的“+”号，展开其子对象，单击“边”，进入边编辑模式，选择图 5.229 所示的几条边。

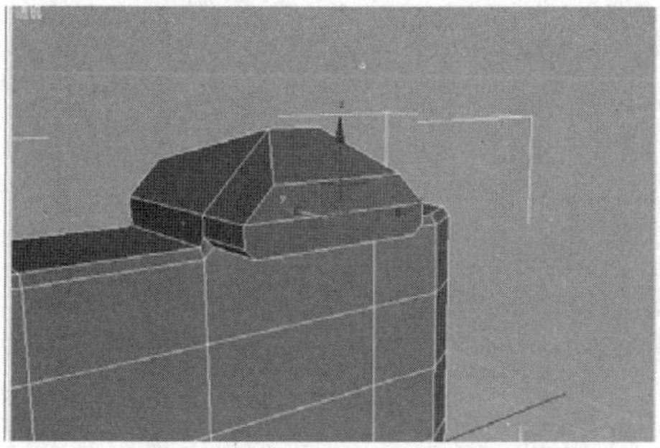

图 5.228　删除前面两个面后的效果

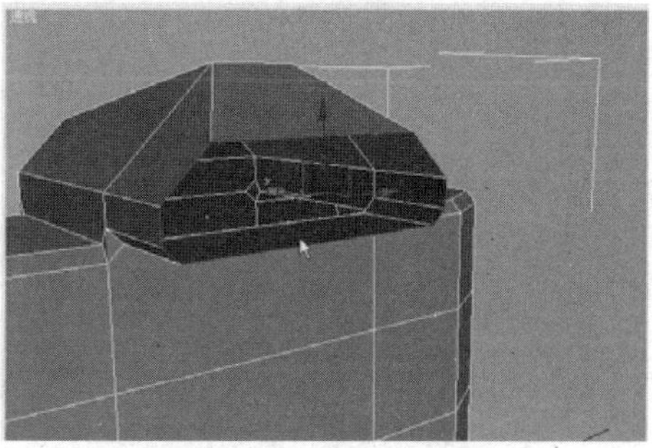

图 5.229　选择边的效果

（15）在“前”视图中按住 Shift 键后，使用“缩放工具”将所选定的几条边缩放至图 5.230 所示的位置。

（16）保持边的选择状态，在“前”视图中按住 Shift 键后，将其往下拖动图 5.231 所示的距离。

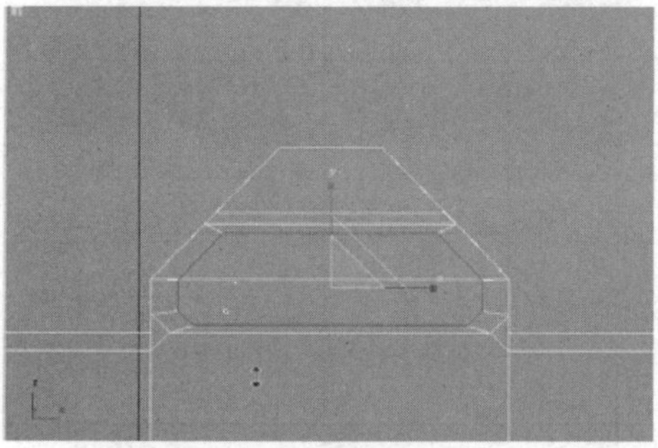

图 5.230　对边缩放后的效果

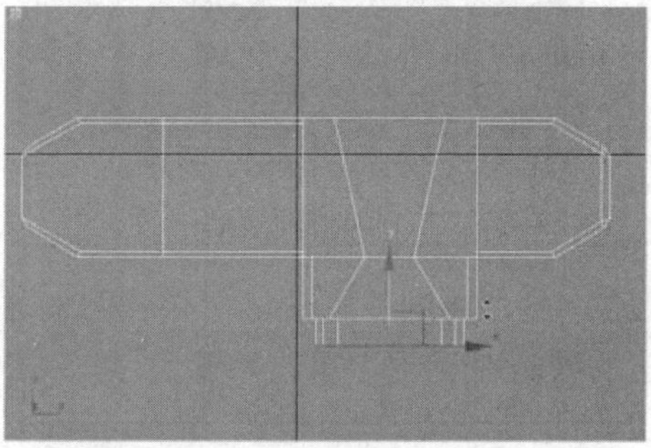

图 5.231　往下拖动边后的效果

（17）单击“修改器堆栈”中“可编辑网格”左侧的“+”号，展开其子对象，单击“面”，进入面编辑模式，选择最上面图 5.232 所示的面后，将其删除。

（18）单击“修改器堆栈”中“可编辑网格”左侧的“+”号，展开其子对象，单击“边”，进入边编辑模式，选择其周围的边线，按住 Shift 键进行缩放，如图 5.233 所示。

图 5.232　选择要删除的面

图 5.233　缩放所选择的边

（19）在“左”视图中将其调整到图 5.234 所示的位置。

（20）在“左”视图中按住 Shift 键后，将其往上移动一段距离，如图 5.235 所示。

（21）调整最上面的 4 个顶点的位置，得到的效果如图 5.236 所示。

图 5.234　调整位置后的效果

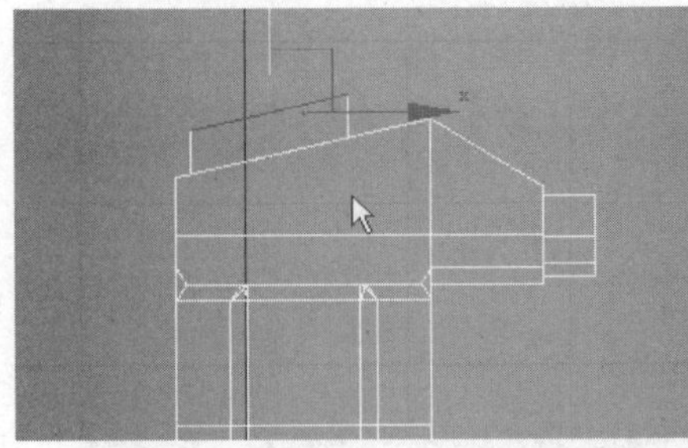

图 5.235　移动一段距离后的效果

（22）选择模型中图 5.237 所示的两个洞的边缘，单击命令面板中的按钮，进入“修改”面板，在“修改器列表”下拉列表中选择“补洞”修改器后，其效果如图 5.238 所示。

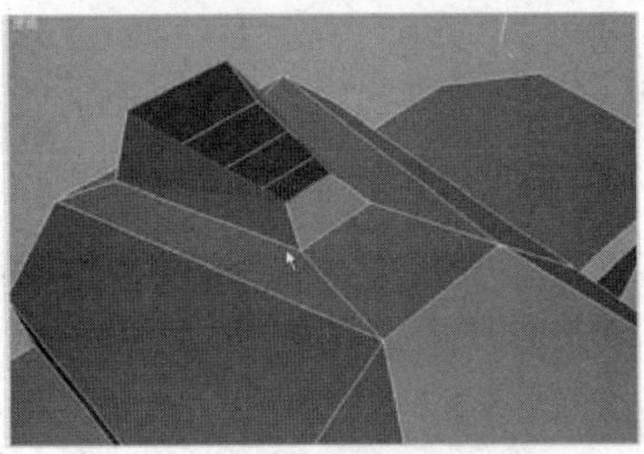

图 5.236　调整顶点后的效果

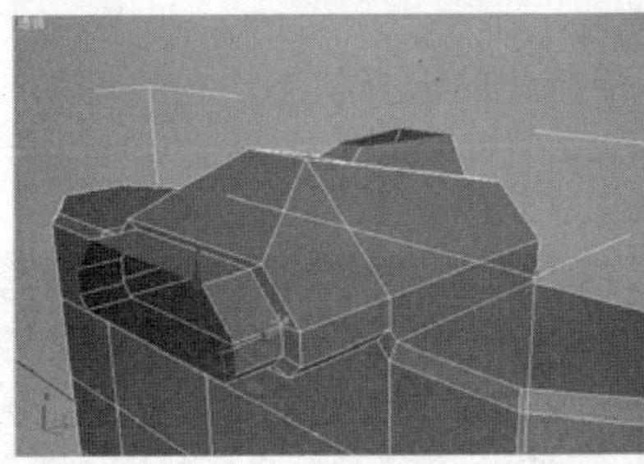

图 5.237　选择两个洞的边缘

（23）在“补洞”修改器上单击鼠标右键，从弹出的快捷菜单中选择“塌陷到”命令，在弹出的警告对话框中单击“暂存/是”按钮。

（24）单击“修改器堆栈”中“可编辑网格”左侧的“+”号，展开其子对象，单击“边”，进入边编辑模式，选择图 5.239 所示的边线。

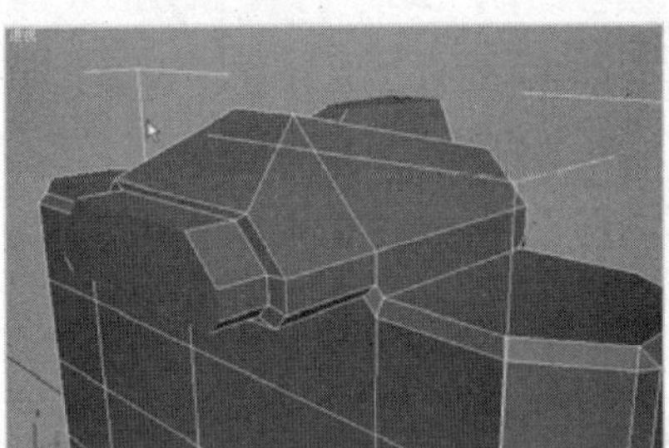

图 5.238　执行“补洞”修改器后的效果

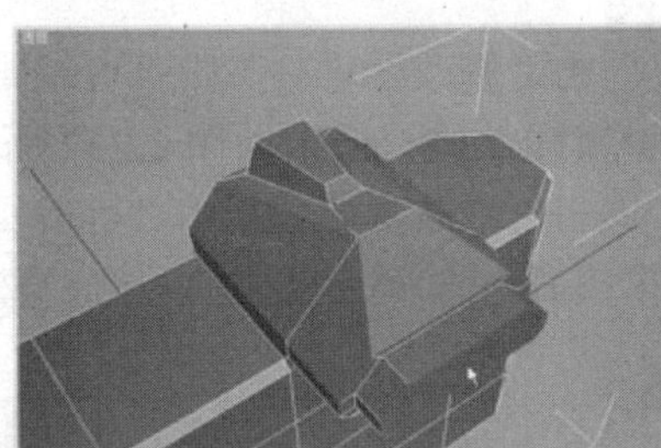

图 5.239　选择边线后的效果

（25）进行切角处理，并将切角值设置为 0.2，如图 5.240 所示。

（26）在“前”视图中调整机身部分的顶点如图 5.241 所示。

图 5.240　设置切角值

图 5.241　调整机身后的效果

（27）选择机身前后所对应的 4 条边，如图 5.242 所示，然后对其进行切角处理，切角值为 1.02。

（28）选择机身最下面的面，如图 5.243 所示，选择“局部法线”方式挤出，挤出值为 0.45，如图 5.244 所示。

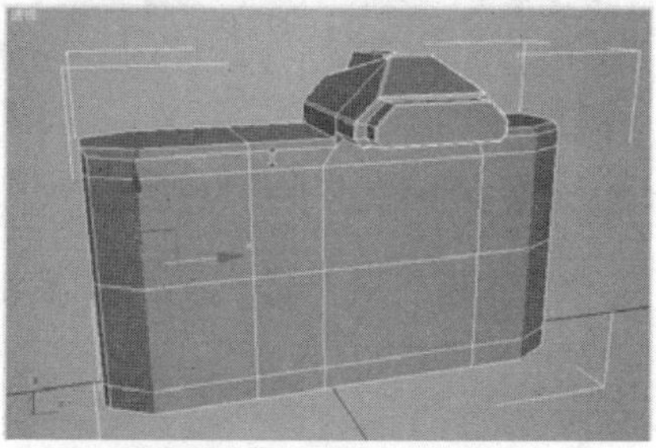

图 5.242　选择机身的 4 条边

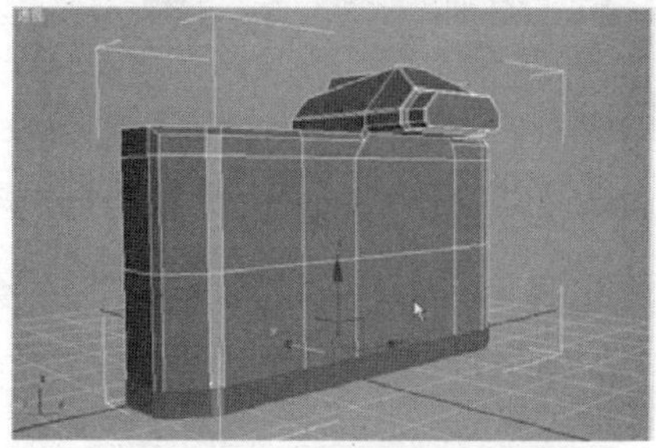

图 5.243　选择机身最下面的面

（29）选择命令面板中的“创建”→“标准基本体”→“长方体”命令，新建一个长方体，其参数设置如图 5.245 所示，并将其调整到图 5.246 所示的位置。

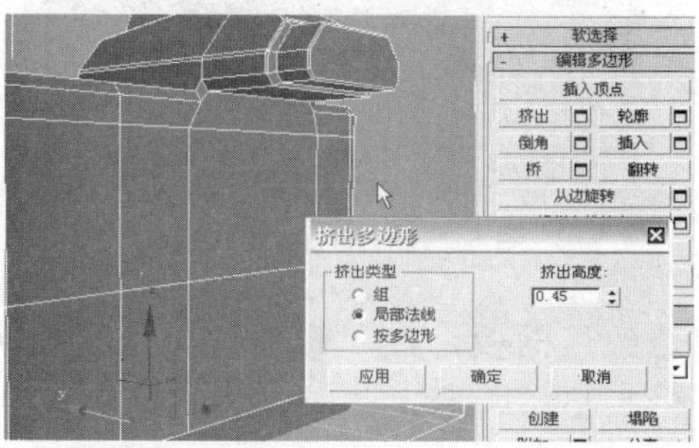

图 5.244　“局部法线”挤出设置

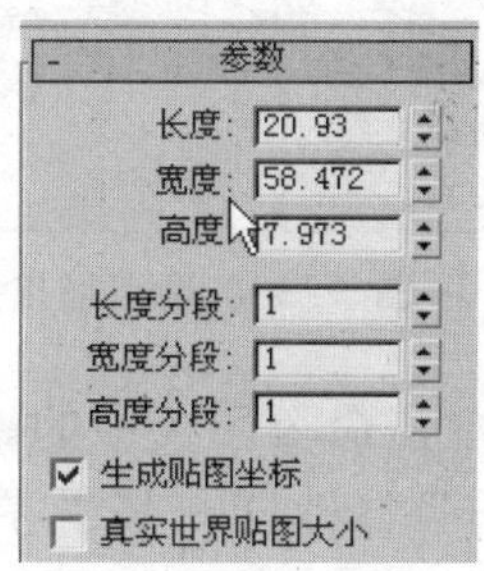

图 5.245　长方体的“参数”卷展栏

（30）选择命令面板中的“创建”→“复合对象”→“布尔”命令，对相机做布尔运算，结果如图 5.247 所示。

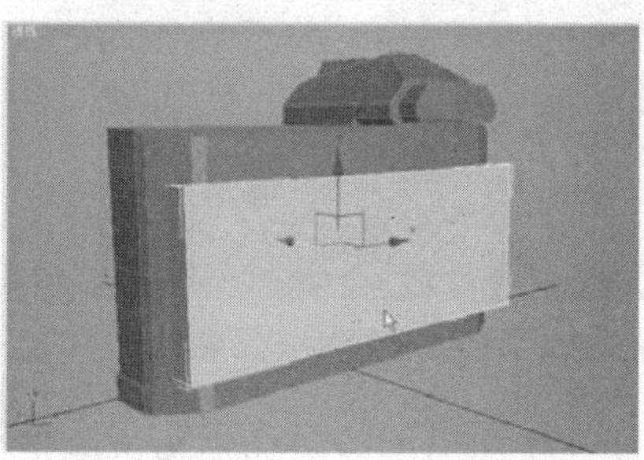

图 5.246　调整长方体位置后的模型效果

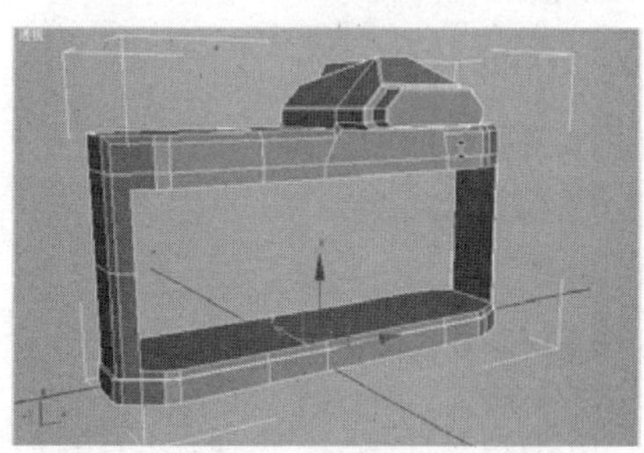

图 5.247　布尔运算后的相机效果

（31）在场景中单击鼠标右键，从弹出的快捷菜单中选择“转换为”→“转换为可编辑网格”命令，选择里面所有的面，如图 5.248 所示，然后将其删除，其效果如图 5.249 所示。

（32）选择三维捕捉工具，单击鼠标右键，从弹出的快捷菜单中选择“顶点捕捉”命令，如图 5.250 所示。

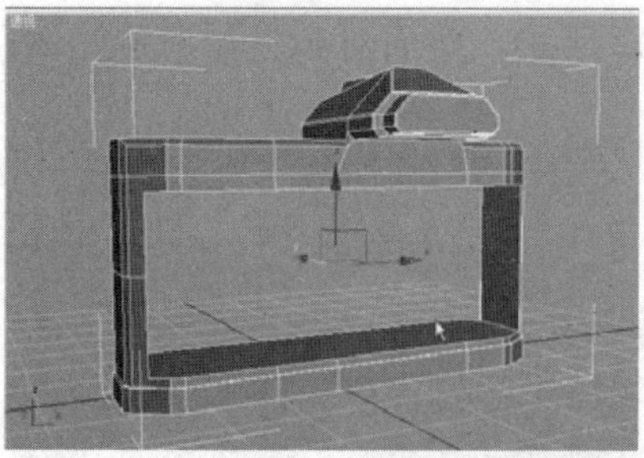

图 5.248　选择相机里面的面效果

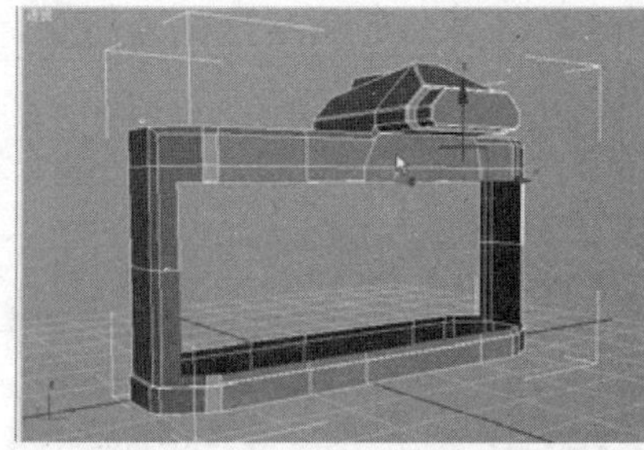

图 5.249　删除相机里面的面后的效果

（33）选择命令面板中的“创建”→“图形”→“样条线”→“线”命令，捕捉出相机开口的上边沿的线，如图 5.251 所示。

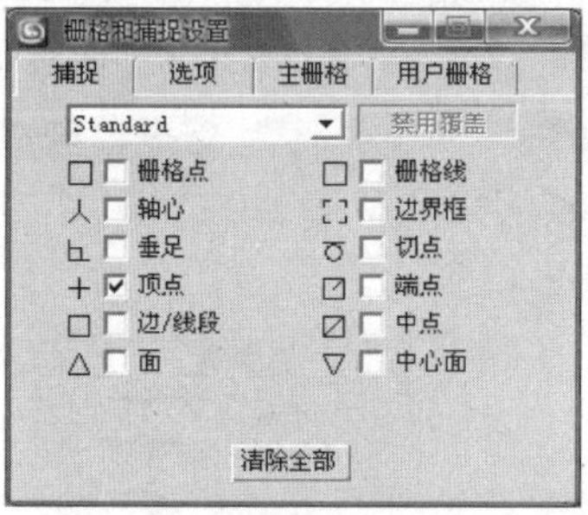

图 5.250　顶点捕捉操作

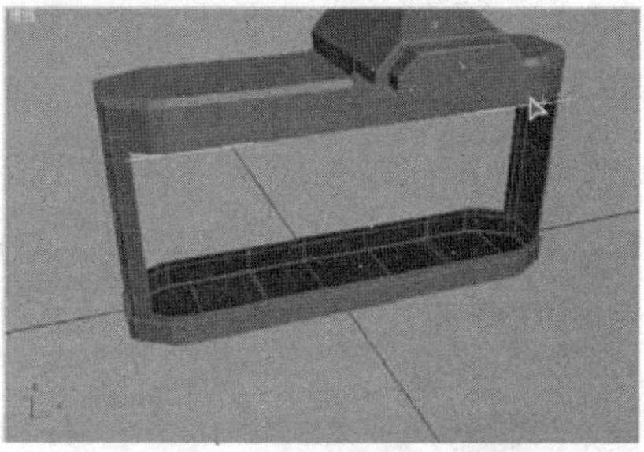

图 5.251　捕捉后的效果

（34）单击命令面板中的按钮，进入“修改”面板，在“修改器列表”下拉列表中选择“挤出”修改器，其“参数”卷展栏如图 5.252 所示。此时，相机前盖部分效果如图 5.253 所示。

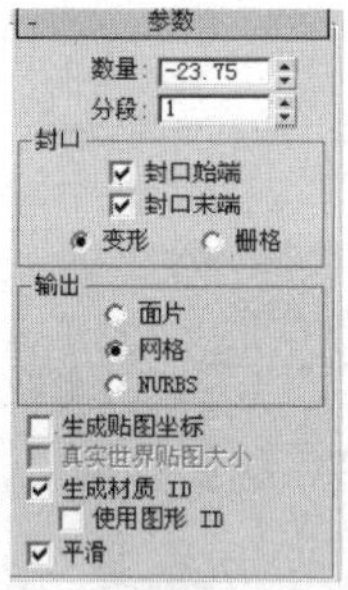

图 5.252 “参数”卷展栏

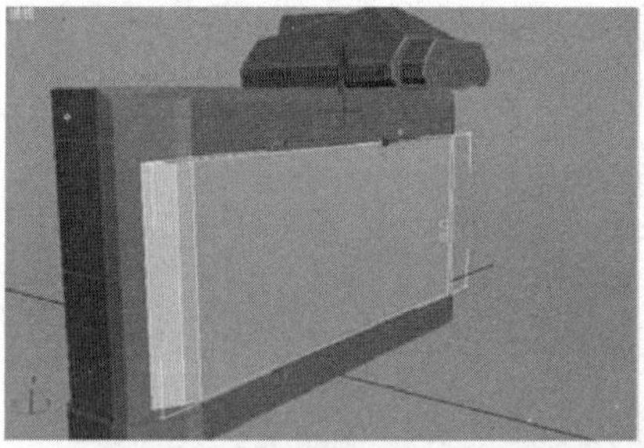

图 5.253　相机前盖部分效果图

（35）单击鼠标右键，从弹出的快捷菜单中选择“转换为”→“转换为可编辑多边形”命令，将其转化为可编辑多边形，如图 5.254 所示。

（36）将机身隐藏，对前盖进行编辑。单击“修改器堆栈”中“可编辑多边形”左侧的“+”号，展开子对象，进入边编辑模式，单击“切割”按钮，给前盖添加图 5.255 所示的线条。

（37）在各个视图中，利用移动、旋转以及切割和移除等命令对顶点进行多次调节，其最后效果如图 5.256 所示，取消相机机身的隐藏。

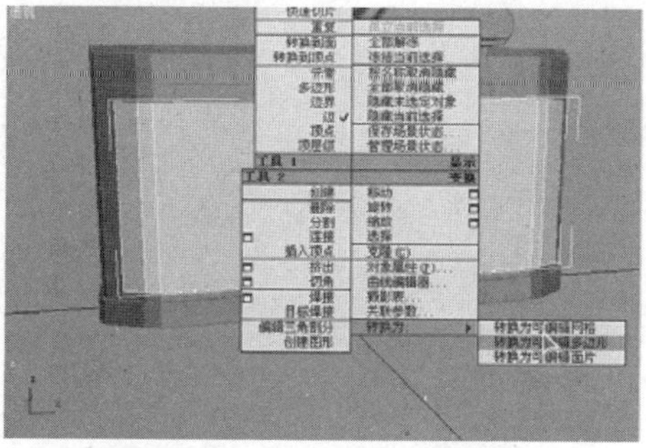

图 5.254　转换为可编辑多边形

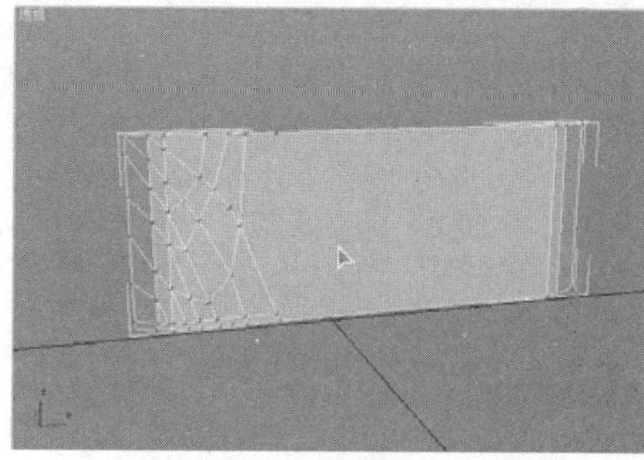

图 5.255　添加线条后的前盖

2．镜头的制作

（1）选择命令面板中的“创建”→“几何体”→“标准基本体”→“圆柱体”命令，创建一个圆柱体，其参数设置如图 5.257 所示。

图 5.256　调整后的顶点效果

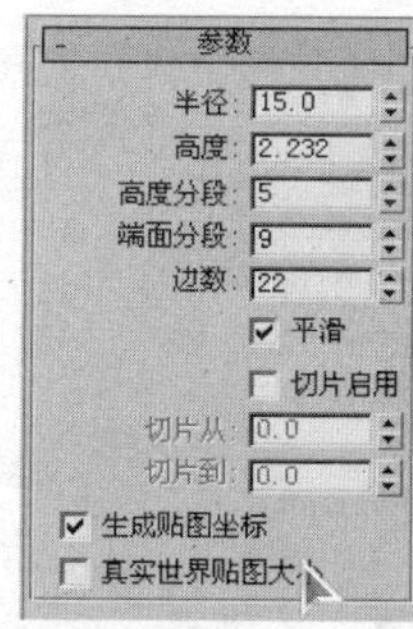

图 5.257　圆柱体参数设置

（2）选定创建的圆柱体，单击鼠标右键，从弹出的快捷菜单中选择“转换为”→“转换为可编辑网格”命令，单击“修改器堆栈”中“可编辑网格”左侧的“+”号，展开子对象，进入边编辑模式，选择图 5.258 所示的圆环。

（3）将圆环缩放至图 5.259 所示的位置。

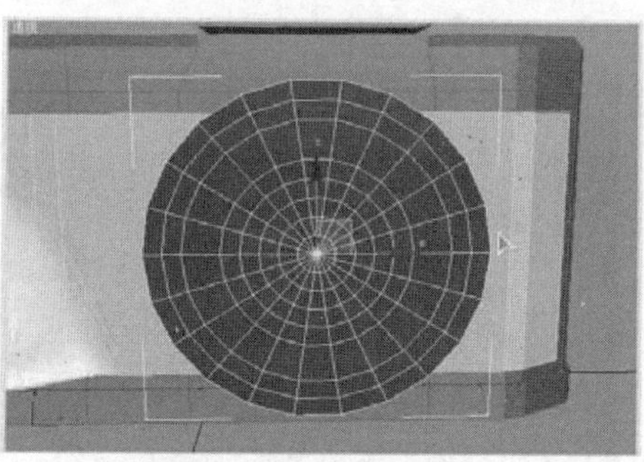

图 5.258　选择圆环

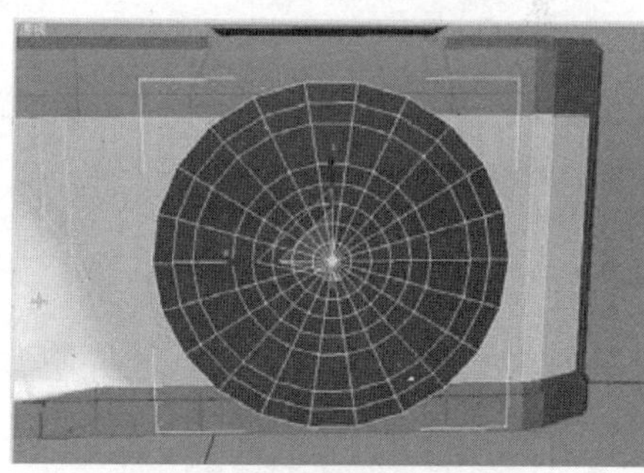

图 5.259　调整后的圆环

（4）选择里面的另一个圆环，将其缩放至图 5.260 所示的位置。单击“修改器堆栈”中“可编辑网格”左侧的“+”号，展开子对象，进入面编辑模式，选择图 5.261 所示的面。

（5）在“编辑几何体”卷展栏中单击“挤出”按钮后，设置挤出值为−0.8。

（6）选择里侧的圆环，重复步骤（4）、（5），将其挤出值设置为−0.6，效果如图 5.262 所示。

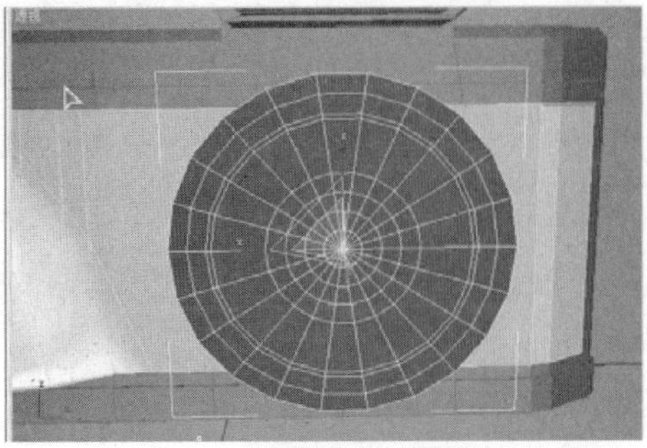

图 5.260　调整里面圆环的位置

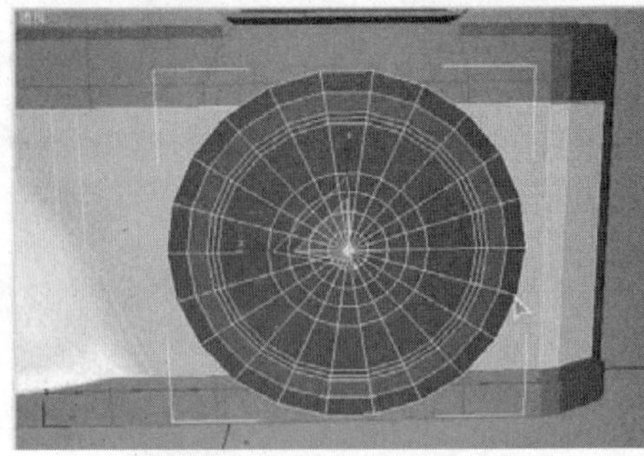

图 5.261　选择圆环的面

（7）对里侧圆环再次执行“挤出”操作，其挤出值设置为−0.4。

（8）选择命令面板中的“创建”→“几何体”→“标准基本体”→“圆柱体”命令，创建一个与上面圆柱体同心的圆柱体，其参数如图 5.263 所示。

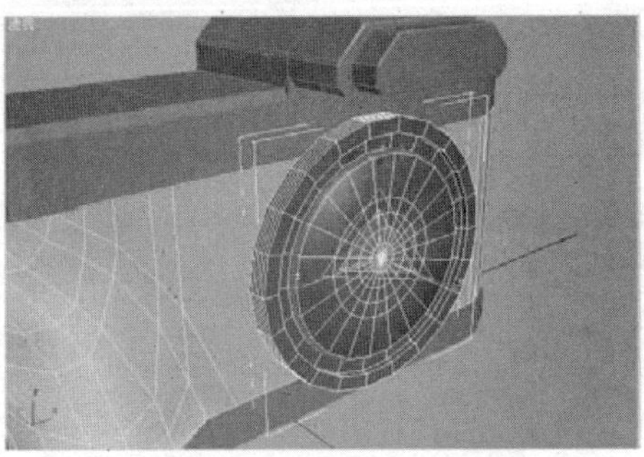

图 5.262 “挤出”操作后的效果

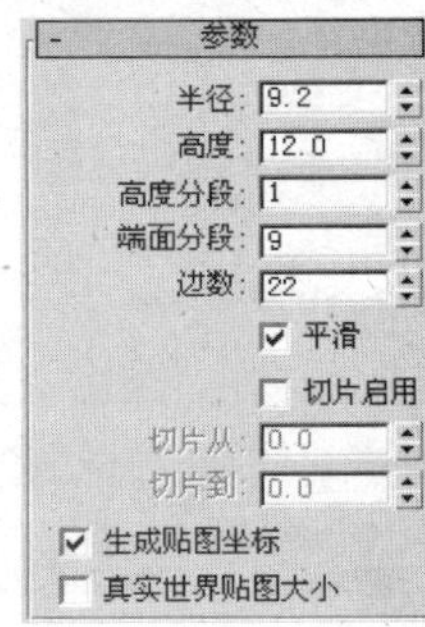

图 5.263　新建圆柱体参数设置

（9）选择命令面板中的“创建”→“几何体”→“复合对象”→“布尔”命令，对大圆柱体做布尔运算，效果如图 5.264 所示。

（10）将其塌陷为可编辑多边形后，单独将这个环取出，选择后面的 4 个条环线，如图 5.265 所示。

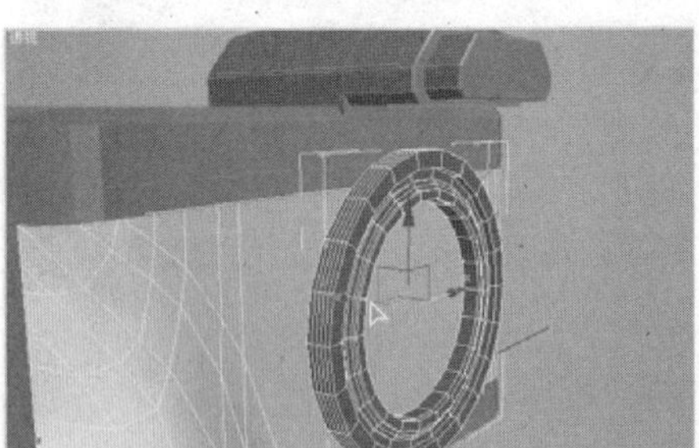

图 5.264　布尔运算后的效果

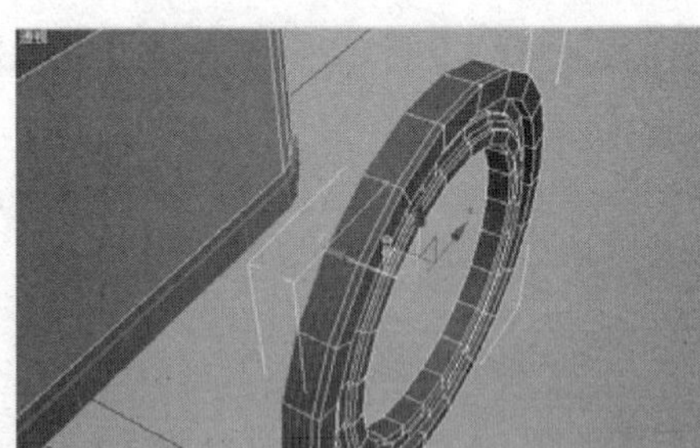

图 5.265　塌陷后的圆环

（11）删除 4 个条环线，然后选择里侧中间的一个环，如图 5.266 所示。

（12）将步骤（11）中所选定的圆环移除，然后选择外面的一个环，对其进行缩放操作后，按住 Shift 键使用移动工具将其拖出一段距离，如图 5.267 所示。

（13）使用“翻转”命令将需要的面朝外显示，如图 5.268 所示。

（14）使用“环形”命令，选择图 5.269 所示的线条，然后执行“连接”命令，如图 5.269 所示。

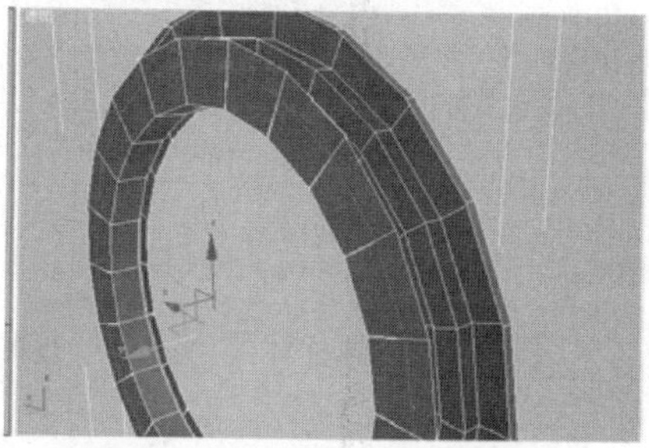

图 5.266　选定里侧中间的环

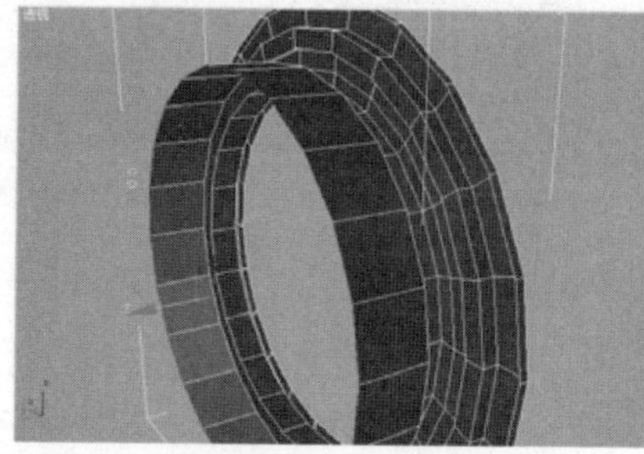

图 5.267　对圆环进行缩放拖动后的效果

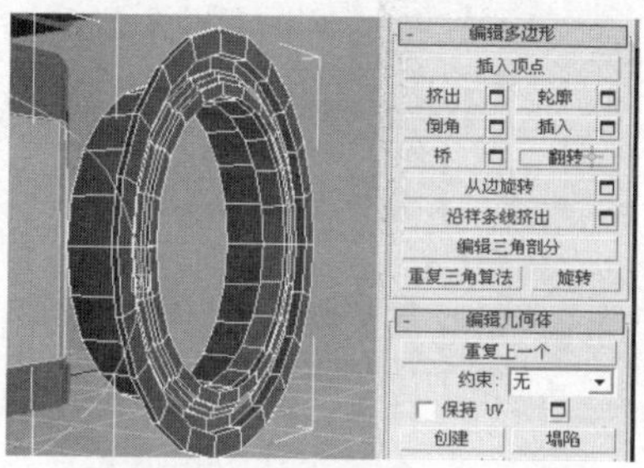

图 5.268　翻转操作后的效果

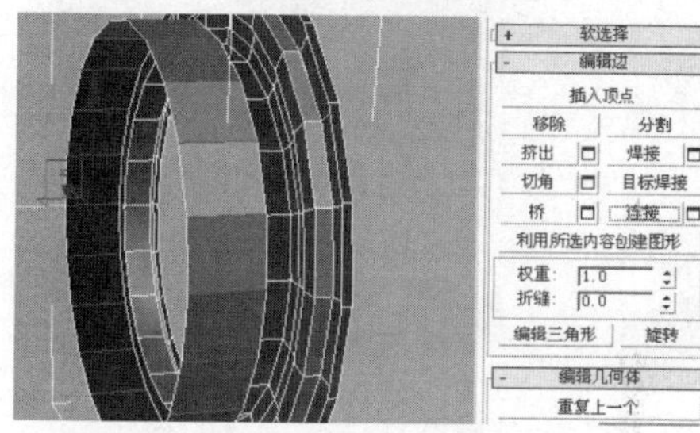

图 5.269　连接后的效果

（15）调整边线的位置后，选择图 5.270 所示的环面，并对其进行“挤出”操作，挤出值设置为 1.5。

（16）选择命令面板中的“创建”→“标准基本体”→“圆柱体”命令，新建一个圆柱体，其“参数”卷展栏如图 5.271 所示。

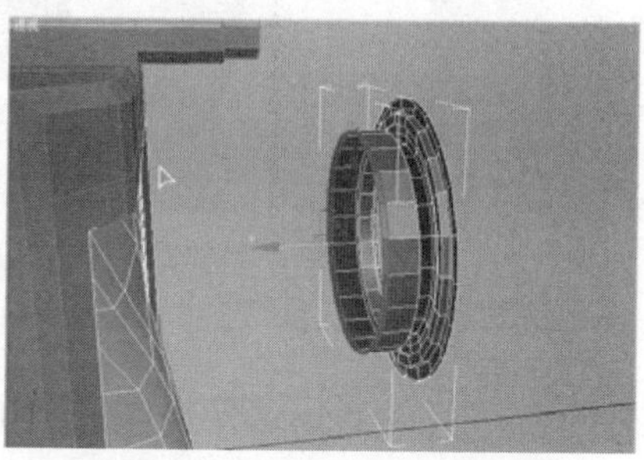

图 5.270　选择环面后的效果

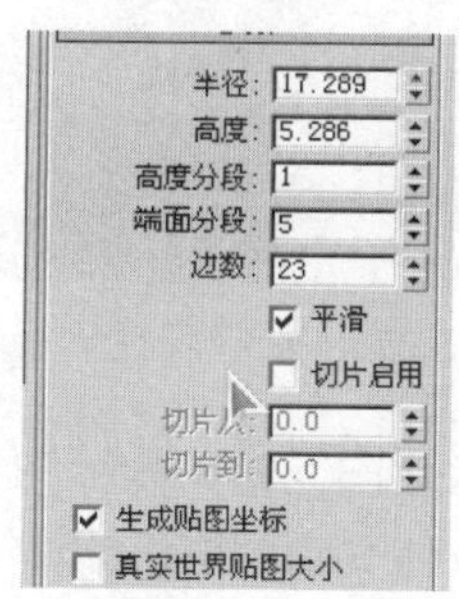

图 5.271　圆柱体的“参数”卷展栏

（17）选择命令面板中的“修改”→“修改器列表”→“FFD 4 × 4 × 4”命令，为圆柱体添加 FFD 4 × 4 × 4 修改器，并将其调整成图 5.272 所示的形状。

（18）选择命令面板中的“创建”→“标准基本体”→“圆柱体”命令，新建一个圆柱体，其“参数”卷展栏如图 5.273 所示。

（19）调整新建圆柱体的位置，如图 5.274 所示。

（20）选择最大的圆柱体，选择命令面板中的“创建”→“复合对象”→“布尔”命令，进行布尔运算，然后对其进行顶点的调整，如图 5.275 所示。

（21）选择圆柱体后面的面，并将其删除，如图 5.276 所示，然后调整到图 5.277 所示的位置。

图 5.272　添加 FFD 4 × 4 × 4 修改器后的效果

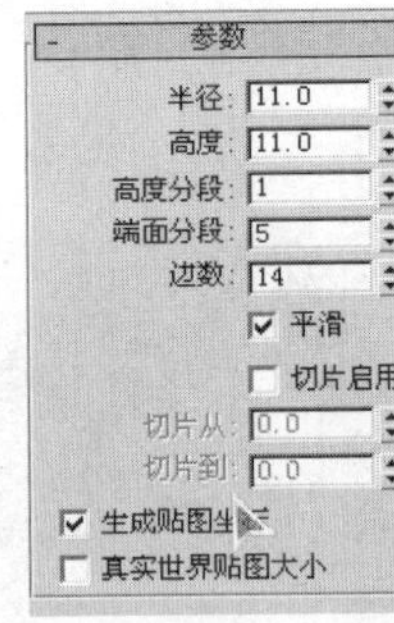

图 5.273　圆柱体的“参数”卷展栏

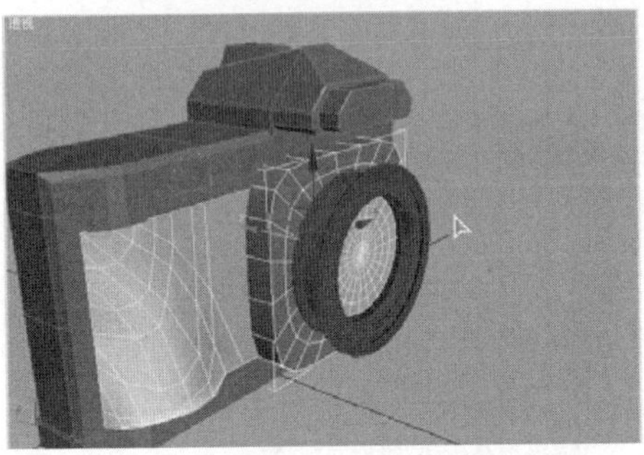

图 5.274　调整圆柱体位置后的效果

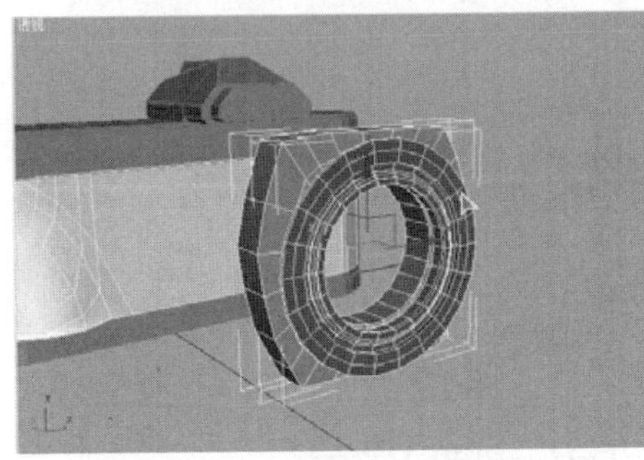

图 5.275　布尔运算后的效果

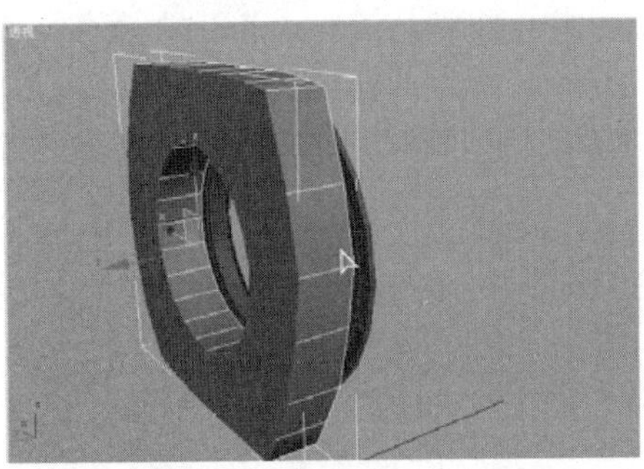

图 5.276　选择圆柱体后面的面

图 5.277　调整圆柱体的位置

（22）选择图 5.278 所示的物体。

（23）按住 Shift 键的同时使用“缩放工具”复制所选中的物体，如图 5.279 所示。

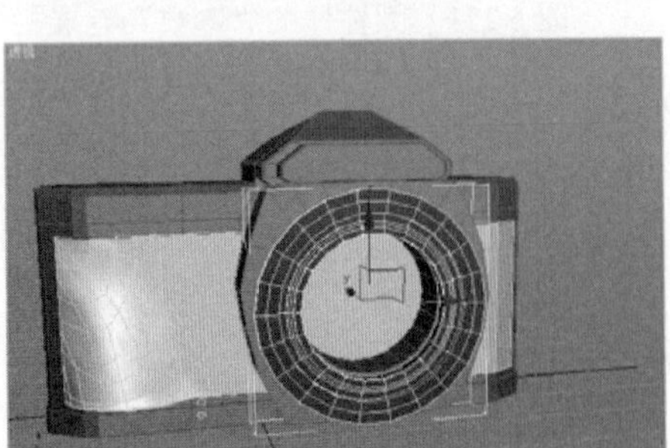

图 5.278　选择物体

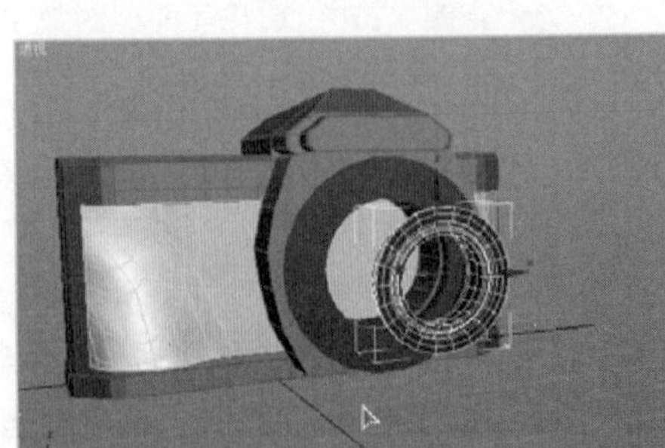

图 5.279　复制选中的物体

（24）选择物体后面的顶点，如图 5.280 所示，并将其删除。
（25）使用“旋转工具”将所选定的物体旋转 180°，如图 5.281 所示。

图 5.280　选择物体后面的顶点

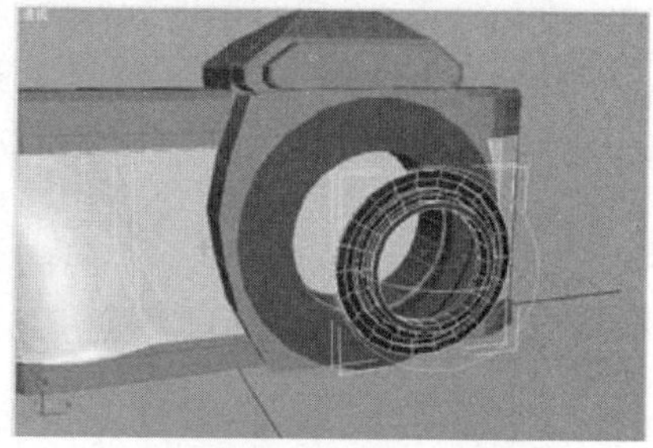
图 5.281　旋转 180°后的效果

（26）将物体移动到图 5.282 所示的位置，完成相机前面部分的制作。
（27）选择相机的机身，将其他物体都附加上，如图 5.283 所示。

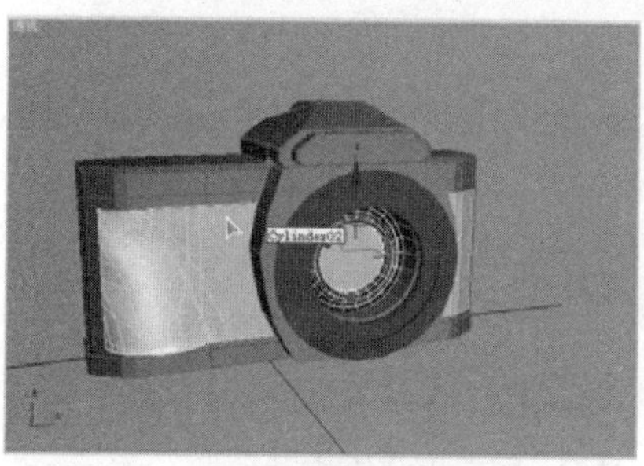
图 5.282　相机前面部分的效果图

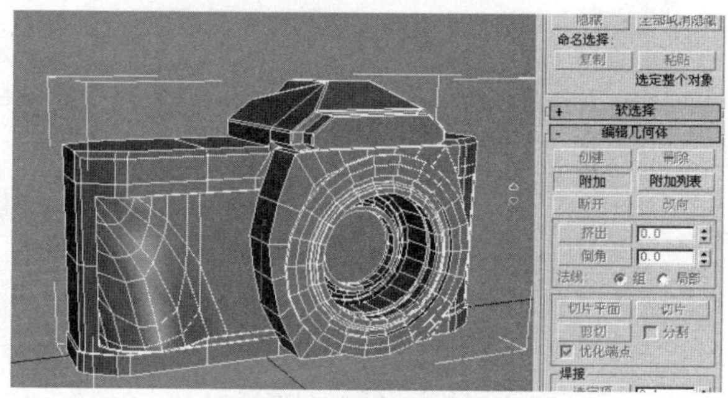
图 5.283　附加操作后的效果

（28）选择图 5.284 所示的一条边线。
（29）选择“修改”面板中的“环形”命令，选择绕其一周的边线后，使用“连接”命令加一条边线，如图 5.285 所示。

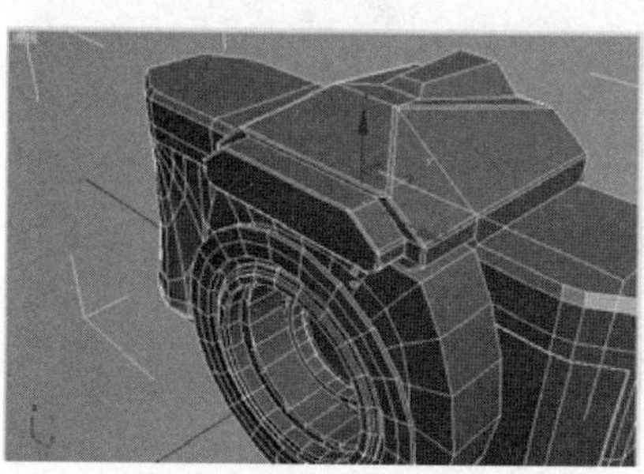
图 5.284　选择一条边线后的效果

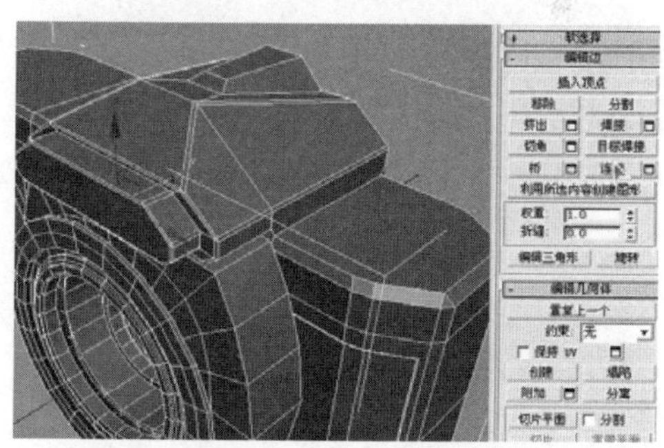
图 5.285　执行“连接”操作后的效果

（30）调整边的位置，然后选择图 5.286 所示的面，对该面进行“挤出”操作，挤出值设置为 3.3。

3．快门、取景器等部件的制作

第一步：快门的制作。
（1）选择命令面板中的“创建”→“标准基本体”→“圆柱体”命令，创建一个圆柱体，其“参数”卷展栏如图 5.287 所示。

图 5.286　选择面后的相机模型

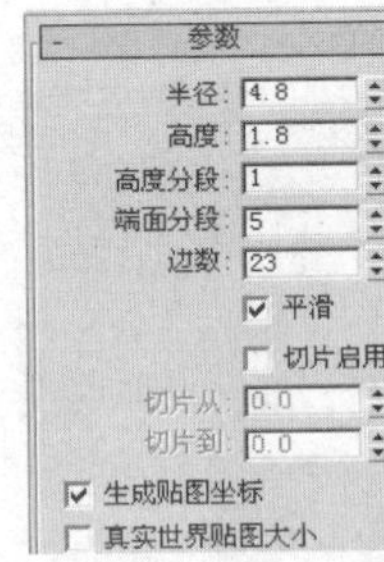

图 5.287　圆柱体的“参数”卷展栏

（2）选择圆柱体，单击鼠标右键，从弹出的快捷菜单中选择“转换为”→“转换为可编辑多边形”命令，调整圆柱体的边线，如图 5.288 所示。

（3）选择图 5.289 所示的面，并对其进行挤出操作，挤出值设置为 0.3。

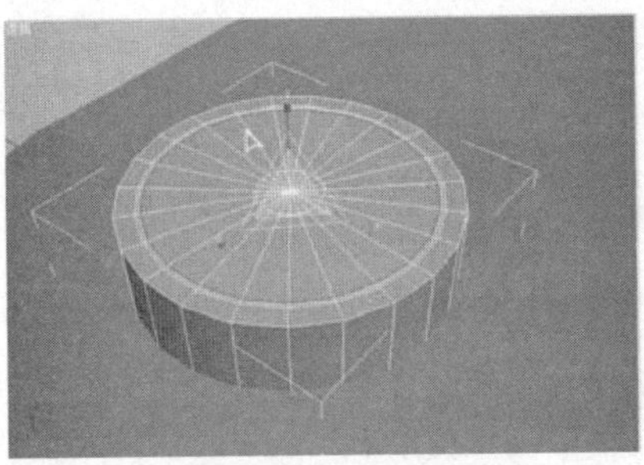

图 5.288　调整边线后的圆柱体

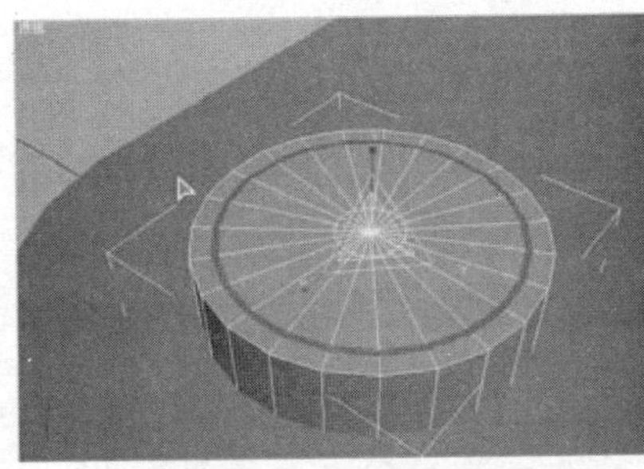

图 5.289　选择圆柱体的面

（4）在“顶”视图中，将外环的顶点调整至图 5.290 所示的效果。

（5）在“透视”视图中选择图 5.291 所示的面，并对其进行挤出操作，挤出值设置为 3.0。

图 5.290　圆环调整顶点后的效果

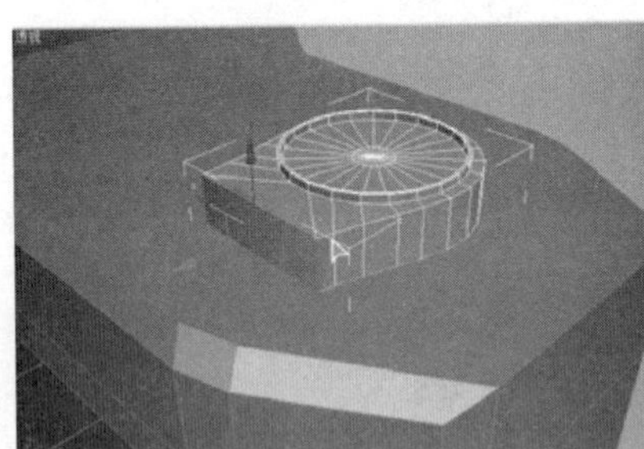

图 5.291　选择面的效果

（6）在“挤出多边形”窗口中单击“应用”按钮，连续应用三次后得到图 5.292 所示的效果。

（7）调整顶点的位置，并将模型进行旋转，如图 5.293 所示。

（8）在模型的最边上加两条线，如图 5.294 所示。

（9）调整顶点的位置，如图 5.295 所示。

（10）选择图 5.296 所示的面。

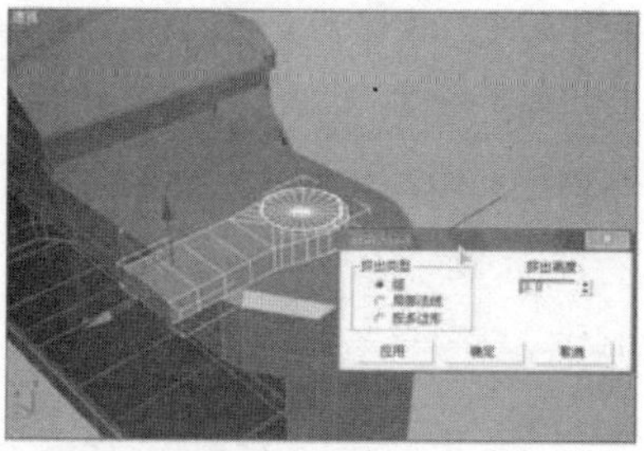

图 5.292　连续应用三次挤出操作后的效果

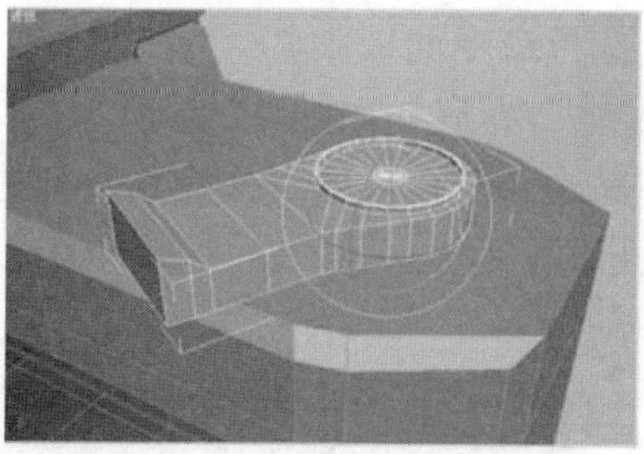

图 5.293　调整后的效果

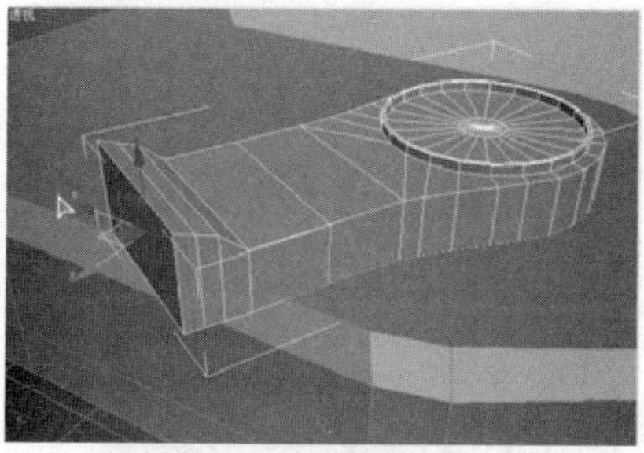

图 5.294　加两条线的效果

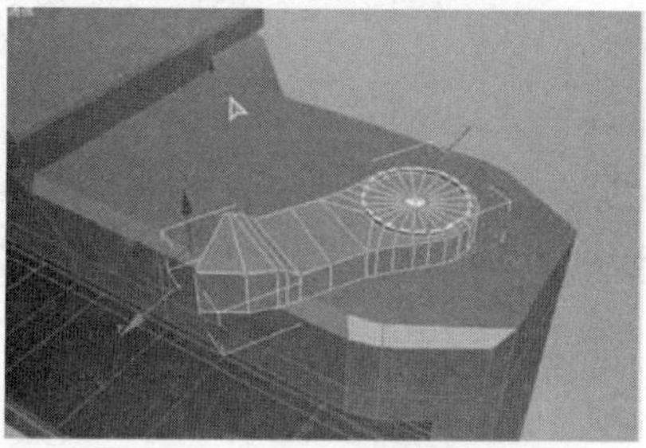

图 5.295　调整顶点后的效果

（11）对选择的面进行挤出操作，效果如图 5.297 所示。

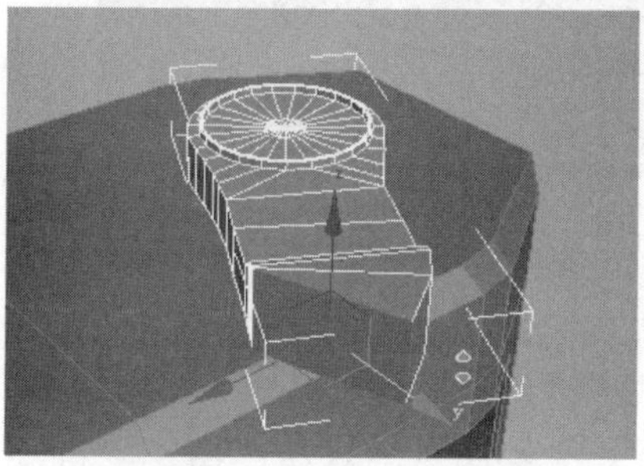

图 5.296　选择面后的效果

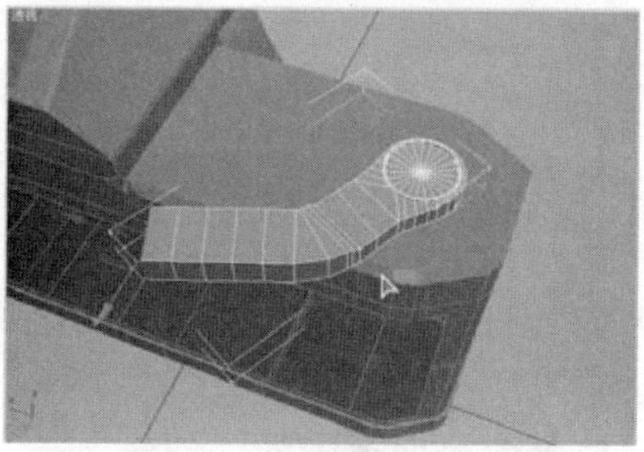

图 5.297　挤出操作后的效果

（12）调整顶点的位置如图 5.298 所示。

（13）对所选定边进行切角操作，然后将所选定的物体复制，如图 5.299 所示。

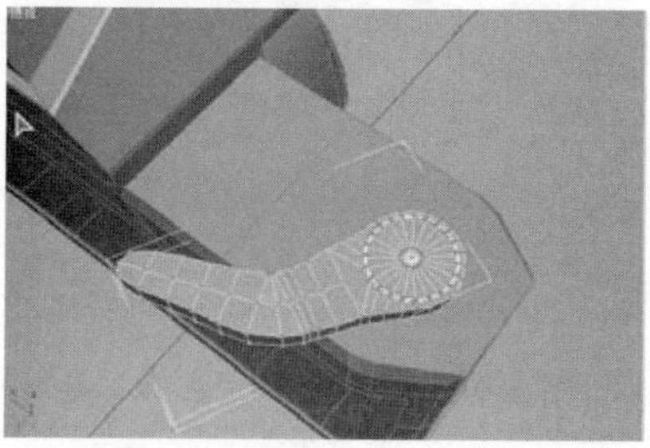

图 5.298　调整顶点后的效果

图 5.299　复制后的效果

（14）将上面复制的物体进行缩放旋转操作，将其放置到图 5.300 所示的位置。

（15）将其与机身进行附加操作。

（16）选择命令面板中的“创建”→“标准基本体”→“管状体”命令，创建一个管状体，其“参数”卷展栏如图 5.301 所示。

（17）复制一个管状体，并对其参数进行设置，如图 5.302 所示。

（18）将其移至图 5.303 所示的位置上。

图 5.300　调整位置后的模型效果

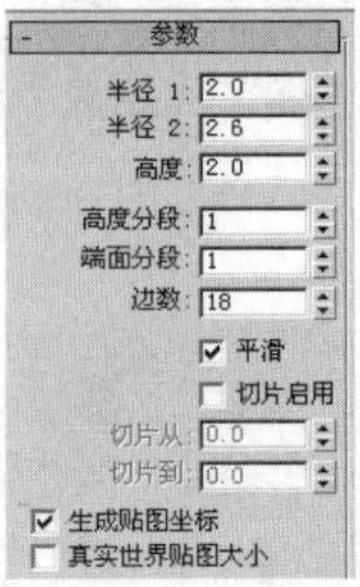

图 5.301　管状体的“参数”卷展栏

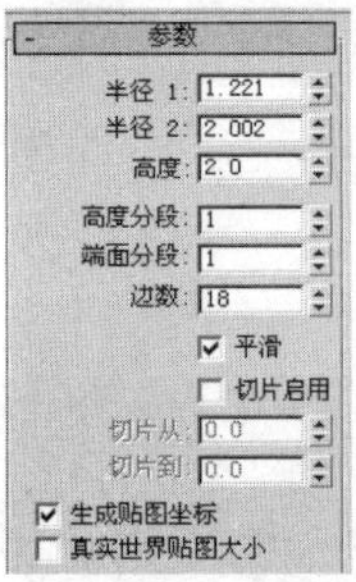

图 5.302　复制的管状体的“参数”卷展栏

图 5.303　调整管状体位置后的模型

（19）将其与机身附加，然后选择上面的管状体的环，对其进行切角操作，如图 5.304 所示。

（20）选择命令面板中的“创建”→“标准基本体”→“圆柱体”命令，创建一个圆柱体，其“参数”卷展栏如图 5.305 所示。

图 5.304　管状体的环切角操作

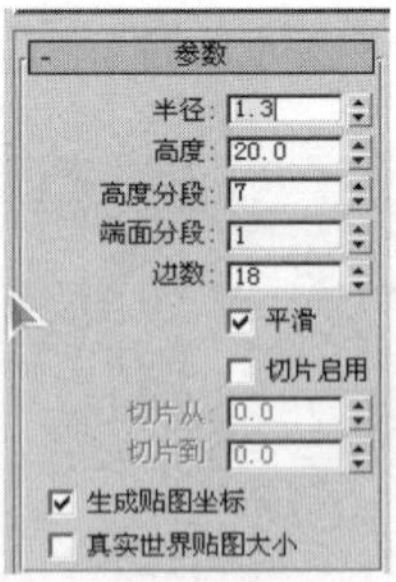

图 5.305　圆柱体的“参数”卷展栏

（21）单击鼠标右键，从弹出的快捷菜单中选择“转换为”→“转换为可编辑多边形”命令，然后对其进行调整，如图 5.306 所示。

（22）在图 5.307 所示的位置上增加一条线。

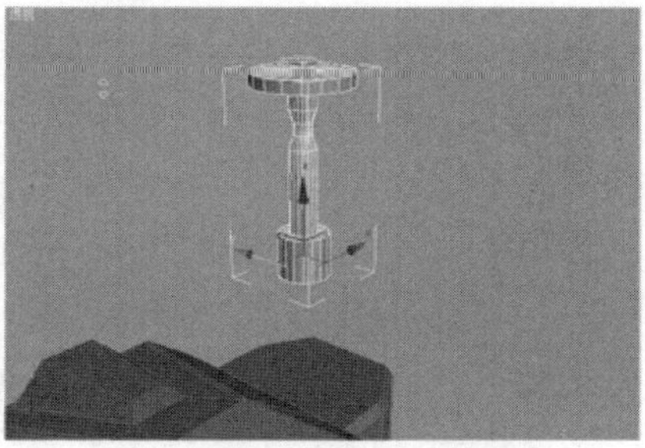

图 5.306　调整后的效果

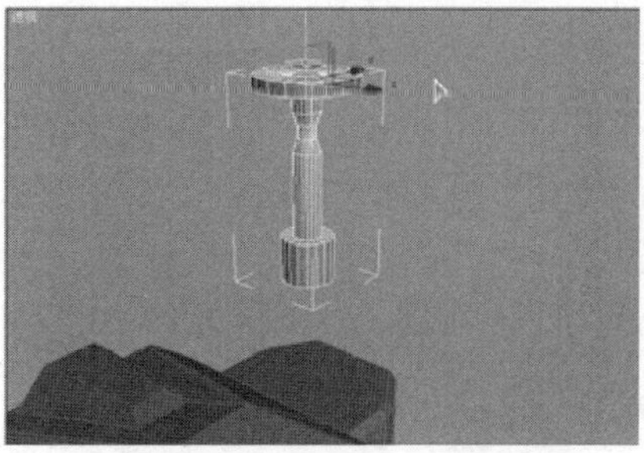

图 5.307　增加线条的位置

（23）将其调节成图 5.308 所示的效果。

（24）选择上面的环面，对其进行挤出操作，如图 5.309 所示。

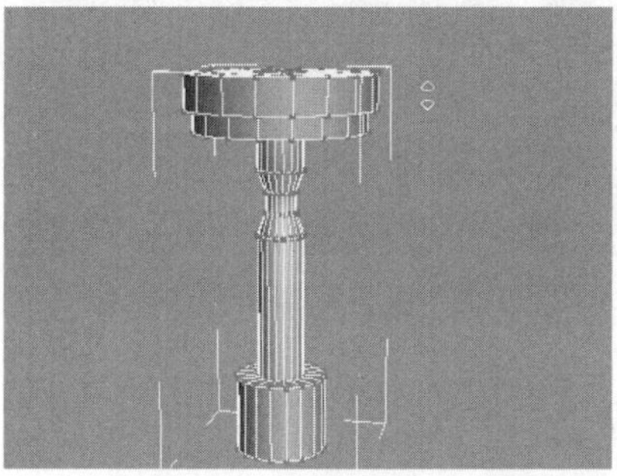

图 5.308　调整后的效果

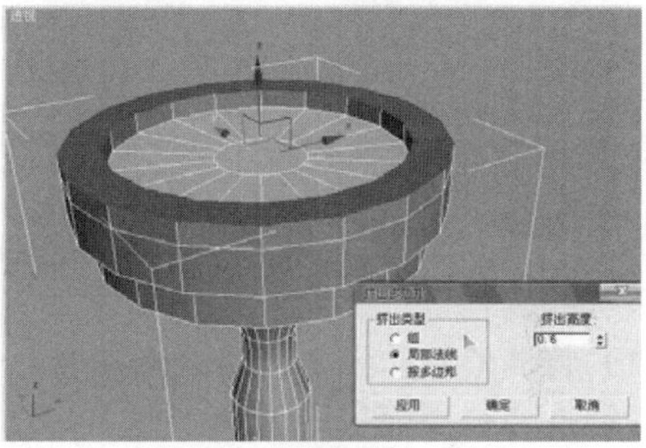

图 5.309　圆环挤出后的效果

（25）选择上面的环线，对其进行切角操作，如图 5.310 所示。

（26）选择命令面板中的“创建”→“标准基本体”→“长方体”命令，创建两个长方体，其位置和大小如图 5.311 所示。

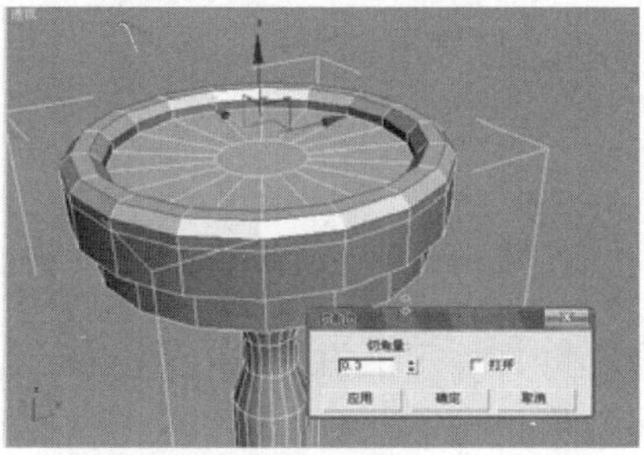

图 5.310　环线切角操作后的效果

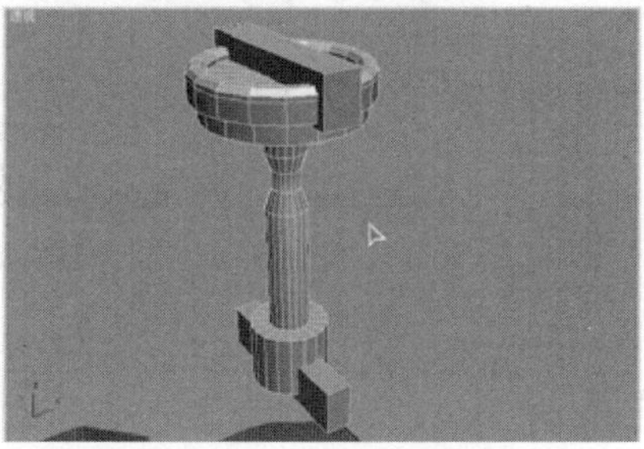

图 5.311　两个长方体的位置和大小

（27）选择命令面板中的“创建”→“复合对象”→“布尔”命令，对两个长方体进行布尔运算，如图 5.312 所示。

（28）选择命令面板中的“创建”→“标准基本体”→“长方体”命令，创建两个长方体，其位置和大小如图 5.313 所示。

（29）创建一个圆柱体，将其转化成可编辑多边形后进行挤出操作，然后将该圆柱体进行编辑，编辑结果如图 5.314 所示。

（30）利用“旋转和缩放”工具调整长方体的位置和样式，如图 5.315 所示。

图 5.312　布尔运算后的效果

图 5.313　长方体的大小和位置

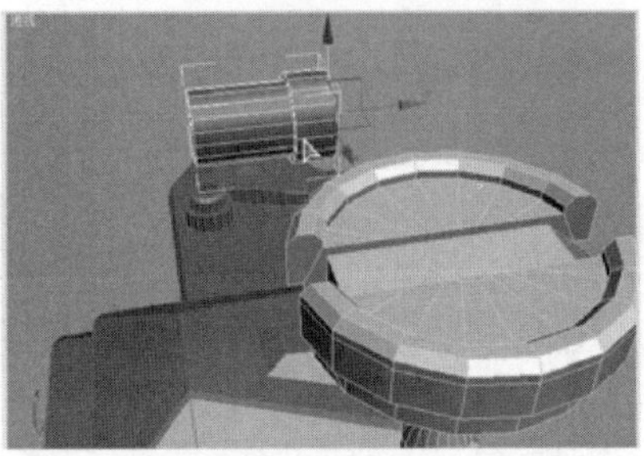

图 5.314　长方体编辑后的效果

图 5.315　调整后的长方体位置

（31）将调整好的模型移动到机身上，位置如图 5.316 所示。

（32）选择命令面板中的“创建”→“标准基本体”→“管状体”命令，在外围创建一个管状体，其“参数”卷展栏如图 5.317 所示。

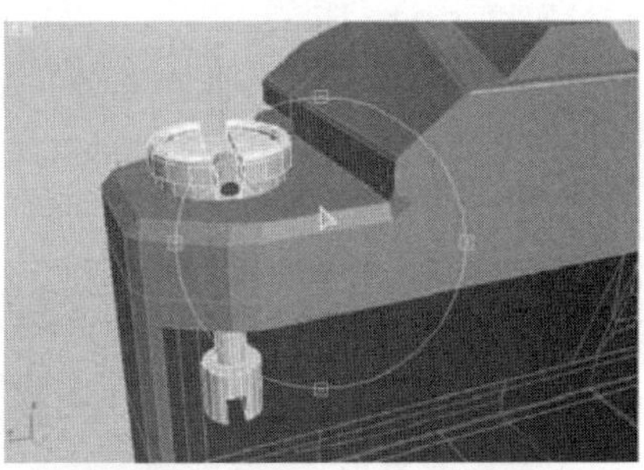

图 5.316　调整位置后的模型效果

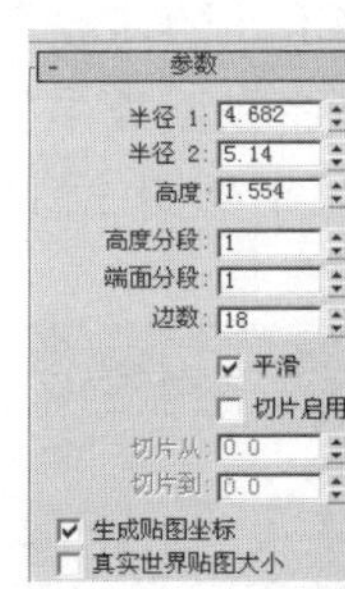

图 5.317　管状体的“参数”卷展栏

（33）将管状体调整到图 5.318 所示的位置，然后将其与相机机身进行附加操作。

（34）选择相机如图 5.319 所示的面，然后将其删除。

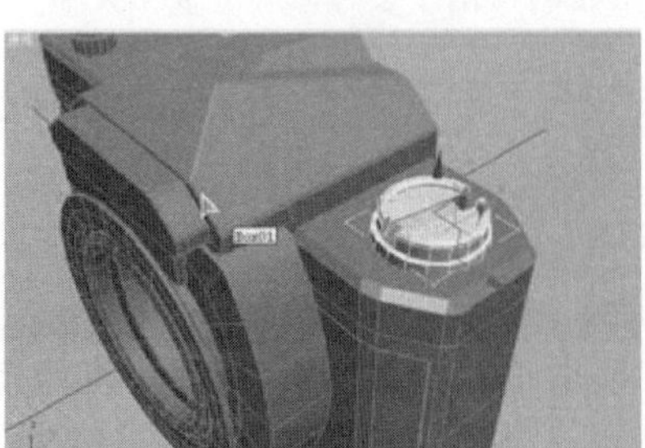

图 5.318　调整位置后的模型

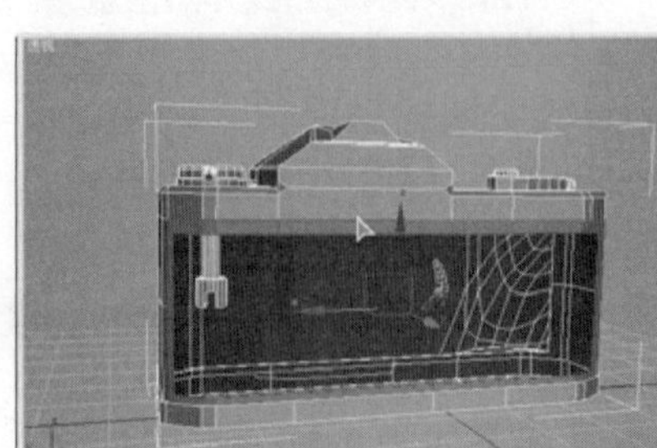

图 5.319　选择相机的面

（35）调整该面的几个顶点的分布，如图 5.320 所示。

（36）选择命令面板中的“创建”→“标准基本体”→“平面”命令，创建一个平面，其“参数”卷展栏如图 5.321 所示。

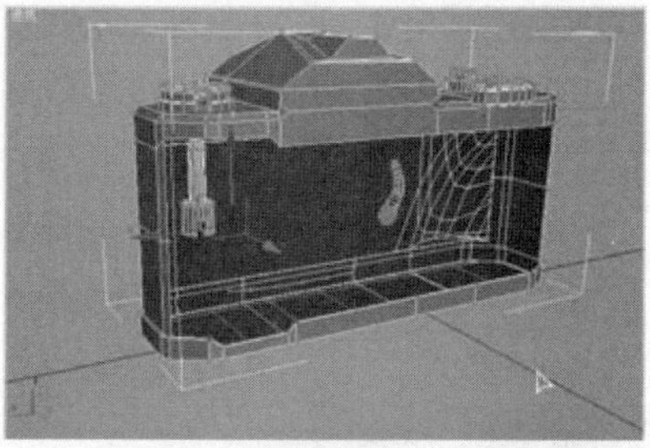

图 5.320　调整顶点后的面

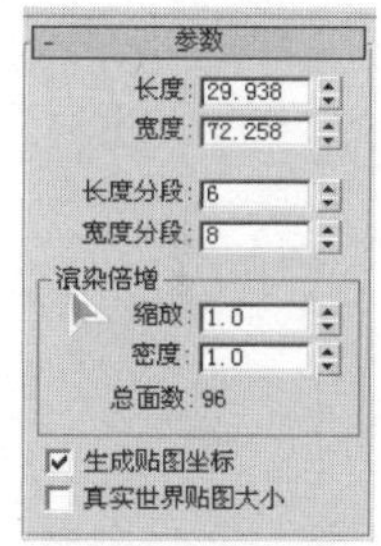

图 5.321　平面的“参数”卷展栏

（37）将其转化为可编辑多边形，调整顶点的分布，如图 5.322 所示。

（38）继续调整，并对其进行细化调整，其调整后的效果如图 5.323 所示。

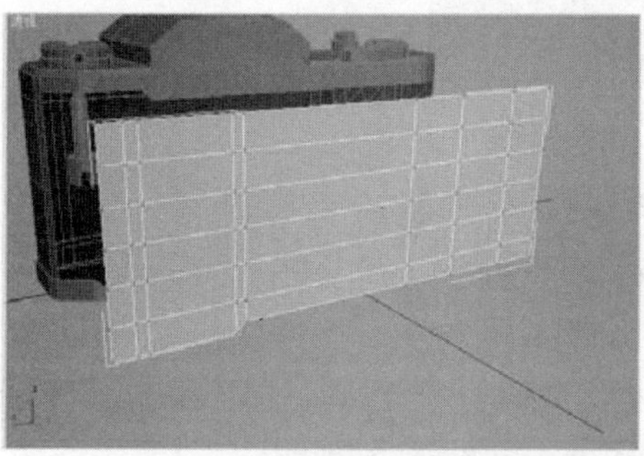

图 5.322　调整顶点后的效果

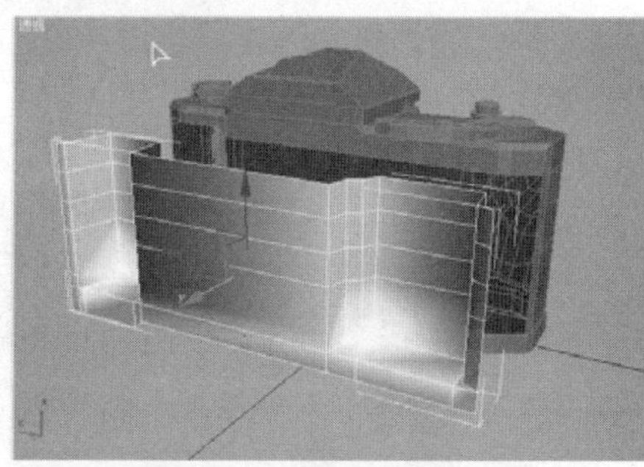

图 5.323　调整后的最终效果

（39）添加“网格平滑”修改器，其平滑参数如图 5.324 所示。

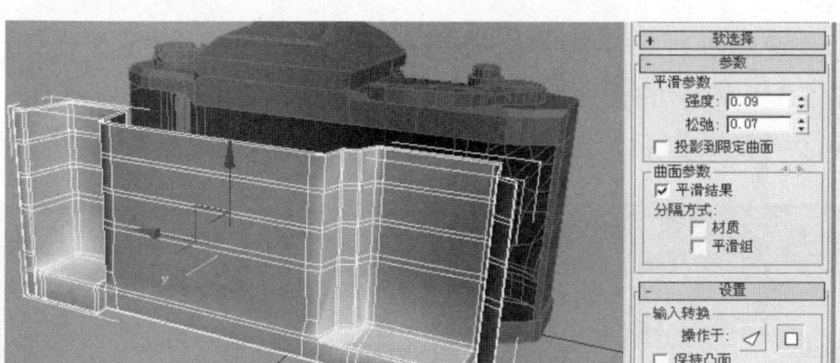

图 5.324　“网格平滑”修改器的参数设置

（40）将“网格平滑”修改器进行“塌陷”操作。

（41）选择命令面板中的“创建”→“标准基本体”→“长方体”命令，创建一个长方体，其“参数”卷展栏如图 5.325 所示。

（42）将其转化成可编辑网格后，对其顶点进行调整，如图 5.326 所示。

（43）对选定物体做布尔运算，需要注意的是这次并不是选择差集进行运算，而是选择切割运算，如图 5.327 所示。

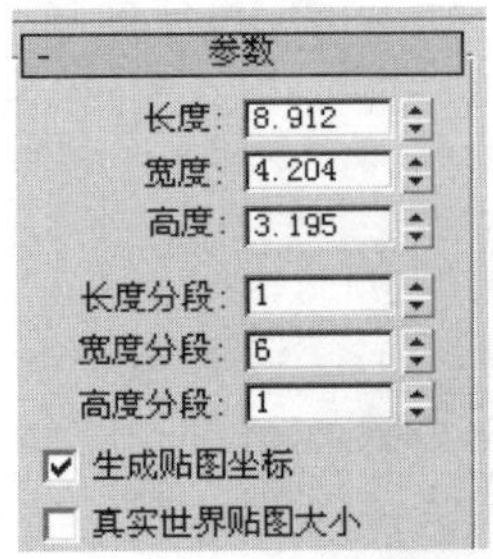

图 5.325　长方体的“参数”卷展栏

图 5.326　调整顶点后的效果

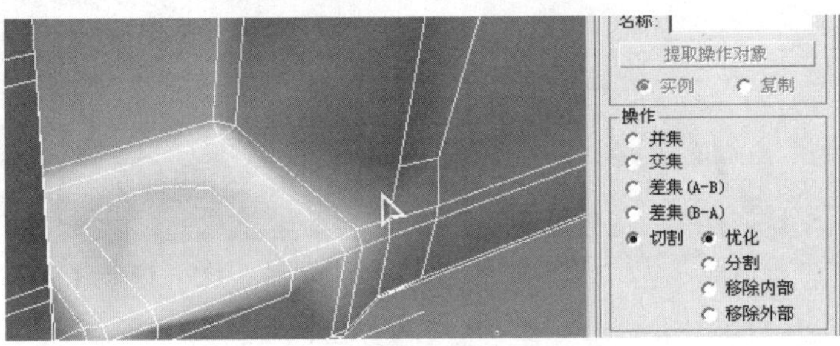

图 5.327　布尔运算后的效果

（44）对这个选定面进行挤出操作，并进行相应的调整，如图 5.328 所示。

（45）选择图 5.329 所示的面，并对其进行挤出操作，挤出值为-1.0。

（46）对其进行缩放操作后，再次执行挤出操作，挤出值为 1.0，其效果如图 5.330 所示。

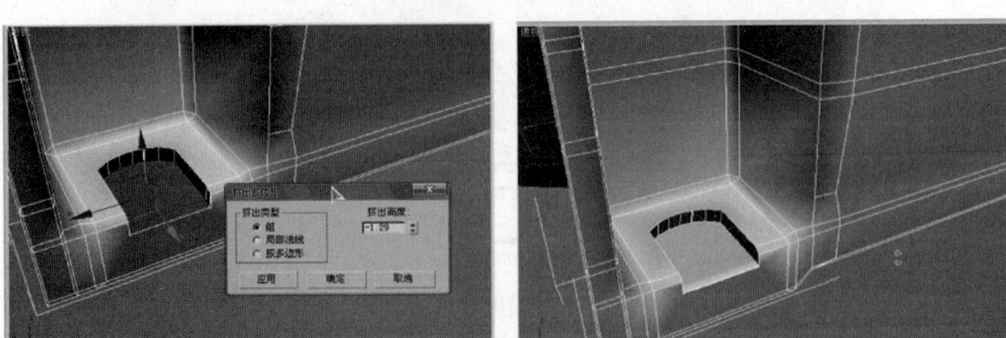

(a) 进行挤出操作　　(b) 调整后的效果

图 5.328　挤出调整后的效果

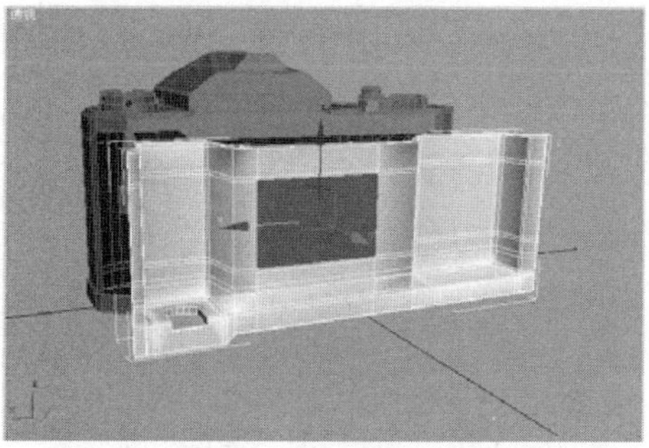

图 5.329　选择面后的模型

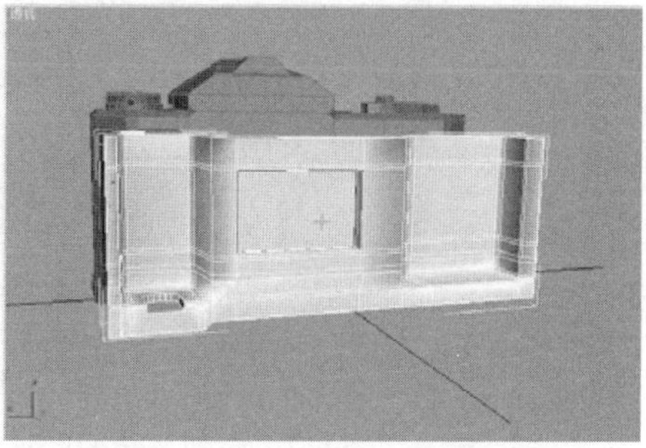

图 5.330　缩放、挤出操作后的效果

（47）选择命令面板中的“创建”→“标准基本体”→“长方体”命令，创建两个长方体，其大小和位置如图 5.331 所示。

（48）对模型进行布尔运算，其结果如图 5.332 所示。

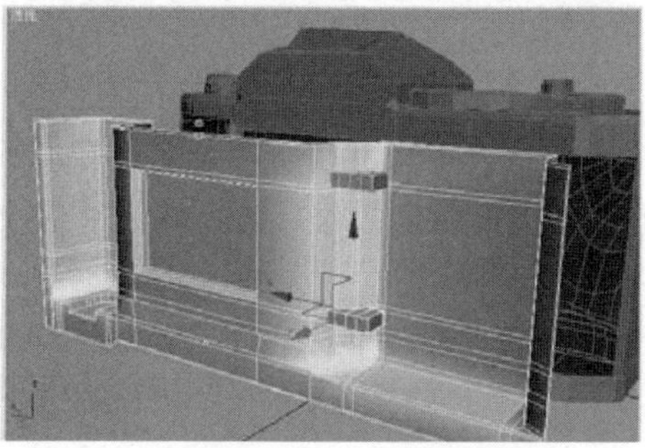

图 5.331　新建的两个长方体的位置

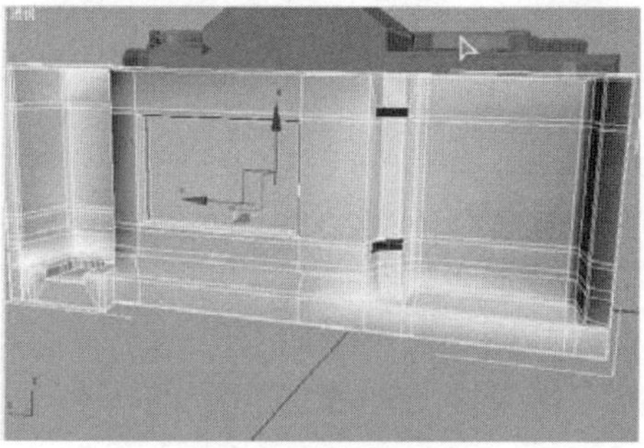

图 5.332　布尔运算结果

（49）选定最中间的面，然后将其删除，其结果如图 5.333 所示。

（50）将该模型移到相机的内部，然后再对其进行一定的调整，效果如图 5.334 所示。

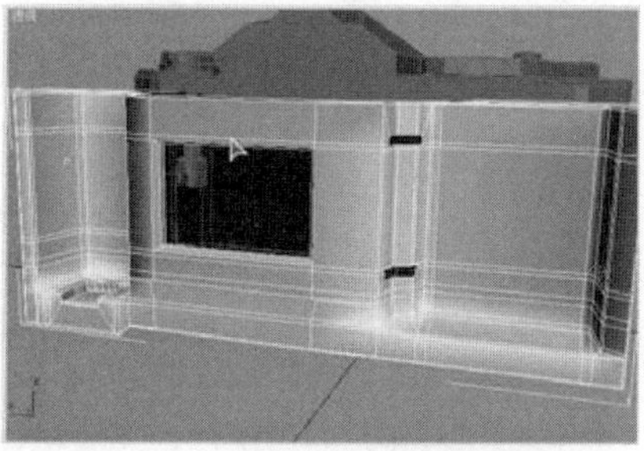

图 5.333　删除后的模型效果

图 5.334　模型在相机内部的效果

（51）将该模型与相机机身进行附加，效果如图 5.335 所示。

（52）选择命令面板中的“创建”→“标准基本体”→“圆柱体”命令，创建一个圆柱体，其“参数”卷展栏如图 5.336 所示。

（53）将其转化为可编辑多边形，调整顶点如图 5.337 所示。

（54）选择图 5.338 所示的面，然后对其进行挤出操作，挤出值为 0.5。

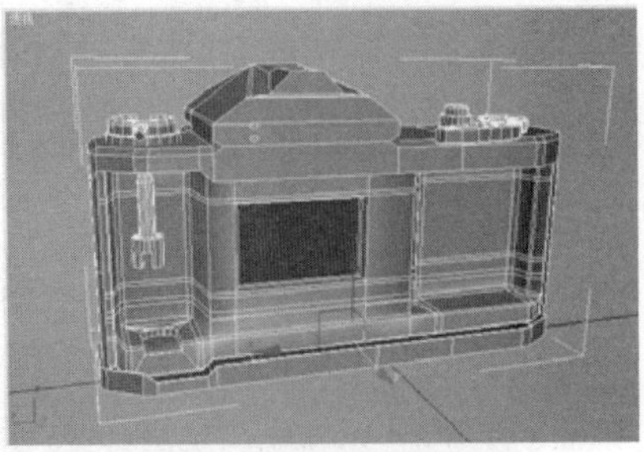

图 5.335　附加操作后的模型

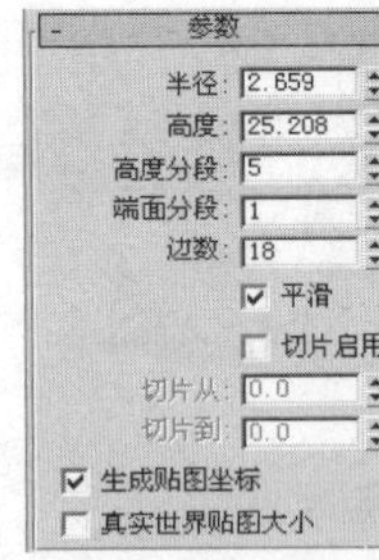

图 5.336　圆柱体的“参数”卷展栏

图 5.337　调整圆柱体的顶点

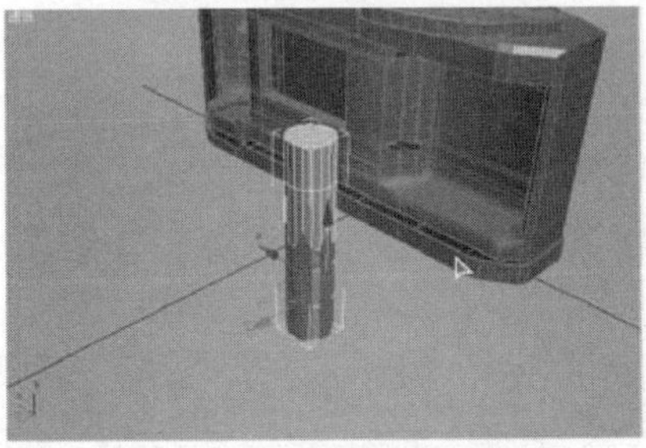

图 5.338　选择圆柱体的面

（55）将该圆柱体放入相机内部，并将其与相机机身进行附加操作，其效果如图 5.339 所示。

第二步：取景器的制作。

（1）选择命令面板中的“创建”→“标准基本体”→“圆柱体”命令，创建一个圆柱体，其“参数”卷展栏如图 5.340 所示。

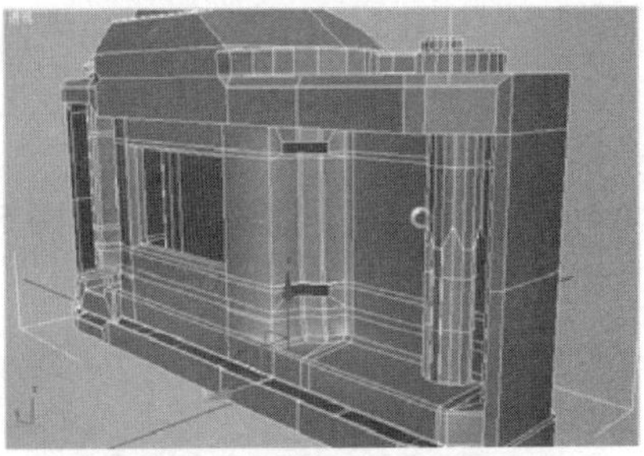

图 5.339　附加后的模型

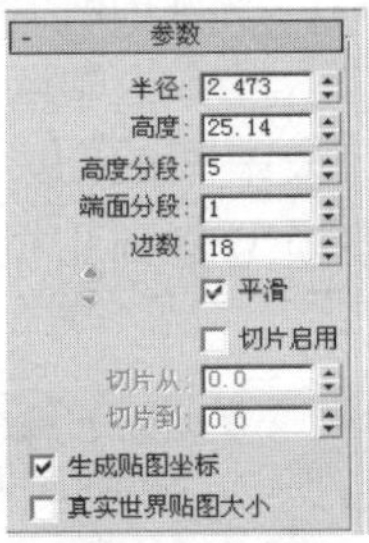

图 5.340　圆柱体的“参数”卷展栏

（2）将圆柱体转换成可编辑多边形后，对其进行顶点的调整，如图 5.341 所示。

（3）选择图 5.342 所示的面，对其进行挤出操作。

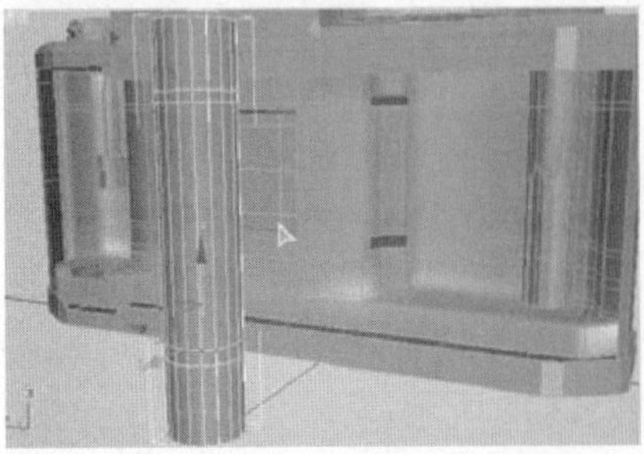

图 5.341　调整圆柱体的顶点

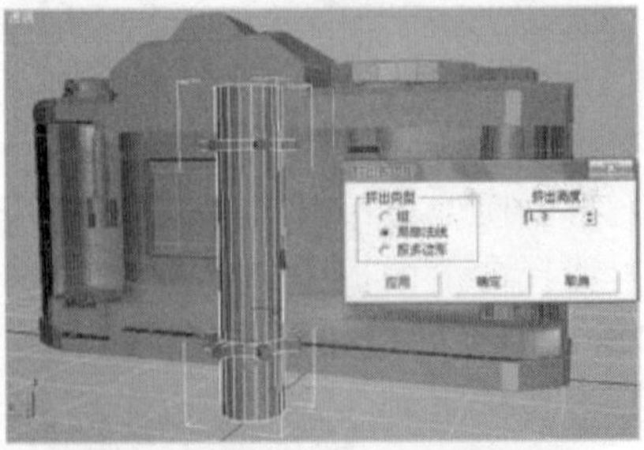

图 5.342　选择圆柱体的面

（4）将该模型放回相机内部，并与相机机身进行附加，效果如图 5.343 所示。

（5）使用“三维捕捉工具”和创建样条线命令绘制出一条相机后身上沿的线，如图 5.344 所示。

图 5.343　附加后的效果

图 5.344　在相机后身绘制样条线

（6）对所绘制的样条线进行挤出操作，如图 5.345 所示。

（7）对样条线的位置进行调整，如图 5.346 所示。

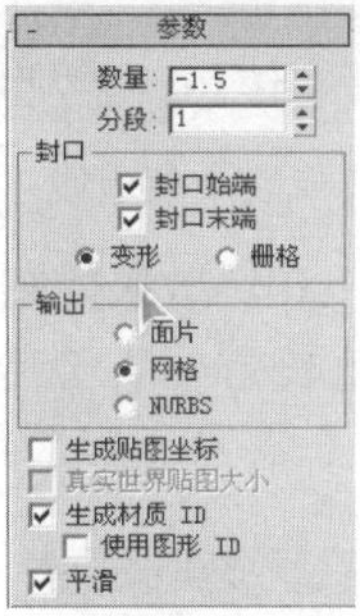

图 5.345　挤出的“参数”卷展栏

图 5.346　调整样条线的位置

（8）将上面的样条线进行复制，并对其进行挤出操作，挤出值为 27.5，如图 5.347 所示。

（9）将第一条样条线与相机机身附加。

（10）调整相机机身后盖的顶点，如图 5.348 所示。

（11）选择图 5.349 所示的面，并对其进行挤出操作，挤出值为 1.0。

图 5.347　挤出操作后的效果

图 5.348　机身后盖的顶点

（12）对所选定的面执行切割命令，然后再添加两条样条线，并且将其位置调整到图 5.350 所示的位置上。

图 5.349　选择面的效果

图 5.350　样条线的位置

（13）选择中间的面，并对其进行挤出操作，挤出值为 2.5，如图 5.351 所示。

（14）选择 4 条边线，并对其进行切角操作，结果如图 5.352 所示。

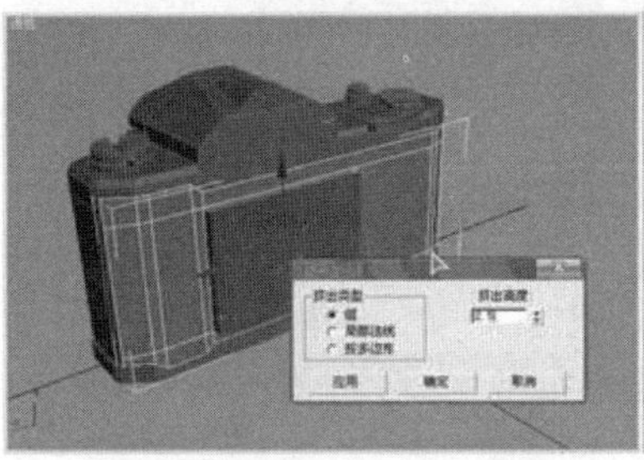

图 5.351　选择面后的模型

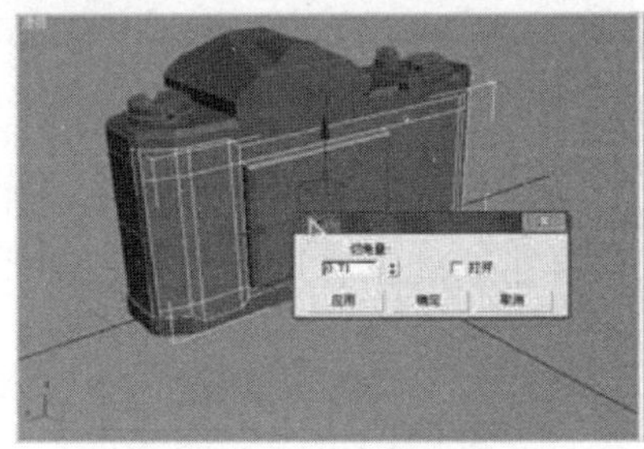

图 5.352　选择的 4 条边线

（15）为了使角显得圆滑些，对 4 个棱进行切角处理，切角值为 1.10，效果如图 5.353 所示。

（16）选择命令面板中的“创建”→“扩展基本体”→“切角长方体”命令，创建一个切角的长方体，其“参数”卷展栏如图 5.354 所示。

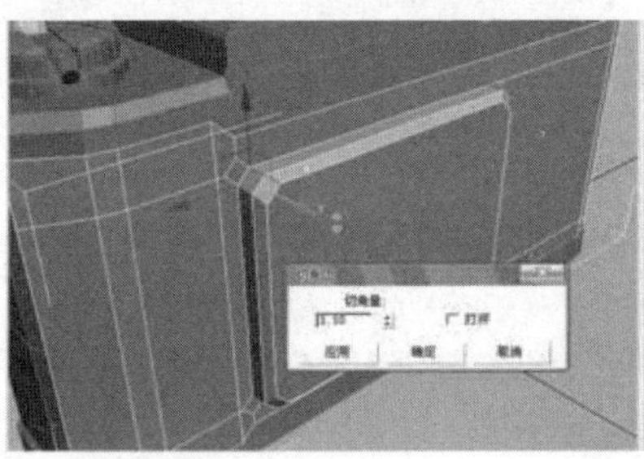

图 5.353　切角操作后的效果

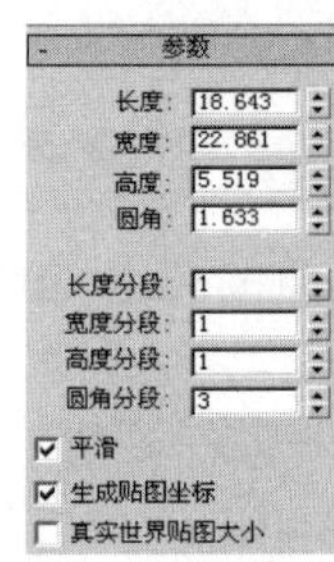

图 5.354　长方体的“参数”卷展栏

（17）将长方体调整至图 5.355 所示的位置上。

（18）将相机的后盖模型与长方体作布尔运算，布尔操作为切割，如图 5.356 所示。

图 5.355　长方体的位置

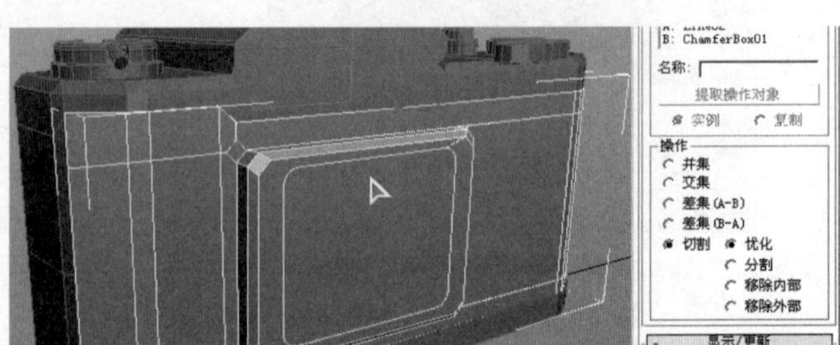

图 5.356　布尔运算

（19）选择图 5.357 所示的面，然后对其进行挤出操作。

（20）选择命令面板中的“创建”→“标准基本体”→“平面”命令，创建一个平面作为后面的屏幕，如图 5.358 所示。

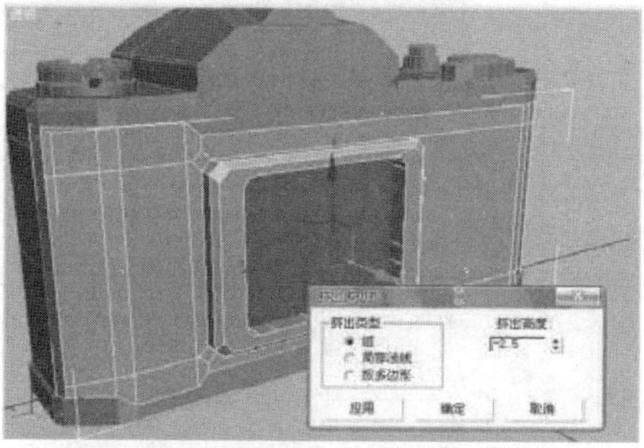

图 5.357　选择面后的模型效果

图 5.358　创建平面的位置

（21）使用切割和移除命令，给选定的面添加图 5.359 所示的边线。

（22）选择图 5.360 所示的面，并对其进行挤出操作，挤出值设置为 2.0。

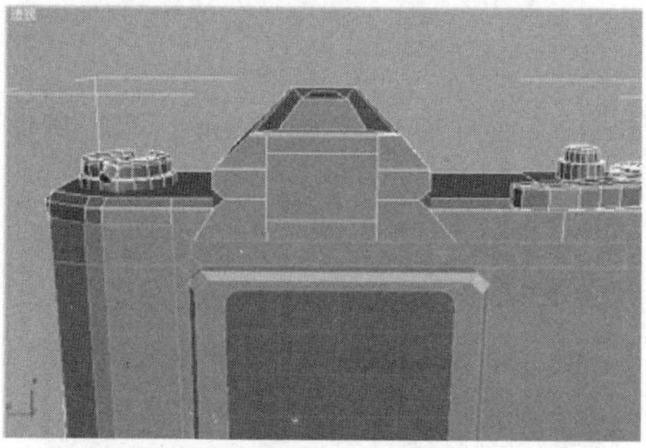

图 5.359　添加的边线

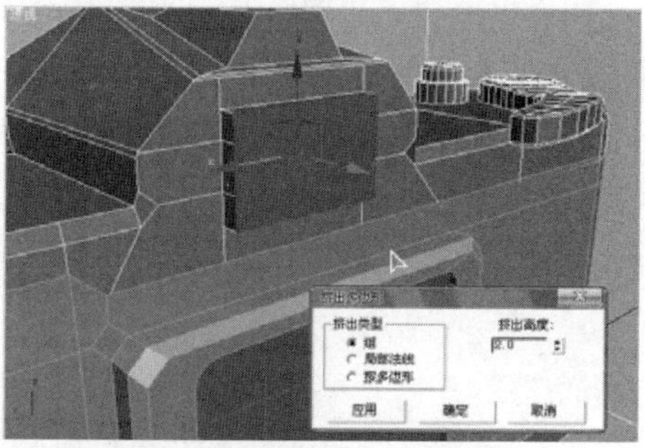

图 5.360　选择面后的效果

（23）为了让棱角显得光滑一点，选择图 5.361 所示的棱，并对其进行切角处理。

（24）重复步骤（16），切角长方体的“参数”卷展栏如图 5.362 所示。

图 5.361　选择的棱

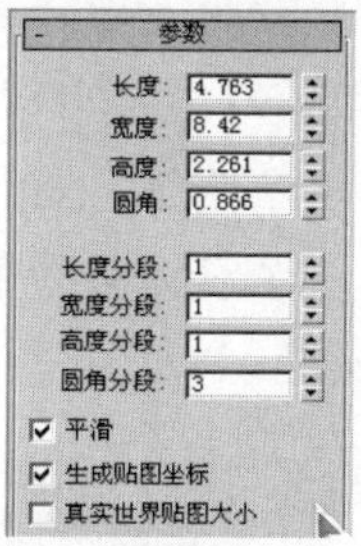

图 5.362　切角长方体的“参数”卷展栏

（25）对相机机身做布尔运算，如图 5.363 所示。

（26）选择图 5.364 所示的面，并对其进行挤出操作，挤出值为-1.6。

（27）重复上面的步骤，再新建一个平面，作为上面的屏幕，如图 5.365 所示。

（28）按下 M 键，打开材质编辑器，相机机身和屏幕赋予简单的材质，如图 5.366 所示。

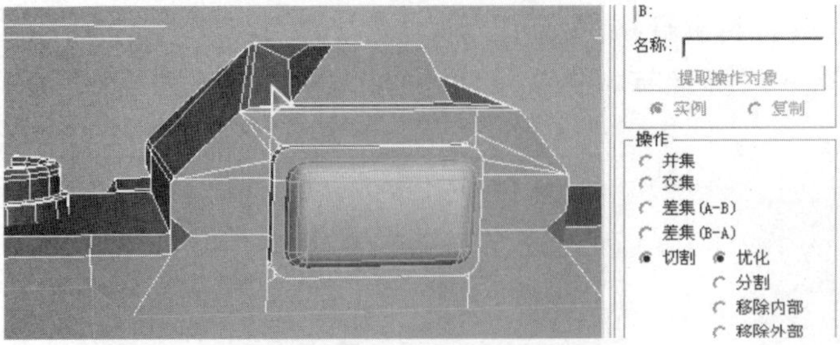

图 5.363　布尔运算的结果

图 5.364　挤出操作后的模型

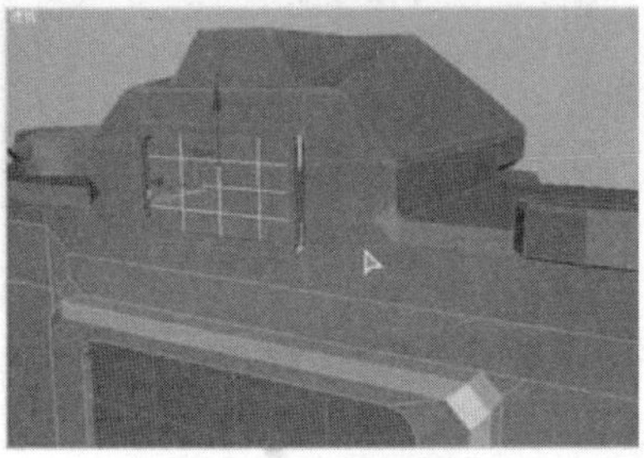

图 5.365　建立上面屏幕后的模型效果

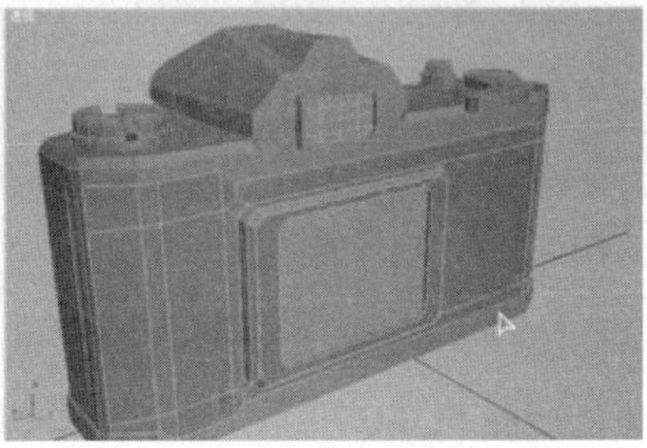

图 5.366　赋予材质后的相机模型

第三步：其他器件的制作。

（1）重复前面的步骤，再创建一个小的长方体，将其转换成可编辑多边形，调整顶点位置后，如图 5.367 所示。

（2）新建一个小的圆柱体，并将其放置到图 5.368 所示的位置。

图 5.367　长方体的位置

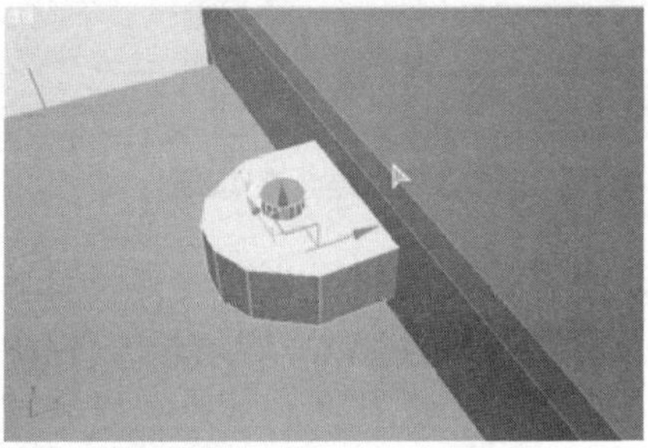

图 5.368　圆柱体的位置

（3）将其与机身附加，如图 5.369 所示。

（4）再新建一个长方体，将其转化为可编辑多边形后，用挤出命令和移动工具制作出图 5.370 所示的小模型。

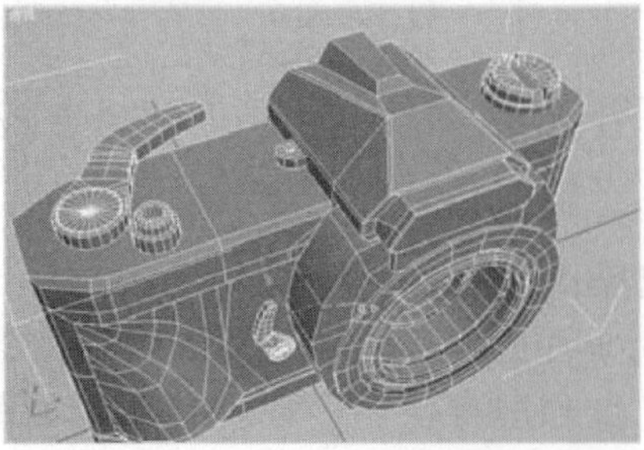

图 5.369　附加后的模型效果

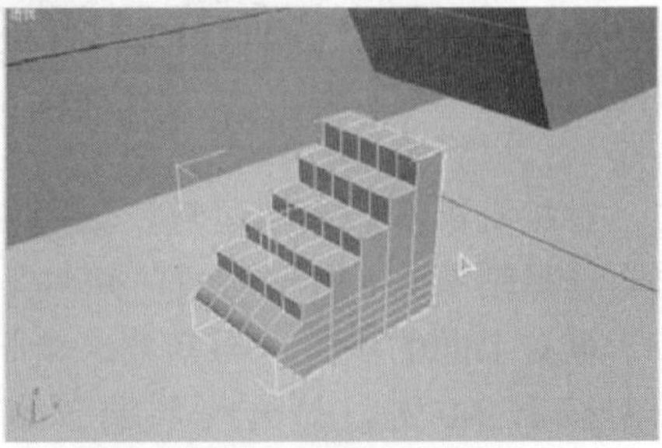

图 5.370　长方体组成的小模型

（5）将小模型放置到图 5.371 所示的位置，并将其与机身附加。

（6）在“前”视图中创建一个四棱锥，其“参数”卷展栏如图 5.372 所示。

图 5.371　小模型的位置

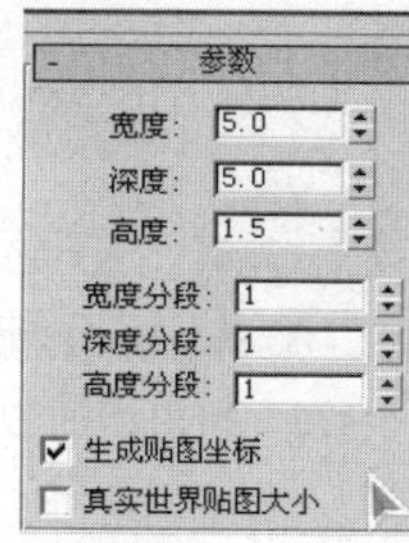

图 5.372　四棱锥的“参数”卷展栏

（7）选定四棱锥，选择“工具”→“阵列”命令，其“阵列”对话框如图 5.373 所示。

（8）选择其中的一个四棱锥，将其他的四棱锥全部附加。

（9）给全部的四棱锥添加“弯曲”修改器，其参数设置如图 5.374 所示。

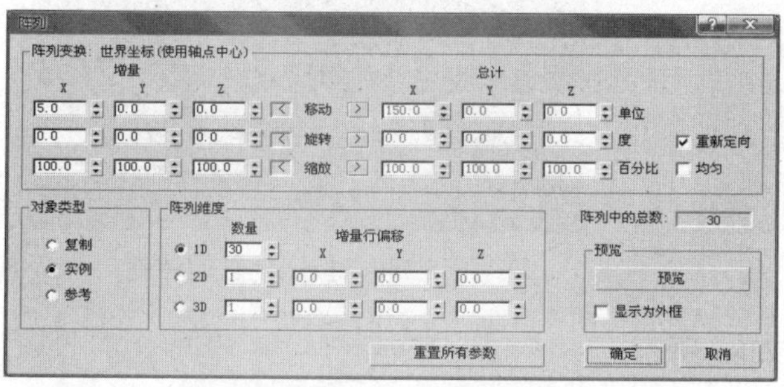

图 5.373　“阵列”对话框

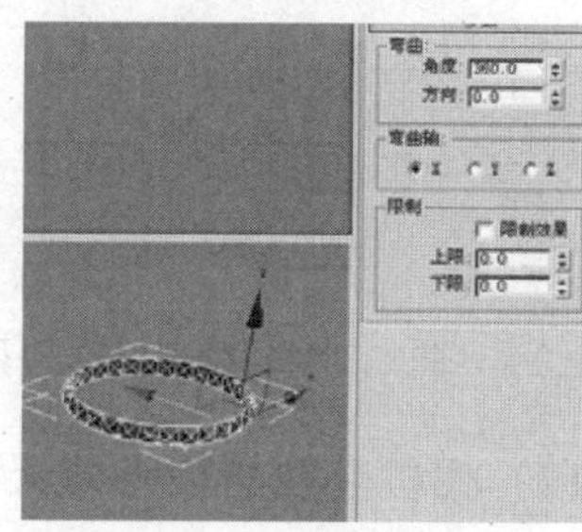

图 5.374　弯曲后的效果

（10）对四棱锥进行塌陷操作，然后复制两个同样的四棱柱环，如图 5.375 所示。

（11）将其他的两个环附加，然后创建一个和四棱锥圆环半径差不多的圆柱体。

（12）选择图 5.376 所示的面，对其进行挤出操作。

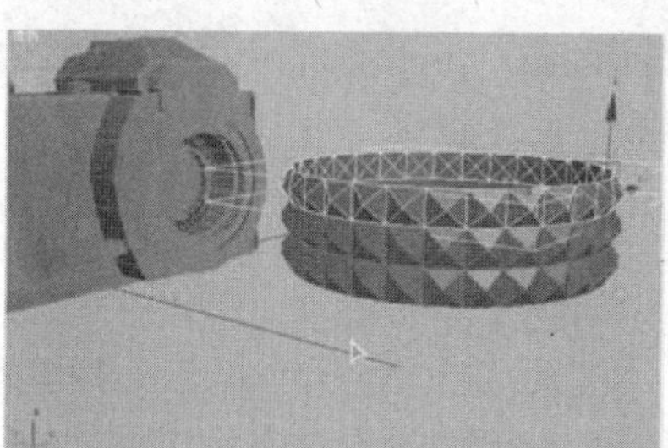

图 5.375　复制后的四棱锥环

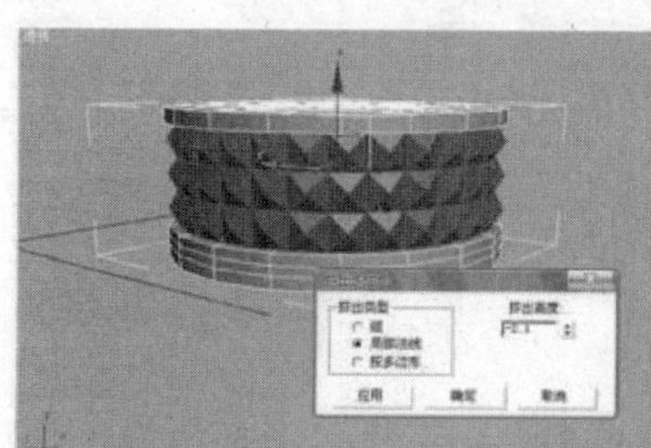

图 5.376　选择面后的模型

（13）调整上面的环线，选择最外面的环面，对其进行挤出操作，挤出值为 1.5，如图 5.377 所示。

（14）选择外面的环线，进行切角操作，如图 5.378 所示。

（15）对模型下面的边线进行调整，然后将圆柱体与四棱柱环附加，如图 5.379 所示。

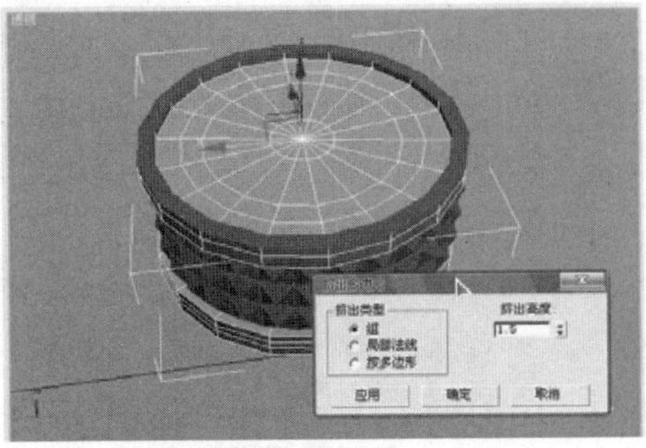

图 5.377　挤出后的效果

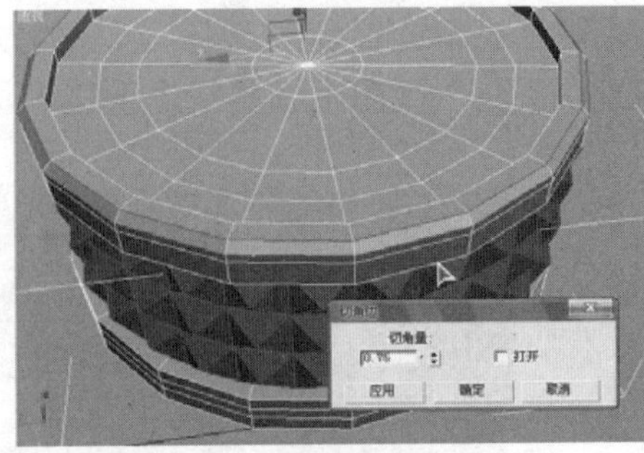

图 5.378　切角后的效果

（16）至此，相机上的最后一个旋转按钮就做好了，将其缩放、移动至图 5.380 所示的位置，并与相机机身附加。

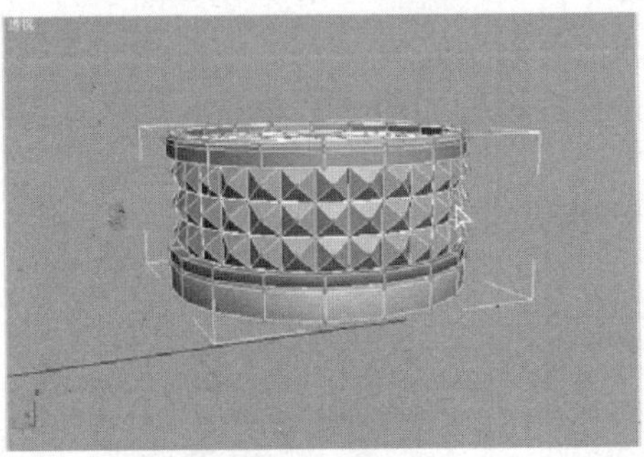

图 5.379　附加后的模型效果

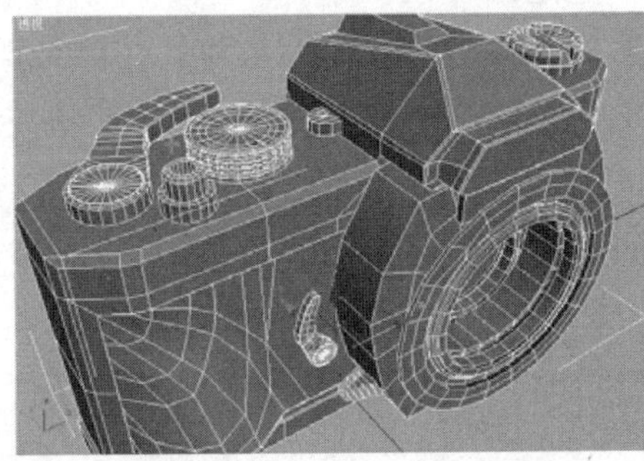

图 5.380　按钮位置的调整

（17）相机模型的最终效果如图 5.381 所示。

图 5.381　相机模型

5.9 练 习 题

1．填空题

（1）在 3ds Max 中默认使用的 4 个视图是__________、__________、__________和__________。

（2）3ds Max 命令面板分为__________、__________、__________、__________、__________和__________。

（3）创建放样物体必备的两种曲线是__________和__________。

（4）在“弯曲”修改器中，实现弯曲方向变化的参数是__________。

（5）可以将文字曲线编辑为立体文字的修改器是__________和__________。

（6）可以将平面曲线旋转为立体物体的修改器是__________。

（7）3ds Max 提供的标准基本几何体有__________、圆锥体、球体、__________、圆柱体、管状体、圆环、__________、茶壶和__________10 种。

（8）在 3ds Max 中，__________、__________和__________是对物体的基本变换操作。

（9）三维几何体的常用对象空间修改器有弯曲、__________、__________、噪波和__________等。

（10）3ds Max 可创建的样条曲线主要包括线、矩形、圆、__________、弧、圆环、__________、星形、文本、__________和截面共 11 种。

（11）“编辑样条线”修改器有三个子对象，分别是顶点、__________和__________。

（12）3ds Max 中的贴图可以分为 5 大类，主要包括 2D 贴图、__________、__________、颜色修改器贴图以及其他类型。

（13）在 3ds Max 中，主要有两种类型的灯光：__________和__________。

2．简答题

（1）3ds Max 的界面由哪几大部分组成？各自功能是什么？

（2）3ds Max 有哪几种变换视图的工具？它们如何使用？

（3）什么是分段数？其作用是什么？

（4）3ds Max 中使用的参考坐标系有哪几种？

（5）组的作用是什么？

（6）样条曲线的插值有什么作用？

（7）放样物体有哪几种“变形”方法？

（8）在 3ds Max 中有多少种材质类型？它们各自的功能和效果是什么？

（9）标准材质常用贴图通道的作用是什么？

（10）在 3ds Max 中，共有多少种标准灯光？其各自的基本特性有哪些？

（11）摄影机的主要作用是什么？

第6章　虚拟现实开发平台 EON

【本章导读】

本章简要阐述虚拟现实开发平台的基本功能、发展趋势以及常见开发平台的特点，重点介绍 EON 的使用方法，包括节点、元件、创建应用程序以及与其他软件的整合。学习本章时，读者根据实例进行实践操作，从而体会 EON 的使用技巧。

本章的重点难点：

（1）元件的使用；

（2）节点的使用；

（3）交互程序的开发；

（4）EON 和网页文件的通信。

6.1　虚拟现实系统开发平台概述

虚拟现实系统开发平台一般包括两个部分：一部分是硬件开发平台，即高性能图像生成及处理系统，通常为高性能的图形计算机或虚拟现实工作站；另一部分为软件开发平台，即面向应用对象的虚拟现实应用软件开发平台。其中，软件开发平台承担着三维图形场景的建立和应用功能的二次开发，同时也是连接 VR 外设、建立数学模型和应用数据库的基础平台，并负责整个 VR 场景的开发、运算、生成，是虚拟现实系统开发平台的核心部分。本节介绍软件开发平台的基本功能、发展趋势以及常见开发平台的特点。

6.1.1　虚拟现实系统开发平台的基本功能

虚拟现实系统开发平台用来设计逼真的三维立体显示影像，实现虚拟的实时交互、场景漫游和物体碰撞检测等功能。理想的虚拟现实系统开发平台功能全面，整合性强，是一种用户能快速简单地将生产研发与行销整合的 3D 模拟互动工具。因此，虚拟现实系统开发平台一般具备以下基本功能。

1）实时渲染

实时渲染是指用户在浏览虚拟场景时，虚拟场景实时地、逐帧地以 3D 图形的形式显示的过程。一般情况下，虚拟场景可以实现漫游，漫游则需要实时渲染。目前，在 Web3D 浏览中，通常需要下载相应的插件，这些插件的作用就是进行实时渲染引擎，其意义是解释并翻译场景模型文件的语法，实时渲染从服务器传来的场景模型文件，在网页访问者的客户端实时地、逐帧显示 3D 图形。把实时渲染引擎做成一个插件，在观看前先下载并安装在 IE 浏览器上，这是因特网 3D 图形软件厂商目前的通用做法。因此，虚拟现实系统平台应具备进行实时渲染引擎插件的设计。

2）实时碰撞检测

对于虚拟场景漫游，墙体和建筑物等不能发生穿透现象，这就需要实时碰撞检测。碰撞检测是为了保证虚拟世界的真实性，检测物体对象是否有碰撞发生以及发生碰撞的位置。因此，虚拟现实系统平台必须具备实时碰撞检测功能才能够设计出更加真实的虚拟世界。

3）交互性强

交互性是虚拟现实场景的最大特色，只有实时渲染才能提供这种交互性。用户可以通过键盘和鼠标完成虚拟场景的控制和操纵，如可以随时改变在虚拟场景中漫游的方向和速度、抓起和放下虚拟场景中的对象等。所以，交互性的设计也是虚拟现实平台必备的功能。

4）整合性强

每一种开发平台都应该与其他软件兼容，如多媒体工具、研发工具和 Web 浏览器等。能够很方便地将其他软件产生的文件导入。例如，将建模工具 3ds Max 设计的模型导入到相关的开发平台。导入后，能够对相应的模型添加行为。优点是方便、简单，减少了工作量。

5）模拟品质佳

虚拟现实开发平台可以提供环境贴图、明暗度微调、倒影、阴影和烘培等特效功能，使设计的虚拟场景实现逼真的视觉效果。

6）实用性强

实用性强即为开发平台功能强大，从网络发布到立体多媒体工具使用的功能都能够实现。可以对一些文件进行简单的修改，比如图像和图形修改；能够实现内容网络版的发布，创建立体网页与网站；支持 OpenGL 以及 Direct3D；对文件和档案进行压缩；可调整物体表面的贴图材质或透明度；支持 360° 旋转背景；可将模拟资料导出成文档并保存；合成声音、图像等。

7）支持多种 VR 外部设备

虚拟现实系统开发平台应支持多种外部硬件设备，包括键盘、鼠标、操纵杆、方向盘、数据手套、六自由度位置跟踪器及轨迹球等，使用户能充分体验到虚拟现实技术带来的乐趣。

6.1.2 虚拟现实系统开发平台的发展趋势

随着网络的发展和应用的广泛需求，虚拟现实系统开发平台的发展趋势为实时渲染标准统一、操作简单化、可移植性以及软件开源 4 个方面。

1. 实时渲染标准统一

目前虚拟现实系统开发平台种类很多，基本满足上面提到的基本要求。但是由这些软件设计的虚拟场景，在进行浏览，尤其是Web3D 浏览时，通常需要下载并安装相应的插件在 IE 浏览器上，即实时渲染引擎。这些插件一般都是由各自公司自己设计的，花费了较长时间。对于用户来说，下载并安装插件也会浪费很多时间。所以，目前解决此问题的最好办法是确定统一的实时渲染的标准，设计一个或几个实时渲染插件并预装到相应的浏览器中。这是虚拟现实系统开发平台的一大趋势。

2. 操作简单化

操作简单化也是虚拟现实系统开发平台发展趋势之一。目前虚拟现实系统开发平台需要相关的实时系统、面向对象语言、网络、物理建模和多任务等方面的知识。较好的程序员精通这些技术，但是他们不可能熟悉各种虚拟现实应用的专业领域。反之，各个专业的专家不具备必要的系统开发技巧，这就限制了虚拟现实的广泛应用。所以，这种知识缺口的弥补就需要创造出一种“操作简单且稳定的平台”，即傻瓜型的开发平台。

3．可移植性

可移植性是系统开发平台的另一个发展趋势。可移植性是指开发的虚拟现实环境独立于软件、硬件及网络环境，不需要作任何修改便可在不同的计算机上运行，并且由于虚拟现实的硬件设备相对较昂贵，因此不同的软件平台都能兼容并独立于这些硬件。

4．开源

开源是未来各种软件的发展趋势，也是系统开发平台发展的趋势。通过开源，软件平台将拥有庞大的开源网络开发社区，通过开放式的社区模式，让发烧友以及开源志愿者参与到研发队伍中来，而且作为终端用户的他们最了解自己的需求，由此能开发出更适合用户，更友好的软件平台。

6.1.3 常见的虚拟现实系统开发平台

1．Virtools

Virtools 是由法国 VIRTOOLS 公司开发的虚拟现实系统开发平台，通过整合三维模型、逻辑行为、人工智能、物理属性、视频和音频等多媒体元素，创作出具备生命力的虚拟交互环境。该系统的三维引擎接近于微型游戏引擎，成为微软 Xbox 认可系统。其特点是方便易用、交互性强大、应用领域广，是元老级虚拟现实制作软件。

2004 年，Virtools 推出了 Virtools Dev 2.1 实时三维互动媒介创建工具，随即被引进到中国台湾地区，并在台湾地区得到迅速发展，并引进到中国大陆。

Virtools 是 3D 虚拟和互动极速的继承。Virtools 由创建应用程序、行为引擎、渲染引擎、Web 播放器和 SDK 部分构成，具有一个设计完善的图形使用者界面，使用模块化的行为模块撰写互动行为元素的脚本语言。这使得用户能够快速地熟悉各种功能，包括从简单的变形到力学功能等。

Virtools Dev 是一个创作应用程序，可以快速容易地生成丰富、对话式的 3D 作品。通过 Virtools 的行为技术，给符合工业标准的模型、动画、图像和声音等媒体带来活力。但 Virtools Dev 不是建模工具，不能产生模型。然而，简单媒体如摄像机、灯光、曲线、接口元件和 3D 帧（在大多数 3D 应用中被叫做哑元和补间）能简单地通过单击图标创建。

Virtools Dev 采用面向对象的方法建立一个作品（一个 CMO 文件）。即每个元件有一个唯一的特性，各种特性由类来描述。元件受控于交互行为模块中的方法以及参数操作符。Virtools Dev 中的类被称为 CKClass。使用类层次结构的优势是可以使用继承。也就是说，任何元素都有它自己独特的特性，并且继承了它父类的特性。Virtools Dev 对行为提供了特化，即多态性，对于完成某些特定任务，其行为进行了优化处理。优化行为减少了计算时间，在可接受的渲染质量下，使作品更小，对用户的输入反应更快。集合也是 Virtools Dev 所支持的。在具有逻辑关系的两个元素之间，一个元素是另一个元素的一部分，且各自都具有自己的特性。

Virtools 可以制作出许多不同用途的 3D 产品，如网际网络、计算机游戏、多媒体、建筑设计、交互式电视、教育训练、仿真与产品展示等。许多大型游戏制作公司，例如 EA 和 Sony Entertainment，都使用 Virtools 来快速地制作游戏产品的雏形，而且还有很多游戏是从头到尾都用 Virtools 进行开发的，如图 6.1 所示的 Virtools 开发的游戏界面。中国大陆 Virtools 的应用也逐渐增多。但是，Virtools 的浏览插件 10MB 左右大小，体积庞大成为其瓶颈。不过，随着国内带宽的增加，这方面的影响将越来越显得微不足道了。

图 6.1 Virtools 开发的游戏界面

2．VR-Platform

VR-Platform（VRP）是三维互动仿真平台，是由中视典数字科技独立开发的具有完全自主知识产权的一款三维虚拟现实平台软件。该软件直接面向三维美工，所有操作都是用美工可以理解的方式（不需要程序员的参与），可以让美工将所有精力投入到效果制作中来，从而有效地降低了制作成本，提高了成果质量。该软件适用性强、操作简单、功能强大、高度可视化、所见即所得。VR-Platform 的目标是低成本、高性能，让 VR 从高端走向低端，从神坛走向平民。让每一个 CG 人都能够从 VR 中发掘出计算机三维艺术的新乐趣。

VRP-BUILDER 虚拟现实编辑器是 VRP 的核心部分，可以实现三维场景的模型导入、后期编辑、交互制作、特效制作、界面设计和打包发布等功能。其关键特性包括友好的图形编辑界面、强大的 3D 图形处理能力、任意角度实时的 3D 显示、高效高精度物理碰撞模拟、支持模型的导入导出、支持动画相机和录制各种动画、支持 ATX 动画贴图、直接生成.Exe 独立可执行文件等。

VRP 的高级模块包括 VRP-IE 三维网络浏览器，VRP-PHYSICS 物理系统，VRP-DIGICITY 数字城市平台，VRP-Indusim 工业仿真平台，VRP-Travel 虚拟旅游平台和 VRP-SDK 三维仿真系统开发包。

VRP-IE 三维网络浏览器用来将 VRP-BUILDER 的编辑成果发布到因特网，并且可让客户通过因特网进行对三维场景的浏览与互动。具有完全自主知识产权，具备高度真实感画质，支持大场景动态调度，良好的低端硬件兼容性，高压缩比，多线程下载，支持高并发访问，支持视点优化的流式下载，支持高性能物理引擎，支持软件抗锯齿，支持脚本编程，支持无缝升级等特性，为广大客户开发面向公众或集团用户的大型全三维 Web3D 网站提供了强有力的技术支持和保障。

VRP-PHYSICS 物理系统，即物理引擎，是在计算 3D 场景中，物体与场景之间，物体与角色之间，物体与物体之间逼真地模拟各种物理学运动，实现如碰撞、重力、摩擦、阻尼、陀螺和粒子等自然现象，在算法过程中严格符合牛顿定律、动量守恒和动能守恒等物理原理，主要面向院校和科研单位。

VRP-DIGICITY 数字城市平台具备建筑设计和城市规划方面的专业功能，如数据库查询、实时测量、高度调整、分层显示、动态导航和日照分析等，主要面向建筑设计、城市规划的相关研究和管理部门。

VRP-Indusim 工业仿真平台具有模型化、角色化和事件化的虚拟模拟，使演练更接近真实情况，降低了演练和培训成本，降低了演练风险。主要面向石油、电力、机械、重工、船舶、钢铁、矿山和应急等行业。

VRP-Travel 虚拟旅游平台用来激发学生的学习兴趣，培养导游职业意识，培养学生创新思维，积累讲解专项知识，架起学生与社会联系的桥梁，全方位提升学生讲解能力，让单纯的考试变成互动教学与考核双模式。主要面向导游、旅游规划等行业。

VRP-SDK 三维仿真系统开发包提供 C++源码级的开发函数库，用户可在此基础之上开发出自己所需要的高效仿真软件。主要面向水利电力、能源交通等工业仿真研究与设计单位。

目前，VRP 在国内运用广泛，主要应用于视景仿真、城市规划、室内设计、工业仿真、古迹复原、桥梁道路设计和军事模拟等行业。在 2008 年北京奥运会期间发挥了很大的作用，设计了“数字奥运仿真系统”、“安全保卫三维辅助指挥系统”、“人流分析系统”和“奥林匹克公园三维互动导览系统”。2008 年 10 月以汶川大地震为题材设计了 4D 动画片。

3．VEStudio

VEStudio 是国产免费专业虚拟现实仿真软件——VEStudio 1.2 加强版（无限制），易用、好用、实用是该软件的开发宗旨。

VEStudio（VES）是由一个专门从事多年虚拟仿真系统制作、三维 GIS 系统构建、虚拟现实技术（VIrtual Reality）应用的团队开发而成的虚拟仿真平台软件。在此之前，一直是团队内部使用。团队本着开发出“易用、好用、实用”的虚拟仿真平台原则，2009 年正式推出 VEStudio 虚拟仿真平台全免费版，提供给广大的虚拟现实制作者、三维 GIS 应用者无任何限制地进行使用。

这款国产免费的专业虚拟现实仿真平台可应用于城市规划、三维地理信息、虚拟旅游、地产、产品展示、军事和古迹复原等多个领域。目前 VES 最高版本为 VEStuido 1.2 版，采用国际上最流行的通用三维图形接口 OpenGL 实现，应用主流的仿真渲染技术，生成的仿真系统具有逼真的视觉效果，为用户提供高质量、强性能的产品与服务。

VEStudio 1.2 平台的功能特性如下。

（1）免费的专业虚拟仿真平台，无三角面数及单体模型面数限制。

（2）平台集合 3ds Max 插件、VES 虚拟仿真编辑器和 VES 发布浏览器。

（3）无缝的GIS海量地形数据浏览和生成，影像叠加，矢量数据自动生成三维体块等 3DGIS 的基本应用。

（4）VEStudio 特有的游戏级别多贴图混合表现方式使地形制作更加完美。

（5）具有模糊反射、高光反射、最优化凹凸质感、碰撞模式和鹰眼导航等功能。

（6）加入了强大的 GUI 界面设计系统和脚本系统。

VEStudio 1.2 平台推出了完全版和网络版。完全版生成的文件打包 exe 终端文件、自定义图标和启动界面。网络版支持更多的 VES 脚本及新增的应用功能，对于需要使用网页在线浏览方式展示虚拟仿真的 VEStudio 提供的嵌入网页交互版本，支持加载本地场景和 Web 方式打包工程文件，同样，网页版可以调用 VES 本身脚本系统进行功能交互。Web 场景演示可以通过脚本代码实现很多功能的交互，例如测量、定位、隐藏显示以及春夏秋冬季节变换的场景效果。

4．MultiGen-Paradigm Vega

Vega 是 MultiGen-Paradigm 公司应用于实时视景仿真、声音仿真和虚拟现实等领域的软件环境。Vega 可以迅速地创建各种实时交互的三维环境，将先进的模拟功能和易用工具相结合，以满足特定的仿真要求，尤其对于复杂的应用，能够提供便捷的创建、编辑和驱动工具。附带的 Lynx 程序是用来组织管理 Vega 场景的 GUI 工具。

Vega 提供了一个稳定、兼容且简单易用的界面，能显著地提高工作效率，同时大幅度减少源代码开发时间，无论对于程序员还是非程序员都是理想的实用工具。在 Vega 的 Lynx 图形用户界面中只需用户利用鼠标单击就可配置或驱动，不用编写任何代码就可以实现三维场景的漫游，保证用户集中精力解决特别领域内的问题而无须花费大量的时间和精力去编程。Vega 支持多种数据格式的输入，允许不同数据格式的综合显示，从而使开发人员、工程师和设计师可以将多种设计综合到一起。

Vega 有多处理器版本 Vega-MP 和单处理器版本 Vega-SP。

Vega-MP 提供一种基于多处理器硬件结构的开发和运行环境。它为每一个有效的处理器逻辑分配系统任务；同时也允许使用者根据需要对某个处理器进行设置；并允许定制系统配置以满足极高的性能需求。

Vega-SP 是那些需求所有 Vega 特征但又使用单处理器计算机的应用开发人员的选择。

Vega 基本模块包括图形环境 LynX、能提供最大限度软件控制的应用程序接口 API、实时多通道声音模块 AudioWorks2 和为用户记录和回放场景的录像机模块以及为 NT 平台最新推出的分布 Vega 功能。另外还有大量可选的功能模块，从而使 Vega 能够满足特殊的仿真要求，将 Vega 的应用扩展到各种领域。除此之外，还包括完整的 C 语言应用程序接口 API 和丰富的相关库，满足了软件开发人员要求的最大限度的灵活性。

MultiGen-Paradigm 最新开发的精华实时视景仿真渲染软件 Vega Prime 代表了视景仿真应用程序开发的巨大进步。Vega Prime 全部用 C++写成，是全新的产品，而不是 Vega 的后续版本。其核心 Vega Scene Graph 是完全面向对象的先进架构，采用了许多现代 C++的特性和技术，比如泛型、设计模式等，大大增加了软件功能和灵活性、通用性。Vega Prime 提供的接口采用面向对象编程思维，易于上手。包括了自动的异步数据库调用、碰撞检测与处理、对延时更新的控制和代码的自动生成等特性，有利于减少开发时间的特性。因此，Vega Prime 使用户能快速准确地开发出合乎要求的视景仿真应用程序，是有效的、快速的、准确的视景仿真应用开发工具。

虽然目前 Vega Prime 在功能上比 Vega 3.7 没有大的提高，但是具有很强的吸引力，因此 MultiGen-Paradigm 公司已经计划用 Vega Prime 取代 Vega。目前，Vega Prime 是新推出的产品，最新版本号是 1.2，很明显，有的方面还不够成熟。不过，它的前途一片光明。

5．SGI OpenGL Peformer

SGI 公司是业界的领导厂商之一，在实时可视化仿真或其他对显示性能要求高的专业 3D 图形应用领域里，OpenGL Performer 为创建此类应用提供了强大而容易理解的编程接口。

OpenGL Performer 是一个可扩展的高性能实时三维视景开发软件包，构建于工业标准 OpenGL 图形库基础上，可以同 OpenGL Shader、OpenGL Optimizer、OpenGL Volumizer 和 OpenGL Vizserver 协同工作，开发实时仿真应用程序和其他专业的基于高性能的三维图形应用程序。OpenGL Performer 提供了一组标准 C 或 C++语言绑定的编程接口，通过一个使用灵活的三维图形工具集提供高性能渲染能力。OpenGL Performer 提供一组数据库载入器，每个载入器读入按一定格式组织的数据文件或数据流，并将其转化为一个 Performer 视景图形。载入器的库文件依据相应文件扩展名命名，通过一个 pfdLoadFile 函数可以调用多个文件载入器。该函数根据要载入文件的扩展名使用特殊的动态共享对象定位相应的载入器，这就使得 MultiGen、Maya 和 3ds Max 等建模工具建立的三维几何模型可以方便地载入到仿真环境中。

OpenGLPerformer 3.2 版添加了一台具有许多先进特性的主机，这些先进特性包括分层雾、各向异性的过滤器、转动洗刷和先进性能分析工具等。同时，它还将可扩展性扩充到整个 SGITM 图形产品系列。OpenGL Performer 3.2 也包含实用程序和程序样例的源代码，推出基于 Web 的源代码库，使 OpenGLPerformer 开发组织能免费共享对程序样例的修改和更新。

OpenGL Performer 主要应用于仿真可视化、娱乐、虚拟现实、视频广播以及计算机辅助设计等领域。Performer 大幅度地减轻了 3D 开发人员的编程工作，并且很容易地提高了 3D 应用程序的性能。它的软件模块对数据的组织和显示做了广泛的优化。其通用性非常好，它并不是专门为某一种视景仿真而设计的，API 功能强大，提供的 C 和 C++接口相当复杂。除了可以满足各种视景显示需要外，它还提供了美观的 GUI 开发支持。

6．SCVR Builder

SCVR Builder（Scene China Virtual Reality Builder）是神州视景自主研发的制作平台。开发人员可以在 SCVR Builder 上完成模型导入、地形生成、模型重组、模型调整、纹理替换和场景生成等虚拟现实场景制作过程。

（1）模型导入：导入物体模型，平台支持 Creator、fit 和 3Dmax 等文件的导入。

（2）地形生成：可以快速生成多种形态的地型，如草地、水泥地和水池等。

（3）模型重组：通过平台的模型——对象技术，快速将导入的模型文件重组成客户所需要的场景。

（4）模型调整：通过调整模型大小、位置和方向等参数，使模型和场景符合实际。

（5）纹理替换：通过数据文件，记录纹理与模型的对应关系，支持随时编辑与修改。

（6）场景生成：生成场景辅助元素，例如添加灯光、天空球等效果，并优化发布场景。发布后的场景可以直接通过 SCVR 的技术平台进行场景展示。

SCVR Builder 广泛应用于教学、科研及销售等领域，图 6.2 所示为房地产数字体验式营销系统。

图 6.2　房地产数字体验式营销系统

7．EON

EON 是由全国领先的互动视觉内容管理软件供应商——美国的 EON Reality 公司开发的，集娱乐、教育、训练、医学、设计、商业、军事和艺术等为一体，功能全面，整合性强，是使用者快速简单地将生产研发与行销整合的专业虚拟现实软件。EON 软件家族包括 EON Studio、EON Professional、EON Icube，EON Turbo、EON Pluh-ins、EON Sever 和 EON SDK。目前 Eon 被全世界公认为整合性、延展性最好的虚拟现实开发展示系统，它可以读取 55 种 CAD 格式，支持 99%以上的外设而无须编程，同时支持多种立体显示方式。其 EON 软件家族的优势是整合性强、操作灵活简单、模拟品质佳、实用性强和较强的可拓展性。其表现在以下几个方面。

1）对模型的兼容性高

EON 支持现今市面上所有 3D/CAD 模型软件，文件档案可直接导入，网格、灯光、材质都能完好地一次性导入，操作非常简便，支持所有图片格式，是世界上支持文档格式最多的虚拟现实软件、并针对 MAX 和所有的 CAD 软件开发了插件程序，让使用者能够不用经过文件格式的转换即可观看到转换成 EON 文档之后的画面效果。

2）EON 操作简单灵活

EON 具有简便的图形化操作界面，操作方式参照熟悉的 Windows 操作系统，操作简单，降低了对操作人员能力的要求，无须专业的程序设计就可自行增加丰富的互动效果。EON 设置了超过 300 个预先设定好的 VR 功能节点，帮助操作人员节省设计方案以及制作的时间。除此之外，EON 还支持开发人员使用 Jscript、VB-Script 进行开发以及对现有功能进行二次开发。由此，EON 软件让高端虚拟现实技术真正走向了民用化。

3）模拟品质佳

EON 支持多种贴图、渲染及烘焙，能够表现实时阴影、透明、反射/折射、凹凸等效果，支持多种环境贴图，能够调用显卡的 CG 材质库，可将金属、陶瓷、皮革、玻璃和水纹等材质表现得非常真实。EON 具有出色的反锯齿功能，支持高分辨率材质（65 536 × 65 536），特别是需要高彩度表现的场景时，EON 更能展现其强大的运算引擎。EON 软件无面数限制，能够直接读取地形数据及文件，提供大场景制作的各种功能（如 LOD 技术、mipmap 功能、压缩几何面数及材质的功能、支持 DDS 材质等）。因此，可以说 EON 拥有优良的算图引擎，是世界上表现效果最逼真的虚拟现实软件。

4）多种显示功能

EON 软件支持 720° 环形场景，提供洞穴型、桌面型等所有的立体显示外设模拟展示系统，并呈现出丰富的互动效果。借助网络实现多人共享于同一 EON 场景，并支持多位使用者在同一场景中交谈、协同工作。

5）强大的物理模块

EON Professional 的物理功能模块为虚拟物体附加了多个物理特性，例如重力、质量、摩擦力、运动学、物体之间的多种物理约束。物理功能模块是基于成功的 Vortex 物理引擎而开发出来的，该物理引擎是一个以牛顿力学为基础而开发出来的强大的动态仿真力学引擎。物理功能模块同时包含一个新的强劲的碰撞检测运算机制，使它在碰撞检测运算速度上有明显的提高，就像一个高保真汽车动态引擎。除此之外，物理模块的操作界面也是简单易用的图形化界面，同样适合非程序开发人员的使用。

6）EON 的整合性

EON 的整合性较强，在软件和硬件方面都有所体现。

在软件方面，EON 可以与其他软件的强大兼容，使得 EON 被广泛应用于 Web 浏览器、多媒体工具、Director、微软公司的产品（如 Office 系列工具）、Macromedia 公司的产品、研发工具（如 C、VB、Java 以及所有同类软件）和各种数据库软件。EON 提供简易的网页发布操作界面，可以将 3D 程序（如 MAX 文件）转换成互动性高的 EON 文件并发布成网页，也可以直接制作成 CD。

在硬件方面，EON 是目前支持 VR 硬件最多的软件（EON 支持所有标准的 VR 外设）。不用编写接口程序，无须另外的驱动程序，VR 外设能够即插即用。VR 硬件包括 3D 鼠标、操纵杆、数据手套、方位追踪器、动作捕捉系统和立体显示外设（眼镜、头盔、显示器）等。EON 提供了 SDK，供二次开发以及制作模拟器。

EON 的优势使得 EON 软件成为海外呼声很高的 VR 制作软件。2004 年，EON 被 Kiosk Magzine 评为最具创新产品。2006 年获得微软公司名为 TouchLight 的 3D 图像技术许可。现在 EON 已经与全球 500 强中的许多企业进行了合作，例如波音（飞机内部设计）、诺基亚（通信产品展示）、西门子（医疗设备产品发布）、铃木（汽车销售）和惠而浦（家电设计及展示）等，并与几百家院校和研究机构建立了合作关系。

8．实景虚拟现实技术开发平台——FlyVR

实景虚拟现实技术的出现为虚拟现实技术领域带来一股新生的力量。与 3D 虚拟技术相同的是，这种技术也能使用户自由地在场景中走动，并且可以任意角度观看各个方向的场景。不同的是所看到的是真实的场景，而不是虚拟模型，因此身临其境的效果超过建模实现的效果。

目前这项技术由图像虚拟现实行业的知名企业——上海杰图软件开发并率先应用于行业项目中。其开发的 FlyVR 实景虚拟现实平台则是将原有的技术基础和行业需求整合后得到的新的突破，广泛应用于城市规划、工业园区的宣传与招商、旅游景点导航以及博物馆的虚拟漫游等。FlyVR 界面如图 6.3 所示。

图 6.3　FlyVR 界面

FlyVR 的主要优势表现在以下方面。

1）通过实景采集获得真实场景

通过对现实场景的处理和再现，展现真实的场景，从而很好地满足对场景真实程度要求高的应用，例如工程验收及犯罪现场信息采集等。对于规模大的场景，有时需通过航空拍摄获得数据。

2）良好的交互性

FlyVR 提供的交互式地图，帮助使用者了解所处位置以及运动方向；场景中的每一个点都可以在地图上通过经纬度和高度精确表示；在场景中任意选定线段或多边形，系统将自动计算出线段长度以及多边形的面积等数据；向场景中添加的物体模型和材质能够更真实地模拟在场景各种阶段的状况。

3）高效的制作流程

FlyVR 制作流程简单快捷，通过对现实场景的采集、处理和渲染，快速生成所需要的场景。与传统虚拟现实技术相比，缩短了开发周期。

4）支持多种外部硬件设备

除键盘鼠标外，FlyVR 系统还支持立体投影、环幕或球幕投影系统、虚拟感应头盔、操纵杆、方向盘和数据手套等多种 VR 输入输出设备。

6.2 虚拟现实开发平台 EON 概述

6.2.1 EON 技术简介

EON 是一种运用 3D 虚拟现实技术整合研发与行销管理的科技。该技术是由全球领先的互动视觉内容管理软件供货商美国 EON Reality 公司开发的。EON 功能全面，整合性强，广泛应用于工业设计、科学研究、生产制造和教育培训等领域，图 6.4 所示为 EON 的应用。

（a）科学研究 （b）护士培训 （c）网络行销

图 6.4 EON 的应用

EON 技术和 VRML 技术在结构上极其相似，但是 EON 整合功能强大，可嵌入 Micromedia Director 和 Shockwave 等多媒体软件平台。支持 3ds Max、Solidedge、Pro/E、ArchiCAD、VRML 和 LihgtWave 等多种建模软件；支持多种模型和贴图格式，软件操作简单，生成文件小，非常适合网络传输。

使用 EON 软件无须撰写程序，利用内部三百多个预先设定好的功能节点及元件，通过鼠标拖动的方式即可完成丰富的互动效果。另外，通过简单地设置节点参数，就能做出各种特殊效果，如雨滴振动、明暗反射、环境映像以及光线跟踪等。图 6.5 所示为 EON 的部分功能节点。

图 6.5 EON 的部分功能节点

EON 内部的 Jscript、VBScript 支持的脚本功能节点，将程序语言的互动以及高阶编程简单化，2006 年获得微软公司名为 TouchLight 的 3D 图像技术许可。

6.2.2 EON 产品

EON 公司针对不同行业的需求开发了多个产品，常用的 EON 软件主要包括 EON Studio、EON Professional、EON Icatcher、EON Icube、Ultra 2009、EON Server、EON Viewer 以及针对 3ds Max 开发的插件 EON Raptor，图 6.6 所示为 EON 家族的部分产品。

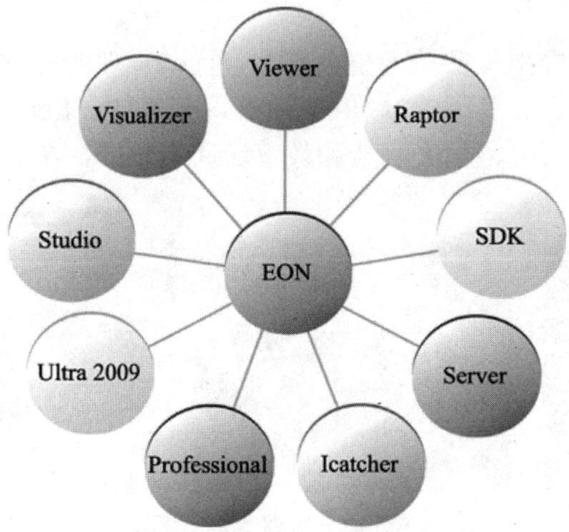

图 6.6 EON 家族的部分产品

1. EON Studio

EON Studio 是一个制作交互式 3D 应用程序的开发工具，也是 EON 的核心产品。使用 EON Studio，用户不需要任何编程经验，就能够简单、快速地创建复杂而高品质的交互式应用程序。对于建筑物、工业产品和训练用物体等不同的 3D 模型，它都能提供优秀的应用性价比。EON Studio 的一般工作流程如下。

（1）模型导入。

开发过程包括导入各种 3D 格式物体或场景，通常从建模工具，如 3ds Max、DXF、Lightwave、VRML 和 Softimage，或者 CAD 系统，如 SolidWorks 和 Inventor 等获取源文件。

（2）交互制作。

导入模型之后，在 EON 的图形操作界面中通过拖曳节点等操作，即可很容易地为模型添加交互行为。

EON 的交互主要体现在三个方面：一方面通过给相机添加行走节点（Walk）实现场景的自由漫游；另一方面通过给虚拟场景添加多媒体节点实现虚拟场景的扩展；再一方面可以和虚拟场景中的物体进行交互，场景中的物体会根据浏览者的不同动作和状态做出实时反馈，如打开开关、点燃酒精灯等。使用结点时将从节点元件库中拖曳到模拟树（SimulationTree）里相应的模型框架下，然后再拖曳到交互设计视窗中进行逻辑关系的连接。

（3）程序发布。

通过 EON Studio 的发布向导，可轻松地将作品发布成网络格式或独立演示光盘格式。

2. EON Professional

EON ProfessionalTM 是在 EON Studio™的基础上，专门为特定开发者打造的一款强大的软件模块。这一模块在功能方面提供了高画面质量、高仿真度的实时视觉效果；改进了 EON CAD，使其支持更多 CAD 源文件和 3D/2D 格式的文件；在物理学部分，允许使用者实时地模拟复杂的机械系统；同时改进了 Human 部分，使得人的模型能够更方便地整合到应用程序当中，并且具有高度的仿真效果。EON Professional 共包含以下 4 个模块。

1）实时视觉特效模块

针对视觉上要求苛刻的应用领域，如设计评审、销售和市场等，EON Professional 软件包提供了基于 CG 脚本的逼近真实水平的新一代实时视觉特效模块——Visual Effects 模块。

CG 可以进行运动学的交互计算，以便于进行 PC 上实时的照片级真实感特效的开发处理。通过实时的着色器和视觉特效库，以及容易使用的操作界面，程序员可以直接向图形处理硬件中写入程序，从而便于进行高级图形特效的快速开发。

Visual Effects 库里拥有的着色器包括 phong-shading、bump-mapping、dark-mapping，立体环境图，基于图像和光的 HDR，羽毛，木材，纤维以及非照片级的 hatch、shading 等。

EON Professional 支持 CG 材质编译功能，利用 CG 脚本友好的编辑界面，开发人员还能够轻松地编译出自己独有的着色器。图 6.7 所示是利用 EON Professional 特效模块模拟的具有照片级真实感的虚拟场景。

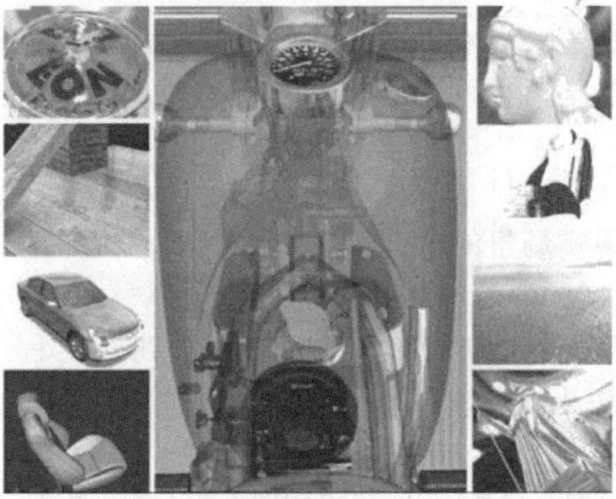

图 6.7 利用 EON Professional 制作的虚拟场景

2）EON CAD 模块

EON Professional 为工业用户提供一个高级的 CAD/3D 数据转换组件，可快速简捷地将 CAD/3D 数据转换成 EON 所能识别的格式，且不会产生材质或者模型信息的丢失。

EON Professional 支持 30 多种数据格式，其中包括 AutoCAD、CADKEY、IGES、Maya、3ds Max、LightWave、SOFTIMAGE 3D 和 Solidworks。

另外，EON Professional 还有其他特性，如支持关键帧，自动法线校正，顶点定位，精简几何体/面片，以及在保留模型原 UV 贴图和纹理的同时，进行多样化可调整的重复贴图。

EON CAD 是由 EON 公司与 Right Hemisphere 公司合作，基于 Deep Exploration、Polytools 和 CoreCAD 模块，以及 EON 的特有技术开发的软件模块。通过 CAD 本身自带的扩展功能，可以将包括 MicroStation、CATIA、Alias、Unigraphics、Pro/E 和 STEP 在内的数据格式直接转换为 EON 默认的 EOZ/EOP 格式，并能进行批量转换。图 6.8 所示为 EON CAD 导入各种 CAD 模型的操作界面。

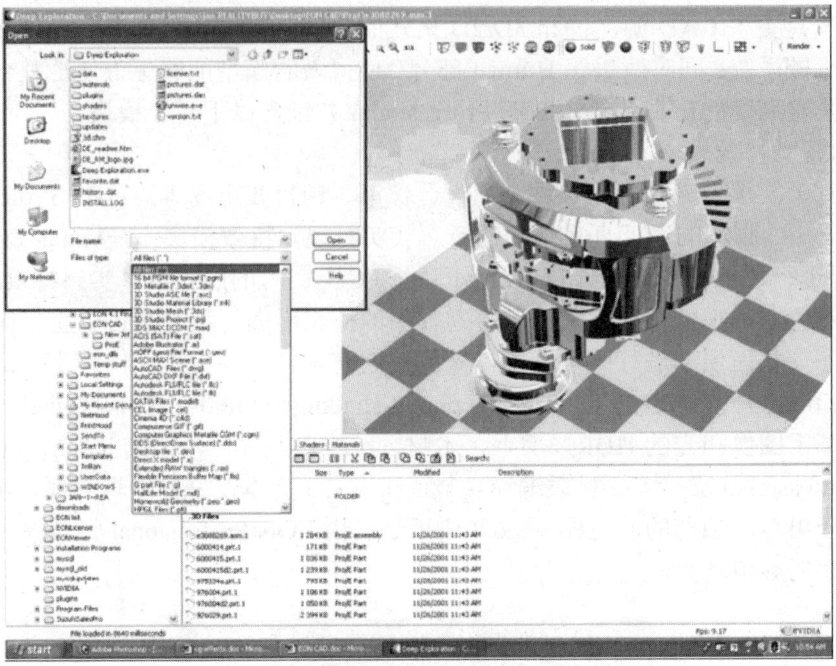

图 6.8　EON CAD 导入各种 CAD 模型的操作界面

3）EON 物理模块

有的应用领域对虚拟现实场景的仿真程度要求很高，例如基于学习、维护和训练的模拟等，EON Professional 对现实的高度模拟特性使其成为该类解决方案的最佳选择，它的物理、行为功能模块非常适用于需将物理、仿生效果加入到应用程序中去的开发人员。EON Professional 的物理功能模块为虚拟物体赋予了多个物理特性，如重力、质量、摩擦力、运动学、物体之间的多种物理约束。

EON Professional 的物理功能模块是基于成功的 Vortex 物理引擎而开发出来的，该物理引擎是一个以牛顿力学为基础而开发出来的强大的动态仿真力学引擎。物理功能模块同时包含了一个新的强劲的碰撞检测运算机制，使它在碰撞检测运算速度上有明显的提高，类似一个高保真汽车动态引擎。

该模块主要包括刚体节点（RigidBody）、动力学管理节点（DynamicsManager）以及各种仿真连接节点（如 SpringJoint）。应用该模块大大提升了程序的开发速度，并且取代了传统的用动画代替动态仿真的方法。EON Professional 的物理功能模块的使用界面也是简单易用的图形化界面，同样适合非程序开发人员使用。图 6.9 所示为应用 EON 物理引擎对各种动力学现象的模拟。

4）EON 虚拟人模块

EON Human 模块使建筑师、开发人员、工程师以及城市规划人员可以在建筑群里加入一些活动的人物对象以增加环境的灵气。该模块借助 RPC 人物库模型，使得制造业、突发事件和安全人员等的培训更加容易。

EON Human 模块与来自 Archvision 公司的 Real People 库有着完全一致的接口，因此它能完全接收 RPC 数据。图 6.10 所示为加入虚拟人模块的 EON 互动场景。

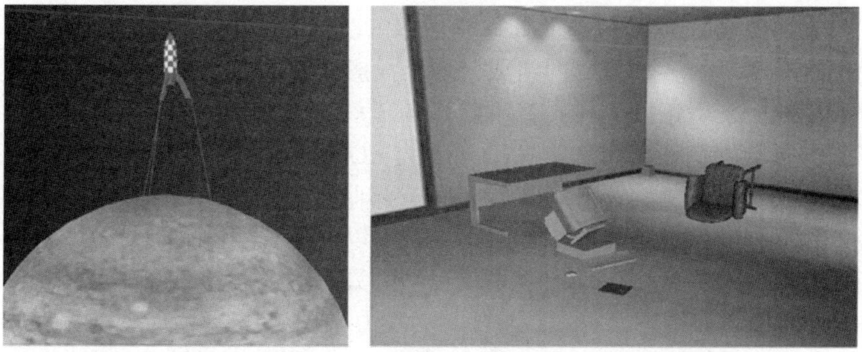

(a) 弹簧绳对充气玩具的约束模拟　　(b) 重力、碰撞和摩擦力等物理属性的模拟

图 6.9　应用 EON 物理引擎对各种动力学现象的模拟

图 6.10　加入虚拟人模块的 EON 互动场景

3．EON Icatcher

EON Icatcher 是一款沉浸式立体显示解决方案，除了 EON 软件加上基本的计算机硬件外，另外包含的硬件配置是 LCD 投影仪或 DLP 投影仪。EON Icatcher 支持多种虚拟现实投影显示方式：正投（投影仪和观察者处于投影幕的同侧）/背投（投影仪和观察者处于投影幕的异侧）；单通道（单组投影投射一个画面）/多通道（多组投影投射画面拼接）。图 6.11 所示为基于 EON Icatcher 的立体显示效果。

(a) 单通道背投立体　　(b) 多通道弧幕正投立体

图 6.11　基于 EON Icatcher 的立体显示效果

4．EON Icube

EON Icube 是一个多通道（3～6 墙）沉浸式虚拟现实显示系统，即 CAVE（Cave Automatic Virtual Environment）系统，在该系统中参与者可以感受到的不只是包围着自己的立体影像，

还有环绕立体音响效果。3D 环境中的任何物体都可以感应参与者的操作，并实时产生相应的变化。它由围绕观察者的多个投影面组成。多个投影面组成一个立方体结构，其中三个墙面采用背投方式，地面采用正投方式。若放置 CAVE 系统的房间大小有限，可通过反射镜把投影图像投影到屏幕上以节省空间。图 6.12 所示为 EON Icube 系统现场安装效果。

EON 仿真程序运行之后，观察者戴上液晶立体眼镜（如果采用被动偏振立体，可以带偏振立体眼镜）和一种 6 个自由度的头部跟踪设备，以便将观察者的视点位置实时反馈到计算机系统。当观察者在 CAVE 中走动时，系统自动计算每个投影面正确的立体透视图像。观察者手握一种称为 Wand 的传感器与虚拟环境进行交互，图 6.13 所示为观察者在 EON Icube 系统中体验。

图 6.12 EON Icube 系统现场安装效果

图 6.13 观察者在 EON Icube 系统中体验

CAVE 是大型的 VR 系统，具有高度的沉浸感、良好的交互手段，可以融合视觉、触觉和听觉等，并且可以跟踪头部的 6 个自由度的运动，可以应用到许多领域，例如科学计算可视化、有限元计算、天气预报和大型模拟器等。

EON Icube 使用一个高增益材料的投影幕，并且内置多通道同步的功能。该技术的出现是高端虚拟现实显示技术发展中的一个极其重要的里程碑。高端的沉浸式系统一直都是安装复杂、操作困难以及维护费用高。EON Icube 对比以往的基于 UNIX 的虚拟现实系统，它操作简单，渲染虚拟图像方面的速度快，保证了画面的流畅性以及画面质量。

5. EON SDK

EON SDK 是一种专门用于构建新的 EON 软件功能和软件模块的软件，这个工具软件和美国 EON 公司用来编写 EON 软件的基本功能和模块的软件平台是一样的。EON SDK 使用的编程语言是 C++。EON SDK 在 VC++中包含有两个精灵（wizards），同时还有一些基本的类，使用者所制作的功能和模块可以获得 EON 公司的授权而被 EON 软件认可（只有授权了才能在 EON 软件中正常使用）。还有许多库函数和一些节点的源文件（帮助使用者学习）。使用 EON SDK，可以通过创建新的功能节点来改进使用者的系统，这些新的节点的使用方法如同 EON 内部的节点一样没有改变，新增的节点与 EON 系统完全整合。

6. EON Raptor

EON Raptor 是 EON Reality 公司针对 3ds Max 开发的插件，使用者通过 EON Raptor 能够快速地在 MAX 里观看大型 3D 模型转化成虚拟现实场景之后的效果，如图 6.14 所示，并且能快速简便地将 3D 模型转换成网页模式和标准模式两种 EON 虚拟现实程序。该插件的安装及使用见本章的 6.3.2 节。

图 6.14　使用 EON Raptor 观看虚拟场景效果

6.2.3　EON 技术在国内外的研究与应用

1. EON 技术在国外的研究与应用

EON 技术在国外应用广泛，许多企业应用 EON 开发虚拟现实系统。

（1）世界上最大的石油生产商 Aramco 使用 EON 开发的虚拟现实培训系统（Virtual Reality Training System，VRTS），可用于油田勘探和开采工序的培训与训练，降低成本的同时也大大改善了施工的安全性。

（2）世界上最大的航空制造公司——波音公司（BOEING），EON为其提供了强大有效的开发销售和市场的解决方案。此外，EON 还为波音公司提供了一套三通道解决方案，用于英格兰法保罗夫（Farnborough）展览展示，波音还将使用 EON 开发一些三维交互式解决方案，包括 747 和 737-8 的交互切换操作和新型抗扰流方法的演示。

（3）日本四大摩托车生产厂家之一——铃木（SUZUKI）也采用了 EON 的解决方案。EON 为铃木公司提供了一个可视化的配置销售系统，该系统集成了财务评估功能和报价功能，还能提供实时管理和跟踪产品定制的各种信息，从而压缩了产品开发的时间和销售成本。

（4）日本丰田公司采用该套系统再现丰田汽车的整个生产流程，以及用于对新员工的流程培训。

EON 技术拥有广大的客户群，如图 6.15 所示。

2. EON 技术在国内的研究与应用

近年来，随着计算机软硬件技术的进步，人们逐渐认识到虚拟现实技术的重大作用。EON

作为一种成熟的虚拟现实平台，也正被越来越多的人认识和接受。目前基于 EON 技术的研究应用取得了可喜的成绩。

图 6.15 EON 技术在国外的客户群

（1）大连海事大学基于 EON 技术的船舶机舱集控室仿真系统不仅实现集控室场景的实时漫游，而且还能实现对虚拟场景中主要部件的驱动，实现与轮机模拟器之间通信，保持视景中虚拟集控室设备的状态与船舶轮机模拟器所模拟的相应设备的状态一致；并且可通过对虚拟机舱集控室中相关设备的控制，实现对轮机模拟器的操作。

（2）海军航空工程学院基于EON 技术研发了具有交互控制功能的导弹虚拟维修训练系统，用于对维修技术人员进行培训。

（3）海军工程大学基于EON技术研发了核级安全阀虚拟维修训练系统，用于对维修人员进行培训。

（4）广东工业大学应用 EON 开发平台对虚拟装配技术的研究。

（5）北京服装学院基于 EON 技术研发了网上三维试衣系统。

（6）另外还有山东科技大学基于 EON 技术的数字矿山研究、西安建筑科技大学基于 EON 技术的数字城市研究、装甲兵工程学院基于 EON 技术的虚拟拆装系统的开发。

6.3 认识 EON Studio

本节通过制作一个简单的交互实例认识 EON Studio。该实例中当鼠标单击茶壶时，茶壶开始绕 z 轴旋转；当鼠标再次单击茶壶时停止转动。首先需要建立一个虚拟互动场景，这里的虚拟场景中只有一个茶壶。

如前所述，EON Studio 是一个互动开发平台，而非建模工具，因此该虚拟场景中的模型（茶壶）需要通过建模软件来建立。采用 3ds Max 软件完成茶壶模型的建立，并保存场景文件为 teaport.3ds。有关 3ds Max 的使用请读者自己查阅相关文档。

6.3.1 安装 EON Studio

1．系统需求

Run-Time 需求（观看模拟程序时）如表 6.1 所示。

表 6.1　安装 EON Studio 的 Run-Time 需求

操 作 系 统	备　　注
Windows 95/98/ME	需要 DirectX 6.1 或者更高的版本。为了观看 CG 材质，必须安装 DirectX 9.0b 或者更高的版本。注意：EON 渲染模式必须设置成 Open GL，CG 材质不能工作在 Direct 3D 模式下
Windows NT 4.0	必须安装 SP3 或者更高版本
Windows 2000/XP	
Mac and UNIX	当前不支持
图形卡驱动	**版　　本**
基于 Nvidia 显卡	需要 ForceWare 53.03 或更高版本，为了观看 CG 材质，最低配置为 FX 5200
基于 ATI 显卡	需要 Cataly 4.10 或更高版本，为了观看 CG 材质，最低配置为 Radeon 9500
其他品牌显卡	与最新驱动同步，为了观看 CG 材质，该显卡必须支持 Open GL
支持的浏览器	**备　　注**
Internet Explorer	需要 4.0 或更高版本
Netscape Navigator	需要 4.51 或更高的版本。注意：由于 Netscape 6.x 的限制，Netscape 6.x 的 plug-in 安装目前是手动安装，减少了 EON 与浏览器的连通性
Mozila/firefox	需要 1.0 或更高版本，减少了 EON 与浏览器之间的连通性
Opera	需要 7.54 或更高版本，减少了 EON 与浏览器之间的连通性

Authoring-time 需求（使用 EON Studio 开发一个模拟程序时）如表 6.2 所示。

表 6.2　安装 EON Studio 的 Authoring-time 需求

操 作 系 统	备　　注
Windows 95	不支持
Windows NT 4.0	不支持
Windows 98/ME/2000/XP	需要 DirectX 8.1 或更高版本，系统必须有 256MB 内存以上
Mac and UNIX	当前不支持

2. 建议使用的系统配置

（1）对于桌面系统的用户，建议系统最低配置如下。

操作系统：Windows XP

CPU：Pentium 2GB

内存：512MB

显卡：显卡必须支持 Programmabled Shaders，如 Nvidia FX 5600 或 ATI Radeon 9800

浏览器：Internet Explorer

渲染模式：OpenGL

注意：当 EON 模拟程序运行时，支持 Open GL 模式的显卡能够使 EON 模拟程序达到更好的效果。EON 也支持 Direct 3D，但不是所有的节点都支持。因此在选购显卡时，尽可能选购 Open GL 显卡。

（2）对于高端、需要显现立体效果的用户，建议使用系统的最低配置如下。

操作系统：Windows XP

CPU：Pentium 3GB

内存：1GB

显卡：显卡必须支持 Programmable Shaders 和 Open GL Quad-buffer Stereo，如 Nvidia FX2000 或 3000

3．EON Studio 5.5 的安装

注意：在安装 EON Studio 5.5 以前，需要卸载 EON Studio 以前的版本。

安装步骤如下。

（1）插入 EON 安装光盘，将自动显示 EON 的安装界面，如果没有显示，则直接执行第（2）步，否则执行第（5）步。

（2）选择“开始”→RUN 命令。

（3）输入启动命令，如 G:\Setup.exe。

（4）单击“确定”按钮。

（5）选择 EON Studio 5.5，单击“安装”按钮，引导完成安装。

安装注意事项：

- MSAgent 为 microsoft 产品，如果使用 EON 中的 instructor 节点，则需要安装 MSAgent。
- 如果需使用 EON 中的 Force Feedback 模块，则安装 Immersion 公司的 I-Force Studio。

6.3.2 EON Raptor 的安装与使用

1．EON Raptor 的安装与设置

通过 EON Raptor，在 3ds Max 中就可以很方便地预览虚拟场景，并能直接发布虚拟程序。以 3ds Max 8 为例，介绍 EON raptor 的安装及设置。

开始安装时，注意选择 3ds Max 版本。如图 6.16 所示，选择 Plugin for 3ds Max 8。

EON Raptor 的设置主要在 3ds Max 中进行，具体操作步骤如下。

（1）打开 Configure Button Sets 窗口。在 Utilities 中单击“配置按钮设置”图标，如图 6.17 所示。

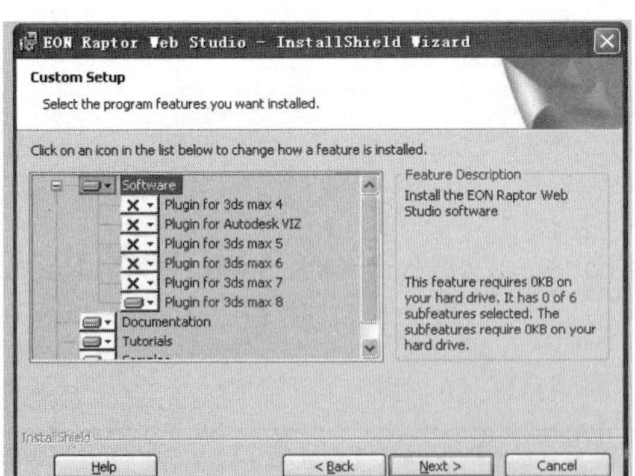

图 6.16　安装 3ds Max 8 的 EON Raptor

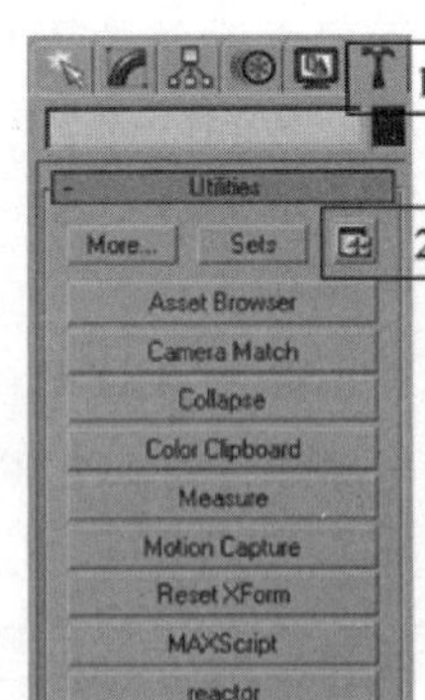

图 6.17　3ds Max 8 中的 Utilities

（2）配置 EON Raptor 面板。在 Configure Button Sets 窗口中，首先将 Total Buttons 增加 1，再将 EON Raptor 拖曳添加到刚增加的按钮上，然后单击 OK 按钮。图 6.18 和图 6.19 所示

分别为添加 EON Raptor 面板前后的状态。

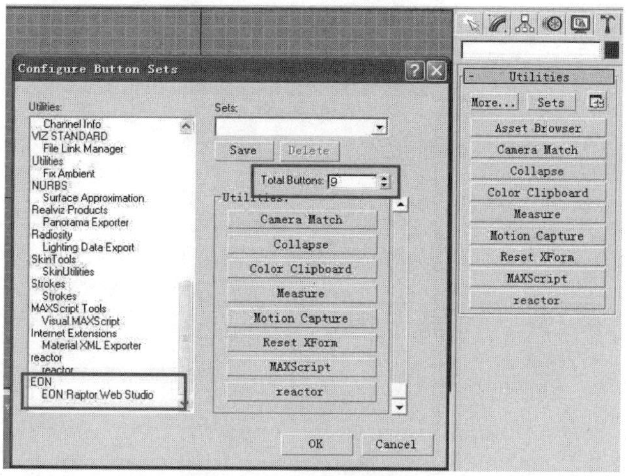

图 6.18　添加 EON Raptor 面板前

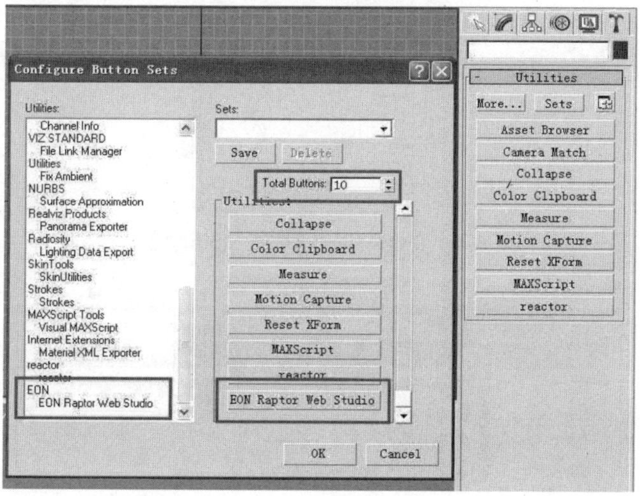

图 6.19　添加 EON Raptor 面板后

（3）展开 EON Raptor Web Studio 面板。单击 Utilities 按钮，此时 EON Raptor Web Studio 面板已经添加，单击可展开该面板，如图 6.20 所示。

2．使用 EON Raptor

在 3ds Max 建立虚拟场景（茶壶），并通过 EON Raptor 插件进行预览，操作步骤如下。

（1）启动 3ds Max。选择“开始”→Autodesk→Autodesk 3ds Max 8→3ds Max 8 命令，如图 6.21 所示。

（2）建立茶壶模型，并赋材质，如图 6.22 所示。

（3）单击 Utilities 中的 EON Raptor Web Studio 按钮，展开 EON Raptor 面板，如图 6.23 所示。

（4）单击 Raptor Window 按钮，打开预览窗口，该标签按钮由黑色状态（可用状态）变成灰色状态（不可用状态），其余的标签按钮则变为可用状态，如图 6.24 所示。

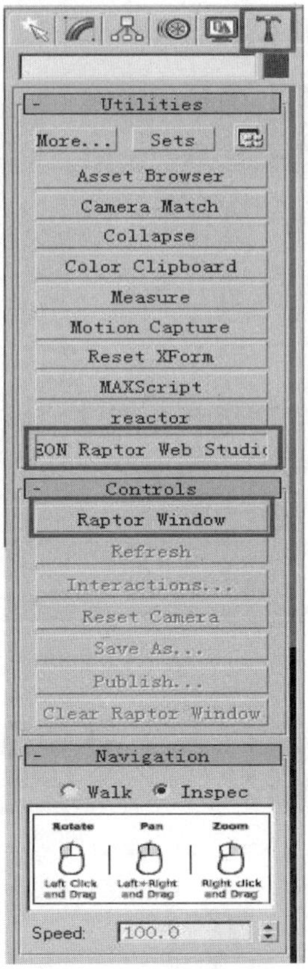

图 6.20　EON Raptor Web Studio 面板

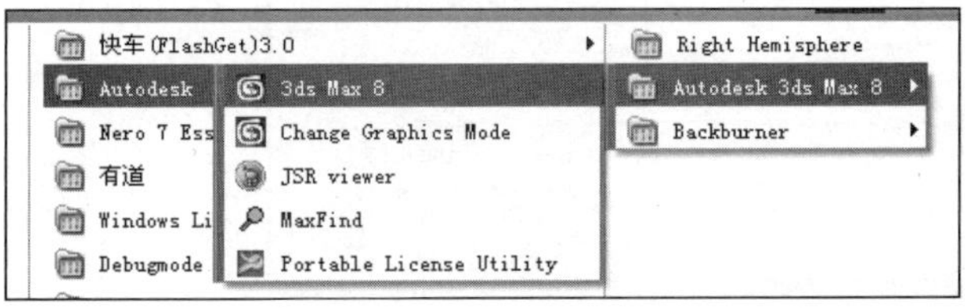

图 6.21　启动 3ds Max 8

图 6.22　建立茶壶模型

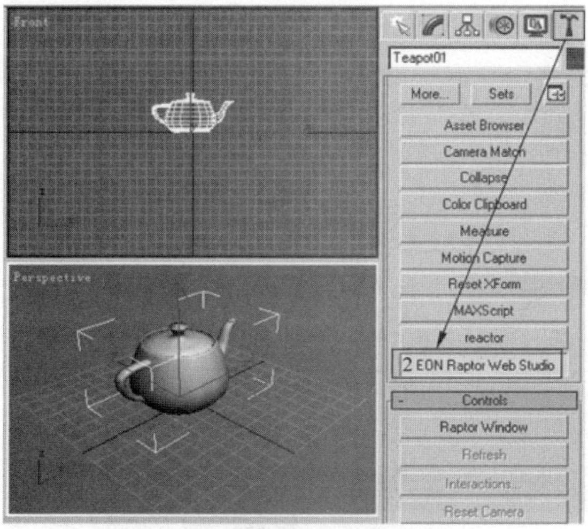

图 6.23　展开 EON Raptor 面板

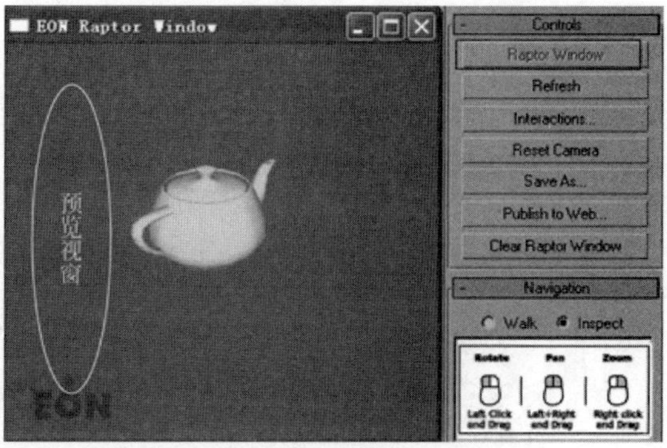

图 6.24　打开 Raptor Window

（5）单击 Save As 按钮打开保存窗口，保存文件名为 teaport，文件类型选择 EON Studio Project Files（*.eoz）。导航方式的设置分为 Walk 和 Inspect。Walk 模式为漫游行走方式；Inspect 为 360° 自由观察方式。本例中选择 Inspect 方式，如图 6.25 所示。

图 6.25　导航方式选择

6.3.3　EON Studio 操作界面

创建好虚拟环境后，需要导入虚拟现实开发平台 EON Studio 进行交互程序的创建。选择“开始”→EON Studio 命令，启动画面如图 6.26 所示。

图 6.26　EON Studio 的启动画面

为了能够使用 EON Professional 的相关节点，需要安装 EON Professional 5.5。

1．EON Studio 操作界面

EON 操作界面包括菜单栏、工具栏、节点元件库、交互设计窗口、模拟树、属性面板和日志窗口等，如图 6.27 所示。

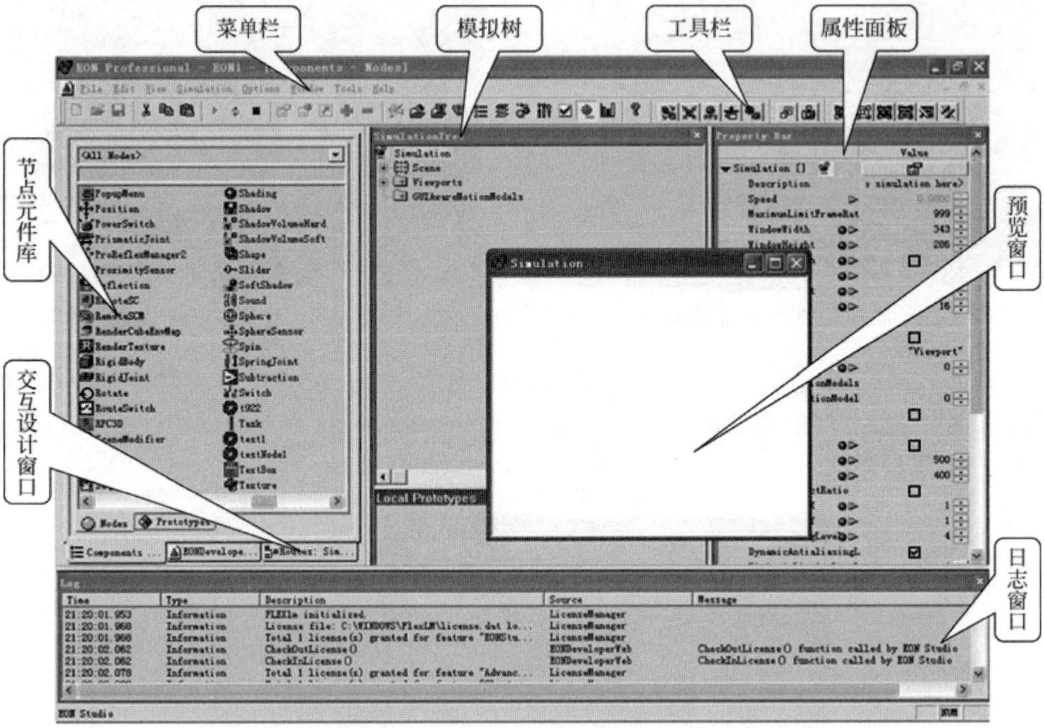

图 6.27　EON Studio 的操作界面

2．EON Studio 默认版面布局

EON 的主视窗是由许多子视窗组成的。打开 EON Studio 时，主窗口显示其默认视窗，如图 6.28 所示。选择 View→Default layout 命令，恢复默认视窗布局模式。

EON 的默认视窗主要包含：

- 模拟树视窗：固定在中间。
- 节点元件视窗：以 MDI（Multiple Document Interface）模拟被显示。
- 属性设定视窗：固定在模拟树视窗的右边。
- 日志视窗：固定在主视窗底部。

3．EON 视窗

创建 EON 应用程序时主要用到以下 4 类视窗。

1）节点元件视窗

节点元件视窗（Components Window）是 EON 中的一个重要视窗，该视窗中包含了 EON 中所有的节点和元件，如基本节点（Base nodes）、代理节点（Agent nodes）等。

2）创建视窗

（1）模拟树视窗。

模拟树视窗（SimulationTree）用来创建 EON 应用程序。EON 应用程式是由节点或元件

按照一定的逻辑关系进行分层的结构化管理。节点在模拟程序中如何排列是建构模拟程序的重点。模拟树中的节点如 Scene ，带加号的节点表示包含其他的节点，通过单击加号，可以显示其包含的节点；双击该节点，弹出其属性设定对话框。

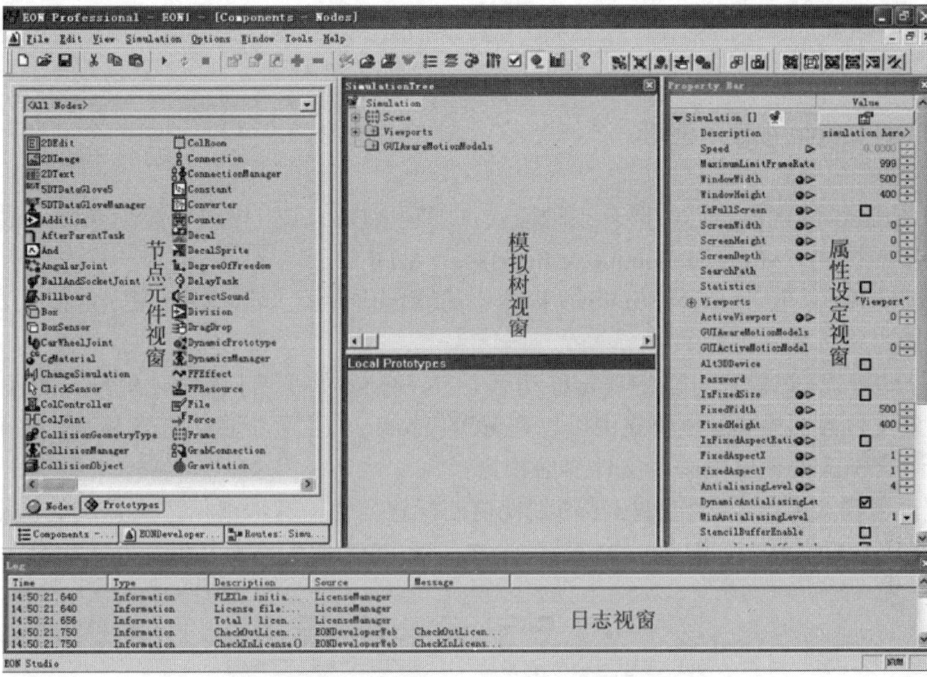

图 6.28　EON 的默认视窗布局

（2）属性设定视窗。

属性设定视窗也是 EON Studio 的一个重要视窗。当在模拟树视窗里单击某个节点或元件之后，会在该视窗中显示该节点或元件的相关编辑参数，可以在该视窗中编辑或修改相关参数，有些节点或元件可以双击打开其属性对话框进行参数的设置和修改。

（3）逻辑关系设定视窗。

该视窗是 EON 的交互程序设计窗口。首先需要将模拟场景中所用到的资源（节点或元件）拖曳进该视窗，然后通过连接相关节点的收发域来完成信息的传递，从而完成交互程序的设计。

3）帮助视窗

（1）蝶状视窗。

蝶状视窗（Butterfly Window）用来显示所选节点的所有连线情况。通过该节点可以很容易地追踪被选节点与其他节点的逻辑关系。

（2）查找视窗。

查找视窗（Find Window）是查找放置在模拟树中节点的工具。可以通过选择菜单栏中的 Window→Find 命令打开该窗口。

（3）日志视窗。

日志视窗（Log Window）显示 EON Studio 内部运作的信息，主要用来调试和改善模拟程序的行为。默认状态下，日志视窗位于窗口的底部。

4）模拟视窗

模拟视窗用来运行模拟程序。通过选择 Simulation→Start 命令打开，也可通过单击工具栏上的“运行”按钮打开该窗口，如图 6.29 所示。

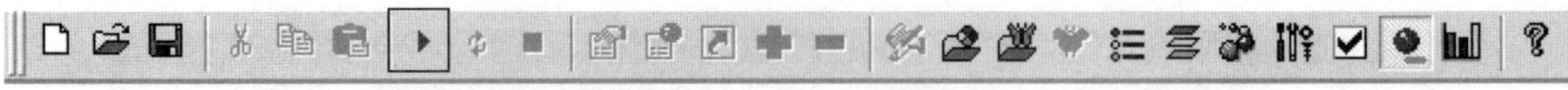

图 6.29　工具栏上打开模拟视窗的按钮

4．EON Studio 视窗的使用

1）视窗布局模式

EON Studio 的视窗布局主要有三种模式：固定（Docked）模式、浮动（Floating）模式和多文件界面模式（Multiple Document Interface，MDI）。

（1）固定模式。位于 EON Studio 主视窗中的固定位置上，可以将视窗固定在主要视窗的上方、左方、下方和右方。

（2）浮动模式。该模式可以将视窗移动到 EON Studio 的主要视窗外、屏幕上的任意位置。

（3）多文件界面模式。该模式中可以在 EON Studio 的主要视窗中任意移动，也可以利用 Ctrl+Tab 组合键改变使用中的多文件界面视窗。

改变视窗模式的方法：将鼠标移动到视窗的标题列中，右击鼠标，从弹出的快捷菜单中选择，如图 6.30 所示。视窗的布局与最近一次关闭 EON 时的布局相同。

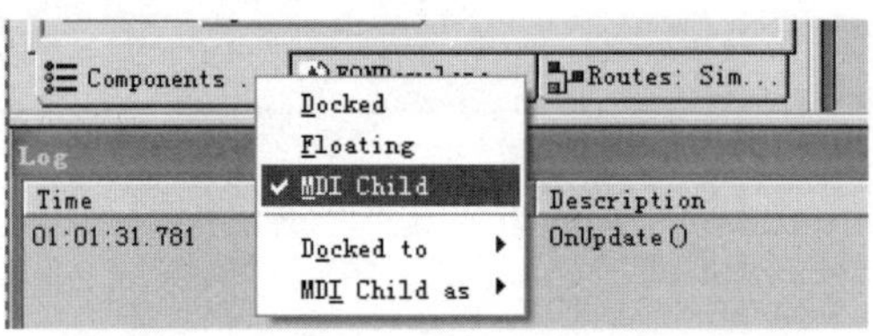

图 6.30　EON Studio 的视窗模式选择

注意：当 MDI 视窗在最小化模式时，必须先将其复原，才能启动快捷菜单。

2）视窗的使用

（1）模拟树视窗。

模拟树视窗是 EON 的默认视窗之一，选择 Window→Simulation Tree 命令打开和关闭该视窗，如图 6.31 所示。

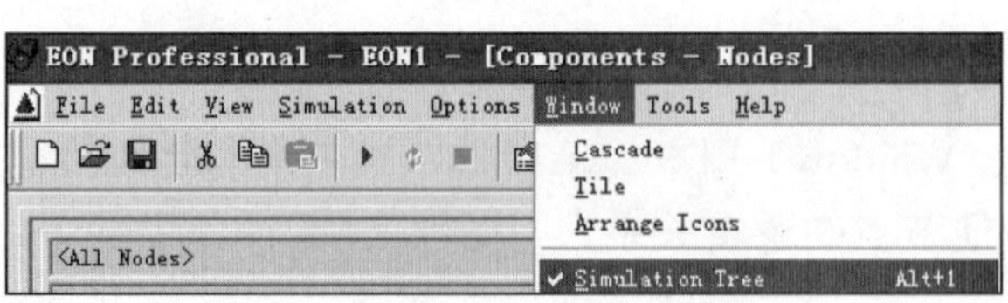

图 6.31　在菜单中打开模拟树视窗

模拟树视窗相当于 Windows 95、Windows 98 中的资源管理树状结构，可以展开或收藏，都采用分层的结构化管理，且功能节点可在其中复制和粘贴。

模拟树视窗有两个窗格：模拟树窗格和本地元件窗格，本节只介绍模拟树窗格，图 6.32 所示为 EON 模拟树视窗默认结构。

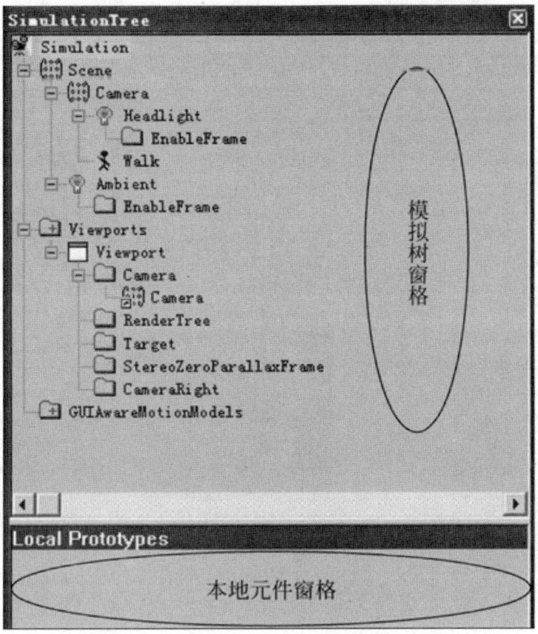

图 6.32　EON 模拟树视窗的默认结构

表 6.3 对模拟树默认节点进行了介绍。

表 6.3　模拟树的默认节点

Simulation	EON 模拟程序的根节点
Scene	该节点可编辑物件的位置、方向、大小、背景及云雾效果
Camera	该节点可以控制模拟程序的摄像机。摄像机的位置、角度决定了模拟视窗中的观看角度和方位。可以通过该节点对观察角度及方位进行设置
Headlight Walk Ambient	灯光（Light）节点主要用来照明模拟程序中的物体。模拟程序中主要有两种灯光节点：一种是放置在模拟程式中摄影机上方的方向性光源；另一种是环境光。EON 中提供了 5 种不同的灯光形式，且灯光的颜色是可调整的
Walk	默认情况下 Walk 节点放置在 Camera 节点下，用户通过鼠标在 3D 环境中自由走动
Viewports	该文件夹内可以放置一个或多个功能节点或节点的快捷连接。同时，也可以在该文件夹内放置附加的视点（ViewPoint）节点来制作多视角模拟程序
Viewport	模拟视窗可以被分割成多个窗格或视窗。例如使用多个视点功能节点（Viewport），就可以模拟汽车的后视镜功能。视窗口的大小、视角的范围以及可见物到浏览器的距离均可在该节点的属性设定框中定义
Camera	该文件夹可以存储模拟程序中摄像机的快捷连接。注意：该文件夹只能用来存储单一资料
Camera	摄像机节点的快捷连接
GUIAwareMotionModels	该文件夹用于存储来自运动模式群组节点的快捷连接，使得模拟程序可以在具有 ActiveX 环境的软件中观看

（2）节点元件视窗。

节点元件视窗也是 EON 的一个重要视窗，图 6.33 所示为节点元件视窗。该视窗以多文件界面方式排列在窗口左边。按 Ctrl+Tab 组合键，改变使用中的多文件视窗。

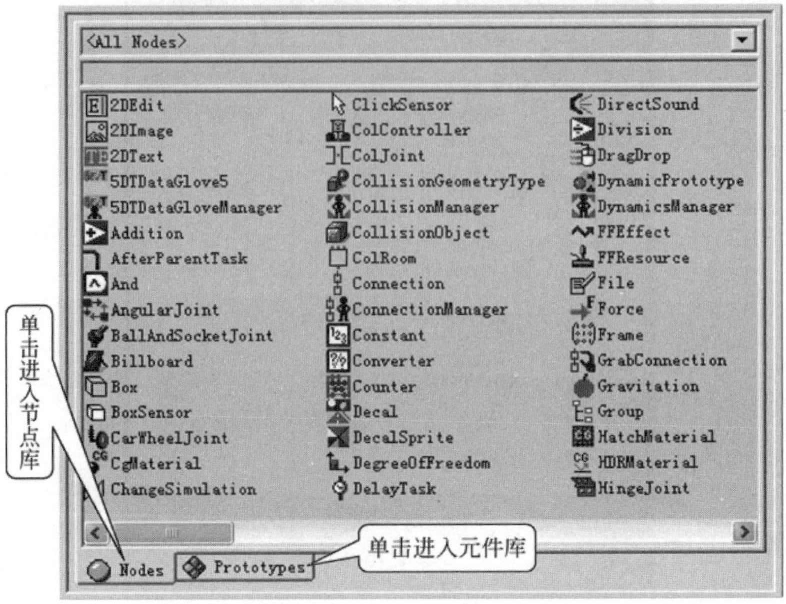

图 6.33　节点元件视窗

节点元件视窗列出了EON内部提供的所有节点和元件，节点和元件分别放置在各自的库中，常用的节点和元件主要有 4 类：基本节点（如 Frame、latch）、代理节点（如 Rotate）、运动模型节点（如 Walk）和传感器节点。有关节点和元件的使用参见本章的 6.4 节。

（3）属性设定视窗。

属性设定视窗也是 EON 的默认视窗之一，选择 Window→Property Bar 命令打开和关闭该视窗，如图 6.34 所示。

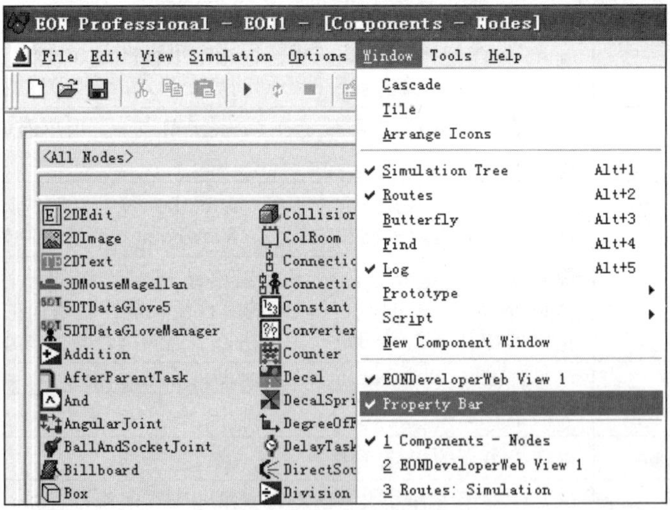

图 6.34　属性设定视窗

为了提高工作效率，更快速地修改节点的属性，自 EON Studio 4.0 版本起，EON 推出了属性编辑视窗（Property Bar）。它取代了过去的属性对话框，使用户对节点属性的修改更为方便。

属性设定视窗作为 EON Studio 的一个重要视窗，被默认放置于模拟树视窗的右侧。属性设定视窗分为两栏：域名和域值。这两栏的宽度可以通过拖动框架中线来改变。

节点拖曳到模拟树下之后，单击模拟树中节点，则其属性就会在属性编辑视窗中相应地显示。每个节点都有 7 个默认的节点域，用户不可以对它们进行修改，因此默认情况下它们并不在属性编辑框中显示。在模拟程序运行过程中，节点的域值会随程序的运行而同步更新。

（4）逻辑关系设定视窗。

逻辑关系设定视窗也是EON的一个重要视窗。该视窗以多文件界面方式排列在软件窗口的左侧。按下 Ctrl+Tab 组合键，可变更使用中的多文件界面视窗。

逻辑关系设定视窗是 EON 重要的视窗之一，虽然在属性编辑视窗中可完成节点值的设置，但是要动态地改变节点的某些属性，实现某些交互功能，则要在逻辑关系设定视窗中完成。

在 EON 开发平台中，人与虚拟环境中物体之间的行为交互方式以及信息的传递都是通过传感器触发、事件驱动和路由机制实现的。

在逻辑关系设定视窗中功能节点间以线来连接，两个节点间信息的传递通过连线来完成，这种连接称为路由，路由体现了节点与节点之间特定的关联。两个节点间信息的传递称为事件。事件驱动过程的入事件（EventIn）是由其他节点产生的数据信息来改变接收节点的状态，出事件（EventOut）是由于一些节点状态发生了改变而输出数据信息。当两个节点之间有两条以上的连线存在时，在连线的开始端会出现一个黑点。图 6.35 所示为逻辑关系设定视窗中节点间的路由关系。

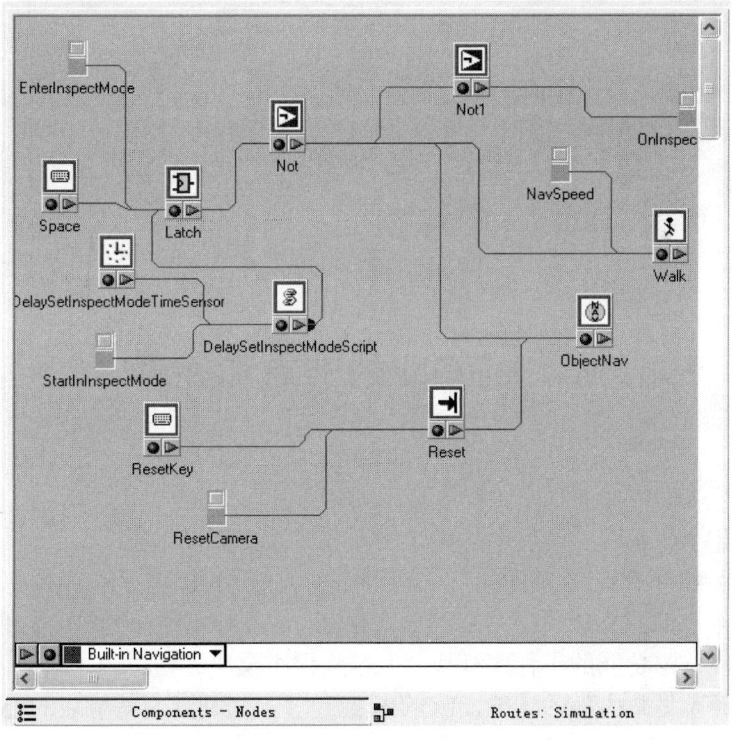

图 6.35　逻辑关系设定视窗中节点间的路由关系

（5）蝶状结构视窗。

选择 Window→ButterFly 命令打开该窗口。也可单击工具栏上的按钮打开该窗口，如

图 6.36 所示。

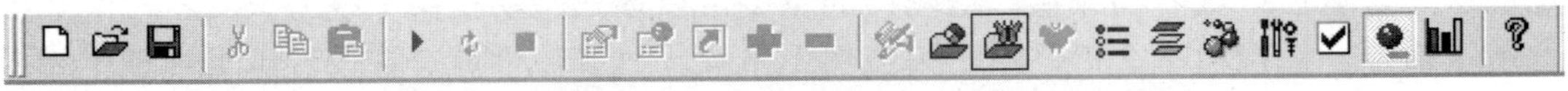

图 6.36 工具栏中打开和关闭蝶状结构视窗的按钮

蝶状视窗用来显示所选功能节点的所有连线状态，所选择的功能节点显示在视窗的中间，而所有相关的连线则列示在两侧，如图 6.37 所示。观察蝶状结构视窗中的功能节点可追踪相连接的功能节点，并了解事件的流程传递。蝶状视窗中显示三方面信息：

① 目标节点及所有与它连接节点的名称及图标。

② 与中心节点相连的所有输入输出事件的名称和类型。

③ 相连节点的域的名称。

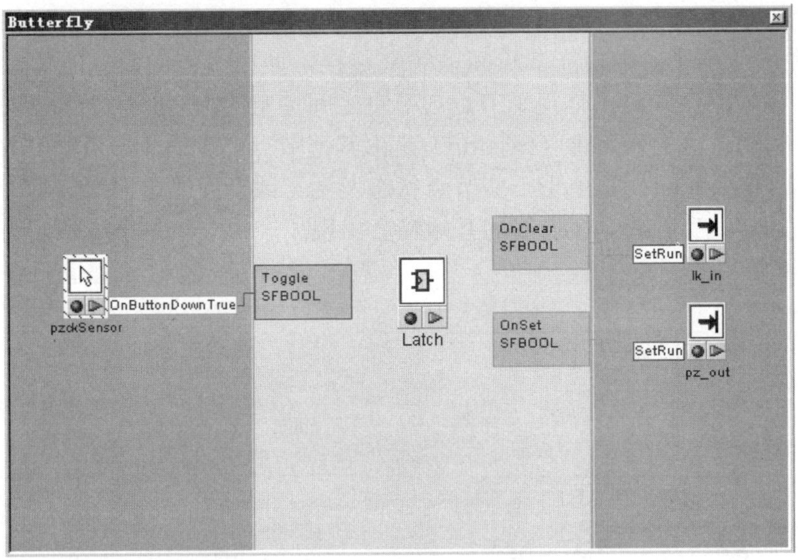

图 6.37 蝶状视窗实例

6.4 EON 的节点和元件

6.4.1 节点

1．节点介绍

1）节点说明

节点以一个形象的图标加英文名字的形式存在，是 EON 程序的核心，也是其特色之一。它可以理解为实现特定功能的小程序模块，但这些程序模块进行封装，只留下可以改变参数的接口，开发人员看不见其内部的功能，EON 模拟程序正是利用这些节点的连结来进行架构的。

EON Studio 节点库中有上百个节点，每一个功能节点都有一个特色的分类及内定的名称，反映其在模拟程序中所负责的特殊任务。例如行为代理节点（Agents Nodes）是一种主动性的功能节点，行为代理是负责一些如运动控制及开/关功能的初始操作。框架（Frame）功能节点是非行为代理的功能节点，用于定义位置。

开发人员可以应用 EON 提供的这些节点去开发程序，也可借助 EON SDK 来开发新的节点。所有的节点和元件在模拟程序中都具有自己特殊的功能，也都包含特定的数据信息，这些数据信息可以在属性编辑视窗中进行设置，也可以通过接收其他节点传递进来的信息修改自身的数据信息。

（1）数据类型。

节点所存储信息的数据格式，比如布尔型（SFBOOL）、浮点型（SFFloat）等。

（2）域。

节点通过域来存储数据，以及与其他节点传递数据。EON 节点默认有 4 种类型的域，如图 6.38 所示。

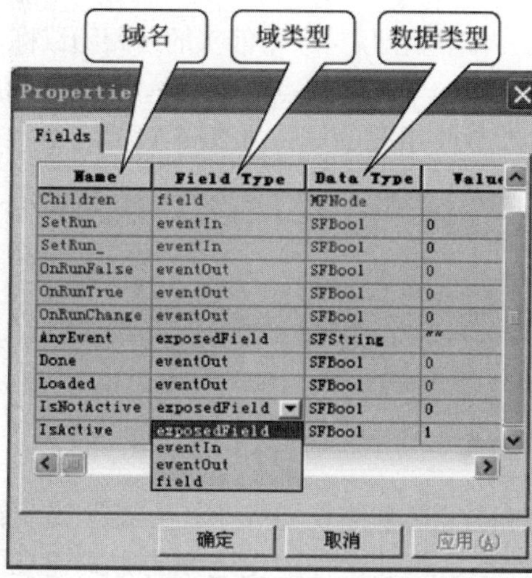

图 6.38　EON 的域类型

- EventIn：用来接收数据。
- EventOut：用来发送数据。
- ExposedField：既可以用来接收数据，又可以用来向其他节点发送数据。
- Field：这个域供内部使用。

注意：域和数据类型不同，域类型用于界定该域的作用方向（接收或发送），而数值类型则是域所存储信息的类型，用于界定信息的数据类型。

（3）事件。

两个域之间信息的传递称为交互事件。事件信号可以改变域值、节点间的交互等。

2）节点实例

下面介绍在逻辑关系设定视窗中如何建立交互事件。本实例实现的交互是键盘的某个按键触发运动节点执行相应的动作。该交互事件涉及两个节点：一个是键盘触发节点 KeyboardSensor；另一个是放置节点Place。通过节点KeyboardSensor（模拟程序中命名为 ResetKey）的按键按下（OnKeyDown 域）和节点 place（模拟程序中命名为 Reset_place）的运行（SetRun 域）之间的信息传递来说明该交互事件的建立。

（1）单击节点 ResetKey 的绿色三角图标（绿色三角代表输出事件），弹出该节点所有输出事件相关的域，如图 6.39 所示。

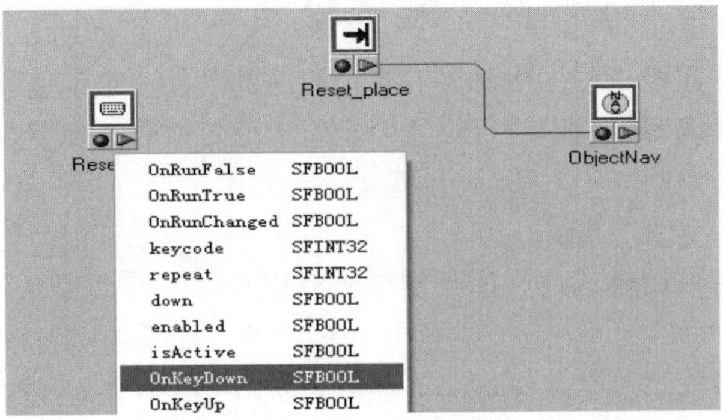

图 6.39　设置逻辑关系

（2）选择 OnKeyDown 域，此时会出现一条带箭头的线跟随鼠标，如图 6.40 所示。

（3）在逻辑关系视窗中选择 Reset_place 节点，然后单击该节点的蓝色圆球图标（蓝色圆球代表输入事件），弹出所有输入事件相关的域，如图 6.41 所示。

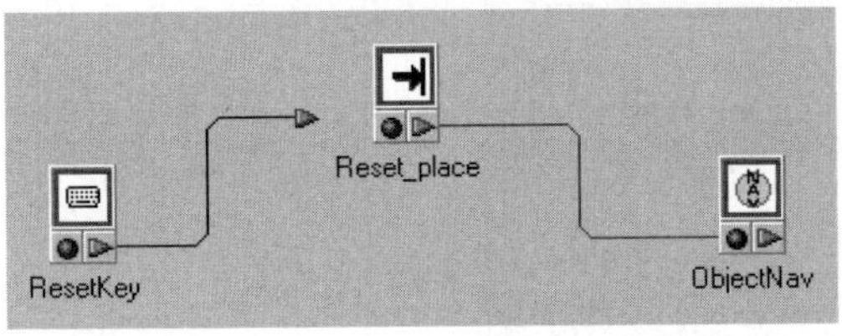

图 6.40　设置逻辑关系

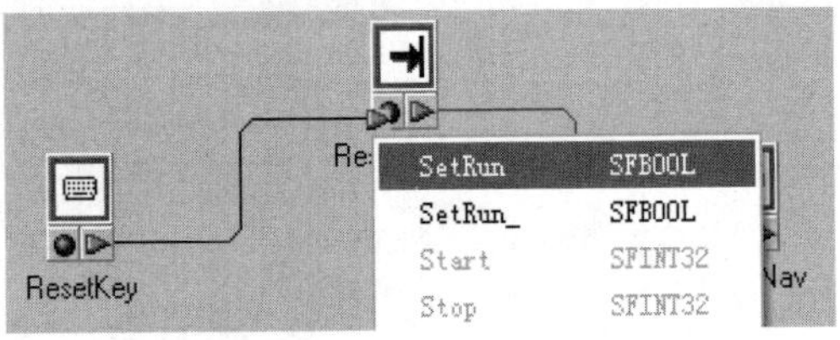

图 6.41　设置逻辑关系

（4）选择 SetRun 域，此时该交互事件就完成了。当键盘按下键时就触发该节点执行一段动作。EON 中大部分交互事件都是通过这种拖曳连线的方式建立的，也可通过编写代码来完成交互事件的建立。

EON 模拟程序也可和其他程序进行交互，比如将 EON 模拟程序嵌入 VB、VC。EON 程序和 VB 程序之间的交互事件称为内外部事件。

3）常用节点的基本功能

各类节点可以产生不同的效果，表 6.4 列出了常用的节点。

表 6.4　EON 的常用节点

节　　点	描　　述
ClickSensor	鼠标触发器，以响应鼠标事件，触发其他操作
Frame	该节点常用来控制其子节点的位置、大小和旋转等功能
DirectSound	该节点可以播放 Wave 文件，它能在 2D 和 3D 环境下播放声音
KeyboardSensor	键盘按键触发器，以响应键盘事件，触发其他操作
Latch	外部事件改变内部 0 和 1 两种状态，0 变 1，1 变 0，来分别触发其他操作
Light	该节点可以为虚拟场景添加光源，光源类型、颜色、强弱均通过该节点进行调节
Material2	新的材质节点，该节点可以用来设置虚拟物体材质的颜色、贴图和透明度等属性
Mesh2	该节点用来存储 3D 网格物体，能存储为.x 或.eox 的格式
MovieTexture	该节点可以将一段视频文件作为贴图贴到模型上面

续表

节　　点	描　　述
Place	该节点常用来控制物体的平移和旋转，且可以设置相对和绝对变化，作用于父节点
Script	该节点可以使开发者使用 VBScript 和 JavaScript 来创建新的功能节点
TextBox	该节点常用来在模拟程序中添加文字信息
Texture2	贴图节点
TimeSensor	时间触发器，该节点能够设定在特定时刻触发某些交互事件
ToolTip	该节点可以给模型添加一个指示说明
Walk	该节点可以改变其父节点的控件位置，常用来控制相机，模拟行走
WalkAbout	该节点可以设置键盘按键进行虚拟场景漫游
Viewport	该节点用来设置观察视窗，比如观察视窗的大小和位置

4）添加节点

方法一：直接从节点原件视窗中拖动节点到模拟树中，如图 6.42 所示，操作步骤如下。

（1）在节点库中选择节点，例如 place。

（2）拖动节点至需要放置的位置，例如拖动到 Frame 节点上释放。

方法二：利用快捷菜单增加节点，操作步骤如下。

（1）选择父系节点。

（2）右击父系节点。

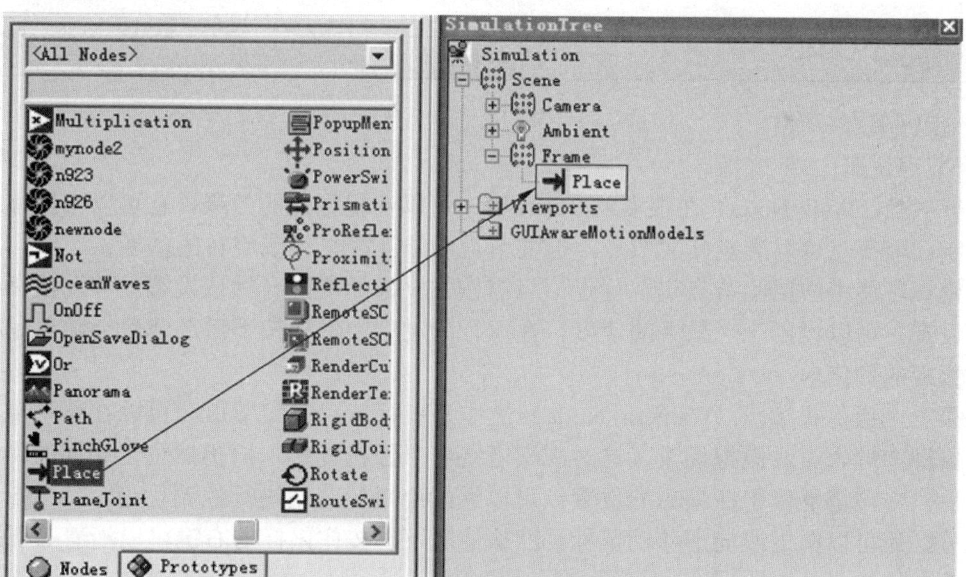

图 6.42　拖曳 Place 节点到 Frame 节点

（3）在弹出的快捷菜单中选择 NEW 命令，选择需要增添的节点。

5）复制/移动节点

应用快捷菜单复制/移动节点，如图 6.43 所示，操作步骤如下。

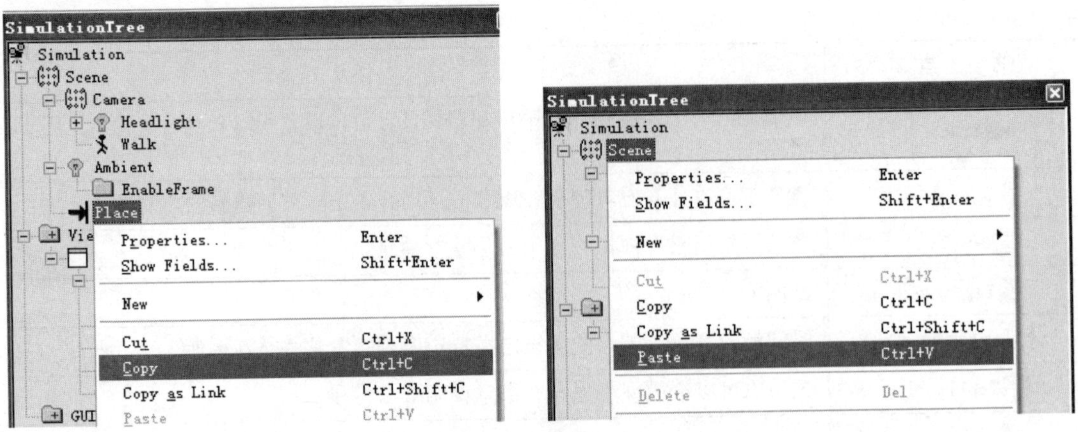

图 6.43 复制节点

（1）选择需要复制/移动的节点，例如 place 节点。

（2）右击该节点。

（3）在弹出的快捷菜单中选择 copy/cut 命令，或者按下 Ctrl+C/Ctrl+X 组合键。

（4）右击需要放置位置的父系节点，例如 Scene。

（5）在弹出的快捷菜单中选择 paste 命令，或者按下 Ctrl+V 组合键。

6）重命名节点

当加入一个新节点时，其名字与功能是相对应的。例如 place 节点：当增加第一个 place 时，系统会自动命名为 place；当插入第二个、第三个……节点时，系统会自动命名为 place1、place2、…也可以根据自己的需要重命名为便于自己记忆的名字。选中节点后单击可重新命名节点。

注意：重命名时不能以“!”、“/”、“\”、“*”、“,”以及空格为第一个字符。

2. 步行节点

1）节点说明

步行节点（Walk Node）在很多的 3D 环境中可以实现行走的效果，它可以由鼠标或者操纵杆控制。该节点可以影响其父节点，但父节点必须支持平移或旋转的功能。

在模拟环境中应用此节点实现行走，只需按住鼠标的左键（默认设置）移动鼠标。关于速度的设置，可以设定一个最大的速度，在运行的过程中鼠标按下后，速度会随着鼠标的活动而作相应的变化。

如果一个摄像机节点（Camera Node）是作为步行节点的父节点，可以在移动鼠标的同时按住鼠标中键来查看模拟场景。这时观察者绕着摄像机旋转，但仍然位于相同的点。当释放鼠标后，方向仍然停留在最后的位置，可以继续用鼠标左键进行控制行走。

此外，还可以向上或向下移动鼠标。默认情况下，按住鼠标的右键可以沿着 Z 轴向上或向下移动。

2）属性设定框

（1）Walk 节点的 Settings 属性设定对话框，如图 6.44 所示。

其中各选项的含义如下。

- Max Speed 选项区域：设定在模拟场景中进行浏览时的最大速度。

- Walk 文本框：默认行走速度是 10m/s。
- Turn 文本框：默认转动速度是 360deg/s。
- Mouse Button Assignments 选项区域：鼠标的各个部分在浏览时分别执行的功能。
- Walk 下拉列表框：在模拟场景中行走部分的设定，默认是鼠标左键。
- Look around 下拉列表框：在模拟场景中四周查看部分的设定，默认是鼠标中键。
- Elevate 下拉列表框：在模拟场景中提升部分的设定，默认是鼠标右键。

（2）Walk 节点的 I/O Device 属性设定对话框，如图 6.45 所示。

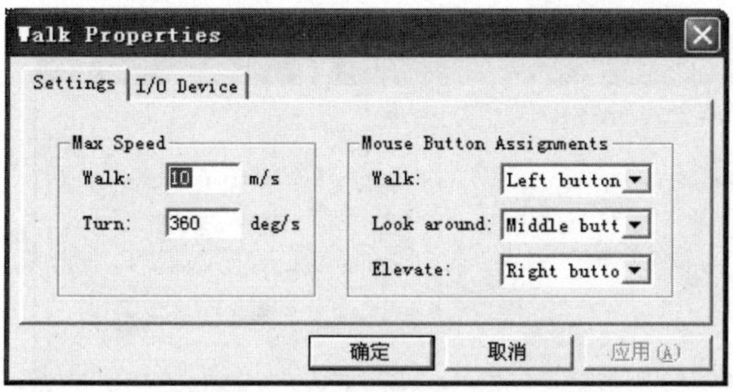

图 6.44　Walk 节点的 Settings 属性设定对话框

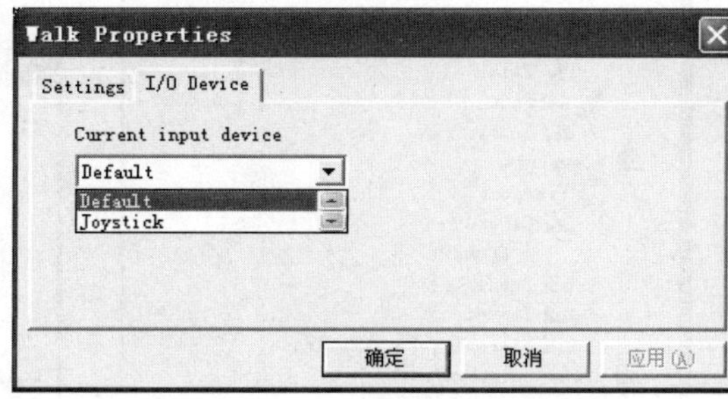

图 6.45　Walk 节点的 I/O Device 属性设定对话框

Current input device 下拉列表框：选择输入设备，从下拉列表中选择 Default（默认）、Joystick（操纵杆）或 Mouse（鼠标）。

3）输入输出域

步行节点输入输出域如表 6.5 所示。

表 6.5　步行节点输入输出域

名　　称	输入输出域	数 据 类 型	说　　明	范　　围
Position	eventOut	SFVec3f	节点的位置	
Orientation	eventOut	SFVec3f	节点的方向	
dX	eventIn	SFFloat	沿 X 轴移动的数值	
dY	eventIn	SFFloat	沿 Y 轴移动的数值	
dZ	eventIn	SFFloat	沿 Z 轴移动的数值	
dH	eventIn	SFFloat	沿 X 轴转动的数值	
dP	eventIn	SFFloat	沿 Y 轴转动的数值	
dR	eventIn	SFFloat	沿 Z 轴转动的数值	
IoDevice	exposedField	SFInt32	输入设备：0-操纵杆；1-鼠标	[0,1]
MaxTurn	exposedField	SFFloat	最大转动速度	
MaxSpeed	exposedField	SFFloat	最大移动速度	
WalkButton	exposedField	SFInt32	鼠标中键：1-鼠标右键；2-鼠标左键；任何正数	
Elevate Button	exposedField	SFInt32	提升功能设定：1-鼠标中键；2-鼠标右键；0-鼠标左键	[0,2]
TurnHead Button	exposedField	SFInt32	四周转动功能设定：1-鼠标中键；2-鼠标右键；0-鼠标左键	[0,2]
LookAround Key	exposedField	SFInt32	取代用鼠标中键进行四周查看，选择其他可用的按键，可以在移动鼠标的同时按住按键	

4）节点实例

（1）新建一个模拟程序，模拟树结构如图 6.46 所示。

注意： 新建的 EON 模拟程序中 Camera 框架下默认已经添加 Walk 节点。

（2）双击 Walk 节点，对行走的速度以及鼠标按键进行设置，如图 6.47 所示，保持默认设置。

图 6.46 新建模拟程序的模拟树结构

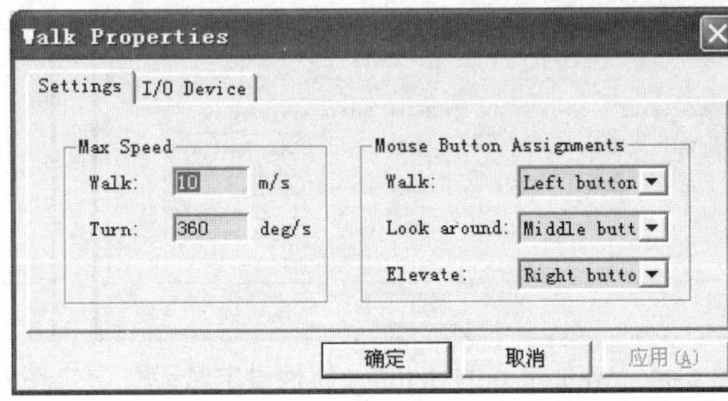

图 6.47 对 Walk 节点进行设置

（3）直接调用 EON 元件库的虚拟场景作为漫游环境。打开节点元件视窗，选择 Enviroments，拖动 SkyDome 元件至 Scene 节点下，如图 6.48 所示。

（4）选择 Simulation→Start 命令，运行模拟程序，配合鼠标按键实现场景漫游，漫游效果如图 6.49 所示。

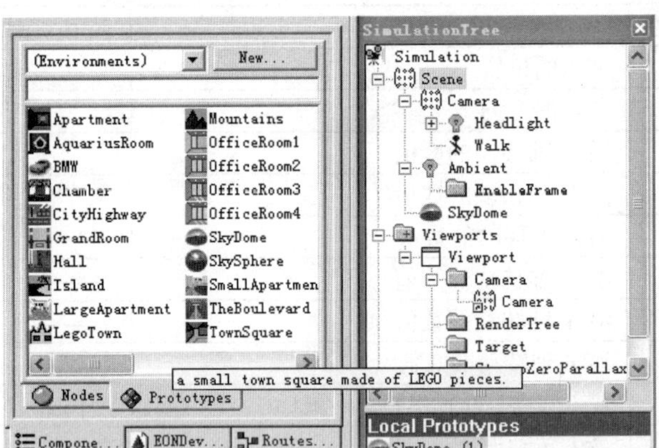

图 6.48 在模拟树下添加环境元件

图 6.49 模拟程序运行效果

3. 框架节点

1）节点说明

框架节点（Frame node）可以设置它的孩系节点的平移（Translation）、旋转（rotation）及比例（scale）。该节点也可用来群组多个节点，合理地利用框架节点可以优化模拟程序的结构。

2）属性设定框

（1）框架节点的 Translation/Rotation 属性设置对话框，如图 6.50 所示。

其中各选项的含义如下。

- Translation/Rotation 选项卡：改变 X、Y、Z、H、P、R 的值，这些值将被应用到框架节点的孩系节点。
- Hidden 复选框：如果勾选，则当模拟程序运行时，该节点与其孩系节点都将被隐藏。
- Start Values 按钮：单击该按钮，将应用目前设置的值。

（2）框架节点的 Scale 属性设置对话框，如图 6.51 所示。

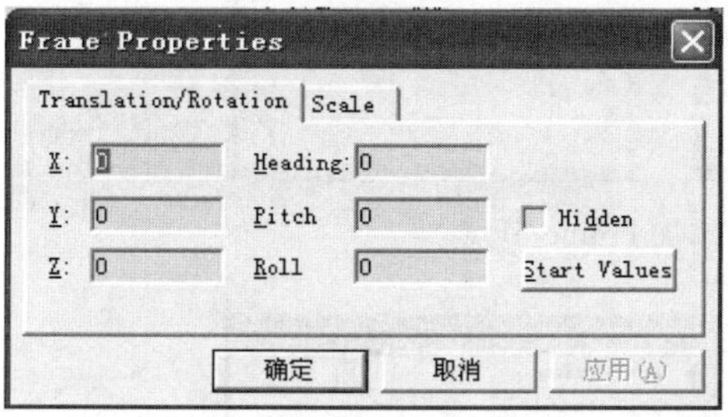

图 6.50　Frame 节点的 Translation/Rotation 属性设置对话框

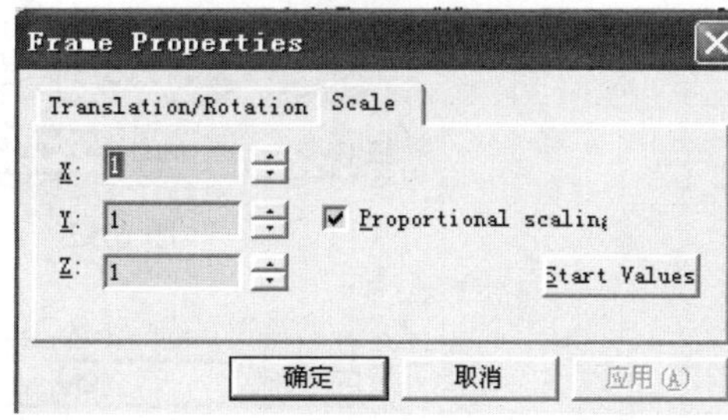

图 6.51　Frame 节点的 Scale 属性设置对话框

其中各选项的含义如下。

- Scale 选项卡：设置 X、Y、Z 的比例系数。
- Proportional scaling 复选框：如果勾选，改变 X、Y、Z 中任何一个值时，其他两个值也将随着变化。

3）输入输出域

框架节点输入输出域如表 6.6 所示。

表 6.6　框架节点输入输出域

名　　称	输入输出域	数 据 类 型	说　　明
Position	ExposedField	SFVec3f	这个节点下所有物体的坐标原点
Orientation	ExposedField	SFVec3f	这个节点下所有物体的旋转参数
Scale	ExposedField	SFVec3f	所有子物体的缩放比例
Hidden	Field	SFBool	隐藏此节点下全部的网格节点物体
Proportionalscale	Field	SFBool	当一个比例参数改变时，其他的参数会同时变化，维持纵横比
RenderRef	Eventin	SFVec3f	为了保持以前的兼容性而被保留
RenderRef_	Eventin	SFVec3f	为了保持以前的兼容性而被保留
WorldPosition	ExposedField	SFVec3f	本框架节点在场景坐标系中的位置
WorldOrientation	ExposedField	SFVec3f	本框架节点在场景坐标系中的方向

4）节点实例

（1）新建一个模拟程序。

（2）在节点元件视窗的节点视窗切换到 All Nodes，选择 Frame 节点，拖动该节点到 Scene 节点下，如图 6.52 所示。

（3）为了观察框架节点对孩系节点的作用，在框架节点下面添加一个茶壶模型，EON 在元件视窗中提供了基本的几何体，例如茶壶、立方体和圆柱体等，这些几何体以元件的形式可以直接被调用。选择节点元件视窗中的元件视窗，切换到 3DShapes 组。选中 Teapot 元件，拖动该元件到 Frame 节点下，如图 6.53 所示。

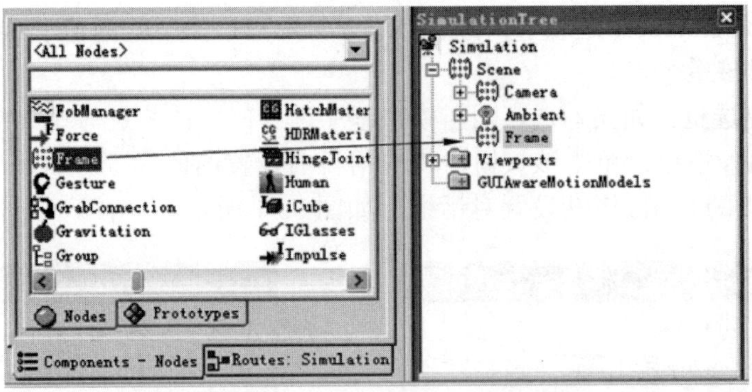

图 6.52　在模拟树下添加 Frame 节点

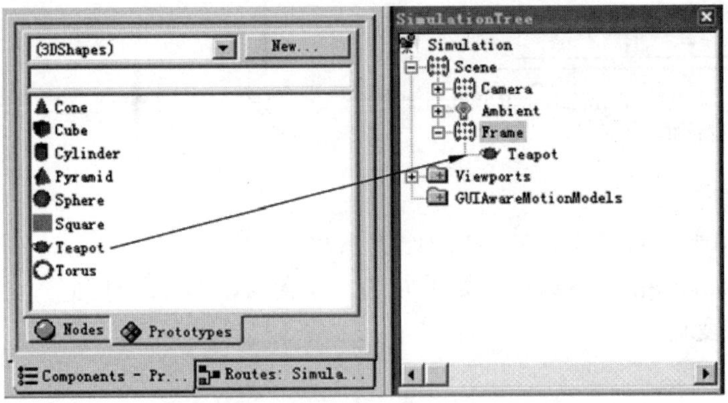

图 6.53　在框架节点下添加茶壶元件

（4）选择 Simulation→Start 命令，运行模拟程序，可见模拟窗口中间加载了一个茶壶，如图 6.54 所示。

图 6.54　模拟程序运行效果

（5）双击框架节点 Frame，弹出 Frame Properties 对话框，设置如图 6.55 所示。

（6）再次运行模拟程序，可见茶壶位置和方向均发生了改变，如图 6.56 所示。

4．贴图节点（Decal node）

1）节点说明

在制作大型虚拟场景时，为了减小文件，通常使用一些贴图代替建模。比如虚拟环境中的树木，只是建立一个面片，然后给面片附加一张带透明通道的树的贴图，远看感觉就是一棵树，但如果走到树侧面时，发现只是贴图，就会影响虚拟场景的真实性。而 Decal 节点能够使贴图文件始终面对着摄像机，弥补了贴图文件的不足。

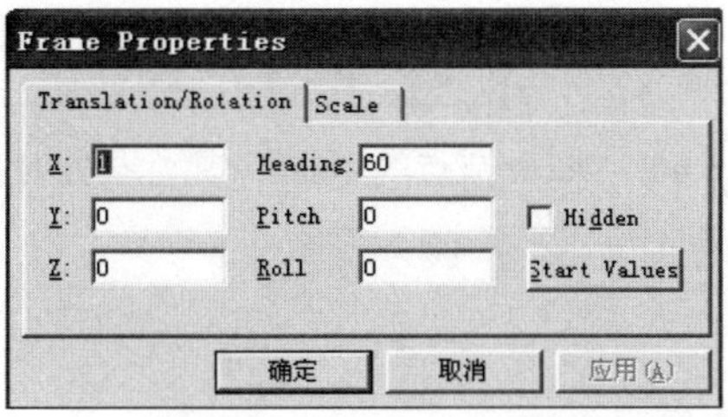

图 6.55 设置 Frame 节点参数

图 6.56 模拟程序运行效果

2）属性设定框

（1）Decal 节点的 Position 属性设置对话框，如图 6.57 所示。

其中各选项的含义如下。

- Origin X 和 Origin Y 文本框：X、Y 代表贴图的坐标原点。
- Width 和 Height 文本框：定义贴图的大小。

（2）Decal 节点的 Color 属性设置对话框如图 6.58 所示。

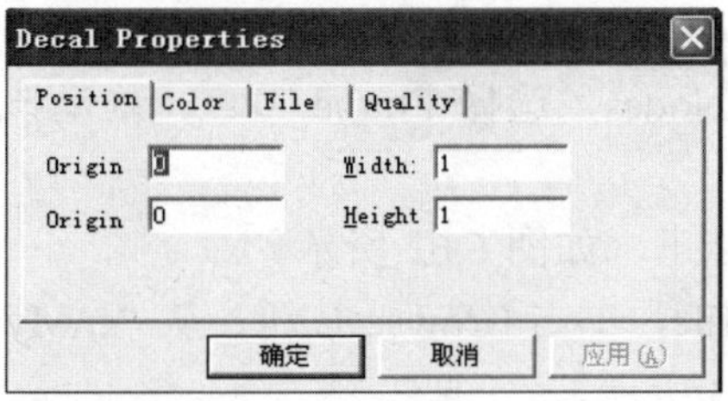

图 6.57 Decal 节点的 Position 属性设置对话框

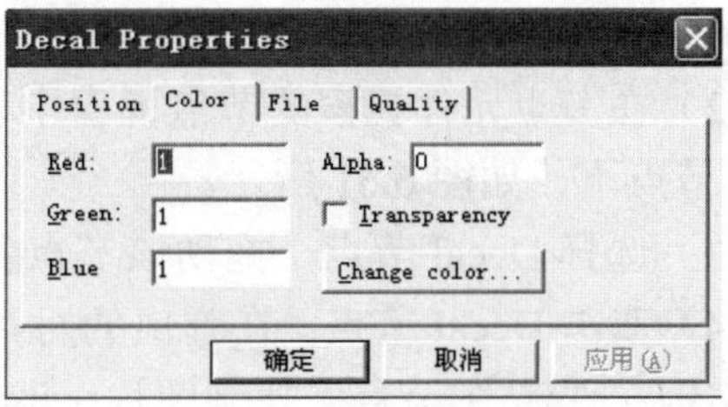

图 6.58 Decal 节点的 Color 属性设置对话框

其中各选项的含义如下。

- Color 选项卡：红绿蓝的值，数值在 0～1 的范围内。
- Alpha 文本框：贴图的透明参数。Alpha=1 时，贴图是完全透明的。
- Transparency 复选框：勾选后，Alpha 值才有效。

（3）Decal 节点的 File 属性设置对话框，如图 6.59 所示。

其中各选项的含义如下。

- Decal File 文本框：添加贴图文件。
- Use Separate Texture 复选框：如果勾选，Decal 节点则有自己独立的节点；如果不勾选，Decal 节点将与其他拥有同样纹理的节点分享贴图文件。所以，当纹理改变时，所有这些节点的纹理是同时变化的。

（4）Decal 节点的 Quality 属性设置对话框，如图 6.60 所示。

Mipmapped texture 复选框：如果勾选，所加贴图将开启 mipmap 功能，反之则不开启。Mipmap 是目前应用最为广泛的纹理映射技术之一，应用该技术可以使得贴图根据观察的远近距离自动调整分辨率大小。

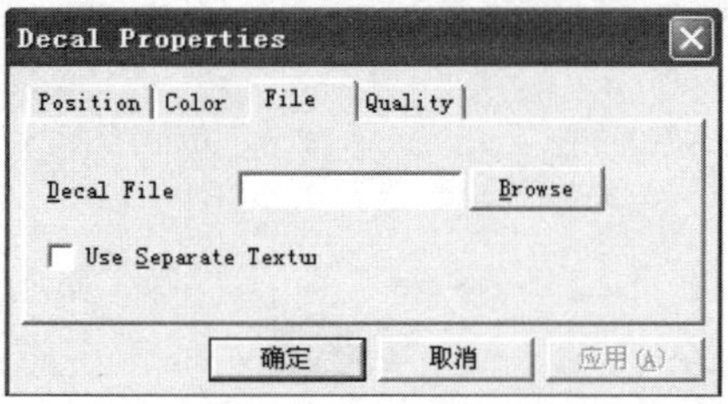

图 6.59　Decal 节点的 File 属性设置对话框

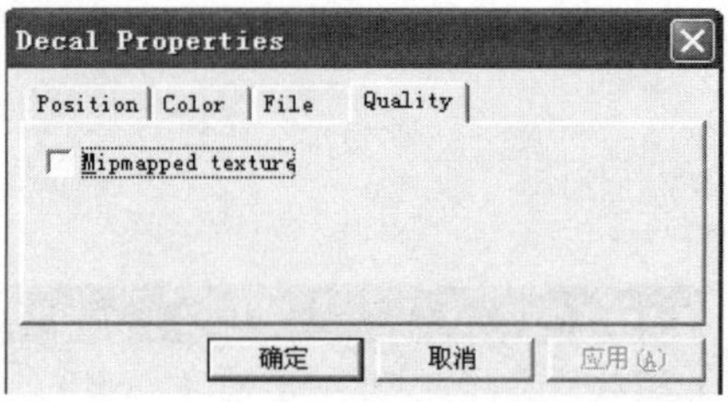

图 6.60　Decal 节点的 Quality 属性设置对话框

3）输入输出域

贴图节点的输入输出域如表 6.7 所示。

表 6.7　贴图节点的输入输出域

名　　称	输入输出域	数 据 类 型	说　　明
Decalorigin	ExposedField	SFVec2f	在贴图文件自身坐标系中的坐标
Decalsize	ExposedField	SFVec2f	贴图文件的大小
Decalfilename	ExposedField	SFString	贴图文件的名称
SepareteTexture	ExposedField	SFBool	使用自身的贴图文件

4）节点实例

第一步：引入贴图。

（1）新建一个模拟程序。

（2）在节点元件视窗的节点视窗中切换到 All Nodes，选择 Frame 节点，拖动该节点到 Scene 节点下，如图 6.61 所示。

（3）选择 Decal 节点，拖动该节点到 Scene 节点下，如图 6.62 所示。

（4）双击 Decal 节点，在弹出的对话框中选择 file，单击 Browse 按钮，从“..\MyProject\节点实例文件\贴图节点”找到图片 1.jpg，如图 6.63 所示。

（5）为了便于观察，对贴图的坐标位置和大小进行设置，如图 6.64 所示。

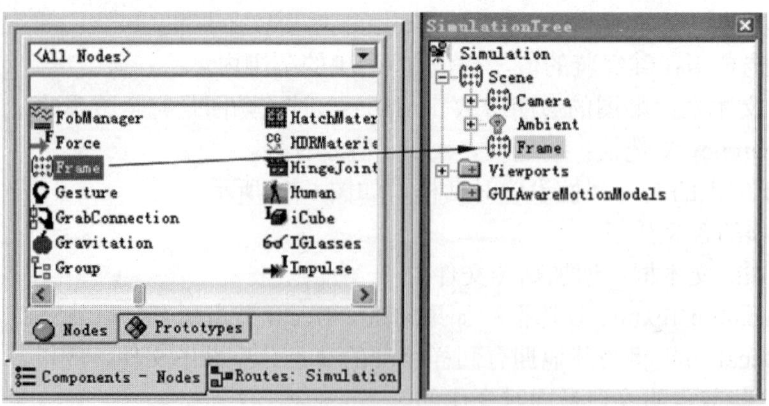

图 6.61　在模拟树下添加 Frame 节点

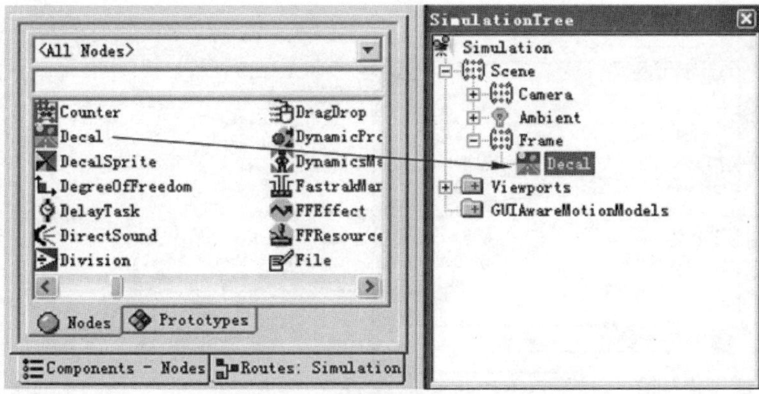

图 6.62　在 Frame 节点下添加贴图节点

图 6.63　查找贴图文件

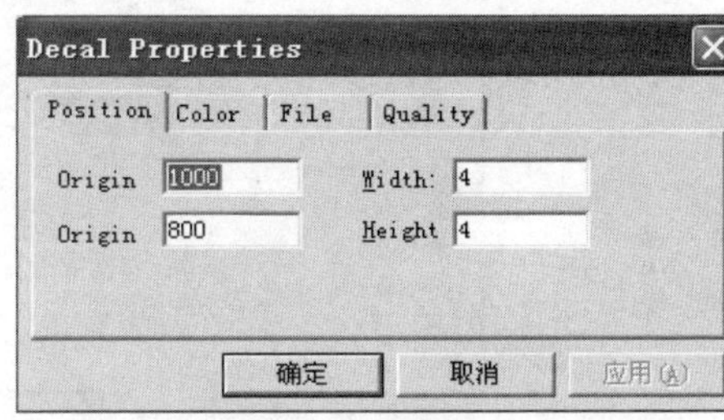

图 6.64　参数设置

注意：在对 X、Y 进行 Origin 设置时，贴图随 X 值增大而向左移动；随 Y 值增大而向上移动。

（6）选择 Simulation→Start 命令，运行程序，效果如图 6.65 所示。

第二步：贴图面向摄像机。

（1）给场景添加茶壶作为参照物体。拖动 Frame 节点至 scene 节点下，如图 6.66 所示。

（2）选择元件视窗，切换到 3DShapes。选择 Teapot 元件，拖动该元件到 Frame1 节点下，如图 6.67 所示。

图 6.65　程序运行效果

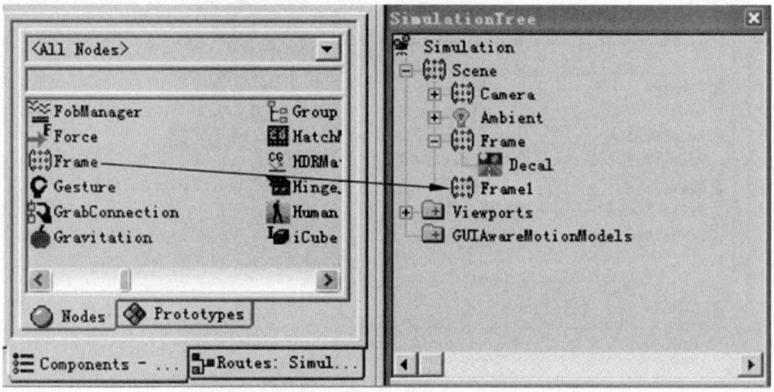

图 6.66　在模拟树下再次添加 Frame 节点

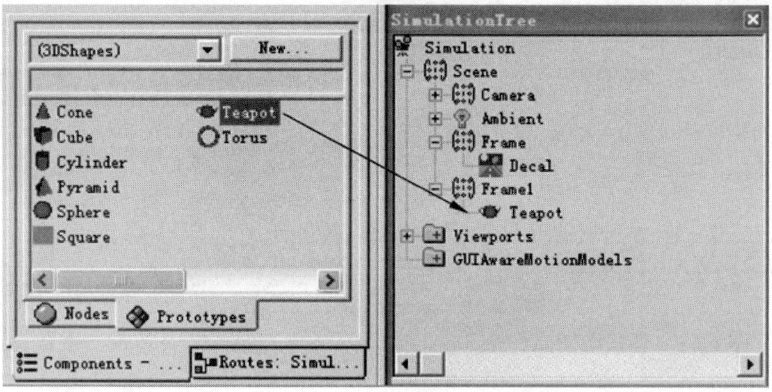

图 6.67　添加茶壶元件

（3）运行模拟程序，运行效果如图 6.68 所示。

（4）修改 camera 节点的 heading 值为 10，如图 6.69 所示。

图 6.68　程序运行效果

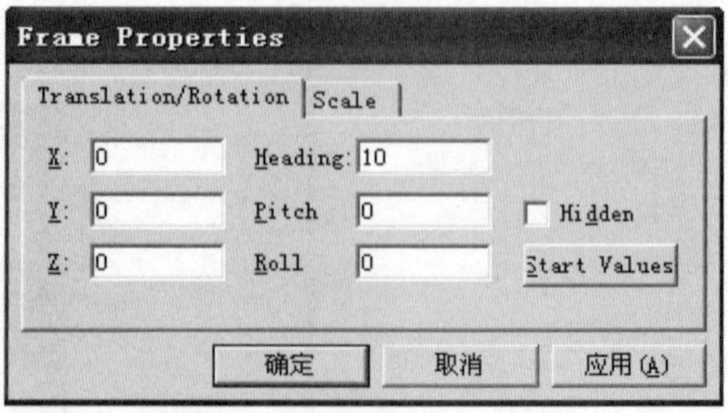

图 6.69　修改 Camera 参数

（5）运行模拟程序，此时茶壶的视角改变，但是贴图还是始终面向摄像机，如图 6.70 所示。

5．旋转节点（Rotate node）

1）节点说明

旋转节点是使父系节点下的所有模型物体转动，但是父系节点必须支持旋转功能。

图 6.70　程序运行最终效果

图 6.71　Rotate 的属性设置对话框

2）属性设定框

Rotate 的属性设置框，如图 6.71 所示。

其中各选项的含义如下。

- Rotation Axis 选项区域：分别设定 Heading（绕 Z 轴旋转）、Pitch（绕 X 轴旋转）和 Roll（绕 Y 轴旋转）参数，单位为周，可以设置小数，比如 0.75 表示 360° 的 3/4，也就是 270°。
- Lap 文本框：设定完成所设旋转所需要的时间。单位是秒，可以设置小数。
- Active 选项区域：选中 Yes 单选按钮，则在开始模拟时，其父系节点下所有的物体都会开始旋转。

3）输入输出域

旋转节点的输入输出域如表 6.8 所示。

表 6.8　旋转节点的输入输出域

名　　称	输入输出域	数 据 类 型	说　　明
Axis	ExposedField	SFVec2f	分别绕 Z、X、Y 轴旋转的周数
LapTime	ExposedField	SFFloat	旋转时间
Active	ExposedField	SFBool	启动节点功能

4）节点实例

（1）新建一个模拟程序。

（2）在节点元件视窗的节点视窗中切换到 All Nodes 组，选择 Frame 节点，拖动该节点到 Scene 节点下，如图 6.72 所示。

（3）选择节点元件视窗中的元件，选择 3DShapes 组。拖动 Teapot 元件至 Frame 节点下，如图 6.73 所示。

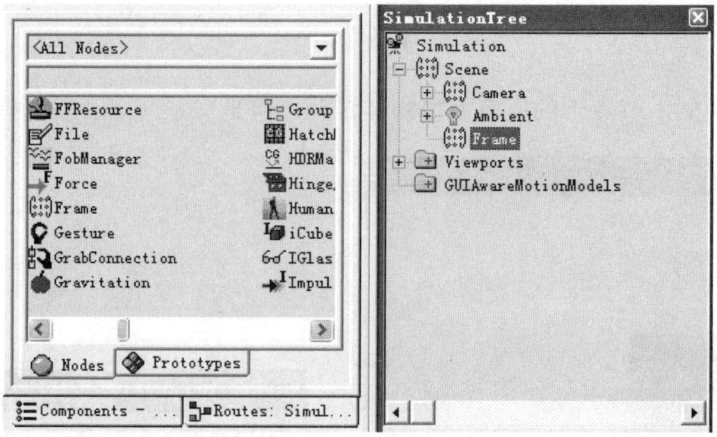

图 6.72　在模拟树下添加 Frame 节点

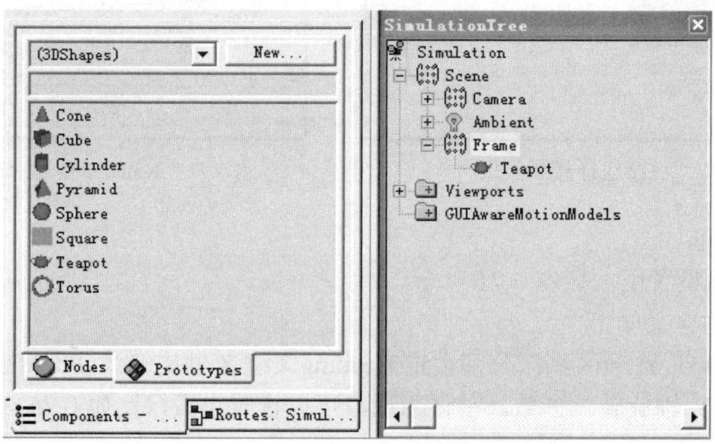

图 6.73　在模拟树下添加 Frame 节点

（4）在节点元件视窗中选择 All Nodes，选择 Rotate 节点，拖动该节点到 Frame 节点下，如图 6.74 所示。

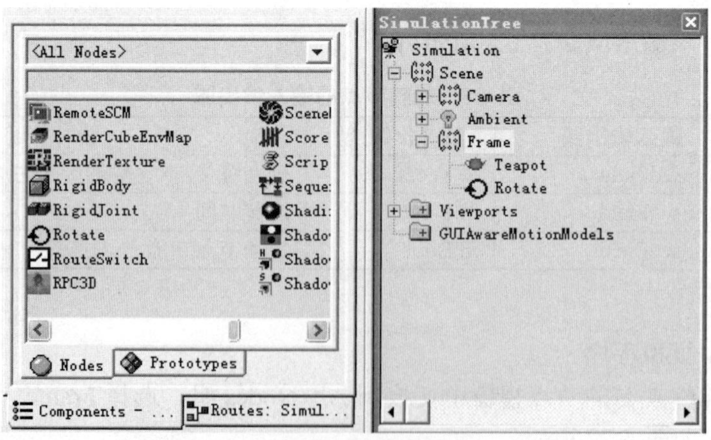

图 6.74　在模拟树下添加 Rotate 节点

（5）双击 Rotate 节点，在弹出的属性设置对话框中设置其旋转参数，以节点默认参数设置，即茶壶将按照绕 Z 轴 1 周/秒的速度旋转。运行模拟程序，可见茶壶旋转。

6．自由度节点（Degree Of Freedom）

1）节点说明

该节点能够定义一个特定的坐标系统。放置在自由度节点下的孩系节点能够通过自由度重新定义。DOF 节点也能控制孩系节点的运动。此节点常用来修改模型的中心点。

2）属性设定框

（1）DOF 的 DOF 属性设定框，如图 6.75 所示。

其中各选项的含义如下。

- Translation/Rotation 选项区域：平移和旋转它的孩系节点。与自身的原始坐标有关。
- Scale 文本框：设置缩放因素来改变其孩系节点的大小。
- Origin Translation/Rotation 选项区域：改变孩系节点的位置和方向、定义网格旋转中心的位置和方向。

（2）DOF 的 Constraints 属性设置对话框，如图 6.76 所示。

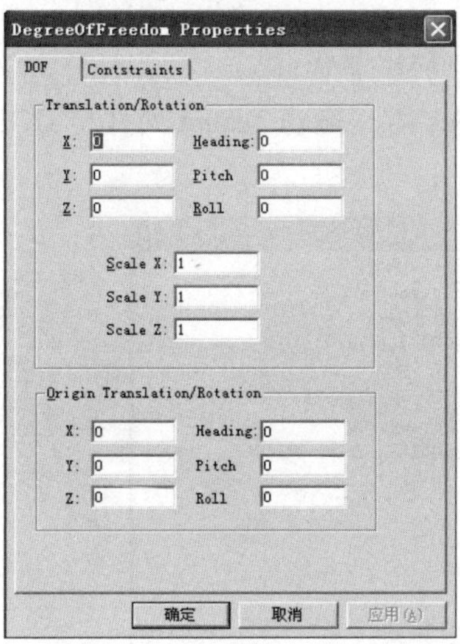

图 6.75　DOF 属性设置对话框

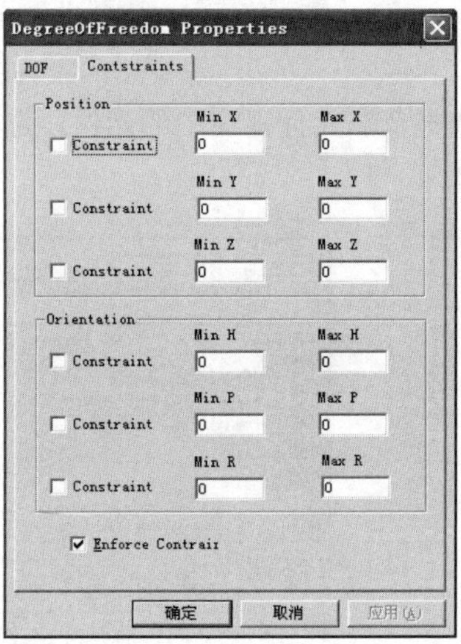

图 6.76　DOF 的 Constraints 属性设置对话框

其中各选项的含义如下。

- Position 选项区域：如果勾选其中的 Constraint 复选框，孩系节点的 X、Y、Z 值会被限制在 Max 与 Min 之间。
- Min 文本框：X、Y、Z 轴的最小值。
- Max 文本框：X、Y、Z 轴的最大值。
- Orientation 选项区域：如果勾选其中的 Constraint 复选框，孩系节点的 H、P、Z 值会被限制在 Max 与 Min 之间。
- Min 文本框：X、Y、Z 轴的最小值。
- Max 文本框：X、Y、Z 轴的最大值。
- Enforce Constraints 复选框：如果勾选，当操作超过最大值或小于最小值时，就完全不能再执行任何移动；如果没有被勾选，当操作超过最大值或小于最小值时，运动还能被执行。当违反此规定时（超过最大值或小于最小值），这个节点将会从 OnPositionViolated

或 OnOrientationViolated 送出一个信息。

3）节点实例

（1）新建一个模拟程序。

（2）在节点元件视窗中选择 All Nodes，选中 DegreeOfFreedom 节点，拖动该节点到 Scene 节点下，如图 6.77 所示。

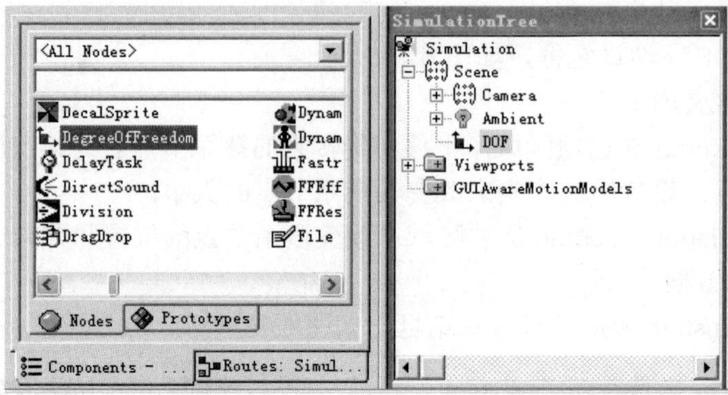

图 6.77　在模拟树下添加 DOF 节点

（3）选择节点元件视窗中的元件，选择 3DShapes 组。拖动 Teapot 元件至 DOF 节点下，如图 6.78 所示。

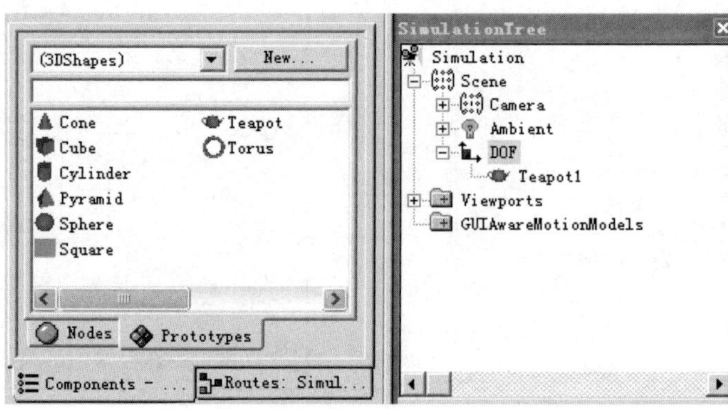

图 6.78　在 DOF 节点下添加茶壶元件

（4）通过给茶壶附加旋转动作来观察其中心点的改变。在节点元件视窗中选择 All Nodes，选择 Rotate 节点，拖动该节点到 DOF 节点下，如图 6.79 所示。

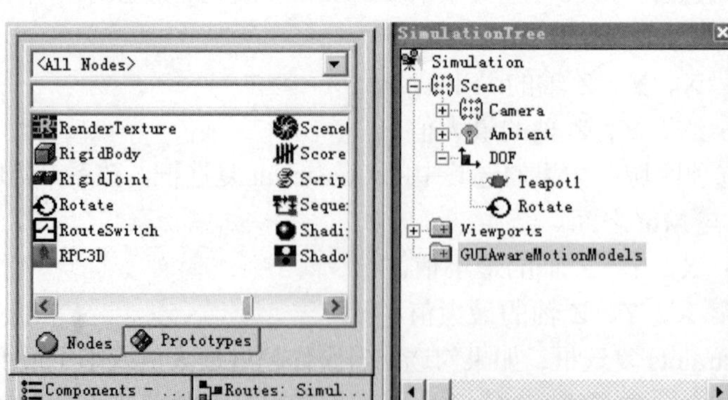

图 6.79　在 DOF 节点下添加旋转节点

（5）运行模拟视窗，可见茶壶绕着自身中心旋转。

（6）改变中心点效果。双击 DOF 节点，在弹出的 Degree Of Freedom Properties 对话框中修改中心点坐标点为 X：1，Y：0，Z：0，如图 6.80 所示。运行模拟视窗，可见茶壶旋转中心发生了偏移，如图 6.81 所示。

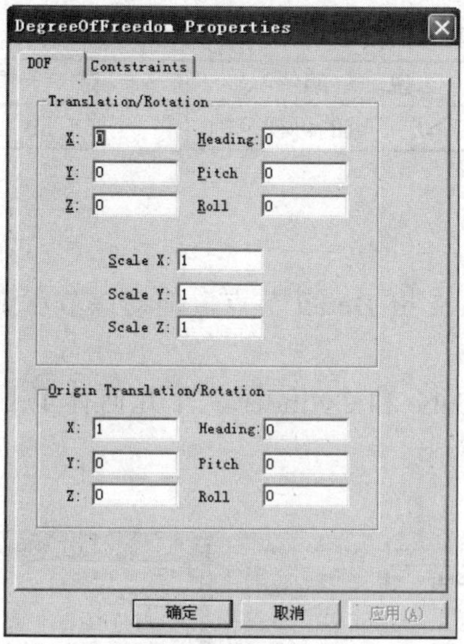

图 6.80　修改 DOF 参数

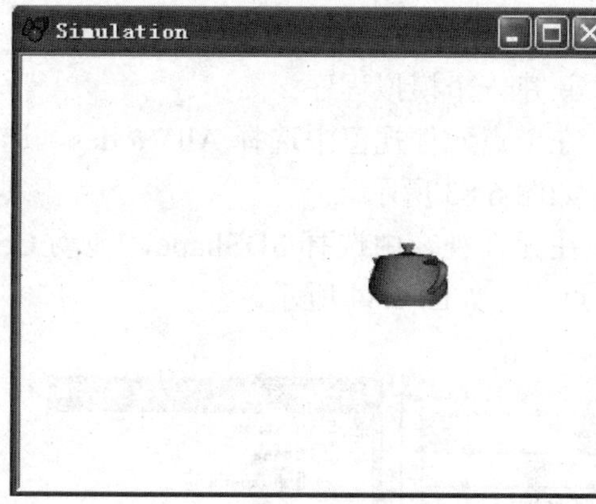

图 6.81　运行效果

7. 群组节点

1）节点说明

群组节点（group node）的功能是允许 EON 设计者在模拟视窗中组织其他的功能节点。其功能与 Frame 节点类似，只是 Frame 节点可以对其孩系节点进行控制，例如控制其孩系节点的平移、旋转等属性。而群组节点（group node）只是简单地把各个功能节点成组，不具备其他功能。

2）属性设定框

因为不具备任何功能，所以它也不具备任何属性值。

3）输入输出域

因为不具备任何功能，所以其输入输出域为空。

8. 多层次精细节点

1）节点说明

多层次精细节点（level of detail node）的主要功能是可以在不同的距离看见精度不同的物体。该节点可以放置几个不同的网格物体作为其孩系节点，并在属性设定框中设定不同的显示距离。随着摄像机距离物体的远近不同，而显示不同的物体。使用此节点执行模拟程序时，观看的距离将不会影响物体的精度，提升了复杂场景的品质和性能。

2）属性设定框

Level Of Detail 节点的属性设定框如图 6.82 所示。

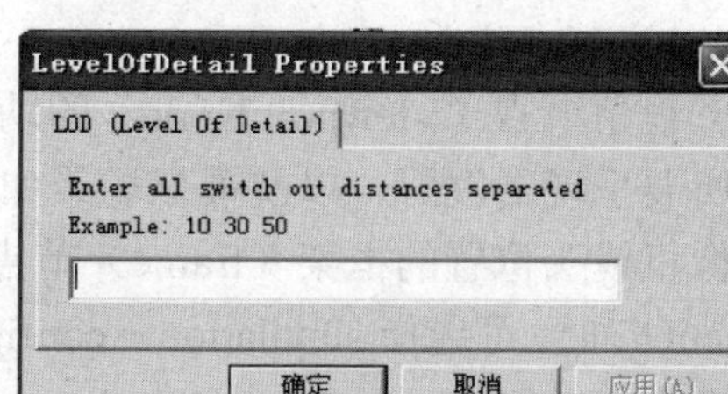

图 6.82　LOD 属性设置对话框

在该对话框中设定孩系节点之间的距离。显示的排序方式为：第一个值为第一个孩系节点的可视范围，第二个值为第二个节点的可视范围，依此类推。

注意：数值之间以空格隔开。

3）输入输出域

多层次精细节点的输入输出域如表 6.9 所示。

表 6.9　多层次精细节点的输入输出域

名　称	输入输出域	数 据 类 型	说　明	范　围
Ranges	ExposedField	MFFloat	设定下层节点的可视范围	(0, inf)

4）节点实例

（1）新建一个模拟程序。

（2）在节点元件视窗中选择 All Nodes，选中 Level of Detail 节点，拖动该节点到 Scene 节点下，如图 6.83 所示。

（3）在元件视窗中选择 3DShape，拖动 Cone、Cube 和 Cylinder 三个几何体至 Level Of Detail 节点下，如图 6.84 所示。

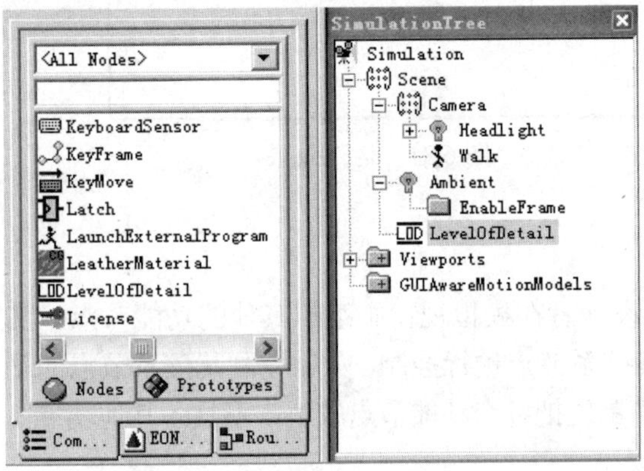

图 6.83　在模拟树下添加 LOD 节点

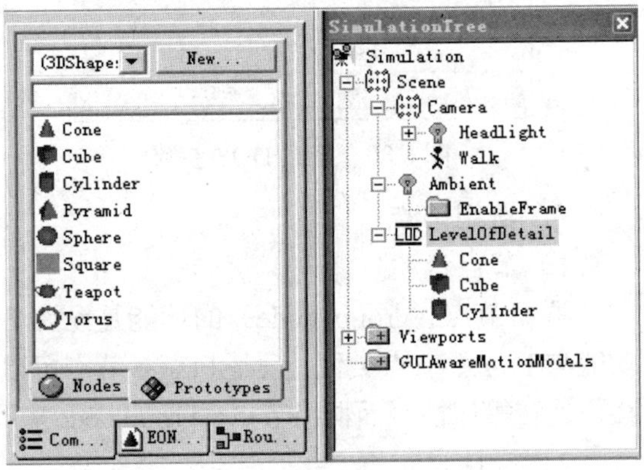

图 6.84　在 LOD 节点下添加模型

（4）双击 Level Of Node 节点，在弹出的 Level Of Detail Properties 对话框中输入 3 5 12，中间以空格隔开。此设置将会使摄像机在 0～3 内看到圆锥体，在 3～5 内看见立方体，在 5～12 内看见圆柱体，在 12 以外任何物体都不能被显示，如图 6.85 所示。

（5）选择 Simulation→Start simulation 命令运行程序，显示模拟程序运行的初始画面，相机距世界坐标中心点距离为 10，因此看到圆柱体，如图 6.86 所示。

9．视角节点

1）节点说明

视角节点（Viewport Node）的功能是使模拟视窗同时呈现多个视窗。此节点主要用来定义所要呈现的视野，以及模拟场景如何显示在模拟视窗当中。视角节点必须与一个用来定义摄像机镜头位置的框架（frame）节点互相连接。EON 支持基于 OpenGL 的立体显示。执行 OpenGL 时，可选择 simulation→configuration→render 命令设置立体显示模式。在视角节点里，可在零视差距离（zero parallax distance）里设定模拟物体到屏幕平面的距离，或在最大视差（maximum parallax）里设定左右眼间的最大视差距离。如果需要将物体的正中央设为零视差（zero parallax），则必须复制物体的父系节点至视角节点下的 zeroparallaxframe 文件夹中。

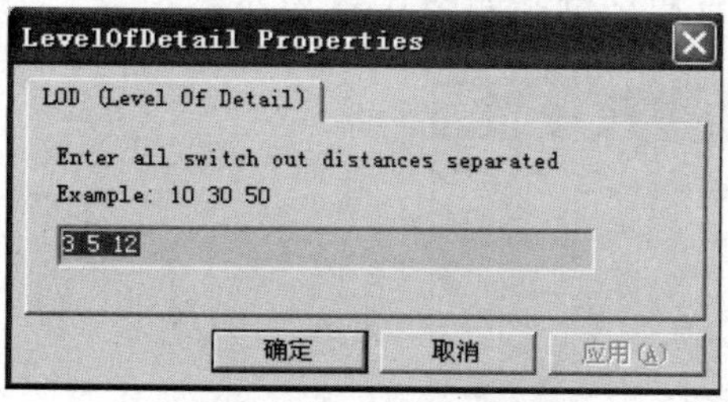

图 6.85　设置 LOD 参数

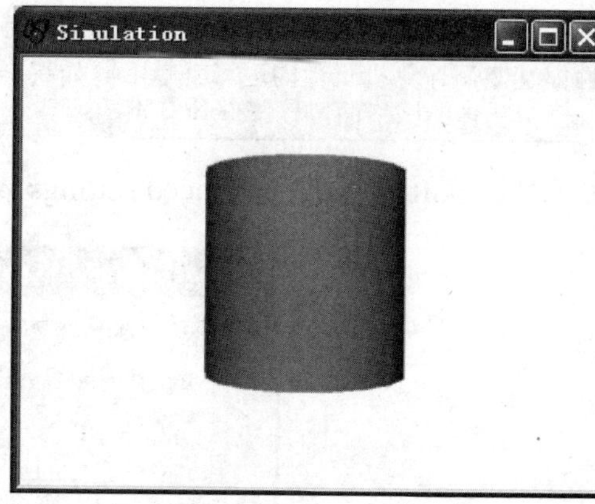

图 6.86　设置 LOD 参数

2）属性设定框

（1）Viewport 节点的 Viewport 属性设置对话框，如图 6.87 所示。

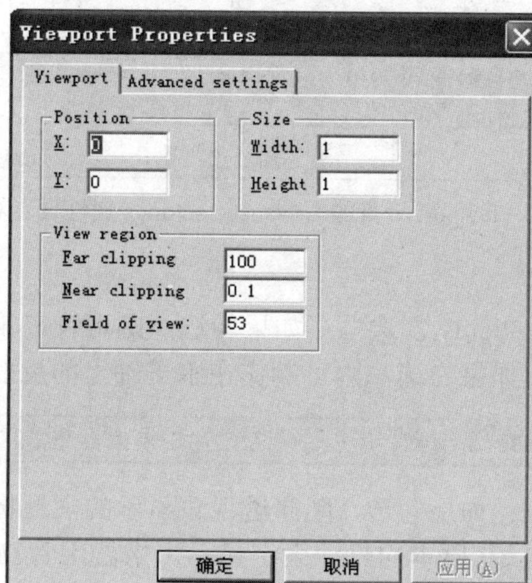

图 6.87　Viewport 节点的 Viewport 属性设置对话框

其中各选项的含义如下。

- Position 选项区域：设定视窗在模拟视窗中的相对位置。范围为 0～1，（0，0）表示位于左上角，（0.5，0.5）表示位于视窗中央。
- Size 选项区域：设定视窗在模拟视窗里相对的尺寸大小。范围为 0～1，当该值为 0.5 时，视窗将是模拟视窗的 1/2。
- Far Clipping 文本框：如果摄像机镜头与物体间的距离超出此设定的数值，物体将会消失，不会被显示。
- Near Clipping 文本框：如果摄像机镜头与物体之间的距离小于此设定的数值，物体将会消失，不会被显示。
- Field of view 文本框：定义观看者观看的视野角度。默认值为 53°，如室内建筑模拟，可将视野调为 75°。

注意：视角节点的属性设定，将会直接影响模拟视窗的框架速率，即运算能力。因为在规定的时间内看到的物体越多，计算机执行的运算就越多。如果未达到最佳的执行效果，建议将模拟视窗的尺寸缩小，并降低模拟物体的网格面，以降低计算机的运算负荷。

（2）Viewport 节点的 Advanced settings 属性设置对话框，如图 6.88 所示。

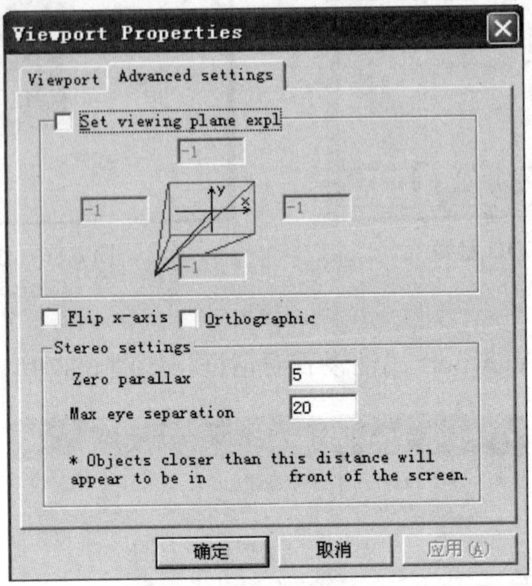

图 6.88　Viewport 节点的 Advanced settings 属性设置对话框

其中各选项的含义如下。

- Set viewing plane explicitly 复选框：如果勾选，则可设定 4 个观看平面的坐标。
- Flip x-axis 复选框：如果勾选，则可制作在水平轴上的反射效果。

注意：因为游走的模组节点也会被反射到，所以在有互动性的模拟程序里它是不合适的。

- Orthographic 复选框：如果勾选，则穿透视角显示的模型将不会有任何深度，所有模拟场景里的物体将以其原本的尺寸大小显示出来。不管物体离摄像机的距离多远，在测量物体间的距离时即可用此选项。
- Zero parallax 文本框：物体与屏幕之间的距离。
- Max eye separation 文本框：左右眼之间的最大距离。

3）输入输出域

视角节点的输入输出域如表 6.10 所示。

表 6.10　视角节点的输入输出域

名　　称	输入输出域	数 据 类 型	说　　明	范　　围
X	Exposedfield	SFFloat	设定视窗的左边角落的 X 坐标	0～1
Y	Exposedfield	SFFloat	设定视窗的上边角落的 Y 坐标	0～1
Width	Exposedfield	SFFloat	设定视窗的宽度	0～1
height	Exposedfield	SFFloat	设定视窗的高度	0～1
fieldofview	Exposedfield	SFFloat	设定视窗的视野范围	0～180
Nearclip	Exposedfield	SFFloat	如果摄像机镜头与物体之间的距离小于此设定的数值，则物体将会消失，不会被显示	

续表

名　称	输入输出域	数 据 类 型	说　明	范　围
Farclip	Exposedfield	SFFloat	如果摄像机镜头与物体之间的距离超过此设定的数值，则物体将会消失，不会被显示	
Camera	Field	SFNode	显示摄像机镜头节点连接，用来定义视角的方向及位置	
Rendertree	Field	SFNode	如果机位参考到另一个节点，则在视窗中只显示此节点	
StereozeroParallaxframe	Field	SFNode	如果想单独立体显示某一个物体，则将该物体放置在此文件夹中	
Mirrorx	Exposedfield	SFBool	当此值为 TRUE 时，模拟视窗将显示镜射影像，以水平轴来反射	TRUE/FALSE
Planeleft	Exposedfield	SFBool	设定观看者平面的左侧坐标	
Planeright	Exposedfield	SFBool	设定观看者平面的右侧坐标	
Planetop	Exposedfield	SFBool	设定观看者平面的上侧坐标	
Planebottom	Exposedfield	SFBool	设定观看者平面的下侧坐标	

4）节点实例

（1）新建一个模拟程序。

（2）在节点元件视窗中，选择 Environments 组，拖动 TownSquare 元件至 Scene 节点下，如图 6.89 所示。

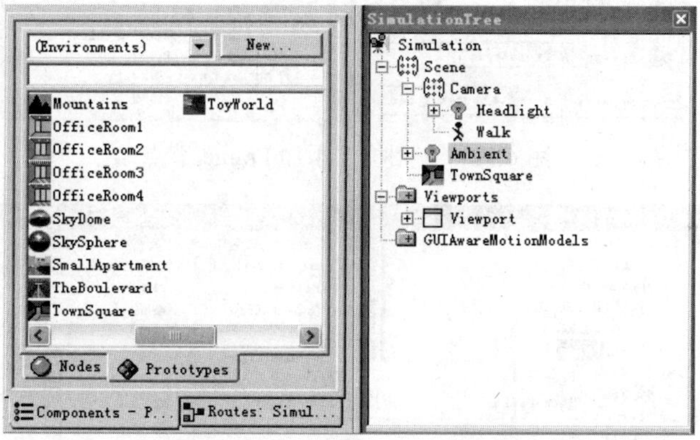

图 6.89　在模拟树下添加元件

（3）场景默认有一个视窗，需再为场景添加一个视窗。在节点元件视窗中选择 All Nodes，选择 Viewport 节点，拖动该节点到 Viewports 文件夹下，如图 6.90 所示。

（4）双击 Viewports 文件下的 Viewport1 窗口，此视窗作为顶部观察小视窗，设置其参数，如图 6.91 所示。

（5）为添加的视窗添加一部相机，此相机作为小视窗的观察相机，将其放置在系统默认的相机下面。添加的相机会绑定在场景默认相机下面一起移动。选择 All Nodes，选择 Frame 节点，拖动该节点到 Camera 节点下，如图 6.92 所示。

（6）将添加的相机和视窗建立连接，右击 Frame 节点，从弹出的快捷菜单中选择 Copy as Link 命令，如图 6.93 所示。

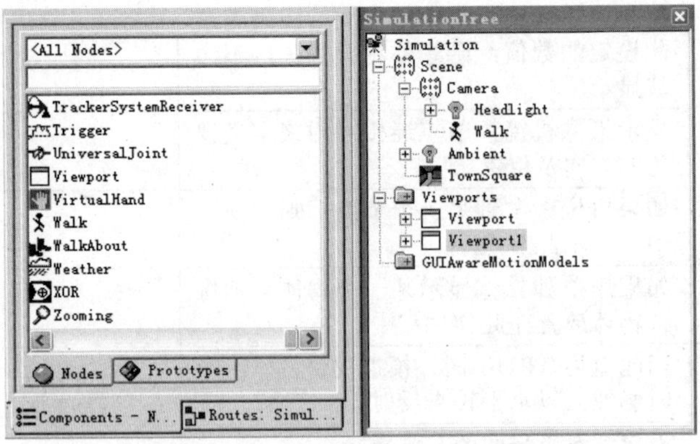

图 6.90　在模拟树下添加 Viewport 节点

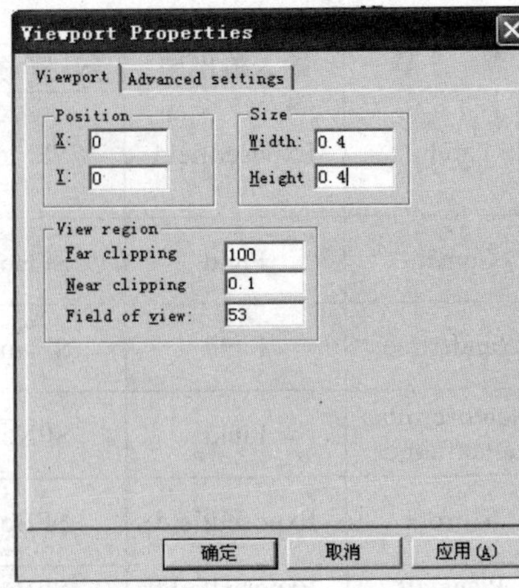

图 6.91　Viewport 属性设置

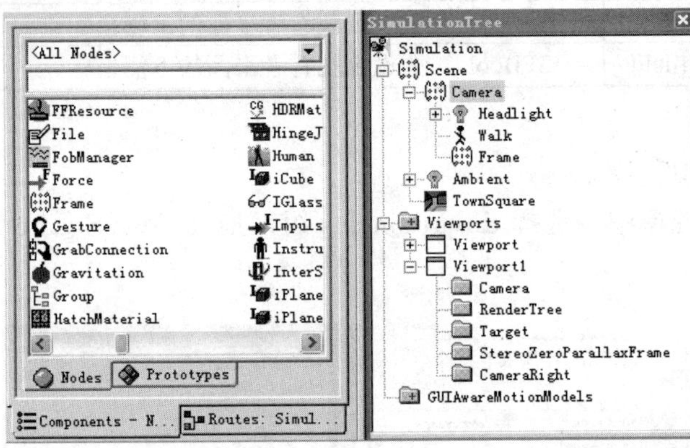

图 6.92　在相机下添加 Frame 节点

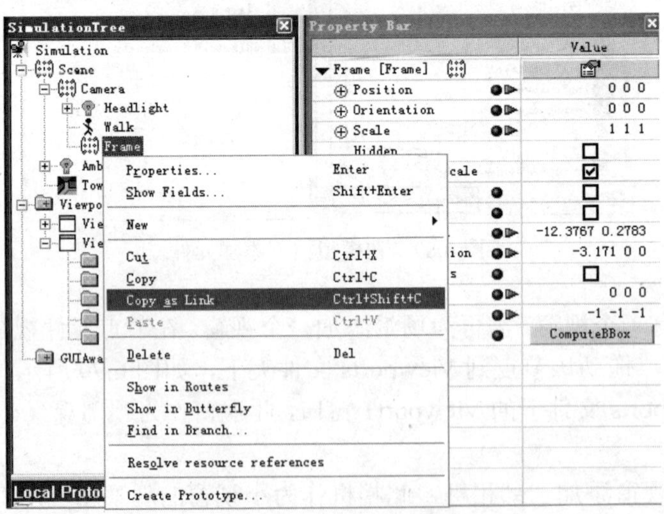

图 6.93　复制快捷连接

（7）右击 Viewport1 节点下的 Camera 文件夹，从弹出的快捷菜单中选择 Paste 命令，如图 6.94 所示。

（8）运行模拟程序，效果如图 6.95 所示。

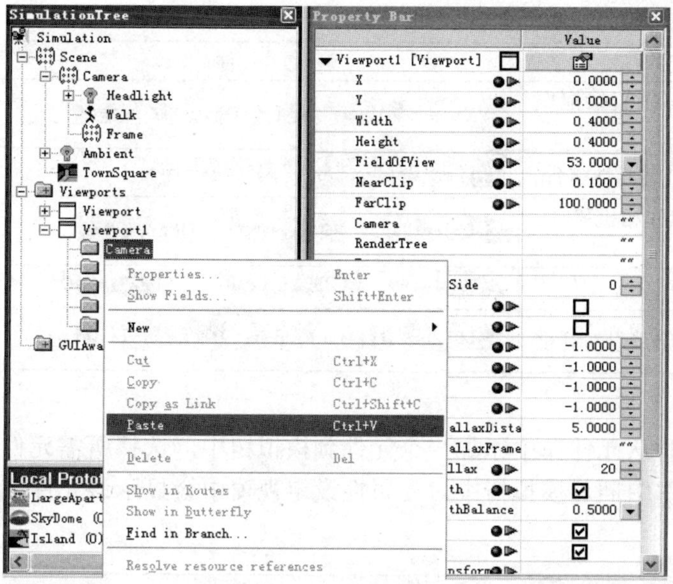

图 6.94　粘贴快捷连接

图 6.95　运行效果

（9）在模拟窗口中左上角的小视窗实现顶视图的操作。双击 Camera 节点下的 Frame1 节点，修改其参数，如图 6.96 所示。

（10）再次运行程序，小视窗实现顶视图效果，如图 6.97 所示。

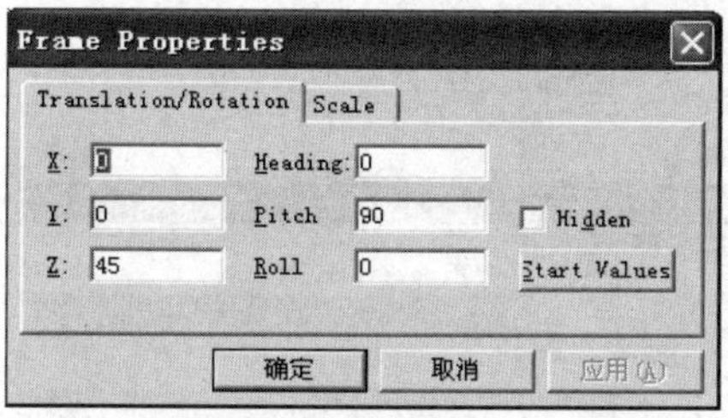

图 6.96　修改 Frame 参数

图 6.97　模拟程序的最终效果

6.4.2　元件

1．元件介绍

元件在 EON 内部也可以理解实现特定功能的小程序模块。与节点的区别在于它利用现有的节点进行组合以实现新的功能，其内部节点之间的排布也与模拟树中节点的排布相同，因此元件既是一个模拟子树，又是一个具有属性的物体。EON Studio 提供了上百个元件，每个元件有一个特色的分类及内定的名称，反映其在模拟程序中所负责的特殊任务。

2．元件功能

不同的元件发挥着不同的作用，下面介绍元件组的基本功能及包含的元件，如表 6.11 所示。

表 6.11　元件组的基本功能及包含的元件

元　件　组	功 能 备 注	元　　件
3DShapes	基本的几何体模型，可以直接拖曳到模拟树中使用	Cone、Cube、Cylinder、Teapot、…
Buttons	按钮元件，可以用来触发其他事件	TextBoxButton、ToggleButton、…
Camera Functions	控制虚拟场景相机，比如相机移动、镜头切换等	ObjectNav、ViewMaker、SuperMan、…
3DPoints	坐标轴，用于观察模型所在空间位置	3DPointerA、3DPointerB、3DPointerC、…
GUIControl Functions	比如界面文字说明、弹出消息对话框	2DText、AlertMsgBox、AutoSlider、…

3. 元件的使用方法

与节点使用方法类似，使用元件时从元件库中添加一个元件到模拟树中，选择所需元件图标并拖至模拟树中。当一个元件从库中插入模拟树中，在属性设定视窗中会显示该元件在当前程序中的所有属性。

注意： 一个元件不是必须要先添加到模拟树中后才能对它进行编辑。用户可以将其拖入本地元件视窗（Local prototype）中。查看其模拟树结构的方法是在本地元件视窗中右击该元件，然后从弹出的快捷菜单中选择 Open 命令，即可打开元件编辑视窗，如图 6.98 所示。

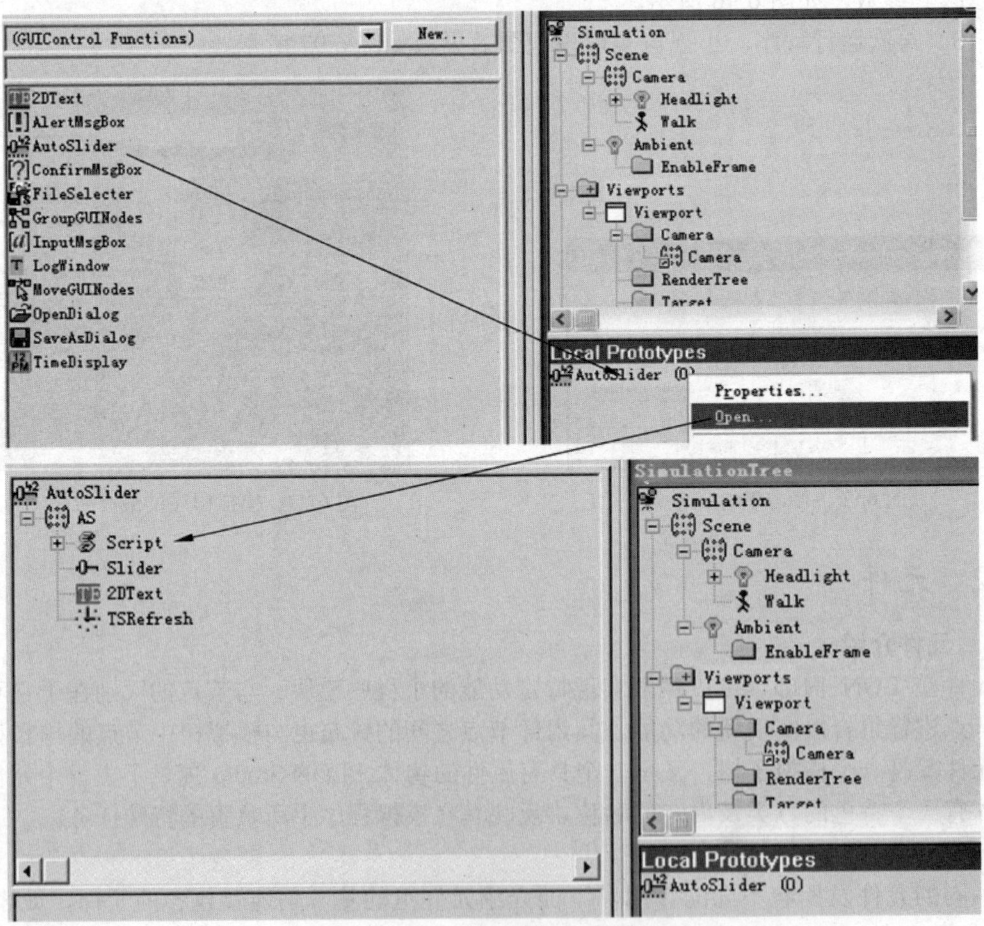

图 6.98　查看元件模拟树结构的方法

6.5 创建 EON 应用程序

6.5.1 EON 坐标系统

通常三维图形应用程序使用两种笛卡儿坐标系：左手系和右手系。当伸出左手，让 4 个手指指向 X 轴的正方向，大拇指指向 Z 轴的正方向，掌心指向 Y 轴的正方向。符合此规则的坐标系称为左手坐标系。在空间直角坐标系中，让右手拇指指向 X 轴的正方向，食指指向 Y 轴的正方向，如果中指能指向 Z 轴的正方向，则称这个坐标系为右手直角坐标系。图 6.99 所示为这两种坐标系统及其区别。

EON 采用右手坐标系，模型导入后会出现坐标系转换的问题，由 EON 软件自动完成。EON 平台构建虚拟环境时，对每一个对象不仅定义其绝对坐标系，即世界坐标系（the world coordinate）；而且定义其本身的对象坐标系，即局部坐标系（the local coordinate），如图 6.100 所示。世界坐标系是描述其他坐标系所需要的参考框架，只能用世界坐标系描述其他坐标系的位置，不能用更大的外部的坐标系来描述世界坐标。

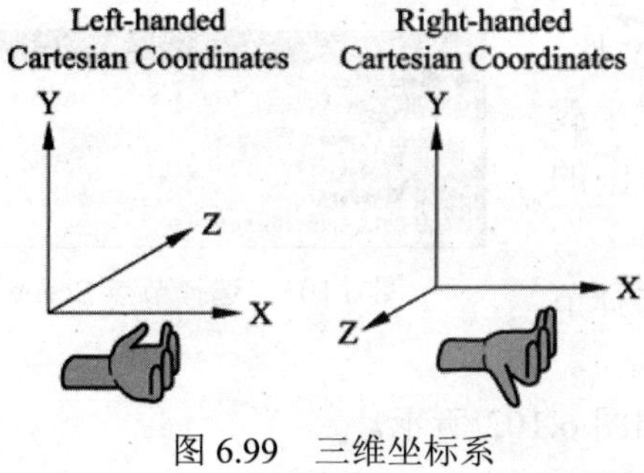

图 6.99　三维坐标系

图 6.100　EON 内部坐标系统

6.5.2 导入 3D 物体

1. 文件格式

如前所述，EON 支持市面上大部分的三维建模软件，支持的 3D 文件格式如下。

- 3D Studio(*.3ds)：Autodesk 3D Studio 文件。
- ACIS&Solid Edge(*.sat、*.sab、*.par)：任何利用空间技术中 ASIC 工具的程式可写为 ACISSAT/SAB 几何文件。使用 ACIS 的产品包括 CADKEY、AutCAD、Electric Image Modeler、triSpective、MicroStation、SolidEdge 及 CorelCAD 等。
- Okino (*.bdf)：EON 支持由多边形转换工具转换的 Okino 文件格式。
- DXF ASCII/Binary(*.dxf)：AutoCAD DXF 文件。众多的应用程式都识别此种文件格式，且在转换 2D 及 3D 资料方面成为一种标准。
- DWG(*.dwg)：Auto CAD 的 DWG 文件格式。
- IGES v5.3(*.igs、*.iges)：许多 CAD 及 3D 应用软件输出 IGES 格式的文件，此种文

件格式复杂，且具有版本的限制。

- Lightwace(*.lw,*.scn)：Lightwave 文件格式。
- OpenFligh (*.flt)：OpenFlight 是一种工业标准，针对即时 3D 场景进行描述的文件格式，由 MultiGen，Inc 研发并具有拥有权，当初研发的主要目的是为了解决视觉化模拟社群资料传输的需求。
- Pro/Engineer.SLP(*.slp)：Pro Engineer SLP 着色（Render）文件由 PTC pro/Engineer 建立，是一种简单的格式，其中仅包含三角形的点资料及颜色资料。
- Softimage(*.hrc,*.dsc)：Microsoft Softimage 特有的文件格式。
- SolidWorks(*.sldprt,*.sldasm)：SolidWorks 部分集合文件。
- Stereo Lithography.STL(*.stl)：用于在 CAD 程式应用于快速原形制作（rapid prototype）方面，是一种简单的、以三角形为建构基础的文件格式。
- TrueSpace(*.cod、*.scn)：Caligari TrueSpace 专用的文件格式。
- USGS DEM(*.dem)：United State Geological Survey(USUG)数字高程模型（Digital Elevation Model）文件格式，许多网络上的 3D 风景文件都利用此文件格式。
- VRML2.0(*.wrl)/VRML97(*.wrl)：VRML（Virtual Reality Modeling Language）是一种网络上用来显示 3D 物件规格的文件。VRML 2.0 在导入 Okino 文件时，比 VRML 97 增加了导入关键针节点的功能。
- XGL/ZGL(*.xgl,*.zgl)：可以从 CAD 输出很多基本的文件转换格式。

2．导入文件

不同的文件格式使用不同的载入程序。大部分文件，例如 3D Studio 和 ightWave 都是利用外挂的转换程式来载入，并插入到模拟树状结构中。以导入前面制作的 teaport.3ds 文件为例，具体操作步骤如下。

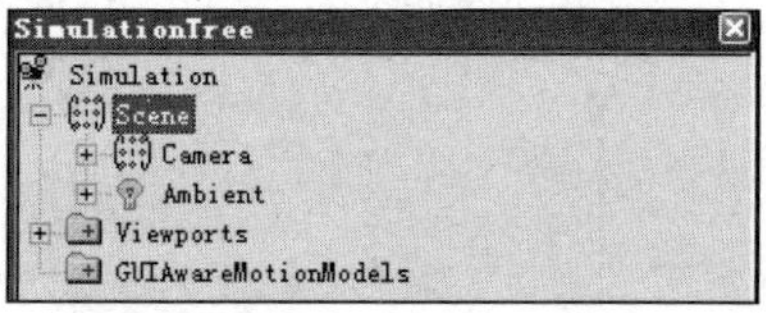

图 6.101　选择节点 Scene

（1）选择一个框架节点作为载入物件的父系，选择节点 Scene，如图 6.101 所示。

（2）选择 File→Import→3D Studio.3ds 命令，如图 6.102 所示。

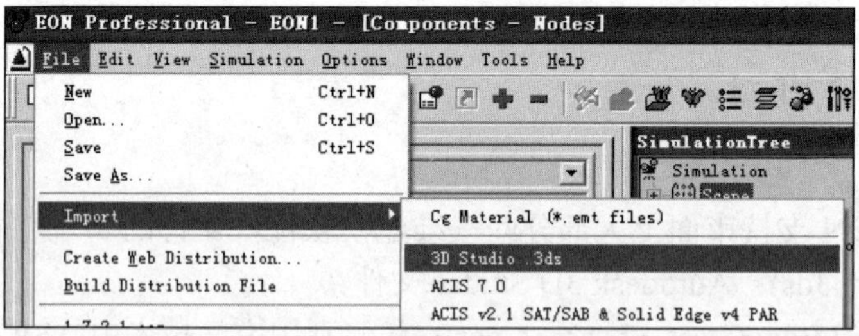

图 6.102　选择 3D Studio.3ds

（3）导入文件。选择 teaport.3DS，单击“打开”按钮，如图 6.103 所示。

注意： 加入相关文件的搜寻路径（Search Paths），这些文件一般是指材质文件，且这些文件所存放的资料夹与主要文件是分离的材质。如果材质文件与主要文件不在同一个资料夹中，则必须给定搜寻路径。具体方法是单击新增路径（Add Path）按钮给定路径。也可以利用分号来分离不同的路径，例如 C:\TEXTURRDS;C:\MORE_TEXTURES。如果载入程式无法找到材质文件，其信息将会登录在 EON Studio 事件记录视窗中。本文件没有用到材质文件，不需要设置。

（4）设置外挂程序载入选项，如图 6.104 所示。

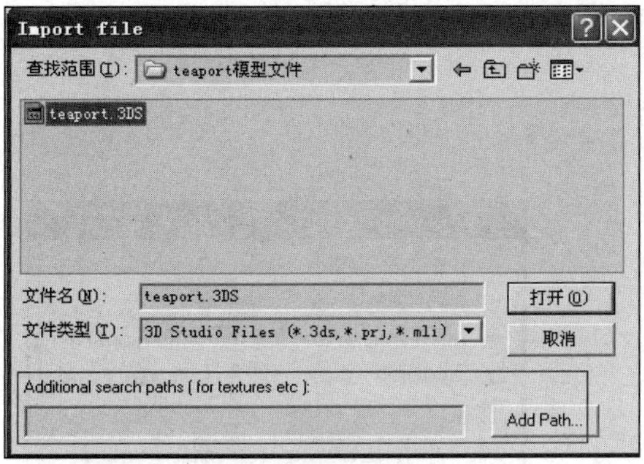

图 6.103　导入文件

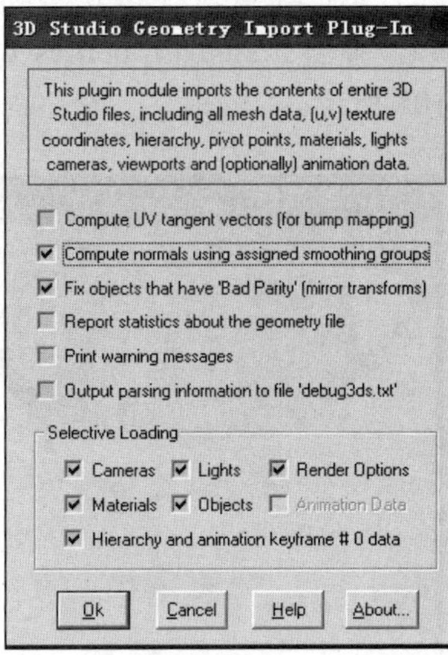

图 6.104　设置载入选项

（5）建立 EON 模拟树状结构，如图 6.105 所示。其中目录路径是为了载入材质（Texture）及网格（Mesh）的目标路径。其他设置可以按照图中选项设定，也可参照参考手册的选项进行设定。

（6）选择 Scene，展开模拟树，可见已导入 3ds 文件，包含茶壶模型节点（teaport）、相机节点（Camera_default：3ds Max 中的相机）和环境光节点（defaultambient：3ds Max 中的环境光），如图 6.106 所示。

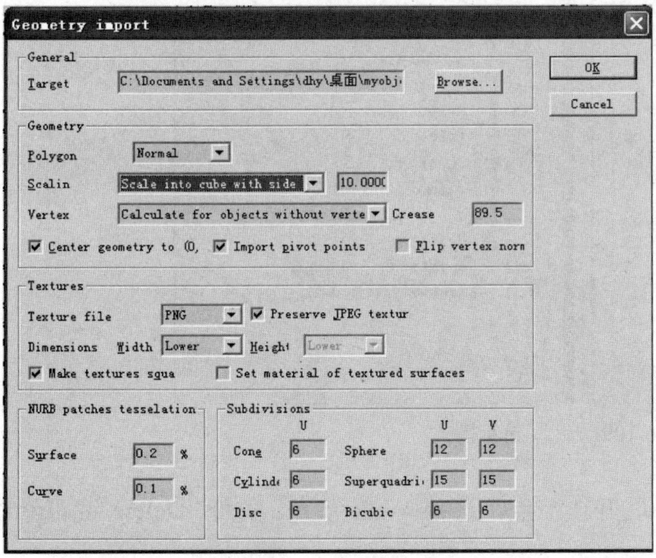

图 6.105　设置载入选项

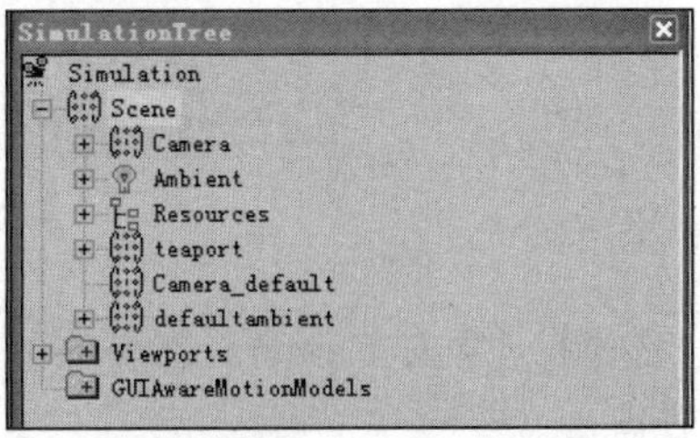

图 6.106　展开模拟树

6.5.3　交互程序开发

1．修改初始视角

选择 Simulation→Start 命令，运行上一节完成的模拟程序，效果如图 6.107 所示。

此时茶壶的初始位置不对，希望茶壶初始位置在模拟窗口的中间位置。操作鼠标调节相机到合适的位置，使得观察到的茶壶处于模拟视窗的中间位置，然后在模拟树中双击 Camera，弹出 Frame Properties 对话框，单击 Start Values 按钮，再单击“确定”按钮，如图 6.108 所示。

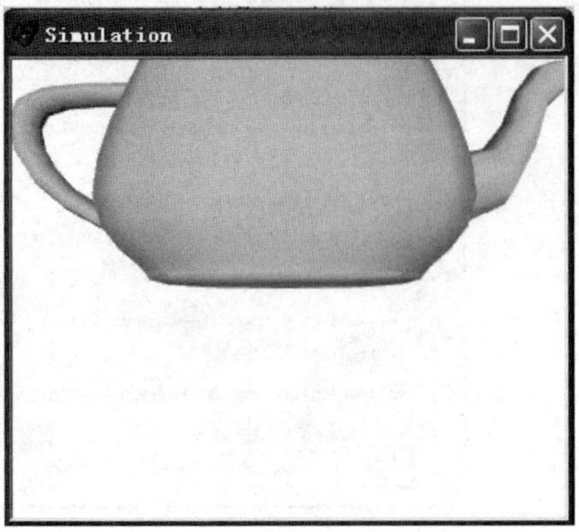

图 6.107　运行效果

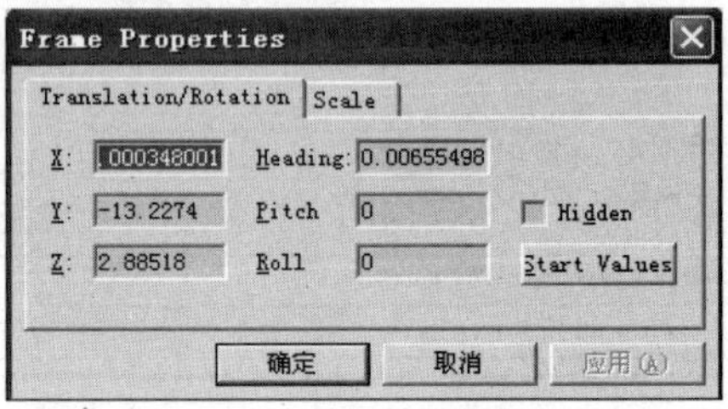

图 6.108　Camera 的属性对话框

2．更改导航模式

针对单个物体的交互展示，需将导航模式改为 Inspect 模式，操作步骤如图 6.109 所示。

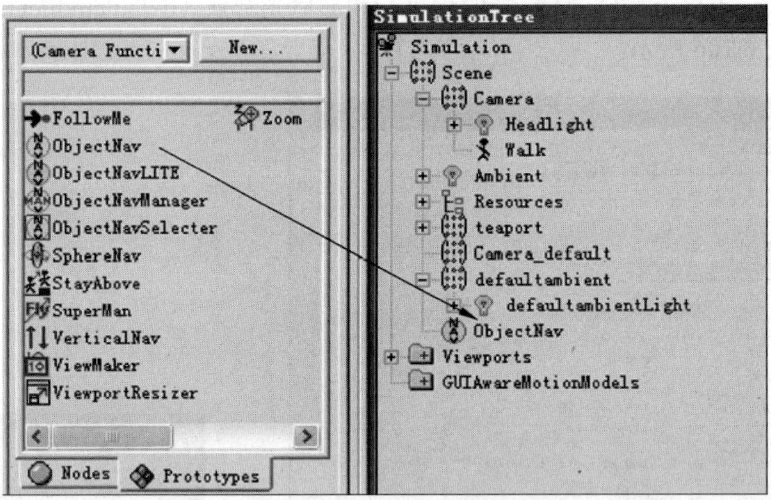

图 6.109　更改导航模式

（1）单击 Camera 节点前的加号，展开该节点，选择 Walk 节点，按下 Delete 键删除该节点。

（2）在元件视窗中选择 Camera Functions。

（3）在 Camera Functions 中选择 ObjectNav 节点，将其拖至模拟树中 Scene 节点下。

3．给茶壶添加功能节点

给茶壶模型添加鼠标单击节点(Clicksensor)、旋转节点(Rotate)和切换开关节点(Latch)。分别在节点库中找到这三个节点，并添加到 teaport 框架下，如图 6.110 所示。

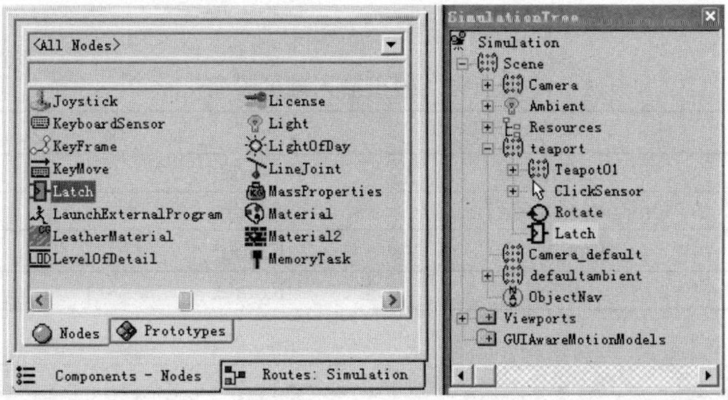

图 6.110　添加功能节点

4．节点属性设置

双击旋转节点（Rotate），打开其属性对话框，设置茶壶绕 Z 轴旋转，旋转周期为 1s，如图 6.111 所示。

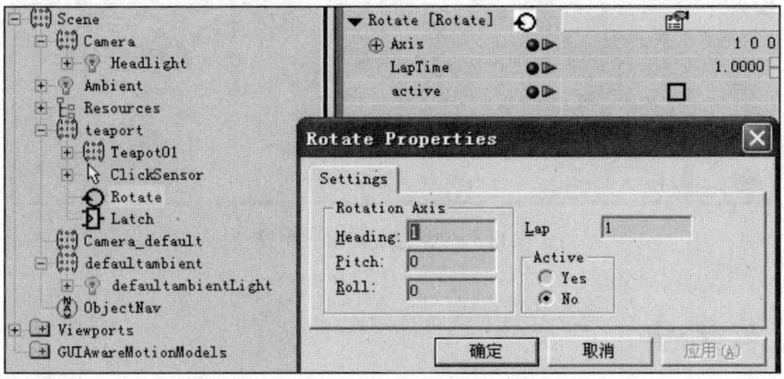

图 6.111　设置 Rotate 属性

5．建立逻辑关系

分别将三个功能节点 ClickSensor、Rotate 和 Latch 拖至逻辑关系设定视窗中，如图 6.112 所示。

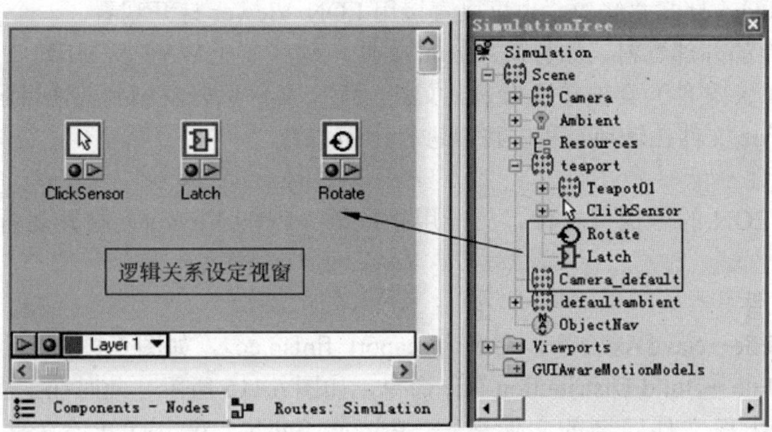

图 6.112　将功能节点拖进逻辑关系设定视窗

按照表 6.12 所示输出输入域的设置建立逻辑关系连接，连接后的逻辑关系在 Buterfly 显示如图 6.113 所示。

表 6.12　输出输入域的设置

输　出		输　入	
Node	Field name	Node	Field name
Clicksensor	OnButtonDownTrue	Latch	Toggle
Latch	OnClear	Rotate	SetRun_
Latch	OnSet	Rotate	SetRun

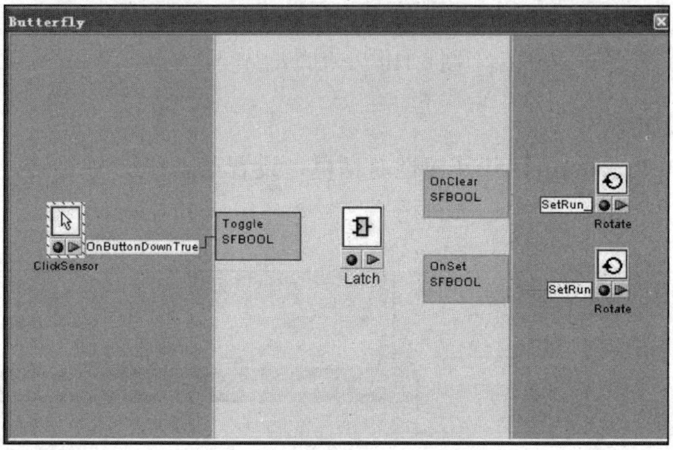

图 6.113　连接后的逻辑关系

6.5.4　发布交互程序

1. 文件格式

交互程序开发完成后，可保存并发布程序。EON 应用程序能被保存为.eoz 和.edz 两种格式。

1）.eoz 文件

.eoz 文件用来制作独立执行（stand－alone）的应用程序，它是 EON 的工程文件格式，可以用 EON Studio 打开并修改。也可以直接用 EON Viewer 打开观看。一个独立执行的.eoz 文件会包含所有的外部资料，如材质（.ppm 文件）和声音（.WAV 及.MIDI 文件）。其中，包含的网格文件（.x 文件）会被转换为.eox 文件，而.x 文件可以复制到其他目录，以便储存为原本的格式。Eoz 文件在转换过程中可以进行压缩。

2）.edz 文件

该文件是 EON 的可执行文件，只能用播放器（EON Viewer）打开观看，不能再进行修改。

2. 发布文件

（1）选择 File→Save As 命令，命名为 teaport_finish.eoz，如图 6.114 所示。

（2）选择 File→Build Distribution File 命令，如图 6.115 所示。此时在工程文件的同目录下生成一个和工程文件同名的文件夹——teaport_finish。双击打开该文件夹，可见生成 teaport_finish.edz 文件，双击该文件即可通过 EON Viewer 打开观看。

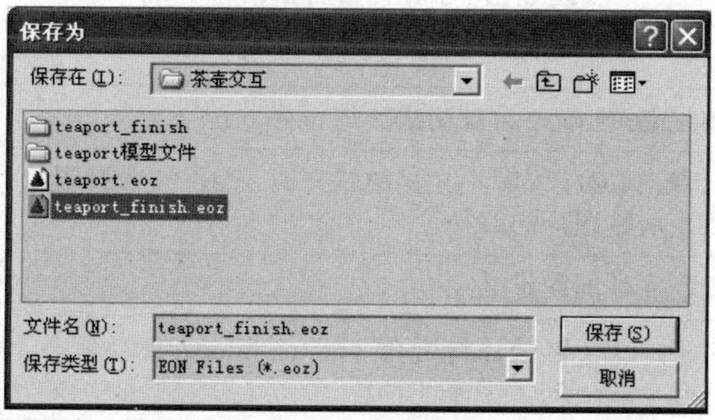

图 6.114　保存文件

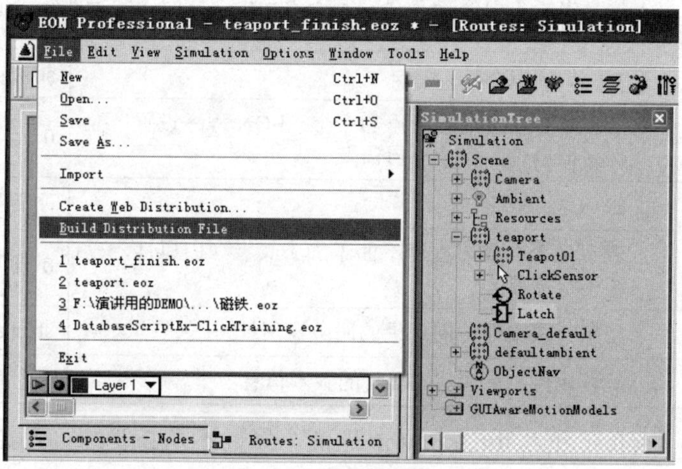

图 6.115　发布文件

6.6　EON 与其他软件的整合

6.6.1　EonX 属性设置

EonX 是一个 ActiveX 控件，该控件可以作为 EON 文件的浏览器，而且它定义了 CControl2 类，提供类的方法，通过它可以对 EON 开发出来的模拟场景进行控制。EonX 和其他常见的 ActiveX 控件一样，都有属性、方法和事件供使用者调用及设定。当应用程序中引入 EonX 控件后，可调用送出事件（SendEvent）的方法来控制虚拟场景对象的行为，再通过由 EonX 所提供的 OnEvent 接收数据的事件程序来获取实时的场景信息。OnEvent事件是 EonX 这个 ActiveX 控件唯一的事件程序，它可以和应用程序沟通。通常只要在 EON 档案里根据需要摆放一个或多个 OutEvent 节点，并设定其数据形态，任何一个 OnEvent 事件被触发，即引发 OnEvent 事件将值传向应用程序。

EonX 的属性是一些可设置选项，它们有助于对该控件本身进行控制。当EonX控件插入到各个应用程序中时，需要设置控件属性的初始值。例如，指定哪个EON文件是需要在控件中运行的。

EonX 控件的 12 个属性值如表 6.13 所示。

表 6.13　EonX 控件的属性列表

属　　性	描　　述	值
AutoPlay	控制 EON 程序的自动播放与否	0 或 1
Background	设置当 EON 程序不在播放状态时，控件的背景颜色以及所贴图片的路径	十六进制颜色（#RRGGBB）或位图名字
Codebase	读取文件的网址/路径	string URL
ConfigurationScheme	名字，为了区分而将所有 SchemeValues 集合起来，并起个统一的名字方便管理	字符串（string）
SchemeValues	特别针对某几个渲染属性的设置	string，string
Progressbar	设置进度条的可视与否，进度条包括文件的下载进度条以及读取进度条	0 或 1
PrototypebaseURL	元件的读取网址	string URL
SettingsButton	表示是否在工具栏上添加一个“EON 程序设置”控件（旧属性，已经不再需要）	0
SimulationFile	EON 程序名称	字符串（string）
Toolbar	表示是否在应用程序下面添加工具栏（旧属性，已经不再需要）	0 或 1
TrackerURL	用来存放文件访问记录的服务器网址	string URL
Version	只读属性，保存了 EonX 的版本信息	

在 EonX 4 中，Toolbar 和 SettingsButton 这两个属性不是必要的，所以在一般情况下这两个属性的值设置为 0。

6.6.2　EON 通信接口

当将 EON 程序嵌入其他应用程序（如 VB 程序）时，EON 和该程序之间的信息传递是通过 EON 内部设置的接口“节点”实现的。图 6.116 所示为 EON 内部的接口节点。

实质上接口“节点”不是真正意义上的节点，它们并没有像其他节点一样存放在节点库中供调用。图 6.117 显示了接口节点的创建方法。

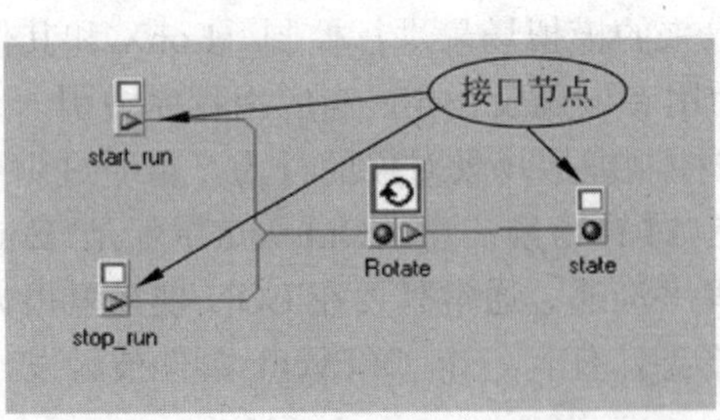

图 6.116　EON 内部的接口节点

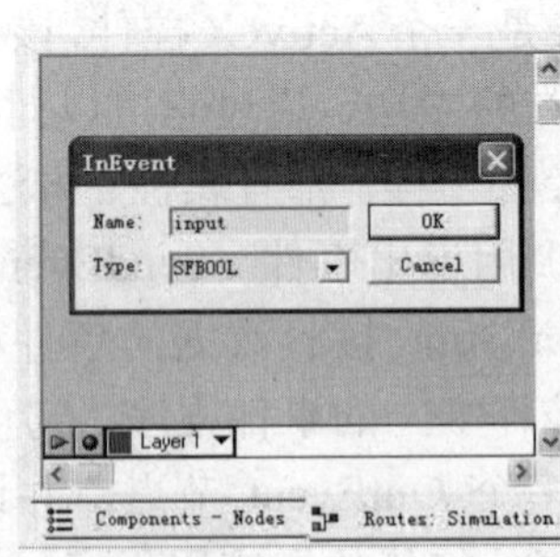

图 6.117　EON 内部的接口节点

EON 程序提供两种接口：输入接口和输出接口。输入接口是其他应用程序向 EON 程序传递信息时调用的接口，而输出接口是其他应用程序从 EON 获取信息时侦听的接口。图 6.118 所示为 EON 内部的输入输出接口节点。

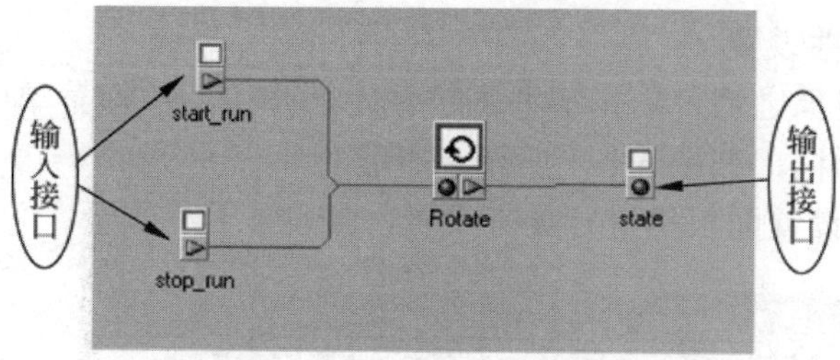

图 6.118　EON 内部的输入输出接口节点

6.6.3　EON 文件嵌入 PPT

EON 开发的交互程序可以嵌入到 Office 软件产品里，如 Word、PowerPoint 和 Excel 等。下面以 PowerPoint 程序为例来说明 EON 程序的嵌入方法。

第一步：插入 EON 控件对象。

（1）打开一个 PPT 文件，在实例中选择 EON_PPT.ppt，选择“插入”→“对象”命令，如图 6.119 所示。

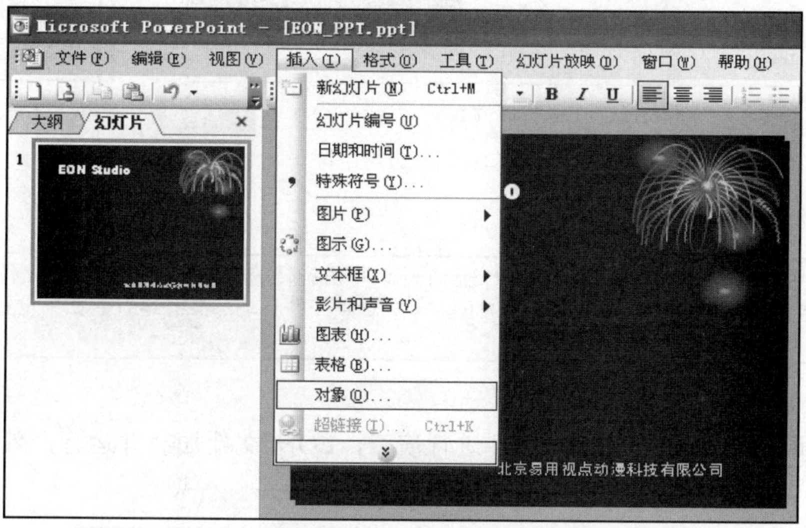

图 6.119　插入对象

（2）在弹出的“插入对象”对话框中的“对象类型”列表框中选择 EonX 4.0.1，然后单击“确定”按钮，如图 6.120 所示。

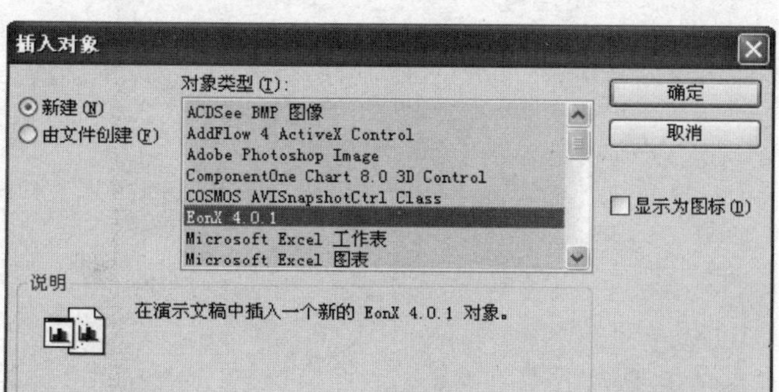

图 6.120　“插入对象”对话框

第二步：EonX 属性设置。

插入 EON 控件对象之后，右击插入的控件，从弹出的快捷菜单中选择“属性”命令，弹出该控件的属性对话框，如图 6.121 所示。

在 EON 控件属性设置面板里进行如下设置，如图 6.122 所示。

图 6.121　EonX 属性设置

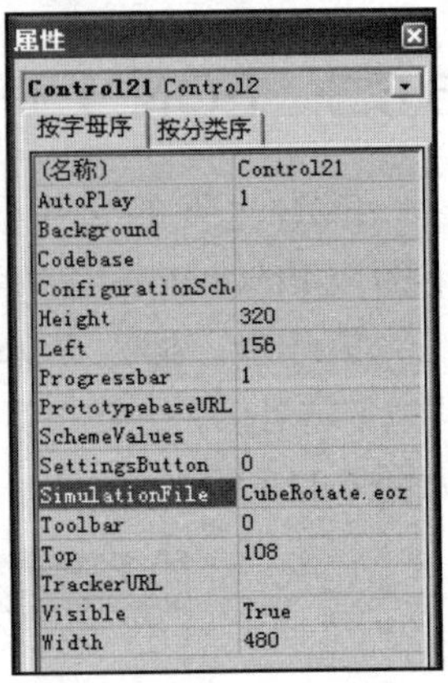

图 6.122　EonX 属性设置

AutoPlay：1

SimulationFile：CubeRotate.eoz

注意： 该实例中选择的 CubeRotate.eoz 场景是一个可以单击旋转的立方体盒子。EON 文件设置为自动播放（AutoPlay.value=1），所以当该 PPT 页面打开时，EON 文件自动加载并运行。如果设置为 0，则通过其他交互触发 EON 程序的加载。

第三步：PPT 演示。

保存文件，再次打开该 PPT 文件进行演示，EON 文件加载并运行，效果如图 6.123 所示。

图 6.123　演示效果

6.6.4 EON和网页文件的通信

随着网络的普及，人们已经习惯利用网络交流、利用网络与朋友分享自己的产品。EON 为了满足人们这方面的需求，专门制作了一个网络发布精灵，应用它可以很容易地将 EON 作品发布成网页形式。对于网页编程能力强的用户，能够定制开发 EON 网络应用程序。

当创建好一个 EON 程序之后，首先利用 EON 提供的网络发布精灵进行发布，按照提示进行设置即可，然后打开并修改网页程序。

EON 网络发布精灵创建了 4 个文件，这 4 个文件分别是 EON web page（如 Index.html）、Eonx_variables.js、Eon_functions.js和Eon_functions.vbs。后三个文件是作为网页文件的外部文件在内部被调用，而且不能被修改。

当用记事本打开网页文件时，发现以下三行代码，它们必须放在<head>…</head>标签里。

```
<scriptLANGUAGE="JavaScript"TYPE="text/javascript"
RC="eonx_variables.js"></script>
<scriptLANGUAGE="JavaScript"TYPE="text/javascript"SRC="eon_functions.js"></script>
<script LANGUAGE="VBScript"TYPE="text/vbscript"SRC="eon_functions.vbs"></script>
```

用户可以在网页中插入多个 EON 文件并且每个 EON 文件的宽高都可以自己设置，注意一定要在 EONInsert 函数被调用的前面进行设置，设置代码如下：

```
<script language="JavaScript" type="text/javascript">
<!—
eonxSimulationFile = "chair3.eoz";
eonxWidth = 495;
eonxHeight = 297;
//-->
</script>
```

如果需要在网页里插入 EON 应用程序，可以在网页里插入以下代码：

```
<script language="JavaScript" type="text/javascript">EONInsert();</script>
```

当网页程序向 EON 传递信息时，可以调用发送事件函数 EONSendevent()向 EON 内部设置的输入接口进行信息传递，例如用户单击网页上的“关闭电源”按钮来控制 EON 内部灯光关闭，代码如下：

```
<form><input type="button" value="关闭电源" onclick="EONSendEvent('SFBool',
'Lights', false)"></form>
```

当网页程序需要从 EON 文件获取信息时可以调用 EON_OnEvent(e, v)函数，从 EON 内部设置的输出接口获得信息，例如在网页中一个列表用来获取 EON 内部摄像机位置信息，代码如下：

```
function EON_OnEvent(e, v)
{
```

```
if (e == "CamPos")
{
    document.form1.xpos.value = v[0]
    document.form1.ypos.value = v[1]
    document.form1.zpos.value = v[2]
}
}
```

注意：对于初学者需要注意两个事项，一是第一个参数 e 的名称要和 EON 内部的接口名称大小写完全一样；二是 if (e == "CamPos")里面不是一个等号，而是两个等号。

6.7 练 习 题

1．填空题

（1）EON Studio 是一个制作__________应用程序的开发工具，也是 EON 的核心产品。

（2）__________是在 EON Studio 的基础上专门为特定开发者打造的一款强大的软件模块。这一模块在功能方面提供了高画面质量、高仿真度的实时视觉效果。

（3）要看到 EON 交互程序的立体效果，需要安装__________。

（4）__________是一个多通道（3～6 墙）沉浸式虚拟现实显示系统，也就是常说的 CAVE 系统。

（5）EON Raptor 是 EON Reality 公司针对__________开发的插件。

（6）__________视窗用来创建 EON 应用程序，应用程序是由节点或元件按照一定的逻辑关系进行分层的结构化管理；__________视窗是 EON 交互程序设计窗口，在该窗口中完成逻辑关系连接。

（7）EON Studio 中的 4 种域类型是__________、__________、__________和__________。

2．简答题

（1）EON 交互程序开发的基本流程是什么？

（2）什么是节点和元件？二者有什么区别？

（3）简述 EON 交互事件的建立过程。

第 7 章　虚拟现实系统综合实例

【本章导读】

本章以 EON 为开发工具，介绍室内漫游交互系统和机器虚拟拆装训练系统的开发过程。学习本章时，读者尽可能地进行实践练习，进一步体会应用 EON 开发虚拟现实系统的方法与技巧。

本章的重点难点：

（1）碰撞检测效果的开发；

（2）相机漫游交互的开发；

（3）添加 CG 材质；

（4）打开与合拢交互的开发；

（5）拆卸与装配交互的开发。

7.1　室内漫游交互系统

7.1.1　虚拟漫游系统说明

该虚拟漫游系统是在一个摆放有投影演示设备和座椅的演示厅内部进行虚拟漫游，并能够在漫游过程中实时感受碰撞等效果，最终的漫游过程截图如图 7.1 所示。该系统运行在 Windows XP 操作系统中，虚拟演示厅的创建使用的建模工具是 3ds Max，漫游及交互功能的实现用 EON 软件完成，软件运行界面及最终集成平台是 VC 6.0。

该系统是基于 MFC 的应用程序，主要实现了以下功能。

（1）文件打开和关闭。文件打开命令用来加载 EON 漫游场景，将漫游场景调入计算机内存，场景显示在设定的初始位置，并能由用户自己改变其位置。关闭命令结束漫游，释放内存，退出漫游系统。

（2）自动漫游和手动漫游。该系统能够运行在两种漫游状态，两种状态可以自由切换。

（3）多相机切换。虚拟场景设置了多个相机位置，能够随意切换到各机位漫游。另外还实现了背景音乐设置、显示模式设置、漫游过程中的实时碰撞检测以及游戏操纵杆漫游等多种功能。

图 7.1　运行效果

本节介绍 EON 漫游和碰撞检测功能的实现。场景漫游时可通过按下鼠标左键来控制漫游的方向：前进\后退\左转\右转；按下鼠标中键控制漫游相机的镜头方向；按下鼠标右键实现漫游镜头在垂直方向上的移动。程序运行效果如图 7.1 所示。

7.1.2 EON 漫游系统的开发

1．场景模型导入 EON

使用 EON Raptor 将虚拟场景保存为 EON 工程文件格式，场景模型导入 EON 的操作步骤如下。

（1）从“开始”菜单中启动 3ds Max 8，如图 7.2 所示。

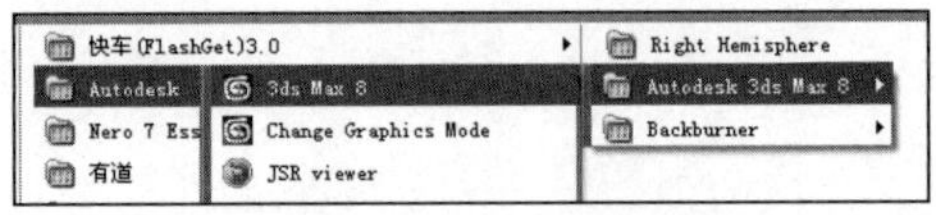

图 7.2 启动 3ds Max 8

（2）打开演示厅模型文件。该场景是一个立体投影演示厅，内含一段镜头动画。演示厅内部有偏振一体机、投影幕和几排座椅。选择 File→Open 命令，选择“...\MyProject\演示厅漫游\演示厅漫游模型文件\演示厅漫游.max”，单击“打开”按钮，如图 7.3 所示。

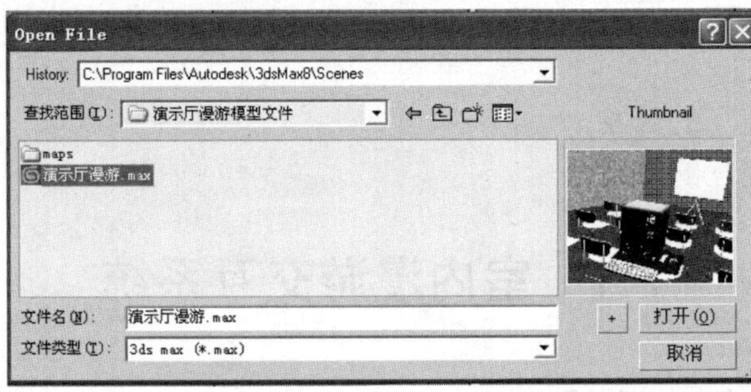

图 7.3 打开演示厅模型文件

（3）单击 T 按钮，然后单击 EON Raptor Web Studio 按钮，展开 EON Raptor 控制面板，如图 7.4 所示。

（4）在 EON Raptor 控制面板里将导航模式改为 Walk，如图 7.5 所示。

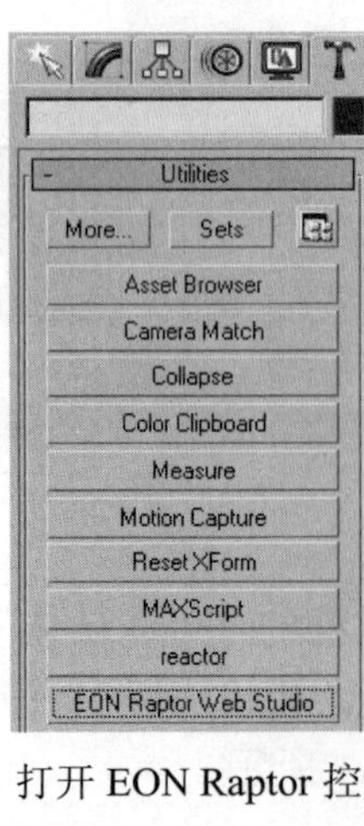

图 7.4 打开 EON Raptor 控制面板

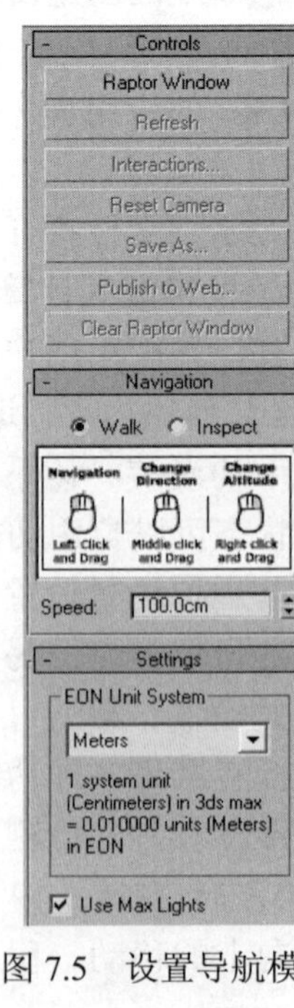

图 7.5 设置导航模式

（5）单击 Raptor Window 按钮，打开 Raptor 预览窗口对虚拟场景进行预览，如图 7.6 所示。然后单击 Save As 按钮，保存虚拟场景为 EON 工程文件：演示厅漫游.eoz，如图 7.7 所示。

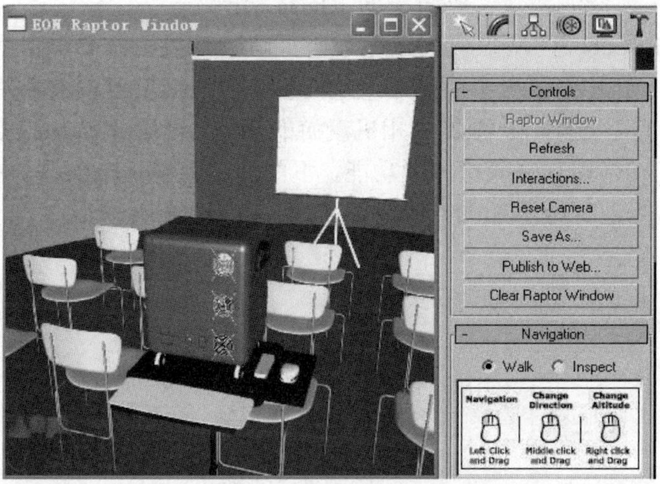

图 7.6　在 Raptor Window 中预览虚拟场景

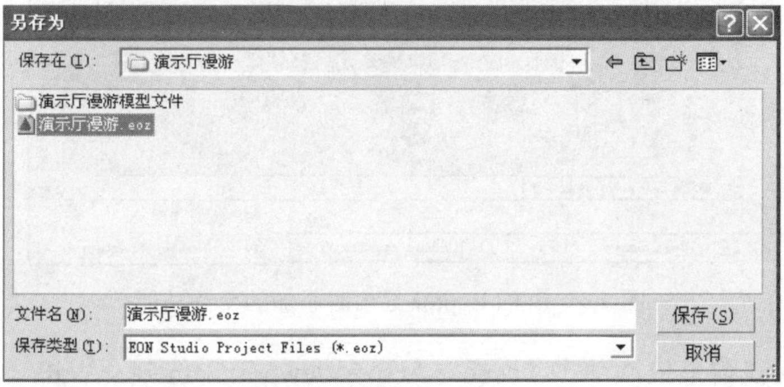

图 7.7　保存文件

2．添加碰撞检测

打开 Walk 节点的碰撞检测功能，为场景漫游添加简单的碰撞检测效果，操作步骤如下。

（1）双击上一步保存的工程文件“演示厅漫游.eoz”，用 EON Studio 打开该文件，如图 7.8 所示。

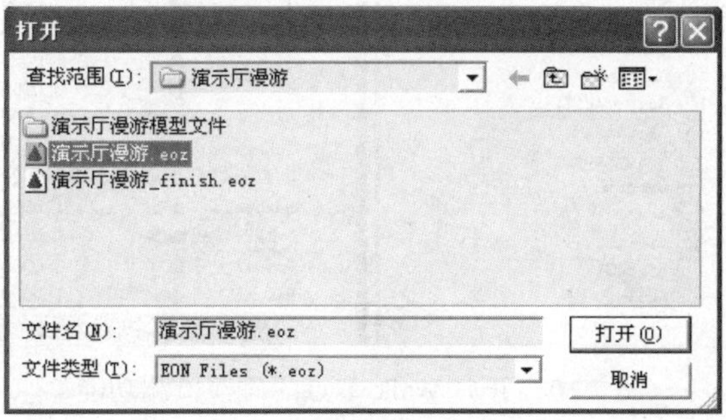

图 7.8　打开演示厅漫游文件

（2）选择 Simulation→Start 命令，运行模拟程序。

操作说明：

按下鼠标左键来控制漫游的方向：前进\后退\左转\右转；

按下鼠标中键来控制漫游相机的镜头方向；

按下鼠标右键实现漫游镜头在垂直方向上的移动；

按空格键可在 Inspect 和 Walk 两种观察状态间进行切换。

运行可见：在行走过程中会穿墙而过，从而影响了漫游交互的真实性。前面已介绍使用 EON Raptor 保存为工程文件时，添加了相机漫游的功能，即在漫游相机下添加了具有漫游功能的 Walk 节点，该节点具有碰撞检测的功能，下面通过该节点来实现碰撞检测。图 7.9 所示为 EON Raptor 导出工程文件添加的交互功能。

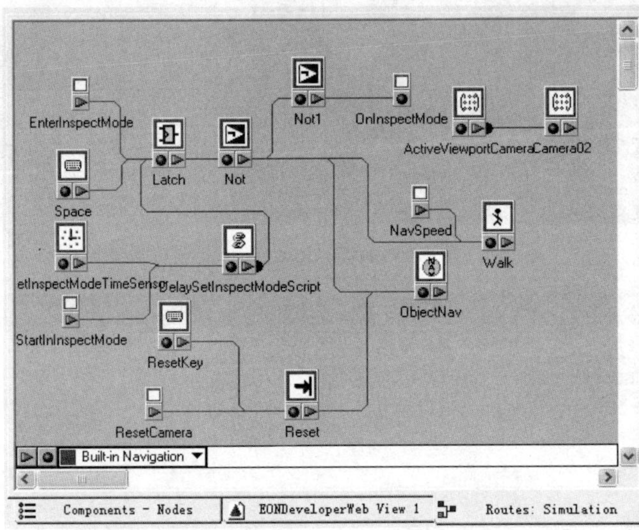

图 7.9　EON Raptor 导出时添加的交互功能

（3）在模拟树视窗里依次单击 Scene→ActiveViewportCamera→Walk，展开 Walk 节点属性视窗，选中 Collision 复选框，开启 Walk 节点的碰撞检测功能，如图 7.10 所示。

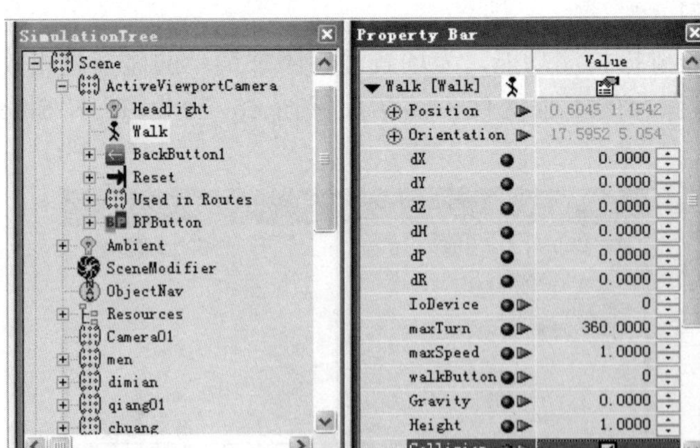

图 7.10　开启 Walk 节点的碰撞检测功能

（4）选择 Simulation→Start Simulation 命令，运行模拟程序。这时可见只能在演示厅内部漫游，不会穿墙而过了。但是在漫游过程中，有时会卡在一个地方，需通过 Walk 节点的滑移功能（WallSlip）来解决。

（5）在模拟树视窗里单击 Scene→ActiveViewportCamera→Walk，再次展开 Walk 节点属性视窗，选中 WallSlip 复选框，开启 Walk 节点的滑移功能，如图 7.11 所示。

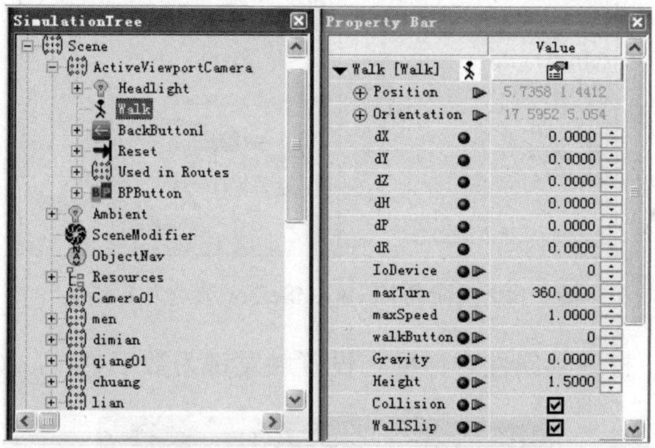

图 7.11　开启 Walk 节点的滑移功能

3．设置相机的漫游交互

在 3ds Max 里作了一段相机动画，通过 EON Raptor 导出时，该动画也随之自动导出，展开模拟树，在模拟树下相机（Camera02）框架下看到的 Camera02animation 节点，如图 7.12 所示。该动画在 EON 内以关键帧节点的形式存在，默认情况下不自动运行。下面制作当键盘按键按下时触发动画的交互，操作步骤如下。

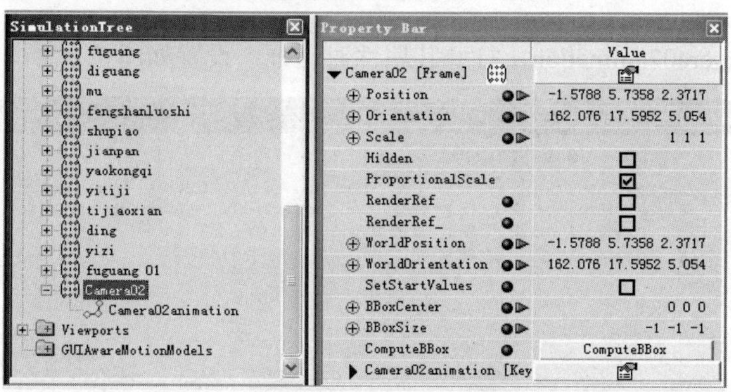

图 7.12　EON Raptor 导出的动画节点

（1）从节点库中拖动 KeyboardSensor 节点到模拟树 Scene 下，如图 7.13 所示。

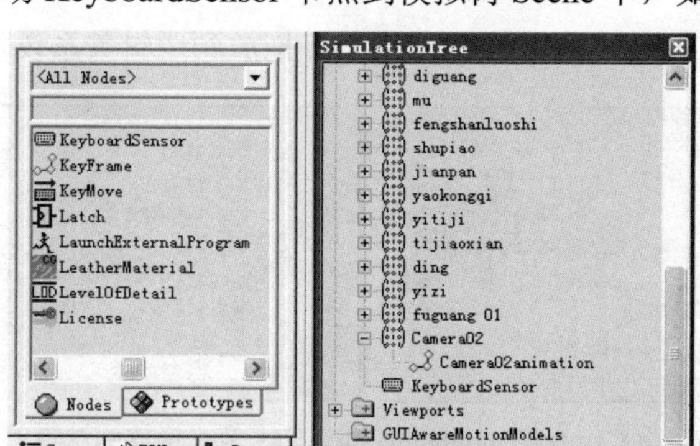

图 7.13　在节点库中拖动 KeyboardSensor 节点到模拟树下

（2）选择 KeyboardSensor，重命名为 1_Key，如图 7.14 所示。

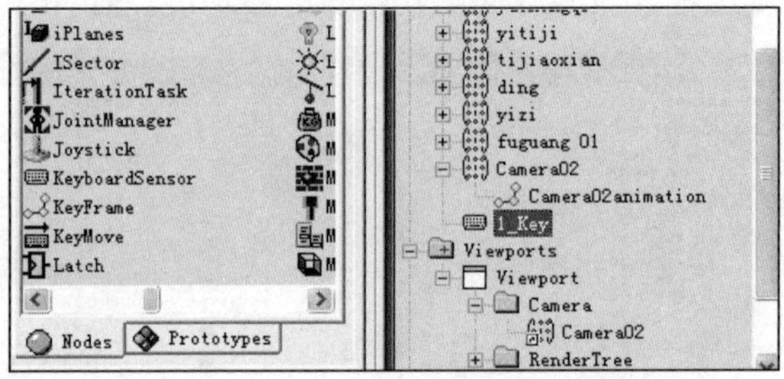

图 7.14　重命名 KeyboardSensor 节点为 1_Key

（3）双击 1_Key，打开其属性对话框，设置触发键为数字“1”，如图 7.15 所示。

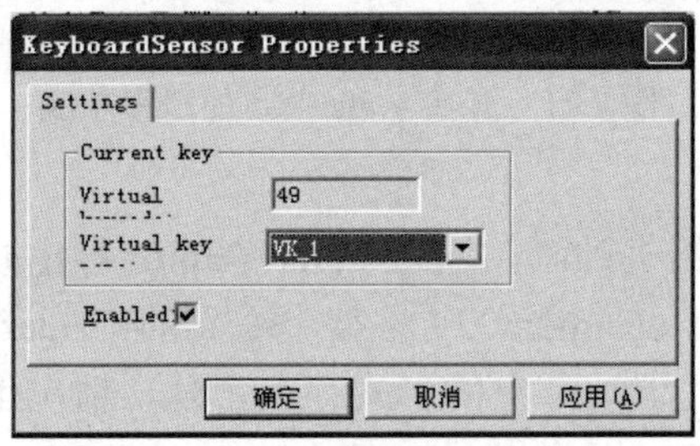

图 7.15　设置 KeyboardSensor 触发键

（4）双击 Camera02animation，打开其属性对话框，设置如图 7.16 所示。

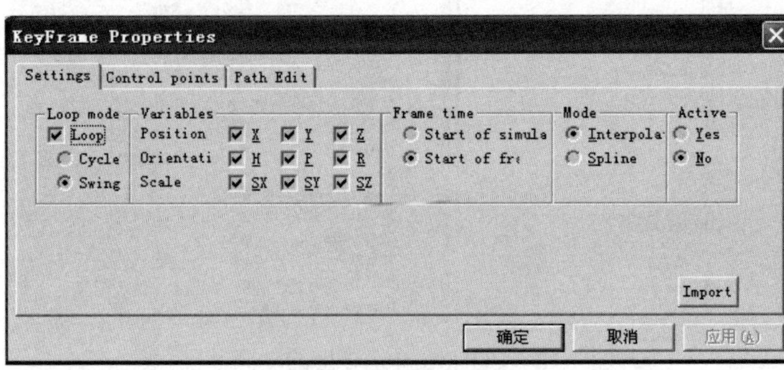

图 7.16　设置 Camera02animation 属性

（5）将 Camera02animation 和 1_Key 两个节点拖放到逻辑关系设定视窗，如图 7.17 所示。

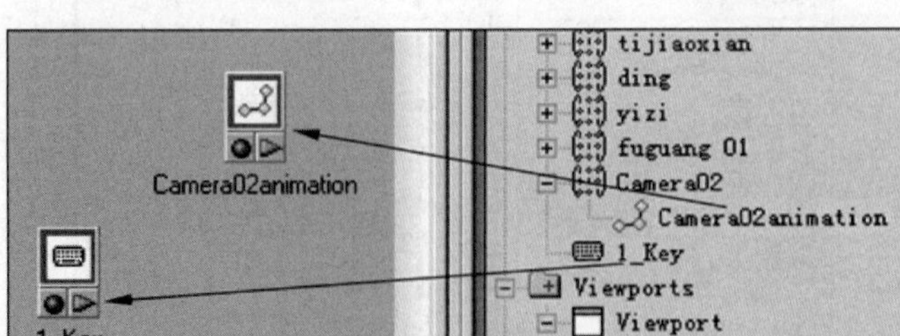

图 7.17　将 Camera02animation 和 1_Key 节点拖放到逻辑关系视窗

（6）按照表 7.1 所示输出输入域的设置进行逻辑关系连接，如图 7.18 所示。

表 7.1　输出输入域的设置

输　出		输　入	
Node	Field name	Node	Field name
1_Key	OnKeyDown	Camera02animation	SetRun

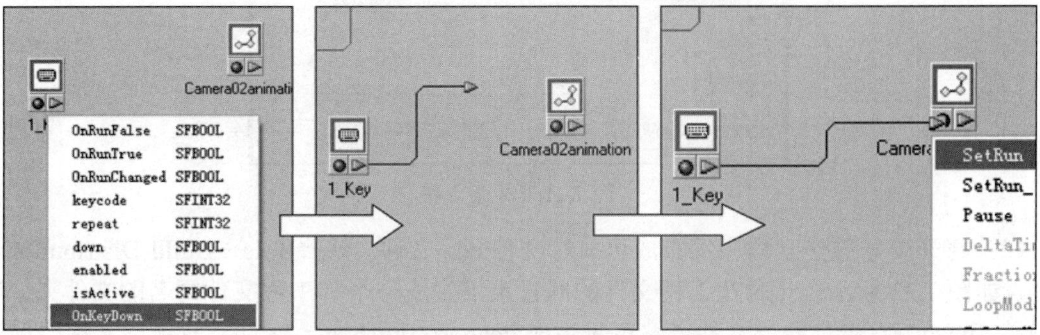

图 7.18　建立逻辑关系

思考： 此时场景中有三个相机，那么视窗节点（Viewpoint）中需要设置哪个相机？展开该节点可见是 Camera02 相机，如图 7.19 所示。

通过打开逻辑关系设定视窗，再配合 Butterfly 观察其逻辑关系连接，如图 7.20 所示，发现 ActiveViewportCamera 实时地将位置和角度信息传递给 Camera02。

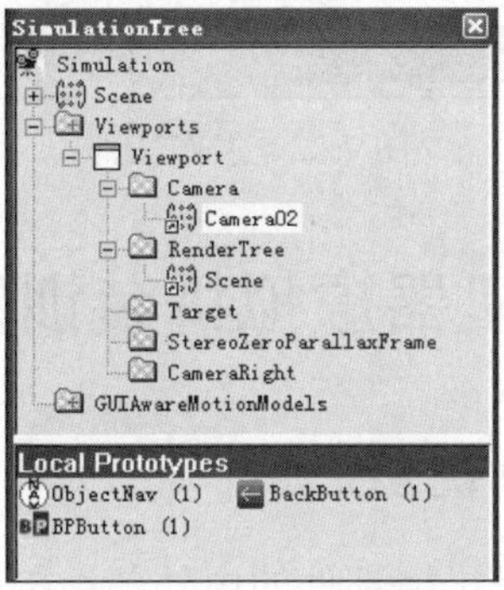

图 7.19　视窗节点结构

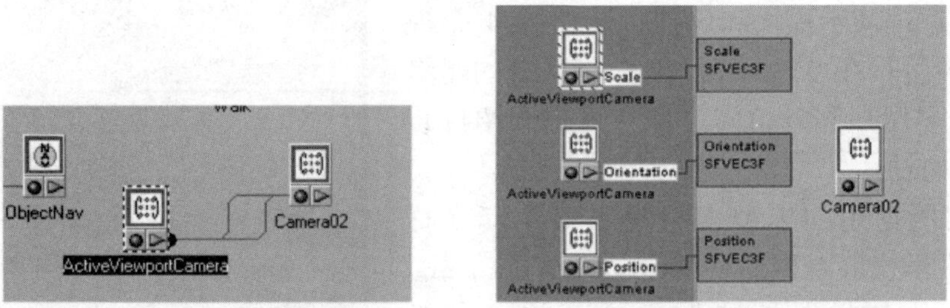

(a) ActiveViewportCamera信息传递给Camera02　　(b) 相机的逻辑关系连接

图 7.20　相机的逻辑关系连接

4. 打包发布

（1）选择 File→Save As 命令，在弹出的对话框中保存文件为“演示厅漫游_finish.eoz”，如图 7.21 所示。

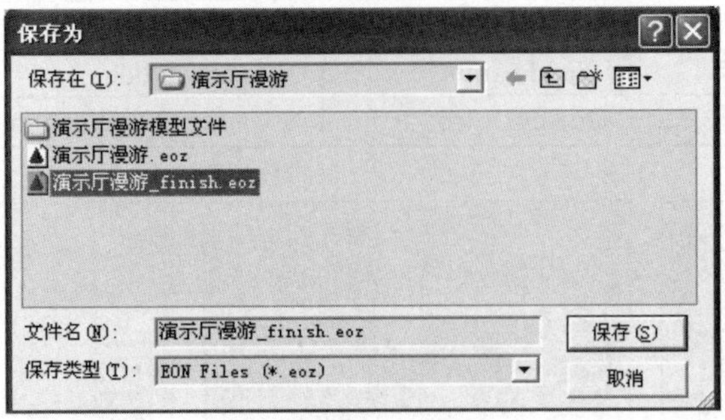

图 7.21　保存文件

（2）将开发好的交互程序发布成可执行文件.edz 文件。选择 File→Build Distribution File 命令，如图 7.22 所示。此时在工程文件的同目录下生成一个和工程文件同名的文件夹：演示厅漫游_finish，双击打开该文件夹，可见生成 teaport_finish.edz 文件，双击该文件即可通过 EON Viewer 打开观看。

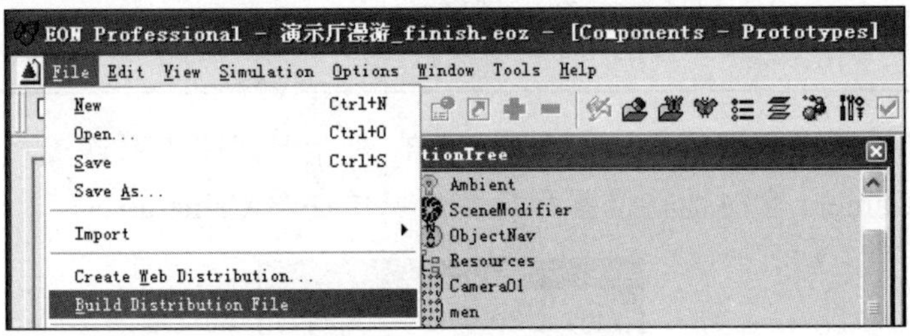

图 7.22　发布文件

7.2　机器虚拟拆装训练系统

7.2.1　虚拟拆装训练系统说明

该虚拟拆装训练系统主要完成机械部件的内外部结构展示、工作原理演示和虚拟拆装训练等功能，共分为用户登录模块、部件结构展示模块、工作原理演示模块和虚拟拆装训练 4 个模块。该系统为运行在 Windows XP 操作系统的网络版本，支持多用户同时访问。本节重点介绍拆装功能的实现方法。

本实例所使用的模型素材是本书配套素材（可从清华大学出版社网站 www.tup.com.cn 下载）“...\MyProject\某机器拆装”目录下的“某机械.max”。拆装时，使用鼠标按照既定顺序点选需要拆卸的模型，对应模型执行相应的拆卸或装配动作。如果顺序错误，则不能实现拆装。该机器拆装状态截图如图 7.23 所示。

图 7.23　某机器拆装状态截图

7.2.2 素材准备

1. 导入模型

在 3ds Max 打开 EON Raptor 面板，关于 EON Raptor 的使用前面已经介绍过了。

（1）单击 Raptor Window 按钮，打开 Raptor 预览窗口，如图 7.24 所示。

注意：由于将使用 EON 的 CG 技术给模型赋 CG 材质，此处没有为模型赋予材质。

（2）在 EON Raptor 面板中设置 Navigation 选项，在 Navigation 参数设置选项中选择能够全方位观察模型的 Inspect 模式，其他参数按照默认设置，如图 7.25 所示。

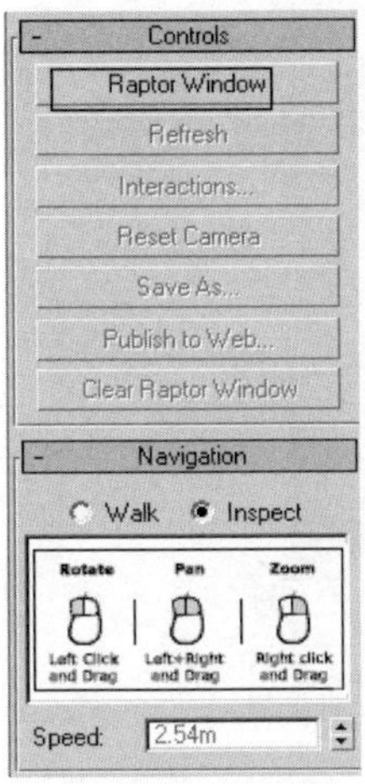

图 7.24 打开 Raptor 预览窗口

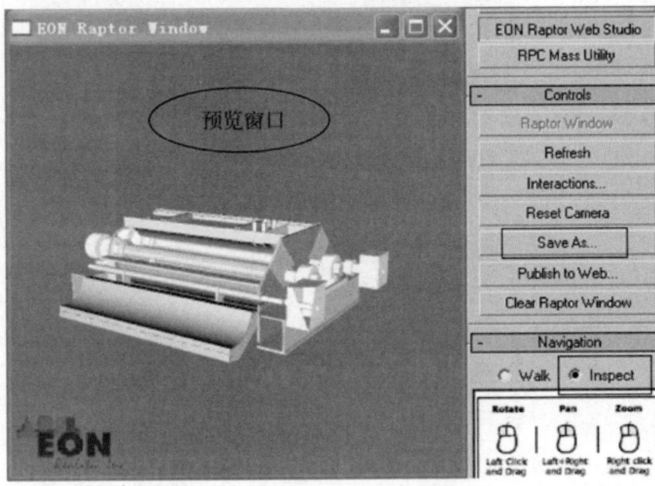

图 7.25 设置为 Inspect 导航模式

（3）单击 SaveAs 按钮，弹出“另存为”对话框，将模型文件保存为“某机械.eoz”，如图 7.26 所示。

图 7.26 保存模型文件

2. 修正视角

（1）双击上一步中生成的“某机械.eoz”文件，用 EON Professional 打开该工程。

（2）选择 Simulation→Start 命令，运行模拟程序。

操作说明：

鼠标左键：360°全方位观察模型；

鼠标中键：在观察平面内平移相机；

鼠标右键：推远\拉近相机镜头；

空格键：在 Inspect 和 Walk 两种观察状态间进行切换。

（3）单击 Routes：Simulation 按钮切换到逻辑关系设定视窗。如果找不到该视窗，可选择 Window→Routes 命令打开该视窗。在该视窗里可见已经完成的逻辑关系连接。这是由于 EON Raptor 保存工程文件时，Raptor 根据参数设置自动生成了实现漫游观察的交互程序，如图 7.27 所示。

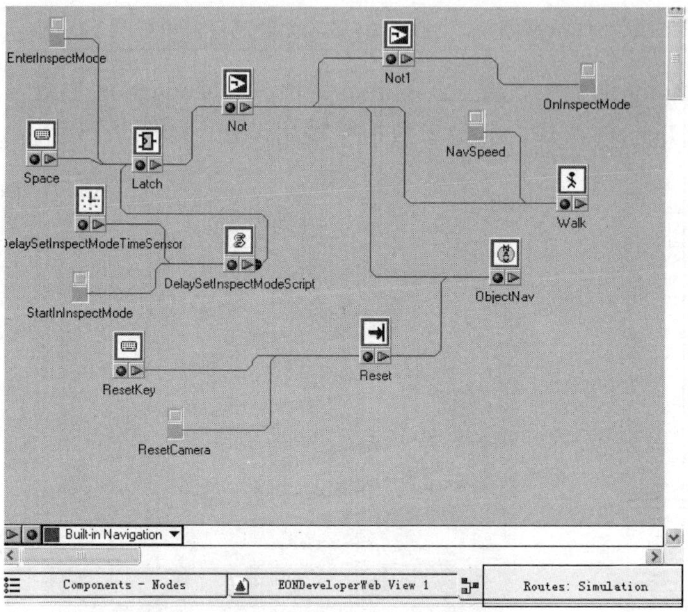

图 7.27　漫游观察的交互程序

在模拟程序运行状态，用鼠标右键推拉相机镜头时，发现模型显示不全，类似破面现象，如图 7.28 所示。这是由于相机镜头和模型的最远、最近距离的设置不当造成的。下面在 EON 中修改该参数。

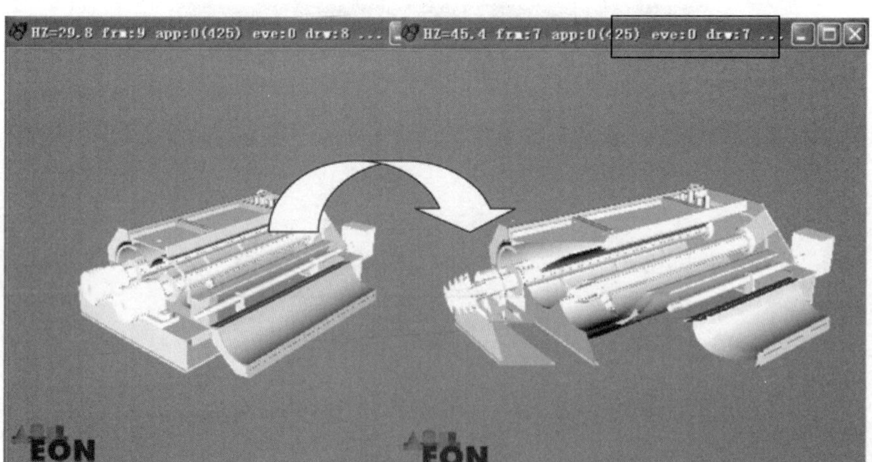

图 7.28　破面现象

（4）双击 Viewport，打开 Viewport Properties 对话框，其中共有三个参数影响相机的观察。

- Far clipping 文本框：如果摄像机镜头与物体间的距离超出此设定的数值，物体将会消失，不会被显示。

- Near clipping 文本框：如果摄像机镜头与物体之间的距离小于此设定的数值，物体将会消失，不会被显示。
- Field of view 文本框：定义观看的视野角度。默认值为 53°，如为室内建筑模拟，53°偏窄，将视野调为 75°。

当用鼠标右键拉近镜头时，模型逐渐消失，需要将该值缩小，以便将相机镜头拉得更近来观察。修改 Near clipping 参数 0.072 为 0.01，单击“确定”按钮，如图 7.29 所示。

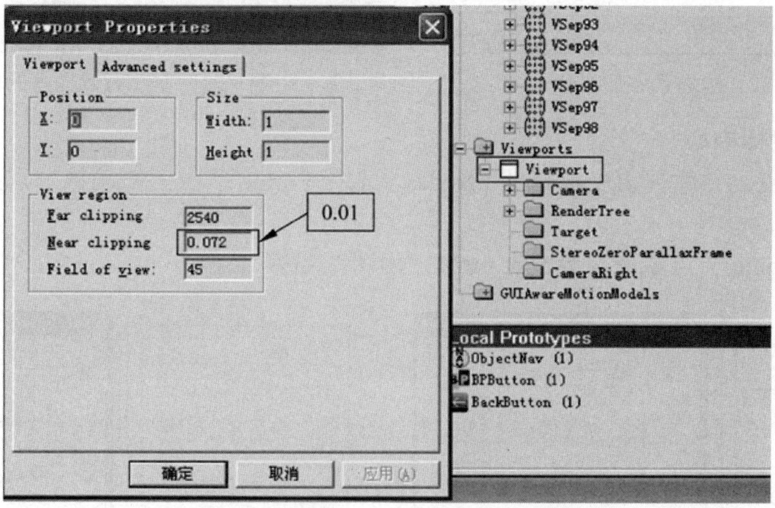

图 7.29　修改 Near clipping 参数

（5）保存文件，再次运行模拟程序，可正常观察模型。

3．添加背景

（1）打开上一步完成的“某机械.eoz”，在模拟树视窗中双击 Scene，弹出场景属性设置对话框，如图 7.30 所示。

（2）在场景属性设置对话框中切换到 Background 选项卡，单击 Browse 按钮，打开浏览文件窗口，如图 7.31 所示。

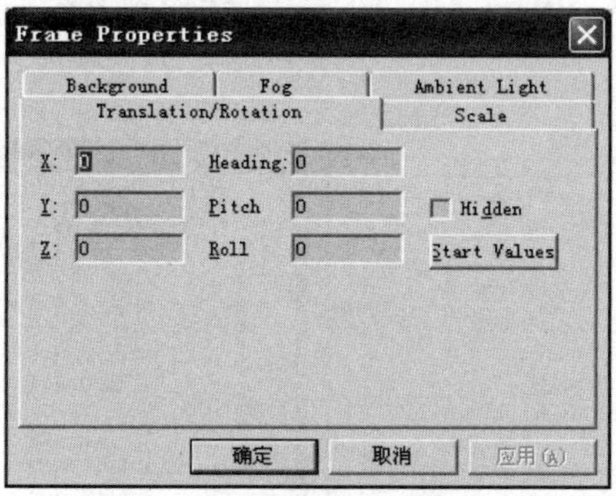

图 7.30　场景属性设置对话框

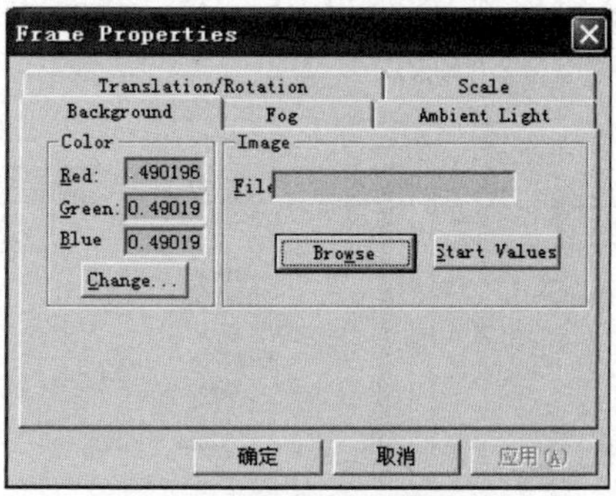

图 7.31　设置场景背景图片

（3）在“.\MyProject\某机械拆装\map”文件夹下选择“11.jpg”，为场景添加一张背景图，如图 7.32 所示，单击“打开”按钮。

（4）在场景属性设置对话框中单击“应用”按钮，运行模拟程序，如图 7.33 所示。

图 7.32　给场景添加图片

图 7.33　添加背景图片的场景

4．改变坐标中心

（1）在节点元件库视窗中选择 All Nodes，选择 Frame 节点，拖动该节点到 VSep01 下，如图 7.34 所示。

（2）将 Frame 节点重命名为 left_turn1，如图 7.35 所示。

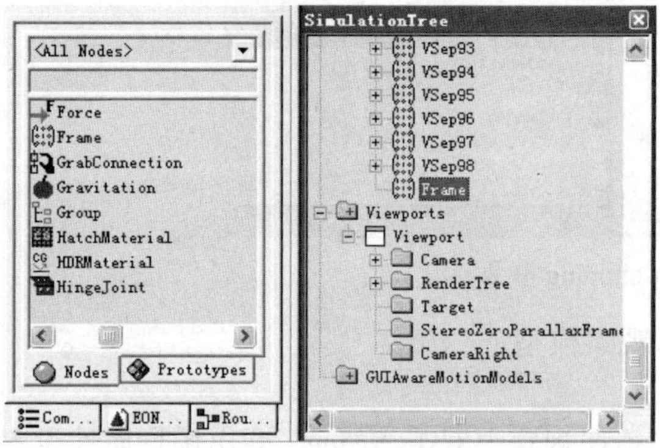

图 7.34　向 VSep01 下添加 Frame 节点

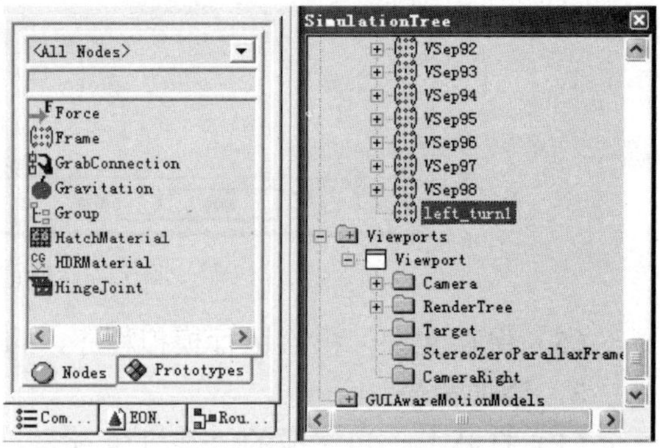

图 7.35　将 Frame 节点重命名为 left_turn1

（3）在节点元件库视窗的节点视窗中选择 All Nodes，选择 DegreeOfFreedom 节点，拖动该节点到 left_turn1 下，并命名为 left_turn_DOF，如图 7.36 所示。

（4）将模型 VSep20-VSep27、VSep89、VSep92、VSep93 和 VSep94 移动到 left_turn_DOF 下，如图 7.37 所示。

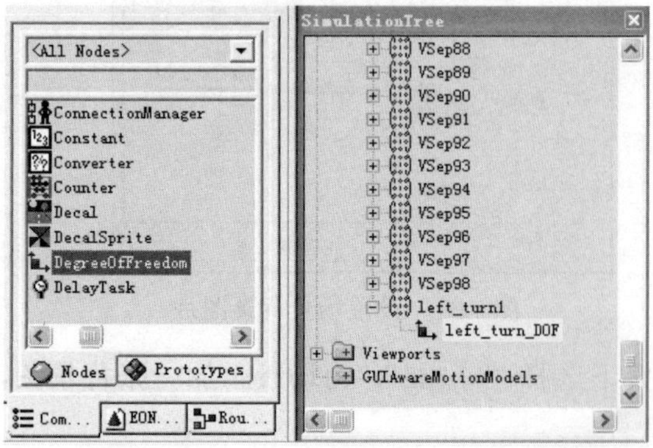

图 7.36　给 left_trun1 添加 DegreeOfFreedom 节点

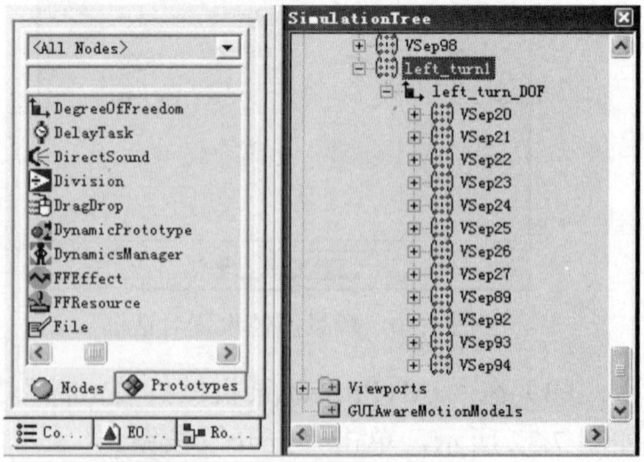

图 7.37　添加 DegreeOfFreedom 节点的控制对象

（5）在节点元件库视窗的元件视窗中选择 All Prototype，选择 DOFMover 元件，拖动该元件到 left_turn_DOF 下，如图 7.38 所示。

（6）单击 DOFMover，在属性设定视窗中修改其参数，将中心点移动速度（MoveSpeed）设置为 0.004，将缩放值（Scale）设为（0.1，0.1，0.1），如图 7.39 所示。

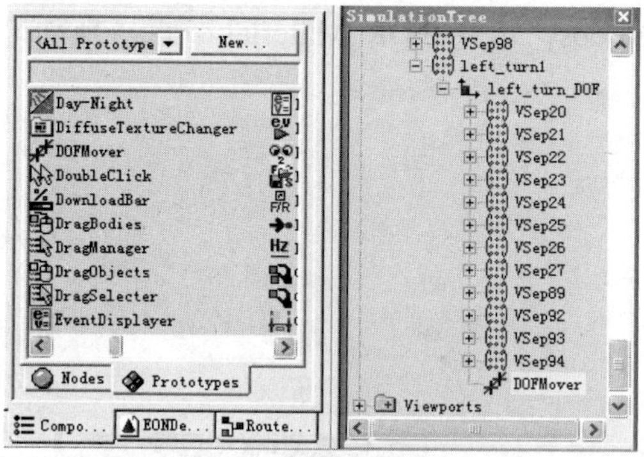

图 7.38　添加 DOFMover 节点

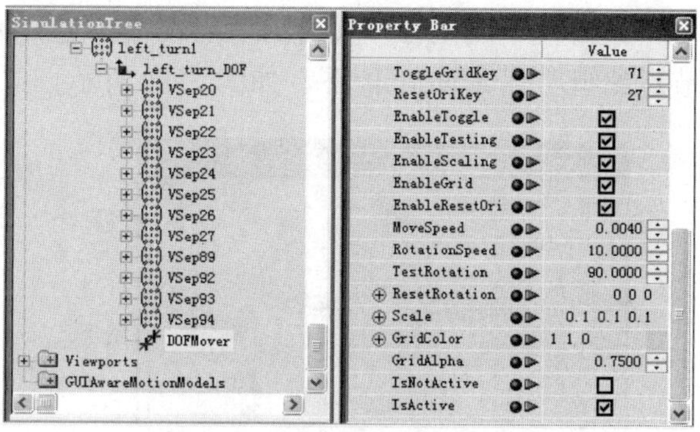

图 7.39　设置 DOFMover 参数

（7）运行模拟程序，分别按下 Z 键和 Y 键，配合前进和后退键调整该模型组的中心点位置，调整到图 7.40 所示位置。

（8）在未关闭模拟窗口的情况下双击 left_turn_DOF，打开其属性设置对话框，如图 7.41 所示。可见新的中心点位置参数，此时应先关闭模拟窗口，再单击“确定”按钮，保存新的中心点坐标位置。

图 7.40　调节模型组的中心点位置

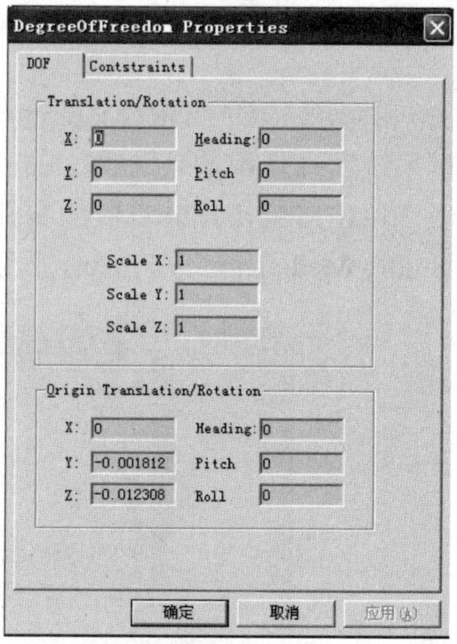

图 7.41　设置 left_turn_DOF 中心点位置参数

（9）运行模拟程序，可见 left_turn1 模型组的初始状态处于打开状态，修改其旋转参数，使其初始状态处于关闭状态。双击 left_turn_DOF，修改其旋转参数（Heading，Pitch，Roll）为（0，190，0），如图 7.42 所示。

（10）选择 File→Save as 命令，保存文件。

5．为模型添加 CG 材质

本部分操作需要安装 EON Professional。没有安装本模块的可跳过内容，不影响后续交互开发的学习。

使用 EON Raptor 从 3ds Max 导入的模型只是赋予简单材质，效果不逼真，因此将在 EON 内通过 CG 节点为模型赋材质。

（1）在节点元件库视窗的节点视窗中选择 All Nodes，选择 HDR Material 节点，拖动该节点到组节点 Materials 下，如图 7.43 所示。

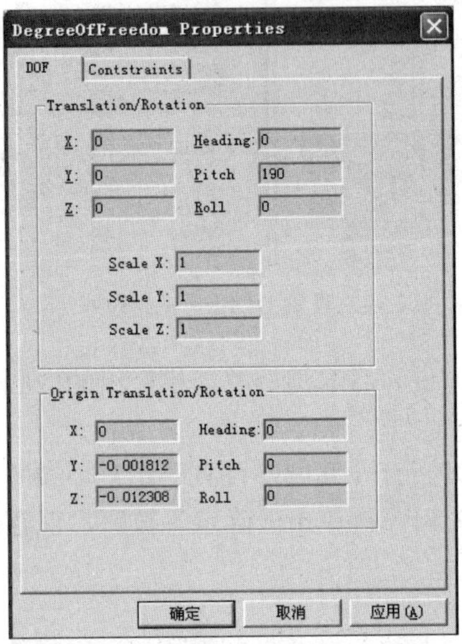

图 7.42　设置 left_turn_DOF 旋转参数

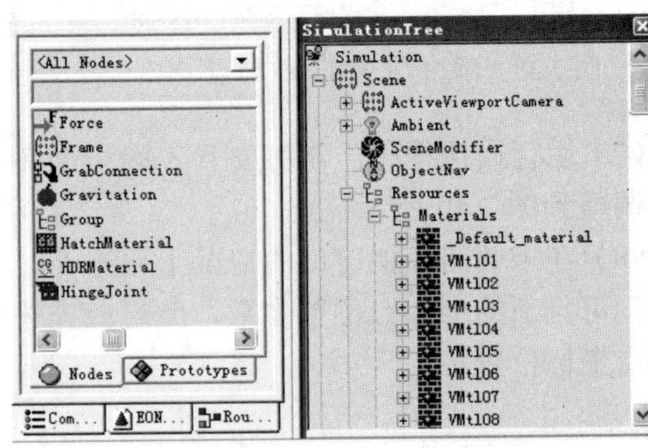

图 7.43　添加 HDR Material 节点到 Materials 下

（2）单击添加的 HDR Material 节点，在属性设定视窗中修改其参数，在 MaterialFile 参数表里系统默认使用的是 HDR2.emt 材质文件，如图 7.44 所示。

（3）单击MaterialFile右侧的文件夹，在 EON 的安装目录C:\Program Files\EON Reality\EON Studio\MediaLibrary\Presets 下选择 hdr.emt，单击“打开”按钮，如图 7.45 所示。

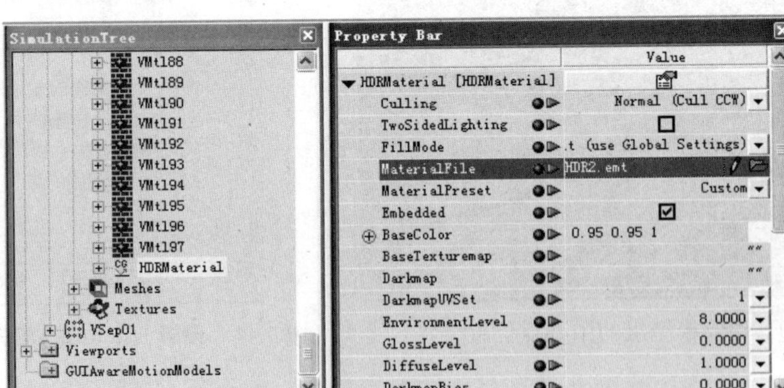

图 7.44　设置 HDR Material 参数

（4）修改 HDR Material 的各项参数，如图 7.46 所示。

BaseColor：0.918，0.933，1

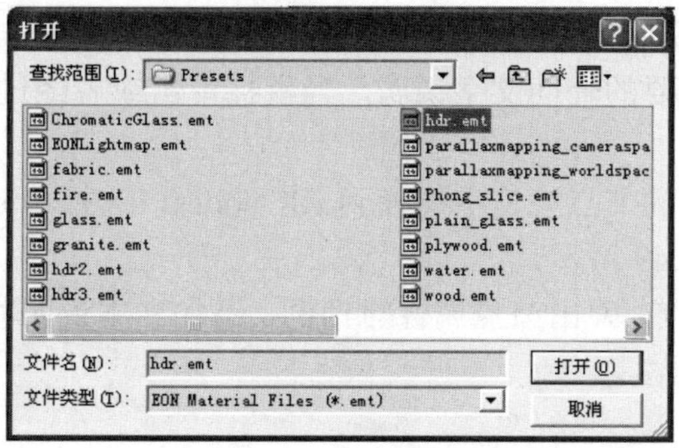

图 7.45　打开文件

EnvironmentLevel：8

GlossLevel：6

DiffuseLevel：0.7

Reflectivity：0.7

（5）调整材质参数之后，选择需添加材质的模型 VSep43，展开该模型节点，单击其材质 VMtl42，按下 Delete 键，删除该材质，如图 7.47 所示。

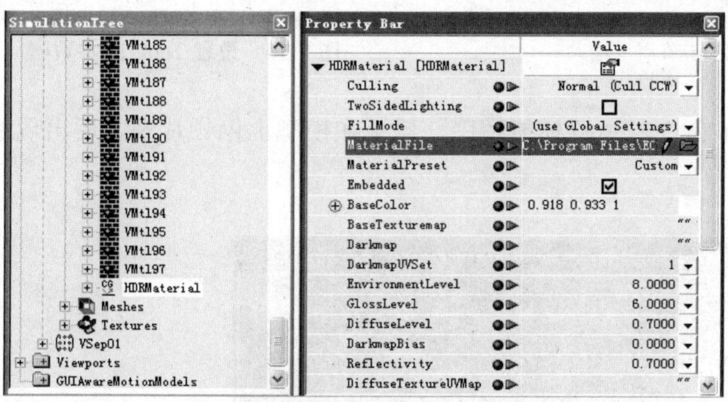

图 7.46　修改 HDR Material 的参数

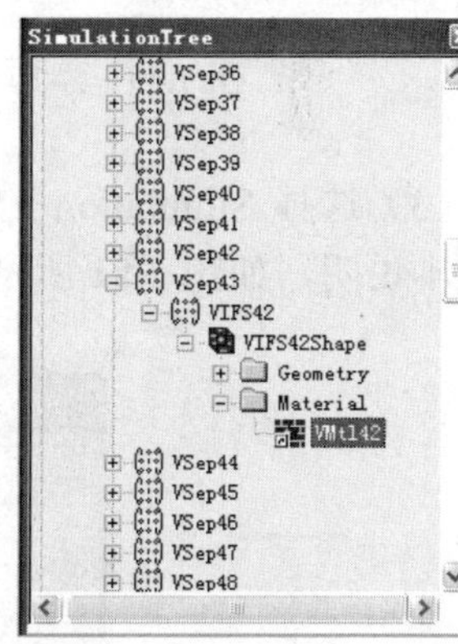

图 7.47　删除模型 VSep43 的原有材质

（6）右击添加的 HDRMaterial 材质节点，选择 Copy as Link 命令，在模型 VSep43 的材质文件夹下粘贴，如图 7.48 所示。

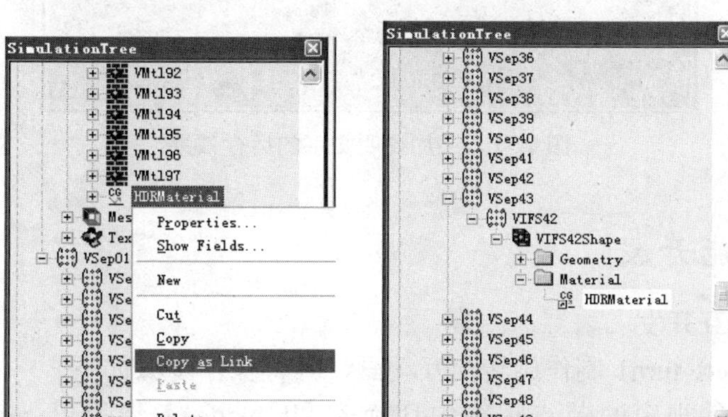

图 7.48　给模型 VSep43 赋予新的材质

6．为模型添加提示说明

在模型物体上添加必要的辅助文字说明，当鼠标单击或者经过物体时，用户添加的说明文本将会显示。

（1）在节点元件视窗的节点视窗中切换到 All Nodes，选择 ToolTip 节点，拖动该节点到 left_turn_DOF 下，如图 7.49 所示。

（2）双击 ToolTip 节点，弹出节点属性对话框，添加文本说明“left_turn”，然后单击“确定”按钮，如图 7.50 所示。

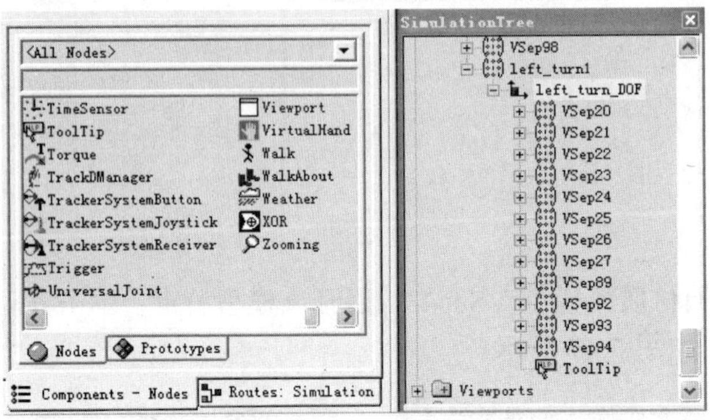

图 7.49　添加 ToolTip 节点

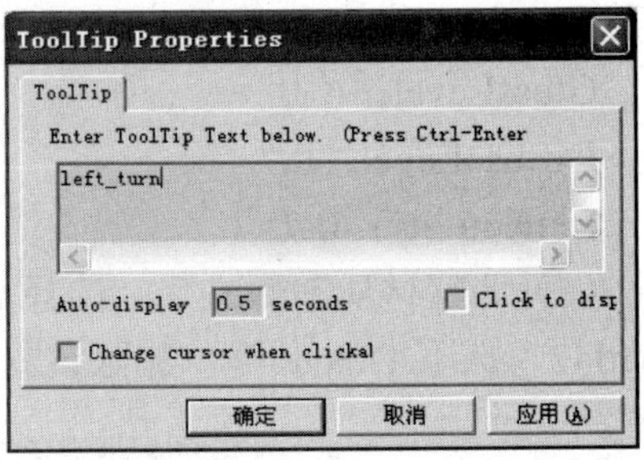

图 7.50　设置 ToolTip 参数

（3）选择 Simulation→Start 命令，运行模拟程序，鼠标在模型上停顿片刻之后出现添加的文本说明，如图 7.51 所示。

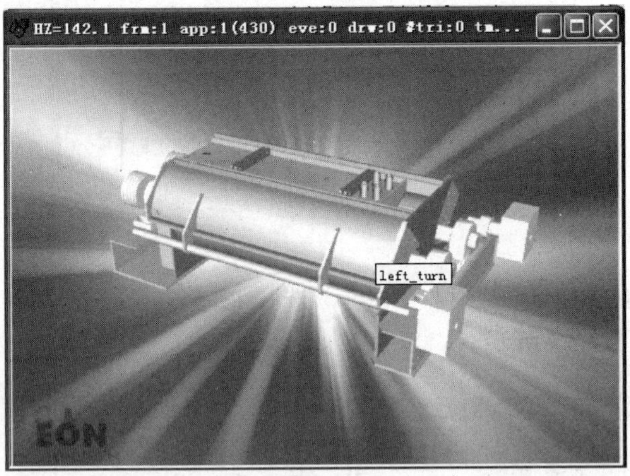

图 7.51　添加说明文字的运行效果

7.2.3　交互功能开发

1．双翼打开交互开发

下面为模型组 left_turn1 制作旋转交互动画，具体操作步骤如下。

（1）在节点元件视窗的节点视窗中切换到All Nodes，选择Place节点，将其拖动到left_turn1_DOF下，如图 7.52 所示。

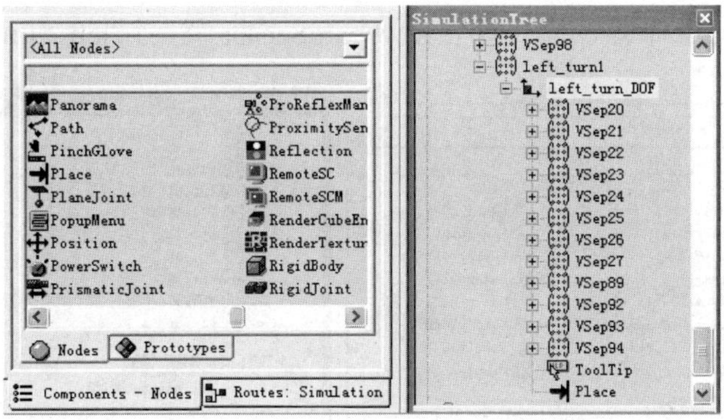

图 7.52　添加 Place 节点

（2）将添加的 Place 节点重命名为 turn1_rota_Place，用来设置 left_turn1 旋转打开的动作。再拖入另一个 Place，将其命名为 turn1_rota_reset_Place，用来设置 left_turn1 合拢的动作，如图 7.53 所示。

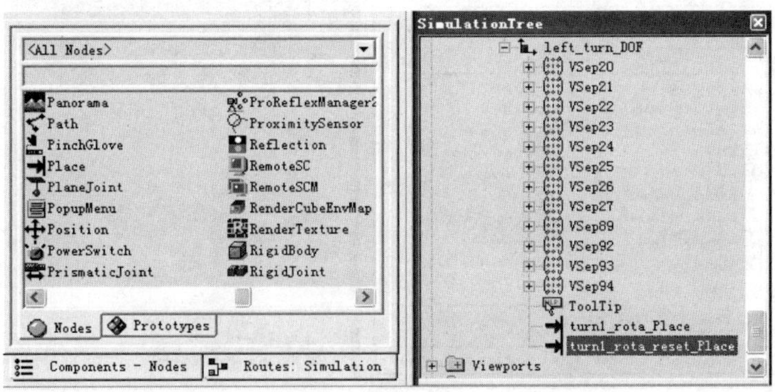

图 7.53　添加两个 Place 节点并重命名

（3）由于 left_turn1_DOF 初始状态的 Orientation 参数为（0，190，0），执行打开的 turn1_rota_Place 节点设置为 Orientation（0，0，0），双击 turn1_rota_Place 节点，弹出其属性设置对话框，设置其参数，如图 7.54 所示。

（4）双击 turn1_rota_reset_Place 节点，弹出其属性设置对话框，设置其参数，如图 7.55 所示。

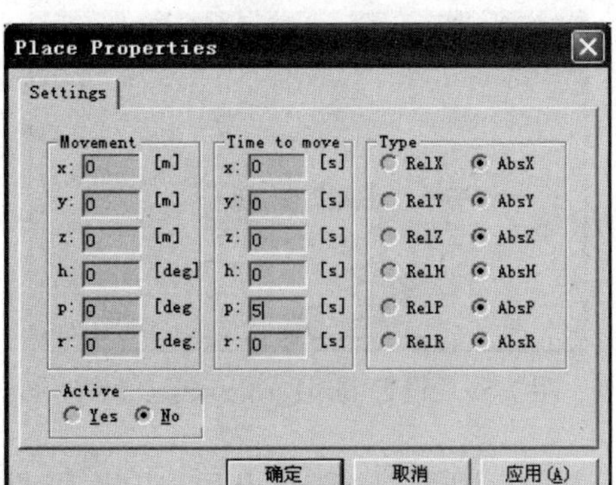

图 7.54　turn1_rota_Place 的参数设置

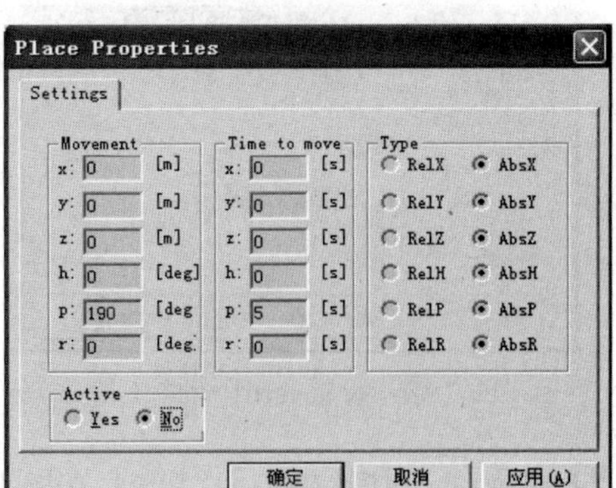

图 7.55　turn1_rota_reset_Place 的参数设置

（5）在模拟树下添加两个键盘触发键，分别设置为数字“1”、“2”来触发。在节点元件视窗中选择 KeyboardSensor 节点，推动两个 KeyboardSensor 节点到 left_turn1 下，如图 7.56 所示。

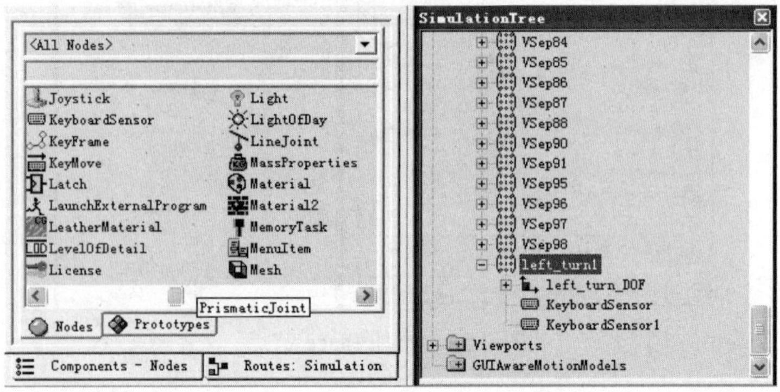

图 7.56　添加两个 KeyboardSensor 节点

（6）分别将两个键盘触发键命名为 turn1_rota_1 和 turn1_rota_reset_2，如图 7.57 所示。

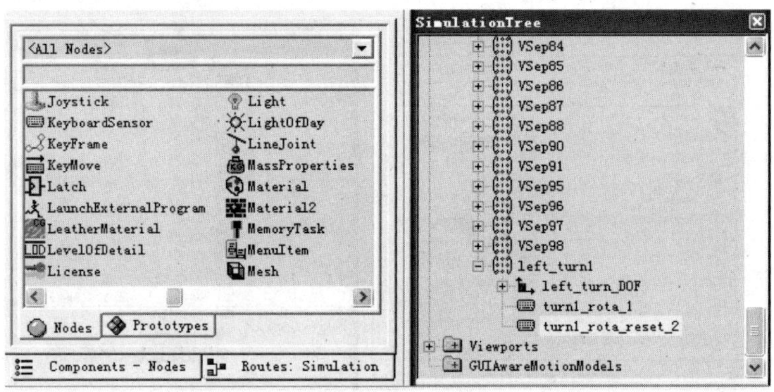

图 7.57　重命名两个 KeyboardSensor 节点

（7）双击 turn1_rota_1，弹出属性设置对话框，设置触发键为数字键“1”，如图 7.58 所示。

（8）双击 turn1_rota_reset_2，弹出属性设置对话框，设置触发键为数字键“2”，如图 7.59 所示。

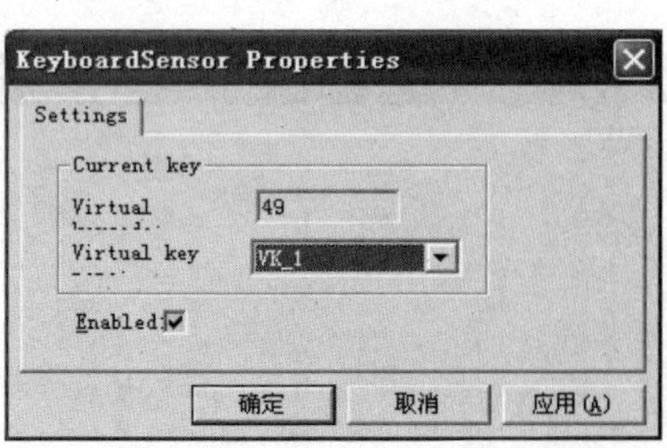

图 7.58　设置 turn1_rota_1 值

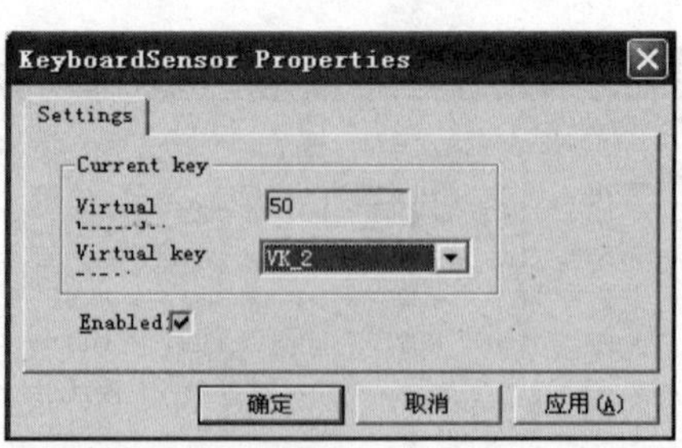

图 7.59　设置 turn1_rota_reset_2 值

（9）分别将 turn1_rota_1、turn1_rota_reset_2、turn1_rota_Place 和 turn1_rota_reset_Place 这 4 个节点拖放入逻辑关系设定视窗，如图 7.60 所示。

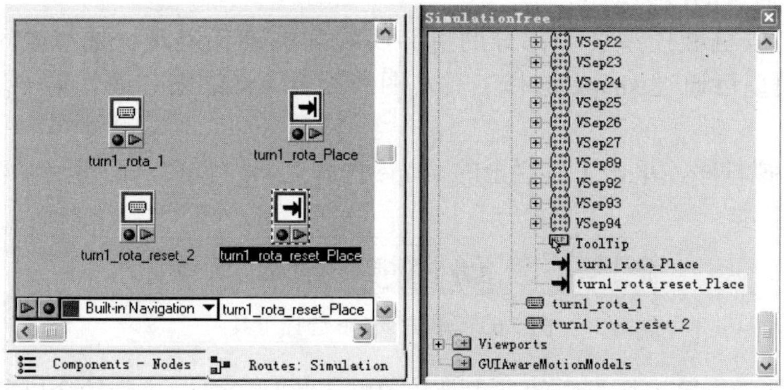

图 7.60　设定节点间的逻辑关系

（10）在逻辑关系视窗中按照表 7.2 所示输出输入域的设置进行逻辑关系连接，如图 7.61 所示。

表 7.2　输出输入域的设置

输　　出		输　　入	
Node	Field name	Node	Field name
turn_rota_1	OnKeyDown	turn1_rota_Place	SetRun
turn_rota_reset_2	OnKeyDown	turn1_rota_reset_Place	SetRun

（11）选择 Simulation→Start 命令，运行模拟程序，按下“1”，机械翼张开；按下“2”，机械翼合拢，如图 7.62 所示。

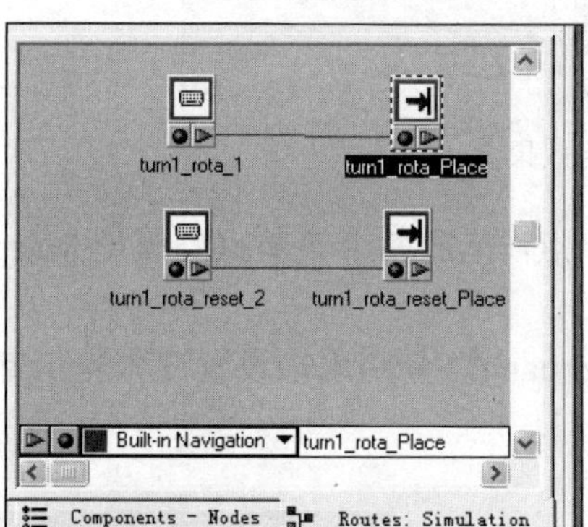

图 7.61　设定好的逻辑关系

图 7.62　运行效果

2．拆卸与装配交互开发

本部分主要完成机械模型各个部分的拆卸和装配，需要专业的设计人员或维修人员的指导，对机械模型的拆卸和装配次序进行设计，对路径进行合理计算。下面仅介绍 EON 拆装节点，即依照既定顺序拆卸和装配。

机械零部件的拆装的路径和移动的时间信息保存在各自的Place节点中，这些动作的触发由单击鼠标实现。装配的顺序规划由 EON 中任务节点 MemoryTask 和 Task 完成。当运行整个模拟程序进行拆装训练时，需要依次用鼠标单击机械模型的各个部分进行拆卸和装配，否则不能触发模型对应的拆装动作。

首先需要完成机械模型各个部分的拆卸和装配的动作实现。选择要添加拆卸动作的模型，拆卸的模型可通过 shape 选择工具（图）配合 Alt 键来完成。第一步要拆的模型是 VSep98。

（1）运行模拟程序，单击工具栏上的 shape 选择工具，如图 7.63 所示。

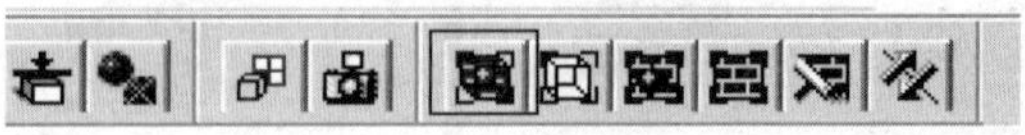

图 7.63　单击 shape 选择工具

（2）按下 Alt 键，单击场景中的外皮带轮模型，此时场景中皮带轮会以黄色的虚框显示，同时该模型在模拟树视窗中的模拟树下高亮显示，如图 7.64 所示。

图 7.64　选择外皮带轮模型的效果

（3）在节点库视窗中切换到 All Nodes，选择 Place 节点，拖放两个该节点到模型 VSep98 下，如图 7.65 所示。

（4）将两个节点重命名为 VSep98_chai 和 VSep98_zhuang，分别用来设置皮带轮拆卸和装配的动作，如图 7.66 所示。

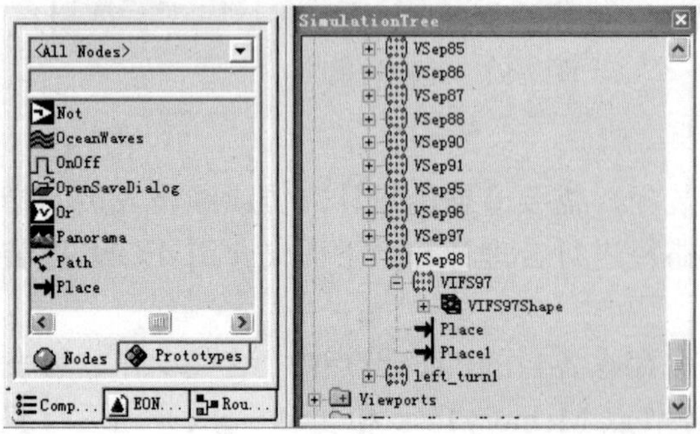

图 7.65　添加两个 Place 节点

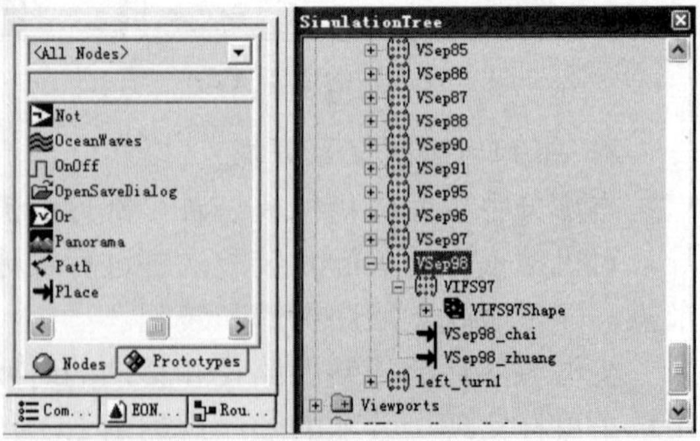

图 7.66　重命名两个 Place 节点

（5）双击两个节点，弹出其属性设置对话框，分别设置其参数，如图 7.67 所示。

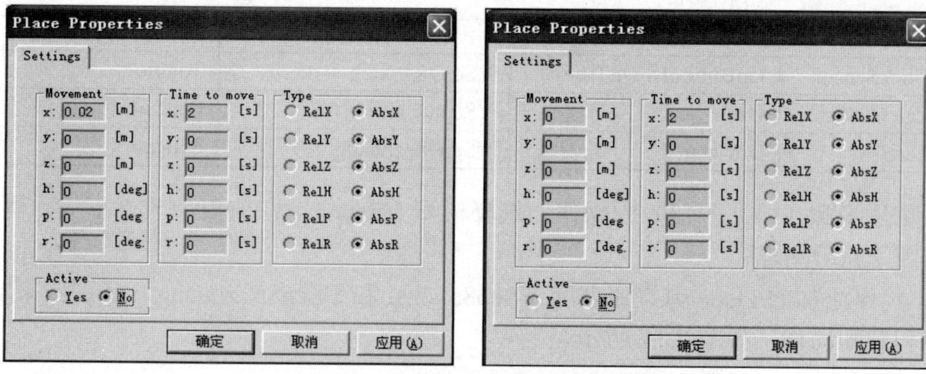

图 7.67　设置两个 Place 节点的参数

（6）模型的拆卸和装配是由单击鼠标这一事件触发完成的，因此需在每个参与拆装的模型下面添加鼠标单击节点（Clicksensor）和切换开关节点（Latch）。在节点元件库的节点视窗中选中这两个节点并将其拖放到模型 VSep98 下，如图 7.68 所示。

（7）将两个节点分别重命名为 VSep98_ClickSensor 和 VSep98_Latch，如图 7.69 所示。

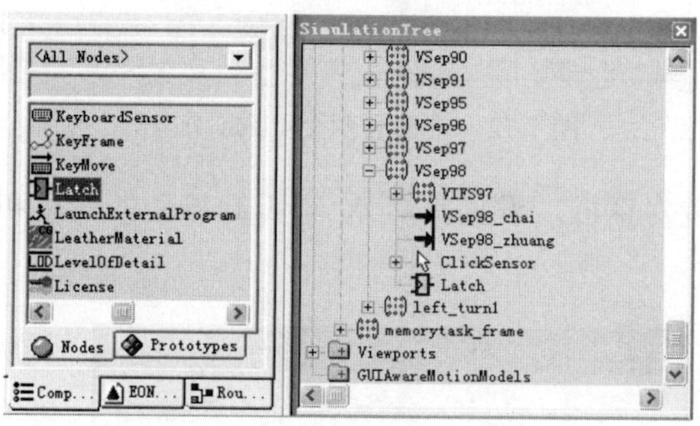

图 7.68　添加 Clicksensor 和 Latch 节点

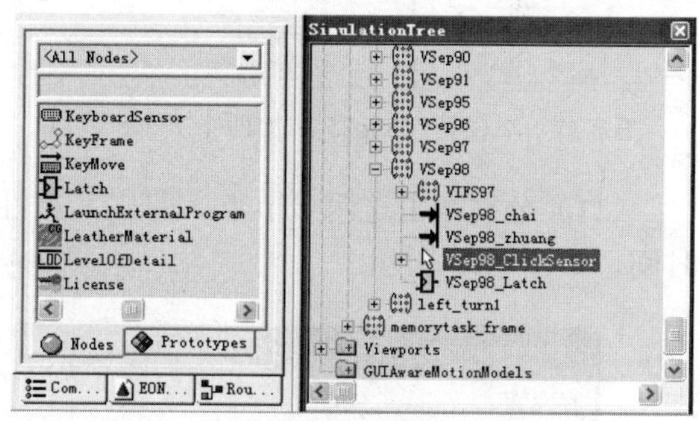

图 7.69　重命名 Clicksensor 和 Latch 节点

（8）将 4 个节点 VSep98_ClickSensor、VSep98_Latch、VSep98_chai 和 VSep98_zhuang 拖放入逻辑关系设定视窗，并按照表 7.3 所示输出输入域的设置进行逻辑关系连接，如图 7.70 所示。

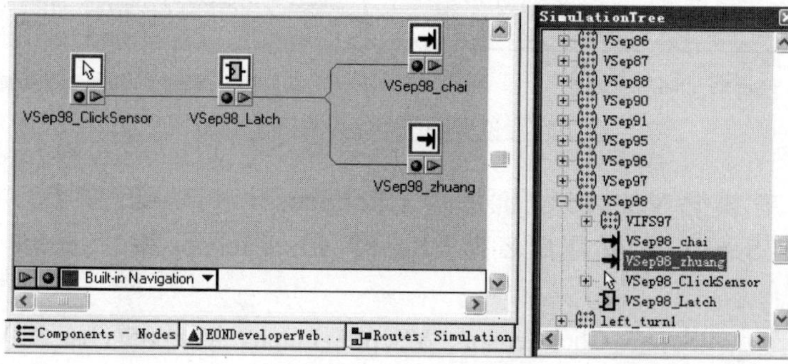

图 7.70　连接逻辑关系

表 7.3　输出输入域的设置

输出		输入	
Node	Field name	Node	Field name
VSep98_ClickSensor	OnButtonDownTrue	VSep98_Latch	Toggle
VSep98_Latch	OnSet	VSep98_chai	SetRun
VSep98_Latch	OnClear	VSep98_zhuang	SetRun

（9）重复步骤（1）～（3）的操作，选择模型 VSep85，在该模型节点下放入两个 Place 节点，如图 7.71 所示。

（10）将刚添加的 Place 节点命名为 VSep85_chai 和 VSep85_zhuang，分别用来实现该模型的拆卸和装配动作，如图 7.72 所示。

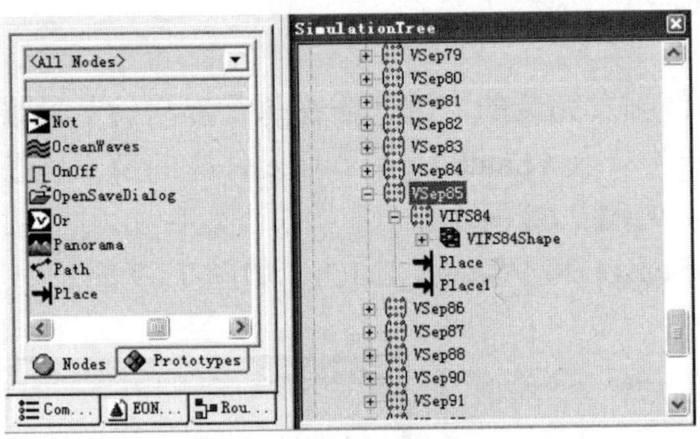

图 7.71　给模型 VSep85 添加两个 Place 节点

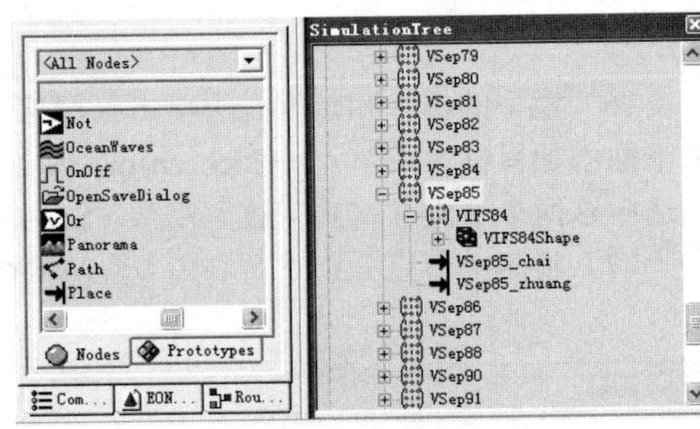

图 7.72　重命名两个 Place 节点

（11）分别双击这两个节点，弹出其属性设置对话框，设置其沿 X 轴拆卸移动的距离和时间，如图 7.73 所示。

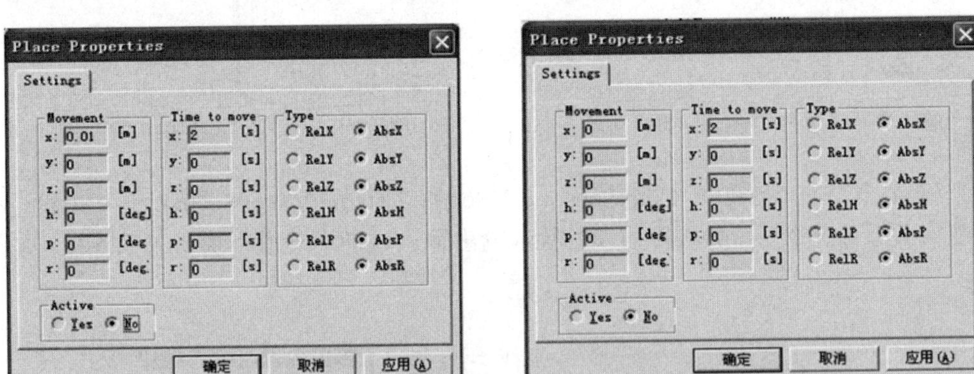

(a) VSep85_chai节点属性　　(b) VSep85_zhuang节点属性

图 7.73　设置两个 Place 节点的参数

（12）同理，在模型 VSep85 下面添加 ClickSensor 和 Latch 节点，在节点库中选择这两个节点放到 VSep85 下，并重命名为 VSep85_ClickSensor 和 VSep85_Latch，如图 7.74 所示。

（13）将 4 个节点 VSep85_ClickSensor、VSep85_Latch、VSep85_chai 和 VSep85_zhuang 拖放入逻辑关系设定视窗，并按表 7.4 所示输出输入域的设置进行逻辑关系连接，如图 7.75 所示。

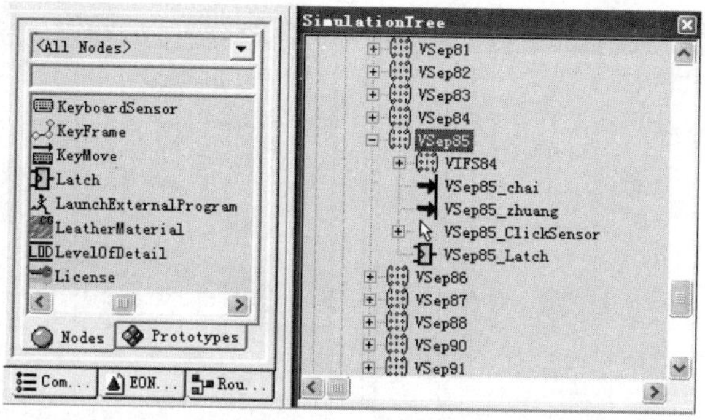

图 7.74　添加 ClickSensor 和 Latch 节点并重命名

表 7.4　输出输入域的设置

输　出		输　入	
Node	Field name	Node	Field name
VSep85_ClickSensor	OnButtonDownTrue	VSep85_Latch	Toggle
VSep85_Latch	OnSet	VSep85_chai	SetRun
VSep85_Latch	OnClear	VSep85_zhuang	SetRun

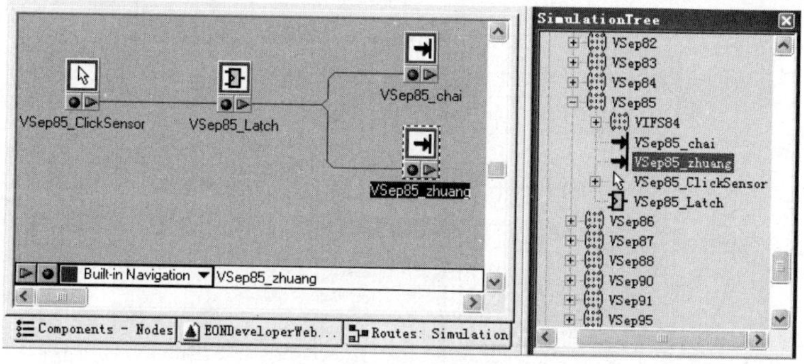

图 7.75　连接逻辑关系

（14）在模拟树下选择模型 VSep48，在该模型节点下拖放入两个 Place 节点，并重命名为 VSep48_chai 和 VSep48_zhuang，如图 7.76 所示。

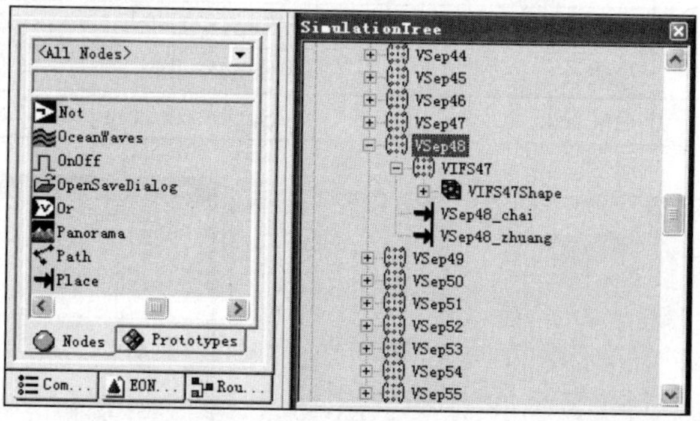

图 7.76　给模型 VSep48 添加两个 Place 节点

（15）双击这两个节点，打开其属性设置对话框，VSep48_chai用来实现拆卸的操作，VSep48_zhuang用来实现装配的操作，分别设置其参数，如图 7.77 所示。

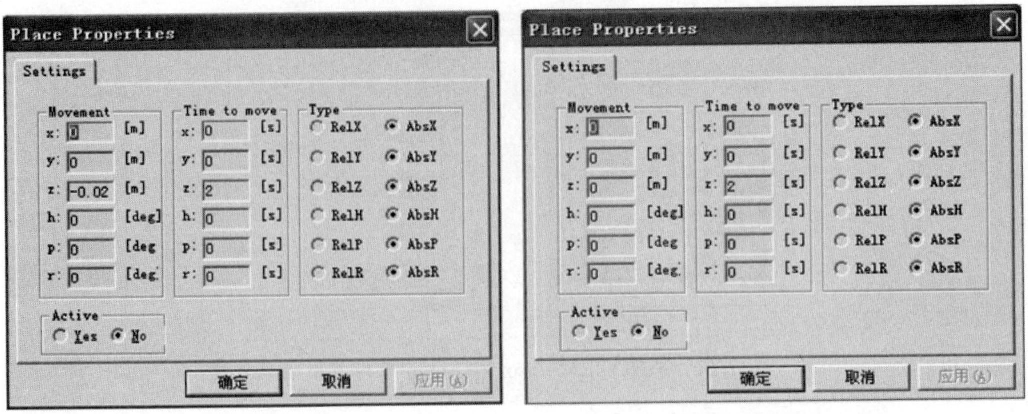

(a) VSep48_chai节点属性　　(b) VSep48_zhang节点属性

图 7.77　设置 Place 节点参数

（16）同理，在模型 VSep48 下面添加 ClickSensor 和 Latch 节点，在节点库中选择这两个节点拖放到 VSep48 下，并重命名为 VSep48_ClickSensor 和 VSep48_Latch，如图 7.78 所示。

（17）将 4 个节点 VSep48_ClickSensor、VSep48_Latch、VSep48_chai 和 VSep48_zhuang 拖放入逻辑关系设定视窗，并按照表 7.5 所示输出输入域的设置进行逻辑关系连接，如图 7.79 所示。

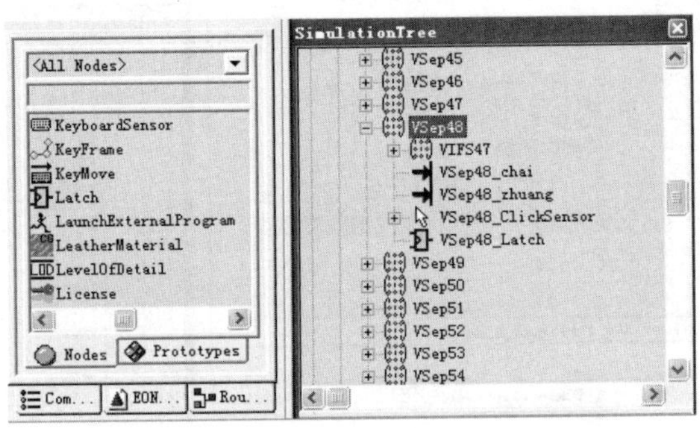

图 7.78　添加 ClickSensor 和 Latch 节点

表 7.5　输出输入域的设置

输　出		输　入	
Node	Field name	Node	Field name
VSep48_ClickSensor	OnButtonDownTrue	VSep48_Latch	Toggle
VSep48_Latch	OnSet	VSep48_chai	SetRun
VSep48_Latch	OnClear	VSep48_zhuang	SetRun

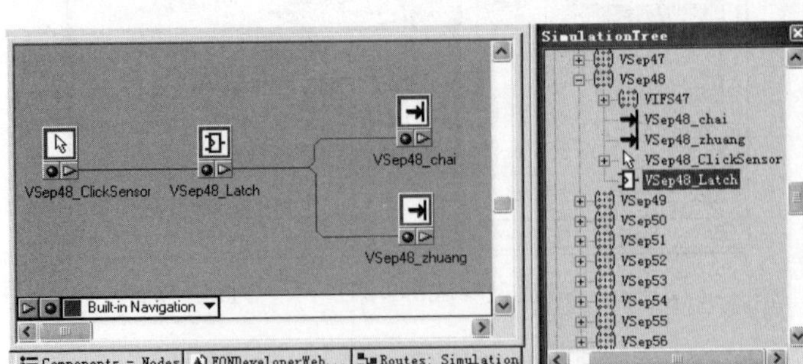

图 7.79　连接逻辑关系

（18）选择 Simulation→Start 命令，运行模拟程序，此时单击实现拆装模型，如图 7.80 所示。

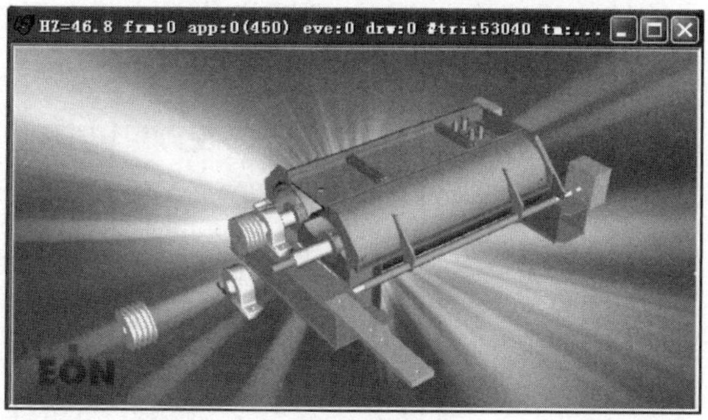

图 7.80　运行效果

此时，已经能够实现鼠标单击实现模型拆装效果，但在实际拆装过程中外部模型和内部模型的拆装要按照一定的先后顺序，下面用任务装配节点对拆装顺序进行规范。

（19）在节点元件视窗中选择 Frame 节点，将其拖放到 Scene 下，命名为 memorytask_frame，如图 7.81 所示。

（20）在节点元件视窗的节点视窗中切换到 Flow Nodes 组，选择 MemoryTask 节点，将其拖放入 memorytask_frame 下面，连续拖放两次，如图 7.82 所示。

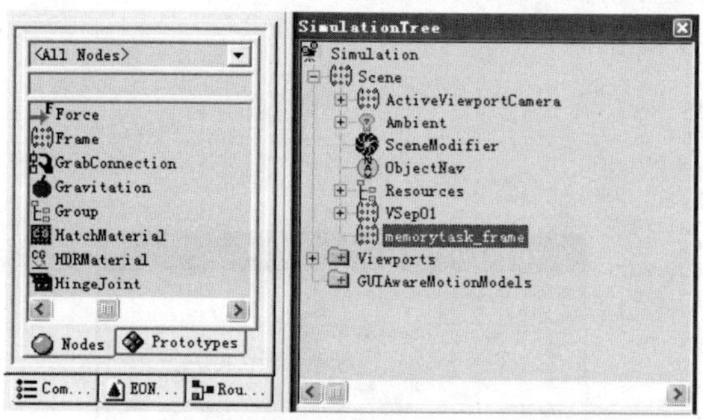

图 7.81　向场景中添加 Frame 节点并重命名

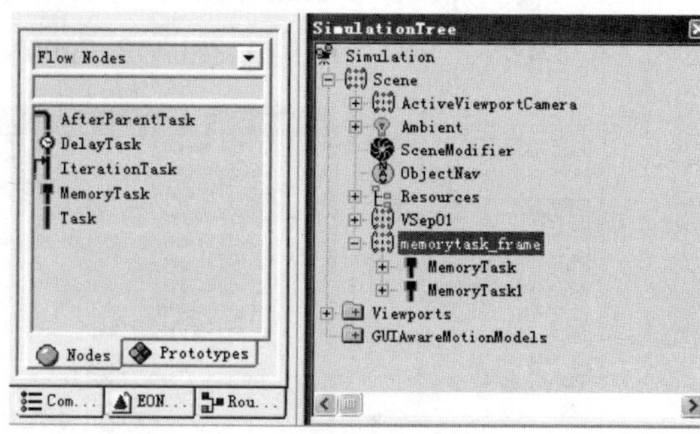

图 7.82　添加两个 MemoryTask 节点

（21）将添加的两个任务节点分别重命名为 chai_MemoryTask 和 zhuang_MemoryTask，实现管理拆卸和装配的功能，如图 7.83 所示。

（22）展开 chai_MemoryTask 节点，在 Flow Nodes 组里选择 Task 节点拖放到 chai_MemoryTask 下，连续执行三次（注意：不要拖放入该节点下的文件夹目录下），拖放 Task 的次数根据拆卸任务的次数决定，如图 7.84 所示。

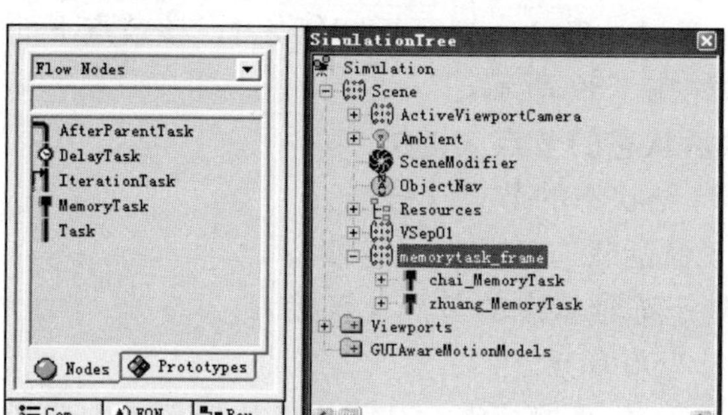

图 7.83　重命名两个 MemoryTask 节点

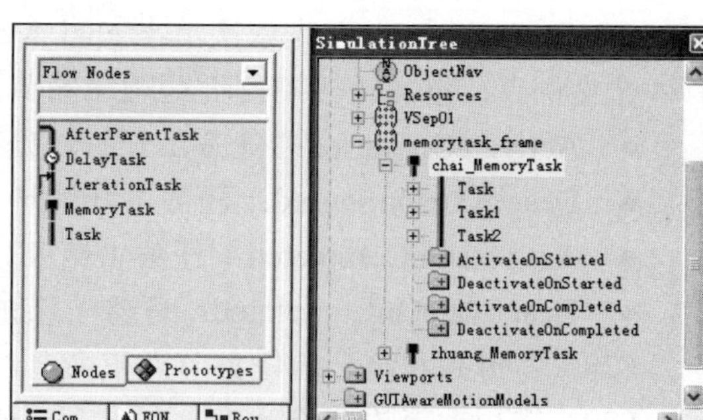

图 7.84　添加一组 Task 节点

（23）同理，展开 zhuang_MemoryTask 节点，在 Flow Nodes 组里选择 Task 节点拖放到 zhuang_MemoryTask 下，连续执行三次（注意：不要拖放入该节点下的文件夹目录下），拖放 Task 的次数根据装配任务的次数决定，如图 7.85 所示。

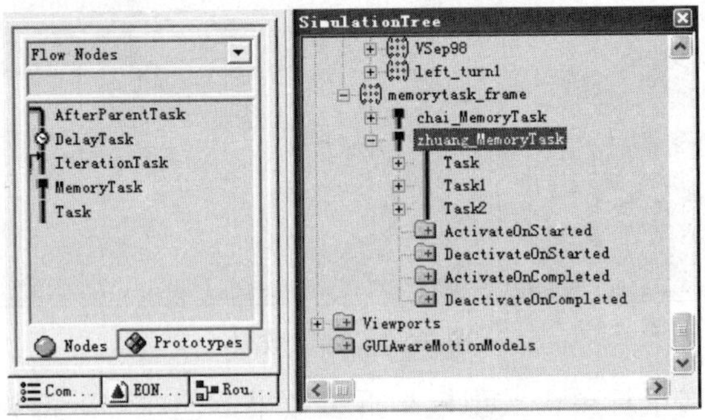

图 7.85　添加另一组 Task 节点

（24）给每个参与拆卸和装配的模型添加两个框架节点（Frame），在节点视窗中选择框架节点，拖放到模拟树中 VSep98 节点下，并重命名为 VSep98_chai_control 和 VSep98_zhuang_control，分别用来对模型的拆卸和装配实施控制，如图 7.86 所示。

（25）双击 VSep98_chai_control 节点，在弹出的属性设置对话框里勾选 Hidder 复选框，如图 7.87 所示。节点 VSep98_zhuang_control 的设置相同。

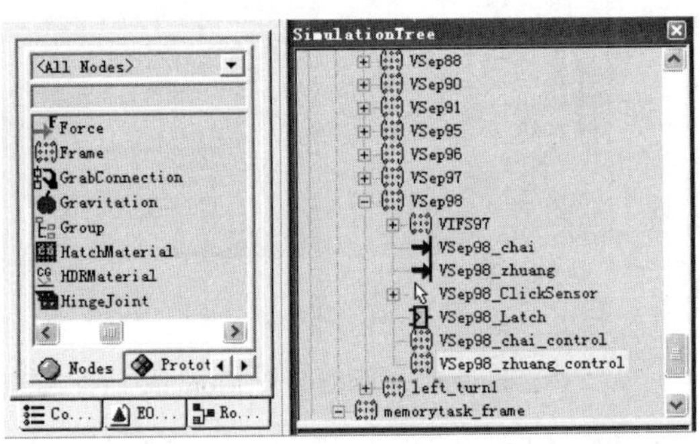

图 7.86　添加两个 Frame 节点

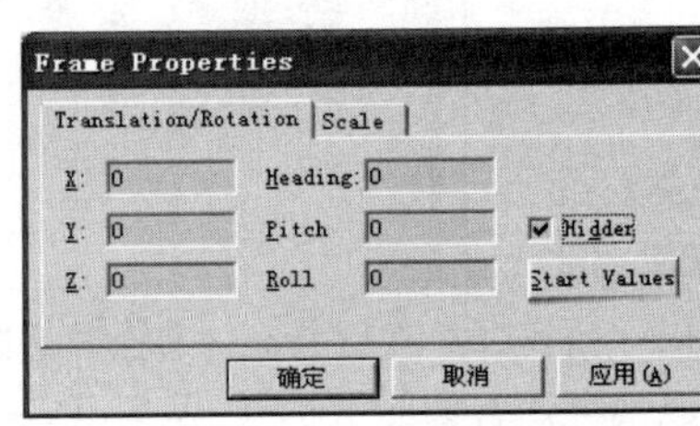

图 7.87　设置两个 Frame 节点属性值

（26）在模型 VSep85 和 VSep48 下面也添加两个 Frame 节点，如图 7.88 所示。

（27）此实例中合理的拆卸顺序是：第一步拆卸 VSep98，第二步拆卸 VSep85，第三步拆卸 VSep48，与拆卸对应的控制节点为 VSep98_chai_control、VSep85_chai_control 和 VSep48_chai_control。首先依次单击 chai_MemoryTask→Task，展开拆卸任务 1，该节点下面有 4 个文件夹，里面链接控制拆卸顺序的节点，如图 7.89 所示。

- ActivateOnStarted：任务 1 开始时处于激活状态的节点（链接）；
- DeactivateOnStarted：任务 1 开始时处于冻结状态的节点（链接）；
- ActivateOnCompleted：任务 1 结束时处于激活状态的节点（链接）；
- DeactivateOnCompleted：任务 1 结束时处于冻结状态的节点（链接）。

（28）将拆卸和装配的任务节点重命名，如图 7.90 所示。

（29）进行拆装关系的链接。右击 VSep98_chai_control 节点，从弹出的快捷菜单中选择 Copy as Link 命令，如图 7.91 所示。

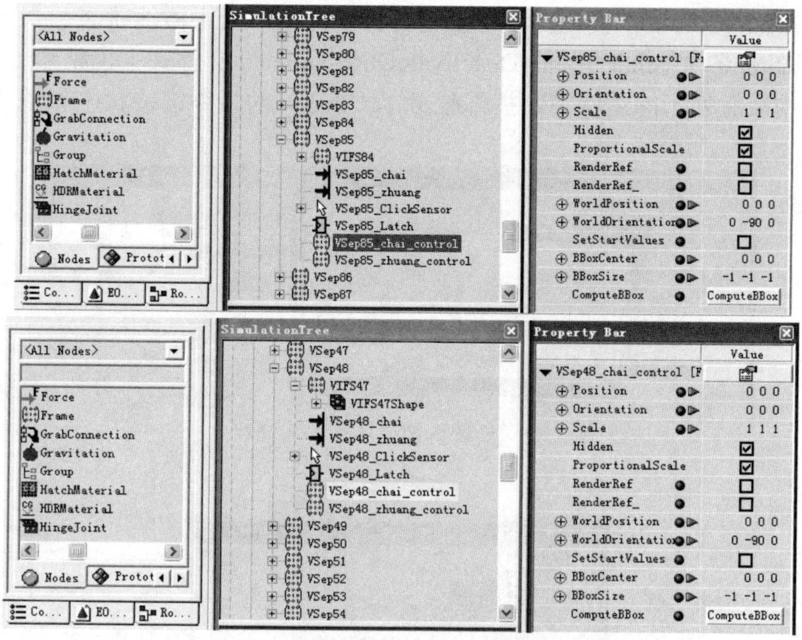

图 7.88 给 VSep85 和 VSep48 添加两个 Frame 节点

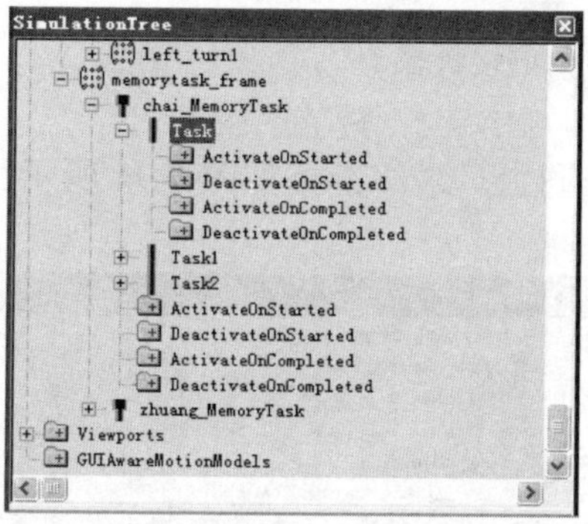

图 7.89 Task 节点的结构

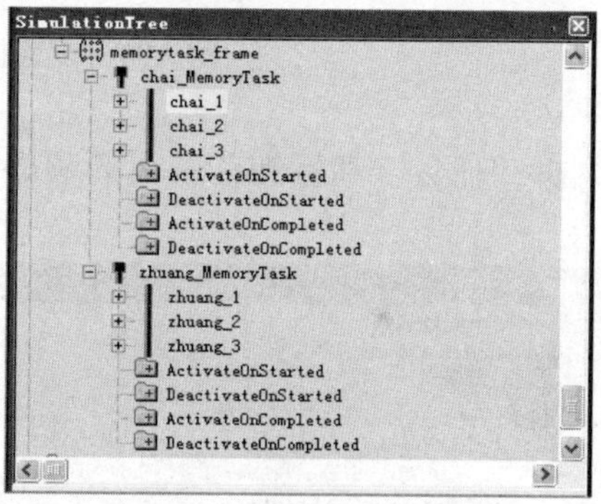

图 7.90 重命名拆卸和装配的任务节点

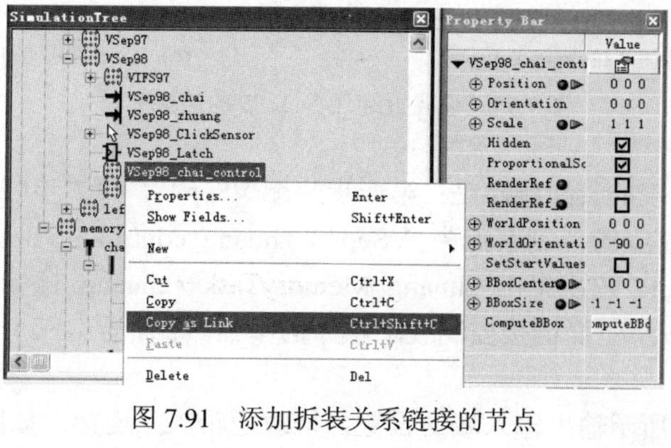

图 7.91 添加拆装关系链接的节点

（30）右击拆卸任务 1（chai_1）的 ActivateOnStarted 文件夹，从弹出的快捷菜单中选择 Paste 命令，如图 7.92 所示，使该控制节点在任务 1 开始时处于激活状态。

（31）在拆卸任务 1（chai_1）的 DeactivateOnCompleted 文件夹下也粘贴一次，使该节点在拆卸任务 1 结束时处于冻结状态，拆卸任务 1（Task）的最终链接状态如图 7.93 所示。

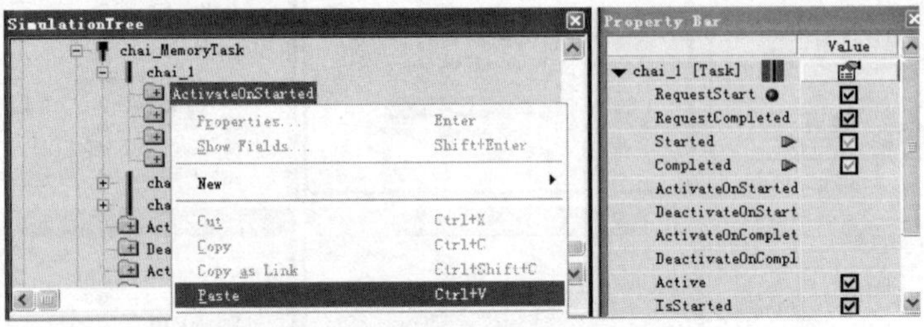

图 7.92　设置拆卸任务 1 的激活状态

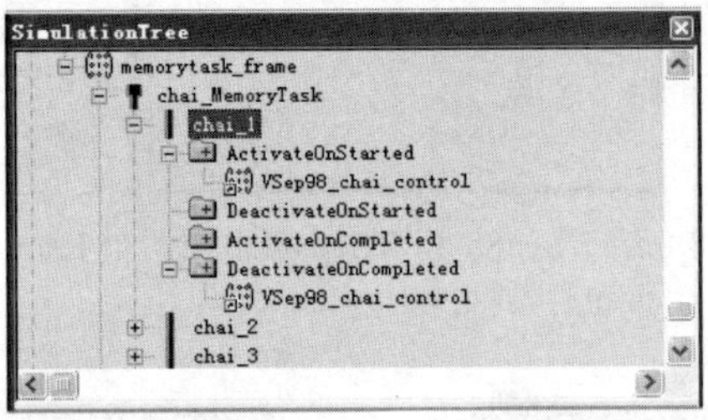

图 7.93　设置拆卸任务 1 的链接状态

（32）拆卸任务 2 和拆卸任务 3 的顺序控制操作同上，最终链接如图 7.94 所示。

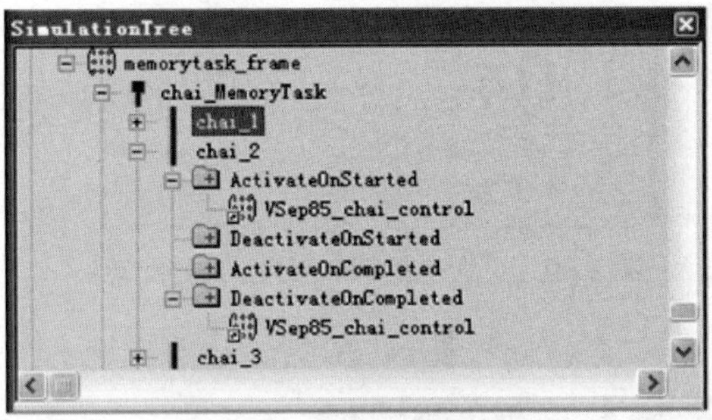

(a) 设置拆卸任务2的链接关系

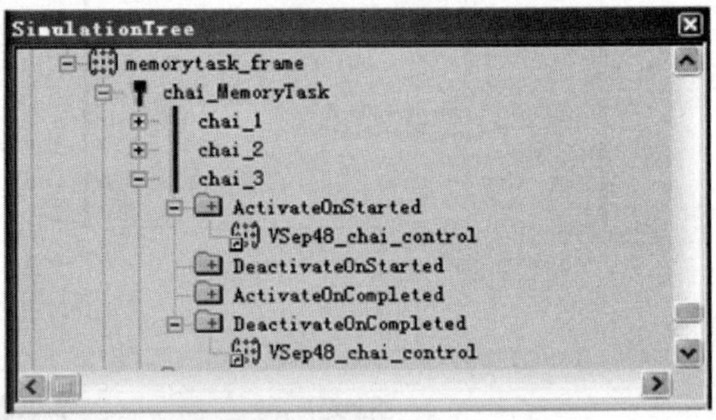

(b) 设置拆卸任务3的链接关系

图 7.94　设置拆卸任务 2、3 的链接关系

（33）本实例中合理的装配顺序是：第一步装配 VSep48，第二步装配 VSep85，第三步装配 VSep98，与拆卸对应的控制节点为 VSep48_zhuang_control、VSep85_zhuang_control 和 VSep98_zhuang_control。依次单击 zhuang_MemoryTask→zhuang_1，展开装配任务 1，该节点下面也有 4 个文件夹，里面链接控制装配顺序的节点。下面给出三个装配任务的最终链接，如图 7.95 所示。

（34）按照表 7.6 所示输出输入域的设置，修改逻辑关系连接，如图 7.96 所示。

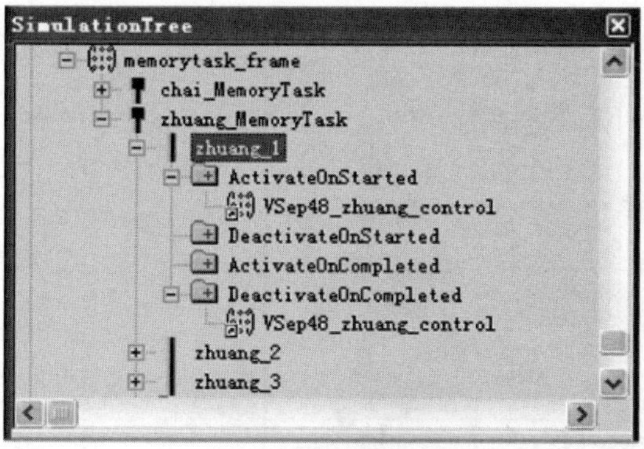

(a) 设置装配任务1的链接关系

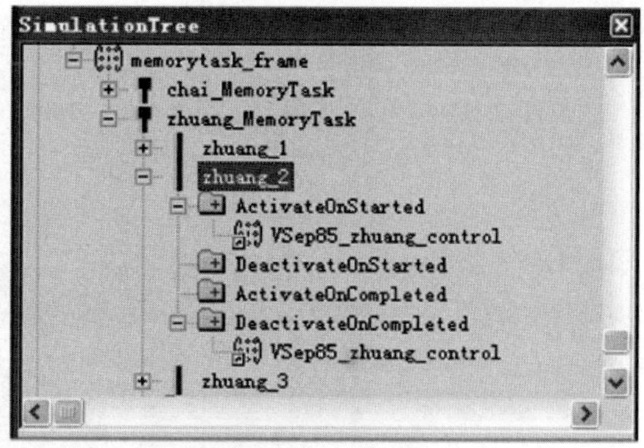

(b) 设置装配任务2的链接关系

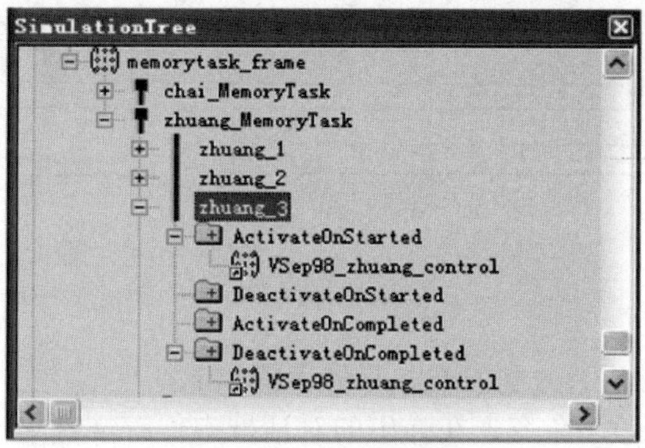

(c) 设置装配任务3的链接关系

图 7.95　设置装配任务 1、2、3 的链接关系

表 7.6　输出输入域的设置

输　出		输　入	
Node	Field name	Node	Field name
VSep98_Latch	OnSet	VSep98_chai_control	SetRun
VSep85_Latch	OnSet	VSep85_chai_control	SetRun
VSep48_Latch	OnSet	VSep48_chai_control	SetRun
VSep98_Latch	OnClear	VSep98_zhuang_control	SetRun
VSep85_Latch	OnClear	VSep85_zhuang_control	SetRun
VSep48_Latch	OnClear	VSep48_zhuang_control	SetRun
VSep98_chai_control	OnRunFalse	VSep98_chai	SetRun
VSep85_chai_control	OnRunFalse	VSep85_chai	SetRun
VSep48_chai_control	OnRunFalse	VSep48_chai	SetRun
VSep98_zhuang_control	OnRunFalse	VSep98_zhuang	SetRun
VSep85_zhuang_control	OnRunFalse	VSep85_zhuang	SetRun
VSep48_zhuang_control	OnRunFalse	VSep48_zhuang	SetRun
VSep98_chai	OnRunFalse	chai_1	RequestCompleted
VSep85_chai	OnRunFalse	chai_2	RequestCompleted
VSep48_chai	OnRunFalse	chai_3	RequestCompleted
VSep98_zhuang	OnRunFalse	zhuang_3	RequestCompleted
VSep85_zhuang	OnRunFalse	zhuang_2	RequestCompleted
VSep48_zhuang	OnRunFalse	zhuang_1	RequestCompleted

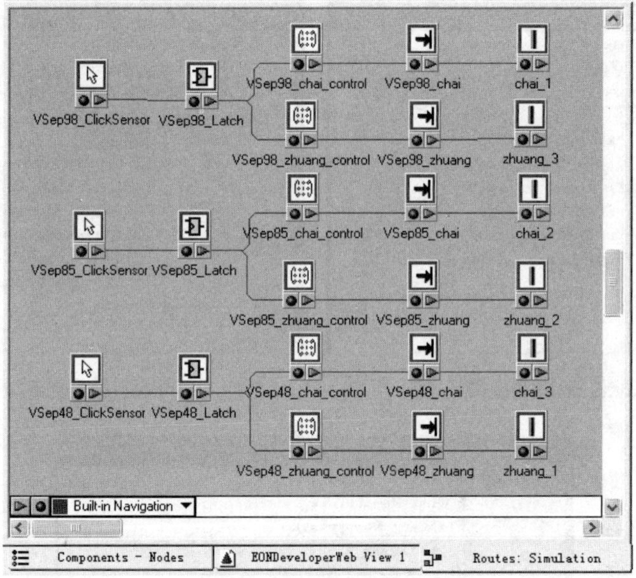

图 7.96　逻辑关系连接图

7.2.4　打包发布

保存文件后，对文件进行打包发布，具体步骤如下。

（1）选择 File→Save As 命令，在弹出的对话框中保存文件为“某机械_finish.eoz”，如图 7.97 所示。

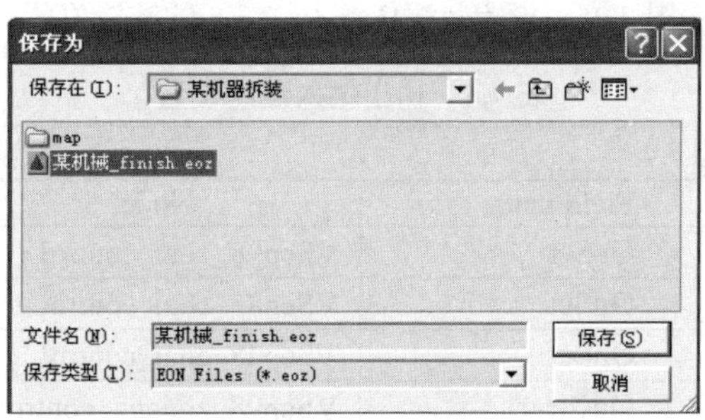

图 7.97　保存工程文件

（2）将开发好的交互程序发布成可执行文件——.edz 文件。选择 File→Build Distribution File 命令，如图 7.98 所示。此时在工程文件的同目录下生成一个和工程文件同名的文件夹“某机械_finish”。双击打开该文件夹，可见生成 teaport_finish.edz 文件。双击该文件即可通过 EON Viewer 打开观看。图 7.99 所示为最终运行效果。

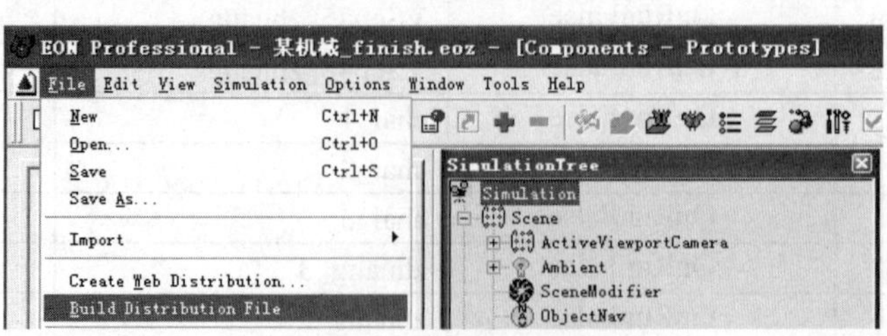

图 7.98　发布文件

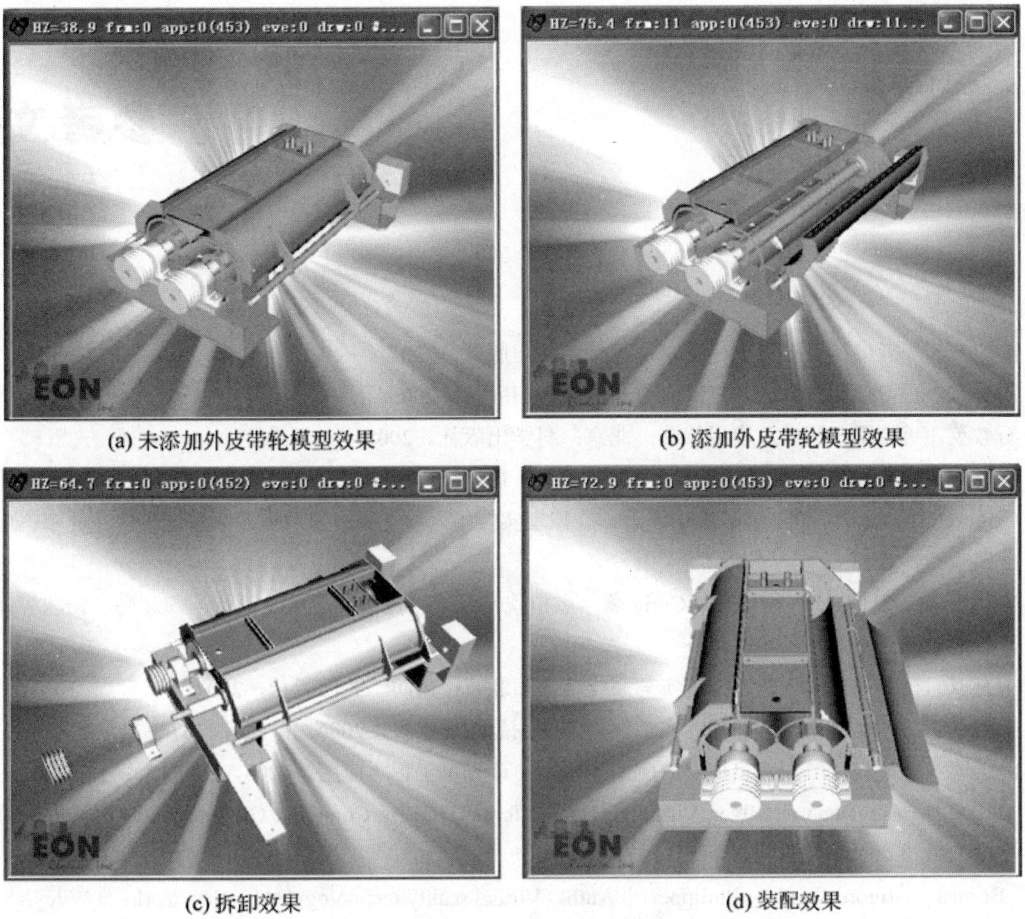

(a) 未添加外皮带轮模型效果　(b) 添加外皮带轮模型效果

(c) 拆卸效果　(d) 装配效果

图 7.99　运行效果

7.3　练　习　题

1．填空题

（1）EON 交互程序中的两种导航模式（Navigation）是__________和__________。开发场景漫游一般选择__________模式；单一产品展示选择__________模式。

（2）为了避免在场景漫游时穿墙而过，需要对 EON 中__________节点的__________属性进行设置；为了避免卡在某一角落，还需对该节点的__________属性进行设置。

（3）用键盘触发某个交互动作需要用到 EON 的__________节点；用鼠标触发某个交互动作则要用到 EON 的__________节点。

（4）鼠标右键推拉相机镜头时，发现模型显示不全，类似破面现象，需要对 Viewport 节点的__________和__________两个参数进行设置。

（5）EON Studio 开发虚拟装配交互程序时使用的两个任务节点是__________和__________。

2．简答题

（1）简述用 EON Studio 开发场景漫游时实现漫游以及碰撞检测的步骤和方法。

（2）简述 EON Studio 中改变某一模型坐标中心的步骤和方法。

（3）简述 EON Studio 开发虚拟装配的步骤和方法。

参考文献

[1] 陈定方，罗亚波．虚拟设计．北京：机械工业出版社，2007．

[2] 胡小强．虚拟现实技术．北京：北京邮电大学出版社，2005．

[3] 石教英．虚拟现实基础及应用算法．北京：科学出版社，2002．

[4] 曾芬芳．虚拟现实技术．上海交通大学出版社，1997．

[5] Grigore C．Burdea，Philippe Coiffet 著．虚拟现实技术．第 2 版．魏迎梅，栾悉道等译．北京：电子工业出版社，2005．

[6] William R．Sherman，Alan B．Craig 著．虚拟现实系统：接口、应用与设计．魏迎梅，杨冰等译．北京：电子工业出版社，2004．

[7] 韦有双，杨湘龙，王飞．虚拟现实与系统仿真．北京：国防工业出版社，2004．

[8] 朱淼良，姚远，蒋云良．增强现实综述．中国图象图形学报，2004，9（7）：767～774．

[9] 涂子琰，孙济洲．增强现实技术的应用和研究．计算机工程与应用，2003，39（12）：100～102．

[10] Lloyd treinish，Deborah Silver. Visualizing a real forest[J]. IEEE Computer Graphics and Application，1998，18（1）：12～15．

[11] Burdea，Grigore Coiffet，Philippe，jt Auth，Virtual reality technology[M]．New York：J Wiley&Sons，1994．

[12] Iovine，John．Step into Virtual reality[M]．New York：Windcreat/MeGraw-Hill，1995．

[13] Earnshaw R A Virtual Reality systems[M]．London：Academic Pr., 1993．

[14] Myron W Krueger．Automating virtual reality[J]．IEEE Computer Graphics and Applications，1995，15（1）：9～11．

[15] Lawrence J Rosenblum. Driving simulation：challenges for VR technology[J]. IEEE Computer Graphics and Application，1996，16（5）：16～20．

[16] Martin Gobel．Industrial applications of VEs[J]．IEEE Computer Graphics and Application，1996，16（5）：10～13．

[17] David Kahaner．Japanese activities in virtual reality[J]．IEEE Computer Graphics and Application，1994，14（1）：75～78．

[18] R Bowen Logtin．Aerospace application of virtual environment technology[J]．Computer Graphics，1996，30（4）：33～35．

[19] 周雅，闫达远．增强现实系统显示技术探讨．计算机工程与应用，2003，39（15）：35-3．

[20] 哈涌刚，周雅．用于增强现实的头盔显示器的设计．光学技术，2000，26（4）：350～353．

[21] 刘金鹏．虚拟现实系统中的物理建模和行为属性问题研究．武汉：武汉理工大学，2003．

[22] FaleonerKJ. Fraetalgeometry. New York：John Wiley&Sons，Inc.，1990．

[23] 陶闯，林宗坚，卢健．分形地形模拟．计算机辅助设计与图形学学报，1996，8（3）：178～186．

[24] F Kenton Musgrave etal. The synthesis and rendering of eroded fractal terrains. Computer Graphies，1989，23（3）：41～50.

[25] Alvy Ray Smith. Plants，Fractal，and Formal languages. Computer Graphics，1984，18（3）：1～10.

[26] Youn J H. REALTIME GOLLISION DETECTION FOR VR APPLICATION. Proceeding，IEEE VR annual International symposium'93[C]. Seatlle，WA，415～421.

[27] Cohen J D. Interactive and exact collision detection for Multi-body environments[R]，Technical Report TR94-005，University of North Carolina. 1994.

[28] 周雅，晏磊，赵虎．增强现实系统光照模型建立研究．中国图象图形学报，2004，9（8）：968～971.

[29] Kutulakos K N，Vallino J R，Calibration-free augmented reality. IEEE Transactions on Visualization and Computer Graphics，1998：538～548.

[30] 樊爱华，胡忠东．虚拟现实的建模技术．计算机仿真．1997，14（4）：64～66.

[31] 钟力，张茂军，孙立峰等．360 度柱面全景图像生成算法及其实现．小型微型计算机系统，1999，20（12）：899～903.

[32] 郑援．碰撞检测算法纵览．计算机工程与科学，1996，18（AI）：64～68.

[33] 郑援，李思昆．面向虚拟战场的实时立体声合成．计算机研究与发展，1999，36（4）：472～478.

[34] 杨孟洲，石教英．一种基于照片中纹理重构三维模型的方法．软件学报，2000，11（4）：502～506.

[35] Stewart N，Leach G，John S．Linear-time CSG rendering of intersected convex objects[J]．In 10th International Conference in Central Europe on Computer Graphics, Visualization and Computer Vision[C]. WSCG: 2002，437～444.

[36] 邓文新．Web3D 技术的教学应用研究．现代教育技术，2002（4）：68～71.

[37] 郭长青，曹芳．三维全景技术在旅游景区介绍中的应用．地理空间信息，2009（2）：46～48.

[38] 胡小强．虚拟现实技术．北京：北京邮电大学出版社，2005．137～191.

[39] 蒋燕萍，夏旺盛，黄心渊．几种 Web3D 技术的比较．北方工业大学学报，2003（3）：21～25.

[40] 瞿畅，王君泽．网络教学资源开发中的 Web3D 技术应用研究．南通大学学报（自然科学版），2007（9）：90～94.

[41] 罗立宏，谭夏梅．几种 Web3D 技术及比较．甘肃科技，2007（5）：60～63.

[42] 罗立宏，谭夏梅．ShockWave3D 技术在工程图学 CAI 中的应用．广东工业大学学报（社会科学版），2007（6）：186～191.

[43] 罗立宏，谭夏梅．基于 ShockWave3D 的 Web 虚拟现实技术研究．科技资讯，2007（4）：101～102.

[44] 马如宇．Web3D 技术在网络三维互动课件开发中的应用．中小学电教，2007（12）： 70～73.

[45] 濮青．基于 Shout3D 的网络虚拟现实交互式动画设计．工程图学学报，2004（4）：177～181.

[46] 肖aff，黄晓萍．Web3D 技术及新一代标准 X3D．计算机与现代化，2003（10）：39～42.

[47] 臧晶晶，马如宇．三维全景技术在网络课件制作中的应用．中小学信息技术教育，2009（5）：91～92.

[48] 钟家豪，陈漠．Java3D 实现三维显示[EB/OL]．http: //www.ibm.com/developerworks/cn/ Java/l-Java3d/ index. html. 2003-06-20/2010-03-15.

[49] 赵培军，陈淑慧．3ds Max 三维动画设计．北京：中国铁道出版社，2009.

[50] 王海峰．3ds Max 2009 动画制作标准教程．北京：中国铁道出版社，2009.

[51] 陈志民，刘雄伟．3ds Max 5 建筑建模基础．北京：机械工业出版社，2004.

[52] 温颜，温谦．3D Studio MAX 建筑效果创作实例．北京：人民邮电出版社，1999．

[53] 潇湘工作室译．3D Studio MAX R2.5 大全．北京：机械工业出版社，1999．

[54] 王岚，刘怡，梁忠先．虚拟现实 EON Studio 应用教程．天津：南开大学出版社，2007．

[55] 于辉，赵经成，付战平，欧海英．EON 入门与高级应用技巧．北京：国防工业出版社，2008．

图书资源支持

感谢您一直以来对清华版图书的支持和爱护。为了配合本书的使用,本书提供配套的资源,有需求的读者请扫描下方的"书圈"微信公众号二维码,在图书专区下载,也可以拨打电话或发送电子邮件咨询。

如果您在使用本书的过程中遇到了什么问题,或者有相关图书出版计划,也请您发邮件告诉我们,以便我们更好地为您服务。

我们的联系方式:

地　　址:北京海淀区双清路学研大厦 A 座 707

邮　　编:100084

电　　话:010-62770175-4604

资源下载:http://www.tup.com.cn

电子邮件:weijj@tup.tsinghua.edu.cn

QQ:883604(请写明您的单位和姓名)

资源下载、样书申请

书圈

用微信扫一扫右边的二维码,即可关注清华大学出版社公众号"书圈"。